História Natural

BUFFON

História Natural

Organização e tradução
Isabel Coelho Fragelli, Pedro Paulo Pimenta e Ana Carolina Soliva Soria

editora
unesp

© 2020 Editora Unesp

Título original: *Histoire Naturelle, générale et particulière,*
avec la description du Cabinet du Roi

Direitos de publicação reservados à:
Fundação Editora da Unesp (FEU)
Praça da Sé, 108
01001-900 – São Paulo – SP
Tel.: (0xx11) 3242-7171
Fax: (0xx11) 3242-7172
www.editoraunesp.com.br
www.livrariaunesp.com.br
atendimento.editora@unesp.br

Dados Internacionais de Catalogação na Publicação (CIP) de acordo com ISBD
Elaborado por Vagner Rodolfo da Silva - CRB-8/9410

B929h

Buffon
  História Natural: Buffon; organizado por Isabel Coelho Fragelli,
Pedro Paulo Pimenta, Ana Carolina Soliva Soria; traduzido por
Isabel Coelho Fragelli, Pedro Paulo Pimenta, Ana Carolina Soliva
Soria. – São Paulo: Editora Unesp, 2020.

  Tradução de: *Histoire Naturelle, générale et particulière, avec la description*
du Cabinet du Roi
  ISBN: 978-85-393-0812-5

  1. História natural. 2. Ciência. 3. Buffon. I. Fragelli, Isabel Coelho.
II. Pimenta, Pedro Paulo. III. Soria, Ana Carolina Soliva. IV. Título.

2019-1586   CDD: 578
                                                             CDU: 577

Editora afiliada:

Asociación de Editoriales Universitarias
de América Latina y el Caribe

Associação Brasileira de
Editoras Universitárias

Sumário

Apresentação
A ciência esclarecida de Buffon e Daubenton

Surgida entre 1749 e 1778 em 36 volumes, a *História Natural* de Buffon rivaliza com a *Enciclopédia* de Diderot e D'Alembert como publicação mais vultosa do Século das Luzes. Sua influência, enorme na época, minguou rapidamente. A virada veio com a nova geração de naturalistas que se afirmou durante a Revolução Francesa, quando o Jardin du Roi, do qual Buffon fora diretor, tornou-se Museu Nacional de História Natural por um decreto da Convenção editado em 1793. O primeiro diretor da nova instituição foi Daubenton, anatomista de renome e principal colaborador de Buffon na *História Natural*. Mas, para os naturalistas da nova geração – Lamarck, Cuvier, Geoffroy de Saint-Hilaire, entre outros –, a *História Natural* se tornara coisa do passado. Essa reviravolta terminou por obscurecer a originalidade do livro, que trouxe contribuições importantes para o pensamento biológico e teve impacto profundo na filosofia.

A história de como Buffon se tornou o autor da *História Natural* começa por sua nomeação para posto de intendente do Jardim do Rei, em Paris, ocorrida em 1739. O evento foi recebido com surpresa pela comunidade científica francesa. Naquele momento, Buffon era um jovem pesquisador que fizera contribuições nos domínios da física e da matemática, mas que não era, em sentido estrito, um naturalista. Provavelmente influenciado por seu pai, que fora advogado e procurador, ele realizou sua primeira formação em Direito, na faculdade de Dijon (onde, ao que tudo indica, conheceu o pensamento de Locke, cada vez mais divulgado na França). No entanto, seu interesse crescente pelas ciências levou-o a abandonar a magistratura para se dedicar aos estudos de matemática, razão pela qual mudou-se, em 1728, de Dijon para a cidade de Angers. Foi nessa época que leu as obras mais importantes de Newton e de Fontenelle. Sua gradual inserção nos meios científicos da França rendeu-lhe uma indicação para o posto de pesquisador-adjunto no departamento de mecânica da Academia de Ciências. Contudo, em 1739, quando se tornou membro-associado da Academia e foi transferido para o departamento de botânica, Buffon era considerado por muitos demasiado inexperiente para ocupar uma posição tão importante para a carreira de um homem de ciência.

Originalmente, o Jardim do Rei fora o "Jardim real de plantas medicinais", fundado em 1626 por Luís XIII com auxílio de seu médico parisiense, Guy de La Brosse. As primeiras funções da instituição estavam associadas à medicina, de modo que as investigações botânicas que aí se realizavam tinham viés de farmacopeia. Com o tempo, o Jardim se modernizou, tornando-se, no Século de Luís XIV (1643-1715), uma instituição científica apta a absorver as inovações teóricas ocorridas no domínio das ciências naturais na virada do século XVII para o XVIII, que permitiram, entre outras coisas, que a ciência botânica se tornasse uma disciplina independente da medicina. Quando Buffon assumiu a intendência, já no reinado de Louis XV, a instituição contava com uma grande coleção de espécimes de plantas, rochas e animais de diversas partes do mundo, trazidos por viajantes a pedido dos pesquisadores do Gabinete de História Natural (nome dado em 1729 ao antigo Gabinete das Drogas). A primeira função que Buffon recebeu da Coroa foi a de elaborar um catálogo dos objetos ali contidos. Dedicou-se à tarefa, realizando o necessário para aprimorar e expandir a estrutura física do Gabinete e buscando ampliar as coleções existentes. Mas a realização do catálogo logo se tornou um mero pretexto para a satisfação dos interesses e aspirações do naturalista. O título completo da obra que resultou desse trabalho, *História Natural, geral e particular, com a descrição do gabinete do rei*, conserva a referência a esse projeto inicial, ao mesmo tempo que indica a posição secundária que afinal lhe coube.

A publicação do primeiro volume em 1749 mostra que as ambições de Buffon vão muito além da descrição do gabinete do rei, e também de uma mera "descrição da natureza". Com efeito, como dar conta de um domínio da experiência que, diferentemente da história das coisas humanas, excede em muito, pela extensão no espaço e a distensão no tempo, a capacidade de compreensão do nosso entendimento? Buffon recua e concentra-se na questão do método: como estudar a história natural e como tratá-la? Tais são suas preocupações iniciais. Estaria ecoando o *Discurso do método* de Descartes? Sim, na medida em que se trata de adotar providências preliminares ao estabelecimento da ciência enquanto tal. Mas, na história natural de Buffon, tudo depende de observação e experimentação, a partir das quais um espírito incomum – o do naturalista genial –realizará as inferências cabíveis, preenchendo por conta própria as lacunas que se encontram na experiência. Sem prescindir da aliança com a física, a história natural a ultrapassa, impulsionada por uma imaginação metódica da qual Diderot, primeiro e mais resoluto defensor de Buffon, fornecerá logo depois a cifra, nos *Pensamentos sobre a interpretação da natureza* (1754).[1]

Não raro um saber que desponta se impõe contra a tradição ou em diálogo crítico com ela. Buffon homenageia Plínio, o Velho, que na Antiguidade latina propusera uma *História Natural*[2] como catálogo descritivo de tudo o que se conhecia ou de que se ouvira falar até então. É uma obra que mescla a informação lavrada com autoridade à especulação mais arrojada, espécie de espelho idiossincrático que reflete o mundo que se encontra na imaginação do homem romano (quer dizer, do homem mediterrâneo) do século I da era cristã. Em suas páginas, Buffon encontra pela primeira vez, em toda a sua extensão, o espírito de atenção e curiosidade, o *faro* imprescindível ao investigador da natureza. Mas a obra não oferece a Buffon um modelo viável. Pois, embora sua ciência seja eminentemente descritiva, ela pressupõe o que poderíamos chamar de ontologia da relação. No entender de Buffon, a "natureza" de que fala a história natural é feita de signos, primeiro de sensação, depois de expressão e conexão, na teia dos quais vai se formando o que na linguagem comum se chama de "mundo". Desprovida de substancialidade, a natureza de Buffon se oferece como tecido de relações regulares e constantes, e o conhecimento exato de uma parte do

---

1 Diderot, *Da interpretação da natureza e outros escritos*. Trad. Magnólia Costa dos Santos. São Paulo: Iluminuras, 1992.

2 Plínio, o Velho, *Histoire naturelle*. Ed. bilíngue francês-latim. XII volumes. Paris: Belles Lettres, 2003.

desenho dá a confiança de que as demais, e elas são potencialmente inúmeras, poderão igualmente ser conhecidas de maneira satisfatória. Sem formar um sistema fechado, a natureza é elegantemente sistemática em cada uma de suas conexões e aparências.

Essa concepção, que resumimos aqui de modo breve e alusivo, explica as ferozes críticas que Buffon dirige, desde o discurso de abertura, "Da maneira de estudar e tratar a história natural", ao *Sistema da natureza* de Lineu, publicado pela primeira vez em 1734.[3] Nessa obra, também ela monumental, Lineu expõe um sistema razoado de classificação dos seres vivos e o entende como a decifração objetiva de uma ordem total, de criação divina, que ele identifica, percorre e assevera. A implicância de Buffon começa pelo critério que o naturalista sueco adota, tomando, a partir das plantas, o órgão sexual como característica distintiva da pertença de um indivíduo a um grupo determinado, formado por outros indivíduos similares a ele. Surgem assim as ordens, as classes, os gêneros e as espécies. Ora, nas páginas do *Sistema da natureza*, tudo se passa como se esses nomes designassem entidades. Mas, como nota Buffon, eles são apenas isto, nomes, e cabe ao naturalista resistir ao encanto provocado pela sua repetida entonação. Para tanto, um bom começo é adotar um critério de classificação abertamente arbitrário, e poucos lhe parecem mais adequados que o da utilidade das plantas para a espécie humana. Em vez de um sistema-mundo, a taxonomia é um catálogo humano. Nesse ponto, o legado de Buffon se mostrou ambíguo. Seu nominalismo foi adotado em teorias posteriores, como a de Darwin, mas, em compensação, a língua taxonômica de Lineu se mostrou valiosíssima na elaboração dos sistemas de classificação, a começar pelos de Lamarck e Cuvier, e permanece uma referência nas discussões atuais em torno da taxonomia biológica.

Embora fosse um bom conhecedor da botânica, principalmente dos sistemas de botânica, Buffon não dedicou nenhum volume a ela no plano da *História Natural*, ou ao menos ela não consta dos volumes publicados. Outra

---

3 Lineu, *L'Équilibre de la nature*. Trad. Bernard Jasmin. Paris: Vrin, 1972. Trata-se de uma coletânea de escritos.

ausência são os insetos, que ele julga indignos de atenção. Esse desdém causa estranheza, ainda mais se lembrarmos que, na mesma época, um natu- ralista como Réaumur trabalhava com afinco numa história dos insetos,[4] em que suas "sociedades" são assimiladas à sociedade humana e lançam luz sobre ela. Buffon passa por alto sobre essa questão, e ataca Réaumur em diversas ocasiões, a começar pelo Discurso preliminar de 1749.

As lacunas temáticas da *História Natural* são compensadas pelo que o livro tem de melhor: o apreço pelos mamíferos, ou, mais precisamente, pelos "animais quadrúpedes" em geral. Para Buffon, como dissemos, a atenção do naturalista deve estar quase inteiramente voltada para os animais com que convivemos ou nos quais identificamos certa nobreza, ou ainda que se mostrem irresistíveis à nossa curiosidade. Isso explica o esmero com que ele redigiu artigos dedicados aos animais domésticos e aos grandes mamíferos, verdadeiros ensaios, complementados por primorosas descrições anatômi- cas a cargo de Daubenton. Muitos deles são perpassados pela narrativa de uma história conjectural das relações entre a espécie humana e suas rivais. Em magníficas peças dedicadas ao Cão, ao Cavalo, ao Castor ou à Raposa, o leitor vai adivinhando que a ordem natural, tal como ela se mostra aos olhos desses franceses do século XVIII, é resultado de um processo conflituoso, uma verdadeira guerra entre os animais, da qual o homem saiu triunfante, deixando o estado de natureza e instituindo uma hierarquia abaixo de si entre espécies que docilmente se adaptaram ao jugo e outras que o recu- sam resolutamente. A guerra prolonga-se no estado civil: caçamos os ani- mais, reiteramos nosso domínio, alimentamo-nos deles, tratamo-nos como vassalos ou servos, enfim, praticamos, em meio à cultura, uma política da natureza. Ideia poderosa, que suprime a tão propalada clivagem natureza- -cultura, e que ecoa tanto na filosofia da época (Rousseau, Diderot, Kant, Hegel, entre outros) quanto na história natural posterior (Lamarck, e, principalmente, Darwin). Para nós, em pleno século XXI, marcado pela

---

4 Réaumur, *Histoire des insectes. Dix mémoires choisis*. Ed. Vicent Albouy. Paris: Jérôme Millon, 2001.

extinção de um número cada vez maior de espécies em decorrência direta da atuação humana, essa "história conjectural" soa verossímil e perturbadora.

As descrições anatômicas que complementam os artigos sobre os animais são norteadas por uma ciência, a anatomia comparada, da qual Buffon e Daubenton podem ser considerados, se não os fundadores – ela vem de Aristóteles[5] –, aos menos os principais divulgadores. No discurso "Da descrição dos animais" (volume IV, 1753), Daubenton apresenta os fundamentos "epistemológicos", por assim dizer, da história natural como ciência, no estudo dos animais como unidades sistemáticas. Quando o naturalista lança seu olhar sobre um objeto, percebe primeiramente seu conjunto, antes de distinguir as partes. O que primeiro se destaca num animal são sua figura, seu porte, sua atitude, seu comprimento, sua marcha. Em seguida, conhecemos os detalhes de cada uma de suas partes, até onde nos é possível apreendê-las. A história natural não deve, contudo, se limitar a essa descrição externa. Ao contrário, seu objetivo principal é descrever os mecanismos internos do que aparece exteriormente: músculos, ossos e sua relação com as vísceras, bem como das paixões que movem os seres animados. Igualmente importante é a diferença entre o estado de repouso e o de movimento, pois, como nota Buffon em "Da natureza dos animais" (volume IV, 1753), encontra-se nela a chave para o estudo da economia animal (ou da sua fisiologia como sistema integrado). Obtém-se com isso um plano comum de descrições, que é também um método de generalização, no qual são mobilizados signos de linguagem – a descrição como discurso – e de visão – a descrição como desenho esquemático das diferentes formas específicas que compõem o reino animal.

Isso nos leva ao núcleo teórico da *História Natural*: a ideia de *protótipo*. No artigo dedicado ao Cavalo ("a mais nobre conquista que o homem algum dia alcançou", vol. IV, 1753), Buffon faz uso dessa concepção – encontrada na *Vênus física*, de Maupertuis, retomada por Diderot na *Interpretação da natureza* – para expor o ponto de unidade entre a espécie e os indivíduos que a

---

5 Aristóteles, *História dos animais*. 2 vols. Trad. Maria de Fátima Sousa e Silva. São Paulo: Martins Fontes, 2014 (vol. 1), 2018 (vol. 2).

compõem. Estes não são meras cópias, menos perfeitas ou degeneradas de um original. A relação entre a espécie e os indivíduos se dá de maneira mais sutil. Nenhum dos seres naturais corresponde inteiramente ao protótipo. Mesmo assim, é possível reconhecer que certo número de seres se forma sob a marca de características comuns. Uma vez que Buffon recusa a ideia de preexistência, a constância deve estar presente no germe, e, em última análise, no primeiro ser existente — que o naturalista postula como ideia reguladora de sua prática. Assim, o primeiro cavalo é o modelo externo e o molde interno dos cavalos que existiram, existem e existirão. Dito de outro modo, ele é o desenho primordial a partir do qual todos os cavalos *parecem* ter sido projetados. A variedade dos seres de uma mesma espécie é atribuída por Buffon aos múltiplos climas e alimentos de que se servem. De acordo com Buffon, a constância na constituição dos seres, sob a variação de sua composição, é possibilitada pelo molde interno, ideia que expressa a unidade e permanência da configuração total do corpo na modificação de sua matéria. No crescimento, por exemplo, as partes aumentam de tamanho por acréscimo de substância, sem que a proporção entre elas se altere. A constância na proporção das partes, ou ainda, na forma do corpo, é possibilitada pelo molde interno, que impõe uma disposição espacial para as partículas materiais o formam.

A ideia de um plano único de composição é estendida por Buffon da espécie aos animais em geral, chegando-se assim à concepção de um *arquétipo* das formas dos seres vivos. Essa teoria é exposta no artigo dedicado ao Asno (vol. IV, 1753), e está na base da história particular de cada coisa e da história geral da natureza vivente como um todo. A primeira se ocupa das classes determinadas de seres; já a segunda deve apresentar as observações mais gerais das investigações particulares. Tomada em seu conjunto, a história natural deve combinar a visão de um "gênio ardente, que tudo abarca em um só golpe de vista", com um "instinto laborioso, que se prende apenas a um ponto". Ora, no que diz respeito ao método, sabemos que ela é uma ciência indutiva, que, como dissemos, parte da observação (e não de um princípio preestabelecido pela razão) e se alça a generalizações "cada vez maiores". Nesse sentido, o objetivo da história natural não deve ser o de revelar as leis gerais da natureza, tal como a física se propõe a fazer, mas o de buscar essa espécie de "visão sinóptica" reservada ao gênio, capaz de abarcar a totalidade (entendida como o conjunto de todos dos particulares), algo que, evidentemente, apenas por aproximação se consegue alcançar. À medida que as experiências se multiplicam (e as histórias particulares também), mais ampla ou mais geral é a perspectiva do investigador. O que não significa, é claro, que essa generalização chegaria um dia a seu termo, no qual se revelariam os segredos da natureza. Buffon propõe, assim, nada menos que uma heurística da natureza, uma interpretação constante que parte de modelos concebidos pela imaginação humana e os toma como princípio de inteligibilidade de processos que, de outra maneira, permaneceriam obscuros. Essa ousadia ecoa na arqueologia das formas de Kant, na morfologia de Goethe e na anatomia transcendental de Owen.[6]

Uma obra feita de 36 volumes só poderia ser desigual, sem mencionar as intempéries que inevitavelmente acometem um projeto editorial realizado ao longo de 30 anos. Os primeiros volumes da *História Natural* são nada menos que impecáveis, alternando, em dosagens precisas, o estilo elevado e a descrição pormenorizada, transitando entre o geral e o particular, entretendo e informando. Em 1767 é publicado o volume XV, o último dedicado aos quadrúpedes, e o último com a marca de Daubenton. Auxiliado por assistentes menos talentosos, Buffon se dedica ao projeto com cada vez menos interesse. Em 1778, porém, como que para surpreender os que apostavam na extinção de seu gênio literário e científico, ele volta à carga com o esplêndido escrito *Das épocas da natureza*, peça de gênero inclassificável, porque inventa um novo gênero.

É uma história da natureza, elaborada a partir da leitura de vestígios dos processos que levaram à formação do nosso planeta, desde o sistema solar até o surgimento da vida, chegando ao estado em que o encontramos atualmente (ou melhor, no século XVIII). Buffon sabe que uma história

---

6 Kant, *Crítica da faculdade de julgar*. Trad. Fernando da Costa Mattos. Petrópolis: Vozes, 2016, caps. 58, 83; Goethe, *A metamorfose das plantas*. Trad. Fábio Mascarenhas Nolasco. São Paulo: Edipro, 2019; Richard Owen, *On the Nature of Limbs*. Ed. Ron Amundson. Chicago: The University of Chicago Press, 2007.

do mundo não pode ser verdadeira: apenas verossímil. Faltam os testemu-nhos, pois nas origens a vida estava ausente, e as evidências são escassas e imperfeitas. Por isso, ele declara desde o início que sua história é hipoté-tica. Nem por isso abdica de buscar por uma lei geral que a conduz de uma ponta a outra – desde as origens do sistema solar até a extinção da vida, que ele prevê para cerca de 20 mil anos a contar do momento em que escreve, quando o resfriamento total da Terra tornará impossível a proliferação das moléculas orgânicas que perfazem os seres vivos. Nessa história inusitada, a espécie humana ocupa um lugar que é, ao mesmo tempo, de destaque e de nulidade. A face do mundo natural como o vemos diante de nós é o resul-tado da atuação de uma atividade técnica própria de nossa espécie, que o transformou a tal ponto que não poderíamos reconhecê-lo se o visitásse-mos em épocas anteriores àquela em que surgimos e vivemos. Seríamos o centro da natureza? De modo algum: nossa posição privilegiada parece for-tuita em relação aos processos geológicos que se desenrolam à revelia da vida, que a tornam possível e terminarão por extingui-la. *Das épocas da natu-reza* é um livro belo e sóbrio, que funciona como um corretivo à imagem que o animal humano tem de si mesmo.[7]

Cuvier não gostava de Buffon, mas encontrou no escrito de 1778, de caso pensado ou não, o programa literário das *Revoluções da superfície do globo* (1825) – que Balzac considerava o poema do mundo moderno.[8] Darwin não leu Buffon a fundo, mas é o herdeiro dessa maneira de relacionar, num mesmo sistema de relações materiais, o vivente e o não vivente, oriundos do mesmo extrato físico-químico, diferenciados quanto ao modo de orga-nização (a vida como mistério da matéria).[9]

Buffon teve uma vida confortável e plenamente satisfatória. Tornou-se um homem conhecido e desfrutou de prestígio numa sociedade que tudo

---

7 O texto integral de *Das épocas da natureza* (Suplemento IV, 1778) está disponível gratuitamente on-line, no endereço <http://editoraunesp.com.br/Download/ SuplementoHistoriaNaturalDasEpocasdaNatureza.pdf>.
8 Cuvier, *Discours sur les révolutions de la surface du globe*. Paris: Christian Bourgois, 1985.
9 Darwin, *A origem das espécies por meio de seleção natural*. Trad. Pedro Paulo Pimenta. São Paulo: Ubu, 2018, caps. X-XII.

julgava pelas aparências. Cauteloso com suas opiniões, deixou claro em seus escritos a radicalidade de sua divergência com as opiniões estabelecidas (principalmente as da religião oficial na França de seu tempo). Desfrutou da companhia dos filósofos, e, ao arregimentar Daubenton para sua obra, garantiu a chancela dos doutos de toda a Europa. Os turistas que passam indiferentes diante da estátua a ele dedicada no Jardim Botânico (*Jardin des Plantes*), em Paris, não sabem, mas sua obra serviu no século XX para a instrução das crianças nos liceus e também para que Picasso exprimisse a fúria de um tempo marcado pelo fascismo numa série de aquarelas dedicadas aos animais da *História Natural*.

Cabe falar em "atualidade de Buffon"? Sem dúvida. A *História Natural* se tornou um clássico para além da inatualidade da ciência que ela contém. É um livro ímpar, redigido em prosa clássica que envereda pelo sublime, mas, sempre que necessário, detém-se no trivial, e encontra em coisas banais — operações fisiológicas, detalhes de anatomia etc. — a confirmação de que tudo é ordem, tudo é signo, de que cada parte reenvia à outra, revelando um conjunto que se abre para a expansão, sempre parcial e instigante, do inesperado, do maravilhoso. No turbulento ano de 2020, Buffon e Daubenton nos convidam a olhar para a Natureza, essa sólida construção erigida por nossa imaginação, de maneira a reconsiderar o lugar do humano numa experiência que nos perpassa e nos suplanta, e a redefinir o sentido de um mundo natural que, embora seja marcado pela intervenção de nossa espécie, permanece opaco para nós. Haveria melhor testemunho da atualidade do espírito das Luzes?

***

Os textos que compõem esta edição da *História Natural* representam uma fração do conjunto original. O leitor notará na seleção aqui proposta um desequilíbrio entre as contribuições de Buffon e as de Daubenton — mais escassas, porém não menos preciosas. A tarefa de escolha dos textos a serem incluídos foi facilitada imensamente pela existência de uma obra seleta de Buffon publicada em 2008 pela Pléiade, e pela subsequente aparição das obras completas pelas casas editoriais Honoré Champion e Slatkine (ambas a cargo de Stéphane Schmitt). A coletânea ora apresentada ao leitor de língua portuguesa tem por base essas duas edições. As ilustrações que pontuam o volume foram extraídas de *Buffon illustré*, organizado por Tierry Hoquet, que contém a maioria das pranchas originais. O volume impresso se encerra com as duas "Visões da natureza", publicadas, respectivamente, em 1764 (vol. XII) e 1765 (vol. XIII).

Isabel Coelho Fragelli
Pedro Paulo Pimenta
Ana Carolina Soliva

Edições e outros textos

Le Buffon choisi, par Benjamin Rabier. Paris: 1924. (Reedição Paris: Circonflexe, 2018).

Picasso. Eaux-fortes originales pour le texte de Buffon. Paris: 1942. (Reedição Buffon/Picasso. Paris: Le Seuil, 2015).

Histoire naturelle. Édition et choix par Jean Varloot. Paris: Flammarion/Folio, 1967.

Les époques de la nature. Édition critique par Jacques Roger. 2ª edição. Paris: MNHN, 1988.

Discours sur la nature des animaux, suivi de Daubenton, *De la description des animaux.* Paris: Rivages Poches, 2003.

L'École normale de l'an III. Édition annotéee des cours de Haüy, Berthollet et Daubenton de physique, de chimie, d'histoire naturelle. Direction d'Étienne Guyon. Paris: Éditions Rue d'Ulm, 2006.

Buffon illustré. Les gravures de l'histoire naturelle (1749-1767). Édition de Tierry Hoquet. Paris: MNHN, 2007.

Oeuvres. Textes choisis, presentes et annotés par Stéphane Schmitt; avec un préface par Michel Delon. Paris: Gallimard/Pléiade, 2008.

Histoire naturelle avec la description du cabinet du roy. (1749-1778). Édition critique par Stéphane Schmitt avec la colaboration de Cédric Cremière. Paris/Genebra: Honoré Champion/Slatkine, 2010-. 13 vols. publicados até o momento (1749-1765).

Los primates de Buffon. Edition trilíngue de J. M. Contreras. Ciudad de México: Siglo XXI, 2015.

The Epochs of Nature. Translated by Annie-Sophie Millon and Jan Zalasiewicz. Chicago: University of Chicago Press, 2018.

Estudos

Baere, B. *La pensée cosmogonique de Buffon*. Paris: Honoré Champion, 2004.

Dagognet, F. *Le catalogue de la vie. Étude méthodologique sur la taxinomie*. 2ª edição. Paris: PUF, 2004.

Daudin, H. *De Linné à Lamarck. Méthodes de classification et idée de série en botanique et en zoologie*. Paris: Félix Alcan, 1926.

Delaporte, F. *Le second règne de la nature. Essai sur les questions de végétalité au XVIIIe siècle*. Paris: Flammarion, 1979.

Duchesneau, F. *La physiologie des Lumières*. 2a edição. Paris: Garnier Classiques, 2013.

Duchet, M. *Anthropologie et histoire au Siècle des Lumières*. 2a edição. Paris: Albin Michel, 1995.

Ehrard, J. *L'idée de nature en France dans la première moitié du XVIIIe siècle*. 2a edição. Paris: Albin Michel, 1994.

Farber, P. L. "Buffon and Daubenton: Divergent Traditions within the Histoire Naturelle". Isis, vol. 6, no. 1, March 1975, pp. 63-74.

Gayon, J. (Org.). *Buffon 88. Actes du colloque international*. Paris: Vrin, 1992.

Hoquet, T. *Buffon. Histoire Naturelle et Philosophie*. Paris: Honoré Champion, 2005.

Loveland, J. *Rhetoric and Natural History. Buffon in Polemical and Literary Context*. Oxford: Voltaire Foundation, 2001.

_____. "Another Daubenton, another Histoire Naturelle". *Journal of the History of Biology*, v.39, n.3, 2006, p. 457-91.

Roger, J. *Buffon, un philosophe au Jardin do Roi*. Paris: Fayard, 1989.

_____. *Les Sciences de la vie dans la pensée française au XVIIIe siècle*. 3a edição. Paris: Albin Michel, 1993.

Schmitt, S. *Aux origines de la Biologie moderne. L'Anatomie Comparée, d'Aristote à la théorie de l'évolution*. Paris: Belin, 2006.

Sloan, P. R. "The Buffon-Linneus Controversy", *Isis* n. 67, 1976, pp. 356-375.

Starobinski, J. "Buffon e Rousseau". In: *Jean-Jacques Rousseau, a transparência e o obstáculo*. 2ª edição. São Paulo: Companhia das Letras, 2012.

Tatu

Orangotango

Hipopótamo recém-nascido

História Natural

HISTOIRE
NATURELLE,
GENERALE ET PARTICULIERE,
AVEC LA DESCRIPTION
DU CABINET DU ROY.

Tome Premier.

A PARIS,
DE L'IMPRIMERIE ROYALE.

M. DCCXLIX.

Primeiro discurso
Da maneira de estudar e tratar a História Natural*

Res ardua vetustis novitatem dare, novis auctoritatem, obsoletis nitorem, obscuris lucem, fastidis gratiam, dubiis fiem: omnibus verò naturam, & naturae suae omnia.

Plínio, *História natural*, Prefácio a Vespasiano[1]

Tomada em sua extensão plena, a História Natural é uma história imensa, que abarca todos os objetos que o universo nos oferece. A prodigiosa multidão de quadrúpedes, pássaros, peixes, insetos, plantas e minerais oferece à curiosidade do espírito humano um vasto espetáculo, cujo

---

* Tomo I, 1749, p.3-62.
1 "É uma tarefa árdua dar ares de novidade a velharias, tornar respeitável o novo, revestir com brilho o pálido, lançar luz sobre o obscuro, tornar gracioso o desprezível, dar crédito ao duvidoso: a cada coisa restituir sua natureza, e à natureza restituir o que lhe cabe." (N. T.)

conjunto é tão grande que parece ser – e de fato é – inesgotável nos detalhes. Uma única parte da História Natural, como a história dos insetos ou a das plantas, propicia ocupação suficiente a muitos homens; e tudo o que mesmo os mais hábeis observadores são capazes de produzir, após anos de trabalho árduo, são esboços bastante imperfeitos da multidão de objetos que formam os ramos da História Natural. Não há dúvida de que dão o melhor de si. Longe de nós queixarmo-nos desses observadores pelos escassos progressos por eles realizados; ao contrário, nunca é demais agradecer a eles pela paciência e assiduidade com que trabalham; tampouco poderíamos recusar-lhes qualidades mais elevadas. É preciso uma espécie de força, própria do gênio, e certa coragem do espírito para contemplar, sem se deixar levar pelo espanto, a inumerável multidão de produções da Natureza, e ser capaz de compreendê-las e compará-las. Há uma espécie de gosto envolvido em sua apreciação, superior ao que se volta para objetos particulares. E pode-se dizer que o amor pelo estudo da Natureza pressupõe no espírito duas qualidades que parecem opostas: as grandes visões de um gênio ardente, que tudo abarca com um só golpe de vista, e a atenção minuciosa de um instinto laborioso, que se detém em um único ponto.

Essa grande quantidade de objetos é o primeiro obstáculo a ser enfrentato no estudo da História Natural. Outro, que parece indiferente ao avanço de nossos conhecimentos, é a variedade desses mesmos objetos e a dificuldade de reunir as produções dos diferentes climas. Apenas o trabalho pode superá-lo. É à força de tempo, de cuidados e despesas, e, muitas vezes, de acasos felizes, que se obtêm exemplares bem conservados das diferentes espécies de animais, plantas e minerais, e consegue-se formar uma coleção, devidamente arranjada, de todas as obras da Natureza.

Mas, tão logo tenhamos selecionado amostras de tudo o que habita o universo, e, com muito esforço, venhamos a reunir, em um mesmo lugar, os modelos de tudo o que se encontra profusamente espalhado sobre a Terra, lançando pela primeira vez os olhos sobre esse armazém repleto de coisas diversas, novas e estranhas, teremos uma sensação que é um misto de espanto e admiração, e a primeira reflexão que nos ocorrerá é humilhante para nossa vaidade. Alguém imagina que com o tempo iremos um dia a conhecer cada um desses diferentes objetos, que chegaríamos não só a identificá-los pela forma, como também a determinar tudo o que diz respeito ao nascimento, à produção, à organização, aos usos, em uma palavra, à história de cada coisa em particular? Contudo, se nos familiarizarmos com esses mesmos objetos, vendo-os com frequência, e, por assim dizer, com desinteresse, eles não demorarão a formar impressões duradouras, que logo se ligarão entre si em nosso espírito em relações invariáveis e fixas. A partir daí, nos elevaremos a uma visão mais geral, que nos permitirá abarcar muitos objetos diferentes de uma só vez, e teremos condições de estudar de modo ordenado, refletir de maneira frutífera e abrir trilhas que nos levarão a descobertas úteis.

Por isso, deve-se começar por ver muito e rever com frequência. A atenção é necessária em tudo; mas, de início, pode-se passar sem ela. Refiro-me àquela atenção escrupulosa, sempre útil quando se sabe muito, tantas vezes nociva aos que começam a se instruir. O essencial é munir a cabeça com ideias e fatos, e, se possível, impedir que se extraiam deles relações e raciocínios precipitados. Por ignorar certos fatos e carecer de ideias determinadas, o espírito costuma se enredar em falsas combinações, sobrecarregando a memória com consequências vagas e resultados contrários à verdade, que fomentam preconceitos dos quais depois é difícil se desvencilhar.

Por essa razão, eu afirmo que é preciso começar por ver muito. E é preciso também que se veja quase sem interesse, pois, uma vez tenhais decidido ver as coisas com certo olhar, em certa ordem, em certo sistema, ainda que tenhais tomado o melhor caminho, jamais obtereis conhecimentos tão extensos quanto os que poderíeis adquirir se, desde o início, tivésseis permitido a vosso espírito caminhar por si mesmo, conhecer por si mesmo, assegurar-se das coisas sem o auxílio de outrem e formar sozinho a primeira cadeia de representação da ordem de suas ideias.

Isso vale, sem exceção, para todas as pessoas que já tenham o espírito feito e o raciocínio formado. Os jovens, ao contrário, devem ser guiados e aconselhados; deve-se mesmo encorajá-los com o que houver de mais instigante na ciência, fazendo que notem as coisas mais singulares, sem, no entanto, explicá-las em detalhe. Nessa idade, o mistério excita a curiosidade, enquanto na idade adulta inspira apenas o desgosto. As crianças logo se cansam das coisas que já viram e reveem-nas com indiferença, a menos que lhes reapresentemos os mesmos objetos sob diferentes pontos de vista. Em vez de simplesmente repetir o que já lhes dissemos, mais vale acrescentar circunstâncias, mesmo que sejam alheias ao objeto ou não tenham relevância para ele. Perde-se menos enganando as crianças do que provocando o seu desgosto.

Após terem visto e revisto as coisas repetidas vezes, e começarem a representá-las de modo grosseiro, a introduzir divisões e a perceber distinções gerais, o gosto pela ciência poderá nascer, e será preciso fomentá-lo. Pois o gosto, em tudo tão necessário, mas ao mesmo tempo tão raro, não se transmite por preceitos. Em vão a educação tenta supri-lo, em vão os pais constrangem seus filhos: não os levam para além desse ponto comum a todos os homens, desse grau de inteligência e memória suficiente para a vida social e as ocupações comuns. À Natureza, e unicamente a ela, deve-se essa primeira centelha do gênio, esse germe do gosto a que nos referimos e cujo desenvolvimento subsequente dependerá de diferentes circunstâncias e objetos.

É preciso também oferecer ao espírito dos jovens coisas de toda espécie, estudos de todo gênero, objetos de toda sorte, a fim de que possam identificar aquele pelo qual seu espírito se sente mais fortemente atraído ou ao qual se entrega com mais prazer. É então que devem ser introduzidos na História Natural, no momento preciso em que a razão começa a se desenvolver e eles podem nutrir a ilusão de que sabem mais do que realmente sabem: nada mais apropriado para rebaixar seu amor-próprio e lhes mostrar quantas coisas ignoram. Mas, independentemente desse primeiro efeito, que só pode ser útil, o estudo da História Natural, mesmo que seja superficial, elevará suas ideias e lhes dará conhecimentos de uma infinidade de coisas que o comum dos homens ignora, mas que costumam ser úteis no curso da vida.

Passemos agora ao homem que deseja se aplicar com seriedade ao estudo da Natureza, e reencontremo-lo no ponto em que o deixamos, quando ele começou a generalizar suas ideias e a formar para si mesmo um método de arranjo e sistemas de explicação. É então que ele deve consultar as pessoas instruídas, ler os bons autores, examinar seus diferentes métodos, esclarecer-se de todas as formas possíveis. Mas, como não raro se adquire uma preferência ou um gosto por certos autores, por um método em particular, e muitas vezes, sem que se tenha feito um exame suficientemente maduro, elege-se um sistema qualquer, desprovido de fundamento, é o caso de oferecermos aqui algumas noções preliminares acerca dos métodos divisados para facilitar a compreensão da História Natural. Desde que empregados com certas ressalvas, esses métodos são muito úteis. Abreviam o trabalho, auxiliam a memória e oferecem ao espírito uma sequência de ideias, composta de objetos diferentes entre si, mas que não deixam de ter relações comuns, que formam impressões mais fortes do que as que poderiam ser realizadas por objetos isolados, sem relação recíproca. Tal é a principal utilidade dos métodos, que, no entanto, têm o inconveniente de estender ou encurtar demais a cadeia, submeter as leis da Natureza a leis arbitrárias, dividi-la em pontos nos quais ela é indivisível e medir suas forças pelas de nossa débil imaginação. Outro inconveniente, não menos considerável, oposto ao primeiro, consiste em submeter a Natureza a métodos excessivamente particulares, julgar o todo por uma das partes, reduzi-lo a pequenos sistemas estranhos, formar arbitrariamente, a partir de suas imensas obras, agregados isolados, e, por fim, tornar a língua da Ciência mais difícil do que a própria Ciência, ao se multiplicarem os nomes e as representações.

Somos naturalmente levados a imaginar uma espécie de ordem e uniformidade em tudo que existe; e, quando examinamos as obras da Natureza, ainda que de maneira superficial, parece claro, à primeira vista, que ela trabalha sempre sobre um mesmo plano. Mas, como não conhecemos mais do que uma via para chegar a um fim, estamos convencidos de que a Natureza tudo faz e realiza pelos mesmos meios e através de operações similares. Esse modo de pensar levou a que se imaginasse uma infinidade de falsas relações entre os produtos naturais: as plantas foram comparadas aos animais, acreditou-se que os minerais vegetariam, e a organização e a mecânica de cada um desses reinos, tão diferentes entre si, foram muitas vezes reduzidas à mesma forma. Porém, o molde comum a essas coisas tão dissimilares encontra-se menos na Natureza do que no espírito estreito

9

dos que conhecem mal e são tão incapazes de julgar a força de uma verdade quanto de determinar os justos limites de uma comparação por analogia. Com efeito, deveríamos dizer que, em razão de o sangue circular, a seiva também circula? E dever-se-ia inferir, da vegetação das plantas, uma vegetação similar nos minerais, ou, do movimento do sangue, o deslocamento da seiva, e, deste último, o do suco petrificante?[2] Isso não seria transpor, para a realidade das obras do Criador, as abstrações de nosso espírito e atribuir a Ele tantas ideias quanto as que temos, e não mais? Tais coisas, embora infundadas, foram ditas, e continuam a sê-lo, todos os dias; e erguem-se sistemas sobre fatos incertos, que nunca foram examinados, cuja única utilidade é tornar evidente o pendor dos homens para encontrar semelhança entre os objetos mais díspares, regularidade onde reinam a variedade e a ordem no que só se deixa perceber confusamente.

Quando, sem nos determos em conhecimentos superficiais, cujos resultados não nos oferecem mais do que ideias incompletas das produções e operações da Natureza, queremos ir além e, com olhos atentos, examinamos a forma e a conduta dessas obras, surpreendemo-nos tanto com a variedade do desenho quanto com a multiplicidade dos meios de sua execução. Então, o número de produções da Natureza, por prodigioso que seja, responde por uma pequena parte de nosso espanto. Sua mecânica, sua arte, seus recursos, mesmo suas desordens, conquistam por inteiro a nossa admiração. Pequeno demais para uma imensidão como essa, oprimido pelo número de maravilhas, o espírito humano sucumbe: percebe que tudo o que poderia existir de fato existe, e que a mão do Criador se abre para dar existência apenas a um número limitado de espécies; e percebe, ao mesmo tempo, que ela trouxe à luz, de uma só vez, todo um mundo de seres relativos e não relativos, uma infinidade de combinações harmônicas e contrárias, e uma perpetuidade de destruições e renovações. Que ideia de potência não nos oferece esse espetáculo! Que sentimento de respeito por seu Autor essa visão do universo

---

2 Por *suco petrificante*, ou *lapidífico*, compreende-se nos séculos XVII e XVIII uma solução que ocasiona a mineralização de elementos orgânicos por meio de precipitação ou impregnação. O resultado desse processo são os minerais propriamente ditos. (N. T.)

não inspira em nós! O que não seria, se a tênue luz que nos guia se tornasse suficientemente viva para que percebêssemos a ordem geral das coisas e a interdependência dos efeitos? Mas nem mesmo o espírito mais vasto e o gênio mais potente poderiam jamais se elevar a essas alturas de conhecimento. As causas primeiras permanecerão ocultas para todo o sempre aos nossos olhos, e os seus resultados gerais, tão inacessíveis quanto elas. Tudo o que podemos é perceber alguns efeitos particulares, compará-los, combiná-los e, por fim, reconhecer antes uma ordem relativa à nossa própria natureza do que correspondente à existência das coisas que consideramos.

Mas, como essa é a única via aberta para nós, e como não dispomos de outros meios para chegar ao conhecimento das coisas naturais, é preciso ir até onde essa rota nos conduz, reunindo todos os objetos, comparando-os, estudando-os e extraindo de suas relações combinadas todas as luzes que nos auxiliem a percebê-los com nitidez e a conhecê-los melhor.

A primeira verdade a que se chega nesse exame compenetrado da Natureza é deveras humilhante para o homem: ele tem de incluir a si mesmo na classe dos animais, aos quais ele se assemelha em tudo o que há de material. Seu instinto parece mais certeiro que sua razão, e sua indústria mais admirável que suas artes. Percorrendo em seguida, sucessivamente e em ordem, os diferentes objetos que compõem o universo, e colocando-se à frente de todos os seres criados, ele poderá ver com espanto que é possível descer, por graus quase insensíveis, da criatura mais perfeita até a matéria mais disforme, do animal mais bem organizado até o mineral mais bruto; reconhecerá que essas nuances imperceptíveis são a grande obra da Natureza; e as encontrará não só nas grandezas e nas formas, como também no movimento, na geração e na sucessão de animais de toda espécie.

Aprofundando-se essa ideia, vê-se claramente que é impossível dar um sistema geral e um método perfeito não só para a História Natural como um todo, mas também para cada uma de suas ramificações. Pois, para que um sistema, um arranjo, em uma palavra, um método, seja geral, deve abranger o todo e dividir esse todo em diferentes classes, repartindo essas classes em gêneros, subdividindo esses gêneros em espécies, e tudo isso segundo uma ordem. Mas, em toda ordem há sempre, necessariamente, algo de arbitrário. Pois a marcha da Natureza se dá por gradações desconhecidas, e, por conseguinte, não se presta por completo a essas divisões. Como passa por nuances imperceptíveis de uma espécie a outra, e não raro de um gênero a outro, há um bom número de espécies intermediárias e objetos híbridos que não se sabe ao certo onde inserir, o que necessariamente prejudica o projeto de um sistema geral. É uma verdade importante demais para que eu não a corrobore com tudo o que possa torná-la clara e evidente.

Tomemos como exemplo a Botânica, essa bela parte da História Natural que, por ser também a mais útil, tem o privilégio de ser a mais cultivada, e examinemos os princípios subjacentes aos métodos nela utilizados.[3] Não sem alguma surpresa, vemos que esses métodos têm, em geral, o intuito de abarcar todas as espécies de plantas, embora nenhum consiga fazê-lo com perfeição. Em todos eles há um bom número de plantas anômalas, de espécie intermediária entre dois gêneros que não podem ser atribuídas a um deles, pois há tantas razões para referi-las a um gênero como ao outro. A verdade é que um método perfeito é algo simplesmente impossível. Para tanto, seria preciso compilar uma obra que representasse todos os métodos de compreensão da Natureza; quando o que acontece todos os dias, com os métodos que conhecemos, e apesar do auxílio da Botânica mais esclarecida, é que se encontram espécies que não podem ser referidas a nenhum dos gêneros que eles compreendem. Nesse ponto, a experiência está de acordo com a razão, e melhor seria se nos convencêssemos de que é impossível haver um método botânico geral e perfeito. Mas, ao que parece, a busca por tal método tornou-se para os botânicos uma espécie de pedra filosofal, pela qual todos procuram com esforços e trabalhos infinitos: para elaborar seus sistemas, uns levam quarenta anos, outros, cinquenta. Deu-se na Botânica o mesmo que na Química: buscando-se em vão pela pedra filosofal, encontrou-se uma infinidade de coisas úteis; e o desejo de elaborar

---

3 A *História Natural* não inclui livros dedicados à Botânica. Esse ramo da ciência é comentado e desenvolvido por Daubenton em verbetes da *Enciclopédia* de Diderot e D'Alembert. Veja na edição brasileira o vol. 3, org. P. P. Pimenta e M. G. de Souza. São Paulo: Editora Unesp, 2015. (N. T.)

um método geral e perfeito levou a que se estudasse mais e se conhecesse melhor as plantas e seus usos. É como se, para persistir em seus trabalhos, os homens precisassem de um fim imaginário, pois do contrário, se soubessem que fazem tudo o que podem fazer, nada fariam.

Portanto, a pretensão dos botânicos de estabelecer sistemas gerais, perfeitos e metódicos, é infundada. Apesar de todo o seu empenho, legaram-nos métodos defeituosos, que se anulam uns aos outros e estão destinados à mesma sorte de todo sistema fundado em princípios arbitrários. O principal fator que explica por que esses sistemas se desmentem uns aos outros é a permissão que os botânicos outorgaram a si mesmos de eleger como caractere específico apenas uma parte da planta. Uns estabeleceram seu método com base na figura das folhas, outros em sua posição, outros na forma das flores, outros no número de pétalas, outros por fim no número de estames. Eu não terminaria nunca, se fosse relatar em detalhes todos os métodos que foram imaginados; por isso, refiro-me aqui apenas aos que foram recebidos com aplauso, e que, mesmo assim, se sucederam uns aos outros sem que se desse atenção ao erro de princípio comum a todos eles, qual seja, querer julgar a diferença das plantas unicamente pelas diferenças entre suas folhas ou flores. É como se se quisesse conhecer as diferenças entre os animais pela diferença de pele entre eles ou de seus órgãos de geração. Quem não vê que esse modo de conhecer não é uma ciência, e que não passa de uma convenção, de uma língua arbitrária, de um meio de compreensão do qual não resulta, porém, nenhum conhecimento real?

Que me seja permitido dizer o que penso a respeito da origem desses diferentes métodos, bem como das causas que os multiplicaram a tal ponto que se tornou mais fácil aprender a Botânica do que sua nomenclatura — que, na verdade, deveria ser a sua língua. Seria mais fácil gravar na memória as figuras de todas as plantas, tendo assim ideias nítidas de cada uma delas (no que constitui a verdadeira Botânica) do que reter todos os nomes que os diferentes métodos lhes dão: a língua se tornou mais difícil do que a ciência. Eis, ao que me parece, como isso pôde acontecer. Começou-se por dividir os vegetais de acordo com o tamanho, dizendo-se: há árvores grandes e árvores pequenas, arbustos e semiarbustos, plantas grandes ou pequenas, ervas etc. Tal é o fundamento de um método que em seguida se dividiu e subdividiu em outras relações de dimensão e forma, para dar a cada espécie um caráter particular. Feito um método com base nesse plano, houve quem examinasse essa distribuição e dissesse: *Esse método, por estar fundado na grandeza relativa dos vegetais, não se sustenta, pois, em uma mesma espécie, como o carvalho, por exemplo, encontram-se grandezas tão diferentes que há espécies de carvalho que se elevam a 100 pés de altura, enquanto outras não vão além de 2 pés. O mesmo vale, guardadas as devidas proporções, para os castanheiros, os pinheiros, os aloés e uma infinidade de outras espécies de plantas. Portanto, não se devem determinar os gêneros das plantas por seu tamanho, pois esse signo é equívoco e incerto.* Por bons motivos, esse método foi abandonado. Outros vieram em seguida, e, certos de terem razão, disseram: *Para conhecer as plantas é preciso deter-se nas partes mais aparentes, e, como as folhas são essas partes, devem-se arranjar as plantas pela forma, grandeza e posição das folhas.* Com base nesse projeto, elaborou-se outro método, adotado por algum tempo, até que se reconhecesse que as folhas de quase todas as plantas variam tão prodigiosamente, dependendo da idade e do terreno em que estas se encontram, que sua forma não é mais constante do que o tamanho, e sua disposição é ainda mais incerta. E, assim, esse método revelou-se tão insatisfatório quanto o primeiro. Por fim, alguém imaginou, creio ter sido Gesner,[4] que o Criador teria depositado, na frutificação das plantas, um número determinado de caracteres distintivos invariáveis, e que a partir desse ponto é que se deveria elaborar um método. Essa ideia se revelou até certa medida verdadeira, pois se constatou que, nos órgãos de geração das plantas, há diferenças mais constantes do que em suas demais partes, tomadas em separado. Surgiram então numerosos métodos, todos eles fundados nesse mesmo princípio. Dentre esses métodos, o do sr. Tournefort[5] é o mais notável, engenhoso e completo. Esse ilustre botânico percebeu os defeitos dos sistemas puramente arbitrários. Homem de espírito, evitou os absurdos que se encontravam na maioria dos métodos de seus contemporâneos, realizou

---

4 Conrad Gesner, *Catalogus Plantarum* (1542). (N. A.)

5 Joseph de Tournefort, *Élements de Botanique, ou Methode pour connaître les plantes* (1694). (N. A.)

distribuições e determinou exceções com infinita destreza e conhecimento de causa. Em suma, permitiu que a Botânica abandonasse todos os outros métodos e tornou-a suscetível de algum grau de perfeição. Foi quando surgiu outro metodista[6] que, após ter louvado seu sistema, pôs-se a destruí-lo, para estabelecer um novo em seu lugar. A partir do sr. Tournefort, adotou os caracteres extraídos da frutificação, empregou os órgãos de geração das plantas, sobretudo os estames, para realizar a distribuição dos gêneros, e, desprezando a sábia advertência de seu predecessor, que recomendava que não se forçasse a Natureza a ponto de os objetos mais diferentes serem confundidos em virtude de um sistema, como as árvores e as ervas, reuniu na mesma classe a amoreira e a urtiga, a tulipa e o espinheiro, o olmo e a cenoura, a rosa e o morango, o carvalho e a pimpinela. Não é zombar da Natureza e dos que a estudam? Se tudo isso não se apresentasse com aparência de ordem, cercado de mistério e envolto em ares de erudição grega e científica, não tardaria para que se percebesse o ridículo de tal método, ou antes, para que se mostrasse a confusão que resulta de uma reunião tão extravagante. Mas, se insisto nesse ponto, é para preservar a glória que cabe ao sr. Tournefort, por um trabalho sensato e coerente, e para evitar que os que adotam seu método no estudo da Botânica percam tempo com o método novidadeiro que tudo altera, inclusive os nomes e qualificações das plantas. Afirmo, com esse intuito, que o novo método, que reúne, em uma mesma classe, gêneros de plantas inteiramente diferentes, tem ainda, independentemente dos disparates, defeitos intrínsecos e inconvenientes maiores do que todos os métodos que o precederam. Como extrai os caracteres genéricos de partes quase infinitamente pequenas, é preciso ter um microscópio à mão para identificar uma árvore ou uma planta: o tamanho, a figura, a aparência externa, as folhas, todas as partes observáveis não têm qualquer serventia, tudo o que há são estames. Ainda não sabemos nada, ainda não vimos nada. Essa grande árvore que percebeis talvez não seja uma pimpinela, é preciso contar seus estames para saber o que ela é; e, como esses

---

6 Referência ao naturalista sueco Carl von Lineu, autor de *Systema naturae* (4ª edição, 1744). (N. T.)

estames são, muitas vezes, tão pequenos que escapam ao olho nu ou à lupa, é preciso ter um microscópio. Infelizmente para o sistema, porém, algumas plantas são desprovidas de estames, sem falar de outras cujo número de estames varia muito. Mais um método defeituoso, malgrado a lupa e o microscópio![7]

Pode-se ver, a partir dessa exposição das fundações sobre as quais foram erguidos os diferentes sistemas de Botânica, que o grande defeito de todos eles é um erro de metafísica, que se encontra no princípio mesmo desses métodos. Esse erro consiste em desconhecer a marcha da Natureza, que acontece sempre por nuances, e querer julgar o todo pelas partes. Erro manifesto, mas, estranhamente, muito comum. Quase todos os nomencladores empregam uma parte isolada, como os dentes, as unhas ou os esporões para os animais, e as folhas, flores ou estames para as plantas, em vez de se servir de todas as partes e buscar pelas semelhanças ou diferenças entre indivíduos tomados como totalidades. Recusar-se a considerar as partes dos objetos que observamos é renunciar voluntariamente às maiores vantagens que a Natureza nos oferece para conhecê-la. E, por mais que em algumas partes, tomadas em separado, se encontrem caracteres constantes e invariáveis, nem por isso se deve reduzir o conhecimento das produções naturais ao das partes constantes, que oferecem do todo apenas uma ideia parcial e deveras imperfeita. Parece-me que o único meio para elaborar um método instrutivo e natural é reunir as coisas que se assemelham e separar as que diferem entre si. Se os indivíduos tomados em consideração

---

7 *Hoc verò systema, Linnaei scilicet, jam cognitis plantarum methodis longè viliùs & inferiùs non solùm, sed & insuper nimis coactum, lubricum & fallax, imò lusorium deprehenderim; & quidem in tantùm, ut non solùm quoad dispositionem ac denominationem plantarum enormes confusiones post se trahat, sed & vix non plenaria doctrinae Botanicae solidioris obscuratio & perturbatio inde fuerit metuenda.* Johann Georg Siegesbeck, *Vaniloquantiae botanicae specimen*, 1741. ["Na verdade, esse sistema, a saber, o de Lineu, não só é inferior aos métodos de plantas já conhecidos, como é, dentre todos os que existem, o mais forçado, arriscado e enganoso. Considero-o mesmo pueril, pois não somente engendrou, em sua esteira, enormes confusões na denominação e classificação de plantas, como também trouxe o receio de que mesmo a doutrina botânica mais consistente poderia se tornar obscura e desordenada."] (N. A.)

apresentarem uma perfeita semelhança, ou diferenças tão pequenas que só se deixam perceber com dificuldade, eles pertencerão à mesma espécie; se as diferenças forem sensíveis, mas não tão marcadas quanto as semelhanças, os indivíduos serão de espécies diferentes, mas do mesmo gênero; se as diferenças forem mais acentuadas, mas não a ponto de obliterar as semelhanças, os indivíduos serão não apenas de espécies diferentes, mas também de gêneros, mas pertencerão a uma mesma classe, pois mais se assemelham do que diferem entre si; se, por fim, o número de diferenças exceder o das semelhanças, então os indivíduos não pertencerão à mesma classe. Eis a ordem metódica a ser seguida no arranjo das produções naturais. As semelhanças e diferenças devem ser tomadas, bem entendido, não somente de uma parte, mas do todo em conjunto, em um método de inspeção que se volta para a forma, a grandeza, o aspecto exterior, as diferentes partes, seu número e posição, e a substância mesma da coisa. Esses elementos podem ser considerados em número maior ou menor, conforme o necessário. Assim, se um indivíduo, qualquer que seja a sua natureza, tiver uma figura bastante singular para ser reconhecido à primeira vista, dar-se-á a ele um nome; se tiver em comum com outro a figura, mas não o tamanho, a cor, a substância ou outra qualidade sensível, dar-se-á a ambos o mesmo nome, acrescentando-se um adjetivo para assinalar a diferença. E, introduzindo tantos adjetivos quantas forem as diferenças, teremos a garantia de exprimir os diferentes atributos de cada espécie e evitar, ao mesmo tempo, os inconvenientes dos métodos a que nos referimos e que se detêm em particulares. Se me estendi nessa discussão, é porque se trata de um defeito comum a todos os métodos de Botânica e de História Natural, e os sistemas feitos para os animais são ainda mais defeituosos do que os métodos da Botânica, na medida em que, como já dissemos, pretendem se pronunciar a respeito da semelhança e diferença entre os animais recorrendo a dedos ou esporões, dentes ou mamilos. Tais projetos são como o dos estames; não por acaso, foram divisados pelo mesmo autor.

Resulta do exposto que há na História Natural dois obstáculos igualmente perigosos: o primeiro é não ter nenhum método, o segundo é querer referir tudo a um sistema particular. Em meio ao grande número dos que hoje se dedicam a essa ciência, encontram-se exemplos flagrantes dessas maneiras, opostas entre si, mas igualmente viciosas. Quase todos aqueles que, sem nenhum estudo precedente da História Natural, se põem a montar gabinetes do gênero, são indivíduos desocupados, com tempo livre, que só querem se distrair e pensam que a curiosidade é por si mesma um mérito. Sem qualquer critério, adquirem tudo o que lhes pareça impressionante; têm ares de desejar perdidamente as coisas que, segundo lhes é dito, são raras e extraordinárias; estimam o valor destas pelo preço que lhes foi cobrado; arranjam tudo com esmero ou amontoam de maneira confusa; em todo caso, não tardam a perder o interesse. Outros, mais doutos, enchem a cabeça com nomes e frases; adotam um método qualquer ou forjam um novo; trabalham pela vida adentro em uma mesma linha, tomando uma direção equivocada; e, determinados a remeter tudo ao seu próprio ponto de vista, confinam o espírito, deixam de ver os objetos como eles são e terminam por comprometer a ciência, sobrecarregando-a com o peso de ideias que lhe são estranhas.

Portanto, os métodos de História Natural que nos foram legados pelos diferentes autores, seja para a ciência em geral, seja para alguma de suas partes, não devem ser tomados como fundamentos da ciência. Devemos nos servir deles apenas como signos de convenção, utilizados para a comunicação. Com efeito, não são mais do que relações arbitrárias, diferentes pontos de vista sob os quais os objetos da Natureza foram considerados. Podem ser úteis, mas desde que utilizados com esse espírito. Pois, ainda que não seja necessário, pode ser útil conhecer todas as espécies de plantas cujas folhas são semelhantes, as que se alimentam de certas espécies de inseto, as que têm o mesmo número de estames, as dotadas de glândulas de excreção similares; e, do mesmo modo, nos animais, os que têm certo número de mamilos, o mesmo número de dedos etc. Na verdade, esses métodos são diferentes dicionários, em que os nomes são classificados em ordens relativas a uma ideia; são, portanto, tão arbitrários quanto a ordem alfabética. E, mesmo assim, comparando-se os resultados que eles produzem, pode-se encontrar o método verdadeiro, que consiste na descrição completa e na história acurada de cada coisa em particular.

Essa é a finalidade que principalmente nos concerne. Podemos nos servir de um método dado como um meio de facilitar o estudo, que permite aos doutos se compreenderem uns aos outros. Mas o único e verdadeiro meio que faculta o avanço da ciência é a descrição e história das diferentes coisas de que ela se ocupa.

As coisas, quando não são tomadas em relação a nós, nada são em si mesmas, e permanecem assim mesmo após terem recebido um nome; só começam a existir para nós quando conhecemos suas relações e propriedades, a partir das quais unicamente podemos defini-las. Ora, uma definição gramatical não é mais do que a representação, bastante imperfeita, da coisa definida; e uma boa definição só é possível a partir de uma descrição exata do que é definido. Por toda parte nos deparamos com a dificuldade de elaborar uma boa definição, nos mais variados métodos e resumos elaborados com a intenção de auxiliar a memória. Pode-se dizer, a respeito das coisas naturais, que só está bem definido o que foi exatamente descrito, e para descrever exatamente é preciso ter visto, revisto, examinado, comparado a coisa que se quer descrever, sem preconceito e sem a ideia de um sistema, pois, do contrário, a descrição perde o caráter de verdade, único que lhe é adequado. O estilo da descrição deve ser simples, puro e comedido, não é suscetível de elevação e graça, menos ainda de floreios, tiradas ou ambiguidades. Os únicos ornamentos compatíveis com ele são a nobreza da expressão e a escolha certa dos termos apropriados.

Dos muitos autores que escreveram sobre História Natural, poucos souberam descrever bem. Representar as coisas de maneira desinteressada e nítida, sem aumentá-las ou diminuí-las e nada acrescentar a elas na imaginação, é um talento tão mais louvável quanto menos brilhante, e só se encontra nas poucas pessoas capazes da atenção necessária para acompanhar as coisas nos menores detalhes. Nada mais comum do que obras carregadas de uma nomenclatura prolixa e seca e de métodos tediosos e pouco naturais, defeitos que seus autores veem como méritos; nada mais raro do que descrições exatas, fatos novos, observações precisas.

Aldrovandi, o mais laborioso e douto de todos os naturalistas, deixou, após trabalhar por sessenta anos, volumes imensos de História Natural,

muitos deles impressos após sua morte; teriam um décimo de sua extensão, caso se suprimisse tudo o que neles há de fútil e de alheio ao assunto.[8]
Apesar dessa prolixidade, que, eu reconheço, é desestimulante, seus livros
merecem ser considerados o que de melhor há em História Natural. O
plano da obra é correto, as distribuições são sensatas, as divisões são bem
assinaladas, as descrições são bastante exatas, e, se é verdade que são monó-
tonas, têm a vantagem de ser fidedignas. Os relatos não são muito bons, e
muitas vezes são mesclados ao fabuloso; o que mostra que o autor não era
imune à credulidade.

Chamou-me a atenção na leitura desse autor um defeito ou excesso que
se encontra em quase todos os livros escritos há cem ou duzentos anos e
do qual os doutos da Alemanha ainda padecem: a quantidade de erudição
inútil com que engrossam suas obras, de sorte que o assunto de que elas
tratam é como que soterrado por uma pilha de matérias que lhe são estranhas, a respeito das quais eles raciocinam com tanto prazer e se estendem
com tanto desdém pelo leitor, que diríamos que se esqueceram do que
tinham a dizer, para falar do que os outros disseram. Posso imaginar um
homem como Aldrovandi, que, tendo concebido a ideia de fazer um com-
pêndio exaustivo de História Natural, põe-se a ler, em sua biblioteca, nesta
ordem, os antigos, os modernos, os filósofos, os teólogos, os jurascon-
sultos, os historiadores, os viajantes e os poetas, sem outro objetivo além
de registrar cada palavra e frase que tenha a mais remota relação com seu
objeto. Vejo-o copiando todas essas observações e classificando-as alfabe-
ticamente. Uma vez preenchidos numerosos blocos com anotações de toda
espécie, muitas vezes feitas a esmo e sem qualquer critério, põe-se enfim a
abordar um assunto qualquer, sem esquecer nada daquilo que coletou. Por
ocasião da história natural do galo ou do boi, ele vos contará tudo o que
já foi dito do animal, o que os antigos pensaram dele, o que se imaginou a
respeito de suas virtudes, de seu caráter e coragem, as tarefas nas quais foi
empregado, as fábulas que as mulheres piedosas contaram a seu respeito, os

---

8 Ulisse Aldrovandi, autor de obras como *Ornithologiae* (12 vols., 1599) e *De piscibus*
(5 vols., 1613). (N. A.)

milagres que lhe foram atribuídos em diferentes religiões, os amuletos de superstição por ele fornecidos, as comparações que propiciou aos poetas, os atributos conferidos a ele por certos povos, as representações em hieróglifos e em escudos – em uma palavra, todas as histórias e fábulas alguma vez imaginadas a respeito do galo ou do boi. Isso para que se tenha uma ideia do quanto de História Natural se deve esperar nesses compêndios; ou, caso o autor não tenha dividido sua obra em seções, é provável que ela seja inencontrável ou não valha a pena procurar por ela.

Nosso século corrigiu esse defeito. A ordem e a precisão com que hoje se escreve tornaram as ciências mais agradáveis e mais acessíveis, e estou convencido de que essa diferença de estilo provavelmente contribuiu tanto para seu avanço quanto o espírito de pesquisa que reina em nossos dias. Os que nos precederam pesquisavam como nós, mas amealhavam tudo o que se apresentava diante deles, enquanto rejeitamos o que nos parece pouco valioso e preferimos uma obra pequena, porém bem-composta, a um espesso volume cheio de sapiência. Mas não é porque desprezamos a erudição que devemos pensar que o espírito poderia tudo suprir e a ciência é um nome vão.

Os mais razoáveis percebem que a única e verdadeira ciência é o conhecimento dos fatos, que ela nem sempre pode ser substituída pelo espírito, e que os fatos estão para a ciência como a experiência está para a vida civil. Por isso, as ciências podem ser divididas em duas classes principais, que encerram tudo o que possa ser do interesse do conhecimento humano. A primeira é a História Civil; a segunda, a História Natural. Ambas estão fundadas em fatos cujo conhecimento é muitas vezes tão importante quanto agradável. A primeira é o estudo dos homens de Estado, a segunda, dos filósofos, e embora a utilidade desta última talvez não seja tão evidente quanto a da primeira, pode-se afirmar que a História Natural é a fonte das demais ciências físicas, e a mãe de todas as artes. Quantos remédios excelentes a medicina não extraiu de produções da Natureza outrora desconhecidas? Quantas riquezas as artes não encontraram em materiais antes menosprezados? E mais, todas as ideias das artes são modeladas em produções da Natureza. Deus criou, o homem imita; todas as invenções dos homens, devidas à necessidade ou ao conforto, não passam de imitações bastante grosseiras do que a Natureza executou com perfeição máxima.

Sem nos alongarmos, porém, sobre a utilidade a ser extraída da História Natural, seja em relação às outras ciências, seja em relação às artes, voltemos à maneira de estudá-la e de tratá-la. A descrição exata e a história fiel de cada coisa são, como dissemos, as únicas finalidades que se deve ter em vista desde o início. Fazem parte da descrição a forma, o tamanho, o peso, as cores, as posições no repouso e no movimento, a disposição das partes e suas relações, a figura, a ação e todas as funções externas. A descrição será ainda mais completa se a tudo isso se acrescentar a exposição das partes internas. Devem-se apenas evitar os detalhes excessivamente minuciosos ou a descrição detida de uma parte menos importante, em detrimento de um exame mais aprofundado das coisas essenciais e principais. A história segue-se à descrição e versa unicamente sobre as relações entre as coisas naturais e nós. A história de um animal deve ser não a história de um indivíduo, mas da espécie inteira a que ele pertence, compreendendo a geração, o tempo de gestação, o período de acasalamento, o número de filhotes, os cuidados dos pais, o gênero de educação, seu instinto, os locais por eles habitados, sua nutrição, os modos como se auxiliam uns aos outros, seus costumes, sua astúcia, seus hábitos de caça, e, em seguida, os préstimos que podem ter para nós ou a comodidade que podem nos fornecer. Caso se encontrem, no interior do corpo do animal, coisas notáveis, seja pela conformação, seja por sua eventual utilidade, devem ser acrescentadas ou à descrição ou à história. Mas seria estranho para a História Natural entrar em um exame anatômico muito detalhado, ou ao menos não é esse seu objetivo principal; tais detalhes devem ser consignados a memórias de anatomia comparada.

Esse plano geral deve ser adotado e realizado com a maior exatidão possível. Mas, para não cair na repetição frequente da mesma ordem e evitar a monotonia de estilo, deve-se variar a forma das descrições e alterar o fio da história conforme se julgue necessário. E, para tornar as descrições menos secas, que se misturem a elas alguns fatos e comparações, além de reflexões sobre os usos das diferentes partes. Em uma palavra, que se proceda de sorte que o texto não seja tedioso e não exija muita concentração.

Com relação à ordem geral e ao método de distribuição dos diferentes assuntos da História Natural, cabe dizer que são puramente arbitrários, e pode-se escolher o mais cômodo ou o mais usual. Antes, porém, de dar as razões que poderiam determinar a adoção de um método em detrimento de outro, é preciso realizar algumas reflexões, com o intuito de mostrar o que poderia haver de verdadeiro nas divisões de produtos naturais.

Para tanto, é preciso nos desfazermos, por um instante, de nossos preconceitos, e nos despojarmos, eventualmente, de nossas ideias. Imaginemos um homem que tenha se esquecido de tudo o que sabia, ou que acorde pela primeira vez para os objetos que o circundam, e coloquemos esse homem em um prado, entre animais, pássaros, plantas e pedras que se apresentam a seus olhos. De início, esse homem nada distinguirá, tudo será confuso para ele; mas deixemos que suas ideias se firmem aos poucos, através de sensações reiteradas dos mesmos objetos, e logo ele poderá formar uma ideia geral da matéria animada, distinguirá facilmente matéria animada de matéria vegetativa, e chegará naturalmente a esta grande divisão: *animal, vegetal* e *mineral*. E, por ter adquirido, ao mesmo tempo, uma ideia nítida destes objetos tão diferentes — a *terra*, o *ar* e a *água* —, não tardará a formar uma ideia particular dos animais que habitam a terra, dos que vivem na água e dos que cindem os ares, e chegará, por conseguinte, a esta segunda divisão: *animais quadrúpedes, pássaros, peixes*. Do mesmo modo no reino vegetal, onde distinguirá as árvores e plantas, seja pelo tamanho, pela substância ou pela figura. Chegará a tudo isso com uma simples inspeção, e poderá reconhecê-lo com um mínimo de atenção. Eis aí o que devemos considerar real e acatar como divisão dada pela própria Natureza. Coloquemo-nos em seguida no lugar desse homem, ou suponhamos que ele tenha adquirido tantos conhecimentos e tanta experiência como nós: logo julgará os objetos da História Natural pela relação que têm consigo mesmo. Os que lhe forem mais necessários, ou mais úteis, ocuparão a primeira posição. Na ordem dos animais, ele dará preferência ao cavalo, ao cachorro, ao boi etc., e conhecerá melhor os que lhe forem mais familiares. Em seguida, poderá se ocupar daqueles que, sem serem familiares, habitam os mesmos climas e vivem nos mesmos lugares que os primeiros, como cervos, lebres e outros animais selvagens.

Apenas depois da aquisição desses conhecimentos é que sua curiosidade será empregada para pesquisar animais de climas estrangeiros, como elefantes, dromedários etc. O mesmo vale para os peixes, os pássaros, os insetos, os moluscos, as plantas, os minerais e todas as outras produções da Natureza. Estudá-los-á quando lhe possam ser úteis, e os considerará à medida que se apresentem com mais frequência, classificando-os relativamente a essa ordem de conhecimento, que é, com efeito, aquela em que os adquiriu e na qual intenta conservá-los.

Pareceu-nos que era necessário seguir essa ordem, por ser a mais natural de todas. Nosso método de distribuição não tem nada além do que foi exposto. Partimos das divisões gerais, tais como indicadas, que nos parecem incontestáveis, e em seguida tomamos os objetos que mais nos interessam nas relações que eles têm conosco; passamos daí, pouco a pouco, até os mais afastados, que nos são estranhos. Pareceu-nos que esse modo simples e natural de considerar as coisas era preferível aos métodos mais sofisticados e mais complexos, pois nenhum deles, dos que foram feitos ou virão a sê-lo, é menos arbitrário do que este. Tudo somado, para nós é mais fácil, mais agradável e mais útil considerar as coisas em relação a nós mesmos do que sob qualquer outro ponto de vista.

Antevejo duas possíveis objeções. A primeira afirma que essas grandes divisões, que tomamos como reais, talvez não sejam exatas, e não há como ter certeza, por exemplo, de que poderíamos traçar uma linha de separação entre o reino animal e o vegetal, ou entre o vegetal e o mineral, pois se encontram na Natureza coisas que compartilham das propriedades de mais de um reino, e que, por conseguinte, não poderiam ser incluídas em nenhuma dessas divisões.

A isso eu respondo que, se existem seres metade animal, metade planta, ou metade planta, metade mineral, não os conhecemos, de sorte que a divisão é factualmente sólida e acurada. Percebe-se que quanto mais gerais as divisões, menor o risco de que se encontrem objetos cindidos ao meio, que compartilhem da natureza de coisas que elas separam. Por isso, a objeção que dirigimos às distribuições particulares não se aplica a divisões gerais como esta, sobretudo se não forem excludentes e não pretenderem compreender, sem exceção, não só todos os seres conhecidos, como também todos os que venham a ser descobertos. De resto, se prestarmos a devida atenção, veremos que nossas ideias gerais, por serem compostas de ideias particulares, são relativas a uma escala contínua de objetos, na qual só percebemos com nitidez o que está no meio; as extremidades escapam à nossa consideração, de tal modo que nos detemos apenas no grosso das coisas. Por conseguinte, não devemos crer que nossas ideias, por mais gerais que sejam, possam compreender ideias particulares de todas as coisas existentes e possíveis.

A segunda objeção afirma que, por adotarmos a ordem indicada, incorremos no inconveniente de reunir objetos bastante diferentes entre si. Na história natural dos animais, por exemplo, se começarmos pelos mais úteis e mais familiares, seremos obrigados a oferecer a história do cachorro ao lado daquela do cavalo, o que não parece natural, pois esses animais são tão diferentes um do outro que nada indica que tenham sido feitos para estar tão próximos em um tratado de História Natural; e acrescentar-se-á, talvez, que melhor teria sido seguir o antigo método da divisão dos animais em *solípedes*, *com o casco fendido* e *fissípides*, ou então o novo método da divisão pelos dentes ou mamilos etc.[9]

Essa objeção pode, à primeira vista, parecer capciosa, mas desaparece assim que é examinada. Com efeito, não é preferível arranjar os objetos, em um tratado de História Natural, mas também em um quadro, e em toda parte, na mesma ordem e posição em que costumam ser encontrados, do que reuni-los à força, em virtude de uma mera suposição? Não é preferível que o cavalo, que é solípede, seja seguido pelo cachorro, que é fissípide, e que de fato costuma acompanhá-lo, do que pela zebra, que conhecemos pouco e talvez não tenha com ele outra relação além de ser solípede? Ambos os arranjos são inconvenientes, no que se refere às diferenças. Seria o leão, que é fissípide, mais semelhante ao rato, também ele fissípide, do que o cavalo comparado ao cachorro? Um elefante solípede seria mais similar a um asno

---

9 O "antigo método" é o de Aristóteles, *História dos animais*, tradução Maria de Fátima Silva. 2 vols. São Paulo: Martins Fontes, 2014/2018; o "novo" é o de Lineu, no *Sistema da natureza*. (N. T.)

solípede do que comparado ao cervo, que tem o casco fendido? Ou, para nos servirmos do novo método, que toma os dentes e mamilos como caracteres específicos em que as divisões e distribuições estão fundadas, seria o leão mais similar ao morcego do que o cavalo ao cachorro? Ou ainda, para fazermos uma comparação mais exata, seria o cavalo mais similar ao porco do que ao cachorro, ou o cachorro mais à toupeira do que ao cavalo?[10] Como esses métodos de arranjo apresentam dificuldades pelo menos tão consideráveis quanto o nosso, e, de resto, não têm as mesmas vantagens que as suas, além de estarem muito mais afastados do modo ordinário e natural de considerar as coisas, cremos haver razões suficientes para preferi-lo aos demais, e seguir, em nossas distribuições, a mesma ordem de relações que as coisas nos parecem ter para conosco.

Não examinaremos em detalhe todos os métodos artificiais oferecidos para a divisão dos animais, pois estão todos, em maior ou menor medida, expostos aos inconvenientes de que falamos a propósito dos métodos de Botânica; além disso, o exame de um único dentre eles nos parece suficiente para revelar os defeitos dos demais. Assim, limitar-nos-emos aqui a examinar o do sr. Lineu, que é o mais recente, a fim de saber se temos razão para rejeitá-lo e nos atermos unicamente à ordem natural em que os homens estão acostumados a ver e considerar as coisas.

O sr. Lineu divide todos os animais em seis classes, a saber: *quadrúpedes, pássaros, anfíbios, peixes, insetos* e *vermes*.[11] Essa primeira divisão é, como se vê, muito arbitrária e deveras incompleta, pois não nos fornece qualquer ideia de certos gêneros de animais que são, no entanto, bastante consideráveis, como as serpentes, por exemplo, os moluscos e os crustáceos, que, à primeira vista, parecem ter sido negligenciados. Alguém diria que serpentes seriam anfíbios, crustáceos seriam insetos e moluscos seriam vermes? Se, em vez de seis classes, esse autor tivesse optado por uma dezena ou mais, e falasse em *quadrúpedes, pássaros, répteis, anfíbios, peixes cetáceos, peixes ovíparos, peixes cefalópodes, crustáceos, moluscos, insetos terrestres, insetos marinhos, insetos aquáticos,* e

---

10 Lineu, *Sistema da natureza*, 4.ed., 1744, p.65 ss. (N. A.)

11 Ibid., p.62. (N. A.)

assim por diante, ele teria sido mais claro, e suas divisões seriam mais verdadeiras e menos arbitrárias. Pois, em geral, quanto mais numerosas as divisões dos produtos naturais, mais próximo se estará da verdade, pois tudo
o que realmente existe na natureza são indivíduos; os gêneros, as ordens e
as classes existem apenas em nossa imaginação.

Se examinarmos os caracteres gerais que ele emprega, e a maneira como
realiza as divisões particulares, encontraremos outros defeitos ainda mais
essenciais. Por exemplo, para que os mamilos pudessem ser tomados como
caractere geral na divisão dos quadrúpedes, seria preciso que todos os quadrúpedes fossem dotados deles, quando se sabe, desde Aristóteles, que o
cavalo não os tem.

O sr. Lineu divide a classe dos quadrúpedes em cinco ordens: *anthropomor-
pha, ferae, glires, jumenta* e *pecora*. Essas ordens conteriam, segundo ele, todos
os animais quadrúpedes. Mas a própria exposição e enumeração dessas
cinco ordens mostra que tal divisão é não somente arbitrária, como também muito mal elaborada, visto que o autor inclui, na primeira ordem, o
homem, o macaco, a preguiça e o lagarto escamoso [ou pangolim]. Passemos à segunda ordem, que ele chama de *Ferae*, ou animais ferozes, e
começa pelo leão e o tigre, continua com o gato, a doninha, a lontra, a
foca, o cachorro, o urso, o texugo, e termina com o ouriço, a toupeira e o
morcego. Quem poderia imaginar que o nome *ferae*, em latim *animais selvagens*, ou *ferozes* em francês, poderia alguma vez ser dado ao morcego, à toupeira, ao ouriço? Ou que animais domésticos, como o cachorro e o gato,
fossem feras selvagens? Além da falta de bom senso, existe aí um equívoco
no uso das palavras. Vejamos agora a terceira ordem, dos leirões, que, para
o sr. Lineu, inclui o porco-espinho, a lebre, o esquilo, o castor e os ratos;
conheço apenas uma espécie de ratos que seja um leirão. A quarta ordem é
a dos *jumenta*, ou bestas de carga, como o elefante, o hipopótamo, o musa-
ranho, o cavalo e o porco, reunião que, de tão gratuita e bizarra, parece ter
sido concebida para ter esse efeito. Por fim, a quinta ordem, dos *pecora*, ou
gado, compreende o camelo, o cervo, o bode, o carneiro e o boi; mas quão
diferentes não são o camelo e o carneiro, o cervo e o bode? E que razão haveria para afirmar que são animais de mesma ordem, se não for pela vontade

de criar ordens, e, à custa de mantê-las pouco numerosas, incluir nelas animais de toda espécie? Se examinarmos em seguida as derradeiras divisões dos animais em espécies particulares, veremos que o lince é uma espécie de gato, a rena e o lobo são uma espécie de cachorro, o gato almiscarado é uma espécie de texugo, o porquinho-da-índia é uma espécie de lebre, o rato d'água é uma espécie de castor, o rinoceronte é uma espécie de elefante, o asno é uma espécie de cavalo etc. E tudo isso porque há relações entre o número de dentes e de mamilos desses animais, ou uma ligeira semelhança na forma de seus chifres.

Eis, portanto, sem nada omitir, ao que se reduz esse sistema da Natureza para os animais quadrúpedes. Não seria mais simples, mais natural e mais verdadeiro dizer que um asno é um asno, que um gato é um gato, do que pretender, sem nenhuma razão, que um asno é um cavalo e um gato é um lince?

Pode-se julgar por essa amostra o que não é o restante do sistema. Segundo esse autor, as serpentes são anfíbios, os lagostins são insetos da mesma ordem que as pulgas e pulgões, e todos os moluscos, crustáceos e peixes cefalópodes são vermes; as ostras, os mariscos, os ouriços e estrelas-do-mar também são vermes. O que mais é preciso para ver que todas essas divisões são arbitrárias e que esse método não tem fundamento?

Os antigos são censurados por não terem elaborado métodos, e os modernos julgam-se superiores a eles por terem feito um grande número de arranjos metódicos e dicionários, como se isso fosse suficiente para provar que os antigos não tinham tantos conhecimentos de História Natural quanto nós. Todavia, o contrário é verdadeiro; e, na sequência desta obra, não faltarão oportunidades para provar que os antigos eram muito mais avançados e instruídos, não direi em Física, mas na História Natural dos animais e minerais, e estavam muito mais familiarizados com os fatos dessa história, e têm, por isso, muito a nos ensinar com suas descobertas e observações. Deixando os exemplos em detalhes para as ocasiões devidas, indicaremos aqui razões gerais suficientes para pensar que é assim, mesmo que não houvesse provas particulares.

A língua grega, além de ser uma das mais antigas, é também a que vem sendo utilizada há mais tempo. Pelo menos desde Homero até o século

XIII ou XIV de nossa era, o grego permaneceu como língua escrita e falada, e ainda hoje, mesmo corrompido pelos idiomas estrangeiros, lembra o grego antigo, assim como o italiano lembra o latim. Essa língua, que deve ser considerada a mais perfeita e abundante de todas, alcançou, desde o tempo de Homero, um alto grau de perfeição, o que necessariamente pressupõe uma antiguidade considerável, anterior ao século desse grande poeta. A antiguidade ou novidade de uma língua pode ser avaliada pela maior ou menor quantidade de palavras e pela variedade mais ou menos nuançada de suas construções. Ora, encontram-se nessa língua nomes de uma quantidade considerável de coisas que não são denominadas em latim ou em francês, como animais exóticos (certas espécies de pássaros ou peixes) e minerais preciosos. Prova evidente de que esses objetos da História Natural eram conhecidos, e os gregos não apenas os conheciam, como tinham uma ideia precisa a seu respeito, que só pode ter sido adquirida através de seu estudo, mediante observações e anotações. Chega mesmo a ter nomes para as variações, e o que representamos com uma frase é denominado nessa língua por um único substantivo. Essa fartura de palavras, essa riqueza de expressões nítidas e precisas pressupõe ideias e conhecimentos em abundância. É óbvio que um povo que deu nomes a mais coisas do que nós conhecia mais coisas do que nós. Mas, ao contrário de nós, não elaboraram métodos e arranjos arbitrários, pois consideravam que a verdadeira ciência é o conhecimento dos fatos, e que, para adquiri-la, é preciso familiarizar-se com as produções da Natureza, dar nomes a cada uma delas, a fim de torná-las reconhecíveis, entreter-se com elas, representar ideias de coisas raras e singulares e multiplicar assim conhecimentos que, de outro modo, talvez se perdessem. Pois nada é tão passível de ser esquecido quanto o que não tem nome; e o que não é de uso comum só se preserva com o recurso às representações.

Além disso, os antigos que escreveram sobre História Natural eram grandes homens, que não se restringiram a esse estudo; tinham o espírito elevado, conhecimentos variados e profundos, tinham visões gerais. E se, à primeira vista, pode parecer que descuidavam dos detalhes, percebe-se facilmente, lendo-os com atenção, que consideravam que as pequenas coisas não mereciam o destaque que lhes tem sido dado ultimamente.[12] Apesar de todas as censuras que os modernos possam dirigir aos antigos, parece-me que Aristóteles, Teofrasto e Plínio, os naturalistas pioneiros, permanecem, sob certo aspecto, os maiores. A *História dos animais*, de Aristóteles, é provavelmente o que de melhor existe no gênero, e seria desejável que ele tivesse legado algo tão exaustivo sobre os vegetais e os minerais (os dois livros sobre plantas, que alguns atribuem a ele, não são de sua lavra).[13] É verdade que nessa época a Botânica não era uma ciência honorável; os gregos, e mesmo os romanos, não consideravam que ela teria o direito de existir à parte, e, por isso, tratavam dela relativamente à Agricultura, à Jardinagem, à Medicina e às Artes. Embora Teofrasto, discípulo de Aristóteles, conhecesse quinhentos gêneros de plantas, e Plínio cite mais de mil, se falam delas é para ensinar como cultivá-las ou porque entram no preparo de certas drogas, ou são utilizadas nas Artes ou para fins ornamentais. Em suma, consideram-nas apenas pelo lado da utilidade, e não se dignam a descrevê-las com exatidão.

Conheciam melhor a história dos animais do que a das plantas. Alexandre deu ordens para que fossem reunidos animais oriundos dos mais diversos países, e encarregou Aristóteles de observá-los, destinando para tal uma soma considerável. Sua obra dá a entender que os conhecia melhor, e a partir de princípios mais gerais, do que os conhecemos hoje. Pois, por mais que os modernos tenham acrescentado descobertas àquelas realizadas pelos antigos, não vejo obras de História Natural que possam ser perfiladas às de Aristóteles e Plínio. Tendo em vista a prevenção dos homens em relação a seu próprio século, o que poderia tornar suspeitas minhas considerações, apresentarei, em poucas palavras, o plano das obras dos autores antigos a que me refiro.

Aristóteles começa sua *História dos animais* estabelecendo diferenças e semelhanças gerais entre os diversos gêneros de animais. Em vez de

---

12 Observação dirigida contra Réaumur, *Histoire des insectes*, primeira memória, 1734. (N. T.)

13 Veja o comentário de Scaliger [*Iulii Caesaris Scaligeri in libros duos, qui inscribuntur de plantis, Aristotelis autore*, Paris, M. Vascosan, 1556]. (N. A.)

distribuí-los a partir de caracteres menores, particulares, como fazem os modernos, relata historicamente todos os fatos e observações referentes às relações gerais e caracteres sensíveis. Extrai esses caracteres da forma, da cor, do tamanho e das qualidades exteriores do animal como um todo, bem como do número e da posição de suas partes, do tamanho, do movimento e da forma de seus membros, das relações de similaridade ou diferença entre essas mesmas partes comparadas entre si, e por toda parte oferece exemplos, para ser mais bem compreendido. Considera ainda as diferenças entre os animais a partir de seu modo de vida, suas ações e costumes, habitações etc. Fala das partes comuns e essenciais a todos eles e das que podem faltar, e, com efeito, faltam, a muitas espécies. O sentido do tato, diz ele, é a única coisa que se pode considerar como necessária a todos os animais, e não deve faltar a nenhum deles. E, como esse sentido é comum a todos os animais, não é possível dar um nome à parte de seu corpo na qual residiria a faculdade de sentir. As partes mais essenciais são aquelas através das quais o animal se alimenta, as que recebem e digerem o alimento, e as que o tornam supérfluo. Examina em seguida as variedades de geração dos animais, de seus membros, e das diferentes partes que servem a seus movimentos e funções naturais. Essas observações gerais e preliminares compõem um quadro em que todas as partes são interessantes; e, como explica esse grande filósofo, se ele as apresentou sob esse aspecto, foi para dar um gosto preliminar do que se segue e despertar a atenção exigida pela história particular de cada animal, ou melhor, de cada coisa.

Aristóteles começa pelo homem e o descreve primeiro, tanto por ser o animal mais bem conhecido quanto por ser o mais perfeito. Para tornar a descrição menos seca e mais interessante, tenta extrair conhecimentos morais à medida que percorre as relações físicas do corpo humano, indicando os caracteres dos homens pelos traços de seu rosto. Se não há dúvida de que o bom conhecimento da fisionomia seria uma ciência útil, fica em aberto se ela poderia ser extraída da História Natural. Descreve o homem a partir de cada uma de suas partes, externas e internas, única descrição que pode ser considerada integral. Em vez de descrever cada animal em particular, dá a conhecê-los a partir das relações entre cada uma das partes de seu corpo e aquelas correspondentes no corpo humano. Quando descreve, por exemplo, a cabeça humana, compara a ela a cabeça de diferentes espécies de animal, e assim procede nas demais partes. À descrição do pulmão humano, refere historicamente tudo o que se sabe a respeito de pulmões de animais e oferece a história dos até então desconhecidos. Do mesmo modo, a propósito dos órgãos da geração, relata todas as variações, nos animais, de cópula, gravidez e criação; falando do sangue, faz a história dos animais que não o têm. Seguindo esse plano de comparação, onde, como se vê, o homem serve como modelo, e mencionando apenas as diferenças dos animais em relação aos homens, e de cada uma de suas partes em relação às partes deste, negligencia deliberadamente toda descrição particular, evitando assim repetições, sobreposição de fatos e palavras redundantes e inúteis. Pôde assim oferecer, em um pequeno volume, um número quase infinito de fatos diversos, e não acredito que seja possível reduzir a termos ainda mais escassos o que ele disse acerca dessa matéria, que, de resto, parece tão pouco suscetível de uma precisão como essa, que só mesmo um gênio como o seu para organizá-la com ordem e nitidez. Aos meus olhos, essa obra de Aristóteles é como uma tábua de matérias, extraída, com um máximo de cuidado, de milhares de volumes repletos de descrições e observações de toda espécie; é o mais douto apanhado jamais feito, se é que a ciência é mesmo a história dos fatos. E, supondo que Aristóteles tenha extraído de outras fontes as informações que oferece, o plano da obra, sua distribuição, a escolha dos exemplos, a justeza das comparações, o arranjo de suas ideias, que poderíamos chamar de *caráter filosófico*, não deixam a menor dúvida, nem sequer por um instante, de que ele é bem mais rico do que aqueles dos quais poderia ter tomado algo de empréstimo.

Plínio partiu de um plano bem mais grandioso e mais vasto, quis dar conta de tudo, parece ter medido a Natureza e constatado que ela era pequena demais para seu espírito. Sua *História Natural* compreende, além da história dos animais, das plantas e dos minerais, também a do céu e da terra, da medicina, do comércio, da navegação, das artes, liberais e mecânicas, a origem dos usos, enfim, todas as ciências naturais e artes humanas. O espantoso é que em cada uma das partes Plínio é igualmente grande, a elevação das ideias e a nobreza do estilo põem em relevo sua profunda erudição. Ele não só sabia tudo o que se poderia saber de seu tempo, como tinha esse pensamento arrojado que multiplica a ciência, essa reflexão fina da qual dependem a elegância e o gosto, e a facilidade de comunicar a seus leitores certa liberdade de espírito, um pensamento robusto que é o germe da Filosofia. Sua obra, tão variada quanto a Natureza, pinta-a sempre bela; se quisermos, é uma compilação de tudo o que foi escrito antes dele, uma cópia de tudo o que foi feito de excelente e de útil. Mas essa cópia tem traços tão grandiosos, essa compilação contém coisas reunidas de uma maneira tão nova, que é preferível à maioria das obras originais que tratam das mesmas matérias.

Dissemos que a história fiel e a descrição exata de cada coisa são os dois únicos objetivos que se deve ter em vista quando se começa a estudar a História Natural. Os antigos realizaram o primeiro, e provavelmente se elevaram, nessa parte, tão acima dos modernos quanto estes, na segunda parte, se destacaram em relação a eles. Os antigos souberam abordar historicamente a vida e as maneiras dos animais, o cultivo e o uso das plantas, as propriedades e os empregos dos minerais, ao mesmo tempo que parecem ter deliberadamente negligenciado as descrições. Não é que não fossem capazes de fazê-las com perfeição, mas, ao que tudo indica, não se deram ao trabalho de escrever sobre coisas que consideravam inúteis. Esse modo de pensar estava ligado a um objetivo mais geral, não era tão insensato quanto parece; na verdade, não poderiam ter pensado de outro modo. Sua prioridade era a concisão: só incluíam em suas obras os fatos essenciais e úteis, pois não dispunham, como nós, da imprensa, que oferece a possibilidade de aumentar o tamanho dos livros a seu bel-prazer. Além disso, voltavam todas as ciências para o lado da utilidade, e concediam bem menos do que nós à vã curiosidade. Tudo o que não fosse interessante para a sociedade, para a saúde e as artes, era negligenciado, tudo era referido ao homem moral, e, aos seus olhos, o que não tinha uso era indigno de sua ocupação. Um inseto inútil, cujas manobras são admiradas por nossos observadores, uma erva cujos estames são observados pelos botânicos embora destituída de qualidades medicinais, não eram para eles mais do que um inseto ou uma erva. Basta lembrar o livro XXVII de Plínio, *Reliqua herbarum genera*, onde ele

reúne as ervas que lhe parecem desimportantes e contenta-se em nomeá-
-las em ordem alfabética, indicando apenas seus caracteres mais gerais e
usos medicinais. Tudo isso se explica pelo desinteresse dos antigos pela
Física; ou, para sermos mais exatos, como não tinham uma ideia disso que
chamamos de Física particular e experimental, não pensavam que o exame
escrupuloso e a descrição exata de todas as partes de uma planta ou animal
pudesse trazer algum benefício, pois não viam nenhuma relação entre isso
e a explicação dos fenômenos da Natureza.

Mas esse objeto é o mais importante de todos, e não se deve imaginar
que o estudo da História Natural deva se limitar unicamente à realização de
descrições exatas e à asseveração de fatos particulares. É verdade, como dissemos, que tal é a finalidade essencial a ser proposta de início; mas é preciso
tentar se elevar a algo mais grandioso e ainda mais digno de nossa ocupação,
a saber: a combinação de observações, a generalização dos fatos, sua ligação
em conjunto pela força das analogias, para tentar chegar ao elevado grau de
conhecimentos a partir do qual se torna possível julgar os efeitos particulares como dependentes de efeitos mais gerais, comparar a Natureza consigo
mesma em suas operações, e, por fim, abrir rotas para o aperfeiçoamento das
diferentes partes da Física. Uma memória abrangente e uma atenção assídua
são o suficiente para realizar o primeiro objetivo; quanto ao segundo, é preciso mais, uma visão geral, um golpe de vista firme e um raciocínio formado
pela reflexão mais do que pelo estudo. É preciso, enfim, ter essa qualidade
do espírito que nos permite apreender as relações mais distantes, reuni-las
e formar com elas um corpo de ideias razoadas, uma vez apreciadas com
acuidade as semelhanças e pesadas com exatidão as probabilidades.

É então que se faz necessário um método para conduzir o espírito. Mas
não aquele de que já falamos, que serve apenas para arranjar as palavras arbitrariamente, mas sim do método que sustenta a própria ordem das coisas,
guia nosso raciocínio, esclarece nossa visão, estende-a e impede que nos
extraviemos.

Os maiores filósofos perceberam a necessidade desse método e pretenderam oferecer seus princípios e aplicação; enquanto alguns nos deixaram
apenas a história de seus pensamentos, outros nos deram a fábula de sua

imaginação. E, se houve quem se elevasse ao cume da Metafísica, a partir do qual os princípios, as relações e o conjunto das ciências podem ser vislumbrados, nenhum chegou a nos transmitir suas ideias a respeito ou nos deu conselhos; com isso, o método para bem conduzir o próprio espírito nas ciências resta por ser encontrado. Na falta de preceitos, utilizaram-se exemplos, em lugar de princípios empregaram-se definições, em vez de fatos averiguados, foram feitas suposições ao acaso.

Mesmo em nosso século, quando as ciências parecem ser cultivadas com afinco, percebe-se facilmente que a Filosofia é negligenciada, talvez mais do que em qualquer outro: as artes ditas científicas ocuparam seu lugar; os métodos de Cálculo e Geometria, de Botânica e História Natural, as fórmulas e dicionários estão por toda parte. Imagina-se que se sabe mais, só porque aumentou o número de expressões simbólicas e fórmulas doutas, e não se dá nenhuma atenção ao fato de que todas essas artes são caminhos para a ciência, e não a ciência mesma, só devem ser empregadas quando forem imprescindíveis, e talvez não nos sirvam, quando quisermos aplicá-las ao edifício.

A verdade, essa entidade metafísica de que todos creem ter uma ideia clara, parece-me estar misturada a um número tão grande de objetos estranhos a ela, e que recebem essa alcunha, que causa espanto que ainda sejamos capazes de reconhecê-la. Os preconceitos e falsas aplicações se multiplicaram à medida que nossas hipóteses se tornaram mais doutas, mais abstratas e mais trabalhadas; tornou-se por isso mais difícil do que nunca reconhecer aquilo que podemos saber, e distingui-lo nitidamente do que devemos ignorar. Que as reflexões seguintes possam servir de alerta a respeito.

A palavra *verdade* produz no espírito apenas uma ideia vaga. Ela nunca foi definida com precisão, e mesmo a melhor definição, tomada em sentido geral e absoluto, não passa de uma abstração, que só existe em virtude de uma suposição. Assim, em vez de elaborar uma definição da verdade, tentemos fazer uma enumeração, examinemos de perto isso que costumamos chamar de *verdades*, e vejamos se é possível formar ideias nítidas a seu respeito.

Existem diferentes espécies de verdade, e, por mais que tenhamos o costume de considerar as verdades matemáticas como de primeira ordem, são elas, contudo, meras verdades de definição. Essas definições dizem respeito a suposições simples, porém abstratas, e todas as verdades desse gênero são consequências compostas, sempre abstratas, de tais definições. Fizemos as suposições, combinamo-las de todas as maneiras possíveis, esse corpo de combinações é a ciência matemática. Portanto, não há nessa ciência nada além do que introduzimos nela, e as verdades que ela fornece são diferentes expressões sob as quais se apresentam as suposições que empregamos. As verdades matemáticas são assim meras repetições exatas de definições ou suposições. A derradeira consequência é verdadeira por ser idêntica àquela que a precede, que por sua vez é idêntica à que a precedeu, e assim por diante, remontando até a primeira suposição. E, como as definições, únicos princípios sobre os quais todo o resto é estabelecido, são arbitrárias e relativas, as consequências que se podem extrair delas são arbitrárias e relativas. Por isso, as chamadas *verdades matemáticas* reduzem-se a identidades de ideias, e não têm nenhuma realidade. Supomos, raciocinamos sobre suposições, extraímos consequências, concluímos; e a conclusão ou consequência derradeira é uma proposição verdadeira relativamente a nossa suposição: mas essa verdade não é mais real do que a suposição mesma. Não é este o lugar para nos estendermos acerca dos usos das ciências matemáticas, e tampouco sobre seu abuso; é suficiente para nós ter provado que as verdades matemáticas são verdades de definição, ou, se se preferir, diferentes expressões da mesma coisa, e só são verdades relativamente a essas mesmas definições, feitas por nós. Por essa razão, se elas têm a vantagem de ser sempre exatas e demonstrativas, também são abstratas, intelectuais e arbitrárias.

As verdades físicas, ao contrário, não têm nada de arbitrário e não dependem de nós, pois não estão fundadas em suposições de nossa lavra, mas se apoiam em fatos. Uma sequência de fatos similares, ou, se quisermos, uma repetição frequente e uma sucessão ininterrupta dos mesmos eventos, tal é a essência da verdade física. O que se chama de *verdade física* nada mais é, portanto, do que uma probabilidade, mas tão grande que equivale a uma certeza. Na Matemática supõe-se; em Física, põe-se e se estabelece: ali, temos definições, aqui, fatos: nas ciências abstratas, vai-se de definição em definição, nas ciências reais, caminha-se de observação em observação; nas primeiras, chega-se a uma evidência, nas últimas, à certeza. A palavra *verdade* compreende a ambas, e responde, por conseguinte, a duas ideias diferentes, sua significação é vaga e composta, e por isso não é possível defini-la em geral, mas é preciso, como fizemos, distingui-la em gêneros, a fim de formar uma ideia nítida a seu respeito.

Não falarei de verdades de outras ordens, como as morais, por exemplo, que são em parte reais, em parte arbitrárias, e exigem uma longa discussão, que nos desviaria de nosso objetivo, tendo em vista que se referem exclusivamente a probabilidades e afinidades.[14]

Portanto, a evidência matemática e a certeza física são os dois únicos pontos a partir dos quais temos de considerar a verdade. À medida que ela se afaste de um ou de outro, será mera semelhança e probabilidade. Examinemos agora o que podemos saber a título de ciência evidente ou certa, e vejamos depois o que só podemos conhecer através de conjectura, e determinemos, por fim, o que devemos ignorar.

Conhecemos ou podemos conhecer, a título de ciência evidente, todas as propriedades, ou antes, todas as relações entre números, linhas, superfícies e demais quantidades abstratas, e podemos conhecê-las de maneira mais completa à medida que nos aplicamos a resolver novas questões, e mais segura à medida que identificamos as causas das dificuldades. Como somos os criadores dessa ciência, e não introduzimos nela nada além do que nós mesmos imaginamos, ela não poderia conter nem paradoxos nem obscuridades reais ou impossíveis de solucionar; uma solução sempre pode ser encontrada, através do cuidadoso exame dos princípios pressupostos e da observação dos passos dados para chegar a eles. E, como as combinações entre esses princípios e o modo de empregá-los são inúmeros, há nas Matemáticas um campo de imensa extensão de conhecimentos adquiridos e a adquirir, que pode ser cultivado a nosso bel-prazer, e no qual colheremos verdades em abundância.

---

14 Parágrafo censurado na primeira edição, devido à introdução de certo relativismo moral. (N. T.)

Mas essas verdades seriam meramente especulativas, simples curiosidades desprovidas de utilidade, se não houvesse meios de associá-las às verdades físicas. Antes de considerar as vantagens dessa união, vejamos o que se pode esperar de um saber desse gênero.

O fundamento de nossos conhecimentos físicos são os fenômenos que se oferecem todos os dias aos nossos olhos, sucedem-se e se repetem ininterruptamente e sem exceção. Para haver certeza ou verdade, é suficiente que uma coisa aconteça sempre do mesmo modo; todos os fatos da Natureza observados por nós são verdadeiros; assim, para aumentar o número de verdades, basta multiplicar nossas observações. Quanto a isso, o único limite de nossa ciência são as fronteiras do universo.

Mas se, após termos confirmado os fatos mediante observações reiteradas e estabelecido novas verdades através de experimentos exatos, buscamos pelas razões desses mesmos fatos, pelas causas desses efeitos, e somos detidos em nossa marcha, limitamo-nos então a deduzir efeitos particulares a partir de outros, mais gerais: as causas permanecem, e permanecerão desconhecidas, pois nossos sentidos, eles mesmos efeitos de causas que desconhecemos, só podem nos dar ideias de *efeitos*, jamais de causas, e tudo o que nos resta é chamar de causa um efeito geral e renunciar a todo outro conhecimento.

Para nós, esses efeitos gerais são verdadeiras leis da Natureza. Todos os fenômenos que reconhecermos como relativos a essas leis e dependentes delas são fatos explicados e verdades adquiridas; os que não podem ser remetidos a elas são fatos que se devem pôr em suspenso, até que um número maior de observações e uma experiência mais extensa mostrem outros fatos e revelem a causa física, ou seja, o efeito geral do qual esses efeitos particulares derivam. É então que a união das duas ciências, a Matemática e a Física, se mostra profícua: uma oferece o *quanto*, a outra o *como* das coisas. E, como se trata aí de combinar e avaliar probabilidades para julgar se um efeito depende mais de uma causa do que de outra, quando tiverdes imaginado na Física o *como*, ou seja, quando tiverdes visto que um efeito depende de certa causa, podereis em seguida aplicar o cálculo para verificar o *quanto* esse efeito combina com essa causa: se constatardes que o resultado concorda com as observações, a probabilidade, que avaliastes como justa, tornar-se-á tão alta, a ponto de ser uma certeza, mas, sem esse recurso, ela seria mera probabilidade.

É verdade que essa união entre as Matemáticas e a Física ocorre a propósito de pouquíssimos objetos. É preciso, para tanto, que os fenômenos que queremos explicar sejam suscetíveis a uma consideração abstrata, e sejam, por natureza, desprovidos de quase todas as qualidades físicas; pois, caso fossem minimamente compostos, o cálculo não se aplicaria a eles. A mais bela e feliz aplicação já feita se deu no sistema do mundo. Pois se é verdade que, se Newton nos tivesse dado apenas as ideias físicas de seu sistema, sem tê-las apoiado em avaliações precisas e matemáticas, elas provavelmente não teriam a força que têm, deve-se observar, ao mesmo tempo, que há poucos objetos tão simples ou tão desprovidos de qualidades físicas como este. A distância entre os planetas é tão grande que podemos considerá-los, uns em relação aos outros, como se fossem pontos; e podemos, ao mesmo tempo, sem risco de nos enganar, fazer abstração das qualidades físicas de cada um deles, e considerar apenas sua força de atração. Seus movimentos são então os mais regulares que conhecemos, e não sofrem nenhuma resistência. Tudo isso concorre para que a explicação do mundo possa ser tomada como um problema matemático, que, para ser resolvido, não exige mais do que uma concepção física acertada. Essa ideia consiste em pensar que a força que faz cair os graves na superfície da Terra poderia ser a mesma que retém esse planeta em sua órbita.

Todavia, eu repito, há poucos objetos em Física aos quais as ciências abstratas possam ser aplicadas de modo tão vantajoso. Parece-me que sua utilidade se restringe à Astronomia e à Ótica: à Astronomia, pelas razões expostas, e, à Ótica, pois, como a luz é um corpo quase infinitamente pequeno, cujos efeitos operam em linha reta com velocidade quase infinita, suas qualidades são quase matemáticas, o que explica o êxito parcial da aplicação a ele do cálculo e das medidas geométricas. Não falarei aqui da Mecânica, pois a Mecânica *racional* é em si mesma uma ciência matemática e abstrata, da qual a Mecânica prática, ou arte de elaborar e fabricar máquinas, toma de empréstimo um único princípio, que permite julgar todos os efeitos fazendo-se abstração do choque e de outras qualidades físicas.

Parece haver uma espécie de abuso na maneira como a Física experimental é professada, pois o objeto dessa ciência não é, de modo algum, aquele que costuma ser atribuído a ela. A demonstração dos efeitos mecânicos, como a potência das alavancas e polias, o equilíbrio dos sólidos e fluidos, o efeito dos planos inclinados e forças centrífugas etc., pertence inteiramente às Matemáticas e pode ser apreendida com evidência pelos olhos do espírito, o que torna supérflua sua representação para os olhos do corpo. O verdadeiro objetivo dessa ciência é outro, consiste em realizar experimentos com todas as coisas que não possam ser medidas pelo cálculo, todos os efeitos cujas causas ainda não conhecemos, e todas as propriedades cujas circunstâncias ignoramos. Apenas assim podemos chegar a novas descobertas; mas a demonstração dos efeitos matemáticos jamais poderia nos ensinar aquilo que já sabemos.

Esse abuso, porém, não é nada, se comparado aos inconvenientes que decorrem da tentativa de aplicar a Geometria e o cálculo a objetos de Física demasiadamente complicados, objetos cujas propriedades não conhecemos o bastante para poder medi-las. Em tais casos, vemo-nos obrigados a fazer suposições invariavelmente contrárias à Natureza, a despojar o objeto da maioria de suas qualidades e criar uma entidade abstrata sem qualquer correspondência com o ser real. Após termos aplicado exaustivamente o raciocínio e o cálculo às relações e propriedades desse ser abstrato, chegamos a uma conclusão também abstrata e transportamos esse resultado ideal para o objeto real, produzindo uma infinidade de consequências e erros falsos.

Tal é o ponto mais delicado e mais importante no estudo das ciências: saber distinguir o que há de real em um objeto e o que se introduz em sua observação, reconhecer claramente quais propriedades lhe pertencem e quais lhe atribuímos. Parece-me residir nisso o fundamento do verdadeiro método de condução do espírito nas ciências. Se esse princípio fosse mantido sempre em vista, não se dariam passos em falso, não se incorreria em erros que, por serem doutos, muitas vezes são aceitos como verdades, ver-se-iam desaparecer, das ciências abstratas, os paradoxos e questões insolúveis, reconhecer-se-iam os preconceitos e incertezas que introduzimos nas ciências reais, haveria consenso a respeito da Metafísica das ciências, cessariam as disputas e os homens marchariam juntos, na trilha da experiência, para enfim chegar ao conhecimento de todas as verdades que são da alçada do espírito humano.

Em se tratando de objetos complicados demais para que se aplique a eles o cálculo e as medidas, como é o caso de quase todos os da História Natural e da Física particular, parece-me que o verdadeiro método para a condução do espírito nas pesquisas é recorrer a observações, reuni-las, realizar outras, em número considerável, para nos assegurar da verdade dos principais fatos, e restringir a aplicação do método matemático à avaliação da probabilidade das consequências que podem ser extraídas dos fatos. Acima de tudo, é preciso generalizar e distinguir bem os fatos essenciais dos acessórios, em relação ao objeto em consideração. É preciso, por fim, ligá-los entre si mediante analogias, confirmar ou desmentir, por meio de experiências, os pontos equívocos, formar um plano de explicação baseado na combinação de todas essas relações e apresentá-las na ordem mais natural. Essa ordem pode ser obtida de dois modos: remontando dos efeitos particulares aos efeitos mais gerais, ou descendo do geral ao particular. Ambos são bons, e a escolha de um ou outro depende mais do gênio do autor do que da natureza das coisas, que podem ser tratadas igualmente bem de ambas as maneiras. Ilustramos a aplicação desse método nos discursos a seguir, sobre *A teoria da Terra*, *A formação dos planetas* e *A geração dos animais*.[15]

---

15 Omitiu-se desta tradução o discurso sobre a formação dos planetas. (N. T.)

Segundo discurso
História e teoria da Terra[*]

Vidi ego, quod fuerat quondam solidissima tellus,
Esse fretum; vidi fractas ex aequore terras;
Et procul à pelago conchae jacuere marinae,
Et vetus inventa est in montibus anchora summis;
Quodque fuit campus, vallem decursus aquarum
Fecit, et eluvie mons est deuctus in aequor.

Ovídio, *Metamorfoses*, livro XV[1]

Este discurso[2] não trata da figura da Terra, de seus movimentos, tampouco de suas relações com outras partes do universo; o que nos propomos é examinar sua constituição interna, sua forma e matéria. A história geral da Terra deve preceder a história particular de suas produções, e os detalhes dos fatos singulares relativos à vida e às maneiras dos animais e ao cultivo e crescimento das plantas talvez sejam menos da alçada da História Natural do que os resultados gerais das observações sobre as diferentes matérias relativas ao globo terrestre, como as saliências, profundezas e irregularidades de sua forma, os movimentos dos mares, a direção em que as montanhas se erguem, a posição das cordilheiras, a velocidade e os efeitos das correntezas marítimas etc. Eis a Natureza em grande escala; tais são suas principais

---

[*] Tomo I, 1749, p.65-124.

1 "Eu vi tornar-se mar/ o que um dia foi terra mais firme; vi terras formadas a partir/ do mar. Há depósitos de conchas marinhas distantes do mar,/ e foi encontrada uma velha âncora no cimo de um monte./ A água corrente escavou um vale onde era uma veiga;/ um morro foi aplanado por uma torrente." (Tradução de Domingos Lucas Dias. São Paulo: Editora 34, 2017). (N. T.)

2 Foram omitidas da tradução as numerosas notas que remetem às *Provas da teoria da Terra* no mesmo t.I. (N. T.)

43

Alegoria: "Da formação dos planetas" (1749)

operações, que influenciam todas as outras. A teoria desses efeitos é uma ciência primeira da qual dependem tanto a inteligibilidade dos fenômenos particulares quanto o conhecimento exato das substâncias terrestres. E, caso se queira dar a essa parte das ciências naturais o nome de Física, o que seria uma Física da qual os sistemas foram banidos, senão uma História Natural?

Em se tratando de objetos demasiadamente extensos, cujas relações não se deixam reunir com facilidade, em que os fatos são em parte desconhecidos, e, quanto ao resto, incertos, é mais fácil imaginar um sistema do que oferecer uma teoria. Até aqui, a teoria da Terra foi tratada de maneira hipotética e vaga. Por isso, passarei rapidamente pelas ideias originais que alguns autores tiveram a respeito.

O primeiro deles,[3] mais engenhoso do que razoável, astrônomo adepto do sistema de Newton, aborda todos os eventos possíveis acerca do curso e direcionamento dos astros, e, com o auxílio de um cálculo matemático, explica, a partir da cauda do cometa, todas as alterações sofridas pelo globo terrestre.

O segundo,[4] teólogo heterodoxo, com a cabeça cheia de visões poéticas, acredita ter visto a criação do universo, e, ousando adotar o estilo profético, após ter dito o que era a Terra, ao sair do nada, o que foi alterado pelo dilúvio, e o que ela é hoje, prediz o que ela será, mesmo após a destruição do gênero humano.

Um terceiro,[5] a bem da verdade mais observador que os outros, mas tão desregrado quanto eles no que se refere às ideias, explica os principais fenômenos da Terra a partir das imensas profundezas de um líquido contido nas entranhas do globo. De acordo com ele, a superfície da Terra é uma crosta superficial, bastante fina, que serve de revestimento a esse fluido.

Todas essas hipóteses, feitas ao acaso, erguidas sobre fundações ruinosas, em nada contribuíram para esclarecer as ideias; ao contrário, confundiram os fatos. A fábula foi misturada à Física; e não admira que esses sistemas só tenham sido aceitos pelos crédulos, incapazes que são de identificar as

---

3 William Whiston, *A New Theory of the Earth* (1696). (N. A.)
4 Thomas Burnet, *Telluris theoria sacra* (2v., 1681; 1689). (N. A.)
5 John Woodward, *An Essay Toward a Natural History of the Earth* (1695). (N. A.)

nuances próprias do verossímil, mais deslumbrados com o maravilhoso do que impressionados diante do verdadeiro.

O que teremos a dizer acerca da Terra será, sem dúvida, bem menos extraordinário, e poderá parecer banal em comparação aos grandes sistemas a que nos referimos. Mas não se deve esquecer que o historiador é feito para descrever e não para inventar; que não pode se permitir nenhuma suposição; e que, se utiliza a imaginação, é apenas para combinar as observações, generalizar os fatos e, a partir disso, formar um conjunto que ofereça ao espírito uma ordem metódica de ideias claras e relações ordenadas e verossímeis. Digo verossímeis, pois em tal matéria não se deve esperar por demonstrações exatas: elas só existem nas ciências matemáticas, e nossos conhecimentos de Física e História Natural dependem da experiência e se restringem a induções.

Comecemos, portanto, demonstrando o que a experiência de todos os tempos e nossas próprias observações nos ensinam a respeito da Terra. Em sua superfície, esse globo imenso nos oferece alturas e profundezas, planícies e mares, pântanos e rios, cavernas, precipícios e vulcões. A uma primeira inspeção, não descobrimos nisso tudo uma regularidade, uma ordem. Penetrando em seu interior, encontramos metais, minerais, pedras, betumes, areias, terras, águas e materiais de toda espécie, dispostos como que ao acaso e sem qualquer regra aparente. Examinando com mais atenção, vemos montanhas desabadas,[6] rochedos fendidos e desgastados, terras arrasadas, ilhas recém-surgidas, faixas de terra submersas, cavernas fechadas; encontramos materiais pesados sobrepostos a materiais leves, corpos duros cercados por substâncias moles, materiais secos ou úmidos, quentes ou frios, sólidos ou maleáveis, misturados uns aos outros, em uma espécie de confusão que nos oferece a imagem de um amontoado de detritos e de um mundo em ruínas.

Mas o fato é que habitamos essas ruínas, e com inteira segurança. As gerações de homens, animais e plantas se sucedem sem interrupção; a terra fornece subsistência abundante; o mar tem seus limites e suas leis, aos quais

---

6 Sêneca, *Quaestiones*, VI, 21; Estrabão, *Geografia*, I, 3; Paulo Orósio, *Histoires contre les Païens*, II, 18; Plínio, *História Natural*, II, 19; *Histoire de l'Académie des Sciences*, 1708, p.23. (N. A.)

seus movimentos se submetem; o ar tem correntezas regulares; as estações têm ciclos periódicos e certos; os campos verdes sucedem às geadas. Tudo nos parece em perfeita ordem. A Terra, que antes se assemelhava a um caos, tornou-se um delicioso repouso onde reinam a calma e a harmonia, e tudo é animado e conduzido por uma potência e uma inteligência que nos enchem de admiração, elevando-nos até o Criador.

Não nos apressemos, portanto, em nos pronunciar acerca da irregularidade que vemos sobre a face da Terra e a aparente desordem que encontramos em seu interior. Vê-se aí uma utilidade, e mesmo uma necessidade. Se prestarmos mais atenção, pode ser que encontremos uma ordem da qual não suspeitávamos, e relações gerais que não percebíamos em um primeiro relance de olhos. A verdade é que, em relação a isso, nossos conhecimentos permanecem limitados. Não conhecemos o suficiente acerca da face do globo, ignoramos boa parte do que se encontra no fundo dos mares, nem sequer sondamos suas profundezas. Não penetramos além da crosta do solo, e mesmo as maiores cavidades[7] e minas mais profundas[8] não ultrapassam um milésimo oitavo de seu diâmetro total. Só podemos julgar a respeito da camada externa, superficial; desconhecemos por completo o interior da massa. Sabemos que, em termos de volume e densidade, a Terra pesa quatro vezes mais do que o Sol; dispomos também da estimativa de seu peso em relação ao daquele dos outros planetas. Mas trata-se de uma estimativa parcial. Falta-nos a unidade comum de medida, pois desconhecemos o peso real da matéria, de sorte que, para nós, é indiferente se o interior da Terra é vazio ou preenchido por um material mil vezes mais pesado do que o ouro. Se tanto, podemos formar a respeito umas poucas conjecturas razoáveis.

Por isso, devemos nos restringir ao exame e descrição da superfície da Terra e da exígua camada interna que conseguimos penetrar. A primeira coisa que se apresenta é a imensa quantidade de água que recobre a maior parte do globo. Essas águas ocupam partes rebaixadas em relação à

---

7 Veja *Philosophical Transactions of the Year 1700*, Londres: Royal Society, 1722, v.II, p.323. (N. A.)

8 Boyle, *Philosophical Works*, 1725, III, p.232. (N. A.)

superfície, mantêm-se em nível e tendem ao equilíbrio e ao repouso. Vemos que elas são, no entanto, agitadas por uma potência considerável, que, opondo-se à tranquilidade desse elemento, imprime a ele um movimento periódico e regular, eleva e abaixa alternadamente as marés e promove um balanço geral da massa dos mares como um todo, remexendo-os a partir das profundezas. Sabemos que esse movimento ocorre desde sempre, e continuará a ocorrer enquanto existirem a Lua e o Sol, que são suas causas.

Considerando em seguida o fundo dos mares, observamos tantas irregularidades quanto na superfície da Terra. Encontramos elevações, vales, planícies, abismos, rochedos, terrenos de toda espécie.[9] Vemos que as ilhas são cumes de vastas montanhas, cujo pé e cujas raízes se encontram imersos no elemento líquido;[10] já outros cumes estão quase à flor da superfície. Observamos rápidas correntezas, que parecem extrair sua força do impulso do movimento geral. Vemos que às vezes elas seguem uma única direção,[11] em outras têm movimento retrógrado, mas nunca excedem certos limites, que parecem tão invariáveis quanto os que constrangem o fluxo dos rios. Aqui, climas tempestuosos, em que a fúria dos ventos precipita a tempestade, o mar e o céu, igualmente agitados, chocam-se e se confundem; ali, movimentos intestinos, agitações,[12] trombas e outras perturbações extraordinárias, causadas por vulcões cujas crateras submersas expelem o fogo do seio das ondas e elevam às nuvens um espesso vapor, misturado a água, enxofre e betume. Vejo ao longe esses abismos, dos quais não ousamos nos aproximar, que parecem emitir vapores apenas para engoli-los de novo; mais além, percebo essas vastas planícies, calmas e tranquilas, porém não menos perigosas, em que os ventos não exercem seu império, a arte do navegador torna-se inútil e a única alternativa é ficar parado e esperar pelo fim. Elevando os olhos às extremidades do globo, vejo as enormes geleiras

---

9 Veja o sr. Buache, *Carte de la partie de l'océan vers l'equateur entre les côtes d'Afrique et d'Amérique*, Paris, 1737. (N. A.)

10 Veja Varenius, *Geographia generalis*, Nápoles, 1715, p.218. (N. A.)

11 Ibid., p.140; e também Varenius, *Voyage de François Pirard*, Paris, 1619, I, p.137. (N. A.)

12 Veja Shaw, *Voyage dans plusieurs provinces de la Barbarie et du Levant*, Paris, 1743, II, p.56. (N. A.)

que se desprendem dos continentes polares e, como se fossem montanhas flutuantes, vêm se derreter nas regiões temperadas.[13]

Tais são os principais objetos que compõem o vasto domínio dos mares. Centenas de habitantes de diferentes espécies povoam sua extensão. Alguns, recobertos por escamas leves, cruzam com rapidez as diferentes regiões; outros, envoltos por um espesso casco, arrastam-se pesadamente e marcam com lentidão sua rota sobre a areia; outros ainda, aos quais a Natureza deu nadadoras em forma de asas, servem-se destas para se elevar aos ares; por fim, há aqueles aos quais foi recusado todo movimento, e crescem e vivem grudados a rochedos. Todos eles encontram sua nutrição nesse elemento. O fundo do mar produz plantas, musgos e vegetais em abundância. O terreno é feito de areia ou cascalho, às vezes de lodo, outras de terra, conchas e rochedos; por toda parte, assemelha-se à superfície que habitamos.

Viajemos agora pela parte seca do globo. Que prodigiosa diferença entre os climas! Que variedade de terrenos! Que oscilações de altura! Mas, se observarmos com atenção, veremos que as grandes cadeias de montanhas estão mais próximas do equador do que dos polos; que no Velho Mundo elas se estendem de preferência do Oriente para o Ocidente, enquanto no Novo Mundo vão do Norte para o Sul. Mais notável ainda é que a forma dessas montanhas e seus contornos, embora pareçam totalmente irregulares, têm, contudo, direções constantes, correspondentes entre si,[14] de sorte que os ângulos salientes de uma montanha se encontram sempre opostos aos ângulos reentrantes da montanha vizinha, separada dela por um vale ou por uma fenda. Observo ainda, que colinas opostas costumam ter praticamente a mesma altura, e as montanhas em geral ocupam a região central dos continentes, a extensão de ilhas, promontórios e outras porções de terra sobressalentes.[15] Acompanho a direção dos rios e vejo que costuma ser quase perpendicular à costa do mar em que desembocam, e, no mais das vezes, seu curso acompanha a disposição das mesmas montanhas em

---

13 Veja o mapa da expedição de Bouvet, desenhado pelo sr. Buache em 1739. (N. A.)

14 Veja Bourguet, *Lettres philosophiques sur la formation des sels et des crystaux*, Amsterdam: F. L. Honoré, 1729, p.181. (N. A.)

15 Veja Varenius, *Geographia*, p.69. (N. A.)

que se originam. Examinando em seguida as costas marinhas, constato que costumam ser limitadas por rochedos, mármores e outras pedras duras, ou por terras e areias que se acumularam ou foram trazidas até ali pelos rios, e observo que as costas vizinhas, separadas delas por cerca de um braço de mar, são compostas pelos mesmos materiais, e os leitos de terra são os mesmos, tanto de um lado como de outro. Vejo que os vulcões são sempre bastante altos, que um bom número deles se extinguiu, que pode haver comunicações subterrâneas entre dois ou mais vulcões,[16] e suas erupções podem ocorrer ao mesmo tempo. Percebo uma correspondência similar a essa entre lagos e mares vizinhos. Aqui, rios e torrentes[17] que parecem se precipitar nas entranhas da terra; ali, um verdadeiro mar interior, para o qual conflui uma miríade de rios, trazendo de toda parte um enorme volume de água, sem que, contudo, esse imenso lago aumente: ele parece devolver, por vias subterrâneas, tudo o que recebe das margens. Mais à frente, não tenho dificuldade para reconhecer terras outrora habitadas, distinguindo--as das localidades intocadas em que o solo é rústico, os rios estão repletos de cataratas, as terras são parcialmente submersas, pantanosas, ou, ao contrário, áridas, a distribuição de água é irregular, e florestas virgens recobrem a superfície de solos que poderiam ser férteis.

Descendo aos detalhes, vejo que a primeira camada que recobre o globo é formada uniformemente pela mesma substância; que essa substância, que promove o crescimento e a nutrição dos vegetais e animais, é, em si mesma, um composto de partes animais e partes vegetais degradadas, ou antes reduzidas a pequenas partículas que outrora pertenceram a seres organizados. Penetrando mais fundo, vejo a terra propriamente dita, camadas de areia, carvão, argila, conchas, mármore, cascalho, calcário, gesso etc., e observo que elas se dispõem sempre paralelamente umas em relação às outras,[18] e cada uma mantém a mesma espessura ao longo de sua extensão. Vejo, nas

---

16 Kircher, *Mundus subterraneus in XII libros digestus*, Amsterdam, 1668, prefácio. (N. A.)

17 Varenius, *Geographia*, p.43. (N. A.)

18 Veja Woodward, *Géographie physique, ou Essai sur l'histoire naturelle de la Terre*, p.41 ss. (N. A.) [Tradução francesa de *An Essay towards the Natural History of the Earth*, publicada em 1735. (N. T.)]

colinas vizinhas, que os mesmos materiais se encontram no mesmo nível, ainda que tais colinas sejam separadas por intervalos profundos e consideráveis. Observo que nos leitos de terra, e mesmo nas camadas mais sólidas, formadas por rochas, mármore e outras pedras, há fendas perpendiculares ao horizonte, regra esta que a Natureza segue tanto nas maiores como nas menores profundezas. E mais, vejo que, no interior da Terra, sobre os montes e em locais mais afastados do mar, encontram-se conchas, esqueletos de peixes e fósseis de plantas marinhas que em nada diferem dos que atualmente vivem nos mares, e são, de fato, iguais a eles. Observo que essas conchas petrificadas são encontradas em prodigiosa quantidade, em uma infinidade de locais, incrustadas nas rochas e em outras massas sólidas de mármore ou pedra dura; e mais, que elas estão incorporadas a esses materiais, petrificadas, e são preenchidas pela substância que as cerca. Por fim, a observação reiterada me convence de que mármore, pedras, argila, areia e quase todos os materiais do solo estão repletos de conchas e outros detritos[19] marinhos, por toda a superfície da Terra, em todos os lugares nos quais observações exatas foram realizadas.

Posto isso, raciocinemos.

As alterações sofridas pelo globo terrestre nos últimos dois ou três mil anos são deveras insignificantes, se comparadas às revoluções que devem ter ocorrido nos primeiros tempos após a Criação. É fato demonstrável que os materiais terrestres só adquiriram solidez graças à atuação contínua da gravidade e de outras forças que aproximam e reúnem as partículas da matéria, o que leva a crer que a superfície da Terra teria sido de início bem menos sólida do que veio a se tornar, e, por conseguinte, que as mesmas causas que, nos últimos séculos, têm produzido alterações quase insensíveis, devem ter produzido em poucos anos revoluções consideráveis. Com efeito, parece certo que as porções do globo atualmente secas e habitáveis estiveram outrora recobertas pelos mares, e que o nível das águas era superior ao

---

19 Veja Stenon, *De solido intra solidum naturaliter contento*, Florença, 1669; Woodward, *An Essay towards the Natural History of the Earth*, Londres, 1696; Ray, *Three Physico-Theological Discourses*, Londres, 1713; Bourguet, *Lettres philosophiques sur la formation des sels et des crystaux*; Scheuchzer, *Piscium querelae et vindiciae*, Zurique, 1708. (N. A.)

cume das mais altas montanhas, pois, nessas mesmas montanhas, até em seus cumes, encontram-se produtos do mar e conchas que, comparadas aos moluscos vivos, se revelam iguais a eles, a ponto de não restar dúvida de que pertencem às mesmas espécies que eles. Parece ainda que as águas do mar permaneceram nesse estado durante algum tempo, pois em diversos lugares encontram-se bancos de conchas tão extensos, que não faz sentido supor que tantos animais teriam vivido todos ao mesmo tempo. Isso parece provar que, embora os materiais que compõem a superfície da Terra se encontrassem em um estado de solidez que permitia que fossem facilmente divididos, remexidos e transportados pelas águas, esses processos não ocorreram de uma só vez, mas de forma sucessiva e gradual. A suposição de que, por ocasião do Dilúvio universal, todos os moluscos teriam sido arrancados do fundo dos mares e transportados para a superfície da Terra dificilmente poderia ser comprovada. Além disso, como as conchas encontradas estão petrificadas e incorporadas ao mármore e às rochas das mais elevadas montanhas, seria preciso supor que tais mármores e rochas teriam sido formados todos ao mesmo tempo, no instante em que ocorreu o Dilúvio, e que, anteriormente a essa grande revolução, não havia na superfície do globo montanhas, mármore, rochas, gesso ou outros materiais similares aos que conhecemos. Ao contrário, a superfície da Terra teria de estar, na época do Dilúvio, recoberta por materiais consideravelmente sólidos, pois já então a gravidade teria atuado sobre os materiais que a compõem há mais de dezesseis séculos. Por conseguinte, é implausível que as águas do Dilúvio tenham revirado as terras na superfície do globo, então mergulhadas em extrema profundidade, no curto período em que durou a inundação universal.

Sem insistir, porém, nesse ponto, que será discutido em outra parte, irei debruçar-me agora sobre observações certificadas e fatos seguros. Não há dúvida de que as águas dos mares um dia encobriram a superfície de terra que hoje habitamos, e que, por conseguinte, essa mesma superfície foi um dia o fundo dos mares, nos quais tudo se passava como atualmente. Ora, se, como vimos, as camadas do solo, formadas por diferentes materiais, estão dispostas paralelamente e em um mesmo plano, então é claro que essa disposição é obra das águas, que aos poucos reuniram e acumularam materiais e os dispuseram na mesma posição da água, ou seja, horizontalmente, como se observa em quase toda parte. Nas planícies, as camadas são sempre exatamente horizontais; nas montanhas apenas é que são inclinadas, por terem sido formadas por sedimentos dispostos sobre uma base inclinada, ou seja, sobre um terreno inclinado. Pois bem, eu afirmo que essas camadas se formaram aos poucos, não todas de uma vez, por uma revolução qualquer. Não raro encontramos camadas de materiais mais pesados sobre camadas de materiais mais leves, o que não poderia acontecer se, como querem certos autores, esses materiais, dissolvidos e misturados à água, tivessem em seguida sido precipitados no fundo dos mares, pois então teriam produzido uma composição completamente diferente da que existe. Os materiais mais pesados teriam descido primeiro, depositando-se no fundo, e cada um se disporia em relação aos outros segundo sua gravitação específica, em ordem relativa à massa particular, e não encontraríamos rochedos maciços depositados sob sedimentos finos, carvão mineral sobre argila, barro sobre mármore, metais sob areias.

Outro dado que confirma o que dissemos acerca da formação das camadas pelo movimento e sedimentação das águas é que causas diferentes de revolução ou alteração na face do globo teriam produzido os mesmos efeitos. As montanhas mais altas são compostas de camadas paralelas, assim como as planícies mais baixas, e, por conseguinte, a origem e a formação das montanhas não podem ser atribuídas a abalos e tremores de terra, não mais do que a vulcões. Há provas de que esses movimentos às vezes produzem pequenas saliências que não são compostas por camadas paralelas, pois os materiais que as formam não têm qualquer relação entre si, nenhuma posição regular. Por fim, tudo o que essas pequenas colinas que são os vulcões oferecem é um jorro de materiais expelidos em total confusão. Ao contrário, a organização da terra que se descobre por toda parte, a disposição horizontal e paralela das camadas, só pode advir de uma causa constante e de um movimento regular, dirigido sempre do mesmo modo.

Temos assim a garantia, dada por essas observações exatas, reiteradas e fundadas em fatos incontestáveis, de que a parte seca do globo que habitamos permaneceu durante muito tempo sob os mares; e que, por conseguinte, a superfície da Terra experimentou, durante esse período, os mesmos movimentos, as mesmas mudanças atualmente experimentadas pela superfície terrestre quando recoberta pelos mares. Tudo indica que nosso solo estaria submerso pela água. Para descobrir o que se passou outrora sobre ele, vejamos o que se passa hoje no fundo dos mares, para então extrair induções razoáveis acerca da forma exterior e da composição interna das terras que habitamos.

A primeira coisa a notar é que os mares têm, desde sempre, ou desde a Criação, um movimento de fluxo e refluxo, causado sobretudo pela Lua; que esse movimento, que em 24 horas abaixa e eleva duas vezes o nível das águas, é exercido com mais força no equador do que nas outras regiões. Notemos também que a Terra se move rapidamente em torno de seu próprio eixo e tem, por essa razão, uma força centrífuga maior no equador do que nas demais partes do globo, o que basta para provar, independentemente de observações e medidas, que ela não é perfeitamente esférica, mas é mais abaulada no equador do que nos polos. Essas observações preliminares levam-nos a concluir que, mesmo supondo que a Terra tenha saído perfeitamente redonda das mãos do Criador (suposição gratuita que mostraria a estreiteza de nossas ideias), seu movimento diuturno e o do fluxo e refluxo aos poucos distenderiam as regiões equatoriais, arrastando para elas rochas argilosas, porções de rochedos, moluscos, peixes etc. Assim, as maiores desigualdades do globo devem ser encontradas e de fato se encontram nos arredores do equador; e, como esse movimento de fluxo e refluxo acontece de modo alternado, todos os dias, e repetidamente, sem interrupção, é bastante natural imaginar que, a cada vez, as águas transportem, de um lugar a outro, uma pequena quantidade de matéria, que vem a ser depositada, como um sedimento, nas profundezas do mar, formando essas camadas paralelas e horizontais de que falamos. Pois, como a soma total do balanço das águas no fluxo e refluxo é horizontal, os materiais deslocados seguiriam necessariamente a mesma direção, arranjando-se paralelamente e no mesmo nível.

Mas, dir-se-á, dado que o movimento de fluxo e refluxo é um balanço das águas, uma espécie de oscilação regular, não se vê por que não haveria uma compensação geral, e os materiais levados pelo fluxo seriam trazidos de volta pelo refluxo. Nesse caso, a causa da formação das camadas do solo desapareceria, e o fundo do mar permaneceria igual, pois o fluxo anularia os efeitos do refluxo e ambos seriam incapazes de causar qualquer movimento ou alteração sensível no fundo dos mares, e menos ainda de alterar sua forma primitiva pela produção de elevações e irregularidades.

A isso eu respondo que o balanço das águas não é igual, pois ele produz um movimento contínuo do mar, de Oriente para Ocidente; e mais, que a agitação causada pelos ventos impede a igualdade entre fluxo e refluxo; que, de todos os movimentos de que o mar é suscetível, resultariam transportes de terra e seu depósito subsequente em certos lugares, amontoados de materiais compostos por camadas paralelas e horizontais, pois a movimentação das águas tende a remexer constantemente o fundo do mar e a dispor esses materiais em nível, uns sobre os outros, onde quer que sejam depositados em forma de sedimento. Ademais, seria fácil responder a essa mesma objeção com um fato: em todas as bordas do mar em que se observa fluxo e refluxo, nas costas que o delimitam, vê-se que o fluxo leva uma infinidade de coisas que o refluxo não traz de volta, que há terrenos que são insensivelmente recobertos pelo mar, enquanto outros se tornam expostos, após terem recebido terra, areia, conchas, que são ali depositadas e naturalmente assumem uma disposição horizontal. Ora, esses materiais, acumulados ao longo do tempo e elevados até um ponto determinado, situam-se, aos poucos, fora do alcance das águas, e desde então permanecem em estado de terra seca, integrando-se aos continentes.

Mas, para que não reste dúvida acerca dessa importante questão, examinemos de perto a possibilidade de formação de uma montanha no fundo do mar por meio do balanço das águas e da sedimentação ocasionada por ele. É inegável que costas marítimas continuamente atacadas por águas em refluxo sofrem certos danos em virtude dessa investida reiterada, pois as águas lhes subtraem, a cada vez, pequenas porções de terra e de rocha. Pois, mesmo que a costa seja rochosa, a água a desgasta e extrai pequenas porções dos materiais que a compõem.[20] Essas partículas de pedra ou de terra

---

20 Veja Shawn, *Voyages dans plusiers provinces de la Barbarie et du Levant*, v.II, p.69. (N. A.)

são levadas pelas águas para o alto-mar, até o ponto em que o refluxo cessa, abandonando-as à sua própria massa; então elas se precipitam para o fundo, à maneira de sedimentos, formando assim uma primeira camada, horizontal ou inclinada, dependendo da disposição do terreno sobre o qual recaem. Essa primeira camada logo é recoberta por outra, produzida pela mesma causa, e insensivelmente se forma, nesse lugar, um depósito considerável de materiais, em camadas paralelas umas às outras. Esse amontoado continua a crescer, com a chegada de novos sedimentos transportados pelas águas, e, com o passar do tempo, forma-se uma elevação, uma colina no fundo do mar, em tudo igual às saliências e elevações que conhecemos na superfície da Terra, seja quanto à composição externa, seja quanto à interna. Caso se encontrem conchas no ponto em que esses depósitos ocorrem, os sedimentos as preencherão, elas serão incorporadas às camadas de materiais e farão parte das massas formadas por esses depósitos. Mais tarde, serão encontradas na mesma posição em que foram depositadas e no mesmo estado em que se encontravam no momento em que o processo ocorreu: as primeiras a ser depositadas serão encontradas nas camadas mais profundas, as que o foram depois, nas mais superficiais.

À medida que o fundo do mar é remexido pela agitação das águas, ocorrem outros transportes de terra, lodo, conchas e outros materiais, para locais onde são depositados à maneira de sedimentos. Mergulhadores afirmam[21] que, nas maiores profundidades que já alcançaram, cerca de 20 braçadas ou 36 metros, o fundo do mar é tão agitado que a água, de tão turva, torna-se indiscernível da terra, e o lodo e os moluscos são arrancados desta com uma violência tal que os projeta a distâncias consideráveis. Ocorrem, assim, deslocamentos de terra e de conchas para outros lugares, onde formam camadas paralelas e saliências similares a montanhas e colinas. Portanto, o fluxo e refluxo, os ventos, as correntezas e outros fatores que entram na produção do balanço das águas produzem irregularidades no fundo do mar, decorrentes da extração, de suas costas e profundezas, de materiais que em seguida são precipitados em forma de sedimento.

---

21 Veja Boyle, *Philosophical Works*, v.III, p.232 (veja p.240-9). (N. A.)

De resto, esses deslocamentos podem perfeitamente se dar através de distâncias consideráveis; não vemos em nossas praias, todos os dias, grãos e outros produtos oriundos das Índias, Orientais e Ocidentais?[22] É verdade que sua densidade é menor do que a da água, enquanto os materiais de que falamos são mais pesados do que ela; mas, por se encontrarem na forma de uma poeira finíssima, permanecem na superfície da água por tempo suficiente para serem transportados por ela.

Os que negam que isso acontece desconsideram o fato de que o fluxo e o refluxo agitam a massa inteira dos mares, a tal ponto que, se o globo fosse inteiramente líquido, o balanço das águas chegaria até seu centro. A força que produz esse fluxo e refluxo é penetrante e atua em toda parte proporcionalmente às massas; é possível medir e determinar, pelo cálculo, a quantidade dessa ação sobre um líquido em diferentes profundidades. Esse ponto só poderia ser contestado recusando-se evidência ao raciocínio e certeza às observações.

Isso autoriza a supor que o fluxo e o refluxo, os ventos e as demais causas que atuam nos mares produzem, pela agitação das águas, saliências e irregularidades em suas profundezas que podem ser compostas de camadas horizontais ou inclinadas, porém sempre paralelas. Com o tempo, algumas dessas saliências aumentam consideravelmente, a ponto de se tornarem colinas que, localizadas em um terreno extenso, têm sua formação dirigida em um mesmo sentido, acompanhando o das ondas que as produziram e formando aos poucos verdadeiras cadeias de montanhas. Essas elevações, uma vez formadas, representam um obstáculo à uniformidade do balanço das águas, e disso resultam movimentos particulares, em meio ao movimento geral. Entre dois picos vizinhos forma-se necessariamente uma correnteza que segue a direção comum a ambos os picos e escoa como os rios em terra firme, formando um canal cujos ângulos se opõem alternadamente ao longo da extensão de seu curso. Alguns desses picos começam a se projetar. Águas dotadas de fluxo, mas não de refluxo, depositam sedimentos

---

22 Em particular nas da Irlanda e da Escócia; veja Ray, *Three Physico-Theological Discourses*, p.186. (N. A.)

sobre o cume, enquanto as que obedecem à correnteza levam para longe as partes depositadas entre os dois picos, abrindo um vale aos pés de cada uma dessas montanhas e fazendo que seus ângulos sejam correspondentes. Em decorrência desses deslocamentos e depósitos, o fundo dos mares torna-se fendido, é entrecortado por colinas e cadeias de montanhas e semeado por irregularidades tais como as que vemos. Pouco a pouco, os materiais moles, que de início compunham as saliências, endurecem em virtude de seu próprio peso. As saliências formadas por partículas puramente argilosas formam as colunas de argila encontradas hoje por toda parte na superfície do globo; as compostas em parte por areia, em parte por cristais são os enormes amontoados de rochas e cascalho dos quais se extraem o cristal de quartzo e as pedras preciosas; outras, feitas em parte de pedras, em parte de conchas, respondem pelas formações de pedra e mármore em que fósseis são encontrados; outras ainda, feitas de um material mais calcário e terroso, produzem rocha calcária. São todas formadas por leitos, que contêm substâncias heterogêneas, onde se encontram detritos de produtos marinhos em abundância. Dispõem-se segundo a densidade: conchas mais leves no calcário, mais pesadas nas argilas e nas pedras, ambas preenchidas pelos materiais do lugar em que se encontram – prova incontestável de que foram transportadas juntamente com eles. Esses materiais, cuja disposição foi estabelecida pelo nível das águas dos mares, conservam até hoje sua posição original.

Alguém poderia observar que a maioria das colinas e montanhas cujo cume é feito de rocha, pedra ou mármore tem, em sua base, materiais mais leves; que, nas planícies vizinhas, que se estendem a grandes distâncias, encontram-se montículos de argila firme e sólida ou camadas de areia; e poderia indagar: por que razão o mármore e a rocha estão sob a areia e a argila? Parece-me que isso se explica naturalmente. A água teria transportado, de início, a argila ou areia de que é feita a primeira camada da costa ou do fundo do mar, produzindo assim uma saliência composta pelo acúmulo de uma delas; em seguida, os materiais mais firmes e mais pesados, encontrados abaixo, seriam atacados e transportados pelas águas, na forma de uma poeira finíssima, por sobre a saliência de argila ou de areia, e essa poeira teria formado as rochas e as carreiras que encontramos no topo das colinas. Em suma, é provável que esses materiais mais pesados, que possivelmente estavam sob os mais leves e hoje estão sobre eles, tenham sido extraídos e transportados pelo balanço das águas.

Para confirmar o que dissemos, examinemos mais detalhadamente a disposição dos materiais que perfazem essa primeira camada do globo terrestre, a única que conhecemos. Suas carreiras são compostas por diferentes leitos ou colchas, quase todas horizontais ou uniformemente inclinadas. As que se encontram sobre base de argila ou outros materiais ainda mais sólidos claramente estão em nível, sobretudo nas planícies. As carreiras formadas por seixos e pó de pedra têm, é verdade, uma disposição menos regular, mas, não obstante, reconhece-se nelas a regularidade da Natureza. Em carreiras de escolho ou formadas por pó de pedra verifica-se uma posição horizontal ou uniformemente inclinada que só se altera ou é interrompida nas carreiras de seixos ou de pó de pedra menos maciças, que, como mostraremos, são formadas posteriormente às de outros materiais. O escolho, a areia vitrificável, a argila, o mármore, as pedras calcináveis etc. dispõem-se em camadas paralelas horizontais ou uniformemente inclinadas. Pode-se reconhecer com facilidade, nesses últimos materiais, a formação primeira, pois as camadas são exatamente horizontais, bastante finas e dispõem-se uma sobre a outra como as folhas de um livro. As camadas de areia, de argila mole, de barro duro, de calcário, de conchas também são horizontais ou uniformemente inclinadas; sua espessura permanece igual ao longo de sua extensão, que pode ter léguas, como veríamos, se as acompanhássemos com atenção. Os materiais que compõem a colcha mais superficial do globo estão dispostos sempre dessa maneira; onde quer que se escave, encontrar-se-ão camadas e se mostrará aos olhos a verdade do que é dito aqui.

Em alguma medida, devem ser excetuadas camadas formadas de areia ou de cascalho enxertados no cume das montanhas pelas chuvas. Veios como esses também podem ser encontrados em planícies, com extensão considerável, em geral sob a primeira camada de terra arável, e, em lugares planos, em nível, a exemplo das camadas mais antigas e mais entranhadas. Aos pés de montanhas, assim como em seus cimos, tais camadas costumam ser inclinadas e acompanham a inclinação da altura a partir da qual elas descem.

Foram formadas por rios e riachos, que, ao chegar às planícies, depositam areia e cascalho por toda parte. Um pequeno riacho oriundo de uma elevação mais próxima é suficiente para deitar, com o tempo, uma colcha de areia ou cascalho sobre a superfície inteira de um vale, por mais amplo que seja. Eu mesmo pude observar, em um prado cercado por colinas com base de barro – a exemplo da primeira camada da planície –, que, abaixo de um riacho que ali corria, encontrava-se barro imediatamente sob a terra arável, ao passo que, entre o riacho e a camada de barro, havia uma camada de areia com cerca de 1 pé de espessura. Camadas como essa, produzidas por rios e outras águas correntes, são de formação recente e deixam-se reconhecer sem dificuldade pelas diferenças de espessura, e, ao contrário das camadas mais antigas, varia, é irregular, em virtude das frequentes interrupções, e também pelos materiais que as compõem, facilmente identificáveis, por terem sido lavados, rolados e aparados. O mesmo pode ser dito das camadas de turfas e vegetais putrefatos, encontradas sob a primeira colcha de terra em áreas pantanosas: não são antigas, foram produzidas pela queda sucessiva de árvores e plantas, que, aos poucos, atulharam o pântano. Aplica-se o mesmo às camadas de limo produzidas por inundações de rios: os terrenos atingidos foram formados pela ação das águas, correntes ou estagnadas, e não acompanham a inclinação uniforme ou o nivelamento com tanta exatidão quanto nas camadas mais antigas, produzidas pelo movimento regular das ondas dos mares. Em camadas formadas por rios encontram-se conchas de origem fluvial, mas poucas de origem marítima, e, quando estas existem, são fragmentos isolados. E, se nas camadas mais antigas não há conchas de origem fluvial, as de origem marítima são abundantes, bem conservadas e dispostas sempre da mesma maneira, o que atesta que foram transportadas e depositadas de uma só vez e pela mesma causa. Por que, afinal, não se encontram materiais enxertados irregularmente, em vez de depositados em camadas? Por que os mármores, as pedras duras, os calcários, as argilas, os gessos e as margas não se encontram dispersos ou reunidos em camadas irregulares ou verticais? Por que os materiais pesados nem sempre estão acima dos mais leves? Percebe-se facilmente que essa uniformidade da Natureza, essa espécie de organização do solo, essa junção de diferentes materiais em camadas paralelas e leitos, independentemente de sua densidade, só pode ter sido produzida por uma causa tão potente e constante como a agitação do mar, seja pela influência dos ventos, seja pelo fluxo e refluxo das águas.

Essas causas atuam com mais força no equador do que em outros climas, pois aí os ventos são mais constantes e as marés mais violentas do que alhures. Sem mencionar que as maiores cadeias de montanhas são vizinhas do equador: as montanhas da África e do Peru são as mais altas que conhecemos, perpassam continentes inteiros e estendem-se além, por distâncias consideráveis, sob as águas oceânicas. As montanhas da Europa e da Ásia, que se estendem desde a Espanha até a China, não são tão altas como as da América Meridional e da África; são meras colinas, em comparação às dos países meridionais. O número de ilhas em mares setentrionais é desprezível, se comparado à prodigiosa quantidade na zona tórrida; e, como uma ilha nada mais é do que o cume de uma montanha, segue-se que a superfície da terra tem muito mais desigualdades em torno do equador do que no Norte.

O movimento geral de fluxo e refluxo produziu, assim, as montanhas mais altas, que, no Velho Mundo, se estendem de Oriente para Ocidente, e, no Novo Mundo, de Norte para Sul. Quanto à origem das outras montanhas, deve ser atribuída em particular às correntezas, aos ventos e a outras irregularidades dos mares. Ao que tudo indica, foram produzidas pela combinação desses movimentos, cujos efeitos variam ao infinito. Em todos os tempos, os ventos e as diferentes posições das ilhas alteraram a direção do fluxo e refluxo das águas, e não admira, assim, que se encontrem saliências consideráveis na superfície do globo. É suficiente, para nosso propósito, ter mostrado que as montanhas não se encontram dispostas ao acaso e não foram produzidas por tremores de terra e outras causas acidentais, mas são um efeito, resultante da ordem geral da Natureza, responsável pela espécie de organização que lhes é própria e pela disposição dos materiais que as compõem.

Mas como explicar que essa terra firme que habitamos, que nossos ancestrais habitaram antes de nós, que desde tempos imemoriais é um continente seco e à parte, separado dos mares, outrora esteve submerso e se elevou acima das águas, distinguindo-se delas? Por que as águas dos mares não permaneceram sobre a terra, se por tanto tempo foi assim? Que acidente, que causa teria produzido essa mudança no globo? Como conceber algo tão potente, capaz de operar um efeito como esse?

São questões difíceis de responder, e, se os fatos estiverem certos, a maneira como foram produzidos pode permanecer desconhecida, sem prejuízo de nossa avaliação deles. Contudo, se refletirmos bem, poderemos encontrar por indução razões bastante plausíveis para essas alterações. A observação cotidiana mostra que o mar avança sobre certas costas e recua em relação a outras; sabemos que o oceano é dotado de um movimento geral e contínuo, de Oriente para Ocidente; contemplamos as terríveis investidas do mar contra as terras mais baixas e as rochas que as delimitam; conhecemos províncias inteiras onde foram erguidos diques, que a indústria humana a duras penas consegue sustentar contra o furor das vagas; temos exemplos de regiões recentemente submergidas e de enchentes que ocorrem regularmente; a história fala em inundações ainda maiores, e em dilúvios – tudo isso leva a crer que ocorreram grandes revoluções na superfície da Terra, e que os mares podem muito bem ter se retirado da maior parte das terras que eles antes recobriam, deixando-as a descoberto. Supondo por um instante que o Novo e o Velho Mundo um dia foram um mesmo e só continente, e que um violento tremor de terra teria inundado a Atlântida de Platão,[23] o mar necessariamente teria recuado em relação às costas, formando o Atlântico e deixando a descoberto vastos continentes, provavelmente os que hoje habitamos. Essa alteração pode, inclusive, ter ocorrido de um só golpe, pela inundação de uma vasta caverna subterrânea no interior do globo, produzindo um dilúvio universal, ou então gradualmente, durante um tempo considerável. Pois, para julgar o que aconteceu, e mesmo o que irá acontecer, basta examinar o que acontece. Observações reiteradas de numerosos navegantes[24] não deixam dúvida de que o oceano é dotado de um movimento constante de Oriente para Ocidente. Esse movimento pode ser percebido não só entre os trópicos, como no caso do vento leste, como também em toda a extensão

---

23 Veja Platão, *Timeu*; *Crítias*. (N. A.) [Trad. Rodolfo Lopes. São Paulo: Annablume, 2014. (N. T.)]

24 Varenius, *Geographia generalis*, cap.14, proposição III, p.119. (N. A.)

navegável das zonas temperadas e frias. Segue-se dessa observação que o Pacífico investe continuamente contra as costas da Tartária, da China e da Índia; que o Índico investe contra a costa oriental da África; e que o Atlântico atua, da mesma maneira, contra as costas orientais da América. Se for assim, isso significa que o mar ganhou e continuará a ganhar terreno sobre as costas orientais, e a perder terreno em relação às costas ocidentais. Isso seria suficiente, por si mesmo, para provar a possibilidade da transformação da terra em mar e do mar em terra; e se, com efeito, essa transformação foi operada pelo balanço das águas de Oriente para Ocidente, como parece ter sido o caso, então parece verossímil a conjectura de que a região mais antiga do mundo é a Ásia, e o continente oriental como um todo; que a Europa, ao contrário, e uma parte da África, sobretudo a costa ocidental desses continentes, como a Inglaterra, a França, a Espanha, a Mauritânia etc., são terras mais novas. Nesse ponto, a História parece concordar com a Física, confirmando que a conjectura tem fundamento.

Muitas outras causas concorrem com o movimento constante dos mares para produzir o efeito a que nos referimos. Quantas terras não estão abaixo do nível do mar e são protegidas apenas por um istmo, um banco de rochas ou diques ainda mais frágeis? A investida das águas aos poucos destrói essas barreiras, e essas regiões não tardam a ser submersas. Além disso, sabemos que as montanhas são continuamente desgastadas pelas chuvas,[25] e os materiais de que são feitas são arremessados nos vales circundantes; e sabemos ainda que os riachos carregam esses materiais das planícies para os rios, que, por sua vez, lançam o excedente ao mar. Assim, aos poucos, a terra é acumulada no fundo dos mares, a superfície dos continentes é rebaixada e equipara-se ao nível das águas e, com o tempo, o mar se sucede à terra firme, tomando seu lugar.

Não falarei aqui das causas remotas, que não conhecemos, apenas adivinhamos, dos prodígios da Natureza, cujo menor abalo representaria uma catástrofe para o mundo. O choque ou a aproximação de um cometa, o

---

25 Ray, *Discourses*, p.226; Plot, *The Natural History of Staffordshire*, Oxford, 1686, cap.3, p.113. (N. A.)

desaparecimento da Lua, a presença de um novo planeta são suposições às quais a imaginação se acomoda sem dificuldade. Causas como essas produzem o que bem entendermos, e de uma única dessas hipóteses podem ser extraídos mil romances físicos, a que seus autores dão o nome de "teoria da Terra". Como historiadores, recusamo-nos a essas vãs especulações, que versam sobre possibilidades que, para serem postas em ato, supõem um abalo tão grande do Universo que nosso globo, como um ponto insignificante de matéria, desapareceria diante de nossos olhos e deixaria de ser um objeto digno de nota. Para fixá-lo, ao contrário, deve-se tomar o globo tal como ele é, observando-se bem todas as partes e, por induções, concluir o passado a partir do presente. Sem mencionar que causas cujo efeito é raro, violento e súbito não nos tocam, pois não se encontram na marcha ordinária da Natureza; efeitos que acontecem todos os dias, movimentos que se sucedem e renovam-se ininterruptamente, operações constantes e reiteradas, tais são nossas causas e razões.

Acrescentaremos exemplos, combinaremos a causa geral a causas particulares e ofereceremos fatos cujos detalhes tornarão sensíveis as diferentes alterações sofridas pelo globo, seja com o surgimento de terra habitável, decorrente da interrupção do domínio dos oceanos, seja com o abandono dessas mesmas terras, quando se tornaram altas demais para ser alcançadas pelas águas.

A interrupção mais significativa que se observa nos domínios do oceano é a produzida pelo Mar Mediterrâneo.[26] Passando entre dois promontórios elevados, o oceano corre com grande rapidez por uma estreita passagem[27] e forma em seguida um amplo mar, encobrindo um espaço que, sem contar o Mar do Norte, equivale a sete vezes o tamanho da França. A passagem do oceano pelo Estreito de Gibraltar se dá em movimento contrário aos demais movimentos do mar, em todos os estreitos que unem um oceano a outro. Pois o movimento geral do mar é de Oriente para Ocidente, enquanto o do Estreito de Gibraltar é de Ocidente para Oriente, o que prova que o Mediterrâneo não é um antigo golfo do oceano, mas foi formado por uma

---

26 Veja Ray, *Discourses*, p.209. (N. A.)
27 Veja *Philosophical Transactions of the Year 1700*, v.II, p.288-9. (N. A.)

irrupção das águas, produzida por causas acidentais, como um tremor de terra, por exemplo, que separou os terrenos em torno do estreito, ou por uma violenta investida do oceano, causada por ventos, que rompeu o dique entre os promontórios de Gibraltar e de Ceuta. Essa opinião apoia-se em testemunhos de autores antigos,[28] os quais escreveram que o Mar Mediterrâneo nem sempre existiu, e é, como se pode ver, confirmada pela História Natural, bem como por observações feitas a respeito da natureza das terras das costas da África e da Espanha, onde se encontram os mesmos leitos de terra, as mesmas camadas em ambos os lados do estreito.

Uma vez aberta essa porta, as águas passaram pelo estreito com uma rapidez muito maior do que hoje em dia, inundando o continente que reunia Europa e África. As planícies foram encobertas pela água; e tudo o que resta delas são as saliências e cumes visíveis na Itália, na Sicília, em Malta, na Córsega, na Sardenha, no Chipre, em Rodes e nos arquipélagos do Mar Egeu.

Se não incluí o Mar Negro nessa irrupção é porque a quantidade de água que ele recebe do Danúbio, do Don e de outros rios que nele desaguam parece ser mais do que suficiente para formá-lo, sem mencionar que ele escoa com grande ímpeto pelo Bósforo até o Mediterrâneo.[29] Presume-se ainda que o Negro e o Cáspio eram dois grandes lagos, talvez ligados um ao outro por um estreito, ou ainda por um pântano ou um pequeno lago, para o qual confluíam o Don e o Volga; e, ao que tudo indica, esses dois lagos ou mares eram muito maiores do que hoje. Pouco a pouco, os rios que confluíam para eles teriam transportado uma quantidade de terra suficiente para fechar a comunicação entre eles, preencher o estreito e separá-los um do outro. Pois, como se sabe, os grandes rios depositam terra nos mares e formam regiões inteiras, como a península do delta do Rio Amarelo, na China, a da Luisiana, no delta do Mississípi, ou a parte setentrional do Egito,[30] que teve origem nas inundações do Nilo. O ímpeto deste último extraiu terras das entranhas da África, depositando-as em seguida com suas

---

28 Diodoro Sículo, *Biblioteca de história*, V, 47; Estrabão, *Geografia*, I, 3, p.4-10. (N. A.)
29 Veja *Philosophical Transactions*, v.II, p.289. (N. A.)
30 Veja Shaw, *Voyages dans plusiers provinces de la Barbarie et du Levant*, v.2, p.182-4. (N. A.)

enchentes, em um volume tal que a camada de limo por ele formada chega a 50 pés de profundidade. Da mesma maneira, os terrenos das províncias que se encontram às margens do Rio Amarelo e do Mississippi foram formados por limo depositados por estes.

De resto, o Mar Cáspio, que atualmente é um verdadeiro lago, sem qualquer comunicação com outros mares, nem mesmo com o Lago Aral, parece ter sido parte deste último: apenas uma faixa estreita de areia os separa, na qual não há córregos, rios ou outros canais de comunicação, o que mostra que esse mar não tem nenhuma ligação externa com outros; e tenho dúvidas de que teria fundamento a suposição de que haveria uma passagem subterrânea entre o Cáspio e o Mar Negro ou o Golfo Pérsico. É verdade que o Cáspio recebe o Volga e muitos outros rios, que parecem fornecer mais água do que lhe é subtraída pela evaporação. Mas, independentemente de outras dificuldades envolvendo essa suposição, parece que, se tal comunicação existisse, teria de haver uma correnteza forte e permanente, que carregasse todos os materiais em direção a uma desembocadura, pela qual as águas pudessem escoar; mas, ao que me consta, nunca se observou nada semelhante a isso. Viajantes confiáveis, que são bons observadores, garantem que é assim; portanto, parece certo que a evaporação subtrai ao Cáspio uma quantidade de água igual à que recebe dos rios que confluem para ele.

Pode-se ainda conjecturar, com algum grau de verossimilhança, que o Mar Negro será um dia separado do Mediterrâneo, pois o Bósforo será aterrado quando os grandes rios que ali deságuam tiverem transportado uma quantidade de terra suficiente para fechar o estreito. Isso poderá vir a acontecer com o tempo e a sucessiva diminuição do nível dos rios, cujas águas se abaixam à medida que as montanhas e planaltos, dos quais extraem seus recursos, forem privadas de seus materiais, em decorrência da ação da chuva e dos ventos.

Por essas razões, o Negro e o Cáspio devem ser considerados antes lagos do que mares ou golfos, dada sua semelhança com os lagos que recebem um grande número de rios e dos quais a água não é escoada por vias superficiais, como é o caso do Mar Morto e de tantos lagos na África. Sem mencionar que as águas do Cáspio e do Negro não são tão salgadas quanto as do Mediterrâneo ou do oceano. Os viajantes são unânimes em afirmar que em ambos a navegação é extremamente dificultosa e admite apenas embarcações de pequeno porte, pois são rasos e apresentam numerosos baixios e bancos de areia,[31] o que prova que devem ser considerados não golfos, mas agregados de água formados por grandes rios no interior dos continentes.

Se o istmo que separa a África da Ásia um dia fosse aberto, como planejaram os reis do Egito e, depois deles, os califas, é provável que isso ocasionasse uma irrupção considerável do oceano sobre os continentes. Tenho dúvidas de que o canal de comunicação entre esses dois mares é de fato um canal, pois, se fosse assim, o Mar Vermelho não seria mais elevado do que o Mediterrâneo. O primeiro, deveras estreito, é um braço do oceano, e, ao longo de toda a sua extensão do lado da costa do Egito, não recebe nenhum rio, e, do lado da costa da Arábia, recebe apenas uns poucos; portanto, o nível de suas águas não sofre qualquer redução, ao contrário do que acontece em mares ou lagos que recebem materiais e águas de rios, que pouco a pouco os preenchem. A água do Mar Vermelho vem do oceano, e ele tem um movimento de fluxo e refluxo acentuado, pois ela chega diretamente. Já o Mediterrâneo é mais baixo do que o oceano, pois suas águas escoam com rapidez através do estreito de Gibraltar. De resto, recebe o Nilo, que corre em paralelo à costa ocidental do Mar Vermelho e atravessa a extensão completa do Egito, um terreno extremamente baixo. Assim, o mais verossímil é que, sendo o Vermelho mais elevado do que o Mediterrâneo, se a barreira entre eles fosse suprimida, cortando-se o istmo de Suez, seguir-se-iam uma grande inundação e uma considerável elevação do nível das águas deste último, a menos que a água fosse detida, com a construção de sucessivos diques e eclusas espaçados.

Mas, sem nos determos em conjecturas que, por mais fundamentadas que sejam, podem parecer um tanto arriscadas, sobretudo para os que julgam as possibilidades a partir dos fatos atuais, poderíamos oferecer

---

31 Veja Pietro della Valle, *Voyages*, v.III, p.236. (N. A.) [Pietro della Valle (1586-1652), *Voyages de Pietro della Valle, gentilhomme romain, dans la Turquie, l'Égypte, la Palestine, la Perse, les Indes orientales, et autres lieux*. Rouen: R. Machuel, 8 v., t.III, p.236. (N. T.)]

exemplos recentes e fatos indubitáveis acerca da transformação dos mares em continentes e destes em mares. Em Veneza, o fundo do Mar Adriático eleva-se diariamente, e há muito as lagunas e a cidade fariam parte do continente, não fosse o cuidado, levado ao extremo, que se tem de limpar os canais. O mesmo vale para a maioria dos portos, pequenas baías e deltas de todos os rios. Na Holanda, o fundo do mar eleva-se em diversos pontos, e o pequeno golfo Zuiderzee e o estreito de Texel não acomodam mais, como outrora, embarcações de grande porte. Nos deltas de quase todos os rios se encontram ilhas, bancos de areia, montes de terra trazida pela água, e há acúmulo de materiais em todos os pontos em que os rios desembocam no mar. O Reno perde-se nos bancos de areia que ele mesmo ergueu; o Danúbio, o Nilo e todos os grandes rios, após terem varrido numerosos terrenos, chegam ao mar através de vários canais, têm embocaduras diversas, separadas uma da outra pela areia ou pelo limo que os próprios rios trouxeram. Pântanos são drenados, cultivam-se terrenos abandonados pelo mar, navega-se sobre porções de terra submersas. Por fim, vemos diante de nossos olhos grandes mutações, de terra em águas e de águas em terra, o que nos assegura que essas mutações ocorrem, ocorreram e continuarão a ocorrer, de sorte que, com o tempo, os golfos se tornarão continentes, os istmos se estreitarão, os pântanos serão áridos e os cumes das montanhas estarão no fundo do mar.

Isso quer dizer que as águas encobriram, e podem voltar a fazê-lo, os continentes como um todo, e não deve nos admirar se, por toda parte, encontramos produtos marinhos e um solo composto de tal forma que só pode ter sido por ação das águas. Vimos como as camadas horizontais foram formadas; mas nada dissemos, até aqui, acerca das fendas perpendiculares que se observam em rochas, carreiras e formações de argila, e são tão comuns como as camadas horizontais. As distâncias entre essas fendas são bem maiores do que entre as camadas horizontais, e, quanto mais maleáveis os materiais, maior parece ser a distância entre elas. É comum encontrar, em carreiras de mármore ou de pedra, fendas perpendiculares a alguns pés de distância umas das outras. Quando a mancha das rochas é muito grande, a distância entre elas chega a algumas toesas; por vezes, descem desde o cume até a base, e não raro chegam ao leito inferior da rocha. Quando ocorrem em materiais calcários, são sempre perpendiculares às camadas horizontais, como na marga, nas pedras, no mármore; são mais oblíquas e irregulares, em materiais vitrificáveis e nos rochedos de seixos, onde são decoradas por numerosos pontos de cristal e de minerais de toda espécie; em carreiras de mármore e de pedra calcária, são repletas de gesso, de cascalho e de uma areia terrosa, boa para as edificações, pois contém bastante cal. Já em tufos e ocas, essas fendas encontram-se preenchidas por materiais ali introduzidos pelas águas.

Parece-me que não é preciso ir longe para identificar a origem e a causa das fendas perpendiculares. Todos os materiais foram recolhidos e depositados pela água, e é natural pensar que tenham sido destemperados: de início, teriam contido grande quantidade de água; tendo sido, pouco a pouco, triados, endureceram, e, ao ressecar, seu volume se reduziu, o que ocasionou o surgimento de rachaduras; estas, por sua vez, seriam perpendiculares, pois é nula, nessa direção, a ação do peso das partes umas sobre as outras, enquanto, na direção horizontal, essa ação é oposta à *fratura*, o que faz que a diminuição do volume só tenha efeito sensível na direção vertical. Se afirmo que a diminuição de volume por ressecamento produziu essas fendas perpendiculares, e que elas, portanto, não foram causadas pela água contida no interior desses materiais em busca de escoamento, é porque pude observar nelas que as duas paredes têm uma altura tão exatamente correspondente como se fossem duas partes de um mesmo tronco partido: seu interior é áspero e não parece ter sofrido ação das águas, que teriam polido e desgastado as paredes. Essas fendas são produzidas de um só golpe, ou então aos poucos, pelo ressecamento, como as fendas encontradas em pedaços de madeira onde a água evaporou. Mas, como veremos em nosso discurso sobre os minerais, resta ainda um pouco dessa água primitiva nas pedras e em outros materiais, e ela serve para produzir cristais, minerais e outras substâncias.

O diâmetro dessas fendas perpendiculares varia muito; algumas não têm mais do que 0,5 polegada ou 1 polegada, outras têm 1 ou 2 pés, outras ainda têm muitas toesas, e formam, entre as duas partes do rochedo, verdadeiros precipícios, tais como os dos Alpes e de outras cadeias montanhosas.

É evidente que as menores foram produzidas por ressecamento, enquanto as que apresentam aberturas de muitos pés de largura não chegaram a esse ponto apenas por essa causa, mas também porque a base que sustenta o rochedo ou a parte superior foi abalada um pouco mais de um lado do que de outro — sendo que um pequeno abalo na base, de uma linha ou duas, por exemplo, é suficiente para produzir, em alturas consideráveis, aberturas de muitos pés e mesmo muitas toesas. Rochedos sobre bases de areia ou de barro também podem se deslocar ligeiramente, produzindo grandes fendas perpendiculares. Sem mencionar as imensas aberturas, verdadeiras passagens, encontradas em rochedos e montanhas, produzidas por grandes abalos e avalanches. Tais passagens não são como as fendas perpendiculares, lembram mais portais abertos pelas mãos da Natureza, em prol da comunicação entre as nações. Tal é o aspecto dos estreitos a um só tempo montanhosos e marítimos, como o das Termópilas, o Estreito do Cáucaso, o das Cordilheiras, o de Gibraltar, aquele entre os montes Calpe e Abila, o do Helesponto etc. Essas passagens não foram formadas pela simples separação de materiais, como as fendas de que falamos, mas pela destruição de uma parte das terras, que foram engolidas ou reviradas.

Esses grandes abalos, embora produzidos por causas acidentais e secundárias, não deixam de ter um lugar de destaque entre os principais fatos da história da Terra, e contribuem de forma significativa para alterar a face do globo. A maioria é causada pelo fogo nas entranhas do globo, cuja explosão produz os terremotos e erupções vulcânicas. Nada se compara à força dos materiais inflamados contidos no seio da Terra.[32] Cidades inteiras são engolidas, províncias devastadas, montanhas arrasadas por sua ação. Por maior, no entanto, que seja essa violência, e por prodigiosos que nos pareçam seus efeitos, nada leva a crer que esses fogos teriam origem em uma caldeira central, como afirmam alguns, ou mesmo que venham de grandes profundezas, como diz a opinião mais comum, pois o ar é inteiramente

---

32 Agricola, *De ortu et causis subterraneorum*, Liv.V, e *De Natura eorum quae effluunt ex terra*, Liv.III, Bâle, Froben, 1546, p.85-164; *Transactions philosophiques*, t.2, p.391; Ray, *Discourses*, p.272 ss. (N. A.)

necessário à existência do fogo. O que pode ser afirmado a partir do exame dos materiais expelidos em erupções é que a caldeira de matéria inflamada não se encontra em grandes profundezas, pois se trata aí de materiais semelhantes aos que encontramos no cume da própria montanha, desfigurados pela calcinação e pela mistura de partes metálicas. Para se convencer disso, basta atentar à altura da montanha e julgar a imensa força que seria necessária para lançar pedras e minerais a 0,5 milha de altura, altura em que se encontram, em relação ao solo, as embocaduras do Etna, do Hekla e de tantos outros vulcões. Sabe-se que a ação do fogo ocorre em todos os sentidos, e não poderia, portanto, se dar para o alto com uma força capaz de atirar pedras enormes a 0,5 milha de altura, não sem *reagir* com a mesma força para baixo e em direção aos lados. Uma reação como essa destruiria a montanha, perfurando-a por toda parte, pois os materiais que a compõem não são mais duros do que os lançados na erupção. Ademais, como imaginar que a cavidade, essa cratera que é como um canhão e conduz os materiais até a embocadura do vulcão, pudesse resistir a tal violência? E, de resto, se essa cavidade realmente fosse profunda, então, como o orifício exterior é relativamente estreito, seria impossível que uma quantidade tão grande de materiais inflamados e líquidos fosse expelida de uma só vez, pois se chocariam entre si e com a parede interna da cratera; e, por terem de percorrer uma distância considerável, inevitavelmente endureceriam. Observam-se, nas erupções que escoam pelas planícies ao redor de vulcões, rios de betume e enxofre em estado de fusão, oriundos de camadas subterrâneas, expelidos juntamente com pedras e outros minerais. Como imaginar que materiais tão pouco sólidos, cuja massa não se presta a uma ação violenta, pudessem ser expelidos de grandes profundezas? Todas as observações a respeito provam que o fogo dos vulcões se origina nas proximidades do cimo da montanha.[33]

Isso não impede que sua ação se perceba nas planícies ao redor, com abalos e tremores que às vezes se fazem sentir a distâncias bastante consideráveis. É possível que existam vias subterrâneas, pelas quais as chamas e os

---

33 Borelli, *Historia et Meteorologia incendii Aetnaei anni 1669*, Roma, 1670. (N. A.)

vapores se comuniquem de um vulcão a outro,[34] e, nesse caso, eles poderiam entrar em erupção quase ao mesmo tempo. Mas o que nos interessa aqui é a caldeira em que ocorre o abrasamento, e tudo indica que ela se encontra a pouca distância da cratera. Não é necessário, para produzir tremores de terra nas planícies, que essa caldeira se situe abaixo do nível do terreno, ou que existam cavidades interiores preenchidas pelo fogo. Uma explosão violenta como a de um vulcão, a exemplo daquela de um armazém de pólvora, pode ter impacto suficiente para produzir, por reação, um tremor de terra.

Com isso, não quero dizer que tremores de terra não sejam produzidos diretamente por fogos subterrâneos, apenas que muitos desses tremores resultam unicamente da explosão de vulcões. Minhas afirmações a respeito são confirmadas pelo fato de haver poucos vulcões em planícies, a maioria se encontra nas montanhas mais altas e todos têm a embocadura no cume. Se o fogo interior que os consome fosse oriundo de profundezas maiores do que o nível do terreno, não teriam essas erupções, de tempos em tempos, o efeito da abertura de passagens no subsolo das planícies? E não eclodiriam esses fogos, de tempos em tempos, em meio às próprias planícies e aos pés das montanhas, onde encontrariam uma resistência tênue – se é verdade que teriam fendido e aberto caminho no interior de uma montanha, formando assim um vulcão?

Se os vulcões se encontrarem no mais das vezes em montanhas é porque os minerais, a pirita e o enxofre são aí mais abundantes e estão mais expostos do que em planícies. Ademais, esses lugares elevados recebem com mais frequência e em maior volume as águas da chuva e outros fenômenos do ar, que os fermentam e aquecem a ponto de inflamá-los.

Foi observado que, após violentas erupções, durante as quais o vulcão expele uma grande quantidade de materiais, o cimo da montanha se desgasta e diminui em proporção à quantidade dos materiais expelidos: prova adicional de que não vêm das profundezas da base da montanha, mas da região vizinha ao cume e do próprio cume.

---

34 *Philosophical Transactions Abridged*, v.II, p.392. (N. A.)

Conclui-se assim que os tremores de terra produziram, em diferentes lugares, afastamentos consideráveis e foram responsáveis por algumas das grandes separações encontradas em cadeias de montanhas. Quanto às demais, foram produzidas, ao mesmo tempo que as montanhas, pela ação das correntezas marítimas. Onde quer que tais abalos não tenham ocorrido, encontram-se camadas horizontais paralelas nas próprias montanhas. Os vulcões formaram também muitas cavernas e cavidades subterrâneas, facilmente distinguíveis daquelas formadas pelas águas, que, tendo extraído do interior das montanhas as areias e outros materiais granulados, deixaram apenas as pedras e rochas que continham tais materiais, formando assim as cavernas encontradas em locais mais elevados. Quanto às encontradas nas planícies, são em geral antigas carreiras ou minas de sal e de outros minerais, como a carreira de Maastricht, as minas da Polônia etc. Já as cavernas naturais pertencem às montanhas e recebem as águas de seu cume, que ali se acumulam como que em reservatórios, a partir dos quais escoam pela superfície da terra, tão logo se abra uma saída. A essas cavidades se deve atribuir a origem de nossas vistosas fontes e cachoeiras. Quando uma caverna é abalada e sucumbe, costuma seguir-se uma inundação.[35]

Pelo que foi dito, pode-se ver que os fogos subterrâneos contribuem amplamente para alterar a superfície do globo e seu interior. É uma causa suficientemente poderosa para produzir efeitos de monta como esse. Mas não parece que os ventos poderiam causar alterações tão sensíveis na superfície terrestre. Seu domínio, ao que tudo indica, são os mares: exceto pelo fluxo e refluxo, nada é tão poderoso como esse elemento. Com a diferença de que o fluxo e o refluxo marcham com passo uniforme, e seus efeitos se dão de maneira regular e previsível, enquanto os ventos impetuosos agem, por assim dizer, caprichosamente, precipitam-se com furor sobre o mar e o agitam com violência tal que, em um instante, essa planície calma e tranquila é encrespada por ondas tão altas como montanhas, que vêm se chocar contra os rochedos e as costas. E assim os ventos alteram, de um instante para outro, a face movediça do mar. E quanto à face da terra, que nos parece

---

35 *Philosophical Transactions Abridged*, v.II, p.322. (N. A.)

tão sólida, estaria ao abrigo de seus efeitos? Sabe-se que os ventos elevam montanhas de areia na Arábia e na África, recobrem com ela as planícies, e muitas vezes transportam-na a grandes distâncias e para o fundo do mar, onde se acumula e forma bancos, dunas e ilhas. É sabido que os furacões são o flagelo das Antilhas, de Madagascar e de muitos outros países, onde atuam com uma fúria tão grande que chegam a arrancar árvores e plantas, arrastar animais e varrer a colheita; remexem e drenam rios existentes, criam novos, abalam montanhas e rochedos, cavam buracos no solo e alteram por inteiro a superfície das malfadadas regiões acometidas por eles. Felizmente, são poucos os climas expostos ao furor dessas terríveis agitações aéreas.

As maiores e mais generalizadas alterações na superfície da Terra são produzidas pelas águas, pelos céus, pelos rios, pelas torrentes. Originam-se nos vapores que se elevam da superfície dos mares como efeito da ação do sol e que os ventos transportam para todas as regiões do planeta. Esses vapores, suspensos no ar e levados ao sabor do vento, prendem-se ao cume de montanhas em seu caminho, onde se acumulam em tão grande quantidade que formam nuvens, recaindo depois sobre o solo, em forma de chuva, nevoeiro, geada ou nevasca. Essas águas espalham-se pelas planícies sem obedecer a uma rota fixa, buscando, aos poucos, por um pendor natural, pelos lugares mais baixos das montanhas e os terrenos mais facilmente divisíveis ou penetráveis, carregando consigo terras e areia, escavando ravinas profundas, e, escoando com rapidez pelas planícies, abrindo caminho até o mar, que recebe, por esse meio, tanta água quanto perde por evaporação. E, assim como os canais e ravinas singrados pelos rios têm sinuosidades e contornos cujos ângulos se correspondem entre si, também as montanhas e as colinas, que se deve considerar como bordas dos vales que as separam, têm sinuosidades correspondentes, o que parece demonstrar que os vales foram os canais das correntezas marinhas, que os escavaram pouco a pouco, da mesma maneira como os rios escavaram na terra seus leitos.

As águas que correm pela superfície do solo e lhe dão verdor e fertilidade são provavelmente a parte menos considerável do que é produzido pelos vapores. Veios d'água e canais úmidos encontram-se no subsolo a grandes profundidades. Em certos lugares, onde quer que se escave infalivelmente se encontrará água; em outros, ela simplesmente não existe. Em quase todos os vales e planícies baixas encontra-se água muito próximo à superfície; ao contrário, em lugares mais elevados, incluindo planícies de montanhas, não se extrai água do solo, ela vem do céu. Há regiões extensas em que é impossível obter um poço, e toda água, tanto para os habitantes como para os animais, vem do mar e de cisternas. No Oriente, sobretudo na Arábia, no Egito e na Pérsia, os poços e as fontes de água doce são extremamente raros, o que obriga esses povos a construir reservatórios para armazenar a água das chuvas e da neve. Essas obras, feitas por necessidade pública, são talvez os mais belos e magníficos monumentos do Oriente. Há reservatórios bastante profundos que servem a províncias inteiras, dos quais derivam sangradouros e córregos. Em outros países, ao contrário, como nas planícies em que correm os grandes rios do globo terrestre, basta machucar o chão para encontrar água; em campos às margens de um rio, cada um pode ter seu próprio poço com alguns golpes de enxada.

A maior parte da água encontrada em planícies é oriunda de planaltos e montanhas circundantes. Na estação das chuvas e nevascas, uma parte dessa água é absorvida por rios ou lagos, e o resto penetra no solo, através de pequenas fendas na própria terra ou em rochas. Quando essa água de fonte encontra um fundo de barro ou de terra firme e sólida, formam-se lagos, riachos e mesmo rios subterrâneos cujo curso e embocadura desconhecemos. Mas, de acordo com as leis da Natureza, toda água deve correr, obrigatoriamente, do mais alto para o mais baixo, e, sendo assim, essas águas subterrâneas ou caem no mar ou se reúnem em terra firme, seja na superfície, seja no subsolo. Sabe-se que existem lagos subterrâneos sem qualquer ligação com rios a céu aberto; mais numerosos ainda são os que recebem pequenos riachos; outros são fonte de rios de superfície, como os lagos do Rio Saint-Laurent, o Lago Chiamay, do qual saem os rios que banham os reinos de Asem e de Pegu, nos confins do Tibete e da Birmânia, os lagos Assiniboils, na América, os de Ozera, na Moscóvia, o que se encontra na nascente do Rio Bog, o do Rio Irtis e uma infinidade de outros. São como reservatórios, dos quais a Natureza extrai as águas que distribui por toda parte na superfície do globo terrestre. Vê-se bem que esses lagos só podem ter sido produzidos por águas oriundas de altiplanos, correndo por pequenos canais subterrâneos, infiltrando-se através de cascalhos e areia, e vindo a se reunir nos locais onde se encontram os grandes depósitos d'água. Por isso, não se deve dar crédito à opinião segundo a qual haveria lagos nos cumes das mais altas montanhas. Os dos Alpes e outras cordilheiras situam-se aos pés de montanhas ainda mais altas e se originam nas águas que correm pela superfície ou são filtradas no interior dessas montanhas, assim como as águas de vales e planícies se originam nas colinas vizinhas e em terras mais afastadas e mais altas.

Não admira, portanto, que se encontrem abaixo do solo lagos e rios, sobretudo em planícies e vales em torno dos quais há montanhas, colinas e outras elevações. Essas elevações apresentam cortes perpendiculares ou inclinados, na extensão dos quais a água, que, tendo caído sobre o cume e sobre as planícies elevadas, penetrou a terra, deixa o interior dessas elevações através de fontes e cachoeiras. Isso explica por que não há ou quase não há água sob as montanhas. Nas planícies, ao contrário, como a água que é filtrada abaixo do solo não é escoada, há reservas subterrâneas nas cavidades da terra, além de uma boa quantidade dispersa pelos cascalhos e pela areia. É essa a água que se encontra abundantemente nas planícies. O fundo de um poço, por exemplo, geralmente não é mais do que uma pequena bacia, na qual águas vindas de terras vizinhas se reuniram, depositando-se ali, de início, de gota em gota, e, em seguida, em filetes contínuos, quando as rotas se abrem para águas mais distantes. De tal sorte que, se é verdade que nas planícies a água se encontra por toda parte, o número de poços só pode ser limitado em relação à quantidade de água dispersa, ou antes, à extensão dos altiplanos que são a fonte das águas.

Para encontrar água em planícies é suficiente, no mais das vezes, escavar o solo à mesma profundidade do leito dos rios; e nada indica que a água de rios e riachos se infiltraria no solo em grande quantidade e profundidade. Tampouco se deve atribuir às águas de superfície a origem de depósitos encontrados abaixo delas, nas profundezas do solo. Quando se escava o leito de rios que secaram ou tiveram seu curso desviado, encontra-se tanta água quanto nas terras secas adjacentes. Para conter a água e impedi-la de escapar, não é preciso mais do que uma cavidade de 5 ou 6 pés de espessura. Pude observar que as margens de riachos deixam de ser úmidas a 6 polegadas de distância. É verdade que a extensão da infiltração depende da porosidade do solo; mas, se examinarmos as ravinas que se formam na terra e mesmo na areia, veremos que a água passa pelo estreito espaço que ela mesma escava, e raramente as bordas são úmidas. Mesmo em solos de vegetação abundante, onde a infiltração deveria ser bem maior do que na areia ou em outros solos, constata-se que ela não vai longe. Jardins são regados em abundância; mas inunda-se, por assim dizer, uma de suas pranchas, sem que com isso as vizinhas sintam o efeito. Pude observar, examinando grandes porções de terra de jardim, com 8 ou 10 pés de espessura, que não haviam sido remexidas durante anos, e cuja superfície era praticamente nivelada, que a água da chuva nunca penetrara mais do que 3 ou 4 pés de profundidade. Ao remexer essa mesma porção de terra, no início de uma primavera que se sucedeu a um inverno especialmente úmido, pude constatar que a terra mais profunda permanecera tão seca como antes. Realizei a mesma observação com porções de terra acumuladas durante duzentos anos e cheguei à mesma constatação. Isso mostra que as infiltrações de água têm alcance limitado, e apenas uma pequena quantidade da água subterrânea vem da superfície. A água cai segundo seu próprio peso e penetra no solo por dutos naturais ou pequenos canais que ela mesma abre, acompanha as raízes das árvores e os interstícios da terra, e espalha-se por todos os lados, em uma infinidade de pequenas ramificações e filetes, descendo sempre, até encontrar uma saída que a leve ao barro ou a outro terreno sólido, sobre o qual ela possa se depositar.

Difícil avaliar com precisão a quantidade de águas subterrâneas sem origem aparente. Alguns afirmam que excederia em muito a quantidade de água existente na superfície; já outros imaginam que o subsolo estaria repleto de água; e não poderíamos deixar de mencionar os que alegam que haveria nos subterrâneos um sem-número de rios, riachos e lagos. Mas tais opiniões me parecem desprovidas de fundamento. Penso que é desprezível a quantidade de água subterrânea que não é oriunda da superfície do solo, em comparação à água que existe a céu aberto. Se há mesmo tantos rios subterrâneos, por que não nos deparamos, na superfície, com as embocaduras, mesmo que seja de apenas alguns deles, e, por conseguinte, com suas fontes? De resto, os rios, como toda água corrente, produzem alterações de monta na superfície terrestre: transportam toda sorte de materiais, desgastam rochedos, removem tudo o que se opõe à sua passagem. Com os rios subterrâneos não haveria de ser diferente, e produziriam alterações consideráveis no interior do globo. Até aqui, porém, nada se observou a respeito. As camadas paralelas e horizontais subsistem por toda parte, os diferentes materiais conservam sua posição primeira, e em pouquíssimos lugares observaram-se veios de água subterrâneos de dimensão considerável. Mas se, no subsolo, a água não opera grandes feitos, em compensação realiza um trabalho miúdo. Dividindo-se por uma infinidade de filetes, é detida por numerosos obstáculos; mas quando por fim consegue se espalhar pelo subsolo, contribui diretamente para a formação de muitas substâncias, que é preciso ciosamente distinguir dos materiais que pertencem ao solo e que são totalmente diferentes delas, seja pela forma, seja pela organização.

Em suma, foi a água da vasta extensão dos mares que, pelo movimento de fluxo e refluxo contínuo, produziu as montanhas, os vales e as outras irregularidades da superfície terrestre; foram as correntes marítimas que escavaram os vales e ergueram as colinas, dando-lhes direções correspondentes; foi essa mesma água do mar que, transportando numerosos materiais, os depôs uns sobre os outros, em leitos horizontais; e foi a água das chuvas que, pouco a pouco, destruiu a obra da água do mar, rebaixou a altura das montanhas, cumulou os vales, as embocaduras dos rios e os golfos, e, dispondo tudo em um mesmo nível, devolveu a terra ao mar, que, apoderando-se dela, trouxe à tona novos continentes, bastante similares aos que hoje habitamos, entrecortados, tais como estes, por depressões e montanhas.

Montbard, 3 de outubro de 1744

Frontispício: "Da formação dos planetas" (1749)

Alegoria: "Da formação dos planetas" (1749)

Alegoria: "Da formação dos planetas" (1749)

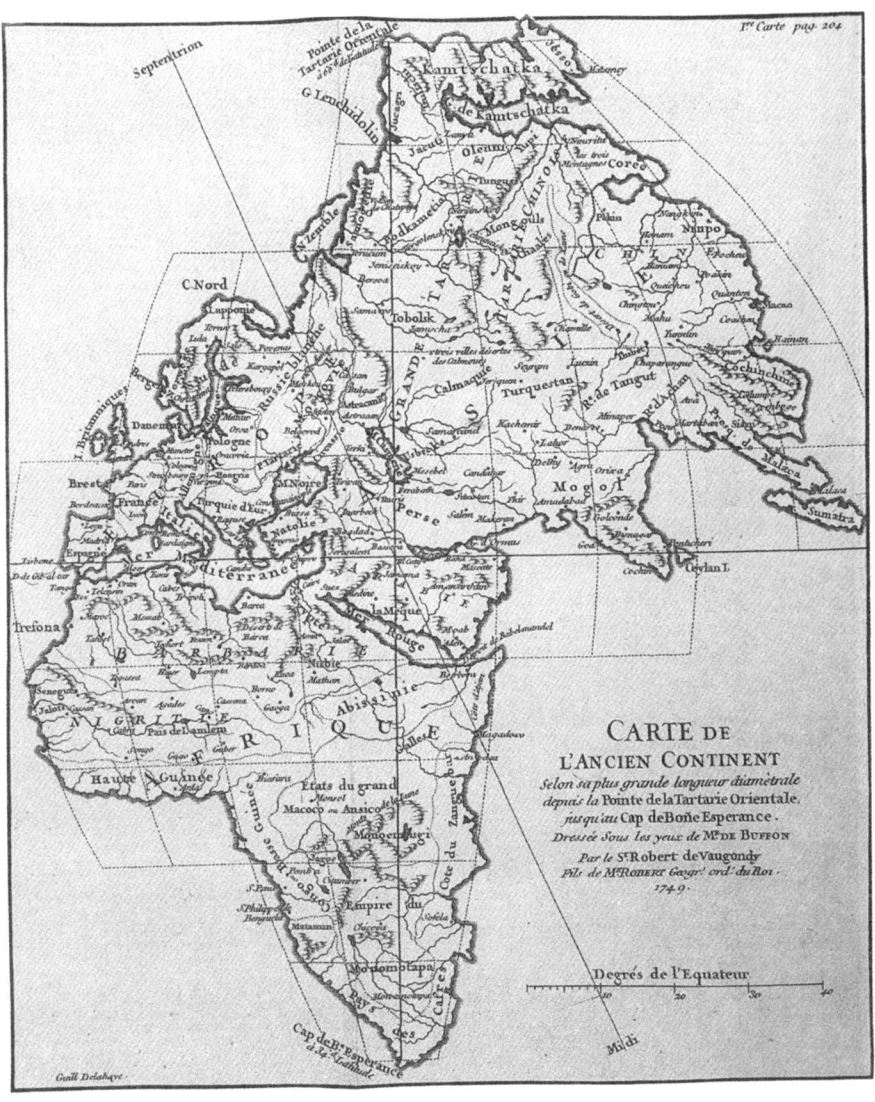

(1749)

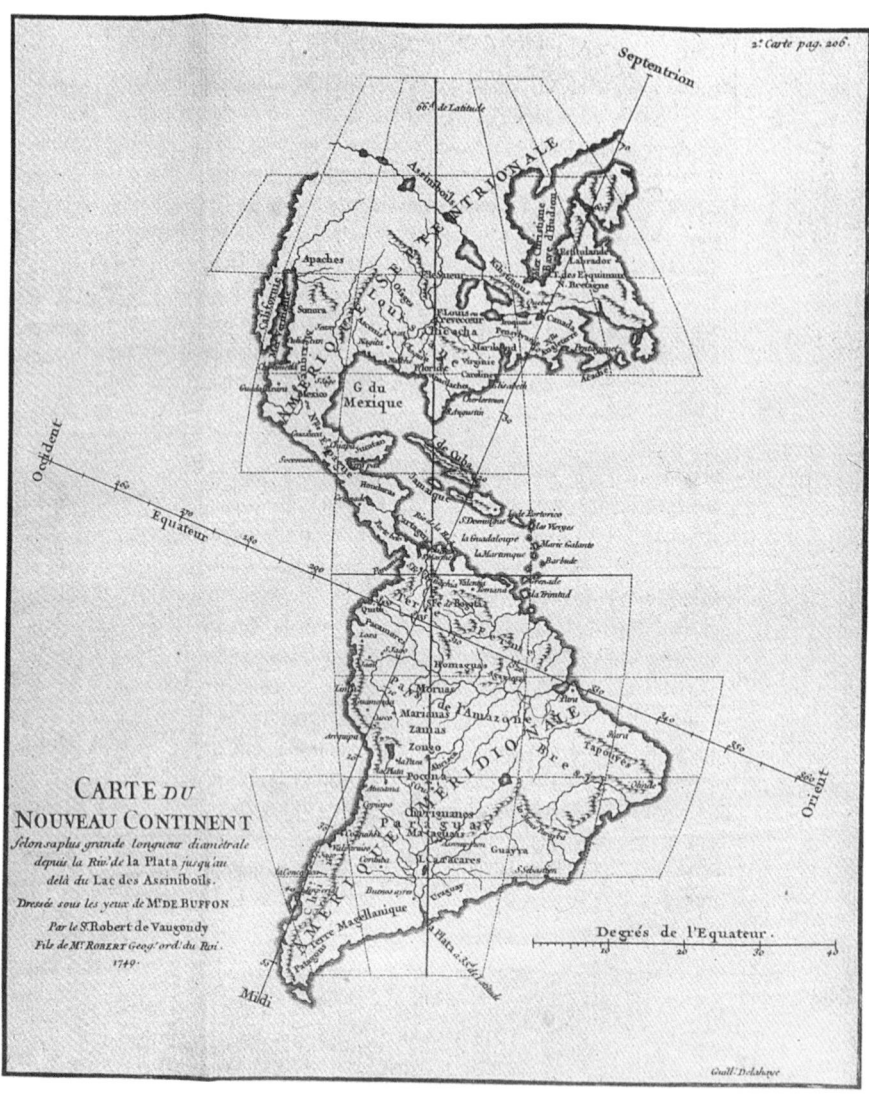

(1749)

História dos animais*

Capítulo I: Comparação entre os animais e os vegetais[1]

Na multidão de objetos que este vasto globo nos apresenta e cuja descrição acabamos de fazer, no número infinito das diferentes produções com as quais sua superfície está coberta e povoada, os animais ocupam a primeira posição, tanto pela conformidade que têm conosco quanto pela superioridade que lhes atribuímos sobre os seres que vegetam ou são inanimados. Por seus sentidos, sua forma, seu movimento, os animais têm muito mais

* Tomo II, 1749, p.1-73.
1 Esse capítulo e os seguintes são citados e comentados por Diderot no verbete "Animal" da *Enciclopédia* (I, 1751). Veja a edição brasileira: Diderot e D'Alembert, *Enciclopédia*, org. P. Pimenta e M. G. Souza, 6v., Editora Unesp, 2011-2017, v.3.

relações com as coisas que os cercam do que os vegetais; estes, por seu desenvolvimento, sua figura, seu crescimento e suas diferentes partes, têm um número maior de relações com os objetos exteriores do que os minerais ou as pedras, que não têm nenhum tipo de vida ou movimento. E é por esse maior número de relações que o animal está realmente acima do vegetal e o vegetal está acima do mineral. Nós mesmos, ao considerarmos apenas a parte material de nosso ser, estamos acima dos animais apenas por algumas relações a mais, como as que nos dão a língua e a mão. E, ainda que as obras do Criador sejam em si mesmas todas igualmente perfeitas, o animal é, segundo nosso modo de perceber, a obra mais completa da Natureza, e o homem, a sua obra-prima.

Com efeito, que vigores, que forças, que engenhos e movimentos estão encerrados nessa pequena parte de matéria que compõe o corpo de um animal! Que relações, que harmonia, que correspondência entre as partes! Quantas combinações, arranjos, causas, efeitos, princípios que concorrem ao mesmo fim, e que conhecemos apenas por resultados tão difíceis de compreender, e que deixam de ser maravilhas apenas pelo hábito que adquirimos de não refletir sobre eles!

Entretanto, por mais admirável que essa obra nos pareça, a maior maravilha não está no indivíduo; é na sucessão, renovação e duração das espécies que a Natureza parece incompreensível. É um mistério para nós, cuja profundidade não nos parece permitido sondar, essa faculdade de produzir seu semelhante, que reside nos animais e vegetais, essa espécie de unidade que sempre subsiste e que parece eterna, essa virtude procriadora que se exerce perpetuamente sem jamais se destruir.

Pois a matéria inanimada, essa pedra, essa argila que está sob nossos pés, tem certas propriedades; por si só, sua existência supõe um grande número delas, e a matéria menos organizada, em virtude de sua existência, não deixa de ter uma infinidade de relações com todas as outras partes do Universo. Não diremos, como alguns filósofos, que a matéria, sob qualquer forma que seja, tem existência e faculdades próprias; essa opinião toca uma questão metafísica que não nos propomos a tratar aqui; ser-nos-á suficiente manifestar que nós mesmos, por não possuírmos o conhecimento de todas as relações que podemos ter com os objetos exteriores, nem por isso devemos duvidar de que esse conhecimento seja infinitamente menor na matéria inanimada. Aliás, como nossas sensações não se assemelham de modo algum aos objetos que os causam, concluímos, por analogia, que a matéria inanimada não tem nem sentimento,[2] nem sensação, nem consciência de existência, e que atribuir a ela qualquer uma dessas faculdades seria dar-lhe a de pensar, de agir e de sentir quase na mesma ordem e do mesmo modo como pensamos, agimos e sentimos, o que causa repugnância tanto à razão quanto à religião.

Cabe dizer, portanto, que, por sermos formados de terra e compostos de poeira, temos, de fato, com a terra e a poeira relações comuns que nos ligam à matéria em geral, como a extensão, a impenetrabilidade, a gravidade etc.; mas, como não percebemos essas relações puramente materiais, como elas não imprimem nada no interior de nós mesmos, como elas subsistem sem nossa participação, e após a morte ou antes da vida existem e não nos afetam em nada, não podemos dizer que façam parte de nosso ser. Logo, a organização, a vida, a alma constituem propriamente a nossa existência; e, considerada sob esse ponto de vista, a matéria é menos o principal do que o acessório, um invólucro estranho cuja união nos é desconhecida e a presença, nociva; e a ordem de pensamentos que constitui nosso ser é, talvez, inteiramente independente dela.

Existimos sem saber como e pensamos sem saber por quê; mas qualquer que seja nossa maneira de ser ou sentir, qualquer que seja a verdade ou falsidade, aparência ou realidade de nossas sensações, em relação a nós mesmos, os resultados dessas mesmas sensações não são menos certos. Essa ordem de ideias, essa sequência de pensamentos que existe no nosso interior, embora muito diferente dos objetos que os causam, não deixa de ser a afecção mais real de nosso indivíduo, e nos dá as relações com os objetos exteriores, relações que podemos considerar como reais, já que são invariáveis e

---

2 Segundo o dicionário Trévoux (1740): "*Sentiment*, s.m. Sensação; propriedade do animal cujos órgãos recebem as diferentes impressões dos objetos. *Sensus, sensatio.* O sentimento da visão se faz no olho. O fogo excita seu julgamento [*Le sentiment de la vûe se fait dans l'oeil. Le feu excite en jugement*]". (N. T.)

sempre as mesmas com referência a nós. Mas não devemos duvidar de que as diferenças ou semelhanças que percebemos entre os objetos sejam diferenças e semelhanças indubitáveis e reais na ordem de nossa existência em relação a esses mesmos objetos. Podemos, portanto, legitimamente, atribuir a nós mesmos a primeira posição na Natureza; devemos, em seguida, dar o segundo lugar aos animais; o terceiro, aos vegetais; e, por fim, o último, aos minerais. Pois, embora não distingamos muito claramente as qualidades que temos em virtude de nossa animalidade daquelas que temos em virtude da espiritualidade de nossa alma, não podemos de modo algum duvidar de que os animais, embora estando dotados, como nós, dos mesmos sentidos, possuindo os mesmos princípios de vida e de movimento e realizando uma infinidade de ações semelhantes às nossas, não tenham com os objetos exteriores relações da mesma ordem que as nossas, e que, por consequência, não nos assemelhamos a eles em muitos aspectos. Somos muito diferentes dos vegetais; contudo, somos mais semelhantes a eles do que eles aos minerais, e isso porque eles têm uma espécie de forma viva, uma organização animada de algum modo similar à nossa, ao passo que os minerais sequer têm órgãos.

Portanto, para fazer a história do animal é preciso primeiro reconhecer com exatidão a ordem geral das relações que lhe são próprias, e, em seguida, distinguir as relações que lhe são comuns com os vegetais e os minerais. Tudo o que o animal tem em comum com o mineral são as qualidades da matéria tomada de modo geral; sua substância tem as mesmas propriedades virtuais: é extensa, pesada, impenetrável como todo o resto da matéria, mas sua economia é totalmente diferente. O mineral não é mais do que uma matéria bruta, inativa, insensível, que age apenas pela coação das leis da mecânica, que obedece apenas à força difundida no universo, sem organização, sem poder, desprovida de todas as faculdades, inclusive daquela de se reproduzir; substância informe, feita para ser espezinhada pelos homens ou animais, e que, malgrado o nome de metal precioso, é igualmente desprezada pelo sábio, tendo apenas um valor arbitrário, sempre subordinado à vontade e dependente da convenção dos homens. O animal reúne todos os poderes da Natureza; as forças que o animam lhe são próprias e particulares: ele quer, age, determina-se, opera, comunica por seus sentidos com os objetos mais longínquos. Seu indivíduo é um centro ao qual tudo se liga, um ponto onde o universo inteiro é refletido, um mundo em miniatura: aí estão as relações que lhe são próprias. As que ele tem em comum com os vegetais são as faculdades de crescer, desenvolver-se, reproduzir-se e se multiplicar.

A diferença mais evidente entre os animais e os vegetais parece ser a faculdade de se mover e deslocar-se, da qual os animais são dotados e que não é dada aos vegetais. É verdade que não conhecemos nenhum vegetal que tenha o movimento progressivo, mas vemos muitas espécies de animais, como as ostras e os quermes, aos quais esse movimento parece ter sido recusado. Essa diferença não é, pois, geral e necessária.

Uma diferença mais essencial poderia ser extraída da faculdade de sentir, que quase não podemos recusar aos animais, e da qual os vegetais parecem estar privados. Mas essa palavra *sentir* encerra um número tão grande de ideias, que não devemos pronunciá-la antes de tê-la analisado; pois, se entendemos por sentir apenas fazer uma ação de movimento por ocasião de um choque ou de uma resistência, reconheceremos que a planta chamada *sensitiva* é capaz dessa espécie de sentimento, como os animais. Se, ao contrário, admitimos que sentir significa perceber e comparar percepções, não estamos seguros de que os animais tenham essa espécie de sentimento. E, se reconhecemos alguma coisa de semelhante nos cães, elefantes etc., cujas ações parecem ter as mesmas causas que as nossas, nós a recusaremos a uma infinidade de espécies de animais e, sobretudo, àqueles que nos parecem ser imóveis e sem ação. Se admitíssemos que as ostras, por exemplo, tivessem sentimentos como os cães, mas em um grau muito inferior, por que não concederíamos aos vegetais esse mesmo sentimento em um grau mais abaixo? Essa diferença entre os animais e os vegetais não apenas não é geral como é incerta.

Uma terceira diferença parece estar na maneira de se alimentar. Mediante alguns órgãos exteriores, os animais apreendem as coisas que lhes convêm, procuram seu repasto, escolhem seus alimentos. As plantas, ao contrário, parecem estar reduzidas a receber o alimento que a terra faz o favor de lhes fornecer; tem-se a impressão de que esse alimento é sempre o mesmo, não há nenhuma diversidade na maneira de consegui-lo, nenhuma escolha do tipo, a umidade da terra é seu único alimento. Entretanto, se prestarmos atenção à organização e à ação das raízes e das folhas, reconheceremos prontamente que aí estão os órgãos exteriores, dos quais os vegetais se servem para absorver o alimento. Veremos que as raízes se desviam de um obstáculo ou de um veio de terreno ruim para procurar a terra boa; essas raízes até mesmo se dividem, multiplicam-se e chegam a mudar de forma para conseguir o alimento para a planta. A diferença entre os animais e os vegetais não pode, pois, ser estabelecida sobre a maneira pela qual eles se alimentam.

Esse exame nos leva a reconhecer que não há nenhuma diferença absolutamente essencial e geral entre os animais e os vegetais, mas que a Natureza desce por graus e nuances imperceptíveis de um animal que nos parece o mais perfeito a outro menos, e deste ao vegetal. Se assim procedermos, o pólipo de água doce será o último dos animais e a primeira das plantas.

Com efeito, após ter examinado as diferenças, se procurarmos as semelhanças entre animais e vegetais, encontraremos primeiro uma que é geral e muito essencial: a faculdade comum a ambos de se reproduzir, faculdade que supõe mais analogias e coisas semelhantes do que podemos imaginar e que deve nos fazer crer que, para a Natureza, os animais e os vegetais são seres quase da mesma ordem.

Uma segunda semelhança pode ser extraída do desenvolvimento de suas partes, propriedade que é comum a ambos, pois os vegetais têm, tanto quanto os animais, a faculdade de crescer. E, se a maneira com que eles se desenvolvem é diferente, não o é nem total nem essencialmente, já que há nos animais partes muito consideráveis, como os ossos, os cabelos, as unhas, os cornos etc., cujo desenvolvimento é uma verdadeira vegetação; e nos primeiros tempos de sua formação, o feto antes vegeta do que vive.

Uma terceira semelhança é que há animais que se reproduzem como as plantas e por meios iguais aos delas. A multiplicação dos pulgões, que se dá sem acasalamento, é similar àquela das plantas pelas sementes, e a dos pólipos, que se faz dividindo-os, assemelha-se à multiplicação das árvores por estacas.

Com ainda mais fundamento pode-se, pois, assegurar que os animais e os vegetais são seres da mesma ordem, e que a Natureza parece ter passado de uns a outros por nuances imperceptíveis, já que têm entre si semelhanças essenciais e gerais e nenhuma diferença que possa ser considerada como tal.

Se comparamos agora, sob outros aspectos, os animais com os vegetais, por exemplo, pelo número, lugar, tamanho, forma etc., extrairemos daí novas induções.

O número de espécies de animais é muito maior do que o das espécies de plantas, pois somente no gênero dos insetos há talvez um número maior de espécies, cuja maior parte escapa aos nossos olhos, do que há de espécies de plantas visíveis sobre a superfície da Terra. Em geral, os próprios animais se assemelham muito menos entre si do que as plantas; e é a semelhança entre estas que dificulta seu reconhecimento e sua ordenação, e é isso que dá origem aos métodos de Botânica. Por essa razão, ocupamo-nos muito mais destes do que dos de Zoologia, pois, com efeito, como os animais têm entre si diferenças muito mais perceptíveis do que as plantas, eles são mais fáceis de reconhecer e distinguir, nomear e descrever.

Além disso, há uma vantagem em reconhecer as espécies de animais e distinguir umas das outras: é que devemos considerar como a mesma espécie aquela que, por meio da copulação, perpetua-se e conserva a similitude dessa espécie, e como espécies diferentes aquelas que, pelos mesmos meios, nada podem produzir. De modo que uma raposa será uma espécie diferente de um cão, se da copulação de um macho com uma fêmea de cada uma dessas espécies não houver resultado; e, mesmo se resultasse um animal bipartido, uma espécie de mulo, como este seria estéril, isso seria suficiente para estabelecer que a raposa e o cão não são da mesma espécie, já que supomos que, para constituir uma espécie, seria necessária uma produção contínua, perpétua, invariável, semelhante, em uma palavra, àquela dos outros animais. O mesmo critério não se aplica ao estudo das plantas, pois, embora tenhamos afirmado reconhecer nelas os sexos e estabelecido divisões de gêneros pelas partes da fecundação, como isso não é nem tão certo nem tão aparente como nos animais, mas, ao contrário, a produção das plantas se faz de muitas outras maneiras em que os sexos não têm participação e as partes da fecundação não são necessárias, é apenas com base em uma analogia equivocada que afirmamos que esse método sexual deveria nos fazer distinguir todas as espécies diferentes de plantas. Remetemos o exame do fundamento desse sistema à nossa história dos vegetais.

O número de espécies de animais é, portanto, maior do que o de plantas, mas o mesmo não se dá com o número de indivíduos em cada espécie. Nos animais como nas plantas, o número de indivíduos é muito maior quando esta é pequena do que quando é grande. A espécie das moscas é, talvez, 100 milhões de vezes mais numerosa do que a do elefante, e, de modo semelhante, há muito mais relva do que árvores, mais erva daninha do que carvalho; mas, se compararmos a quantidade de indivíduos dos animais e das plantas, espécie a espécie, veremos que cada espécie de planta é mais abundante do que cada espécie de animal: por exemplo, os quadrúpedes produzem apenas um número pequeno de filhotes, e em intervalos de tempo bastante consideráveis; as árvores, ao contrário, todos os anos produzem uma grande quantidade de sua espécie. Talvez me digam que minha comparação não é exata e que para emiti-la seria necessário poder comparar a quantidade de sementes que produz uma árvore com a quantidade de germes que pode conter o sêmen de um animal, e que então talvez descobriríamos que os animais são ainda mais abundantes em germes do que os vegetais; mas se, recolhendo com cuidado todos as sementes de uma árvore, de um olmo, por exemplo, e semeando-as, constatarmos que é possível ter centenas de milhares de pequenos olmos na produção de um único ano, admitiremos facilmente que, ao tomarmos o mesmo cuidado para fornecer a um cavalo todas as éguas que ele pudesse cobrir em um ano, os resultados seriam muito diferentes entre a produção do animal e do vegetal. Não examino a quantidade dos germes, primeiro porque nos animais não a conhecemos, e, em segundo lugar, porque talvez haja nos vegetais tantos germes seminais quanto nos animais, e a semente não é um germe, mas uma produção tão perfeita quanto o feto de um animal, para a qual, como para este, falte apenas um maior desenvolvimento.

Ainda no que diz respeito a esse assunto, poder-se-ia opor a prodigiosa multiplicação de algumas espécies de insetos, como aquela das abelhas, em que cada fêmea produz 30 mil ou 40 mil moscas;[3] mas é necessário observar

---

3 Segundo Littre, "mouche à miel" ou, simplesmente, "mouche" (mosca), sinônimo de abelha. (N. T.)

que falo dos animais em geral comparados às plantas em geral, e, aliás, esse exemplo das abelhas, que talvez seja o da maior multiplicação que conhecemos nos animais, não serve de prova contra o que dissemos; pois, das 30 mil ou 40 mil moscas que produz a abelha-mãe, há apenas um número muito pequeno de fêmeas, 1,5 mil ou 2 mil machos, e todo o resto são apenas mulos, ou melhor, moscas neutras, sem sexo e incapazes de produzir.

Temos de admitir que há espécies de insetos, peixes e moluscos de concha que parecem ser extremamente abundantes; as ostras, os arenques, as pulgas, os besouros etc. são, talvez, tão numerosos quanto os musgos e outras plantas mais comuns. Mas, considerados em conjunto, notaremos facilmente que a maioria das espécies animais é menos abundante em indivíduos do que as espécies de plantas. Observaremos, além disso, que, comparando a multiplicação das espécies de plantas entre si, não há diferenças tão grandes no número de indivíduos como acontece nas espécies de animais; nestas, umas engendram um número prodigioso de filhotes enquanto outras produzem apenas um número muito pequeno, ao passo que nas plantas o número das produções é sempre muito grande em todas as espécies.

Pelo que acabamos de afirmar, parece que as espécies mais vis, abjetas e ínfimas são as mais abundantes em indivíduos, tanto nos animais quanto nas plantas. À medida que as espécies de animais nos parecem mais perfeitas, vemo-las reduzidas a um menor número de indivíduos. Poderíamos crer que algumas formas do corpo, como as dos quadrúpedes e dos pássaros, e alguns órgãos para a perfeição do sentimento custariam à Natureza mais do que a produção do ser vivente e organizado que nos parece tão difícil de conceber?

Passemos agora à comparação entre animais e vegetais quanto ao lugar, tamanho e forma. A terra é o único lugar em que os vegetais podem subsistir; a maior parte deles se eleva acima da superfície do terreno e a ela se liga pelas raízes que ali penetram a uma profundidade pequena. Alguns, como as trufas, estão inteiramente cobertos por terra; outros, em número pequeno, crescem sobre as águas. Mas, para existir, todos têm necessidade de estar dispostos na superfície da terra. Os animais, ao contrário, estão em geral bem mais distribuídos: uns habitam a superfície, outros o interior da terra, uns vivem no fundo dos mares, outros os percorrem a uma baixa profundidade: há animais no ar, no interior das plantas, no corpo do homem e de outros animais, nos líquidos, encontramo-los até nas pedras (os foladídeos).

Supõe-se que o uso do microscpópio teria levado à descoberta de um grande número de novas espécies de animais bastante diferentes entre si; e pode parecer surpreendente que mal se pudesse reconhecer uma ou duas espécies de novas plantas pelo recurso a esse instrumento. O pequeno musgo produzido pelo bafio talvez seja a única planta microscópica de que se falou. Poder-se-ia crer que a Natureza se recusou a produzir plantas muito pequenas, enquanto se entregou em abundância a originar animálculos. Mas também poderíamos nos enganar adotando essa opinião sem exame e, com efeito, nosso erro poderia muito bem vir em parte de que as plantas se assemelham muito mais do que os animais, é mais difícil reconhecê-las e distinguir suas espécies, de modo que o bafio que julgamos ser apenas um musgo infinitamente pequeno poderia ser uma espécie de bosque ou jardim povoado de um grande número de plantas muito diferentes, mas cujas diferenças escapam aos nossos olhos.

É verdade que, comparando-se o tamanho dos animais e das plantas, ele parecerá bastante desigual. Pois há muito mais distância entre o tamanho de uma baleia e de um desses supostos animais microscópicos do que entre o carvalho mais alto e o musgo de que falamos há pouco. E, ainda que o tamanho seja um atributo puramente relativo, é útil considerar os pontos extremos a que a Natureza parece ter se confinado. O grande parece ser bastante igual nos animais e nas plantas: uma grande baleia e uma grande árvore são pouco desiguais no volume, ao passo que no pequeno acreditou-se ver animais que, ao se reunir mil deles, não igualariam em volume a pequena planta do bafio.

De resto, a diferença mais geral e mais perceptível entre os animais e vegetais é a da forma. A dos animais, ainda que varie ao infinito, não se assemelha à das plantas; e ainda que os pólipos, que se reproduzem como as plantas, possam ser vistos como fazendo parte da nuance entre os animais e vegetais, não só pelo modo de se reproduzir, mas também pela forma exterior, podemos, entretanto, dizer que a figura do animal, qualquer que seja ele, é muito diferente da forma exterior de uma planta, razão pela qual é difícil confundi-los. Na verdade, os animais podem produzir obras que se parecem a plantas ou flores, mas as plantas jamais produzirão algo semelhante a um animal. E se, por um preconceito mal fundado, não se tivesse tomado o coral por uma planta, esses admiráveis insetos que produzem e trabalham o coral teriam sido reconhecidos e não tomados por flores. Assim, os erros em que se poderia cair ao comparar a forma das plantas com a dos animais recaem sempre sobre um pequeno número de indivíduos que estão na nuance entre ambos, e, quanto mais os observarmos, mais nos convenceremos de que o Criador não colocou termo fixo entre os animais e os vegetais; que esses dois gêneros de seres organizados têm muito mais propriedades em comum do que diferenças reais; que a produção do animal não requer da Natureza um gasto maior, mas, talvez, menor do que a do vegetal; que em geral a produção dos seres organizados não lhe custa nada; que, enfim, o vivente e o animado, em vez de serem graus metafísicos dos seres, são propriedades físicas da matéria.

Capítulo II: Da reprodução em geral

Examinemos mais de perto essa propriedade comum ao animal e ao vegetal, esse poder de produzir seu semelhante, essa cadeia de existências sucessivas de indivíduos que constitui a existência real da espécie; e, sem nos prendermos à geração do homem ou de uma espécie particular de animal, vejamos os fenômenos da reprodução em geral, reunamos os fatos para formarmos ideias e façamos a enumeração dos diferentes meios utilizados pela Natureza para renovar os seres organizados. O primeiro e, tal como pensamos, o mais simples de todos, é o de reunir em um ser uma infinidade de seres orgânicos semelhantes e compor sua substância de tal modo que nela todas as partes contenham um germe da mesma espécie e que, por consequência, ela mesma não possa se tornar um todo semelhante àquele no qual está contida. Primeiramente, esse aparato parece supor um gasto prodigioso e promove a profusão; entretanto, é apenas uma magnificência bastante ordinária à Natureza e que se manifesta até mesmo em espécies

comuns e inferiores, tal como nos vermes, pólipos, olmos, salgueiros, gro-
selheiras e muitas outras plantas e insetos, cujas partes contêm, cada uma
delas, um todo que apenas pelo desenvolvimento pode se tornar uma planta
ou um inseto. Sob esse ponto de vista, considerando os seres organizados
e sua reprodução, um indivíduo é apenas um todo uniformemente organizado em todas as suas partes interiores, um composto de uma infinidade
de figuras semelhantes e de partes similares, uma reunião de germes ou de
pequenos indivíduos da mesma espécie que, em sua totalidade, podem se
desenvolver do mesmo modo, segundo as circunstâncias, e formar novas
totalidades compostas tal como o primeiro.

Ao se examinar essa ideia, encontraremos nos vegetais e nos animais
uma relação com os minerais que não desconfiávamos: os sais e alguns
outros minerais são compostos de partes semelhantes entre si e semelhantes ao todo que compõem. Um grão de sal marinho é um cubo composto de
uma infinidade de outros cubos que se pode reconhecer distintamente no
microscópio.[4] Esses pequenos cubos são, eles mesmos, compostos de outros
cubos que podem ser vistos com um microscópio de melhor qualidade, e
pouco se pode duvidar de que as partes primitivas e constituintes desse sal
sejam também cubos de uma pequeneza que sempre escapa aos nossos olhos

---

4 *Hae tàm parvae quàm magnae figurae (salium) ex magno solùm numero minorum particularum
quae eamdem figuram habent, sunt conflatae, sicuti mihi saepè licuit observare, cùm aquam marinam
aut communem in qua sal commune liquatum erat, intueor per microscopium, quòd ex ea prodeunt
elegantes, parvae ac quadrangulares figurae adeò exiguae, ut mille earum myriades magnitudinem
arenae crassioris ne aequent. Quae salis minutae particulae, quàm primùm oculis conspicio, magni-
tudine ab omnibus lateribus crescunt, suam tamen elegantem superficiem quadrangularem retinentes
ferè... Figurae hae salinae cavitate donatae sunt etc.* ["As figuras (de sal), pequenas ou grandes, são compostas apenas de um grande número de partículas menores que têm a
mesma figura, tal como me foi permitido observar quando examinei a água do mar
ou a água normal na qual o sal ordinário havia sido dissolvido no microscópio; pois
que aparecem nessa água pequenas e delicadas figuras quadrangulares, tão pequenas
que 10 milhões delas não igualam o tamanho de um grão de areia grande. Essas mi-
núsculas partículas de sal, a partir do momento em que as distingo, aumentam de
tamanho em todos os lados, conservando, entretanto, de maneira geral, sua elegante
forma quadrangular. [...] Essas figuras salinas são providas de uma cavidade etc."
Veja Leeuwenhoeck, *Arcana Naturae* [...] *Editio altera*. Leiden: C. Boutestein, 1696,
t.I, p.3]. (N. A.)

e mesmo à nossa imaginação. Os animais e as plantas que podem se multiplicar e se reproduzir por cada uma de suas partes são corpos organizados, compostos de outros corpos orgânicos semelhantes cujas partes primitivas e constituintes também são orgânicas e semelhantes e cuja quantidade acumulada discernimos pela vista, mas cujas partes primitivas não podemos perceber senão pelo raciocínio e pela analogia que acabamos de estabelecer.

Isso nos leva a crer que há na Natureza uma infinidade de partes orgânicas, efetivamente existentes, vivas, com a mesma substância dos seres organizados, assim como há uma infinidade de partículas brutas, semelhantes aos corpos brutos que conhecemos. E, assim como, talvez, sejam necessários milhões de pequenos cubos de sal acumulados para fazer perceptível um grão de sal marinho individual, também são necessários milhões de partes orgânicas semelhantes ao todo para formar um só dos germes que contêm o indivíduo de um olmo ou pólipo; e assim como é necessário separar, partir e dissolver um cubo de sal marinho para perceber, por meio da cristalização, os pequenos cubos que o compõem, do mesmo modo é necessário separar as partes de um olmo ou de um pólipo para em seguida reconhecer, mediante vegetação ou desenvolvimento, os pequenos olmos ou pólipos contidos nessas partes.

A dificuldade de concordar com essa ideia só poderia vir de um preconceito fortemente firmado no espírito dos homens: presume-se que o único meio de julgar o composto é pelo simples, e que, para conhecer a constituição orgânica de um ser, é necessário reduzi-lo a partes simples e não orgânicas, de modo que parece mais fácil conceber como um cubo é necessariamente composto de outros cubos do que ver que é possível um pólipo ser composto de outros pólipos. Mas examinemos com atenção e vejamos o que se deve entender por simples e por composto. Veremos que nisso, como em todo o resto, o plano da Natureza é bem diferente do canevás de nossas ideias.

Como se sabe, nossos sentidos não nos oferecem noções exatas e completas das coisas que necessitamos conhecer. Por pouco que queiramos estimar, julgar, comparar, pesar, medir etc., somos obrigados a recorrer a recursos que lhes são externos: a regras, princípios, usos, instrumentos etc.

Todos esses adminículos são obras do espírito humano e dependem, em maior ou menor grau, da redução ou da abstração de nossas ideias. Essa abstração, tal como nos parece, é o simples das coisas, e a dificuldade de reduzi-las a essa abstração faz o composto. A extensão, por exemplo, sendo uma propriedade geral e abstrata da matéria, não é propriamente composta; entretanto, para formarmos um juízo dela, imaginamos extensões sem profundidade, outras extensões sem profundidade e sem largura, e até pontos que são extensões sem extensão. Todas essas abstrações são alicerces para sustentar nosso julgamento. E quanto não valorizamos esse pequeno número de definições que a Geometria emprega! Chamamos de simples tudo o que se reduz a essas definições, e composto, tudo o que não pode com facilidade ser reduzido a elas; daí um triângulo, um quadrado, um círculo, um cubo etc. serem para nós coisas simples, assim como todas as curvas cujas leis e composição geométrica conhecemos. Mas tudo o que não podemos reduzir a essas figuras e leis abstratas nos parece composto, e não nos damos conta de que essas linhas, triângulos, pirâmides, cubos, globos, e todas essas figuras geométricas não existem senão em nossa imaginação, que são apenas obra nossa, e que talvez não se encontrem na Natureza, ou, ao menos, se ali se encontram, é porque todas as formas possíveis estão nela, e que é, talvez, mais fácil e mais raro encontrar na Natureza as figuras simples de uma pirâmide equilateral ou de um cubo exato do que as formas compostas de uma planta ou de um animal: por toda parte, tomamos, pois, o abstrato pelo simples, e o real pelo composto. Ao contrário, na Natureza não existe o abstrato, nada é simples e tudo é composto. Jamais penetramos na estrutura íntima das coisas; por conseguinte, quase não podemos nos exprimir sobre o que é mais ou menos composto. E não temos outro meio de reconhecê-lo senão pela maior ou menor relação que cada coisa parece ter conosco e com o resto do universo. De nosso ponto de vista, é segundo esse modo de julgar que o animal é mais composto do que o vegetal, e o vegetal, mais do que o mineral. No que nos diz respeito, essa noção é exata, mas na realidade não sabemos se uma coisa é tão simples ou composta quanto as outras, e ignoramos se um glóbulo ou um cubo seja mais ou menos dispendioso à Natureza do que um germe ou uma parte orgânica qualquer.

Se quiséssemos fazer conjecturas sobre isso, poderíamos dizer que as coisas mais comuns, menos raras e mais numerosas são as mais simples; mas, então, os animais seriam talvez o que há de mais simples, já que o número de suas espécies excede em muito o das espécies de plantas e minerais.

Sem nos determos nessa discussão, basta-nos ter revelado que as ideias que comumente temos do simples e do composto são ideias de abstração, que não podem ser aplicadas à composição das obras da Natureza, e que, quando queremos reduzir todos os seres a elementos de figura regular, ou a partículas prismáticas, cúbicas, globulosas etc., apenas colocamos o que está em nossa imaginação no lugar do que realmente é; além disso, que as formas das partes constituintes das diferentes coisas nos são absolutamente desconhecidas, e que, por consequência, podemos supor e crer que um ser organizado é inteiramente composto de partes orgânicas semelhantes, tanto quanto supomos que um cubo é composto de outros cubos. Para julgá-lo, temos apenas a experiência como regra; do mesmo modo que vemos que um cubo de sal marinho é composto de outros cubos, vemos também que um olmo é composto apenas de outros pequenos olmos, já que, tomando uma extremidade de um galho ou de uma raiz, ou uma porção de madeira separada do tronco, ou a semente, deles cresce igualmente um olmo. O mesmo acontece com os pólipos e com todas as outras espécies de animais que se podem cortar em qualquer direção e separar em diferentes partes para multiplicá-los. E, visto que nossa regra para julgar é a mesma, por que julgaríamos de outra maneira?

Pelos raciocínios que acabamos de desenvolver, parece-me muito verossímil que realmente exista na Natureza uma infinidade de pequenos seres organizados, semelhantes em tudo aos grandes seres organizados que figuram no mundo; que esses pequenos seres organizados são compostos de partes orgânicas vivas comuns aos animais e aos vegetais; que essas partes orgânicas são primitivas e incorruptíveis; que a reunião dessas partes forma, aos nossos olhos, seres organizados; e que, por consequência, a reprodução ou a geração é apenas uma modificação de forma, que se faz ou se opera somente pela adição dessas partes semelhantes, assim como a destruição do ser organizado se faz pela divisão dessas mesmas partes. Quando tivermos visto as provas que apresentaremos nos capítulos seguintes, não poderemos duvidar disso. Aliás, se refletirmos sobre a maneira pela qual as árvores crescem e se examinarmos como uma quantidade que é tão pequena chega a um volume considerável, descobriremos que é pela simples adição de pequenos seres organizados semelhantes entre si e ao todo. A semente produz primeiro uma pequena árvore que ela continha diminutamente; no cume dessa pequena árvore se forma um botão que contém a pequena árvore do ano seguinte, e esse botão é uma parte orgânica semelhante à pequena árvore do primeiro ano. No cume da pequena árvore do segundo ano, forma-se também um botão que contém a pequena árvore do terceiro ano, e assim um seguido do outro enquanto a árvore cresce em altura. Mesmo enquanto ela vegeta, forma-se na extremidade de todos os galhos botões que contêm diminutamente pequenas árvores semelhantes àquela do primeiro ano: é, pois, evidente que as árvores são compostas de pequenos seres organizados semelhantes, e que o indivíduo total é formado pela reunião de uma multidão de pequenos indivíduos semelhantes.

Contudo, dir-se-á: todos esses pequenos seres organizados e semelhantes não estavam contidos na semente, e a ordem de seu desenvolvimento não estava ali traçada? Pois parece que o germe que se desenvolveu no primeiro ano é sobrepujado por outro semelhante, que se desenvolve apenas no segundo ano, e que o mesmo ocorre com um terceiro que se desenvolve apenas no terceiro ano, e que, consequentemente, a semente contém na realidade os pequenos seres organizados que devem formar botões ou pequenas árvores por cem ou duzentos anos, isto é, até a destruição do indivíduo. Parece também que essa semente contém não apenas todos os pequenos seres organizados que devem constituir um dia o indivíduo, mas ainda todas as sementes, todos os indivíduos, e todas as sementes de sementes e toda a sequência de indivíduos até a destruição da espécie.

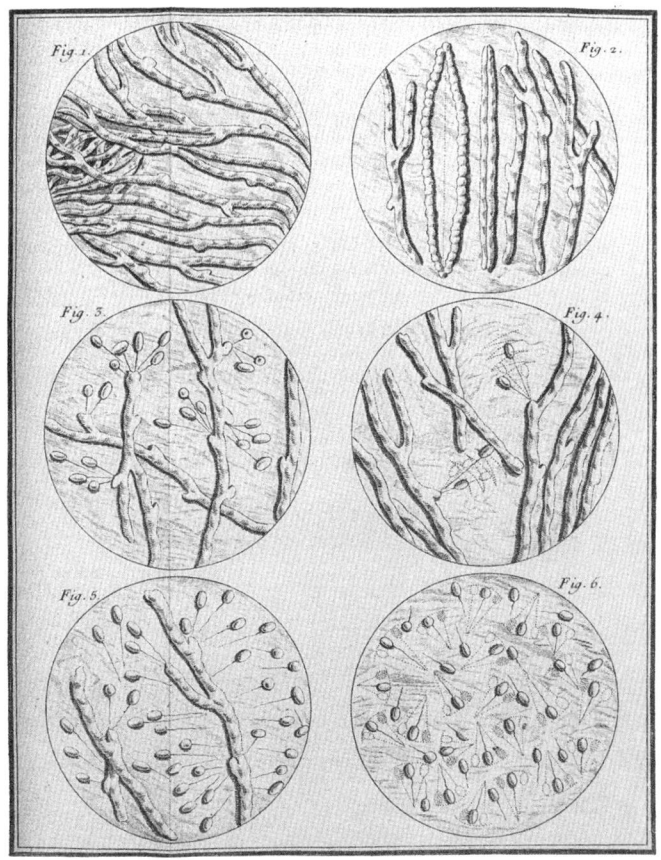

Eis aí a principal dificuldade e o ponto que iremos examinar com a maior atenção. É certo que a semente produz uma pequena árvore no primeiro ano só pelo desenvolvimento do germe que ela contém, e que essa pequena árvore estava abreviadamente nesse germe; contudo, não é igualmente certo que o botão, que é o germe para o segundo ano, e que os germes dos anos seguintes, não mais do que os pequenos seres organizados e os grãos que devem se suceder até o fim do mundo ou a destruição da espécie, estejam todos contidos na primeira semente. Essa opinião supõe um progresso ao infinito e faz de cada indivíduo efetivamente existente uma fonte de geração ao infinito. A primeira semente conteria todas as plantas de sua espécie que já se multiplicaram e que devem se multiplicar para sempre; o primeiro homem conteria efetiva e individualmente todos os que apareceram e aparecerão sobre a Terra; cada semente, cada animal pode também se multiplicar e produzir ao infinito, e consequentemente contém, tanto quanto a primeira semente ou o primeiro animal, uma posteridade infinita. Por pouco que nos deixemos levar por esses raciocínios, perderemos o fio da verdade no labirinto do infinito, e, em vez de esclarecer e resolver a questão, apenas a ocultaríamos e a evitaríamos; seria pôr o objeto fora do alcance de nossos olhos e, em seguida, dizer que não é possível vê-lo.

Detenhamo-nos um pouco nessas ideias de progresso e desenvolvimento ao infinito: de onde elas vêm? O que elas representam? A ideia de infinito não pode vir senão da de finito, e trata-se aqui de um infinito de sucessão, um infinito geométrico. Cada indivíduo é uma unidade, muitos indivíduos formam um número finito, e a espécie é o número infinito. Do mesmo modo como podemos demonstrar que o infinito geométrico não existe, também nos asseguraremos de que o progresso ou o desenvolvimento ao infinito tampouco existe; de que é apenas uma ideia de abstração, uma redução da ideia do finito, em que retiramos os limites que devem necessariamente circunscrever toda grandeza[5] e que, portanto, devemos rejeitar toda opinião da filosofia que conduz necessariamente à ideia da existência atual do infinito geométrico ou aritmético.

É preciso, pois, que os partidários dessa opinião se restrinjam a dizer que seu infinito de sucessão e de multiplicação seja, com efeito, apenas um número indeterminável ou indefinido, maior do que qualquer outro de que possamos ter uma ideia, mas que não é infinito; e isso estando acertado, é preciso que digamos que a primeira semente ou uma semente qualquer, de um olmo, por exemplo, que não pesa um grão, contém, efetiva e realmente, todas as partes orgânicas que devem formar esse olmo, e todas as outras árvores dessa espécie que aparecerão para sempre sobre a superfície da Terra. Mas o que nos é esclarecido por essa resposta? Não se está cortando o nó em vez de desatá-lo, evitando a questão quando é necessário resolvê-la?

---

5 Pode-se ver a demonstração que dei no prefácio da tradução das *Fluxões*, de Newton, p.7 ss. (N. A.) [Veja Newton, *La Méthode des fluxions et des suites infinies*. Paris, 1740, p.VII-XI (N. T.).]

Quando perguntamos como é possível conceber que a reprodução dos seres seja feita e nos dão como resposta que no primeiro ser essa reprodução estava totalmente feita, não apenas se confessa que se ignora como ela se faz, mas também se renuncia à vontade de concebê-la. Pergunta-se como um ser produz seu semelhante, responde-se que ele está completamente produzido. Pode-se admitir essa solução? Pois, se existisse somente uma geração de um a outro, ou um milhão delas, a coisa é a mesma: permanece a mesma dificuldade. E muito longe de resolvê-la, ao afastá-la, acrescenta-se a isso uma nova obscuridade pela suposição que se é obrigado a fazer do número indefinido de germes, todos eles contidos em um só.

Confesso que nesse domínio é mais fácil destruir do que construir e que a questão da reprodução, talvez, por sua natureza, não poderá jamais ser plenamente resolvida. Mas, nesse caso, devemos investigar se ela é, de fato, como é, e por que devemos julgá-la segundo essa natureza. Guiando-nos bem nesse exame, descobriremos tudo o que se pode saber sobre ela, ou ao menos reconheceremos claramente por que devemos ignorá-la.

Há questões de duas espécies: umas que se ligam às causas primeiras, outras que têm por objeto apenas os efeitos particulares. Por exemplo: quando se pergunta por que a matéria é impenetrável, não se responderá ou se responderá pela própria questão, dizendo que a matéria é impenetrável pela razão de ser impenetrável. E o mesmo ocorrerá com todas as qualidades gerais da matéria: por que ela é extensa, pesada, persistente em seu estado de movimento ou de repouso? Sempre se responderá pela própria questão: ela é assim porque, de fato, é assim; e, se prestarmos atenção a isso, não nos admiraremos de não poder responder de outro modo, pois perceberemos que, para dar a razão de uma coisa, é preciso haver um objeto diferente dela, do qual se possa tirar essa razão. Ora, todas as vezes que nos perguntarmos sobre a razão de uma causa em geral, isto é, de uma qualidade que, de modo geral, pertença a tudo, então não temos como resultado qualquer objeto a que pertença, nada que possa nos fornecer uma razão, e, consequentemente, está demonstrado que é inútil procurá-la, já que iríamos contra a suposição de que a qualidade é geral e que pertence a tudo.

Se, ao contrário, se busca a razão de um efeito particular, ela será encontrada sempre que for possível fazer ver claramente que esse efeito depende imediatamente das causas primeiras das quais acabamos de falar e a questão será resolvida sempre que possamos responder que o efeito de que se trata provém de outro mais geral. E seja por provir dele imediatamente ou de um encadeamento de outros efeitos, a questão estará igualmente resolvida com a condição de se ver claramente a dependência mútua desses efeitos e as relações que têm entre si.

Mas se o efeito particular, cuja razão se procura encontrar, não parece depender desses efeitos gerais, e se não só não depende deles, mas também parece não ter nenhuma analogia com os outros efeitos particulares, como consequência, esse efeito é o único de sua espécie e, como não tem nada em comum com os outros, aos menos nada que nos seja conhecido, a questão é insolúvel, porque, para dar a razão de uma coisa, é preciso haver um objeto de onde ela possa ser extraída, e não havendo aqui nada conhecido que tenha qualquer relação com aquilo que queremos explicar, não há nada de onde se possa tirar essa razão que procuramos. É o oposto do que acontece quando se busca a razão de uma causa geral: ela não é encontrada, porque tudo tem as mesmas qualidades; e, ao contrário, a razão do efeito isolado de que falamos não é encontrada, porque nada de conhecido tem as mesmas qualidades. Mas a diferença já demonstrada entre um e outro está, como se viu, em que não se pode encontrar a razão de um efeito geral sem que ele deixe de ser geral; ao passo que se pode esperar um dia encontrar a razão de um efeito isolado pela descoberta de alguns outros efeitos relativos ao primeiro, que ignoramos, e que essa descoberta poderá ser por acaso ou por experiências.

Há ainda outra espécie de questão que podemos denominar questão de fato; por exemplo: por que há árvores? Por que há cães? Por que há pulgas? São questões insolúveis, pois os que acreditaram respondê-las pelas causas finais não notaram que tomaram o efeito pela causa. A relação que essas coisas têm conosco não influencia de modo algum sua origem. A conveniência moral não pode jamais se tornar uma razão física.

Por isso, é preciso também distinguir com cuidado as questões em que se emprega *o por que* daquelas em que se deve empregar *o como* e ainda daquelas em que se deve empregar apenas o *quanto*. O *por que* é sempre relativo à causa de um efeito ou ao próprio fato; o *como* é relativo ao modo com que se chega ao efeito; e o *quanto* tem relação apenas à medida desse efeito.

Estando tudo isso bem entendido, examinaremos agora a questão da reprodução dos seres. Se nos perguntarem por que os animais e os vegetais se reproduzem, claramente reconheceremos que essa pergunta é, enquanto questão de fato, é querer insolúvel, e é inútil resolvê-la. Mas, se se pergunta como os animais e os vegetais se reproduzem, acreditaremos respondê-la fazendo a história da geração de cada animal em particular e da reprodução de cada vegetal também em particular. Contudo, assim que se tiver percorrido todas as maneiras de engendrar seu semelhante, notaremos que todas essas histórias da geração, acompanhadas até mesmo das observações mais exatas, ensinam-nos somente os fatos sem nos indicar as causas, e que os meios mais notáveis de que se serve a Natureza para a reprodução não parecem ter nenhuma relação com os efeitos que deles resultam. Seremos obrigados a mudar a questão e nos limitarmos a indagar: qual é, pois, a maneira oculta que a Natureza pode empregar para a reprodução dos seres?

Essa questão, que, como vemos, é a verdadeira, é bem diferente da primeira e da segunda. Ela permite investigar e imaginar e, consequentemente, não é insolúvel, pois não se liga de imediato a uma causa geral; também não é uma pura questão de fato, e, contanto que se possa conceber um meio de reprodução, ter-se-á respondido à questão. É necessário apenas que esse meio imaginado dependa de causas principais, ou pelo menos que não seja avesso a elas e, quanto mais relação tenha com os outros efeitos da Natureza, mais sólido será o seu fundamento.

A partir da própria questão é possível, pois, formar hipóteses e escolher a que nos pareça ter mais analogia com os outros fenômenos da Natureza. Mas, dentre as que poderíamos empregar, é preciso excluir todas as que supõem a coisa acabada, por exemplo: aquela pela qual suporíamos que no primeiro germe todos os outros da mesma espécie estariam contidos, ou ainda, que a cada reprodução haja uma nova criação, que é um efeito imediato da vontade de Deus. Isso porque essas hipóteses se reduzem a questões de fato, para as quais não é possível encontrar as razões. É preciso rejeitar também todas as hipóteses que teriam por objeto as causas finais, como aquelas que afirmam que a reprodução ocorre para que o vivente substitua o morto, para que a Terra esteja sempre coberta de vegetais e povoada de animais, para que o homem encontre abundantemente sua subsistência etc.; pois essas hipóteses, em vez de se deterem nas causas físicas do efeito que procuramos explicar, versam apenas sobre relações arbitrárias e conveniências morais. Ao mesmo tempo, é preciso desconfiar dos axiomas absolutos, dos provérbios de física que tanta gente empregou inoportunamente como princípio, por exemplo: a fecundação não acontece fora do corpo, *nulla fœcundatio extrà corpus*; todo vivente vem de um ovo; toda geração supõe dois sexos etc. Não se deve jamais tomar essas máximas em um sentido absoluto, pois elas significam apenas que essas coisas são geralmente dessa maneira e não de outra.

Busquemos, portanto, uma hipótese que não tenha nenhum dos defeitos que acabamos de mencionar e pela qual não possamos cair em nenhum dos inconvenientes que acabamos de expor. E, se não conseguirmos explicar a mecânica de que a Natureza se serve para operar a reprodução, ao menos chegaremos a algo mais verossímil do que o que se disse até aqui.

Do mesmo modo como podemos criar moldes pelos quais damos ao exterior dos corpos a figura que nos agrada, supomos que a Natureza pode criar moldes pelos quais dá não apenas a figura exterior, mas também a forma interior. Não seria esse um meio pelo qual a reprodução poderia ser feita?

Consideremos, em primeiro lugar, sobre o que está fundada essa suposição; examinemos se ela não encerra nada de contraditório, e, em seguida, vejamos quais consequências podemos tirar dela. Uma vez que nossos sentidos são juízes apenas do exterior dos corpos, compreendemos claramente as afecções exteriores e as diferentes figuras das superfícies, e podemos imitar a Natureza e expressar as figuras exteriores por diferentes vias de representação, como a pintura, a escultura e os moldes. Mas, ainda que nossos sentidos sejam juízes apenas das qualidades exteriores, não podemos deixar de reconhecer que existem nos corpos qualidades interiores, das quais algumas são gerais, como a gravidade; essa qualidade ou essa força não age relativamente às superfícies, mas proporcionalmente às massas, isto é, à quantidade de matéria. Há, pois, na Natureza, qualidades, e bastante ativas, que penetram os corpos até as partes mais íntimas. Jamais teremos uma ideia clara dessas qualidades, pois, como acabo de dizer, elas não são exteriores, e, por conseguinte, não podem recair sobre nossos sentidos. Entretanto, podemos comparar seus efeitos e estamos autorizados a extrair analogias para explicar a razão dos efeitos de qualidades do mesmo gênero.

Se, em vez de nos representar apenas a superfície das coisas, nossos olhos fossem conformados de modo a nos representar o interior dos corpos, teríamos então uma ideia clara desse interior, sem que nos fosse possível ter, por esse mesmo sentido, qualquer ideia das superfícies. Segundo essa suposição, os moldes que a natureza emprega para o interior, como já foi dito, seriam tão fáceis de ver e conceber como os moldes para o exterior; e mesmo as qualidades que penetram o interior dos corpos seriam as únicas das quais teríamos ideias claras, e as que se exercessem apenas sobre as superfícies nos seriam desconhecidas. Nesse caso, teríamos vias de representação para imitar o interior dos corpos, como temos para imitar o exterior; esses moldes internos, que jamais teremos, a Natureza pode tê-los, como tem as qualidades da gravidade, que efetivamente penetra seu interior. A suposição desses moldes está, pois, fundada sobre boas analogias; resta examinar se não encerra nenhuma contradição.

Pode-se dizer que esta expressão, *molde interno*, parece inicialmente encerrar duas ideias contraditórias: a de que o molde não pode se referir senão à superfície e a de que o interior deve se referir à massa. É como se se quisesse reunir a ideia da superfície e a da massa e se afirmasse tanto uma superfície massiva quanto um molde interno.

Confesso que quando é preciso representar ideias que ainda não foram expressas, somos algumas vezes obrigados a nos servir de termos que parecem contraditórios; por essa razão, nesses casos, muitas vezes os filósofos empregaram termos estranhos, a fim de afastar do espírito a ideia de contradição que pode se apresentar, servindo-se de termos em uso e com uma significação aceita. Mas esse artifício me parece inútil, pois podemos demonstrar que a oposição está apenas nas palavras e que nada há de contraditório na ideia. Ora, afirmo que todas as vezes em que há unidade na ideia, não pode haver contradição, isto é, todas as vezes em que podemos formar uma ideia de uma coisa, se ela for simples, não pode ser composta, não pode encerrar nenhuma outra ideia, e, portanto, não conterá oposição alguma nem contrariedade.

As ideias simples não somente são as primeiras apreensões que obtemos pelos sentidos, mas também são as primeiras comparações que fazemos dessas apreensões; pois, se refletirmos sobre isso, perceberemos que a primeira apreensão mesma é sempre uma comparação: por exemplo, a ideia de grandeza de um objeto ou de sua distância encerra necessariamente a comparação com uma unidade de grandeza ou de distância. Assim, quando uma ideia encerra apenas uma comparação, devemos considerá-la simples, e, consequentemente, como não contendo nada de contraditório. Tal é a ideia do molde interno; conheço na Natureza uma qualidade que denominamos gravidade, que penetra o interior dos corpos; tomo a ideia de molde interno relativamente a essa qualidade; essa ideia encerra apenas uma comparação, e logo, nenhuma contradição.

Vejamos agora as consequências que podemos tirar dessa suposição; busquemos também os fatos que podemos aí acrescentar. Tanto mais verossímil ela será quanto maior for o número das analogias. Para nos fazer melhor compreender, comecemos por desenvolver, tanto quanto nos for possível, essa ideia de moldes internos, e por explicar como entendemos que ela nos levará a conceber os meios da reprodução.

Parece-me que a Natureza em geral tende muito mais à vida do que à morte, e que ela procura, tanto quanto lhe é possível, organizar os corpos. A multiplicação dos germes, que pode ser aumentada quase ao infinito, é prova disso. E poderíamos dizer, com algum fundamento, que se a matéria não é toda organizada, é porque os seres organizados se destroem mutuamente; pois podemos aumentar quase o quanto quisermos a quantidade dos seres vivos e vegetais, mas não podemos aumentar a quantidade de pedras ou de outras matérias brutas. Isso parece indicar que a obra mais usual da Natureza é a produção do orgânico, que tal é sua ação mais familiar, e que, a esse propósito, seu poder é ilimitado.

Para tornar isso perceptível, façamos o cálculo do que apenas um germe poderia produzir, caso se tirasse o maior proveito de todo o seu poder produtivo. Tomemos uma semente de olmo, que não pesa a centésima parte de uma onça; depois de cem anos, terá produzido uma árvore cujo volume será, por exemplo, de 10 toesas cúbicas. Mas, a partir do décimo ano, essa árvore dará mil sementes que, sendo todas semeadas, produzirão mil árvores que, depois de cem anos, terão também, cada uma, um volume igual a 10 toesas cúbicas. Assim, em 110 anos, eis aí mais de 10 mil toesas cúbicas de matéria·orgânica; dez anos depois, haverá 10 milhões de toesas dessa matéria, sem incluir aí o aumento de 10 mil a cada ano, que faria ainda 100 mil a mais; e ainda dez anos mais tarde, haveria 10 trilhões de toesas cúbicas; por conseguinte, em 130 anos, um só germe produziria um volume de matéria organizada de mil léguas cúbicas, pois uma légua cúbica não contém senão, muito aproximadamente, 10 trilhões de toesas cúbicas; e dez anos depois, um volume de mil vezes mil, isto é, de 1 milhão de léguas cúbicas; e dez anos depois, 1 milhão de vezes 1 milhão, isto é, 1 trilhão de léguas cúbicas de matéria organizada; de modo que, em 150 anos, o globo terrestre inteiro poderia ser convertido em matéria orgânica de uma única espécie. O poder ativo da natureza seria detido apenas pela resistência das matérias, que, não sendo todas da espécie que seria preciso para se tornarem suscetíveis dessa organização, não se converteriam em substância orgânica; e isso mesmo nos prova que a Natureza não tende a produzir o bruto, mas o orgânico, e que quando não alcança esse fim, é apenas porque há inconvenientes que se opõem a ele. Assim, parece que seu principal desígnio é, de fato, produzir corpos organizados e produzi-los ao máximo possível; pois o que dissemos da semente do olmo pode ser dito de todo outro germe; e seria fácil demonstrar que se, começando hoje, se fizesse eclodir todos os ovos de todas as galinhas, e que durante trinta anos se tivesse o mesmo cuidado de fazer eclodir todos os que fossem postos, sem destruir nenhum desses animais, no final desse tempo teríamos animais suficientes para cobrir a superfície inteira da Terra, colocando-os todos juntos uns dos outros.

Refletindo sobre essa espécie de cálculo, iremos nos acostumar com essa ideia singular de que o orgânico é a obra mais ordinária da Natureza e aparentemente o que menos lhe custa. Contudo, vou mais longe: parece-me que a divisão geral da matéria deveria ser feita entre *matéria viva* e *matéria morta*, em vez de dizermos matéria organizada e matéria bruta. O bruto não é senão o morto; poderia prová-lo por essa quantidade enorme de conchas e outros despojos de animais vivos que são a principal substância de pedras, mármores, calcários e margas, terras, turfas, e muitas outras matérias que denominamos *brutas*, e que nada mais são do que os restos e as partes mortas de animais ou vegetais; mas, talvez, uma melhor percepção disso seja possível por uma reflexão bem fundada.

Depois de ter meditado sobre a atividade que a Natureza tem para produzir seres organizados; depois de ter visto que desse ponto de vista seu poder não é nele mesmo limitado, mas somente detido por inconvenientes e obstáculos exteriores; depois de ter reconhecido que deve existir uma infinidade de partes orgânicas vivas que devem produzir o vivo; depois de ter mostrado que o vivo é o que menos custa à Natureza, busco quais são as principais causas da morte e da destruição e observo que em geral os seres que têm o poder de converter a matéria em sua própria substância e de assimilar as partes dos outros seres são os maiores destruidores. O fogo, por exemplo, tem tanta atividade que converte em sua própria substância quase toda matéria que a ele se apresenta, assimila e se apropria de todas as coisas combustíveis; desse modo, é o maior meio de destruição que conhecemos. Os animais parecem participar das qualidades da chama: seu calor interior é uma espécie de fogo; por isso, após a chama, os animais são os maiores destruidores e assimilam e convertem em sua substância todas as matérias que podem lhes servir de alimento. Mas, embora essas duas causas de destruição sejam muito consideráveis e seus efeitos tendam perpetuamente ao aniquilamento da organização dos seres, a causa que a reproduz é infinitamente mais potente e ativa, e parece que empresta da própria destruição os meios para operar a reprodução, já que a assimilação, que é uma causa de morte, é ao mesmo tempo um meio necessário para produzir o vivo.

Destruir um ser organizado é, como dissemos, separar as partes orgânicas das quais é composto; essas mesmas partes permanecem separadas até que sejam reunidas por algum poder ativo. Mas, qual é esse poder? Não é o mesmo que os animais e os vegetais têm de assimilar a matéria que lhes serve de alimento, ou, ao menos, não está ele muito relacionado com aquele poder que deve operar a reprodução?

Capítulo III: Da nutrição e do desenvolvimento

O corpo de um animal é uma espécie de molde interno no qual a matéria, que serve para seu crescimento, modela-se e se assimila ao todo, de tal maneira que, sem modificação alguma na ordem e na proporção das partes, acontece, entretanto, um aumento de cada parte tomada separadamente, e esse aumento de volume é o que denominamos desenvolvimento; pois acreditamos ter razão ao dizer que, como o animal é formado do mesmo modo em pequena ou em grande dimensão, não é difícil conceber que suas partes se desenvolveriam à medida que uma matéria acessória viesse aumentar proporcionalmente cada uma de suas partes.

Mas, se quisermos ter uma ideia clara de semelhante aumento [e] desse desenvolvimento, como fazer senão considerando o corpo do animal e também cada uma de suas partes que devem se desenvolver, assim como os moldes internos que recebem a matéria acessória unicamente na ordem que resulta da posição de todas as suas partes? E a prova de que esse desenvolvimento não pode ser feito unicamente pela adição às superfícies, como em geral se está persuadido, mas, ao contrário, é realizado por uma sucessão íntima que penetra a massa, está no fato de que, na parte que se desenvolve, o volume e a massa aumentam proporcionalmente e sem mudar de forma; por conseguinte, é necessário que a matéria que serve a esse desenvolvimento penetre, por qualquer que seja a via, no interior da parte e em todas as dimensões. Entretanto, é ao mesmo tempo necessário que essa penetração de substância seja feita com certa ordem e medida, tal como não chegue mais substância a um ponto do interior do que a outro; caso contrário, algumas partes do todo se desenvolveriam mais rápido do que outras, e, em consequência, a forma seria alterada. Ora, o que pode prescrever efetivamente essa regra à matéria acessória e obrigá-la a chegar igual e proporcionalmente a todos os pontos do interior, senão o molde interno?

Parece-nos certo, portanto, que o corpo do animal ou do vegetal é um molde interno que tem uma forma constante, mas cuja massa e volume podem aumentar proporcionalmente; e que o crescimento, ou, se quisermos, o desenvolvimento do animal e do vegetal se faz apenas por extensão desse molde em todas as suas dimensões externas e internas, e que essa extensão se faz por intussuscepção de uma matéria acessória e estranha, que penetra no interior e se torna semelhante à forma e idêntica à matéria do molde.

Mas qual é a natureza dessa matéria que o animal ou o vegetal assimila à sua substância? Qual pode ser a força ou o poder que dá a essa matéria a atividade e o movimento necessários para penetrar o molde interno? E se existe tal poder, não seria por um poder semelhante que o próprio molde interno poderia ser reproduzido?

Como se vê, essas três questões encerram tudo o que podemos perguntar sobre esse assunto, e parece-me que são reciprocamente dependentes, a ponto de estar persuadido de que não é possível explicar a reprodução do animal e do vegetal de maneira satisfatória se não houver uma ideia clara do modo como a nutrição acontece. É preciso, pois, examinar separadamente essas três questões, a fim de comparar suas consequências.

A primeira, pela qual questionamos a natureza dessa matéria que o vegetal assimila à substância, parece-me ser em parte resolvida pelos raciocínios que fizemos, e será plenamente demonstrada por observações às quais nos referiremos nos capítulos seguintes: faremos ver que existe na Natureza uma infinidade de partes orgânicas vivas, que os seres organizados são compostos dessas partes, que sua produção não custa nada à Natureza, já que sua existência é constante e invariável, e que as causas de destruição nada mais fazem do que separá-las sem destruí-las. Desse modo, a matéria assimilada pelo animal ou vegetal à sua substância é uma matéria orgânica da mesma natureza que a do animal ou do vegetal, que, por conseguinte, pode aumentar sua massa e seu volume sem mudar sua forma e sem alterar a qualidade da matéria do molde, visto que, de fato, ela é da mesma forma e da mesma qualidade que aquela que o constitui. Assim, da quantidade de alimentos que o animal toma para sustentar sua vida e conservar o jogo de seus órgãos e da seiva que o vegetal obtém por suas raízes e folhas, grande parte expele pela transpiração, secreções e outras vias excretórias e somente uma pequena porção serve para a nutrição íntima das partes e para seu desenvolvimento: é muito verossímil que no corpo do animal ou do vegetal seja feita uma separação das partes brutas da matéria dos alimentos daquelas partes orgânicas; que as primeiras são removidas pelas causas que acabamos de falar; que apenas as partes orgânicas permaneçam no corpo do animal ou do vegetal; e que essa distribuição se faça através de alguma potência ativa que as conduz a todas as partes em uma porção exata, de tal modo que não chegue nem mais nem menos do que é necessário para que a nutrição, o crescimento ou o desenvolvimento se façam de uma maneira aproximadamente igual.

Eis aqui a segunda questão: qual pode ser a potência ativa que faz que essa matéria orgânica penetre o molde interno e se ligue, ou melhor, incorpore-se intimamente a ele? Pelo que dissemos no capítulo precedente, parece que existem na Natureza forças, como a da gravidade, que são relativas ao interior da matéria, e que não têm nenhuma relação com as qualidades exteriores dos corpos, mas que agem sobre as partes mais íntimas e penetram em todos os seus pontos. Essas forças, como as experimentamos, jamais se evidenciarão aos nossos sentidos, porque sua ação se faz sobre o interior dos corpos; nossos sentidos não podem nos representar senão o que se produz em seu exterior, não sendo elas do gênero de coisas que possamos perceber. Para isso, seria necessário que nossos olhos, em vez de nos representar as superfícies, fossem organizados de modo a nos representar as massas dos corpos, e que nossa visão pudesse penetrar em sua estrutura e na composição íntima da matéria. É, pois, evidente que jamais teremos ideia clara dessas forças penetrantes, nem da maneira com que elas agem. Mas, ao mesmo tempo, não é menos certo que existam, que seja por seu meio que se produza a maior parte dos efeitos da Natureza, e que se deva particularmente atribuir a elas o efeito da nutrição e do desenvolvimento, visto que estamos seguros de que apenas pode ser feita por meio da penetração íntima do molde interno; pois, assim como a força da gravidade penetra o interior de toda matéria, do mesmo modo a força que impele ou atrai as partes orgânicas do alimento penetra também no interior dos corpos organizados e as faz entrar ali por sua ação. E, como esses corpos têm certa forma que chamamos de molde interno, as partes orgânicas, impelidas pela ação da força penetrante, só podem entrar ali numa ordem relativa a essa forma, o que por consequência não pode modificá-la, mas apenas aumentar todas as suas dimensões, tanto externas quanto internas, e produzir, assim, o crescimento dos corpos organizados e seu desenvolvimento. Caso se encontrem uma ou mais partes semelhantes ao todo no corpo organizado que se desenvolvem por esse meio, essa ou essas partes, cuja forma interna e externa é semelhante àquelas do corpo inteiro, serão elas as que irão operar a reprodução.

Eis a terceira questão: não é por uma potência semelhante que o próprio molde interno é reproduzido? Não só é uma potência semelhante, mas parece ser a mesma potência que causa o desenvolvimento e a reprodução; pois, no corpo organizado que se desenvolve, basta que haja alguma parte semelhante ao todo para que essa parte possa um dia se tornar ela mesma um corpo organizado em tudo semelhante àquele de que hoje faz parte. No ponto em que consideramos o desenvolvimento do corpo inteiro, essa parte, cuja forma interna e externa é semelhante à do corpo inteiro, não se desenvolverá senão como parte desse primeiro desenvolvimento [e] não apresentará aos nossos olhos uma figura perceptível que pudéssemos comparar atualmente com o corpo inteiro. Mas, se ela é separada desse corpo e encontra alimento, começará a se desenvolver como corpo inteiro, e logo nos oferecerá uma forma semelhante, tanto ao exterior quanto ao interior, e se tornará, por esse segundo desenvolvimento, um ser da mesma espécie que o corpo do qual foi separado. Assim, como há nos salgueiros e nos pólipos mais partes orgânicas semelhantes ao todo do que outras partes, cada porção de salgueiro ou de pólipo que se separa do corpo inteiro se torna um salgueiro ou um pólipo por esse segundo desenvolvimento.

Ora, um corpo organizado cujas partes fossem todas semelhantes a si mesmo, como os que acabamos de citar, é um corpo cuja organização é a mais simples de todas, tal como dissemos no primeiro capítulo, pois não é mais do que a repetição da mesma forma e uma composição de figuras semelhantes organizadas todas do mesmo modo. Por essa razão, os corpos mais simples, as espécies mais imperfeitas, são as que se reproduzem mais facilmente e com mais abundância, ao passo que se um corpo organizado contém apenas algumas partes semelhantes a si mesmo, então há somente essas partes que podem chegar ao segundo desenvolvimento, e, por consequência, nessas espécies a reprodução não será nem tão fácil nem tão abundante como naquelas em que todas as partes são semelhantes ao todo. Mas também a organização desses corpos será mais composta do que a dos corpos em que todas as partes são semelhantes, pois o corpo inteiro será composto por partes orgânicas, mas diferentemente organizadas, e quanto mais partes diferentes do todo e diferentes entre si haja no corpo organizado, mais perfeita será a organização desse corpo e mais difícil será a reprodução.

Nutrir-se, desenvolver-se e se reproduzir são, pois, os efeitos de uma só e mesma causa. O corpo organizado se nutre pelas partes dos alimentos que lhe são análogas, desenvolve-se pela assimilação íntima das partes orgânicas que lhe convêm, e se reproduz porque contém algumas partes orgânicas que se lhe assemelham. Falta agora examinar se essas partes orgânicas que a ele se assemelham surgem no corpo organizado pela nutrição, ou ainda, se antes elas estavam nele: se supomos que elas estavam antes nele, recaímos no progresso ao infinito das partes ou germes semelhantes contidos uns nos outros, e já consideramos a insuficiência e as dificuldades dessa hipótese. Assim, pensamos que as partes semelhantes ao todo chegam ao corpo organizado pela nutrição, e, após o que foi dito, parece-nos possível conceber a maneira pela qual elas chegam ao corpo e como as moléculas orgânicas que devem formá-las podem se reunir.

Como dissemos, ocorre uma separação de partes do alimento: as que não são orgânicas e que, por consequência, não são análogas ao animal ou ao vegetal, são postas para fora do corpo organizado pela transpiração e pelas outras vias excretoras; as que são orgânicas permanecem e servem ao desenvolvimento e à nutrição do corpo organizado. Mas nessas partes deve haver muita variação e espécies de partes orgânicas muito diferentes umas das outras, e como cada parte do corpo organizado recebe as espécies que melhor lhe convêm, e em um número e em uma proporção bastante igual, é muito natural imaginar que o supérfluo dessa matéria orgânica, que não pode penetrar as partes do corpo organizado, já que elas receberam tudo o que poderiam receber, seja enviado de todas as partes do corpo para um ou muitos lugares comuns, onde todas essas moléculas orgânicas, ao se encontrarem reunidas, formam pequenos corpos organizados semelhantes ao primeiro, aos quais faltam apenas os meios para se desenvolver. Por conseguinte, é necessário que da reunião de todas as partes do corpo organizado, que reenviam partes orgânicas semelhantes àquelas de que elas mesmas são compostas, resulte um corpo organizado semelhante ao primeiro. Estando isso entendido, pode-se dizer que é por essa razão que, no período do crescimento e do desenvolvimento, os corpos organizados ainda não possam produzir ou não produzam senão pouco, porque as partes que se desenvolvem absorvem a quantidade inteira das moléculas orgânicas que lhes são próprias, e não havendo parte supérflua, não há nenhuma rejeitada de cada parte do corpo, e portanto, ainda nenhuma reprodução.

Talvez essa explicação da nutrição e da reprodução não seja aceita pelos que tomam por fundamento de sua filosofia apenas a admissão de certo número de princípios mecânicos e rejeitam tudo o que não depende desse pequeno número de princípios. Aí está, dirão eles, a grande diferença que existe entre a velha filosofia e a de hoje. Não é mais permitido supor as causas; é necessário dar a razão de tudo pelas leis da mecânica, e as boas explicações são apenas as que se podem delas deduzir; e, como a que vocês dão da nutrição e da reprodução não depende da dedução, não devemos admiti-la. Confesso que penso de modo bem diferente desses filósofos. Parece-me que, ao admitirem somente certo número de princípios mecânicos, não perceberam como encolheram a filosofia e não viram que, para um fenômeno que se poderia a eles relacionar, haveria mil que lhe seriam independentes.

A ideia de reconduzir a explicação de todos os fenômenos a princípios mecânicos é com certeza grande e bela. Esse passo é o mais ousado que se poderia fazer em Filosofia, e é Descartes que o fez. Mas essa ideia é apenas um projeto; estaria fundamentado? Mesmo que estivesse, temos os meios de executá-lo? Esses princípios mecânicos são a extensão da matéria, sua impenetrabilidade, seu movimento, sua figura exterior, sua divisibilidade, a comunicação do movimento pela via da impulsão, pela ação de molas etc. As ideias particulares de cada uma dessas qualidades da matéria nos são dadas pelos sentidos, e as tomamos como princípios, porque reconhecemos que elas eram gerais, isto é, que elas pertenciam ou poderiam pertencer a toda a matéria. Mas não devemos nos certificar de que essas qualidades sejam as únicas que a matéria tenha efetivamente, ou antes, não devemos crer que essas qualidades que tomamos por princípios não sejam outra coisa além de modos de ver? E não podemos pensar que se nossos sentidos fossem conformados de outro modo, reconheceríamos na matéria qualidades muito diferentes das que acabamos de enumerar? Não querer admitir na matéria senão as qualidades que dela conhecemos me parece uma pretensão vã e mal fundada. A matéria pode ter muitas outras qualidades gerais que sempre ignoramos, ter outras que descobriremos, como a da gravidade, que nesses últimos tempos foi posta como uma qualidade geral, e com razão, já que ela existe igualmente em toda matéria que podemos tocar, e mesmo naquela que estamos limitados a não conhecer senão pela conexão com nossos olhos: cada uma dessas qualidades gerais tornar-se-á um novo princípio, tão mecânico quanto qualquer outro, e não se dará jamais a explicação nem de uns nem de outros. A causa da impulsão ou de qualquer outro princípio mecânico admitido será sempre tão impossível de encontrar quanto a da atração ou de qualquer outra qualidade geral que se poderia descobrir. E desde então, não é muito razoável dizer que os princípios mecânicos não sejam outra coisa que os efeitos gerais que a experiência nos fez notar em toda a matéria, e que todas as vezes que se descobrir um novo efeito geral, seja por reflexões, seja por comparações, seja por medidas ou experiências, teremos um novo princípio mecânico que se poderá empregar com tanta certeza e proveito quanto qualquer outro.

O defeito da filosofia de Aristóteles era de empregar como causas todos os efeitos particulares; o daquela de Descartes é de não querer empregar como causas senão um pequeno número de efeitos gerais, excluindo todo o resto. Parece-me que uma filosofia impecável seria aquela em que se empregaria por causa apenas efeitos gerais, mas que, ao mesmo tempo, se procurasse aumentar seu número, esforçando-se por generalizar os efeitos particulares.

De início, admiti em minha explicação do desenvolvimento e da reprodução os princípios mecânicos reconhecidos; em seguida, o da força penetrante da gravidade que somos obrigados a aceitar, e por analogia, acreditei poder dizer que haveria outras forças penetrantes exercidas nos corpos organizados, como a experiência nos assegura. Provei por fatos que a matéria tende a se organizar e que existe um número infinito de partes orgânicas; não fiz senão generalizar as observações, sem ter em nada avançado de contrário aos princípios mecânicos, entendendo por esse termo o que efetivamente se deve entender, isto é, os efeitos gerais da Natureza.

Capítulo IV: Da geração dos animais

Do mesmo modo que a organização do homem e dos animais é a mais perfeita e composta, também sua reprodução é a mais difícil e a menos abundante. Aqui, pois, excluo da classe dos animais os que, como os pólipos de água doce, os vermes etc., se reproduzem a partir da separação de suas partes como as árvores se reproduzem de estacas, ou as plantas pela divisão de suas raízes e bulbos. Excluo dela ainda os pulgões e as outras espécies que se multiplicam por si mesmas sem copulação: parece-me que a reprodução dos animais que se seccionam, a dos pulgões, das árvores por estacas, das plantas por raízes ou bulbos, são suficientemente explicadas pelo que dissemos no capítulo precedente, visto que, para compreender a maneira como se dá essa reprodução, basta conceber que no alimento que esses seres organizados obtêm há moléculas orgânicas de diferentes espécies; que, por uma força semelhante àquela que produz a gravidade, essas moléculas orgânicas penetram todas as partes do corpo organizado, o que produz o desenvolvimento e ocasiona a nutrição; que cada parte do corpo organizado, cada molde interno admite apenas as moléculas orgânicas que lhes são próprias; que, por fim, quando o desenvolvimento e o crescimento estão quase inteiramente acabados, o excedente de moléculas orgânicas que antes lhe servia é enviado de cada uma das partes do indivíduo para um ou muitos lugares, onde, encontrando-se todas reunidas, formam por sua reunião um ou mais pequenos corpos organizados, todos eles semelhantes ao primeiro indivíduo, já que cada uma de suas partes enviou as moléculas orgânicas que lhes eram mais análogas, que teriam servido ao seu desenvolvimento se ele já não tivesse sido feito, que, por sua similitude podem servir à nutrição, e que têm aproximadamente a mesma forma orgânica que as partes mesmas. Assim, em todas as espécies em que somente um indivíduo produz seu semelhante, é fácil obter a explicação da reprodução pela do desenvolvimento e da nutrição. Um pulgão, por exemplo, ou uma cebola, recebe pelo alimento moléculas orgânicas e moléculas brutas. A separação de umas e de outras é feita no corpo do animal ou da planta. Ambos rejeitam por diferentes vias excretoras as partes brutas; as moléculas orgânicas permanecem. As mais análogas a cada parte do pulgão ou da cebola penetram as partes que são igualmente moldes internos diferentes uns dos outros e que não admitem, em consequência, mais do que as moléculas orgânicas que lhes convêm. Todas as partes do corpo do pulgão e da cebola se desenvolvem por essa intussuscepção de moléculas que lhes são análogas, e quando o desenvolvimento alcança certo limite, em que o pulgão tenha crescido e a cebola aumentado o suficiente para ser um pulgão adulto e uma cebola formada, a quantidade de moléculas orgânicas que continuam a receber pelo alimento, em vez de ser empregada no desenvolvimento de suas diferentes partes, é reenviada de cada uma das partes para um ou mais lugares de seu corpo, onde essas moléculas orgânicas se acumulam e se reúnem por uma força semelhante àquela que as fez penetrar as diferentes partes do corpo desses indivíduos; elas formam por sua reunião um ou muitos corpos pequenos organizados, exatamente iguais ao pulgão ou à cebola; e, quando esses pequenos corpos organizados estão formados, falta-lhes somente os meios para se desenvolver, o que se faz assim que eles se encontrem ao alcance do alimento: os pequenos pulgões saem do corpo de seu pai e o procuram sobre as folhas das plantas; o bulbo secundário se separa da cebola e o encontra no seio da terra.

Mas como aplicar esse raciocínio à geração do homem e dos animais que têm sexos e para a qual é necessário que concorram dois indivíduos? Pelo que foi dito, compreende-se como cada indivíduo pode produzir seu semelhante, mas não se concebe como dois indivíduos, um, o macho, e outro, a fêmea, produzem um terceiro que constantemente tem um ou outro desses sexos. Parece até que a teoria que acabamos de apresentar nos afasta da explicação dessa espécie de geração, que, no entanto, é a que mais nos interessa.

Antes de responder a essa pergunta, não posso me furtar a observar que uma das primeiras coisas que me impressionaram quando comecei as reflexões metódicas sobre a geração é que todos os que investigaram e construíram sistemas sobre esse tema estavam ligados apenas à geração do homem e dos animais, que não atribuíram a esse objeto todas as suas ideias. E, considerando unicamente essa geração em particular sem prestar atenção às outras espécies de gerações que a Natureza nos oferece, não puderam ter uma ideia geral sobre a reprodução. Ora, como a geração dos homens e dos animais é de todas as espécies de geração a mais complicada, suas investigações foram grandemente prejudicadas, pois não só se lançaram ao ponto mais difícil e ao fenômeno mais complicado, como também não tinham um objeto de comparação que lhes oferecesse a solução da questão. Principalmente a isso deve-se atribuir o fracasso de seus trabalhos sobre o assunto; mas estou persuadido de que, pela via que tomei, é possível chegar a explicar, de maneira satisfatória, os fenômenos de todas as espécies de gerações.

O homem vai nos servir de exemplo: tomo-o na infância, e concebo que o desenvolvimento ou o crescimento das diferentes partes de seu corpo se faz pela penetração íntima das moléculas orgânicas análogas a cada uma de suas partes. Todas essas moléculas orgânicas são absorvidas no primeiro ano e são inteiramente empregadas no desenvolvimento; por conseguinte, poucas delas ou nenhuma são supérfluas, tanto é que as crianças são incapazes de engendrar, pois ainda se encontram em desenvolvimento. Mas quando o corpo alcançou a maior parte de seu crescimento, começa a não ter mais necessidade de tão grande quantidade de moléculas orgânicas para se desenvolver. O supérfluo das próprias moléculas orgânicas é, pois, enviado de cada uma das partes do corpo para os reservatórios destinados a recebê-las. Estes são os testículos e as vesículas seminais: é então que começa a puberdade, no tempo em que, como se vê, o desenvolvimento do corpo está quase completo. Portanto, tudo indica a superabundância do alimento: a voz se modifica e engrossa; a barba começa a aparecer; muitas outras partes do corpo se cobrem de pelos; aquelas que estão destinadas à geração tomam um rápido crescimento; o licor seminal aparece e preenche os reservatórios que lhes são preparados; e quando a plenitude é muito grande, força, mesmo sem nenhuma provocação e durante o sono, a resistência dos vasos que o contêm, para se propagar externamente. No macho, tudo anuncia, pois, uma superabundância de alimento no tempo em que começa a puberdade. A da fêmea é ainda mais precoce, e essa superabundância é acentuada nela pela evacuação periódica que começa e termina concomitantemente à presença do poder de engendrar, ao rápido crescimento do seio e a uma mudança nas partes da geração, que explicaremos na sequência.

Penso, pois, que as moléculas orgânicas enviadas de todas as partes do corpo para os testículos e vesículas seminais do macho e para os testículos ou outras tantas partes que se queira da fêmea, formam ali o licor seminal, que, em um sexo como no outro, é uma espécie de extrato de todas as partes do corpo. Em vez de se reunir e formar no próprio indivíduo pequenos corpos organizados semelhantes ao grande, como no pulgão e na cebola, essas moléculas orgânicas só podem se reunir aqui quando os licores seminais dos dois sexos se misturam. E, quando na mistura se encontram mais moléculas orgânicas do macho do que da fêmea, tem-se como resultado um macho; ao contrário, se há mais partículas orgânicas da fêmea do que do macho, forma-se uma pequena fêmea.

No mais, não digo que em cada indivíduo macho e fêmea as partículas orgânicas enviadas de todas as partes do corpo não se reúnam para formar nesses mesmos indivíduos pequenos corpos organizados. O que digo é que quando estão reunidos, seja no macho, seja na fêmea, todos esses pequenos corpos organizados não podem se desenvolver por si mesmos; digo que é necessário que o licor do macho encontre o da fêmea, e que é, com efeito, apenas os que se formam na mistura dos dois licores seminais que podem se desenvolver. Os pequenos corpos moventes, a que damos o nome de animais espermáticos, vistos no microscópio no licor seminal de todos os animais machos, são talvez pequenos corpos organizados que provêm do indivíduo que os contém, mas que por si mesmos não podem se desenvolver nem produzir nada. Mostraremos que há semelhantes corpos no licor seminal das fêmeas; indicaremos o lugar onde se encontra esse licor da fêmea. Mas, embora o licor do macho e da fêmea contenham espécies de pequenos corpos vivos e organizados, necessitam um do outro para que as moléculas orgânicas que contêm possam se reunir e formar um animal.

Poder-se-ia dizer que é bem possível, e mesmo verossímil, que as moléculas orgânicas, a princípio, não produzam por sua reunião mais do que uma espécie de esboço do animal, um pequeno corpo organizado, no qual apenas as partes essenciais estão formadas. No momento, não apresentaremos a esse respeito o detalhe de nossas provas; contentar-nos-emos em considerar que os pretensos animais espermáticos de que acabamos de falar poderiam ser muito pouco organizados; no máximo, apenas esboços de um ser vivo; ou, para dizer mais claramente, esses pretensos animais são somente partes orgânicas vivas, das quais falamos, que são comuns aos animais e aos vegetais, ou, quando muito, são apenas a primeira reunião dessas partes orgânicas.

Mas voltemos ao nosso objeto principal. Pressinto que levantar-me-ão objeções particulares do mesmo gênero que a objeção geral, que respondi no capítulo precedente. Dir-me-ão: como concebeis que as partículas orgânicas supérfluas possam ser enviadas de todas as partes do corpo, e, em seguida, que possam se reunir no momento em que os licores seminais de ambos os sexos se misturam? Além disso, estar-se-ia seguro de que essa mistura seja feita? Não há ainda quem afirme que a fêmea não fornece nenhum licor verdadeiramente seminal? É certo que o do macho entra na matriz? E assim por diante.

À primeira questão, respondo que, se se entendeu bem o que eu disse sobre o tema da penetração do molde interno pelas moléculas orgânicas na nutrição ou no desenvolvimento, conceber-se-á facilmente que essas moléculas orgânicas, não podendo mais penetrar as partes que antes penetravam, necessariamente terão de tomar outra rota e, por conseguinte, chegar a algum lugar, como nos testículos e nas vesículas seminais, e que, em seguida, possam se reunir para formar um pequeno ser organizado, pela mesma potência que as faria penetrar as diferentes partes do corpo às quais eram análogas. Portanto, como eu disse, querer explicar a economia animal e os diferentes movimentos do corpo humano, como a circulação do sangue, movimento dos músculos etc., apenas pelos princípios mecânicos com que os modernos quiseram limitar a filosofia, é fazer como um homem que, para dar a razão de um quadro, vedasse os olhos e nos contasse tudo o que sentisse pelo tato sobre a tela do quadro; pois é evidente que nem a circulação do sangue, nem o movimento dos músculos, nem as funções animais podem ser explicados pelo impulso ou por outras leis da mecânica ordinária; é também evidente que a nutrição, o desenvolvimento e a reprodução são feitos por outras leis. Ora, se é assim, por que não admitir as forças penetrantes e ativas sobre as massas dos corpos, das quais, aliás, temos exemplos na gravidade dos corpos, nas atrações magnéticas e nas afinidades químicas? Do mesmo modo, se, pela força dos fatos e pela quantidade e acordo constante e uniforme das observações, chegamos a estar seguros de que existem na Natureza forças que não agem pela via de impulso, por que não empregaríamos essas forças como princípios mecânicos? Por que as excluiríamos da explicação dos fenômenos que sabemos serem produzidos por elas? Por que teríamos de nos limitar a empregar apenas a força do impulso? Isso não é querer julgar o quadro pelo tato? Não é querer explicar os fenômenos da massa pelos da superfície e a força penetrante pela ação superficial? Não é querer se servir de um sentido no lugar daquele que deveria ser empregado? E não é limitar sua faculdade de raciocinar aos efeitos que dependam desse pequeno número de princípios mecânicos, aos quais se está reduzido?

Mas, uma vez admitidas essas forças, não seria muito natural imaginar que as partes mais análogas serão as que se reunirão e se ligarão intimamente? Que cada parte do corpo se apropriará das moléculas que mais lhe convém e que do supérfluo de todas as moléculas será formada uma matéria seminal que conterá realmente todas as moléculas necessárias para formar um pequeno corpo organizado, em tudo semelhante àquele de que se extraiu a matéria seminal? Uma força totalmente semelhante àquela que era necessária para fazê-las penetrar em cada parte e produzir o desenvolvimento não seria suficiente para operar a reunião dessas moléculas orgânicas e efetivamente juntá-las de forma organizada e semelhante àquela do corpo do qual são extraídas?

Concebo, pois, que nos alimentos de que nos servimos há uma grande quantidade de moléculas orgânicas, e isso não precisa ser provado, já que vivemos apenas de animais e vegetais, que são seres organizados. Vejo que no estômago e nos intestinos se faz uma separação das partes grosseiras e brutas, que são rejeitadas pelas vias excretoras. O quilo, que considero o alimento dividido, e cuja depuração foi iniciada, entra nas veias lácteas e dali é levado ao sangue com o qual se mistura; o sangue transporta o quilo para todas as partes do corpo e continua a se depurar pelo movimento da circulação de tudo o que lhe resta de moléculas não orgânicas. Essa matéria bruta é conduzida por esse movimento e sai pelas vias das secreções e da transpiração, mas as moléculas orgânicas permanecem, porque, com efeito, elas são análogas ao sangue e, por consequência, há uma força de afinidade que as retém. Em seguida, como toda a massa do sangue passa muitas vezes por toda a disposição do corpo, entendo que nesse movimento de circulação contínua cada parte do corpo atrai para si as moléculas mais análogas, e deixa passar as que lhe são menos. Desse modo, todas as partes se desenvolvem e se nutrem não, como se diz ordinariamente, por uma simples adição de partes e por um aumento superficial, mas por uma penetração íntima, produzida por uma força que age em todos os pontos da massa. E quando as partes do corpo estiverem no período de desenvolvimento necessário e quase inteiramente preenchidas por essas moléculas análogas, bem como sua substância sendo mais sólida, entendo que elas perdem a faculdade de atrair ou receber essas moléculas e, então, a circulação continuará a conduzi-las e apresentá-las sucessivamente a todas as partes do corpo que, não podendo mais admiti-las, as deposita necessariamente em alguma parte, como nos testículos e vesículas seminais. Na sequência, sendo esse extrato do macho transportado para o indivíduo do outro sexo, mistura-se com o extrato da fêmea e, por uma força semelhante à primeira, as moléculas que melhor se combinam reúnem-se e formam por essa reunião um pequeno corpo organizado semelhante a um ou a outro desses indivíduos, ao qual falta apenas o desenvolvimento que é feito em seguida na matriz da fêmea.

A segunda questão – saber se a fêmea tem efetivamente um licor seminal – requer um pouco de discussão. Ainda que estejamos em condição de respondê-la a contento, observarei, antes de mais nada, como coisa certa, que a maneira com que é feita a emissão da semente da fêmea é menos marcada do que no macho; pois essa emissão se faz ordinariamente em seu interior: *Quod intrà se semen jacit, fœmina vocatur; quod in hac jacit, mas*, diz Aristóteles no art. 18 de *Animalibus*.[6] Os antigos, como se vê, duvidaram muito pouco que as fêmeas tivessem um licor seminal e que era pela diferença da emissão desse licor que distinguiriam o macho da fêmea. Mas os físicos que quiseram explicar a geração pelos ovos ou pelos animais espermáticos insinuaram que as fêmeas não teriam qualquer licor seminal; que, como produzem diferentes licores, poder-se-ia estar enganado se se tomasse alguns desses licores por licor seminal, e que a suposição dos antigos sobre a existência de um licor seminal na fêmea era destituída de todo fundamento. Entretanto, esse licor existe, e se se duvida disso é porque se ama mais se entregar ao espírito de sistema do que fazer observações. Aliás, não era fácil reconhecer precisamente quais partes servem de reservatório para esse licor seminal da fêmea: aquela que sai das glândulas que estão no colo da matriz e entorno do orifício do útero não tem reservatório indicado, e, como se escoa para o exterior, poder-se-ia crer que o licor não é prolífico, já que não concorre para a formação do feto que se faz na matriz. O verdadeiro licor seminal da fêmea deve ter outro reservatório; reside, de fato, em outra parte, como mostraremos. Ele é até muito abundante, ainda que não seja necessário que esteja em grande quantidade, tampouco o do macho, para produzir um embrião. Basta que uma pequena quantidade desse licor do macho possa entrar na matriz, seja por seu orifício, seja através do tecido membranoso dessa parte, para poder formar um feto, caso esse licor do macho encontre a menor gota do licor da fêmea. Assim, as observações de alguns anatomistas que sustentaram que o licor seminal do macho não entraria na matriz não vão contra o que dissemos, mesmo porque outros anatomistas fundados sobre outras observações sustentaram o contrário. Mas tudo isso será proveitosamente discutido e desenvolvido na sequência.

---

6 "Chama-se fêmea ao animal que emite em si próprio e macho ao que ejacula o esperma noutro" (Aristóteles, *História dos animais*, trad. op. cit., I, ii, 489a). (N. T.)

Após ter satisfeito às objeções, vejamos as razões que podem servir de provas para nossa explicação. A primeira provém da analogia entre o desenvolvimento e a reprodução. Não podemos explicar o desenvolvimento de maneira satisfatória sem empregar as forças penetrantes e as afinidades ou atrações que empregamos para explicar a formação de pequenos seres organizados semelhantes aos grandes. Uma segunda analogia é que a nutrição e a reprodução são ambas produzidas pela mesma causa eficiente, bem como pela mesma causa material. São as partes orgânicas da nutrição que servem a ambas, e a prova de que é o supérfluo da matéria que serve ao desenvolvimento, que é o sujeito material da reprodução, é que o corpo não inicia seu estado de produzir senão quando terminou de crescer, e vê-se todos os dias, nos cães e outros animais que seguem de modo mais exato que nós as leis da Natureza, que todo o seu crescimento se dá antes que busquem se unir. A partir do momento em que as fêmeas ganham calor ou os machos comecem a buscar a fêmea, seu desenvolvimento está inteiramente acabado, ou ao menos quase inteiramente, e isso é até um sinal para reconhecer se um cão aumentará de tamanho ou não, pois com certeza, se ele está no período de engendrar, não crescerá senão muito pouco.

Uma terceira razão que me parece provar que o supérfluo do alimento é que forma o licor seminal é que os eunucos e todos os animais mutilados engordam mais do que aqueles aos quais nada falta. A superabundância do alimento, não podendo ser evacuado por falta de órgãos, muda a disposição de seu corpo, os quadris e os joelhos dos eunucos engrossam, e a razão me parece evidente. Depois que seu corpo alcançou o crescimento ordinário, se as moléculas orgânicas supérfluas encontrassem uma saída, como nos outros homens, esse aumento não se tornaria maior, mas, como não há órgãos para a emissão do licor seminal, esse mesmo licor, que não é senão o supérfluo da matéria que serviria para o crescimento, permanece e procura desenvolver ainda mais as partes. Ora, sabemos que o crescimento dos ossos se faz pelas extremidades que são moles e esponjosas, e que quando os ossos adquirem a solidez, não são mais suscetíveis de desenvolvimento nem de extensão. É por essa razão que as moléculas supérfluas continuam a desenvolver apenas as extremidades esponjosas dos ossos, o que faz que os quadris, os joelhos etc. dos eunucos engrossem consideravelmente, porque as extremidades são, com efeito, as últimas partes que se ossificam.

Mas o que prova mais fortemente a verdade de nossa explicação é a semelhança dos filhos com seus pais. Em geral, o filho se assemelha mais ao seu pai do que à sua mãe, e a filha, mais à sua mãe do que ao seu pai, porque, pela configuração geral do corpo, um homem se assemelha mais a um homem do que a uma mulher, e uma mulher, mais a uma mulher do que a um homem; contudo, pelos traços e hábitos particulares, os filhos se assemelham ora com o pai, ora com a mãe, e algumas vezes até mesmo com os dois. Terão, por exemplo, os olhos do pai e a boca da mãe, ou a tez da mãe e o tamanho do pai, o que é inconcebível, a menos que se admita que os dois contribuíram para a formação do corpo da criança, e que, por conseguinte, houve uma mistura dos dois licores seminais.

Confesso que levantei para mim mesmo muitas dificuldades sobre as semelhanças, e que, antes que tivesse examinado de modo amadurecido a questão da geração, me preveni de certas ideias de um sistema misto, em que empregaria os vermes espermáticos e os ovos das fêmeas como primeiras partes orgânicas que formariam o ponto vivo que, por forças de atração, supus, como Harvey, que as outras partes viriam a se unir em uma ordem simétrica e relativa. Como, nesse sistema, me pareceu que eu poderia explicar de uma maneira verossímil todos os fenômenos, com exceção das semelhanças, procurei as razões para combatê-las e pô-las em dúvida, e encontrei até muito especiosas, e que me iludiram durante muito tempo, portanto fiz eu mesmo o favor de observar, e com toda a exatidão de que sou capaz, um grande número de famílias, sobretudo as mais numerosas, e então não pude me opor à multiplicidade das provas, e isso apenas após estar plenamente convencido desse ponto de vista; aí é que comecei a pensar diferentemente e mudar meu ponto de vista para o lado que acabei de lhes apresentar.

Aliás, embora tivesse encontrado meios para escapar dos argumentos que me colocariam sobre o tema dos mulatos, mestiços e mulos, que acreditava dever considerar, uns como variações superficiais e outros como monstruosidades, não pude deixar de perceber que qualquer explicação para a qual não se pode dar a razão desses fenômenos não poderia ser satisfatória.

Creio não ter necessidade de advertir o quanto essa semelhança com os pais, essa mistura de partes da mesma espécie nos mestiços, ou de duas espécies diferentes nos mulos, confirmam minha explicação.

Extrairei agora algumas consequências do que foi dito. Na juventude, o licor seminal é menos abundante, embora mais estimulante. Sua quantidade aumenta até certa idade, e isso porque, à medida que se avança na idade, as partes do corpo se tornam mais sólidas, admitem menos alimento e rejeitam, em consequência, uma grande quantidade dele, o que produz grande abundância de licor seminal. Tão logo os órgãos exteriores não sejam mais usados, as pessoas da meia-idade e até mesmo as velhas engendram mais facilmente que os jovens. Isto é evidente no gênero vegetal: quanto mais idade tem uma árvore, mais fruto ou semente produz, pela mesma razão que acabamos de expor.

Os jovens que se extenuam e que por irritações forçadas produzem uma maior quantidade de licor seminal nos órgãos da geração do que naturalmente chegaria a eles acabam por parar de crescer, emagrecem e caem, finalmente, no marasmo, e isso porque perdem muito frequentemente, por evacuações reiteradas, a substância necessária para seu crescimento e para a nutrição de todas as partes de seu corpo.

Aqueles cujo corpo é magro sem ser descarnado ou é carnudo sem ser gordo são muito mais vigorosos do que os que se tornam magros, e assim que a superabundância do alimento tomou esse caminho e começa a formar a gordura, é sempre à custa da quantidade do licor seminal e de outras faculdades da geração. Por isso, no momento em que não apenas o crescimento de todas as partes do corpo está inteiramente acabado, mas também que os ossos tenham se tornado sólidos em todas as suas partes, as cartilagens comecem a se ossificar, as membranas tenham adquirido toda a solidez que poderiam alcançar, todas as fibras tenham se tornado duras e rígidas, e, por fim, todas as partes do corpo não possam quase admitir nutrição, então a gordura aumenta consideravelmente e a quantidade do licor seminal diminui, porque o supérfluo da alimentação se fixa em todas as partes do corpo, e as fibras, não tendo quase mais flexibilidade e elasticidade, não podem mais enviá-lo, como antes, para os reservatórios da geração.

O licor seminal não apenas se torna, como eu disse, mais abundante até certa idade, mas também mais espesso e, em um mesmo volume, contém uma quantidade maior de matéria. Como o crescimento do corpo diminui à medida que se avança em idade, há uma maior superabundância de alimento e, por consequência, uma massa mais considerável de licor seminal. Um homem acostumado a observar tais coisas, e que não me autoriza nomeá-lo, assegurou-me que, volume por volume, o licor seminal é quase uma vez mais pesado do que o sangue, e, por consequência, mais pesado especificamente do que qualquer outro licor do corpo.

Quando desfruta de boa saúde, a evacuação do licor seminal dá apetite, e prontamente se sente necessidade de reparar por uma alimentação nova a perda da antiga. Do que se pode concluir que a prática de mortificação mais eficaz contra a luxúria é a abstinência e o jejum.

Faltam muitas outras coisas para dizer sobre esse assunto, que remeto ao capítulo da história do homem; mas antes de terminar este aqui, creio que devo fazer ainda algumas observações. A maior parte dos animais não procura a copulação senão quando seu crescimento está quase completo; os que têm apenas um momento próprio para o cio ou para a desova apresentam licor seminal somente nesse período. Um hábil observador[7] viu se formar sob seus olhos não só esse licor na leita da lula, mas até os pequenos corpos moventes e organizados em forma de bomba, os animais espermáticos e a própria leita. Não há nada disso na leita até o mês de outubro, momento da desova da lula na costa portuguesa, onde fez essa observação. E assim que o tempo da desova acaba, não se vê mais nem licor seminal nem vermes espermáticos na leita, que se enruga, seca e oblitera, até que no ano seguinte o supérfluo do alimento forma uma nova leita e a preenche como no ano precedente. Tivemos a oportunidade de mostrar na história do cervo os diferentes efeitos da brama. A mais geral é a extenuação do animal, e nas espécies em que a brama ou o cio não é frequente e acontece apenas em grandes intervalos de tempo, a extenuação do corpo é tanto maior quanto mais considerável for o intervalo de tempo.

---

7 Needham, *New Microscopical Discoveries*, Londres, 1745. (N. A.)

Dado que as mulheres são menores e mais fracas do que os homens, têm um temperamento mais delicado e comem muito menos, é bastante natural imaginar que o supérfluo do alimento não é tão abundante nelas como nos homens, sobretudo o supérfluo orgânico que contém tão grande quantidade de matéria essencial. Portanto, elas terão menos licor seminal, e esse licor será tão mais fraco e terá menos substância que o do homem. E, já que o licor seminal das mulheres contém menos partes orgânicas que o dos homens, não deve resultar da mistura dos dois licores um número maior de machos do que de fêmeas? É o que acontece, mas nunca se soube a razão. Nascem cerca de $\frac{1}{16}$ mais crianças homens do que mulheres, e ver-se-á na sequência que a mesma causa produz o mesmo efeito em todas as espécies de animais observadas a esse respeito.

Capítulo V: Exposição dos sistemas de geração[8]

Platão explica no *Timeu* não somente a geração do homem, dos animais, das plantas e dos elementos, mas também a do céu e dos deuses, como simulacros refletidos e imagens oriundas da divindade criadora, que, com um movimento harmônico, arranjam-se na ordem mais perfeita, segundo as propriedades dos números. De acordo com ele, o Universo é um exemplar da divindade, as imagens de seus atributos são o tempo, o espaço, o movimento e a matéria; as causas secundárias particulares dependem das qualidades numéricas e harmônicas desses simulacros. O mundo é o animal por excelência, o ser animado mais perfeito. Para que fosse completamente perfeito, era necessário que contivesse todos os outros animais, ou seja, todas as representações possíveis e formas imagináveis da faculdade criadora: somos uma dessas formas. A essência de toda geração consistiria na unidade da harmonia do número 3 ou do triângulo: aquilo que engendra, aquilo no qual algo se engendra, e esse algo que é engendrado. A sucessão dos indivíduos nas espécies é uma imagem pálida da eternidade imutável dessa harmonia triangular, protótipo universal de todas as existências e

---

8 Tradução parcial. (N. T.)

gerações. Por isso foram necessários dois indivíduos para produzir um terceiro; é isso que constitui a ordem essencial do pai e da mãe a relação filial.

Esse filósofo é um pintor de ideias, uma alma que, descolando-se da matéria, se eleva ao país das abstrações, perde de vista os objetos sensíveis, e só percebe, contempla e dá conta do que é intelectual. O corpo inteiro de suas percepções reduz-se a uma única causa, um único fim, um único meio. Deus como causa, a perfeição como fim, as representações harmônicas como meios. Que ideia sublime! Que lindo plano filosófico! Que nobres visões! Mas que vacuidade! Que deserto de especulações! Não somos inteligências puras, não temos o poder de dar existência real aos objetos que preenchem nossa alma e estão ligados à matéria, ou antes, dependem do que é causa de nossas sensações. O real jamais será produzido pelo abstrato. Responderei a Platão em sua língua: "O Criador realiza tudo o que concebe, suas percepções engendram a existência; o ser criado, ao contrário, percebe referindo-as à realidade, e o produto de suas ideias é o nada".

Rebaixemo-nos, portanto, sem receio, a uma filosofia mais material, e, detendo-nos na esfera em que a Natureza parece nos ter confinado, examinemos os temerários saltos e os voos rasantes desses espíritos que desejam abandoná-la. Essa filosofia de extração pitagórica, puramente intelectual, desenvolve-se sobre dois princípios, um é falso, o outro é precário: a potência real das abstrações e a existência atual de causas finais. Tomar números por seres reais, afirmar que a unidade numérica é um indivíduo geral que não apenas representa todos os indivíduos, mas comunica a eles a existência, e afirmar que essa unidade numérica detém o exercício atual da potência de engendrar realmente outra unidade numérica em tudo semelhante a ela, de constituir por esse meio dois indivíduos, dois lados de um triângulo que só poderiam ter lugar e ser percebidos mediante um terceiro lado do mesmo triângulo, um terceiro indivíduo que eles engendram necessariamente; em suma, considerar os números, as linhas geométricas, as abstrações metafísicas como causas eficientes, reais e físicas, e fazer depender delas a formação dos elementos, a geração dos animais e das plantas e todos os fenômenos da Natureza, parece-me o maior abuso que poderia ser feito da razão e o maior obstáculo que poderia ser posto ao avanço de nossos conhecimentos. Haveria algo mais falso que tais suposições? Concedei, se quiserdes, ao divino Platão, e ao quase divino Malebranche (que Platão teria considerado seu simulacro filosófico),[9] que a matéria não tem existência real, que os objetos externos são efígies ideais da faculdade de criação, que tudo vemos em Deus: resultaria disso que nossas ideias são de mesma ordem que as do Criador, e podem efetivamente produzir existências? Não dependemos de nossas sensações? Pouco importa se as causas dos objetos são reais ou não, se a causa de nossas sensações exista dentro ou fora de nós, pois tudo vemos em Deus ou na matéria? Estaríamos menos seguros de ser afetados por certas causas sempre do mesmo modo e por outras sempre de outro? Não têm as relações entre nossas sensações uma sequência, uma ordem de existência e um fundamento real e necessário? Mas são esses princípios que constituem nossos conhecimentos; é esse o objeto sensível de nossa filosofia; e tudo o que não se refira a ele é vão e inútil, e é falso, em sua aplicação. Seria a suposição de uma harmonia triangular suficiente para responder pela substância dos elementos? Seria a forma do fogo, como diz Platão, um triângulo agudo, e a luz e o calor as propriedades desse triângulo? Seriam o ar e a água triângulos retângulos e equiláteros? Seria a forma do elemento terrestre um quadrado, que, por ser o menos perfeito dos quatro elementos, é o que está mais distante do triângulo, sem, contudo, perder a essência deste? O pai e a mãe engendrariam um filho apenas para compor um triângulo? Essas ideias platônicas, grandiosas à primeira vista, têm dois aspectos discordantes: na especulação, parecem partir de princípios nobres e sublimes; na aplicação, levam a consequências falsas e pueris.

Quem não percebe que nossas ideias vêm todas dos sentidos, que as coisas que consideramos reais e existentes são aquelas das quais os sentidos oferecem sempre o mesmo testemunho, em todas as ocasiões, e que aquelas que tomamos por certas são as que chegam e se apresentam sempre do mesmo modo? Que o modo como elas se apresentam não depende de nós,

---

9 Buffon ataca nesta seção Malebranche, e, nesta passagem, invoca ironicamente *De la recherche de la vérité*, livro II, cap.2, seção 2. (N. T.)

não mais do que a forma como se apresentam? Que, por conseguinte, nossas ideias, longe de serem as causas das coisas, são apenas seus efeitos particulares, que se tornam menos semelhantes à coisa particular à medida que as tornamos mais gerais? Que, por fim, nossas abstrações mentais são seres negativos, que só existem, mesmo intelectualmente, pela ligação que fazemos entre eles e qualidades sensíveis de seres reais?

Vê-se assim que as abstrações jamais poderiam se tornar princípios de existência ou conhecimentos reais; ao contrário, estes provêm unicamente da comparação, ordenação e prospecção de nossas sensações, operações que respondem pelo que chamamos de experiência, que é a única fonte de toda ciência verdadeira. O emprego de outros princípios é um abuso, e um edifício erguido sobre ideias abstratas é um templo ao erro.

O falso tem na filosofia um significado muito mais extenso do que na moral. Em moral, uma coisa é falsa unicamente porque não é tal como a representamos. O falso metafísico consiste não só em não ser tal como o representamos, mas em simplesmente em não poder existir. Nessa espécie de erro de primeira ordem caíram os platônicos, os céticos e os egoístas, cada um com seus objetivos próprios. Suas suposições falsas obscureceram a luz natural da verdade, ofuscaram a razão e retardaram o avanço da filosofia.

O segundo princípio empregado por Platão e pela maioria dos especuladores citados é adotado também pelo vulgo e por alguns filósofos modernos: trata-se das causas finais. Para dar a esse princípio seu justo valor, basta refletir por um instante. Dizer que há luz porque temos olhos, que há sons porque temos ouvidos, ou, inversamente, que temos ouvidos e olhos porque há som e luz, não equivale a dizer a mesma coisa? O que significa isso? O que se encontra nessa via de explicação? Não se vê que as causas finais são relações arbitrárias e abstrações morais, ainda menos convincentes do que as abstrações metafísicas? Pois sua origem é menos nobre, remonta a uma imaginação tacanha; e, por mais que Leibniz as tenha elevado ao posto mais nobre, chamando-as de razão suficiente,[10] e Platão as tenha represen-

---

10 O princípio de razão suficiente não desfrutava de grande prestígio no século XVIII francês; veja a entrada correspondente a ele (autor anônimo) no volume 6 da edição

tado no mais lisonjeiro dos retratos, sob o nome de perfeição, isso apenas esconde de nossos olhos o que elas têm de pequeno e precário. Conheceríamos melhor a Natureza e seus efeitos por afirmarmos que nada se faz sem uma razão suficiente ou que tudo se faz em vista da perfeição? O que é razão suficiente? O que é perfeição? Seres morais criados por olhos puramente humanos. E qual o seu fundamento? As convenções morais, que, longe de produzir algo físico e real, apenas alteram a realidade e confundem os objetos de nossas sensações, percepções e conhecimentos, com os de nossos sentimentos, paixões e volições.

Haveria muito a dizer a respeito, bem como sobre as abstrações metafísicas; mas, como não tenho a intenção de elaborar um tratado de filosofia, retomo à física, ciência que as ideias de Platão sobre a geração me haviam levado a esquecer. Aristóteles, filósofo tão grande quanto Platão e físico muito mais competente do que ele, em vez de perder-se na região das hipóteses se apoia, ao contrário, em observações, coleta os fatos e fala uma língua mais inteligível. É da opinião que a matéria é uma mera capacidade de receber formas e adquire na geração uma forma similar à dos indivíduos que as fornecem; quanto à geração particular dos animais dotados de sexo, pensa que o macho é o único princípio prolífico, e que a fêmea não oferece nada que possa ser considerado enquanto tal.[11] Em outra parte, quando fala dos animais em geral, diz que a fêmea ejacula um licor seminal em seu próprio interior, e parece considerar esse licor como um princípio prolífico. Mas ele mesmo afirma que a fêmea fornece toda a matéria necessária à geração, contida no sangue menstrual, que serve à formação, ao desenvolvimento e à nutrição do feto. Quanto ao princípio eficiente, existiria apenas no licor seminal do macho, que atuaria não como matéria, mas como causa. Averróis, Avicena e outros filósofos que seguiram a opinião de Aristóteles buscaram por razões que pudessem provar que as fêmeas eram desprovidas de licor prolífico. Disseram que, como as fêmeas têm um licor menstrual

brasileira da *Enciclopédia* de Diderot e D'Alembert. (N. T.)

11 Veja Aristóteles, *Da geração dos animais*, livro I, cap.20 (727b-728a) e livro II, cap.4 (739a). (N. A.)

que é necessário e suficiente à geração, não parece natural atribuir a elas outro licor destinado a esse mesmo fim. Observaram ainda, que o mênstruo surge na fêmea, tal como o licor seminal no homem, na puberdade. Além disso, se a fêmea tivesse um licor seminal prolífico como o do macho, elas se reproduziriam por si mesmas sem nenhuma colaboração, pois possuiriam os materiais necessários à nutrição e ao desenvolvimento do embrião. Essa razão é a única digna de atenção. O sangue menstrual parece, com efeito, necessário ao complemento da geração, vale dizer, à criação, nutrição e desenvolvimento do feto, mas, mesmo assim, pode ser que ele não tenha nenhuma participação na primeira formação, que se dá a partir da mistura de dois licores igualmente prolíficos. Pode ser, portanto, que as fêmeas tenham, como os machos, um licor seminal prolífico para a formação do embrião, e, nesse caso, o sangue menstrual serviria à nutrição e ao desenvolvimento do feto. E é de esperar que, se a fêmea tem um licor seminal, que é, como dissemos, um extrato de todas as partes de seu corpo, e tem ainda os meios necessários ao desenvolvimento do embrião, ela produza por si mesma outras fêmeas sem a participação de um macho. É preciso reconhecer que essa razão metafísica, dada pelos aristotélicos para provar que as fêmeas não têm licor prolífico, está na origem da objeção mais considerável aos sistemas posteriores de geração e, em particular, contra nossa explicação. Tal objeção poderia ser dirigida a mim nos seguintes termos.

Suponhamos que, como afirmais, o excedente das moléculas orgânicas similares a cada parte do corpo não seja admitido em tais partes e não tenha como se desenvolver, e é, por isso, enviado aos testículos e vesículas seminais do macho. Por que as forças de afinidade que supondes não formam pequenos seres organizados em tudo similares ao macho? Do mesmo modo, por que as moléculas orgânicas enviadas de todas as partes do corpo da fêmea para os testículos femininos ou para o útero também não formam corpos organizados em tudo similares à fêmea? Caso respondais que tudo indica que os líquidos seminais do macho e da fêmea contêm embriões já formados, que o licor do macho contém apenas machos e o da fêmea apenas fêmeas, mas que esses seres organizados perecem, na falta de desenvolvimento, e apenas os que se formam pela mistura dos dois líquidos seminais podem se desenvolver e vir ao mundo, não teríamos razão de vos perguntar, por que essa via de geração, que é a mais complicada, mais difícil e a menos abundante em termos de produtos, seria escolhida pela Natureza, e de maneira tão pronunciada que quase todos os animais se multiplicam por meio da comunicação entre o macho e a fêmea? Pois, exceto pela pulga, pelo pólipo de água doce e outros animais capazes de se multiplicar por si mesmos ou pela divisão e separação das partes de seu corpo, todos os outros produzem seus semelhantes por meio da comunicação entre dois indivíduos.

Por ora, eu me contentarei em responder que, se for verdade que todos os animais ou a maioria deles se reproduz por meio da combinação entre o macho e a fêmea, a objeção é uma questão de fato para a qual, como dissemos no Capítulo II desta seção, a única solução é apelar aos próprios fatos. Por que os animais se reproduzem por meio da combinação entre dois sexos? A resposta é: porque assim o fazem. Ao que se diria: mas essa via é a mais complicada, mesmo segundo minha explicação. Reconheço que sim; mas essa via, para nós a mais complicada, é, aparentemente, a mais simples para a Natureza. E se, como observamos, deve-se considerar como mais simples na Natureza o que acontece com mais frequência, essa via de geração é de fato a mais simples, o que não significa que não devamos considerá-la a mais complexa, pois não a julgamos em si mesma, apenas em relação às nossas ideias e segundo os conhecimentos que nossos sentidos e nossas reflexões nos oferecem a seu respeito.

Mas a opinião dos aristotélicos de que as fêmeas não têm licor prolífico não se sustentará, se dermos a devida atenção às semelhanças entre os filhos e suas mães, entre os mulos e as mães que os produziram, entre os mestiços e mulatos e suas mães, que são sempre mais parecidos com elas do que com os pais. Se, além disso, considerarmos que os órgãos de geração das fêmeas têm, como os dos machos, uma conformação que lhes permite tanto preparar quanto receber o licor seminal, nos convenceremos sem dificuldade que esse licor de fato existe, resida ele nos vasos espermáticos ou nos testículos, nos cornos do útero ou no licor que ele, quando excitado, expele pelas lacunas de Graaf, tanto nas cercanias do colo do útero quanto nas de seu orifício externo.

Desenvolvamos em maiores detalhes as ideias de Aristóteles sobre a geração dos animais, pois esse grande filósofo foi, dentre os antigos, quem mais escreveu sobre essa matéria e a abordou de maneira mais geral. Ele distingue os animais em três espécies: os que têm sangue e, com algumas exceções, se multiplicam todos por copulação; os que não têm sangue e, por serem machos e fêmeas ao mesmo tempo, se reproduzem por si mesmos sem copulação; por fim, os que se originam em putrefação oriunda de indivíduos da mesma espécie que eles.[12] À medida que avance minha exposição do sistema de Aristóteles, tomarei a liberdade de inserir observações que julgo necessárias. A primeira é que essa divisão não deve ser adotada. Pois, embora todas as espécies de animais com sangue sejam compostas por machos e fêmeas, não é verdade que a maioria dos que não têm sangue são machos e fêmeas ao mesmo tempo. Dentre os animais terrestres, o caracol e os vermes são os únicos que conhecemos que se encontram nesse caso; mas não poderíamos asseverar que todos os moluscos têm dois sexos ao mesmo tempo, e o mesmo vale para todos os animais desprovidos de sangue, como veremos na história natural dedicada a eles.[13] Quanto aos animais que Aristóteles diz serem provenientes de putrefação, como ele não os enumera, haveria muitas exceções a ser feitas, pois a maioria das espécies que os antigos acreditavam ser engendradas por putrefação vem de um ovo ou de um verme, como confirmam observações mais recentes.

Aristóteles oferece uma segunda divisão dos animais, a saber, entre os que são dotados da faculdade de se mover progressivamente, por marcha, voo, nado etc., e os que não podem fazê-lo.[14] Todos os animais que se movem e têm sangue também têm sexo, mas aqueles que, como as ostras, são aderentes ou quase não se movem não têm sexo e são, quanto a isso, como plantas, e é apenas pelo tamanho ou outra diferença marcante que distinguimos entre os machos e as fêmeas. Estou ciente de que não temos como afirmar com

---

12 Aristóteles, *Da geração dos animais*, I, 1, 715 a. (N. A.)

13 A história natural dos moluscos e vermes não foi escrita por Buffon; veja na *Enciclopédia* o verbete "Molusco", de autoria de Daubenton (IV, 183, v.3 da edição brasileira). (N. T.)

14 Aristóteles, *Da geração dos animais*, I, 1, 715 a-b. (N. A.)

certeza que os moluscos têm sexo, pois há espécies de ostras com indivíduos fecundos e outros não. Os fecundos se distinguem pela borda delineada que recobre o corpo e são chamados de machos.[15] Faltam-nos observações suficientes, e se Aristóteles as fez, apresentou-as de maneira excessivamente genérica.

Prossigamos. Segundo Aristóteles, o macho contém o princípio do movimento generativo, e a fêmea, o material da geração. Os órgãos que servem à função que precede à geração são diferentes nas diferentes espécies de animais; os principais são os testículos, no macho, e o ovário, na fêmea. Os quadrúpedes, os pássaros e os cetáceos têm testículos, os peixes e as serpentes não, mas têm dois tubos próprios para receber e preparar a semente, e a essas partes duplas nos machos correspondem partes duplas nas fêmeas: no macho, elas servem para deter o movimento da parte do sangue que deve formar o sêmen. Ele oferece como prova o exemplo dos pássaros cujos testículos se incham consideravelmente na temporada de acasalamento e, com o fim dela, diminuem tanto que é difícil encontrá-los.

Os animais quadrúpedes que, como os cavalos, os bois etc. são recobertos por pelos, e os peixes cetáceos, como os golfinhos e as baleias, são vivíparos. Mas os animais *cartilaginosos* e ovíparos não, pois produzem um ovo fora de si mesmos e é apenas depois do desenvolvimento deste que os filhotes nascem. Os animais ovíparos são de duas espécies: os que produzem ovos perfeitos, como os pássaros, lagartos, tartarugas etc., e os que produzem ovos imperfeitos, como os peixes, cujos ovos aumentam e se aperfeiçoam depois de terem sido lançados na água pela fêmea. À exceção dos pássaros, as fêmeas de outras espécies de animais ovíparos costumam ser maiores do que os machos, como é o caso dos peixes, lagartos etc.

Depois de ter exposto essas variedades gerais, Aristóteles entra na matéria da geração e examina as opiniões de filósofos de sua época que afirmavam que a semente, tanto a do macho quanto a da fêmea, provinha de todas as partes de seus corpos, e declara-se contra ela, pois, como ele diz, embora as crianças sejam muito semelhantes aos pais, também o são em relação aos avós; sem mencionar que a semelhança pode se dar na voz, nos cabelos, nas unhas, no

---

15 Veja a observação do sr. Deslandes em seu *Traité de la Marine*, Paris, 1747. (N. A.)

porte e na marcha. Ora, diz ele, a semente não poderia vir dos cabelos, da voz, das unhas ou de uma qualidade externa como a marcha; e, portanto, se os filhos se assemelham aos pais, não é porque a semente venha de todas as partes de seus corpos, mas por outras razões.[16] Não me parece necessário advertir que as razões oferecidas por Aristóteles são muito fracas; observarei apenas que esse grande homem parece ter tentado, a todo custo, se afastar das opiniões dos filósofos que o precederam, e estou convencido de que basta ler com atenção seu tratado da geração para reconhecer a intenção de oferecer um sistema novo e diferente, o que o obriga a preferir sempre, em todos os casos, as razões menos prováveis, e a eludir, tanto quanto possível, a força das provas contrárias aos princípios gerais de sua filosofia. Os dois primeiros livros desse tratado são destinados à tarefa de destruir a opinião de seus predecessores; mas, como veremos em breve, a que ele oferece em seu lugar é bem menos fundamentada.

Segundo Aristóteles, o líquido seminal do macho é uma excreção do derradeiro alimento, ou seja, o sangue, enquanto os mênstruos da fêmea, sua única contribuição à geração, são uma excreção sanguínea. As fêmeas, diz ele, não têm outro licor prolífico além do mênstruo; não há, portanto, mistura entre o licor do macho e o da fêmea. Aristóteles pensa tê-lo provado alegando que há fêmeas que concebem sem sentir prazer, que a maioria não tem ejaculação externa durante a copulação, que as mais morenas têm um ar masculinizado e não ejaculam em absoluto, mas são tão férteis quanto as mais claras, com ares mais femininos e que ejaculam em abundância.[17] Assim, conclui ele, a fêmea só fornece à geração o sangue menstrual. Este é a matéria da geração, para a qual o líquido seminal do macho contribui não como matéria, mas como forma – é a causa eficiente, o princípio do movimento, está para a geração assim como o escultor está para o bloco de mármore, o líquido do macho é o escultor, o sangue menstrual é o mármore, e o feto, por sua vez, é a figura. Portanto, nenhuma parte da semente do macho serve à geração como matéria, apenas como causa motora que

---

16 Aristóteles, *Da geração dos animais*, I, 17-18. (N. A.)
17 Aristóteles, *Da geração dos animais*, I, 20, 728 a. (N. A.)

comunica o movimento aos mênstruos, que somente são a matéria. Esses mênstruos recebem da semente do macho uma espécie de alma que dá a vida, essa alma não é nem material nem imaterial, não é imaterial porque não poderia agir sobre a matéria, não é material porque não poderia participar da geração como matéria, pois a matéria da geração são os mênstruos. Ela é, assim, diz o filósofo, um espírito, cuja substância é similar ao elemento das estrelas. O coração é a primeira obra dessa alma, ele contém em si o princípio de seu próprio crescimento e tem a potência de arranjar os outros membros. Os mênstruos contêm *em potência* todas as partes do feto, a alma ou espírito do sêmen do macho *reduz a ato*, a efeito, o coração, e comunica a ele o poder de reduzir a *ato* ou a efeito as demais vísceras, efetivando assim, sucessiva-mente, cada uma das partes do animal. Tudo isso parece muito claro para nosso filósofo, que tem apenas uma dúvida: se o coração é efetivado antes do sangue que ele contém ou se o sangue que põe o coração em movimento vem primeiro; e, de fato, essa dúvida procede. Mesmo Harvey, que começou por adotar a opinião de que o coração vem primeiro, alegou depois razões como as de Aristóteles para afirmar que o sangue tem prioridade.[18]

Tal é o sistema de geração que nos foi oferecido por esse grande filó-sofo. Deixo em aberto se aqueles que ele rejeita e contra os quais se insurge seriam mais obscuros do que o seu, ou, se quisermos, mais absurdos que ele. Certo é que esse mesmo sistema, que fielmente expus aqui, foi seguido pela maioria dos doutos, e, como veremos mais à frente, Harvey não somente adotou as ideias de Aristóteles, como acrescentou a elas novas ideias, do mesmo gênero, na tentativa de explicar o mistério da geração. O sistema de Aristóteles se integra ao resto de sua filosofia, em que a forma e a maté-ria são os grandes princípios, as almas vegetativas e sensitivas são os seres ativos da Natureza, e as causas finais são objetos reais. Não admira, assim, que tenha sido aceito por todos os autores escolásticos. Mas é surpreen-dente que um médico e bom observador como Harvey tenha acompanhado

---

18 Veja William Harvey, *Estudo anatômico sobre o movimento do coração e do sangue nos animais*, trad. Regina Andrés Rebollo, Editora Unesp, 2013. (N. T.)

a torrente, em uma época em que todos os seus colegas adotavam as opiniões de Hipócrates e Galeno.[19]

Mas não se deve fazer uma imagem negativa de Aristóteles a partir de seu sistema da geração. Seria como julgar Descartes a partir de seu tratado do homem.[20] As explicações que esses filósofos oferecem da formação do feto não são apenas teorias ou sistemas de geração, não são pesquisas particulares sobre esse objeto, são consequências, que cada um deles extraiu a partir de seus respectivos princípios filosóficos. Aristóteles admitia, como Platão, as causas finais e as eficientes: estas últimas são as almas sensitiva e vegetativa que dão forma à matéria, que, por si mesma, é uma simples capacidade de receber formas. Dado que, na geração, a fêmea fornece a matéria, que são os mênstruos, e repugna ao sistema das causas finais que aquilo que pode ser feito por um único seja feito por muitos, Aristóteles afirmou que ela conteria toda a matéria necessária à geração; e, como outro de seus princípios afirma que a matéria é por si mesma informe, e a forma é um ser distinto e separado da matéria, o macho forneceria a forma e, portanto, não poderia fornecer nada de material.

Descartes, ao contrário, que só admitia em filosofia um pequeno número de princípios mecânicos, tentou explicar a formação do feto por esses mesmos princípios, e acreditou ter compreendido e dado a entender como as leis do movimento vêm a engendrar um ser vivo organizado. Os princípios que empregava não concordavam com os de Aristóteles, mas ambos, em vez de tentar explicar a coisa por si mesma, em vez de examiná-la sem preconcepções e preconceitos, consideraram-na, ao contrário, a partir do ponto de vista relativo a seu sistema filosófico e aos princípios gerais ali estabelecidos; mas tais princípios não poderiam ter uma aplicação bem-sucedida

---

19 Ambos serão elogiado por Buffon mais à frente, na continuação deste capítulo, por terem "tentado explicar a geração em particular por meio de razões particulares" e por "terem visto a geração mais como médicos do que como filósofos, enquanto Aristóteles a explicou mais como metafísico do que como naturalista, o que torna os defeitos do sistema hipocrático particulares e menos aparentes, enquanto os do aristotélico são erros gerais e evidentes". (N. T.)

20 Descartes, *Traité de l'homme*, Paris, 1664, partes 4 e 5. (N. A.)

à geração, pois esta depende, como vimos, de princípios próprios inteiramente diferentes. Devo dizer, ainda, que Descartes discordava de Aristóteles por admitir a mistura dos líquidos seminais de ambos os sexos: acreditava que tanto o macho quanto a fêmea fornecem algo material à geração, e que a formação do feto se dá por meio da fermentação ocasionada pela mistura desses dois líquidos.

Parece-me que se Aristóteles tivesse posto de lado seu sistema filosófico geral e raciocinasse sobre a geração como quem raciocina sobre um fenômeno particular e independente de um sistema previamente estabelecido, ter-nos-ia dado tudo o que de melhor se poderia esperar dele a respeito. Basta ler seu tratado da geração dos animais para ver que ele não ignorava nenhum dos principais fatos e observações anatômicas e tinha conhecimentos muito profundos acerca de todas as partes acessórias dessa matéria; sem mencionar o gênio rarefeito indispensável para que se possa reunir com as observações de maneira vantajosa e generalizar os fatos corretamente.

Capítulo VI: Variedades na geração dos animais[21]

A mesma matéria serve à nutrição e à reprodução dos animais e vegetais, uma substância produtiva universal, composta por moléculas orgânicas eternamente existentes e ativas cuja reunião produz os corpos organizados. A Natureza trabalha sempre sobre um mesmo fundo, e este é inesgotável. Mas os meios que ela emprega para pôr em relevo os animais variam muito, e as divergências e concordâncias gerais demandam nossa atenção, pois é no exame delas que encontraremos a razão das exceções e variedades particulares.

Pode-se dizer que os animais de grande porte são em geral menos fecundos do que os de pequeno porte. A baleia, o elefante, o rinoceronte, o camelo, o boi, o cavalo e o homem produzem apenas um feto por vez, muito

---

21 No original, este é o Capítulo IX. Inserimos o texto em continuidade com o Capítulo V porque há entre eles uma unidade explícita. Sobre o tema abordado por Buffon, veja Maupertuis, *Vênus física* (1745), trad. Maurício de Carvalho Ramos. *Revista Scientiæ Studia*, São Paulo, v.3, n.1, p.103-48, 2005. (N. T.)

raramente dois, enquanto animais menores, como os ratos, os arenques e os insetos em geral, produzem um número de filhotes muito maior. Essa diferença pode ser explicada pela maior quantidade de alimento necessária a um corpo de grandes dimensões. Pois, guardadas as devidas proporções, o excedente de nutrição dos animais de grande porte destinado à produção de sementes não é tão grande quanto o dos pequenos. Animais menores comem mais, proporcionalmente, do que os maiores. E a prodigiosa multiplicação dos primeiros, como abelhas, moscas e outros insetos, pode ser atribuída ao fato de serem dotados de órgãos muito finos e membros extremamente delicados, que exigem que selecionem tudo o que há de mais substancial e mais orgânico nas matérias animais ou vegetais das quais se alimentam. Uma abelha cuja sobrevivência depende da mais pura substância das flores recebe desse alimento muito mais moléculas orgânicas, guardadas as devidas proporções, do que o cavalo recebe das partes mais grosseiras dos vegetais de que se alimenta, como o feno e a palha. Por isso, o cavalo produz apenas um feto, e a abelha, 30 mil.

Os animais ovíparos são em geral menores que os vivíparos e muito mais férteis do que eles. O período de permanência do feto no útero dos vivíparos é outro entrave à sua multiplicação, pois, enquanto essa víscera estiver ocupada e trabalhar em prol da nutrição do feto, não haverá nova geração; mas os ovíparos, que produzem a matriz ao mesmo tempo que o feto e os expelem juntos para fora de si, encontram-se quase sempre em condição de se reproduzir. Uma galinha que foi isolada e impedida de reproduzir e recebeu alimento em abundância aumenta a produção de ovos; e uma galinha que não dá à luz depois de ter sido coberta só pode carecer de nutrientes: o receio de que seus ovos se resfriem faz que os expila apenas uma vez ao dia, durante poucos dias.

Os animais que produzem fetos em pequena quantidade chegam ao tamanho máximo de que são suscetíveis antes de terem alcançado a idade de se reproduzir, enquanto aqueles que se multiplicam em maior número são capazes de se reproduzir antes mesmo que seu corpo tenha adquirido a metade ou mesmo um quarto do tamanho máximo de que é suscetível. O homem, o cavalo, o boi, o asno, o bode, o carneiro, só conseguem se reproduzir quando chegam ao tamanho máximo de que são suscetíveis. O mesmo vale para os pombos e outros pássaros que depositam pequena quantidade de ovos; já os que o fazem em abundância, como os galináceos e os peixes, se reproduzem mais facilmente: uma galinha pode dar à luz aos três meses, quando ainda não chegou a um terço do tamanho; um peixe que, ao cabo de vinte anos, pesará trinta libras, se reproduz desde o primeiro ou segundo ano de vida, quando não pesa mais que meia libra. A duração da vida e o período de crescimento dos peixes exigem observações particulares. É possível identificar sua idade examinando-se com uma lupa ou microscópio as camadas anuais que compõem suas escamas; mas ignora-se a idade que podem atingir. Eu mesmo vi carpas nos tanques do castelo do conde de Maurepas, em Pontchatrain, com idade certificada de 50 anos, que me pareceram tão ágeis e vivazes quanto carpas mais jovens. Não chegarei ao ponto de afirmar, como o sr. Leeuwenhoek, que os peixes são imortais ou que não morrem de velhice,[22] pois me parece que tudo deve perecer com o tempo: tudo o que tem uma origem, um nascimento, um começo deve chegar a um término, a uma morte, a um fim. E, no entanto, é verdade que os peixes, por viverem em um elemento uniforme e estarem ao abrigo das vicissitudes e injúrias do ar, se conservam por mais tempo no mesmo estado; e, como tais vicissitudes são, no dizer de um grande filósofo,[23] as principais causas da destruição dos seres vivos, é certo que, por estarem menos expostos do que os outros animais, vivem mais tempo do que eles. Mas, o que principalmente contribui para a duração de sua vida é o fato de seus ossos serem feitos de uma substância mais mole do que os de outros animais: não enrijecem com a idade, praticamente não se alteram, suas arestas se alongam, engrossam e crescem sem se tornarem mais sólidas, ou ao menos não sensivelmente, enquanto os ossos de outros animais, como, de resto, as demais partes sólidas de seus corpos, se tornam cada vez mais rijos e sólidos, até que, por fim, totalmente preenchidos e obstruídos, o movimento desaparece e sobrevém a morte. Nas arestas, ao contrário, esse

---

22 Antonie van Leeunwenhoek, *Opera omnia, seu Arcana Naturae*, v.II, p.193. (N. A.)
23 Bacon, *Historia vitae et mortis*, Londres, 1623. (N. A.)

aumento de solidez, esse preenchimento, essa obstrução que é a causa da morte natural, não existe ou ao menos é gradativa, mais lenta e insensível, e leva um tempo até que os peixes cheguem à velhice.

Todos os animais quadrúpedes recobertos por pelos são vivíparos; todos os recobertos por escamas são ovíparos; os vivíparos, como dissemos, são menos fecundos que os ovíparos. O que leva a crer que nos quadrúpedes ovíparos há um desperdício menor de substância pela transpiração, que é retida pelo tecido serrado das escamas, enquanto nos recobertos por pelos essa transpiração é mais livre e mais abundante. Em parte devido a essa superabundância da transpiração, esses animais, mesmo sem alimento, se multiplicam mais e sobrevivem por mais tempo do que os outros. Todos os pássaros e todos os insetos voadores são ovíparos, exceto por certas espécies de mosca que produzem pequenas larvas, que, ao nascer, são desprovidas de asas: vemos suas asas despontar e crescer pouco a pouco, juntamente com o animal, que só começa a utilizá-las quando atinge o tamanho máximo de que é suscetível. Todos os peixes escamados e todos os répteis sem pés são ovíparos, assim como as diferentes espécies de serpente, cuja pele, formada por pequenas escamas, é renovada periodicamente. A víbora é uma exceção ínfima à regra geral: põe ovos, e os filhotes rompem as cascas, porém dentro do corpo da mãe, que, em vez de pôr seus ovos fora, como os outros ovíparos, guarda-os dentro de si até o momento de sua eclosão. Há uma exceção como essa no grupo dos animais quadrúpedes ovíparos: são as salamandras, dentro das quais se encontram ovos, mas também filhotes já formados, como observou o sr. Maupertuis.[24]

A maioria dos animais se perpetua por meio de cópula. Porém, muitos dotados de sexo não copulam de fato. A maioria dos pássaros machos restringe-se a pressionar a fêmea com bastante força; é o caso do galo, cujo pênis, embora duplo, é muito curto, a exemplo dos pardais e dos pombos. Outras variedades, como o avestruz, o pato e o ganso, têm um membro consideravelmente grosso, e, nessas espécies, a intromissão é inequívoca. O peixe macho se aproxima da fêmea na época da desova, esfrega seu ventre no

---

24 *Mémoires de l'Académie*, Paris: 1727, p. 32. (N. A.)

dela, que retribui o gesto, dá voltas sobre o dorso da parceira e reencontra assim seu ventre, mas não ocorre copulação; isso porque o membro necessário ao ato não existe e, se o macho se aproxima da fêmea, é para despejar o licor contido em seu leite, que ele derrama sobre os ovos que ela expele. Na verdade, parece mais atraído pelos ovos do que pela fêmea, pois, quando ela deixa de expelir, ele a abandona e sai no encalço dos ovos levados pela correnteza ou dispersados pelo vento; passa e repassa cem vezes pelos lugares em que há ovos. Se o faz, não é por amor à mãe; sequer é necessário que a conheça, e despeja seu licor sobre ovos que encontra a esmo.

Há, portanto, animais que têm sexo e partes apropriadas à copulação, enquanto outros têm sexo, mas não as partes necessárias à copulação; outros ainda, como os caracóis, têm partes apropriadas à copulação e têm os dois sexos ao mesmo tempo; por fim, outros, como as pulgas, não têm sexo, são pai e mãe ao mesmo tempo e se reproduzem por si mesmos, sem copulação, embora possam copular, se assim quiserem. Não sabemos ao certo por que isso acontece, ou melhor, não sabemos se essa copulação é mesmo uma conjunção entre os sexos, pois todos os indivíduos parecem ser igualmente privados ou igualmente dotados de sexo; a não ser que se suponha que a Natureza concedeu a essa pequena fera mais faculdades de geração do que a toda outra espécie de animal, dando-lhe a potência de se reproduzir por si mesmo e os meios de se multiplicar pela comunicação com outro indivíduo.

Como quer que se dê a geração nas diferentes espécies de animal, a Natureza parece prepará-la com a produção de uma nova parte no corpo, e, não importa se essa parte é externa ou interna, ela sempre antecede à geração. Se examinarmos os ovários dos ovíparos e os testículos de fêmeas vivíparas, veremos que antes da impregnação de uns e da fecundação de outros ocorre uma alteração considerável de partes. Os ovíparos produzem ovos que de início permanecem atados ao ovário, mas aos poucos se tornam mais grossos e se desprendem, e em seguida são revestidos, ainda no canal que os contém, com uma camada branca, membranas e uma concha. Essa produção é uma marca inequívoca da fecundidade da fêmea, que antecede à geração, e sem a qual ela não poderia ocorrer. Do mesmo modo, encontram-se nos testículos das fêmeas vivíparas um ou mais corpos glandulosos que crescem lentamente sob a membrana que os reveste. Esses corpos se tornam mais grossos, precipitam-se e perfuram, ou melhor, rasgam a membrana que os mantém ligados aos testículos, despontando assim na parte externa; uma vez que estejam inteiramente formados e tenham atingido perfeita maturidade, abrem-se em sua extremidade pequenas brechas, pelas quais o licor seminal é expelido, recaindo em seguida sobre o útero. Esses corpos glandulosos são uma produção que antecede à geração, e sem a qual ela não poderia ocorrer.

Nos machos também se dá uma espécie de nova produção antecedente à geração. Em machos ovíparos, uma grande quantidade de licor é produzida pouco a pouco, até que o reservatório, de dimensões consideráveis, tenha sido preenchido. Esse estoque é renovado anualmente. Nos peixes e calamares, o leite também se forma anualmente: uma membrana seca e fina se torna espessa e cheia de líquido. Nos pássaros, os testículos se incham no período que antecede ao acasalamento, adquirindo dimensões por assim dizer monstruosas, se comparadas às usuais. Os testículos de machos de espécies vivíparas com cio em épocas determinadas também incham muito. Em todas as espécies, há um inchaço e uma extensão do membro genital, que, embora passageira e externa, deve ser considerada como uma produção nova, que antecede à geração.

Formam-se assim, nos corpos de machos e fêmeas do reino animal, novas produções que antecedem à geração, em geral produções de partes particulares, como ovos, corpos glandulosos, leites etc. E, mesmo que em algumas espécies não haja uma produção de fato, verifica-se o inchaço e a extensão consideráveis de uma ou mais partes que servem à geração. Em outras espécies, essa produção se manifesta não em alguma parte do corpo, mas no corpo inteiro, que parece se produzir a si mesmo de novo, antes que a geração possa acontecer. Refiro-me aos insetos e suas metamorfoses.[25] Parece-me que essa alteração, essa transformação pela qual eles passam, é uma produção nova, que lhes confere o poder de engendrar. Por meio dela, os

25 Aplicação da ideia poética de metamorfose ao estudo dos seres vivos, depois utilizada por Diderot e Goethe.

órgãos da geração se desenvolvem e adquirem condições de atuar. O corpo do animal cresce antes de se transformar. A substância que o infunde, mais abundante nos insetos do que em qualquer outra espécie de animal, é misturada e compõe uma massa, de início sob uma forma que depende daquela do animal e é similar a ela: a lagarta torna-se borboleta, pois, como não tem um órgão ou víscera que possa conter o excedente de nutrição, e não pode, por isso, produzir pequenos seres organizados similares ao grande, essa nutrição orgânica, sempre ativa, adquire outra forma, reunindo-se em combinações derivadas da figura da lagarta e formando uma borboleta, cuja figura e constituição correspondem parcialmente à da lagarta, porém com órgãos de geração desenvolvidos, capazes de receber e transmitir as partes orgânicas da nutrição que formam os ovos e os indivíduos da espécie, que poderão, assim, realizar a geração. Os indivíduos provenientes da borboleta não são borboletas, mas lagartas, pois, com efeito, a lagarta é quem se nutriu, e as partes orgânicas dessa nutrição foram assimiladas à forma da lagarta e não à da borboleta, que não passa de uma produção acidental dessa mesma nutrição superabundante que precede a produção real dos animais dessa espécie: a borboleta é um meio que a Natureza emprega para efetivar a geração, assim como os corpos glandulosos e os leites produzidos em outras espécies de animais. A ideia de metamorfose dos insetos será devidamente desenvolvida e amparada em numerosas provas, quando tratarmos da história dos insetos.[26]

Se o excedente de nutrientes não for tão considerável, como no caso do homem e da maioria dos animais de grande porte, a geração ocorre apenas quando o crescimento do corpo se efetuou por completo, e produz um pequeno número de indivíduos. Se o excedente for maior, como no galo e em outras espécies de pássaros, assim como em todas as espécies de peixes ovíparos, a geração se dá antes do término do crescimento do corpo do animal e produz crias numerosas. Se o excedente de nutrientes orgânicos for ainda maior, como nos insetos, produz-se de início um corpo orgânico organizado, que retém a constituição interna e essencial do animal, mas

---

26 Buffon não escreveu uma história natural dos insetos.

difere dele quanto às partes, como a borboleta em relação à lagarta. Uma vez produzida a nova forma e desenvolvidos os órgãos da geração, esta pode enfim ocorrer, e de fato ocorre, em pouquíssimo tempo, produzindo um prodigioso número de indivíduos similares ao animal que primeiro preparou os nutrientes orgânicos de que os indivíduos ora nascentes são compostos. Por fim, se o excedente de nutrientes for ainda maior, e o animal individual possuir ainda os órgãos necessários à geração, como as pulgas, a geração se dá em cada indivíduo, que, em seguida, sofre uma transformação, vale dizer, torna-se um corpo organizado de dimensões maiores, ou, no caso da pulga, um inseto alado, corpo que, no entanto, não se reproduz, pois é, com efeito, produto do excedente, ou antes, do resto de nutrientes orgânicos que não foram empregados na produção de pulgas.

Exceto pelo homem, todos os animais têm períodos determinados de geração ao longo do ano. Para os pássaros, a primavera é a estação do amor; a desova das carpas e de muitas outras espécies de peixe ocorre na época mais quente do ano; a dos lúcios e bagres e outras espécies de peixes se dá na primavera; os gatos preferem os meses de janeiro, maio e setembro; as cabras, dezembro; os lobos e as raposas, janeiro; os cavalos, o verão; os cervos, setembro e outubro; quase todos os insetos, o outono; e assim por diante. Alguns, como os insetos, parecem se esgotar por completo no ato da geração, e morrem logo depois da sua consumação, como as crisálidas que produzem o bicho-da-seda. Outros não chegam a perder a vida, mas, como o cervo, tornam-se extremamente magros e fracos, e precisam de um tempo considerável para reparar as perdas sofridas na substância orgânica. Outros se desgastam ainda menos, e têm condição de engendrar com mais frequência. Por fim, outros, como o homem, simplesmente não se desgastam, ou ao menos têm condição de reparar prontamente as perdas sofridas, e encontram-se a todo momento em condição de engendrar, dependendo para tanto unicamente da boa condição de seus órgãos. Os severos limites que a Natureza impôs ao modo de existência se estendem assim aos modos de capturar e digerir alimentos, aos meios de processá-los e reservá-los, e de separar e extrair deles as moléculas orgânicas necessárias à reprodução. Por toda parte, constatamos que tudo o que pode ser, é.

Os animais apresentam, assim, uma variedade infinita quanto à maneira e ao período da copulação da gravidez e da reprodução, variedade que também se verifica nas causas mesmas da geração, pois, embora o princípio geral de toda reprodução seja a matéria orgânica comum a tudo o que vive ou vegeta, a maneira pela qual a reunião ocorre é suscetível de infinitas combinações, e todas elas podem se tornar fontes de novas produções. Meus experimentos demonstram de modo suficientemente claro que não há germes preexistentes, ao mesmo tempo que provam que a geração de animais e vegetais não é unívoca. Existem talvez tantos seres, sejam eles vivos ou vegetativos, produzidos pela reunião fortuita de moléculas orgânicas quantos são os animais e vegetais capazes de se reproduzir por geração em sucessão constante. À primeira espécie de seres devemos aplicar o axioma dos Antigos, *Corruptio unius, generatio alterius.*[27] A corrupção e decomposição dos animais e dos vegetais produz uma infinidade de corpos organizados vivos e vegetativos: alguns, como os do leite de calamares, são espécies de máquinas, mas tais que, embora muito simples, são ativas por si mesmas; outros, como os animais espermáticos, são corpos cujos movimentos parecem imitar os dos animais; outros ainda imitam vegetais, quanto à maneira de crescer e de se estender; há aqueles, como os do grão de trigo, que podemos matar e ressuscitar a bel-prazer, e não saberíamos ao que lhes comparar; há outros, em grande quantidade, que começam por ser espécies vegetais, em seguida se tornam espécies animais, voltando depois a ser vegetais, e assim por diante. Tudo indica que, quanto mais se observam os seres organizados desse gênero, mais variedades se encontram, e tão mais singulares para nós quanto mais distantes estejam de nossos olhos e das outras espécies que a Natureza nos apresenta.

Por exemplo, o esporo de trigo, produzido por uma espécie de alteração ou decomposição da substância orgânica do grão desse cereal, é composto de uma infinidade de filetes ou pequenos corpos organizados, similares, quanto à figura, a enguias. Para observá-los ao microscópio, basta mergulhar o grão por dez ou doze horas na água e separar os filetes que compõem

---

27 "A corrupção de um é a geração de outro"; fórmula inspirada em Aristóteles, *Da geração e da corrupção*, I, 3, 318a. (N. T.)

a substância: então, ver-se-á que eles possuem um movimento pronunciado de flexão e contorção, e, ao mesmo tempo, um ligeiro movimento de progressão, que imitam perfeitamente os de uma enguia quando ela se contorce. Retirados da água, param de se mover; devolvidos a ela, voltam a fazê-lo. Se os guardarmos dessa maneira por dias, meses e anos, não importa o período em que os observarmos, veremos as mesmas pequenas enguias, desde que os misturemos à água, os mesmos filetes em movimento que vimos da primeira vez. Podemos fazer que essas pequenas máquinas atuem com tanta frequência e por quanto tempo quisermos, sem destruí-las e sem privá-las de sua força ou de sua atividade. Esses pequenos corpos são, se quisermos, espécies de máquinas que se põem em movimento quando mergulhadas em líquido. Esses filetes abrem-se por vezes como filamentos de uma semente e produzem glóbulos moventes, o que leva a crer que eles têm a mesma natureza que esses filamentos, são apenas mais estáveis e mais sólidos que eles.

As enguias que se formam na cola de farinha têm origem na reunião das moléculas orgânicas da parte mais substancial do grão. As primeiras enguias a surgir não são, por certo, produtos de outras enguias, pois, embora não tenham sido engendradas, nem por isso deixam de engendrar outras enguias vivas. Se as cortarmos com a ponta de uma lâmina, poderemos ver as pequenas enguias saindo de seus corpos, e em grande número. Parece que o corpo do animal não passa de um forro ou de uma bolsa que contém forros ou bolsas da mesma espécie, nos quais, à medida que crescem, a matéria orgânica é assimilada a enguias e adquire a mesma forma que elas.

Seria necessário realizar mais observações além daquelas de que disponho para estabelecer as classes e os gêneros desses seres singulares até aqui pouco conhecidos. Podem ser considerados como zoófitos que vegetam, ao mesmo tempo que parecem se contorcer e mover suas partes à maneira de animais. Eu poderia acrescentar outros exemplos; os que ofereci neste lugar têm o único intuito de relatar a variedade que se encontra na geração tomada em geral. Decerto há seres organizados que consideramos como animais, mas que não são engendrados por animais da mesma espécie que eles. Outros são espécies de máquinas: há aquelas cuja ação é limitada a um efeito determinado, que só podem agir uma vez e por pouco tempo, como os vasos leitosos do calamar; outras podem ser ativadas por tanto tempo e com a frequência que quisermos, como os esporos de trigo. Há também seres vegetais que produzem corpos animais, como os filamentos do sêmen humano, do qual se desprendem glóbulos ativos que se movem com força própria. Por fim, temos os seres organizados produzidos por corrupção e fermentação, ou antes, pela decomposição de substâncias animais ou vegetais; esses seres são animais verdadeiros, capazes de produzir semelhantes, embora não tenham sido eles mesmos produzidos desse modo. Os limites dessas variedades são talvez ainda maiores do que imaginamos. Podemos generalizar nossas ideias e nos empenhar para reduzir os efeitos da Natureza a certos pontos e suas produções a certas classes, mas nos escaparão sempre uma infinidade de nuances e mesmo graus, que, no entanto, são dados na ordem natural das coisas.

História natural do homem*

Da natureza do homem

Seja qual for o interesse que tenhamos em nos conhecer a nós mesmos, pergunto-me se acaso não conhecemos melhor todas as outras coisas que diferem de nós. Providos pela natureza de órgãos unicamente destinados à nossa conservação, nós os empregamos apenas para receber as impressões alheias, buscando sempre um meio de nos expandirmos para fora e de existirmos fora de nós; muito empenhados em multiplicar as funções de nossos sentidos e em ampliar o alcance exterior de nosso ser, raramente fazemos uso desse sentido interno, que nos reduz às nossas verdadeiras dimensões

---

* Tomo II, 1749, p.429-603; Tomo III, 1749, p.352-530.

e separa de nós tudo aquilo que não seja nós mesmos. No entanto, é desse sentido que precisamos nos servir, se quisermos nos conhecer, pois é o único por meio do qual poderíamos fazer qualquer juízo a nosso respeito; mas como atribuir a esse sentido a atividade que lhe é própria, assim como todo o seu alcance? Como separar nossa alma, na qual ele reside, de todas as ilusões de nosso espírito? Perdemos o hábito de utilizá-la; ela deixou de ser exercitada em meio ao tumulto de nossas sensações corporais, e assim secou, com o fogo das nossas paixões; o coração, o espírito, os sentidos, tudo trabalhou contra ela.

Contudo, inalterável em sua substância, impassível por essência, ela continua sendo sempre a mesma; sua luz, ofuscada, perdeu o brilho, sem nada ter perdido de sua força; ela, agora, nos ilumina menos, mas ainda nos guia com a mesma segurança; retenhamos, então, a fim de nos conduzirmos, esses raios que ainda chegam até nós; assim, a obscuridade que nos cerca diminuirá, e, se o percurso não for inteiramente iluminado de uma ponta a outra, teremos conosco ao menos uma chama, com a qual poderemos seguir sem nos perdermos.

O primeiro passo, e o mais difícil que haveríamos de dar para alcançarmos o conhecimento de nós mesmos, é identificar nitidamente a natureza das duas substâncias que nos compõem; dizer apenas que uma é inextensa, imaterial, imortal, e que a outra é extensa, material e mortal, reduz-se a negar de uma aquilo que se afirma da outra; que conhecimento podemos adquirir por essa via da negação? Essas expressões privativas não podem representar ideia alguma que seja real e positiva. Dizer, porém, que estamos certos da existência da primeira e pouco seguros da existência da segunda, que a substância de uma é simples, indivisível, e que ela tem somente uma forma, já que não se manifesta senão por meio de uma única modificação, o pensamento, e que a outra é menos uma substância do que um sujeito capaz de admitir certos tipos de formas relativas às de nossos sentidos, todas tão incertas e tão variáveis quanto a própria natureza desses órgãos, é já estabelecer alguma coisa, é atribuir propriedades distintas a uma e a outra, é dar-lhes atributos positivos e suficientes para alcançar o primeiro grau de conhecimento de uma e de outra, e começar a compará-las.

Por pouco que tenhamos refletido sobre a origem de nossos conhecimentos, é fácil ver que não podemos adquiri-los a não ser pela via da comparação; aquilo que é absolutamente incomparável é inteiramente incompreensível; Deus é o melhor exemplo disso que poderíamos dar aqui; ele não pode ser conhecido porque não pode ser comparado; mas tudo aquilo que é passível de comparação, tudo aquilo que pode ser visto por diferentes lados e considerado de modo relativo, pertence sempre ao domínio de nossos conhecimentos; quanto mais objetos de comparação, quanto mais lados distintos, quanto mais pontos de vista particulares para observar nosso objeto nós tivermos, mais meios para conhecê-lo e mais facilidade teremos para reunir as ideias nas quais devemos basear nosso juízo.

A existência de nossa alma já está, para nós, demonstrada, ou melhor, nós somos apenas um, essa existência e nós: ser e pensar são, para nós, a mesma coisa, essa verdade é íntima, e, mais do que intuitiva, ela é independente de nossos sentidos, de nossa imaginação, de nossa memória e de todas as nossas outras faculdades relativas. A existência de nosso corpo e dos outros objetos exteriores é duvidosa para qualquer um que reflita sem preconceitos; pois que outra coisa seria essa extensão em comprimento, largura e profundidade que dizemos ser nosso corpo e que parece nos pertencer de modo tão próximo, senão uma certa relação de nossos sentidos? O que são os órgãos materiais de nossos sentidos, senão uma certa conformidade com aquilo que os afeta? E nosso sentido interno, nossa alma, acaso não tem ela nada de semelhante, nada que seja comum com a natureza desses órgãos externos? Por acaso não se assemelha a sensação estimulada em nossa alma pela luz e pelo som àquela matéria tênue que parece propagar a luz, ou ainda àquela vibração produzida no ar pelo som? São nossos olhos e nossos ouvidos que têm todas as conformidades necessárias com essa matéria, pois esses órgãos são, de fato, da mesma natureza desta última; mas a sensação que experimentamos não possui com ela nada em comum, nada de semelhante: ora, não bastaria apenas isso para provarmos que nossa alma é, de fato, de uma natureza diferente daquela da matéria?

Estamos, então, certos de que a sensação interna é distinta daquilo que pode causá-la, e já vemos que, se há coisas fora de nós, elas são completamente diferentes de como as julgamos, uma vez que a sensação não se parece de modo algum com aquilo que pode causá-la; a partir disso, não devemos concluir que aquilo que causa nossas sensações é, necessariamente, e por sua natureza, outra coisa totalmente distinta daquilo que supomos? Essa extensão que percebemos com os olhos, essa impenetrabilidade cuja ideia o tato nos fornece, enfim, todas essas qualidades reunidas, que constituem a matéria, poderiam perfeitamente não existir, já que nossa sensação interna, bem como aquilo que ela representa, para nós, enquanto extensão, impenetrabilidade etc., não é de modo algum nem extensa nem impenetrável, e, com efeito, não tem nada em comum com essas qualidades.

Se atentássemos para o fato de que, durante o sono e a ausência dos objetos, nossa alma é frequentemente afetada por sensações, e de que essas sensações são, às vezes, muito diferentes daquelas que ela experimentou na presença desses mesmos objetos ao fazer uso dos sentidos, não viríamos a pensar que a presença dos objetos é desnecessária para a existência dessas sensações, e que, por conseguinte, nós e nossa alma podemos existir sozinhos e independentemente daqueles? Pois, tanto no sonho quanto após a morte, nosso corpo existe, e inclusive tem todo gênero de existência que ele pode comportar; ele é o mesmo de antes; todavia, a alma não se apercebe mais da existência do corpo; para nós, ele deixou de ser: ora, eu pergunto se uma coisa que pode ser e, em seguida, não ser mais, e se essa coisa, que nos afeta de maneira completamente diferente daquilo que ela é, ou daquilo que ela foi, pode ser qualquer coisa real o bastante para que não possamos duvidar de sua existência.

Entretanto, podemos crer que há alguma coisa fora de nós; mas não estamos certos disso, ao passo que estamos seguros da existência real de tudo aquilo que está em nós; assim, a existência de nossa alma é certa, e a de nosso corpo parece duvidosa, o que nos leva a pensar que a matéria bem poderia ser apenas um modo de nossa alma, uma de suas formas de ver; nossa alma vê desta forma quando estamos acordados, vê de outra forma durante o sono, e verá de outra maneira ainda mais distinta após nossa morte; e tudo aquilo que hoje causa suas sensações, isto é, a matéria em geral, bem poderia não existir mais para ela, uma vez que nosso próprio corpo não será mais nada para nós.

Mas admitamos essa existência da matéria, e, ainda que seja impossível demonstrá-las, abandonemo-nos às ideias ordinárias afirmando que ela existe, e que ela de fato existe como a vemos; ao compararmos nossa alma com esse objeto material, encontraremos diferenças tão grandes, oposições tão marcadas, que não poderemos duvidar um instante sequer de que ela seja de uma natureza totalmente distinta e de uma ordem infinitamente superior.

Nossa alma tem uma forma muito simples, geral e constante; essa forma é o pensamento; para nós, é impossível discernir nossa alma de outro modo que não seja pelo pensamento; essa forma não tem nada de divisível, nada de extenso, nada de impenetrável, nada de material; logo, o sujeito dessa forma, nossa alma, é indivisível e imaterial: nosso corpo, pelo contrário, e todos os outros corpos, tem diversas formas; cada uma dessas formas é composta, divisível, variável, destrutível, e todas são relativas aos diferentes órgãos com os quais as discernimos; nosso corpo, portanto, assim como toda a matéria, nada tem de constante, real ou geral que nos permitisse apreendê-lo e conhecê-lo com segurança. Um cego não tem qualquer ideia do objeto material que representa, para nós, as imagens dos corpos; um leproso, cuja pele seria insensível, não teria qualquer uma das ideias que o tato faz nascer; um surdo não pode conhecer os sons; mesmo que destruamos sucessivamente esses três meios da sensação no homem que deles é provido, a alma não existirá menos, suas funções internas subsistirão e o pensamento continuará a se manifestar interiormente no próprio homem: subtraias, porém, à matéria todas essas qualidades, subtraias-lhe suas cores, sua extensão, sua solidez e todas as outras propriedades relativas aos nossos sentidos, e a aniquilarás; nossa alma é, portanto, imperecível, enquanto a matéria pode e deve perecer.

O mesmo ocorre com as outras faculdades de nossa alma, se comparadas com as do nosso corpo e com as propriedades mais essenciais de toda a matéria. A alma quer e comanda, o corpo obedece o quanto pode; a alma une-se intimamente àquele objeto que lhe apraz; nada – nem a distância, nem o tamanho, nem a figura – pode impedir essa união, que, assim que a alma a quer, se faz, e se faz em um instante; já o corpo não pode unir-se a nada, pois tudo aquilo que o toca de muito perto o fere; ele precisa de muito tempo para se aproximar de outro corpo, tudo lhe resiste, tudo é obstáculo, seu movimento se interrompe com o menor choque. Será, então, que a vontade não passa de um movimento corporal, e a contemplação de um simples toque? Mas como se daria esse toque em algo que está distante, ou em um objeto abstrato? Como poderia esse movimento ser realizado em um instante indivisível? Por acaso alguma vez já concebemos um movimento sem que houvesse o espaço e o tempo? Se a vontade é um movimento, então seria ela um movimento imaterial, e, se a união da alma com seu objeto é um toque, um contato, então ocorreria esse toque à distância? Não seria esse contato uma penetração? Tais qualidades são absolutamente opostas àquelas da matéria e, por conseguinte, pertencem apenas a um ser imaterial.

Mas temo que já me estendi demais a respeito de um tema que muitos talvez considerem estranho ao nosso objeto; por acaso devem as considerações sobre a alma se fazer presentes em um livro de História Natural? Confesso que essa questão pouco me sensibilizaria se eu tivesse força suficiente para tratar dignamente de matérias tão elevadas, e que abreviei meus pensamentos apenas devido ao medo de não poder compreender esse grande tema em toda a sua extensão: por que motivo, afinal, se pode querer subtrair à História Natural do homem a história da parte mais nobre de seu ser? Por que rebaixá-lo sem propósito e nos querer forçar a vê-lo apenas como um animal, embora ele seja, na verdade, de uma natureza muito diferente, muito distinta e tão superior à dos animais que seria necessário ser tão pouco esclarecidos quanto estes últimos para poder confundi-los?

É verdade que o homem se assemelha aos animais quanto àquilo que ele tem de material, e que, se queremos compreendê-lo no interior da classificação de todos os seres naturais, somos forçados a inseri-lo na classe dos animais; mas, como já procurei mostrar, a natureza não tem nem classes nem gêneros, mas compreende apenas indivíduos; esses gêneros e essas classes são obras de nosso espírito, não passam de certas ideias de convenção, de modo que, quando inserimos o homem em uma dessas classes, não modificamos a realidade de seu ser, não rebaixamos em nada sua nobreza, não alteramos sua condição, enfim, não subtraímos nada à superioridade da natureza humana em relação à dos seres brutos, mas apenas o colocamos junto daquele que lhe é mais semelhante, atribuindo inclusive à parte material de seu ser o primeiro lugar.

Ao compararmos o homem com o animal, encontraremos tanto em um quanto noutro um corpo, uma matéria organizada, os sentidos, a carne e o sangue, o movimento e uma infinidade de coisas semelhantes; mas todas essas semelhanças são exteriores e não são suficientes para afirmarmos que a natureza do homem é semelhante à do animal; para julgarmos a natureza de um e de outro, seria necessário conhecermos as qualidades internas do animal tão bem quanto conhecemos as nossas, e, como não poderemos jamais conhecer aquilo que se passa no interior de um animal, assim como jamais saberemos de que ordem ou de que espécie possam ser suas sensações relativamente às dos homens, não podemos julgar senão a partir dos efeitos, e apenas comparando os resultados das operações naturais de um e de outro.

Vejamos, pois, quais são esses resultados, admitindo inicialmente todas as semelhanças particulares e examinando apenas as diferenças, mesmo aquelas mais gerais. Haveremos de convir que mesmo o mais estúpido dos homens é capaz de conduzir o mais inteligente dos animais, e que ele o domina e o coloca a seu serviço, o que ocorre menos devido à força e à habilidade do que a uma superioridade de natureza, bem como ao fato de que o homem concebe um projeto racional, uma ordem de ação e uma série de meios pelos quais obriga o animal a lhe obedecer; pois não vemos os animais mais fortes e mais hábeis dominarem os outros e colocá-los a seu serviço; os mais fortes comem os mais fracos, mas essa ação não supõe nada além de uma necessidade ou de um apetite, qualidades estas que são muito distintas daquela que pode produzir uma sequência de ações voltadas para o mesmo fim. Se os animais fossem dotados dessa faculdade, não veríamos uns se apoderando dos outros, obrigando-os a buscar-lhes alimentos, a fazer-lhes vigília, a proteger-lhes, a aliviar-lhes a dor quando estiverem doentes ou feridos? Ora, não há, entre os animais, qualquer traço dessa subordinação, nem qualquer indício de que algum dentre eles conheça ou sinta a superioridade de sua natureza em relação à dos outros; por conseguinte, devemos pensar que eles, de fato, são todos da mesma natureza, ao mesmo tempo que devemos concluir que a natureza do homem não apenas está muito acima daquela do animal, como também é dela completamente distinta.

O homem exprime aquilo que se passa dentro de si por meio de um signo externo; ele comunica seu pensamento através da palavra, e esse signo é comum a toda a espécie humana; o homem selvagem fala como o homem civilizado; ambos falam naturalmente, e para se fazerem entender; nenhum animal tem esse signo do pensamento, e não é, como em geral se crê, por lhes faltarem os órgãos. A língua dos macacos já pareceu aos anatomistas[1] tão perfeita quanto a do homem: se o macaco pensasse, então, ele falaria; se a ordem de seus pensamentos tivesse algo em comum com a nossa, ele falaria nossa língua; e, supondo-se que ele apenas tivesse pensamentos de macaco, ele falaria para os outros macacos. Mas eles jamais foram vistos conversando ou dialogando juntos; eles nem sequer têm uma ordem, uma sequência de pensamentos a seu modo, quanto mais alguma que fosse semelhante à nossa. Nada de contínuo ou de ordenado se passa no interior desses animais, uma vez que eles nada exprimem por meio de signos combinados e arranjados; logo, eles não têm o pensamento, nem mesmo no menor grau.

O fato de que não é devido à falta de órgãos que os animais não falam é muito verdadeiro, já que conhecemos diversas espécies às quais se ensina a pronunciar palavras, e até mesmo a repetir frases bastante longas; e talvez haja um grande número de outras espécies que poderiam ser levadas a articular alguns sons, se para isso nos empenhássemos;[2] mas jamais se conseguiu fazer que surgisse, nesses animais, a ideia que essas palavras exprimem; eles parecem repeti-las, e até mesmo articulá-las como se fossem apenas um eco, ou como uma máquina artificial as repetiria e articularia. O que lhes falta não são as potências mecânicas ou os órgãos materiais, mas a capacidade intelectual: o que lhes falta é o pensamento.

É, portanto, porque uma língua supõe uma sequência de pensamentos que os animais não têm nenhuma; pois, ainda que se lhes queira atribuir

---

1 Veja as descrições do sr. Perrault em sua *Histoire des animaux*. (N. A.)

2 O sr. Leibniz menciona um cão ao qual se ensinou a pronunciar algumas palavras em alemão e em francês [*Lettre à L'Abbé de St. Pierre*, 1715]. (N. A.)

algo de semelhante às nossas primeiras apreensões, às nossas sensações mais grosseiras e mais maquinais, parece certo que eles são incapazes de formar essa associação de ideias, a única que pode produzir a reflexão, na qual consiste, todavia, a essência do pensamento. É pelo fato de não poderem combinar as ideias que eles não pensam nem falam, e é pelo mesmo motivo que eles nada inventam ou aperfeiçoam. Se fossem dotados da capacidade de refletir, mesmo no menor grau, eles seriam capazes de algum tipo de progresso, adquiririam maior indústria, os castores de hoje construiriam com mais arte e solidez do que os primeiros castores, a abelha aperfeiçoaria todos os dias a colmeia que ela habita; pois, se supusermos que essa colmeia não poderia ser mais perfeita do que ela é, estaremos conferindo a esse inseto mais espírito do que a nós mesmos, e atribuindo-lhe uma inteligência superior à nossa, por meio da qual ele discerniria, de imediato, o ponto último da perfeição ao qual deve conduzir sua obra, enquanto nós mesmos jamais vemos claramente esse ponto, sendo-nos necessários muito tempo, reflexão e hábito para aperfeiçoar a menor de nossas artes.

De onde poderá vir essa uniformidade presente em todas as obras dos animais? Por que cada espécie faz sempre a mesma coisa, do mesmo modo? E por que cada indivíduo não o faz nem melhor nem pior do que outro indivíduo? Por acaso há prova mais forte do que esta de que suas operações não são nada além de resultados mecânicos e puramente materiais? Pois, se eles possuíssem a menor faísca da luz que nos ilumina, haveria ao menos alguma variedade em suas obras, caso não víssemos aí a perfeição; cada indivíduo da mesma espécie faria algo um pouco diferente daquilo que outro teria feito; mas não: todos trabalham sobre o mesmo modelo, a ordem de suas ações está inscrita na espécie inteira, e não pertence ao indivíduo; se quiséssemos atribuir uma alma aos animais, seríamos obrigados a conceber apenas uma para cada espécie, da qual cada indivíduo participaria igualmente; essa alma seria então necessariamente divisível, material e, por conseguinte, muito diferente da nossa.

E por que nós, ao contrário, colocamos tanta diversidade e variedade em nossas produções e em nossas obras? Por que a imitação servil nos custa mais do que um novo intento? É porque nossa alma nos pertence, porque ela é independente da alma de um outro, porque não temos nada em comum com nossa espécie a não ser a matéria de nosso corpo, e porque, de fato, é apenas em nossas faculdades mais baixas que nos assemelhamos aos animais.

Se as sensações internas pertencessem à matéria e dependessem dos órgãos corporais, não veríamos nós, entre os animais de uma mesma espécie, assim como entre os homens, diferenças notáveis em suas obras? Aqueles que fossem mais bem organizados não fariam seus ninhos, suas colmeias, seus casulos de maneira mais sólida, mais elegante, mais cômoda? E, se algum deles possuísse mais gênio do que outro, poderia ele manifestá-lo de outro modo que não deste? Ora, nada disso acontece e jamais aconteceu, pois o maior ou menor grau de perfeição dos órgãos corporais não influi na natureza das sensações internas. Não devemos, então, concluir que os animais não têm qualquer sensação desse tipo, já que estas últimas não podem pertencer à matéria, e tampouco depender, por sua natureza, dos órgãos corporais? Por conseguinte, não seria necessário que houvesse, em nós, uma substância diferente da matéria, que seja o sujeito e a causa que produz e recebe essas sensações?

Mas essas provas da imaterialidade de nossa alma podem ir ainda mais longe. Nós dissemos que a Natureza em tudo atua e sempre caminha por graus imperceptíveis, e de nuance em nuance; essa verdade, que de resto não tem qualquer exceção, desmente-se aqui por completo; há uma distância infinita entre as faculdades do homem e aquelas do mais perfeito animal, prova evidente de que o homem é de uma natureza distinta e de que ele, sozinho, compõe uma classe à parte, a partir da qual é preciso percorrer um espaço infinito, em sentido descendente, até chegar à dos animais; pois, se o homem fosse da mesma ordem dos animais, haveria, na Natureza, certo número de seres menos perfeitos que o homem e mais perfeitos que os animais, pelos quais se desceria imperceptivelmente, e por nuances, do homem ao macaco. Mas isso não ocorre: a passagem do ser pensante ao ser material, da capacidade intelectual à força mecânica, da ordem e do desígnio ao movimento cego, da reflexão ao apetite, se dá de modo súbito.

Eis aí mais do que o necessário para nos demonstrar a excelência de nossa natureza e a distância imensa que a bondade do Criador dispôs entre o homem e o animal; o homem é um ser racional, o animal é um ser desprovido de razão; e, como não há qualquer meio-termo entre o positivo e o negativo, como não há quaisquer seres intermediários entre o ser racional e o ser desprovido de razão, é evidente que o homem é de uma natureza completamente distinta daquela do animal, e a ele se assemelha apenas no exterior; por isso, julgá-lo por essa semelhança material é deixar-se enganar pela aparência e fechar voluntariamente os olhos para a luz que nos deve fazer distingui-la da realidade.

Depois de termos considerado o homem interior e demonstrado a espiritualidade de sua alma, podemos agora examinar o homem exterior e fazer a história de seu corpo. Nós investigamos sua origem nos capítulos precedentes; explicamos sua formação e seu desenvolvimento; reconduzimos o homem até o momento de seu nascimento; devemos, agora, retomá-lo a partir de onde o deixamos, percorrer as diferentes idades de sua vida e encaminhá-lo até esse instante no qual ele deve se separar de seu corpo, e assim abandoná-lo e devolvê-lo à massa comum da matéria à qual ele próprio pertence.

Da infância

Se há algo capaz de nos dar uma ideia de nossa fragilidade, esse algo é o estado em que nos encontramos imediatamente após o nascimento. Incapaz de fazer ainda qualquer uso de seus órgãos e de se servir de seus sentidos, a criança que nasce necessita de todo tipo de auxílio. É uma imagem de miséria e dor; em seus primeiros momentos, a criança é mais frágil do que qualquer animal, e sua vida, incerta e vacilante, parece estar prestes a acabar a qualquer momento. Ela não pode se sustentar nem se mover, e mal tem a força necessária para existir ou para comunicar, por meio de seus gemidos, as aflições que experimenta; é como se a Natureza quisesse avisá-la de que ela nasceu para sofrer, e de que só terá seu lugar no interior da espécie humana se compartilhar com ela as enfermidades e os pesares.

Não descuidemos de lançar um olhar sobre o estado em que nós todos começamos: vejamo-nos no berço, passemos inclusive pelo desgosto que os detalhes dos cuidados que esse estado exige podem causar, e procuremos compreender de que modo essa delicada máquina, esse corpo nascente e que mal se mantém vivo, adquire, de grau em grau, seu movimento, sua consistência e suas forças.

A criança que nasce passa de um elemento a outro; ao sair da água que a envolvia por toda parte no ventre de sua mãe, ela se encontra exposta ao ar e experimenta no mesmo instante as impressões desse fluido ativo. O ar age sobre os nervos do olfato e sobre os órgãos da respiração, e essa ação produz um espasmo, uma espécie de espirro que amplia a capacidade do peito e confere ao ar a liberdade de entrar nos pulmões; uma vez nos pulmões, o ar dilata e infla suas vesículas, aquecendo-se e rarefazendo-se aí até um certo grau; depois disso, a força elástica das fibras dilatadas reage sobre esse leve fluido e o expele dos pulmões. Não tentaremos, aqui, explicar as causas do movimento alternado e contínuo da respiração, mas nos limitaremos a falar apenas dos efeitos. Essa função é essencial ao homem e a muitas espécies de animais; ela é o movimento que sustenta a vida: se parar, o animal morre. Também a respiração, tendo uma vez iniciado, termina apenas com a morte, e, uma vez que o feto respira pela primeira vez, continua a respirar ininterruptamente. Todavia, podemos crer com algum fundamento que o orifício oval não se fecha subitamente no momento do nascimento, e, por conseguinte, uma parte do sangue deve continuar a passar por essa abertura. O sangue não deve, portanto, entrar todo de uma vez inicialmente nos pulmões, e talvez se possa privar de ar a criança recém-nascida durante um tempo considerável, sem que essa privação lhe cause a morte. Há quase dez anos, realizei uma experiência com pequenos cães que parece provar a possibilidade disso que acabei de dizer. Eu havia tomado a precaução de colocar a mãe, que era uma cadela grande da espécie dos maiores *lévriers*, em uma selha cheia de água quente; depois de amarrá-la de modo a deixar suas partes traseiras mergulhadas, ela pariu três cães nessa água, e, ao saírem de seus invólucros, esses pequenos animais se encontravam em um líquido tão quente quanto aquele do qual saíam. Ajudamos a mãe durante o parto, acomodamos e lavamos nessa água os pequenos filhotes; em seguida, passei-os para uma selha menor cheia de leite quente, sem lhes dar tempo de respirar. Coloquei-os no leite, em vez de deixá-los na água, para que pudessem se alimentar caso tivessem necessidade; nós os mantivemos no leite, no qual estavam submersos, e eles aí permaneceram por mais de meia hora; após esse tempo, tendo-os retirado um a um, encontrei os três vivos. Eles começaram a respirar e a produzir um líquido pela garganta; deixei-os respirar durante meia hora e, em seguida, submergi-os novamente no leite, que havíamos reaquecido durante esse tempo, deixando-os aí por mais meia hora; após retirá-los daí, havia dois que estavam vigorosos e que não pareciam ter sofrido a privação de ar; o terceiro, porém, parecia lânguido; não julguei apropriado submergi-lo uma segunda vez, e, por isso, levei-o até sua mãe. Ela havia parido inicialmente esses três cães na água, e, na sequência, parira mais outros seis. Esse pequeno cão que havia nascido na água, e que, primeiro, passara mais de meia hora no leite antes de respirar, para, em seguida, passar ainda uma outra meia hora nesse mesmo leite depois de ter respirado, não estava muito indisposto, já que logo se restabeleceu junto à sua mãe e viveu como os outros. Dos seis que haviam nascido no ar, rejeitei quatro, de modo que, para a mãe, sobraram apenas dois deles, além daquele que nascera na água. Dei continuidade a esses experimentos com os outros dois que estavam no leite, deixando-os respirar uma segunda vez durante cerca de uma hora; em seguida, coloquei-os de novo no leite quente, no qual se viram imersos pela terceira vez, e não sei dizer se o engoliram ou não. Eles permaneceram nesse líquido durante meia hora e, quando os retiramos, pareciam estar quase tão vigorosos quanto antes; entretanto, depois de tê-los levado até sua mãe, um dos dois morreu no mesmo dia, mas não consegui saber se foi por acidente ou se foi por ele ter sofrido durante o tempo em que esteve mergulhado no líquido e privado de ar; já o outro viveu tão bem quanto o primeiro, e os dois cresceram tanto quanto aqueles que não tinham sido submetidos a esse experimento. Não dei prosseguimento a essas experiências, mas o que vi foi suficiente para ficar convencido de que a respiração não é tão absolutamente necessária para o animal recém- -nascido quanto ela o é para o adulto, e talvez seja possível, procedendo-se, desse modo, com muita precaução, impedir que o orifício oval se feche, de modo a formar, por meio disso, excelentes mergulhadores e espécies de ani- mais anfíbios que viveriam igualmente no ar e na água.

Ao entrar pela primeira vez nos pulmões da criança, o ar normalmente encontra algum obstáculo causado pelo líquido que se acumulou na traqueia, e esse obstáculo é maior ou menor proporcionalmente à viscosidade deste último. Ao nascer, porém, a criança ergue sua cabeça, que estava pendente sobre o peito, e, com esse movimento, alonga o canal da traqueia; por meio do alargamento, o ar encontra um espaço nesse canal, força o líquido no interior do pulmão e, ao dilatar os brônquios das vísceras, distribui pelas paredes a mucosidade que se opunha à sua passagem. O excesso dessa umidade resseca rapidamente graças à renovação do ar; ou então, se a criança estiver incomodada, ela tosse e acaba por livrar-se dele mediante a expectoração. Podemos, assim, vê-lo escorrer de sua boca, já que ela ainda não tem força para cuspir.

Como não nos lembramos de nada que nos acontece nessa fase, não podemos emitir quase nenhum juízo a respeito do sentimento que a impressão do ar produz na criança recém-nascida; parece-nos apenas que os gemidos e os gritos que se ouvem, no momento em que ela respira, são sinais praticamente inequívocos da dor que a ação do ar a faz sentir. Com efeito, até o momento de seu nascimento, a criança está acostumada com o calor brando de um líquido tranquilo, e podemos crer que a ação de um fluido cuja temperatura é diferente daquela abala de modo demasiado violento as fibras delicadas de seu corpo. A criança parece ser igualmente sensível ao calor e frio, pois geme em qualquer situação em que se encontra, e a dor parece ser sua primeira e única sensação.

A maior parte dos animais mantém os olhos ainda fechados durante alguns dias após seu nascimento; a criança os abre assim que ela nasce, mas eles são fixos e ternos, e não se vê neles aquele brilho que terão em seguida, nem o movimento que acompanha a visão; no entanto, a luz que os atinge parece causar alguma impressão, uma vez que a pupila, que nesse momento já tem até 1,5 linha ou 2 de diâmetro,[3] estreita-se e dilata-se sob uma luz mais forte ou mais fraca, o que nos leva a crer que a luz já provoca alguma

---

3 A linha é uma antiga unidade de medida equivalente ao duodécimo de 1 polegada. (N. T.)

espécie de sentimento, ainda que bastante obtuso. O recém-nascido não distingue nada, pois seus olhos, mesmo quando se movimentam, não se detêm em objeto algum; o órgão é ainda imperfeito, a córnea é enrugada, e talvez a retina seja, também ela, mole demais para receber as imagens dos objetos e produzir a sensação da visão distinta. Parece dar-se o mesmo com os outros sentidos, pois eles ainda não adquiriram a consistência necessária para as suas operações, e, mesmo quando atingem esse estado, leva-se ainda muito tempo até que a criança possa ter sensações exatas e completas. Os sentidos são como instrumentos que é preciso aprender a utilizar; o da visão, que parece ser o mais nobre e admirável, é, ao mesmo tempo, o menos seguro e o mais ilusório; suas sensações produziriam apenas juízos falsos, caso o testemunho do tato não os retificasse a todo instante. Este último é o sentido sólido, é a pedra de toque e a medida de todos os outros sentidos; é o único absolutamente essencial para o animal; é aquele que é universal e que está espalhado por todas as partes do corpo. Contudo, esse mesmo sentido ainda não é perfeito na criança no momento em que ela nasce; na verdade, ela emite sinais de dor por meio de seus gemidos e gritos, mas ainda não tem nenhuma expressão para manifestar o prazer; ela apenas começa a rir depois de quarenta dias, e é também após esse tempo que começa a chorar, pois, até então, os gritos e gemidos não são acompanhados de lágrimas. Não há, portanto, qualquer sinal das paixões no rosto do recém-nascido; as partes de sua face nem sequer têm toda consistência e elasticidade necessárias para esse tipo de expressão dos sentimentos da alma: todas as outras partes do corpo, ainda frágeis e delicadas, têm apenas movimentos incertos e hesitantes; a criança não consegue manter-se de pé, suas pernas ainda estão dobradas devido ao hábito adquirido no ventre de sua mãe, e tampouco tem força para estender os braços ou para agarrar qualquer coisa com a mão. Se a abandonássemos, ela permaneceria deitada de costas, sem poder se virar.

Refletindo sobre o que acabamos de dizer, parece que a dor que a criança sente em seus primeiros momentos, e que ela exprime por meio dos gemidos, não é nada além de uma sensação corporal semelhante à dos animais, que também gemem desde que nascem; e, além disso, que as sensações da alma começam a se manifestar apenas após quarenta dias, pois o riso e as lágrimas são produtos de duas sensações internas que dependem, ambas, da ação da alma. A primeira é uma emoção agradável que surge apenas quando se vê ou se lembra de um objeto conhecido, amado e desejado; a outra é uma vibração desagradável, acompanhada de enternecimento e de uma autorreflexão; ambas são paixões que supõem certos conhecimentos, comparações e reflexões. Assim, o riso e o choro são signos particulares da espécie humana para exprimir o prazer e a dor da alma, ao passo que os gritos, os movimentos e os outros signos das dores e dos prazeres do corpo são comuns ao homem e à maioria dos animais.

Mas voltemos às partes materiais e às afecções do corpo: o tamanho da criança nascida no tempo certo é normalmente de 21 polegadas; contudo, há aqueles que nascem muito menores, dentre os quais alguns, inclusive, não medem mais de 14 polegadas, ainda que tenham atingido o prazo de 9 meses; outros, ao contrário, têm mais de 21 polegadas. O peito das crianças de 21 polegadas, medido pelo comprimento do esterno, tem quase 3 polegadas, e, se a criança não medir mais de 14, terá apenas 2. Aos nove meses, o feto geralmente pesa 12 libras e, às vezes, até 14; a cabeça do recém-nascido é proporcionalmente maior do que o resto do corpo, e essa desproporção, que é ainda maior na primeira idade do feto, desaparece apenas após a primeira infância; a pele da criança recém-nascida é muito fina, e parece avermelhada, pois é transparente o bastante para deixar aparente uma suave nuance da cor do sangue; supõe-se, inclusive, que as crianças cuja pele é a mais vermelha, ao nascer, são aquelas que posteriormente terão a pele mais bela e mais branca.

A forma do corpo e dos membros da criança que acaba de nascer não é muito bem-apresentada; todas as partes são excessivamente arredondadas, e, quando a criança está bem e não precisa engordar, parecem até estar inchadas. Ao final de três dias, ela normalmente supera uma icterícia; e, nessa mesma época, há leite em suas mamas, que pode ser espremido com os dedos. Em seguida, a superabundância de sucos e o inchaço de todas as partes do corpo vai diminuindo aos poucos, à medida que a criança cresce.

Em algumas crianças recém-nascidas, vemos palpitar o topo da cabeça no local da moleira; se pusermos a mão, podemos sentir em todas elas o batimento das cavidades ou das artérias do cérebro. Sob essa abertura forma-se uma espécie de crosta ou de galo que é, às vezes, bastante espesso, e que somos obrigados a esfregar com uma escova para fazê-lo cair, à medida que ele resseca: parece que esse produto que se forma sob a abertura do crânio tem alguma analogia com os cornos dos animais, que também se originam em uma abertura do crânio e na matéria do cérebro. Mostraremos em seguida que todas as extremidades dos nervos tornam-se sólidas assim que são expostas ao ar, e é essa substância nervosa que produz as unhas, os esporões, os cornos etc.

O líquido contido no âmnio deixa, sobre a criança, um humor viscoso e esbranquiçado que, às vezes, quando é muito pegajoso, nos obriga a diluí-lo com algum líquido neutro para que se possa limpá-lo. Em nosso país, tem-se sempre a sábia precaução de lavar as crianças apenas com líquidos mornos; mas há nações inteiras, inclusive aquelas que vivem em climas frios, que têm o hábito de mergulhar suas crianças na água fria assim que elas nascem, sem que isso lhes faça mal algum; diz-se até mesmo que os lapões deixam suas crianças na neve até que elas deixem de respirar, devido ao frio, para depois as imergirem em um banho de água quente. Elas não sofrem nem um pouco por serem lavadas com tão pouca cautela no momento em que nascem; assim, continuam sendo lavadas da mesma maneira três vezes por dia, durante o primeiro ano de suas vidas, e três vezes por semana em água fria, nos anos seguintes. Os povos do Norte estão convencidos de que os banhos frios tornam os homens mais fortes e robustos, e é por esse motivo que os forçam a adquirir esse hábito desde cedo. De verdadeiro nisso há o fato de que não sabemos muito bem até onde podem se estender os limites daquilo que nosso corpo é capaz de sofrer, de adquirir ou de perder por meio do hábito; os índios do istmo da América, por exemplo, mergulham-se impunemente na água fria para se refrescarem quando estão suados; suas mulheres nela os atiram, quando estão ébrios, para que a embriaguez passe mais rapidamente; as mães banham-se com seus filhos na água fria logo após o parto. Com esse costume, que consideraríamos muito perigoso, suas mulheres muito raramente morrem em consequência do parto, enquanto entre nós, apesar de todos os nossos cuidados, vê-se um grande número delas falecer dessa maneira.

Alguns instantes após seu nascimento, a criança urina, e isso ocorre geralmente quando ela sente o calor do fogo; às vezes, ela também solta, ao mesmo tempo, o *mecônio*, ou os excrementos que se formam nos intestinos durante o tempo de sua permanência no útero. Essa evacuação não se dá sempre assim tão prontamente, atrasando com frequência; mas, se ela não vier ao longo do primeiro dia, é de se temer que a criança esteja incomodada com isso e que ela não sinta as dores da cólica; nesse caso, tratamos de facilitar essa evacuação de alguma maneira. O *mecônio* é de cor negra, e sabemos que a criança se livrou dele por completo quando os excrementos que o sucedem têm uma outra cor, isto é, se tornam esbranquiçados; essa mudança ocorre geralmente no segundo ou no terceiro dia, e o cheiro desses excrementos é muito pior que o do *mecônio*, o que prova que a bile e os sucos amargos do corpo começam aí a se misturar.

Essa observação parece confirmar aquilo que dissemos há pouco, no capítulo em que tratamos do desenvolvimento do feto, a respeito da maneira como ele se alimenta. Sugerimos que deve ser por intussuscepção e que ele não ingere nenhum alimento pela boca; isso parece provar que o estômago e os intestinos não exercem qualquer função no feto, ao menos nenhuma semelhante às que são operadas posteriormente, depois que a respiração já tiver começado a atribuir movimento ao diafragma e a todas as partes internas sobre as quais ele pode agir; pois é apenas nesse momento que ocorrem a digestão e a mistura da bile e do suco pancreático com o alimento que o estômago deixa passar para os intestinos. Assim, ainda que a secreção tanto da bile quanto do suco do pâncreas se produza no feto, esses líquidos permanecem em seus reservatórios sem passar para os intestinos, pois estes, bem como o estômago, permanecem sem movimento e sem ação diante dos alimentos ou dos excrementos que podem conter.

Não damos de mamar à criança assim que ela nasce, mas, antes, lhe concedemos o tempo de evacuar o líquido e o muco que estão em seu estômago, além do *mecônio* que está em seus intestinos. Essas substâncias poderiam azedar o leite e produzir um efeito ruim; assim, começamos por fazê-la engolir um pouco de vinho adoçado, a fim de fortificar seu estômago e de provocar as evacuações que deverão prepará-la para receber o alimento e digeri-lo. É apenas dez ou doze horas após o nascimento que ela deve mamar pela primeira vez.

Mal a criança sai do ventre de sua mãe, mal ela goza a liberdade de mover e estender seus membros, damos-lhe já novas amarras, pois a envolvemos no cueiro e a deitamos com a cabeça fixa e as pernas alongadas, e os braços pendentes ao lado do corpo; ela é, assim, inteiramente coberta de roupas e bandagens de todo tipo que não lhe permitem mudar de posição; por sorte não a esmagamos a ponto de impedi-la de respirar, e oxalá tenhamos a precaução de deitá-la de lado, para que os líquidos que ela deve expelir pela boca possam cair sozinhos, já que ela não terá a liberdade de virar a cabeça para o lado, a fim de que escorram com mais facilidade. Será que os povos que se contentam em cobrir ou vestir suas crianças sem enfiá-las no cueiro não fazem melhor do que nós? Os siameses, os japoneses, os indianos, os negros, os selvagens do Canadá, da Virgínia e do Brasil, bem como a maior parte dos povos da parte meridional da América, deitam suas crianças nuas sobre camas de algodão suspensas, ou então as colocam em um tipo de berço coberto e revestido de pelagens. Creio que esses costumes não são sujeitos a tantos inconvenientes quanto o nosso; pois não se pode evitar que, ao envolver as crianças no cueiro, se esteja a incomodá-las a ponto de fazer que sintam dor; os esforços que elas fazem para dele se desvencilhar são mais capazes de prejudicar a estrutura de seus corpos do que as situações ruins nas quais elas poderiam se colocar por si mesmas, caso estivessem em liberdade. As bandagens do cueiro podem ser comparadas aos corpetes que vestimos nas meninas, quando são jovens; essa espécie de couraça, essa vestimenta incômoda que foi concebida para sustentar a cintura e impedi-la de se deformar, causa, contudo, mais incômodos e deformidades do que os previne.

Se os movimentos que as crianças querem fazer quando estão dentro do cueiro lhes podem ser fatais, a inação na qual esse estado as retém também lhes pode ser nociva. A falta de exercício é capaz de retardar o crescimento dos membros e diminuir as forças do corpo; assim, as crianças que têm a liberdade de mover os membros a seu bel-prazer devem ser mais fortes do que aquelas que são envolvidas no cueiro. É por esse motivo que os antigos peruanos deixam os braços das crianças livres dentro de um cueiro bem largo; assim que as retiravam de dentro dele, eram colocadas em liberdade dentro de um buraco feito na terra e coberto de panos, no qual as enfiavam até a metade do corpo; desse modo, elas tinham os braços livres e podiam mover suas cabeças e dobrar seus corpos à vontade, sem cair e sem se machucar. Assim que elas conseguiam dar um passo, expunham-lhes a mama a uma certa distância, como um estímulo para obrigá-las a andar. Os pequenos negros ficam, às vezes, em uma posição muito mais cansativa para mamar: eles abraçam uma das ancas da mãe com seus joelhos e pés, e a comprimem com tanta força que aí conseguem se sustentar sem a ajuda dos braços da mãe; depois, agarram-se na mama com suas mãos e a chupam de modo constante, sem se atrapalhar e sem cair, apesar dos diversos movimentos feitos pela mãe, que, durante esse tempo, trabalha normalmente. Essas crianças começam a andar, ou melhor, a se arrastar com os joelhos e as mãos, a partir do segundo mês; esse exercício lhes dará, mais tarde, a facilidade de correr nessa posição quase tão rápido quanto se estivessem sobre seus pés.

As crianças recém-nascidas dormem muito, mas seu sono é interrompido com frequência; elas também têm a necessidade de se alimentar frequentemente, de modo que, durante o dia, lhes damos de mamar a cada duas horas, e, durante a noite, sempre que elas acordarem. Em seus primeiros momentos de vida, elas dormem durante a maior parte do dia e da noite, e parecem acordar apenas devido à dor ou à fome; também as lamúrias e os gritos ocorrem quase sempre durante seu sono; por estarem sempre constrangidas pelos entraves do cueiro, são obrigadas a permanecer na mesma posição dentro do berço, a qual se torna cansativa e dolorosa após certo tempo; elas ficam molhadas e, muitas vezes, com frio devido a seus excrementos, cuja acidez agride sua pele fina, delicada e, portanto, muito sensível. Quando se encontram nesse estado, as crianças se esforçam impotentemente, e, em sua fragilidade, não têm nada além da expressão de seus gemidos para clamar por alívio; devemos estar inteiramente atentos para socorrê-las, ou antes, é preciso prevenir todos esses inconvenientes, trocando uma parte de suas roupas pelo menos duas ou três vezes por dia, inclusive à noite. Esse cuidado é tão necessário que os próprios selvagens lhe dão atenção, ainda que não tenham roupas e que não lhes seja possível trocar as pelagens com tanta frequência quanto nós podemos trocar as roupas. Eles suprem essa falta colocando, nos lugares onde convém, algum material bastante comum, para que não lhes seja necessário economizar. Na parte setentrional da América, coloca-se, no fundo dos berços, uma boa quantidade daquele pó extraído da madeira que foi corroída pelos vermes, comumente chamada de *carunchosa*; eles deitam as crianças sobre esse pó e as cobrem com pelagens. Dizem que esse tipo de leito é tão suave e macio quanto a pluma; entretanto, não foi para adular a delicadeza das crianças que esse costume foi introduzido, mas apenas para mantê-las asseadas: esse pó, de fato, suga a umidade, devendo ser renovado depois de certo tempo. Na Virgínia, eles amarram as crianças nuas sobre uma tábua revestida de algodão e perfurada para que os excrementos possam escorrer; o frio desse país deveria impugnar essa prática, que quase é generalizada no Oriente, sobretudo na Turquia. Por fim, essa precaução suprime todos os cuidados, e é sempre o meio mais seguro de prevenir os efeitos da negligência comum das amas: afinal, apenas a ternura maternal é capaz dessa vigilância permanente, dessas pequenas atenções tão necessárias; por acaso se pode esperar isso de amas mercenárias e grosseiras?

Algumas abandonam os bebês durante horas, sem ter a menor preocupação com seu estado; já outras são suficientemente cruéis para não se sensibilizarem com seus gemidos; esses pequenos desafortunados entram, assim, em uma espécie de desespero, e fazem todos os esforços de que são capazes, soltando gritos que duram tanto quanto suas forças o permitirem. Por fim, esses excessos lhes causam enfermidades, ou ao menos os deixam em um estado de fadiga e abatimento que perturba seu temperamento e pode, inclusive, influenciar seu caráter. Trata-se de um hábito do qual as amas indolentes e preguiçosas abusam com frequência; em vez de empregar meios eficazes para aliviar a criança, elas se contentam em agitar o berço, fazendo-o balançar de um lado para o outro; esse movimento lhe traz uma espécie de distração, que ameniza seus gritos; se continuarmos a fazê-lo, passaremos a aturdi-la e, por fim, a faremos dormir. Mas esse sono forçado não é nada além de um paliativo que não elimina a causa do mal presente; pelo contrário, poderíamos causar um mal real às crianças ao embalarmos seus berços durante um tempo demasiadamente longo; faríamos que elas vomitassem, e talvez essa agitação possa também comprometer sua cabeça, causando algum desarranjo.

Antes de embalarmos as crianças no berço, é preciso estarmos seguro de que nada lhes falta, e jamais se deve agitá-las a ponto de atordoá-las; se percebemos que elas não dormem o suficiente, basta um movimento lento e uniforme para fazer que adormeçam; portanto, é apenas raramente que devemos embalá-las; pois, se deixarmos que se acostumem com isso, elas não conseguirão mais dormir de outra maneira. Para que sua saúde esteja boa, seu sono deve ser natural e longo; todavia, se dormirem demais, é de se recear que seu temperamento sofra com isso; nesse caso, é preciso retirá-las do berço e despertá-las com pequenos movimentos, fazendo-as escutar sons suaves e agradáveis, ou ver alguma coisa que brilhe. É nessa idade que recebemos as primeiras impressões dos sentidos, e elas são, sem dúvida, mais importantes do que cremos para o resto de nossa vida.

Os olhos da criança direcionam-se sempre para o lado mais claro do ambiente no qual se encontram, e, se ocorrer que apenas um de seus olhos possa aí se fixar, o outro, por não ser exercitado, não adquirirá a mesma força; para prevenir esse inconveniente, deve-se posicionar o berço de modo que ele seja iluminado pelos pés, podendo a luz vir tanto de uma janela quanto de um castiçal; nessa posição, os dois olhos da criança poderão recebê-la ao mesmo tempo e, mediante o exercício, adquirir igual força: se um dos dois olhos ficar mais forte do que o outro, a criança se tornará estrábica, uma vez que já provamos que o desequilíbrio de força nos olhos é a causa do estrabismo.

Assim, a ama não deve dar à criança, ao menos durante os dois primeiros meses, nada além do leite de suas mamas como alimento, e nem sequer seria necessário dar-lhes qualquer outro alimento durante o terceiro e o quarto mês, sobretudo se seu temperamento for frágil e delicado. Por mais robusta que possa ser uma criança, ela pode estar sujeita a grandes inconvenientes se, antes do final do primeiro mês, lhe for dado outro alimento que não seja o leite da ama. Na Holanda, na Itália, na Turquia e em todo o Levante, em geral, não se dá às crianças nada além do leite materno durante um ano inteiro; os selvagens do Canadá alimentam-nas com leite até a idade de 4 ou 5 anos, e, às vezes, até a de 6 ou 7 anos: neste país, como a maior parte das amas não tem leite suficiente para abastecer o apetite de seus pequenos, elas procuram economizá-lo, e, para isso, dão-lhes, já desde os primeiros dias de seu nascimento, um alimento composto de farinha e leite; esse alimento alivia a fome, mas, como o estômago e os intestinos dessas crianças ainda estão muito pouco abertos e muito fracos para digerir um alimento denso e viscoso, elas acabam sofrendo, adoecem e, às vezes, padecem de uma espécie de indigestão.

O leite dos animais pode suprir a ausência do leite das mulheres; se o leite faltar às amas de leite, em certos casos, ou se houver algo da parte das crianças que possa ameaçá-las de algum modo, pode-se fazer que a criança mame na teta de um animal, a fim de que ingira o leite em uma temperatura sempre igual e apropriada, e, sobretudo, a fim de que sua própria saliva se misture com o leite, facilitando assim a digestão (o que se faz por meio da sucção, uma vez que os músculos que aí são postos em movimento fazem escorrer a saliva à medida que pressionam as glândulas e os outros vasos). Conheci, no campo, alguns camponeses que tiveram apenas as cabras como amas de leite, e esses camponeses eram tão vigorosos quanto os outros.

Após dois ou três meses, quando a criança já tiver adquirido algumas forças, começa-se a lhe dar um alimento um pouco mais sólido; cozinha-se a farinha junto com o leite, a fim de preparar um tipo de pão que, aos poucos, prepara seu estômago para receber o pão normal, e também os outros alimentos com os quais ela se alimentará mais tarde.

Para que se consiga acostumá-la aos alimentos sólidos, deve-se aumentar aos poucos a consistência dos alimentos líquidos; assim, depois de termos alimentado a criança com a farinha diluída e cozida no leite, damos-lhe pão umedecido em um líquido apropriado. Em seus primeiros anos de idade, as crianças são incapazes de triturar os alimentos; ainda não têm dentes, mas apenas seu germe embutido nas gengivas, as quais, aliás, são tão macias que sua frágil resistência não produziria nenhum efeito sobre as matérias sólidas. Sobretudo entre as pessoas mais simples, há certas amas que mastigam os alimentos para que, em seguida, as crianças os engulam: antes de refletirmos sobre essa prática, deixemos de lado toda ideia de nojo e estejamos convencidos de que, nessa idade, as crianças não podem ter disso qualquer impressão; com efeito, elas não estão menos ávidas por receber seu alimento da boca das amas do que para recebê-lo das mamas destas; pelo contrário, parece que a própria natureza introduziu esse costume em diversos países muito distantes uns dos outros, já que ele existe na Itália, na Turquia e em quase toda a Ásia, e também o encontramos na América, nas Antilhas, no Canadá etc. Acredito que ele seja muito útil para as crianças e, de fato, muito conveniente para o estado em que se encontram, já que é o único meio de fornecer a seus estômagos toda saliva necessária para a digestão dos alimentos sólidos: se a ama mastiga o pão, sua saliva o dissolve, transformando-o em um alimento muito melhor do que se ele fosse dissolvido em qualquer outro líquido; entretanto, esse cuidado deve ser necessário apenas até o momento em que as crianças possam fazer uso de seus próprios dentes, triturar os alimentos e dissolvê-los com sua própria saliva.

Os dentes denominados *incisivos* são oito, sendo quatro na parte anterior de cada maxilar; seus germes costumam ser os primeiros a se desenvolver, em geral não antes dos 7 meses, mas frequentemente aos 8 ou 10 meses e, em alguns casos, ao final do primeiro ano de idade; esse desenvolvimento é, às vezes, muito prematuro; vê-se, com razoável frequência, crianças nascerem com dentes suficientemente grandes para ferir o seio de suas amas; encontramos também dentes já bem formados nos fetos muito tempo antes do prazo normal de nascimento.

O germe dos dentes está inicialmente contido no alvéolo e coberto pela gengiva; ao crescer, ele lança suas raízes no fundo do alvéolo e se desenvolve pelo lado da gengiva. O corpo do dente pressiona aos poucos essa membrana até que, distendendo-a a ponto de rompê-la e rasgá-la, consiga atravessá-la; essa operação, embora natural, não segue as leis comuns da natureza, que agem a todo instante sobre o corpo humano sem lhe causar dor alguma, e até mesmo sem estimular qualquer sensação; aqui, porém, faz-se um esforço violento e doloroso, que é acompanhado de choro e de gritos e, às vezes, tem consequências desagradáveis; de início, enquanto sua gengiva está vermelha e inchada, as crianças perdem a alegria e o entusiasmo, ficando tristes e inquietas; em seguida, quando a pressão chega a ponto de interceptar o curso do sangue nos vasos sanguíneos, a gengiva branqueia; as crianças levam o dedo aí a todo momento, buscando amenizar a coceira que sentem; é possível facilitar-lhes esse pequeno alívio colocando, na ponta de seu mordedor, um pedaço de marfim ou coral, ou qualquer outro corpo duro e polido; elas o levam à boca por si mesmas e o apertam entre as gengivas no local dolorido: esse esforço oposto ao do dente relaxa a gengiva e tranquiliza a dor por um instante, contribuindo também para desbastar a membrana da gengiva, que, estando pressionada de ambos os lados ao mesmo tempo, deverá romper-se com mais facilidade, embora essa ruptura ocorra apenas com muito sofrimento e risco. A Natureza opõe a si mesma suas próprias forças; quando as gengivas estão mais firmes do que o normal, devido à solidez das fibras que a compõem, resistem mais tempo à pressão do dente, fazendo que o esforço de ambas as partes seja tão grande que chega a causar uma inflamação, acompanhada de todos os seus sintomas — o que, como se sabe, é capaz de causar a morte; para prevenir esses acidentes, nós recorremos à arte, cortando a gengiva que fica sobre o dente; por meio dessa pequena operação, a tensão e a inflamação da gengiva cessam e o dente encontra livre passagem.

Os dentes caninos ficam ao lado dos incisivos; são quatro, e em geral nascem no nono ou no décimo mês. Ao final do primeiro ano, ou ao longo do segundo, vemos aparecer dezesseis outros dentes que chamamos de *molares*, ou *maxilares*, sendo quatro ao lado de cada um dos caninos. Esses prazos de nascimento dos dentes variam; diz-se que os do maxilar superior normalmente aparecem mais cedo, mas às vezes também nascem mais tarde do que os do maxilar inferior.

Os dentes incisivos, os caninos e os quatro primeiros molares caem naturalmente no quinto, sexto ou sétimo ano, mas são substituídos por outros, que aparecem em geral no sétimo ano, com frequência também mais tarde, e, às vezes, nascem apenas na idade da puberdade; a queda desses dezesseis dentes é causada pelo desenvolvimento de um segundo germe situado no fundo do alvéolo que, ao crescer, os empurra para fora; esse germe falta aos outros molares, que caem apenas por acidente, e sua perda quase nunca é reparada.

Há, ainda, outros quatro dentes que se situam em cada uma das duas extremidades dos maxilares; muitas pessoas não têm esses dentes, cujo desenvolvimento é mais tardio do que o dos outros dentes e ocorre geralmente apenas na idade da puberdade ou, às vezes, em uma idade muito mais avançada; a eles demos o nome de *dentes do siso*. Eles aparecem um após o outro, ou dois ao mesmo tempo, em cima ou embaixo, indiferentemente, e o número geral dos dentes varia apenas devido ao fato de que o número de dentes do siso não é sempre o mesmo; é daí que vem a diferença no número total de dentes, que varia de 28 a 32; acreditamos ter observado que as mulheres normalmente têm menos [dentes] do que os homens.

Alguns autores afirmaram que, no homem, tal como em certos animais, os dentes cresceriam ao longo de toda a vida, adquirindo um comprimento cada vez maior, à medida que ele avançasse em idade, caso o atrito com os alimentos não os desgastasse continuamente; mas essa opinião parece ser desmentida pela experiência, pois as pessoas que vivem apenas de alimentos líquidos não têm dentes mais longos do que aquelas que comem coisas duras; se há algo capaz de desgastar os dentes, é muito mais o atrito mútuo de uns com os outros do que aquele com os alimentos. Além disso, é possível que se tenha confundido os dentes com as presas; as presas dos javalis, por exemplo, crescem durante toda a vida desses animais, e o mesmo ocorre com as do elefante, mas é muito duvidoso que seus dentes continuem a crescer uma vez que tiverem alcançado seu tamanho natural. Há uma relação muito mais forte entre as presas e os cornos do que entre elas e os dentes, mas aqui não é o lugar de examinar essas diferenças; apenas assinalaremos que os primeiros dentes não são feitos de uma substância tão sólida quanto à daqueles que os sucedem; esses primeiros dentes também têm pouca raiz, a qual não está inserida no maxilar e é muito facilmente comprometida.

Muita gente afirma que os cabelos com os quais a criança nasce são sempre castanhos, mas caem bem cedo e são substituídos por outros de cor diferente; não sei se essa observação é verdadeira, já que quase todas as crianças têm cabelos loiros e, muitas vezes, quase brancos; alguns têm cabelos ruivos, outros têm cabelos pretos, mas todos aqueles que devem um dia ser loiros, morenos ou castanhos são dotados de cabelos mais ou menos loiros na primeira idade. Aqueles que devem ser loiros geralmente têm olhos azuis, os ruivos têm olhos de um amarelo ardente, os morenos de um amarelo suave ou castanhos: mas essas cores não são muito definidas nas crianças que acabaram de nascer, já que, nesse momento, quase todas elas têm olhos azuis.

Se deixarmos as crianças gritarem alto demais e por um tempo demasiado longo, esse esforço lhes causa hérnias, e é preciso ter todo o cuidado de restabelecê-las rapidamente com uma bandagem; elas se curam com facilidade por meio desse socorro, mas, se formos negligentes com tal incômodo, elas correm o risco de tê-lo por toda a vida. Os limites que aqui prescrevemos não nos permitem falar das doenças particulares às crianças; a respeito disso, farei apenas uma observação, a saber: que os vermes e as verminoses às quais elas estão sujeitas têm sua causa, muito notavelmente, na qualidade de seus alimentos; o leite é uma espécie de quilo, um alimento depurado que, por consequência, contém mais alimento real, isto é, mais daquela matéria orgânica produtiva, da qual já falamos muitas vezes e que, quando não é digerida pelo estômago da criança, de modo a servir para sua nutrição e para o crescimento de seu corpo, assume outras formas devido à atividade que lhe é essencial, produzindo seres vivos, os vermes, em quantidades tão grandes que a criança com frequência corre o risco de morrer. Ao permitir que a criança tome, de tempos em tempos, um pouco de vinho, talvez se consiga prevenir uma parte dos efeitos nocivos que os vermes causam; pois os líquidos fermentados opõem-se à geração destes últimos, já que contêm pouquíssimas partes orgânicas e nutritivas, e é principalmente devido à sua ação sobre os sólidos que o vinho fortifica; com efeito, ele mais fortifica do que alimenta; além disso, a maioria das crianças adora o vinho, ou ao menos se acostuma muito facilmente a tomá-lo.

Por mais delicados que possamos ser na infância, somos menos sensíveis ao frio nessa idade do que em qualquer outra época da vida; o calor interno é aparentemente maior, e sabemos que o pulso das crianças é muito mais frequente do que o dos adultos, o que, por si só, basta para nos fazer pensar que o calor interno é maior, na mesma proporção; tampouco podemos duvidar, pelo mesmo motivo, de que os pequenos animais tenham mais calor do que os grandes, pois a frequência dos batimentos do coração e das artérias é tanto maior quanto menor for o animal; isso se observa em diferentes espécies, mas também em uma mesma espécie; o pulso de uma criança ou de um homem de baixa estatura é mais frequente do que o de uma pessoa adulta ou de um homem alto; o pulso de um boi é mais lento que o de um homem, o de um cachorro é mais frequente, e os batimentos cardíacos de um animal ainda menor, tal como o de um pardal, sucedem-se com tanta rapidez que mal se consegue contá-los.

A vida de uma criança é muito vacilante até a idade de 3 anos; nos dois ou três anos seguintes, porém, ela se firma, e a criança de 6 ou 7 anos tem a vida mais assegurada do que em qualquer outra idade: consultando as novas tábuas,[4] feitas em Londres, sobre os níveis de mortalidade do gênero humano nas diferentes idades, parece que, de um certo número de crianças nascidas ao mesmo tempo, mais de um quarto morrem no primeiro ano, mais de um terço em dois anos e ao menos a metade nos três primeiros anos. Se o cálculo estiver correto, poder-se-ia estimar que, quando uma criança vier ao mundo, ela viverá apenas três anos – uma observação muito triste para a espécie humana; pois cremos vulgarmente que, se um homem morre aos 25 anos, deve-se lamentar por seu destino e pela curta duração de sua vida, ao passo que, de acordo com essas tábuas, metade do gênero humano deveria falecer antes dos 3 anos de idade; por conseguinte, todos os homens que viveram mais de três anos, ao invés de lamentarem sua sorte, deveriam julgar que foram tratados de modo mais favorável do que os outros pelo Criador. Mas essa mortalidade das crianças não é de forma alguma assim tão grande nos outros lugares como ela é em Londres; pois o sr. Dupré de Saint-Maur certificou-se, por meio de um grande número de observações feitas na França, de que são necessários sete ou oito anos para que metade das crianças nascidas ao mesmo tempo seja extinta; podemos, então, estimar que uma criança que acabou de nascer nesse país viverá sete ou oito anos. Quando a criança atinge a idade de 5, 6 ou 7 anos, parece, segundo essas mesmas observações, que sua vida está mais assegurada do

4 Veja as tábuas do sr. Simpson publicadas em Londres em 1743. (N. A.)

que em qualquer outra idade, já que podem ser estimados, para ela, quarenta anos de vida ou mais; em contrapartida, quando se vive para além dos 5, 6 ou 7 anos, o número de anos que se pode esperar viver ainda diminui progressivamente, de modo que, aos 12 anos, não se pode estimar mais de 39 anos de vida pela frente; aos 20, não mais de 33,5 anos; aos 30, não mais de 28 anos; e assim por diante, até os 85 anos, quando ainda se pode esperar, com razão, que se viva outros três.

Há algo extremante notável no crescimento do corpo humano: o feto que está no ventre da mãe cresce continuamente até a hora do nascimento, enquanto a criança, ao contrário, cresce cada vez menos até a idade da puberdade, na qual ela cresce de uma só vez, por assim dizer, e alcança em muito pouco tempo a altura que deverá ter para sempre. Não me refiro ao primeiro momento após a concepção, nem ao crescimento que sucede imediatamente a formação do feto, mas considero, aqui, o feto com um mês, quando todas as suas partes estão desenvolvidas; nesse momento, ele tem 1 polegada de altura; aos 2 meses, terá 2,25 polegadas; aos 3 meses, terá 3,5 polegadas; aos 4 meses, terá mais de 5 polegadas; aos 5 meses, terá 6,5 ou 7 polegadas; aos 6 meses, terá 8,5 ou 9 polegadas; aos 7 meses, mais de 11 polegadas; aos 8 meses, terá 14 polegadas; aos 9 meses, terá 18 polegadas. Todas essas medidas variam muito nos diferentes indivíduos, e foi apenas com base nos termos médios que as determinei; por exemplo, há crianças que nascem com 22 polegadas, e outras que nascem com 14; admiti, então, por termo médio, 18 polegadas; e o mesmo se deu com as outras medidas; ainda que houvesse variações em cada medida particular, isso seria indiferente para aquilo que eu pretendia concluir, pois o resultado será sempre o de que o feto cresce cada vez mais em comprimento enquanto estiver no útero de sua mãe; mas, se a criança tem 18 polegadas ao nascer, então não crescerá mais de 6 ou 7 polegadas ao longo dos 12 meses seguintes, de modo que, ao final do primeiro ano, terá 24 ou 25 polegadas; aos 2 anos, não terá mais de 28 ou 29; aos 3 anos, terá no máximo 30 ou 32, e, depois disso, não crescerá muito mais do que 1,5 ou 2 polegadas por ano, até a época da puberdade: assim, o feto cresce mais em um mês, ao final do período em que permanece no útero, do que o faz a criança em um ano, até a idade de puberdade. A Natureza parece, aqui, fazer um esforço para concluir o desenvolvimento e o aperfeiçoamento de sua obra ao conduzi-la de um só golpe, por assim dizer, ao seu último grau de crescimento.

Todo mundo sabe o quanto é importante, para a saúde das crianças, escolher boas amas. É absolutamente necessário que elas estejam saudáveis e bem-dispostas; há muitos exemplos da transmissão recíproca de certas doenças da ama para a criança, e desta para aquela; pelo fato de as mães deixarem que outras mulheres amamentem suas crianças, já houve vilarejos inteiros cujos habitantes foram infectados pelo vírus venéreo que algumas amas doentes haviam transmitido.

Parece que, se as mães amamentassem seus filhos, talvez eles fossem mais fortes e mais vigorosos. O leite de suas mães deverá ser mais conveniente a eles do que o leite de outra mulher, uma vez que, no útero, o feto se alimenta de um líquido leitoso muito semelhante ao leite que se forma nas mamas; por isso, a criança já está, por assim dizer, acostumada com o leite de sua mãe, ao passo que o leite de outra ama é um alimento novo para ela, sendo às vezes suficientemente diferente do primeiro para que ela não consiga com ele se acostumar; porquanto há, de fato, crianças que não conseguem se acostumar com o leite de certas mulheres; elas emagrecem, tornam-se lânguidas e adoecem; assim que nos apercebermos disso, é preciso admitir outra ama, pois, se não tivermos esse cuidado, as crianças podem morrer em muito pouco tempo.

Não posso impedir-me de observar, aqui, que nosso costume de reunir um grande número de crianças em um mesmo lugar, como nos hospitais das grandes cidades, é extremamente contrário ao objetivo principal que nos devemos propor, que é o de conservá-las; a maioria dessas crianças morre por causa de uma espécie de escorbuto, ou então de outras doenças que são comuns a todas elas e às quais elas não estariam sujeitas se fossem criadas separadamente umas das outras, ou ao menos se fossem distribuídas em número menor em diferentes habitações da cidade, ou, melhor ainda, do campo. A mesma renda bastaria, sem dúvida, para sustentá-las e, desse modo, evitaríamos a perda de uma infinidade de homens que, como sabemos, são a verdadeira riqueza de um Estado.

As crianças começam a balbuciar aos 12 ou 15 meses, e a vogal que articulam mais facilmente é a vogal *A*, uma vez que, para isso, não é preciso mais do que abrir os lábios e proferir um som; a vogal *E* supõe um pequeno movimento a mais: a língua ergue-se para cima ao mesmo tempo que os lábios se abrem; dá-se o mesmo com a vogal *I*: a língua ergue-se ainda mais e se aproxima dos dentes do maxilar superior; a vogal *O* exige que a língua abaixe e que os lábios se comprimam; é preciso que eles se alonguem um pouco e se comprimam ainda mais para que se possa pronunciar a vogal *U*. As primeiras consoantes que as crianças pronunciam são também aquelas que demandam a menor quantidade de movimentos dos órgãos; a *B*, a *M* e a *P* são as mais fáceis de articular; para a *B* e a *P*, não é necessário nada além de juntar os dois lábios e abri-los rapidamente, e, para a *M*, é preciso primeiro abri-los para depois juntá-los com rapidez: a articulação de todas as outras consoantes supõem movimentos mais complicados do que estes, havendo um movimento da língua nas consoantes *C, D, G, L, N, Q, R, S* e *T*; para articular a *F*, é necessário um som que seja contínuo por mais tempo do que para as outras consoantes. Assim, de todas as vogais, a *A* é a mais fácil, e, de todas as consoantes, a *B*, a *P* e a *M* são também as mais fáceis de articular; portanto, não é de se espantar que as primeiras palavras pronunciadas pelas crianças sejam compostas dessa vogal e dessas consoantes, e não devemos ficar surpresos com o fato de que, em todas as línguas e em todos os povos, elas começam sempre a balbuciar *baba, mama, papa*; essas palavras são, por assim dizer, as mais naturais para o homem, porque são as mais fáceis de articular; as letras que as compõem, ou melhor, os caracteres que as representam, devem existir em todos os povos que têm a escrita ou outros signos para representar os sons.

Devemos apenas observar que os sons de algumas consoantes são bastante semelhantes, tal como aqueles de *B* e de *P*, de *C* e de *S*, ou de *K* ou *Q* em certos casos, aqueles de *D* e de *T*, de *F* e de *V* consoante, de *G* e de *J* consoante, ou de *G* e de *K*, e os de *L* e de *R*; deve haver muitas línguas que não têm essas diferentes consoantes, mas haverá sempre um *B* ou um *P*, um *C* ou um *S*, um *G* ou um *K*, ou então um *Q*, em outros casos, um *D* ou um *T*, um *F* ou um *V* consoante, um *G* ou um *J* consoante, um *L* ou um *R*, e não pode haver, nem sequer no menor de todos os alfabetos, menos de seis ou sete consoantes, já que esses seis ou sete sons não supõem movimentos tão complicados e são todos muito sensivelmente distintos entre si. As crianças que não articulam o *R* com facilidade substituem-no por *L*, e, no lugar do *T*, elas articulam o *D*, pois essas primeiras letras de fato supõem movimentos mais difíceis nos órgãos do que as últimas; e é dessa diferença, assim como da escolha das consoantes mais ou menos difíceis de exprimir, que depende a suavidade ou a rigidez de uma língua; mas é inútil nos estendermos sobre esse assunto.

Há algumas crianças que, aos 2 anos, pronunciam distintamente e repetem tudo aquilo que lhes dizemos, mas a maioria delas não fala antes dos 2,5 anos e, com muita frequência, ainda muito mais tarde; nota-se que aquelas que começam a falar muito tarde não falam com tanta facilidade quanto as outras; aquelas que falam na hora certa têm condições de aprender a ler antes dos 3 anos; conheci algumas que haviam começado a aprender a ler aos 2 anos, e liam maravilhosamente aos 4. De resto, não se pode estabelecer com certeza que seja útil instruir as crianças assim tão cedo, pois há muitos exemplos do pouco sucesso dessas educações prematuras; já vimos tantos prodígios de 4, de 8, de 12 ou de 16 anos que se tornaram tolos, ou nada além de homens muito comuns, aos 25 ou aos 30 anos, que somos levados a crer que a melhor de todas as educações é a mais ordinária delas, aquela por meio da qual não se força a natureza, a menos severa, a mais proporcional não digo às forças, mas à fragilidade da criança.

Da puberdade

A puberdade acompanha a adolescência e precede a juventude. Até então, a Natureza parece ter trabalhado somente para a conservação e para o crescimento de sua obra, e não fornece à criança nada além daquilo lhe é necessário para se alimentar e para crescer; a criança vive, ou melhor, vegeta uma vida particular, sempre frágil, que permanece encerrada nela própria e que ela não consegue comunicar; mas, assim que os princípios de vida se multiplicam, ela tem tudo aquilo que lhe é necessário não apenas para existir, mas também para dar existência a outros; essa superabundância de vida, fonte da força e da saúde, por não poder mais permanecer contida internamente, tende a se derramar para fora, manifestando-se por meio de diversos sinais. A idade da puberdade é a primavera da Natureza, a estação dos prazeres. Seríamos capazes de escrever a história dessa idade com circunspecção suficiente para não suscitar, na imaginação, nada além de ideias filosóficas? Todavia, a puberdade, as circunstâncias que a acompanham, a circuncisão, a castração, a virgindade, a impotência etc., são demasiado essenciais para a história do homem para que possamos suprimir os fatos a elas relacionados; trataremos de entrar nesses detalhes apenas com aquela sábia discrição que consiste na decência do estilo, e de apresentá-los como nós mesmos os vimos, com essa indiferença filosófica que destrói todo sentimento na expressão e que nada deixa às palavras além de sua mera significação.

A circuncisão é um costume extremamente antigo e que subsiste na maior parte da Ásia. Entre os hebreus, essa operação deveria ser feita oito dias após o nascimento da criança; na Turquia, ela não era feita antes da idade de 7 ou 8 anos, aguardando-se frequentemente até os 11 ou 12; na Pérsia, a idade é de 5 ou 6 anos; para cicatrizar a ferida, são aplicados pós cáusticos e adstringentes, e principalmente papel queimado, o que, segundo Chardin, é o melhor remédio; ele acrescenta que a circuncisão causa muita dor nas pessoas mais velhas, obriga-as a ficar de cama durante três semanas ou um mês e pode, às vezes, levá-las à morte.

Nas Ilhas Maldivas, as crianças são circuncidadas aos 7 anos de idade e banhadas no mar durante seis ou sete horas antes da operação, para que sua pele fique mais tenra e macia. Os israelitas utilizavam uma faca de pedra; os judeus conservam esse hábito até hoje na maior parte de suas sinagogas, enquanto os maometanos utilizam uma faca de ferro ou uma navalha.

No caso de certas doenças, somos obrigados a fazer uma operação semelhante à circuncisão (veja *L'Anatomie* de Dionis, Demonstração 4).[5] Acredita-se que os turcos, assim como muitos outros povos dentre os quais a

---

5 Dionis, *L'Anatomie de l'homme, suivant la circulation du sang.* 6. ed. Paris, Vve d'Houry, 1729, IV demonstração, seção I, p.282. (N. T.)

circuncisão é praticada, teriam, por natureza, o prepúcio comprido demais, caso não se tivesse a precaução de cortá-lo. La Boulaye afirma ter visto, nos desertos da Mesopotâmia e da Arábia, ao longo dos rios Tigre e Eufrates, um grande número de pequenos meninos árabes com um prepúcio tão comprido que, segundo ele, sem o auxílio da circuncisão, esses povos seriam incapazes de se reproduzir.

A pele das pálpebras também é mais comprida entre os orientais do que nos outros povos, e, como se sabe, ela é feita de uma substância semelhante à do prepúcio; mas qual é a relação entre o crescimento dessas duas partes tão distantes uma da outra?

Outra circuncisão é a das meninas, que é prescrita, tanto a elas quanto aos meninos, em alguns países da Arábia e da Pérsia, bem como nas regiões do Golfo Pérsico e do Mar Vermelho; mas esses povos circuncidam as meninas apenas depois que elas tiverem passado a idade da puberdade, já que, antes disso, não há nelas qualquer parte excedente. Em outros climas, esse crescimento excessivo das ninfas ocorre muito mais cedo, sendo um fenômeno tão generalizado em certos povos, tais como aqueles da riviera de Benim, que, dentre eles, há o hábito de circuncidar tanto as meninas quanto os meninos oito ou quinze dias após seu nascimento; essa circuncisão das meninas é, inclusive, muito antiga na África; Heródoto fala dela como sendo um costume dos etíopes.

A circuncisão pode, assim, estar fundada em uma necessidade, e trata-se de um hábito que visa, no mínimo, à higiene; já a infibulação e a castração têm por origem apenas o ciúme; essas operações bárbaras e ridículas foram concebidas por espíritos sombrios e fanáticos que, por uma inveja chula contra o gênero humano, ditaram leis tristes e cruéis, segundo as quais a privação conduz à virtude e a mutilação ao mérito.

Nos meninos, a infibulação é feita puxando-se o prepúcio para a frente, perfurando-o e atravessando-o com um grosso fio que aí permanece até que os buracos cicatrizem; depois disso, substitui-se o fio por um anel consideravelmente grande, que deverá permanecer no local por quanto tempo quiser aquele que prescreveu a operação, ou, às vezes, por toda a vida. Entre os monges orientais, aqueles que fazem voto de castidade carregam um anel muito grosso, para que lhes seja impossível cometer alguma falta. Falaremos, em seguida, da infibulação das meninas, e não podemos imaginar nada de bizarro e de ridículo a respeito desse assunto que não tenha sido posto em prática pelos homens ou por paixão, ou por superstição.

Há alguns meninos que, na infância, são dotados de apenas um testículo no saco escrotal, e alguns que não têm nenhum; entretanto, não devemos julgar que os rapazes que se incluem em um ou em outro desses casos sejam, de fato, privados disso que lhes parece faltar; ocorre, com frequência, que os testículos estejam retidos no abdômen ou embrenhados nos anéis dos músculos; com o tempo, porém, eles normalmente superam os obstáculos que os detêm e descem até o local que lhes é habitual; isso se dá naturalmente aos 8 ou 10 anos de idade, ou mesmo na puberdade; sendo assim, não devemos nos preocupar com as crianças que não têm testículos, ou que têm apenas um. Os adultos raramente têm os testículos escondidos: tudo indica que, na idade da puberdade, a Natureza faz um esforço para que eles apareçam externamente; isso também se dá, às vezes, como efeito de alguma doença ou de algum movimento brusco, tal como um salto, uma queda etc. Quando os testículos de fato não se manifestam, não se é, por isso, menos capaz de se reproduzir; observou-se, inclusive, que aqueles que se encontram nesse estado têm mais vigor do que os outros.

Há homens que realmente não têm mais do que um testículo, e esse defeito não prejudica a reprodução; observou-se que esse único testículo é, assim, muito maior do que o normal: há, também, homens dotados de três testículos, e diz-se que eles são muito mais vigorosos e têm o corpo muito mais forte do que os outros. Pode-se ver, a partir do exemplo dos animais, o quanto essas partes contribuem para a força e para a coragem; e quanta diferença não há entre um boi e um touro, entre um carneiro selvagem e um castrado, entre um galo e um capão!

O hábito da castração dos homens é muito antigo e foi amplamente difundido, e consistia, para os egípcios, no castigo do adultério; havia muitos eunucos entre os romanos e, atualmente, em toda a Ásia e em uma parte da África, esses homens mutilados servem para vigiar as mulheres. Na Itália, essa operação infame e cruel tem, por objetivo, apenas o aperfeiçoamento de algum talento inútil. Os hotentotes retiram um testículo por julgarem que essa supressão os torna mais ligeiros na corrida; em outros países, os pobres mutilam seus filhos para extinguir sua descendência, e para que essas crianças, um dia, não se encontrem na miséria e no sofrimento em que se encontram eles próprios, uma vez que nem sequer têm pão para dar a elas.

Há diversos tipos de castração; aqueles que visam apenas à perfeição da voz contentam-se em cortar somente os dois testículos, mas aqueles que são movidos pela desconfiança inspirada pelo ciúme não acreditam que suas mulheres estejam em segurança ao serem vigiadas por eunucos dessa espécie, querendo apenas, para essa função, aqueles aos quais foram extirpados todos os órgãos externos da reprodução.

A amputação não foi o único meio que se empregou para esse fim; antigamente, impedia-se o crescimento dos testículos, fazendo que fossem destruídos, por assim dizer, sem qualquer incisão; banhava-se as crianças na água quente e na decocção de certas plantas para, em seguida, esmagar e esfolar seus testículos durante um tempo longo o bastante para que sua organização fosse destruída; outros tinham o hábito de comprimi-los com algum instrumento: afirma-se que esse tipo de castração não implica qualquer risco à vida.

A amputação dos testículos não é muito perigosa, podendo ser feita em qualquer idade, embora seja preferível realizá-la durante a infância; mas a amputação completa dos órgãos reprodutores externos é quase sempre fatal, caso seja feita após os 15 anos de idade, e, mesmo que se escolha a idade mais favorável para fazê-la, que é de 7 a 10 anos, sempre haverá riscos. A dificuldade de salvar esse tipo de eunucos durante a operação torna-os muito mais caros do que os outros. Tavernier afirma que, na Turquia e na Pérsia, os primeiros custam cinco ou seis vezes mais do que os outros. Chardin observa que a amputação completa é sempre acompanhada da mais intensa dor e que, embora seja feita com muita segurança nas crianças pequenas, uma vez que se ultrapassou a idade de 15 anos, torna-se muito arriscada, a ponto de que mal lhe sobrevive um quarto, sendo necessárias seis semanas para curar a ferida. Pietro della Valle afirma, ao contrário, que aqueles em que se faz essa operação como uma forma de punição por estupro ou por outros crimes do mesmo gênero recuperam-se muito tranquilamente, ainda que já tenham uma idade avançada e que lhes seja aplicado, sobre a ferida, apenas um pouco de cinzas. Não sabemos se antigamente, no Egito, aqueles que foram submetidos à mesma pena, tal como nos conta Deodoro de Sicília, saíam-se assim tão bem. Segundo Thévenot, sempre falecem muitos dos negros que os turcos submetem a essa operação, ainda que a façam em crianças de 8 ou 10 anos.

Além desses eunucos negros, há outros eunucos em Constantinopla, em toda a Turquia, na Pérsia etc., que vêm, em sua maioria, do reino de Golconda, da península situada além do Ganges, dos reinos de Assam, de Aracã, de Pegu e de Malabar, onde a tez é cinzenta, do Golfo de Bengala, onde eles são cor de oliva; há também brancos da Geórgia e da Circássia, mas são poucos. Tavernier diz que, quando esteve no reino de Galconda, em 1657, se havia feito por lá até 22 mil eunucos. Os negros vêm da África, principalmente da Etiópia; estes são tanto mais procurados e caros quanto mais horrorosos forem; deseja-se que eles tenham um nariz muito achatado, olhos aterrorizantes, lábios muito grandes e grossos e, sobretudo, dentes escuros e afastados uns dos outros; esses povos geralmente têm belos dentes, mas isso seria um defeito para um eunuco negro, que deve ser um monstro repugnante.

Os eunucos aos quais foram suprimidos apenas os testículos não deixam de sentir alguma irritação naquilo que lhes resta, e tampouco deixam de ter o sinal exterior da mesma, o que, aliás, lhes sucede com mais frequência do que aos outros homens; contudo, essa parte que lhes resta cresce muito pouco, pois permanece quase no mesmo estado em que se encontrava antes da operação; alguém que se tornou eunuco aos 7 anos é, aos 20, com relação a isso, tal como uma criança de 7; em contrapartida, aqueles que foram submetidos à operação apenas na época da puberdade, ou ainda um pouco mais tarde, são praticamente como os outros homens.

Existem relações singulares, cujas causas ignoramos, entre as partes reprodutoras e aquelas da garganta. Os eunucos não têm barba; sua voz, embora forte e penetrante, jamais é de um tom grave; com frequência, certas doenças misteriosas aparecem na garganta. A correspondência que certas partes do corpo têm com outras muito distantes e diferentes delas, tão notável nesse caso, poderia ser observada de modo muito mais geral; entretanto, não prestamos atenção suficiente aos efeitos quando não suspeitamos quais poderiam ser suas causas; é, sem dúvida, por esse motivo que jamais se cogitou examinar com cuidado essas correspondências no corpo humano, das quais, porém, depende grande parte do jogo da máquina animal: há, nas mulheres, uma grande correspondência entre o útero, os seios e a cabeça; e quantas outras como essa não encontraríamos se os grandes médicos passassem a ver as coisas a partir de tal perspectiva? Parece-me que isso talvez seja mais útil do que a nomenclatura da anatomia. Por acaso devemos estar devidamente convencidos de que jamais conheceremos os primeiros princípios de nossos movimentos? Os verdadeiros motores de nossa organização não são esses músculos, essas veias, essas artérias, esses nervos que descrevemos com tanta precisão e cuidado; nos corpos organizados, como dissemos, residem forças interiores que não seguem de modo algum as leis da mecânica grosseira que imaginamos e à qual gostaríamos de tudo reduzir: em vez de procurarmos conhecer essas forças por seus efeitos, tratamos de afastá-las até mesmo em sua ideia, desejando bani-las da filosofia; elas reapareceram, todavia, e com um brilho mais forte do que nunca, na gravitação, nas afinidades químicas, nos fenômenos da eletricidade etc. Mas, apesar de sua evidência e universalidade, uma vez que elas agem no interior, que não podemos alcançá-las senão por meio da reflexão e que, em suma, escapam aos nossos olhos, temos dificuldade em admiti-las, pois queremos sempre julgar pelo exterior, supondo que esse exterior é tudo; parece que não nos é permitido avançar mais além, razão pela qual descuidamos de tudo aquilo que poderia nos conduzir até lá.

Os antigos, cujo gênio era menos limitado e a filosofia mais ampla, espantavam-se menos do que nós com os fatos que não podiam explicar; viam melhor a Natureza, tal como ela é; uma simpatia, uma correspondência singular, não era, para eles, nada além de um fenômeno, enquanto, para nós, se não pudermos referi-la às nossas pretensas leis do movimento, ela é um paradoxo; eles sabiam que a Natureza produz a maior parte de seus efeitos por meios desconhecidos, e estavam perfeitamente convencidos de que não é possível enumerar esses seus meios e recursos, assim como, por conseguinte, de que é impossível ao espírito humano querer limitar a Natureza reduzindo-a a certo número de princípios de ação e de meios de operação; para eles, ao contrário, bastava assinalar certo número de efeitos relativos e da mesma ordem para constituir uma causa.

Quer se dê a essa correspondência singular das diferentes partes do corpo o nome de simpatia, tal como fizeram os antigos, quer ela seja considerada uma conexão desconhecida presente na ação dos nervos, como fizeram os modernos, essa simpatia, ou essa conexão, existe em toda economia animal; portanto, nunca será demasiado o empenho em observar seus efeitos, se quisermos aperfeiçoar a teoria da medicina. Aqui, porém, não é o lugar para me estender a respeito desse importante assunto. Apenas observarei que essa correspondência entre a voz e os partes reprodutoras pode ser identificada não apenas nos eunucos, mas também nos outros homens, e até mesmo nas mulheres; nos homens, a voz se altera na idade da puberdade, e as mulheres dotadas de uma voz forte são suspeitas de terem maior inclinação para o sexo etc.

O primeiro sinal da puberdade é uma espécie de adormecimento nas virilhas, que é mais sensível quando andamos ou reclinamos o corpo para a frente; esse adormecimento muitas vezes é acompanhado de dores intensas em todas as juntas dos membros, o que ocorre quase sempre nos jovens que têm um pouco de raquitismo; antes disso, ou ao mesmo tempo, todos experimentam uma sensação até então desconhecida nas partes que caracterizam o sexo, nas quais surge certa quantidade de pequenas proeminências de cor esbranquiçada, que são os germes de um novo produto, a saber, dessa espécie de cabelo que deve cobrir essas partes; o som da voz se altera, tornando-se rouco e inconstante durante um espaço de tempo bastante longo, após o qual ele se torna mais cheio, mais firme, mais forte e mais grave do que era anteriormente; essa alteração é muito sensível nos meninos, e, se ela o é menos nas meninas, é porque o som de sua voz é naturalmente mais agudo.

Esses sinais de puberdade são comuns a ambos os sexos, mas têm certas particularidades em cada um; a erupção menstrual, o crescimento dos seios nas mulheres; a barba e a emissão do líquido seminal nos homens: é verdade que esses sinais não são todos igualmente constantes; a barba, por exemplo, nem sempre aparece precisamente na puberdade, e há nações inteiras cujos homens quase não têm barba; em contrapartida, não há povo algum em que a puberdade da mulher não seja marcada pelo crescimento dos seios.

Em toda espécie humana, as mulheres chegam à puberdade mais cedo do que os homens, mas, nos diferentes povos, a idade da puberdade é diferente e parece depender, em parte, da temperatura do clima e da qualidade dos alimentos; nas cidades, ou entre as pessoas que vivem em melhores condições, as crianças chegam mais cedo a esse estado, pois são acostumadas a uma alimentação suculenta e abundante, ao passo que, no campo, ou entre os pobres, elas são mais atrasadas, pois se alimentam pouco e mal, sendo-lhes necessários dois ou três anos a mais; em todas as partes meridionais da Europa e nas cidades, a maioria das meninas atinge a puberdade aos 12 anos, e os meninos aos 14; já nas províncias do Norte e no interior, as meninas, com muito custo, atingem-na aos 14, e os meninos aos 16.

Se perguntarmos por que as meninas chegam antes que os meninos à puberdade, e por que, em todos os climas, frios ou quentes, as mulheres são aptas a procriar mais cedo do que os homens, acreditamos que se possa satisfazer a essa dúvida respondendo que, como os homens são muito maiores e mais fortes do que as mulheres, como eles têm um corpo mais sólido, mais maciço, os ossos mais duros, os músculos mais firmes, a carne mais compacta, deve-se supor que o tempo necessário para o crescimento de seus corpos deve ser mais longo do que o tempo necessário para o crescimento do corpo das mulheres; e, como é apenas após esse crescimento do corpo por inteiro, ou, ao menos, em grande parte, que o excedente da nutrição orgânica pode começar a ser enviado de todas as partes do corpo para as partes reprodutoras dos dois sexos, ocorre que, nas mulheres, os nutrientes são enviados mais cedo do que nos homens, já que seu crescimento se dá em menos tempo, por ser ele menor no total e pelo fato de as mulheres serem, realmente, menores do que os homens.

Nos climas mais quentes da Ásia, da África e da América, a maioria das meninas se torna púbere aos 10, ou mesmo aos 9 anos; o fluxo periódico, embora menos abundante nesses países quentes, aparece, todavia, mais cedo do que nos países frios: o intervalo desse fluxo é praticamente o mesmo em todas as nações, e há, quanto a isso, uma diversidade maior de indivíduo para indivíduo do que de um povo para outro povo; pois, no mesmo clima e na mesma nação, há mulheres que a cada quinze dias estão sujeitas à recorrência dessa evacuação natural, e outras que dela ficam livres por até cinco ou seis semanas; mas, normalmente, o intervalo é de um mês, com uma variação de apenas alguns dias.

A quantidade da evacuação parece depender da quantidade tanto dos alimentos quanto da transpiração insensível. As mulheres que comem mais do que as outras e não fazem exercício têm uma menstruação mais abundante; aquelas que vivem em climas quentes, onde a transpiração é maior do que nos países frios, menstruam menos. Hipócrates havia estimado a quantidade equivalente à de 2 heminas, o que equivale ao peso de 9 onças: é surpreendente que essa estimativa, que foi feita na Grécia, seja demasiado elevada na Inglaterra, tendo se pretendido reduzi-la a 3 onças ou menos; mas é preciso reconhecer que os índices que se pode obter desse fato são muito incertos; o que é certo é que essa quantidade varia muito nos diferentes indivíduos e em diferentes circunstâncias, e talvez possa variar de 1 ou 2 onças a 1 libra, ou mais. A duração do fluxo é de três, quatro ou cinco dias, na maioria das mulheres, e de seis, sete ou até mesmo oito, em algumas outras: a superabundância de alimento e de sangue é a causa material da menstruação, e os sintomas que precedem o fluxo são indícios evidentes de repleção, tais como o calor, a tensão, o inchaço, e inclusive a dor que as mulheres sentem, não apenas nos próprios lugares onde ficam os reservatórios e nos que lhes são vizinhos, mas também nos seios; estes ficam inchados, e a abundância de sangue se manifesta na cor das aréolas, que se torna mais escura; os olhos ficam carregados e, abaixo da órbita, a pele assume uma tonalidade azulada ou violeta; as bochechas ficam coradas, a cabeça fica pesada e dolorida e, em geral, todo o corpo encontra-se em um estado de prostração causado pela sobrecarga de sangue.

É normalmente na idade da puberdade que o corpo conclui seu crescimento em altura; os jovens crescem muitas polegadas quase de uma só vez, mas, de todas as partes do corpo, aquelas cujo crescimento é o mais súbito e o mais sensível é, em ambos os sexos, o das partes reprodutoras; porém, esse crescimento não é, nos homens, nada além de um desenvolvimento, ou de um aumento de volume, ao passo que, nas mulheres, ele frequentemente produz um estreitamento, ao qual diversos nomes já foram dados, sempre que se falou dos indícios da virgindade.

Os homens que são ciosos de todo tipo de primazia sempre fizeram muito caso de tudo aquilo que acreditaram poder possuir exclusivamente e em primeiro lugar; foi esse tipo de loucura que transformou a virgindade das moças em um ser real. A virgindade, que é um ser moral, uma virtude que consiste apenas na pureza do coração, tornou-se um objeto físico com o qual todos os homens se ocupam; a seu respeito estabeleceram opiniões, hábitos, cerimônias, superstições, e até mesmo sentenças e castigos; os abusos mais ilícitos, os costumes mais desonestos foram autorizados; as partes mais secretas da Natureza foram submetidas ao exame de matronas ignorantes e expostas aos olhos de médicos criminosos, sem imaginarmos que semelhante indecência é um atentado contra a virgindade, ou que procurar identificá-la consiste, justamente, em violá-la, e que toda situação vexatória, todo estado indecente pelo qual uma moça é obrigada a enrubescer-se intimamente é uma verdadeira defloração.

Não tenho a esperança de conseguir destruir os preconceitos ridículos que se formaram a respeito desse assunto; sempre se acreditará nas coisas nas quais se tem prazer em acreditar, por mais vis e irracionais que elas possam ser; entretanto, como em uma história não se deve contar somente a sequência dos acontecimentos e as circunstâncias dos fatos, mas também a origem das opiniões e dos equívocos dominantes, julguei que, na História do homem, eu não poderia isentar-me de falar do ídolo favorito de seus sacrifícios, de examinar quais podem ser as razões de seu culto e de investigar se a virgindade é um ser real ou se não é nada além de uma divindade imaginária.

Falloppe, Vesale, Dimerbroeck, Riolan, Bartholin, Heister, Ruisch e alguns outros anatomistas defendem que a membrana do hímen é uma parte realmente existente e, por isso, deve contar como uma das partes reprodutivas das mulheres; eles afirmam que essa membrana é carnosa, muito fina nas crianças e mais espessa nas moças adultas, que ela está situada abaixo do orifício do útero, fechando parcialmente a entrada da vagina, e que tem uma abertura redonda, às vezes comprida, pela qual mal se consegue fazer passar uma ervilha, na infância, e uma grande fava, na puberdade. Segundo o sr. Winslow, o hímen é uma dobra de pele membranosa mais ou menos circular, mais ou menos larga, mais ou menos uniforme, às vezes semilunar, que deixa uma abertura muito pequena em algumas mulheres, maior em outras etc. Ambroise Paré, Dulaurent, Graaf, Pineus, Dionis, Mauriceau, Palfyn e muitos outros anatomistas tão famosos, ou pelo menos tão acreditados quanto os primeiros que citamos, sustentam, ao contrário, que a membrana do hímen não é nada mais do que uma quimera, não sendo, portanto, uma parte natural às meninas, e espantam-se que os outros tenham dela falado como de uma coisa real e constante; opõem, àqueles, uma grande quantidade de experiências por meio das quais se asseguraram de que essa membrana normalmente não existe: relatam suas observações de um grande número de meninas de diferentes idades, por eles dissecadas, nas quais não puderam encontrar essa membrana; e admitem apenas terem visto algumas vezes, embora muito raramente, uma membrana que unia as protuberâncias carnosas, à qual deram o nome de carúnculas mirtiformes; todavia, sustentam que essa membrana é contrária ao estado natural. Os anatomistas não estão de acordo entre si a respeito da qualidade e do número dessas carúnculas; seriam elas apenas rugosidades da vagina? Ou seriam elas partes distintas e separadas? Ou seriam apenas restos da membrana do hímen? Será que seu número é constante? Haveria uma, apenas, ou muitas, no estado de virgindade? Cada uma dessas questões foi posta e solucionada de modo distinto.

Essa contrariedade de opiniões sobre um fato que depende de uma simples inspeção prova que os homens quiseram encontrar, na Natureza, algo que reside somente em sua imaginação; pois há diversos anatomistas que afirmam de boa-fé jamais terem encontrado nem hímen nem carúnculas nas meninas que dissecaram, mesmo antes da idade da puberdade, e aqueles que sustentam o contrário, a saber, que essa membrana e essas carúnculas existem, mas admitem, ao mesmo tempo, que essas partes não são sempre as mesmas, que elas variam de forma, tamanho e consistência nos diferentes indivíduos e que, com frequência, em vez do hímen, há somente uma carúncula e, outras vezes, há duas ou mais reunidas por uma membrana, e que a abertura dessa membrana tem uma forma distinta etc. Quais são as consequências que devemos extrair de todas essas observações? O que podemos concluir a partir disso, senão que as causas do suposto estreitamento da entrada da vagina não são constantes, e que, quando elas existem, têm no máximo um efeito passageiro passível de diferentes modificações? Como vemos, a Anatomia deixa uma total incerteza a respeito da existência dessa membrana do hímen e dessas carúnculas, permitindo-nos rejeitar esses indícios da virgindade não apenas como incertos, mas até mesmo como imaginários; dá-se o mesmo com outro indício mais comum, porém igualmente equívoco, a saber, o sangue derramado; em todos os tempos, acreditou-se que a efusão de sangue era uma prova real da virgindade; no entanto, é evidente que, em todas as circunstâncias nas quais a entrada da vagina pôde estar naturalmente relaxada ou dilatada, esse suposto indício foi nulo. Assim, não são todas as moças que, não sendo defloradas, não derramam sangue, e tampouco as outras que, sendo-o de fato, não deixam de derramar; algumas o fazem abundantemente e diversas vezes, outras muito pouco e uma única vez, e outras jamais; isso depende da idade, da saúde, da configuração física e de um grande número de outras circunstâncias; iremos nos limitar a mencionar algumas, ao mesmo tempo que nos esforçaremos para descobrir o que pode justificar tudo isso que se afirma a respeito dos indícios físicos da virgindade.

No período da puberdade, ocorre uma mudança considerável nas partes genitais tanto de um quanto do outro sexo; as partes do homem crescem de súbito e chegam, normalmente, em menos de um ano ou dois ao estado em que devem permanecer para sempre; as partes da mulher também crescem nesse mesmo período da puberdade, sobretudo as ninfas, que, se antes eram quase insensíveis, agora se tornam mais grossas, mais aparentes, às vezes excedendo, inclusive, as dimensões comuns; o fluxo periódico chega ao mesmo tempo, e todas essas partes, por estarem inchadas pelo sangue abundante, e por estarem nesse estado aumentado, ficam intumescidas, comprimem-se mutuamente e unem-se umas às outras em todos os pontos nos quais se tocam de maneira imediata; o orifício da vagina encontra-se, assim, mais estreito do que era, ainda que a própria vagina também tenha crescido nessa mesma época; como se vê, a forma desse estreitamento deve

ser muito diversa nos diferentes indivíduos e nos vários graus de crescimento dessas partes: às vezes, pelo que dizem os anatomistas, parece também haver quatro protuberâncias, ou carúnculas, e outras vezes três ou
duas, e frequentemente se encontra uma espécie de anel circular, ou semilunar, ou então uma rugosidade, uma sequência de pequenas pregas; mas o
que não é dito pelos anatomistas é que, seja qual for a forma desse estreitamento, ele apenas ocorre no período da puberdade. As meninas dissecá-
das que tive a oportunidade de observar não possuíam nada de semelhante
a isso, e, tendo reunido os fatos a respeito desse assunto, posso adiantar
que, quando se relacionam com os homens antes da puberdade, não ocorre
qualquer efusão de sangue, desde que não haja uma desproporção grande
demais, nem esforços demasiado bruscos; ao contrário, quando elas estão
em plena puberdade e na época do crescimento dessas partes, a efusão de
sangue ocorre com muita frequência, por pouco que aí se toque, sobretudo
se elas forem um pouco mais gordas e se a menstruação estiver correndo
bem; pois aquelas que são magras, ou que sofrem de alguma vaginite, normalmente não têm esse aparente indício de virgindade; e, com efeito, o que
prova de modo evidente que isso é apenas uma aparência enganosa é o fato
de ela se repetir diversas vezes e após intervalos de tempo bastante consideráveis; uma interrupção que se dê durante algum tempo faz renascer essa
suposta virgindade, e é certo que uma pessoa jovem que, nas primeiras abordagens, tenha derramado muito sangue, continuará a derramá-lo após um
período de abstinência, mesmo que a primeira relação tenha durado muitos
meses e tenha sido tão íntima e frequente quanto se pode supor: a efusão
de sangue pode se repetir, enquanto o corpo está crescendo, desde que as
relações sejam interrompidas por um tempo longo o suficiente para permitir que as partes se juntem e readquiram seu primeiro estado, e já ocorreu mais de uma vez que as moças que tiveram mais de um momento de
fraqueza não deixaram, em seguida, de dar essa prova de sua virgindade a
seus maridos, sem precisarem de qualquer outro artifício senão o de terem
renunciado às suas relações ilegítimas durante algum tempo. Embora nossos costumes tenham tornado as mulheres muito pouco sinceras a respeito
dessa questão, houve mais de uma que confessou esses fatos que acabei de

mencionar; há outras cuja suposta virgindade renovou-se por até quatro ou até mesmo cinco vezes, no espaço de dois ou três anos: é preciso reconhecer, contudo, que essa renovação ocorre apenas em uma determinada época, geralmente entre os 14 e os 17, ou entre os 15 e os 18 anos; uma vez que o corpo concluiu o processo de crescimento, as coisas permanecem no estado em que estão, e apenas podem parecer diferentes se forem empregados auxílios externos e artifícios dos quais não nos obrigaremos a tratar aqui.

Essas moças cuja virgindade se renova não existem em tão grande número quanto aquelas a quem a natureza recusou essa espécie de favor; contanto que haja qualquer pequeno problema de saúde, que o fluxo periódico se mostre mal e dificilmente, ou que as partes sejam úmidas demais e uma vaginite venha a fazer que se tornem mais frouxas, nenhum estreitamento, nenhum enrugamento se produz; nesses casos, essas partes crescem, mas, estando continuamente umedecidas, não adquirem firmeza suficiente para se juntarem; portanto, não se formam nem carúnculas, nem anéis, nem pregas, havendo poucos obstáculos nas primeiras abordagens, e estas se dão sem qualquer efusão de sangue.

Nada, portanto, é mais quimérico do que os preconceitos dos homens a esse respeito, e nada mais incerto do que esses supostos indícios da virgindade do corpo; uma pessoa jovem terá relações pela primeira vez com um homem antes da idade da puberdade e, entretanto, não dará qualquer sinal dessa virgindade; em seguida, essa mesma pessoa, estando ela saudável, não deixará de ter todos esses indícios e de derramar sangue nas novas relações, quando tiver chegado à puberdade e após algum tempo de interrupção; ela se tornará donzela somente depois de ter perdido sua virgindade, e poderá, inclusive, voltar a sê-lo diversas vezes a seguir e nas mesmas condições; já uma outra que, ao contrário, seja virgem de fato, não se tornará donzela, ou ao menos não terá a menor aparência de sê-lo. Os homens deveriam, portanto, tranquilizar-se a respeito de tudo isso, em vez de se entregarem, tal como frequentemente o fazem, às suspeitas mais injustas ou a falsas alegrias, de acordo com aquilo que imaginam ter encontrado.

Se quisermos obter um sinal evidente e infalível da virgindade nas mulheres, precisaríamos procurar entre aquelas nações selvagens e bárbaras que, não tendo qualquer sentimento de virtude e de honra para transmitir às suas crianças com base em uma boa educação, asseguram-se da castidade de suas meninas por um meio que lhes foi sugerido pela própria rudeza de seus costumes. Os etíopes e muitos outros povos da África, os habitantes de Pegu e da Arábia Pétrea, assim como de outras nações da Ásia, logo que suas filhas nascem, aproximam, por meio de um tipo de costura, as partes que a Natureza separou, deixando livre apenas o espaço necessário para os corrimentos naturais: as peles aderem uma à outra pouco a pouco, à medida que a criança cresce, de modo que se é obrigado a separá-las mediante uma incisão quando tiver chegado a hora do casamento; diz-se que eles utilizam, para essa infibulação das mulheres, um fio de amianto, pois esse material não está sujeito à corrupção. Há certos povos que inserem aí apenas um anel; as mulheres, assim como as meninas, são submetidas a essa prática ultrajante para a virtude, sendo igualmente forçadas a usar um anel, com a única diferença de que o das meninas não pode ser retirado, enquanto o das mulheres tem uma espécie de fechadura cuja chave pertence apenas ao marido. Mas por que citar as nações bárbaras, quando temos exemplos semelhantes também perto de nós? O deleite com o qual se gabam nossos vizinhos em relação à castidade de suas mulheres, é ele outra coisa senão um ciúme brutal e criminoso?

Quanto contraste entre os gostos e os costumes das diferentes nações! E quanta contradição em seus modos de pensar! Depois disso que acabamos de relatar sobre a importância que a maior parte dos homens atribui à virgindade, sobre as precauções que tomam e os meios aviltantes que se atrevem a empregar para dela se assegurarem, acaso imaginaríamos que outros povos a desprezam e consideram ignóbil o esforço que é preciso fazer para tirá-la?

A superstição levou alguns povos a cederem as primícias das virgens aos sacerdotes de seus ídolos, ou a entregá-las em uma espécie de sacrifício ao ídolo mesmo; os sacerdotes dos reinos de Cochim e de Calicute gozam desse direito, e, dentre os canarins de Goa, as virgens são, de boa ou de má vontade, oferecidas como prostitutas a um ídolo de ferro por seus parentes mais próximos; a cega superstição desses povos fazem-nos cometer esses excessos justificando-os pela religião; opiniões puramente humanas levaram outros a entregarem suas meninas com solicitude a seus chefes, mestres e senhores; os habitantes das Ilhas Canárias, do reino do Congo, prostituem suas meninas desse modo sem que elas sejam, por isso, desonradas: ocorre quase a mesma coisa na Turquia e na Pérsia, assim como em diversos outros países da Ásia e da África, onde os senhores mais importantes consideram-se demasiado honrados por receberem, das mãos de seu mestre, as mulheres por ele rejeitadas.

No reino de Aracã e nas Ilhas Filipinas, um homem se consideraria desonrado se desposasse uma moça que não tivesse sido deflorada por outro, e apenas por dinheiro pode-se levar alguém a se casar com ela antes disso. Na província do Tibete, as mães procuram os estrangeiros e suplicam-nos instantemente para que ponham suas filhas em condições de encontrar maridos; os lapões também preferem as moças que tiveram relações com estrangeiros, por julgarem que elas têm mais mérito do que as outras, uma vez que souberam satisfazer homens que eles consideram mais conhecedores e melhores juízes da beleza do que eles próprios. Em Madagascar, e em alguns outros países, as moças mais libertinas e devassas são aquelas que se casam mais cedo; poderíamos dar diversos outros exemplos desse gosto singular, que não pode provir senão da rudeza ou da depravação dos costumes.

O estado natural dos homens após a puberdade é o do casamento; um homem não deve ter mais de uma mulher, bem como uma mulher não deve ter mais de um homem; essa lei é a lei da natureza, já que o número de fêmeas é praticamente igual ao de machos. Foi, portanto, apenas ao se distanciar do direito natural, e por meio da mais injusta de todas as tiranias, que os homens estabeleceram leis contrárias; a razão, a humanidade, a justiça, protestam contra esses serralhos odiosos, nos quais se sacrifica à paixão brutal ou desdenhosa de um único homem a liberdade e o coração de muitas mulheres, sendo que cada uma destas poderia fazer a felicidade de outro homem. Por acaso são mais felizes, esses tiranos do gênero humano? Cercados de eunucos e de mulheres inúteis a eles próprios e aos outros homens, já são suficientemente castigados, pois não se relacionam senão com aqueles que fizeram infelizes.

O casamento, portanto, tal como estabelecido entre nós e entre os outros povos religiosos e sensatos, é o estado que convém ao homem e no qual deve fazer uso das novas faculdades adquiridas durante a puberdade, as quais se lhe tornariam um incômodo, e às vezes até mesmo prejudiciais, caso ele estivesse obstinado a manter o celibato. A permanência excessivamente longa dos líquidos seminais em seus reservatórios pode causar doenças em ambos os sexos, ou ao menos irritações tão violentas que a razão e a religião quase não bastariam para resistir a essas paixões impetuosas; elas tornariam o homem semelhante aos animais, que são furiosos e indomáveis quando experimentam essas impressões.

O efeito extremo dessa irritação nas mulheres é o furor uterino: trata-se de uma espécie de mania que lhes perturba o espírito e suprime todo pudor; os discursos mais lascivos, as ações mais indecentes acompanham essa triste doença e revelam sua origem. Eu mesmo vi, e vi como um fenômeno, uma menina de 12 anos muito morena, de uma tez viva e muito corada, de pequena estatura, embora já formada, com seios e bem nutrida, a fazer os atos mais indecentes diante de um homem; nada era capaz de impedi-la disso, nem a presença de sua mãe, nem as repreensões, nem os castigos; ela, entretanto, não perdia a razão, e seu acesso, que era acentuado a ponto de provocar horror, cessava no momento em que ela permanecia sozinha com outras mulheres. Aristóteles afirma que a irritação é maior nessa idade e que é preciso vigiar as meninas com todo cuidado; isso pode até ser verdade para o clima em que ele vivia, mas parece que, nos países mais frios, o temperamento das mulheres começa a se tornar fogoso apenas muito mais tarde.

Quando o furor uterino atinge certo grau, o casamento não o acalma, e há exemplos de mulheres que morreram disso. Felizmente, a força da natureza raras vezes causa, sozinha, essas paixões funestas, mesmo que o temperamento seja disposto para tal; para que elas cheguem a esse extremo, é necessária a confluência de diversas causas, cuja principal é uma imaginação iluminada pelo fogo das conversações licenciosas e das imagens obscenas. O temperamento oposto é infinitamente mais comum entre as mulheres, sendo a maior parte delas naturalmente fria ou, pelo menos, muito tranquilas quanto ao aspecto físico dessa paixão; há também homens para os quais a castidade não custa nada, tendo eu conhecido alguns que gozavam de uma boa saúde e que haviam atingido a idade de 25 ou 30 anos, sem que a natureza os tivesse feito sentir necessidades prementes o bastante para lhes determinar a satisfazê-las de alguma maneira.

De resto, os excessos devem ser mais temidos do que a abstinência, sendo o número de homens imoderados grande o bastante para nos dar alguns exemplos; alguns perderam a memória, outros foram privados da visão, outros se tornaram calvos, outros faleceram de esgotamento; como se sabe, a perda de sangue é mortal em casos como esse. As pessoas sábias jamais podem advertir os jovens o bastante a respeito do dano irreparável que fazem à sua saúde, e quantos não há que deixam de ser homens, ou que deixam, ao menos, de ter faculdades humanas antes dos 30 anos? E quantos outros contraem, aos 15 ou aos 16, os germes de uma doença vexatória e frequentemente incurável?

Dissemos ser normalmente na idade da puberdade que o corpo conclui seu crescimento: ocorre com muita frequência, na juventude, que enfermidades longas o fazem crescer muito mais do que cresceria se estivesse saudável; isso se deve, segundo creio, ao fato de que, como os órgãos reprodutivos externos permanecem sem ação durante todo o tempo da enfermidade, a nutrição orgânica não chega até eles, uma vez que nenhuma irritação a determina nesse sentido; e de que esses órgãos, por se encontrarem em um estado de debilidade e langor, produzem pouca ou nenhuma secreção de líquido seminal; com isso, essas partículas orgânicas, permanecendo na massa sanguínea, devem continuar a formar as extremidades dos ossos, mais ou menos como ocorre com os eunucos; assim vê-se com muita frequência jovens que, após longas enfermidades, são muito maiores, porém não tão bem formados como eram anteriormente; alguns se tornam mancos, outros se tornam corcundas etc., pois as extremidades ainda dúcteis de seus ossos desenvolveram-se mais do que deveriam devido ao excedente de moléculas orgânicas que, em um estado saudável, teria sido empregado apenas na formação do líquido seminal.

O objetivo do casamento é o de ter filhos, mas esse objetivo, às vezes, não se realiza; entre as diferentes causas da esterilidade, há aquelas que são comuns aos homens e às mulheres, porém, como são mais aparentes nos homens, lhes são atribuídas com mais frequência. A esterilidade é causada, em um ou em outro sexo, ou por um defeito de conformação, ou por um vício acidental nos órgãos; os defeitos de conformação mais graves nos homens ocorrem ou nos testículos, ou nos músculos eretores; a direção errada do canal da uretra, que, às vezes, é desviado para o lado, ou mal perfurado, é também um defeito que se opõe à geração; porém, seria necessário que esse canal fosse suprimido para torná-la impossível; a aderência do prepúcio devido ao freio pode ser corrigida, e, de todo modo, não se trata de um obstáculo insuperável. Os órgãos femininos também podem ser malformados, o útero constantemente fechado ou aberto seria também um defeito que se opõe igualmente à geração; mas a causa de esterilidade mais comum aos homens e às mulheres é a alteração do líquido seminal nos testículos; podemos recordar da observação de Vallisneri citada anteriormente, que prova que, se os líquidos dos ovários das mulheres forem corrompidos, elas se tornam estéreis; o mesmo ocorre com aqueles do homem, isto é, se a secreção pela qual se forma o sêmen estiver viciada, esse líquido não será mais fértil; e ainda que, por fora, todos os órgãos tanto da parte de um quanto da parte do outro pareçam estar bem-dispostos, não haverá qualquer reprodução.

Nos casos de esterilidade, empregaram-se com frequência os mais diversos meios para identificar se o defeito viria do homem ou da mulher: o exame é o primeiro desses meios, e ele é de fato suficiente quando a esterilidade é causada por um defeito externo de conformação; mas, se os órgãos defeituosos estiverem no interior do corpo, então é apenas devido à nulidade dos efeitos que se identifica o defeito dos órgãos. Há homens que parecem ser bem formados ao primeiro exame, mas aos quais falta completamente o verdadeiro sintoma da boa conformação; há outros que têm esse sintoma apenas de um modo imperfeito, ou tão raramente, que ele consiste menos em um sintoma certo da virilidade do que em um indício equívoco da impotência.

Todo mundo sabe que o mecanismo dessas partes é independente da vontade; não controlamos esses órgãos, a alma não pode regê-los; é a parte mais animal do corpo humano, e ela se estimula, de fato, devido a uma espécie de instinto cujas verdadeiras causas ignoramos: quantos jovens criados na castidade e que vivem na mais perfeita inocência e na ignorância total dos prazeres já não sentiram as impressões mais vivas, sem poderem adivinhar qual seria sua causa e seu objeto! Quantas pessoas, ao contrário, permanecem na mais fria indiferença, apesar de todos os esforços de seus sentidos e de sua imaginação, apesar da presença de objetos, apesar de todo o auxílio da arte da libertinagem!

Essa parte de nosso corpo é, portanto, menos nossa do que qualquer outra, ela se estimula ou arrefece sem nossa participação; suas funções começam e terminam em certos momentos, em uma certa idade; tudo isso se faz sem nossas ordens e, frequentemente, contra nosso consentimento. Por que, então, o homem não trata essa parte como rebelde, ou ao menos como estranha a ele? Por que ele parece obedecê-la? Seria por não poder comandá-la?

Sobre qual fundamento, então, estariam apoiadas essas leis tão irrefletidas em seu princípio e tão desonestas na execução? Como o congresso[6] pôde ter sido organizado por homens que deveriam conhecer a si mesmos e saber que nada depende menos deles do que a ação desses órgãos, por homens que não podiam ignorar que toda emoção da alma, e sobretudo a vergonha, são contrárias a esse estado, e que a publicidade e os preparativos dessa prova eram, por si sós, mais do que suficientes para que ela não tivesse sucesso?

No mais, quando não há qualquer defeito de conformação no exterior, a esterilidade provém com mais frequência das mulheres do que dos homens; pois me parece que, independentemente do efeito da vaginite, a qual, quando contínua, deve causar ou, ao menos, ocasionar a esterilidade, há ainda uma outra causa para a qual não atentamos.

Vimos, a partir de minhas experiências (Cap. IV), que os ovários das fêmeas produzem certos tipos de tuberosidades naturais que chamei de *corpos glandulares*; esses corpos, que crescem aos poucos e servem para filtrar, aperfeiçoar e conter o líquido seminal, estão em estado de alteração contínua: começam por se avolumar sob a membrana do ovário para, em seguida, se inchar e a perfurarem, até que sua extremidade se abre sozinha, deixando destilar o líquido seminal durante certo tempo, após o qual esses corpos

---

6 O congresso consistia na "prova da impotência ou da capacidade de gerar das pessoas casadas, outrora ordenada pela Justiça, que se dava na presença de cirurgiões e matronas, quando se tratava de anular um casamento por causa de impotência", de acordo com o dicionário Trévoux. (N. T.)

glandulares arrefecem pouco a pouco, ressecam, retraem-se e obliteram-se, por fim, quase inteiramente, deixando apenas uma pequena cicatriz avermelhada no local em que tiveram origem. Assim que eles desaparecem, outros já são emitidos, e, mesmo enquanto os primeiros arrefecem, outros já se formam, de modo que os ovários das fêmeas estão em estado de trabalho constante, experimentando mudanças e alterações consideráveis; por menor que seja a perturbação nesse órgão, seja pelo espessamento dos líquidos, seja pela fragilidade dos vasos, não haverá mais secreção do líquido seminal, ou então esse mesmo líquido será alterado, viciado, corrompido, o que causará necessariamente a esterilidade.

Ocorre, às vezes, que a concepção precede os sinais da puberdade; há muitas mulheres que se tornam mães antes de terem tido o menor indício do fluxo menstrual natural de seu sexo; há algumas, inclusive, que, sem jamais estarem sujeitas à menstruação periódica, não deixam de gerar; podemos encontrar exemplos disso em nossos climas, sem irmos até o Brasil para buscá-los, onde nações inteiras se perpetuam, dizem, sem que mulher alguma tenha a menstruação periódica: isso prova ainda mais claramente que o sangue da menstruação é apenas uma matéria acessória para a geração, podendo ser substituída, e que a matéria essencial e necessária para tal é o líquido seminal de cada indivíduo; sabe-se, também, que a interrupção da menstruação, que ocorre normalmente aos 40 ou 50 anos, não torna todas as mulheres incapazes de conceber; há algumas que conceberam aos 60 ou 70 anos, e mesmo em uma idade mais avançada. Se quisermos, esses exemplos, ainda que bastante frequentes, serão considerados exceções à regra, mas essas exceções são suficientes para vermos que a matéria da menstruação não é essencial à geração.

No curso ordinário da Natureza, as fêmeas não estão em estado de conceber senão após a primeira irrupção da menstruação, e a interrupção desse fluxo em certa idade torna-as estéreis para o resto de suas vidas. A idade na qual o homem pode gerar não se estabelece em termos tão definidos, é preciso que o corpo tenha alcançado certo nível de crescimento para que o líquido seminal seja produzido, sendo talvez necessário um grau maior de crescimento para que a elaboração desse líquido seja completa, o que ocorre normalmente entre 12 e 18 anos; mas a idade na qual o homem se torna incapaz de gerar não parece ser determinada pela natureza: aos 60, ou 70 anos, quando a velhice começa a debilitar o corpo, o líquido seminal é menos abundante e, com frequência, torna-se infértil; todavia, há diversos exemplos de idosos que geraram até 80 ou 90 anos, as antologias de observações estão repletas de fatos desse tipo.

Há exemplos de meninos que geraram aos 9, 10 e 11 anos de idade, assim como de meninas que conceberam aos 7, 8 e 9 anos, mas esses fatos são extremamente raros e podem ser contados entre os fenômenos singulares. O sintoma exterior da virilidade começa na primeira infância; mas isso apenas não basta, é necessária ainda a produção do líquido seminal para que a geração se realize, e essa produção se dá apenas quando o corpo adquiriu a maior parte de seu crescimento. A primeira ejaculação é normalmente acompanhada de alguma dor, pois o líquido ainda não é muito fluido; além disso, ele existe em pequena quantidade e é quase sempre infecundo, no início da puberdade.

Alguns autores indicaram dois sintomas para saber se uma mulher concebeu; o primeiro é um arrepio, ou uma espécie de tremor que ela sente, segundo dizem, em todo o corpo no momento da concepção, e que inclusive dura alguns dias; o segundo diz respeito ao orifício do útero, que eles asseguram estar completamente fechado após a concepção; mas me parece que esses sintomas são, no mínimo, bastante duvidosos, se não imaginários.

O arrepio que ocorre no momento da concepção é indicado por Hipócrates nesses termos: *Liquidò constat harum rerum peritis, quòd mulier, ubi concepit, statim inhorrescit ac dentibus stridet, et articulum reliquumque corpus convulsio prehendit.*[7] Trata-se, portanto, segundo Hipócrates, de uma espécie de calafrio que as mulheres sentem em todo o corpo no momento da concepção, e esse calafrio seria forte o suficiente para fazer que os dentes se choquem uns contra os outros, como ocorre na febre. Galeno explica esse sintoma por meio de um movimento de contração ou de retraimento no útero, e

---

7 "É sabido por aqueles que têm experiência nessas coisas que a mulher, assim que tiver concebido, estremece e bate os dentes, e que uma convulsão toma conta de seus membros e de todo o seu corpo." Hipócrates, *Des chairs*, XIX. (N. T.)

acrescenta que algumas mulheres lhe disseram terem tido essa sensação no momento em que conceberam; outros autores o exprimem como um sentimento vago de frio que percorre todo o corpo, e empregam também as palavras *horror* e *horripilatio*; a maioria estabelece esse fato, assim como Galeno, a partir do relato de diversas mulheres. Esse sintoma seria, então, um efeito da contração do útero que se retrairia no momento da concepção e, com isso, fecharia seu orifício, tal como Hipócrates o exprimiu com estas palavras: *Quae in utero gerunt, harum os uteri clausum est*, ou, segundo outro tradutor, *Quaecumque sunt gravidae, illis os uteri connivet*.[8] Contudo, as opiniões se dividem quanto às alterações que ocorrem no orifício interno do útero após a concepção; uns sustentam que as bordas desse orifício se aproximam de modo que não resta qualquer espaço vazio entre elas, e é nesse sentido que interpretam Hipócrates; outros afirmam que essas bordas se juntam propriamente apenas após os dois primeiros meses da gravidez, mas admitem que, logo após a concepção, o orifício se fecha devido à aderência de um líquido glutinoso; e acrescentam ainda que o útero, em cujo orifício se poderia inserir, fora do estado de gravidez, um corpo do tamanho de uma ervilha, não tem mais uma abertura sensível após a concepção, e que essa diferença é tão acentuada que uma parteira hábil consegue identificá-la; assim se supondo, então, poder-se-ia constatar o estado da gravidez já nos primeiros dias. Aqueles que se opõem a essa opinião dizem que, se o orifício do útero estivesse fechado após a concepção, seria impossível que houvesse a superfetação. Pode-se responder a essa objeção afirmando ser muito possível que o líquido seminal penetre através das membranas do útero, e que o útero mesmo pode se abrir para a superfetação em certas circunstâncias, e que, além disso, as superfetações ocorrem tão raramente que não podem consistir em nada além de uma ligeira exceção à regra geral. Outros autores disseram que a alteração que se daria no orifício do útero não poderia ser acentuada senão nas mulheres que já

---

8 "Naquelas que carregam um fruto no útero, o orifício deste último está fechado", ou "Quando elas estão grávidas, o orifício do útero se fecha". Hipócrates, *De la Génération*, V, I. (N. T.)

tivessem posto filhos no mundo, e não naquelas que tivessem concebido pela primeira vez; é de se acreditar que, nestas últimas, a diferença seja menos sensível, mas, independentemente de quão grande ela possa ser, será que devemos concluir que esse sintoma é real, constante e seguro? O estudo da anatomia e a experiência não oferecem sobre esse assunto nada além de conhecimentos gerais que são falíveis em um exame particular dessa natureza; ocorre o mesmo com o arrepio ou o frio convulsivo que certas mulheres disseram ter sentido no momento da concepção: como a maioria das mulheres não experimenta o mesmo sintoma, e outras, ao contrário, asseguram ter sentido um ardor inflamado causado pelo calor do líquido seminal do homem, e o maior número delas confessa não ter sentido nada disso, devemos concluir que esses sintomas são muito duvidosos e que, quando ocorrem, podem ser menos um efeito da concepção do que de outras causas que parecem mais prováveis.

Eu acrescentaria um fato que prova que o orifício do útero não se fecha imediatamente após a concepção, ou ainda que, se ele se fecha, o líquido seminal do macho entra no útero, penetrando-o através do tecido dessa víscera. Em 1714, uma mulher de Charles-Town, na Carolina Meridional, deu à luz dois gêmeos que vieram ao mundo imediatamente um após o outro; deu-se que um era uma criança negra e outro uma criança branca, o que surpreendeu muito os assistentes. Esse testemunho evidente da infidelidade dessa mulher em relação a seu marido obrigou-a a confessar que um negro que a servia entrou em seu quarto pouco depois que seu marido havia acabado de abandoná-la e de deixá-la em seu leito, acrescentando, a fim de desculpar-se, que esse negro teria ameaçado matá-la, e que ela teria sido forçada a satisfazê-lo.[9] Não prova também esse fato que a concepção de dois ou mais gêmeos não se dá sempre ao mesmo tempo? E acaso não parece ele favorecer muito minha opinião a respeito da penetração do líquido seminal através do tecido do útero?

A gravidez traz, ainda, um grande número de sintomas duvidosos pelos quais comumente julgamos reconhecê-la nos primeiros meses, quais sejam,

---

9 Parsons, *Crounian Lectures on Muscular Motion*. Londres: C. David, 1745, p.79. (N. A.)

uma dor leve na região do útero e na lombar, um entorpecimento em todo o corpo, uma sonolência contínua, uma melancolia que deixa as mulheres tristes e caprichosas, dores nos dentes, dor de cabeça, vertigens que ofuscam a visão, retraimento das pupilas, olhos vermelhos ou amarelados, pálpebras caídas, palidez e manchas no rosto, paladar deturpado, enjoo, vômitos, expectoração, sintomas histéricos, vaginites, interrupção do fluxo menstrual ou a transformação do mesmo em hemorragia, secreção de leite nas mamas etc. Poderíamos ainda mencionar diversos outros sintomas que foram apontados como sinais da gravidez, mas que com frequência são apenas efeitos de algumas doenças.

Mas deixemos que os médicos façam esse exame, pois nos distanciaríamos demais de nosso assunto se quiséssemos considerar cada uma dessas coisas em particular; será que conseguiríamos fazê-lo, nós mesmos, de um modo favorável, uma vez que não há sequer uma entre elas que não demande uma longa série de observações bem-feitas? Trata-se, aqui, de algo semelhante ao que ocorre com uma infinidade de outros temas de fisiologia e de economia animal, exceto pelo que foi feito por um pequeno número de homens raros[10] que verteram luz sobre alguns pontos particulares dessas ciências; a maior parte dos outros que escreveram sobre esse assunto trataram-no de maneira tão vaga, e explicaram-no com base em relações tão distantes e por meio de hipóteses tão equivocadas, que teria valido mais não dizer absolutamente nada; não há matéria alguma sobre a qual se refletiu mais, sobre a qual se reuniu mais fatos e observações do que esta; contudo, essas reflexões, esses fatos e observações são normalmente tão mal assimilados e acumulados com tão pouco conhecimento, que não surpreende que deles não se consiga extrair alguma luz, ou alguma utilidade.

---

10 Incluo nesse número o autor da *Anatomia*, L. Heister; dentre todas as obras que li sobre a fisiologia, não encontrei nenhuma que me tenha parecido tão bem-feita e tão de acordo com a boa física quanto esta. (N. A.) [Veja Heister, *L'Anatomie, avec des essais de physique sur l'usage des parties du corps humain*. Paris: J. Vincent, 1735. Trata-se da tradução francesa do original de 1717, escrito em latim. (N. T.)]

Da idade viril. Descrição do homem

O corpo conclui seu crescimento em altura na idade da puberdade e durante os primeiros anos que a sucedem; há jovens que não crescem mais após os 14 ou 15 anos, outros crescem até os 22 ou 23; nessa fase, quase todos são franzinos de corpo, a estrutura é esguia, as coxas e pernas são miúdas, todas as partes musculosas ainda não estão preenchidas como devem estar; mas, aos poucos, a carne aumenta, os músculos se desenham, os intervalos se preenchem, os membros se moldam e se arredondam, de maneira que, antes dos 30 anos, o corpo alcança, nos homens, seu ponto de perfeição para as proporções de sua forma.

As mulheres normalmente atingem esse ponto de perfeição muito mais cedo; antes de tudo, elas chegam mais cedo à idade da puberdade, e seu crescimento, que no total é menor do que o dos homens, faz-se também em menos tempo; os músculos, as carnes e todas as outras partes que compõem seu corpo, por serem menos fortes, menos compactas, menos sólidas do que as do corpo do homem, necessitam de menos tempo para alcançarem seu desenvolvimento completo, que é o ponto de perfeição para a forma; por isso, o corpo da mulher é tão perfeitamente formado, aos 20 anos, quanto o é, aos 30, o corpo do homem.

O corpo bem-feito de um homem deve ser quadrado, os músculos devem se expor com dureza, o contorno dos membros deve ser fortemente desenhado, os traços do rosto bem marcados. Na mulher, tudo é mais arredondado, as formas são mais suaves, os traços mais finos; o homem tem a força e a imponência; as graças e a beleza são o apanágio do outro sexo.

No homem, tudo anuncia, tudo assinala, mesmo em seu exterior, sua superioridade com relação a todos os seres vivos; ele se mantém ereto e altivo, sua atitude é a de quem comanda, sua cabeça está voltada para o céu e apresenta um semblante augusto, no qual está impresso o caráter de sua dignidade; a imagem da alma é nele retratada pela fisionomia, a excelência de sua natureza atravessa os órgãos materiais e anima, com um fogo divino, os traços de seu rosto; seu porte majestoso, seu andar firme e arrojado revelam sua nobreza e sua estirpe; ele toca a terra apenas com suas extremidades mais afastadas, observa-a de longe, apenas, e parece desdenhá-la; os braços não lhe foram dados para que sirvam de pilares de apoio para a massa de seu corpo, sua mão não deve calcar a terra e perder, devido às fricções reiteradas, a delicadeza do tato, do qual ela é o principal órgão; o braço e a mão são feitos para servirem a funções mais nobres, para executarem as ordens da vontade, para apanharem as coisas distantes, para afastarem os obstáculos, para prevenirem os encontros e o choque com aquilo que poderia causar algum dano, para abraçarem e conterem aquilo que nos possa agradar, a fim de colocá-lo ao alcance dos outros sentidos.

Quando a alma está tranquila, todas as partes do rosto estão em estado de repouso; sua proporção, sua união, seu conjunto revelam, ainda, a doce harmonia dos pensamentos, e respondem à calma interior; mas, quando a alma está agitada, a face humana se torna um quadro vivo, no qual as paixões são reproduzidas com o mesmo tanto de delicadeza e de energia, e no qual cada movimento da alma se exprime por um traço, cada ação por um sinal específico, cuja impressão viva e penetrante antecipa a vontade, nos denuncia e expõe, por meio de signos patéticos, as imagens de nossas secretas agitações.

É sobretudo nos olhos que elas se mostram e que se pode reconhecê-las; o olho pertence à alma mais do que qualquer outro órgão, parece tocá-la e participar de todos os seus movimentos, exprimindo suas paixões mais vivas e suas emoções mais tumultuosas, assim como seus movimentos mais doces e seus sentimentos mais delicados; ele os reproduz em toda a sua força, em toda a sua pureza, tal como acabaram de nascer, e os comunica com sinais rápidos que levam, para dentro de outra alma, o fogo, a ação, a imagem da alma de que partem; o olho recebe e reflete, ao mesmo tempo, a luz do pensamento e o calor do sentimento; é o sentido do espírito e a língua da inteligência.

As pessoas que têm a vista curta, ou que são vesgas, têm menos dessa alma exterior que reside principalmente nos olhos; esses defeitos destroem a fisionomia e tornam desagradáveis ou disformes os mais belos rostos; nesses casos, como apenas as paixões fortes e que põem em jogo as outras partes podem ser reconhecidas, e como a expressão do espírito e da delicadeza do sentimento não se mostra, julgamos essas pessoas de um modo desfavorável quando não as conhecemos, e, quando as conhecemos, por mais espirituosas que possam ser, temos dificuldade de superar o primeiro juízo que formulamos contra elas.

Estamos tão acostumados a ver as coisas somente pelo exterior que não conseguimos mais saber o quanto esse exterior influi sobre nossos juízos, mesmos os mais sérios e mais refletidos; formamos a ideia de um homem por sua fisionomia, e, se esta não diz nada, desde então julgamos que ele em nada pensa; tudo, desde as roupas até o penteado, influencia nosso juízo; um homem ponderado deve considerar suas roupas como se fossem parte dele próprio, pois elas de fato o são aos olhos dos outros, e, por qualquer motivo, inserem-se na ideia total que formamos daquele que as usa.

A vivacidade ou a languidez do movimento dos olhos consiste em uma das principais características da fisionomia, e sua cor contribui para tornar essa característica mais acentuada. As diferentes cores dos olhos são o alaranjado-escuro, o amarelo, o verde, o azul, o cinza e o cinza mesclado de branco; a matéria da íris é aveludada e disposta em filetes e flocos: os filetes dirigem-se para o meio da pupila, tal como raios que tendem para um centro, enquanto os flocos preenchem os intervalos que há entre os filetes e, às vezes, uns e outros estão dispostos de uma maneira tão regular que, por sorte, se podem encontrar, nos olhos de algumas pessoas, certas figuras que parecem ter sido copiadas de modelos conhecidos. Esses filetes e esses flocos unem-se uns aos outros por meio de ramificações muito finas e delicadas, nas quais a cor não é tão perceptível quanto no corpo dos filetes e dos flocos, que sempre parecem ser de um tom mais escuro.

As cores mais comuns dos olhos são o alaranjado e o azul, sendo que, na maior parte das vezes, essas cores se encontram no mesmo olho. Os olhos que acreditamos serem pretos são, na verdade, de um castanho-amarelado, ou de um alaranjado-escuro; para assegurar-se disso, basta observá-los de perto, pois, quando os vemos a certa distância, ou quando estão na contraluz, parecem pretos, já que a cor castanho-amarelada destaca-se tanto sobre o branco do olho que a julgamos preta, por oposição ao branco. Os olhos que são de um amarelo menos castanho também se passam por olhos pretos, mas não os consideramos tão belos quanto os outros, pois essa cor destaca-se menos sobre o branco; há, também, olhos amarelos e amarelo--claros, os quais não parecem pretos, já que essas cores não são escuras o suficiente para desaparecerem na sombra. É comum vermos, no mesmo olho, nuances de tons alaranjado, amarelo, cinza e azul; porém, quando há o azul, por mais fraco que seja, ele se torna a cor dominante; essa cor aparece nos filetes em toda a extensão da íris, enquanto o alaranjado aparece nos flocos, em torno ou a uma pequena distância da pupila; o azul ofusca tanto essa cor que o olho parece ser todo azul, e não percebemos a mistura do alaranjado senão quando se observa de perto. Os mais belos olhos são aqueles que parecem pretos ou azuis; a vivacidade e o fogo, que consistem na principal característica dos olhos, brilham mais nas cores escuras do que nas cores de meia tonalidade: os olhos pretos têm, portanto, maior força de expressão e mais vivacidade, mas há mais doçura, e talvez mais delicadeza nos olhos azuis; vemos, nos primeiros, um fogo que brilha uniformemente, pois o fundo, que nos parece ser de cor uniforme, envia por toda parte os mesmos reflexos, ao passo que, nos olhos azuis, distinguimos as modificações na luz que os anima, pois há neles diversas tonalidades de cor que produzem reflexos distintos.

Há olhos que se fazem notar sem possuírem, por assim dizer, cor alguma, pois parecem ser compostos de um modo diferente dos outros: a íris não possui nada além de nuances de azul e de cinza, tão fracas que são quase brancas em alguns lugares, e as nuances do alaranjado que aí se encontram são tão suaves que mal as distinguimos do cinza e do branco, apesar do contraste entre essas cores; o preto da pupila é, assim, demasiadamente acentuado, pois a cor da íris não é tão escura; vemos, por assim dizer, apenas a pupila isolada no meio do olho; tais olhos não dizem nada, e o olhar parece fixo e perplexo.

Há, também, olhos cuja cor da íris tende para o verde, cor esta que é mais rara do que o azul, o cinza, o amarelo e o castanho-amarelado; existem, também, pessoas cujos olhos não são da mesma cor. Essa variedade que se encontra na cor dos olhos é particular à espécie humana, à do cavalo etc.; na maior parte das outras espécies animais, a cor dos olhos de todos os indivíduos é a mesma, os olhos dos bois são castanhos, os dos carneiros são cor de água, os das cabras são cinza etc. Aristóteles, que fez essa observação, sustenta que, dentre os homens, os olhos cinza são os melhores e os azuis são os mais frágeis; que aqueles que avançam para fora da órbita não podem enxergar de tão longe quanto aqueles que são profundos; e que os olhos castanhos não enxergam tão bem no escuro quanto os outros.

Ainda que o olho pareça mover-se como se fosse puxado por diferentes lados, há, contudo, apenas um movimento de rotação em torno de seu centro, pelo qual a pupila parece aproximar-se ou distanciar-se dos cantos do olho, subir ou descer. Os dois olhos são, no homem, mais próximos um do outro do que em qualquer outro animal; esse intervalo é, inclusive, tão considerável na maior parte das espécies animais que é impossível que eles vejam o mesmo objeto com ambos os olhos ao mesmo tempo, a menos que esse objeto esteja a uma grande distância.

Depois dos olhos, as partes do rosto que mais contribuem para marcar a fisionomia são as sobrancelhas; como elas são de uma natureza distinta das outras partes, são mais aparentes devido a esse contraste, e chocam mais do que qualquer outro traço; as sobrancelhas são uma sombra no quadro, que realça suas cores e suas formas. Os cílios das pálpebras também produzem seu efeito: quando são longos e fartos, os olhos parecem mais belos e o olhar mais doce; somente o homem e o macaco têm cílios nas duas pálpebras, os outros animais não os têm na pálpebra inferior, e mesmo no homem há muito menos na pálpebra inferior do que na superior; na velhice, o pelo da sobrancelha torna-se, às vezes, tão comprido que somos obrigados a cortá-lo. As sobrancelhas têm apenas dois movimentos que dependem dos músculos da testa, um pelo qual as erguemos, e outro pelo qual as franzimos e abaixamos, aproximando-as uma da outra.

As pálpebras servem para proteger os olhos e impedir que as córneas ressequem; a pálpebra superior se ergue e se abaixa, a inferior possui pouco movimento, e, no entanto, embora o movimento delas dependa da vontade, não temos a liberdade de fazer que permaneçam erguidas quando o sono nos solicita, ou quando os olhos estão cansados; a essas partes ocorrem, também, com muita frequência, movimentos convulsivos e outros movimentos involuntários dos quais não nos apercebemos de modo algum; nas aves e nos quadrúpedes anfíbios, a pálpebra inferior é aquela que tem movimento, e os peixes não têm pálpebras nem em cima nem embaixo.

A testa é uma das grandes partes da face, e uma das que mais contribuem para a beleza de sua forma; é preciso que ela tenha uma justa proporção, que não seja nem redonda, nem achatada, nem estreita, nem curta demais, e que seja regularmente revestida de cabelos em cima e nos lados. Todos sabem o quanto os cabelos fazem pela fisionomia, e ser calvo é um defeito; o hábito de usar perucas, que se tornou tão generalizado, deveria limitar-se a esconder as cabeças calvas, pois esse tipo de penteado emprestado altera a verdade da fisionomia e confere ao rosto um ar diferente daquele que ele deve ter naturalmente: julgaríamos muito melhor os rostos se cada um mostrasse seus cabelos e os deixasse balançar livremente. A parte mais alta da cabeça é a primeira a tornar-se calva, assim como aquela que fica acima das têmporas: é raro que os cabelos que acompanham a parte de baixo das têmporas caiam por completo, e o mesmo se dá com aqueles da parte inferior da face posterior da cabeça. De resto, somente os homens tornam-se calvos ao avançarem em idade, ao passo que as mulheres conservam sempre seus cabelos e, ainda que estes se tornem brancos quando elas se aproximam da velhice, tal como os dos homens, caem muito menos; as crianças e os eunucos não estão mais sujeitos do que as mulheres a ficarem calvos, e também seus cabelos são mais longos e abundantes na juventude do que o são em qualquer outra idade. Os cabelos mais longos caem aos poucos e, à medida que avançamos em idade, eles diminuem e ressecam, e começam a branquear pela ponta; a partir do momento em que se tornam brancos, ficam menos fortes e se quebram com mais facilidade. Há exemplos de pessoas jovens cujos cabelos, que haviam se tornado brancos devido ao efeito de alguma grave doença, foram aos poucos recuperando sua cor natural, no momento em que sua saúde se restabeleceu. Aristóteles e Plínio dizem que homem nenhum se torna calvo antes de se servir das mulheres, à exceção daqueles que são calvos desde o nascimento: os escritores antigos chamaram os habitantes da Ilha Míconos de "cabeças calvas"; dizem se tratar de um defeito natural desses insulares, tal como uma doença endêmica com a qual quase todos eles viriam ao mundo.[11]

O nariz é a parte mais saliente e o traço mais aparente do rosto; porém, como ele tem muito pouco movimento, adquirindo-o normalmente apenas sob as mais fortes paixões, é mais importante para a beleza do que para a fisionomia, e, a menos que seja muito desproporcional ou muito disforme, não o notamos tanto quanto as outras partes que têm movimento, tais como a boca e os olhos. A forma do nariz e sua posição, mais proeminente do que a de todas as outras partes da face, são particulares à espécie humana, pois a maioria dos animais tem narinas ou ventas separadas pelo septo, mas em nenhum deles o nariz constitui um traço elevado e saliente; mesmo os macacos não têm, por assim dizer, nada além das narinas, ou ao menos seu nariz, que está posicionado tal como o do homem, é tão achatado e tão curto que não devemos considerá-lo uma parte semelhante ao daquele; é por meio desse órgão que o homem e a maior parte dos animais respira e sente os odores. As aves não têm narinas, mas apenas duas cavidades ou dois canais para a respiração e o olfato; já os animais quadrúpedes são dotados de ventas ou narinas cartilaginosas como as nossas.

A boca e os lábios são, depois dos olhos, as partes do rosto que mais têm movimento e expressão; as paixões exercem influência sobre esse movimento, a boca marca seus diferentes atributos com as diferentes formas que assume; além disso, o órgão da voz anima essa parte, tornando-a mais viva do que todas as outras; a cor vermelha dos lábios e a brancura do esmalte dos dentes sobressaem-se tanto às outras cores do rosto que parecem ser seu foco principal; fixamos os olhos na boca de um homem que fala, e aí nos detemos por um tempo mais longo do que o fazemos em qualquer outra parte; cada palavra, cada articulação, cada som produz movimentos diferentes nos lábios: por mais variados e rápidos que sejam esses movimentos, podem-se distinguir todos uns dos outros; já se viu surdos que conheciam

---

11 Veja Dapper, *Description exacte des îles de l'Archipel*. Amsterdam: G. Galet, 1703, p.354; e o segundo volume da edição de Plínio por Hardouin, p.541. (N. A.) [Trata-se da edição do padre Jean Hardouin da *História natural*, de Plínio: *Caii Plinii Secundi Naturalis Historiae Libri XXXVII*, Paris: F. Muguet, 1685, v.5. (N. T.)]

tão perfeitamente suas diferenças e nuances sucessivas que podiam entender perfeitamente aquilo que era dito apenas observando o modo como se dizia.

O maxilar inferior é o único dotado de movimento tanto no homem quanto em todos os animais, sem exceção até mesmo do crocodilo, embora Aristóteles sustente em diversas passagens que o maxilar superior desse animal é o único que se movimenta e que o maxilar inferior, no qual, diz ele, está presa a língua do crocodilo, é absolutamente imóvel; eu quis verificar esse fato e, ao examinar o esqueleto de um crocodilo, observei, ao contrário, que apenas o maxilar inferior é móvel, e que o superior, tal como em todos os outros animais, é ligado aos outros ossos da cabeça, sem que haja qualquer articulação que possa torná-lo móvel. No feto humano, o maxilar inferior é, assim como no macaco, muito mais protuberante do que o superior; já no adulto, caso ele fosse demasiado saliente ou demasiado retraído, seria também disforme, devendo, por isso, estar mais ou menos no mesmo nível do maxilar superior. Nos momentos de paixões mais intensas, o maxilar muitas vezes realiza um movimento involuntário, igual àqueles que ocorrem mesmo quando a alma não é afetada por nada; a dor, o prazer e o tédio fazem-nos igualmente bocejar, mas é verdade que bocejamos vigorosamente, e que esse tipo de convulsão é muito intensa na dor e no prazer, ao passo que o bocejo de tédio se caracteriza pela lentidão com que se produz.

Quando, de um modo súbito, começamos a pensar em alguma coisa que desejamos ardentemente ou de que nos arrependemos muito, sentimos um estremecimento, ou um aperto interior; esse movimento do diafragma age sobre os pulmões, elevando-os e ocasionando uma inspiração viva e repentina, que forma o suspiro; e quando a alma, tendo refletido sobre a causa de sua emoção, não encontra qualquer meio de satisfazer seu desejo ou de fazer cessar seu arrependimento, os suspiros repetem-se, a tristeza, que é a dor da alma, sucede esses primeiros movimentos e, quando essa dor da alma é profunda e súbita, faz que as lágrimas escorram e o ar entre no peito em espasmos, e muitas inspirações reiteradas passam a ocorrer devido a uma espécie de espasmo involuntário; cada inspiração faz um barulho mais forte do que o do suspiro, e é isso que denominamos *soluçar*; os soluços sucedem-se mais rapidamente do que os suspiros, e o som da voz faz-se ouvir um pouco no soluço; essas entonações são ainda mais nítidas no gemido, que é uma espécie de soluço contínuo cujo som lento faz-se ouvir na inspiração e na expiração; sua expressão consiste na continuidade e na duração de um tom plangente formado por sons desarticulados: esses sons do gemido são mais ou menos longos, de acordo com o grau de tristeza, de aflição e de abatimento que os causa, mas sempre se repetem diversas vezes; o tempo da inspiração é o do intervalo de silêncio que há entre os gemidos e, em geral, esses intervalos são iguais quanto à duração e à distância. O grito de lamento é um gemido que se exprime com força e em voz alta; às vezes, esse grito se sustenta em toda a sua extensão no mesmo tom, sobretudo quando é muito elevado e muito agudo; às vezes, também, termina em um tom mais baixo, geralmente quando a força do grito é moderada.

O riso é um som entrecortado diversas vezes e de modo súbito por um tipo de agitação que se manifesta exteriormente pelo movimento do ventre, que se eleva e se abaixa precipitadamente; às vezes, para facilitar esse movimento, inclinamos o peito e a cabeça para a frente: o peito se comprime e permanece imóvel, os cantos da boca distanciam-se pelo lado das bochechas, que ficam comprimidas e inchadas; cada vez que o ventre se abaixa, o ar sai da boca fazendo um barulho, ouvindo-se um fragor da voz que se repete diversas vezes seguidas, ora no mesmo tom, ora em tons diferentes que diminuem a cada repetição.

No riso descomedido, assim como em quase todas as paixões violentas, os lábios abrem-se muito; já nos movimentos da alma mais doces e mais tranquilos, os cantos da boca distanciam-se sem que ela se abra, as bochechas incham e, em algumas pessoas, forma-se, em cada uma das bochechas, a uma pequena distância dos cantos da boca, uma ligeira reentrância que denominamos "covinha": trata-se de um pequeno encanto somado às graças que normalmente acompanham o sorriso. O sorriso é um sinal de benevolência, de aprovação e de satisfação interior, e também um modo de exprimir o desprezo e a zombaria; porém, nesse sorriso malicioso, fecha-se um pouco mais os lábios um contra o outro com um movimento do lábio inferior.

As bochechas são partes uniformes que não têm, por si mesmas, qualquer movimento, qualquer expressão, a não ser pelo enrubescimento ou pela palidez que as recobre involuntariamente nas diferentes paixões; essas partes formam o contorno da face e a união dos traços, contribuindo mais para a beleza do rosto do que para a expressão das paixões; o mesmo se dá com o queixo, as orelhas e as têmporas.

Enrubescemos na vergonha, na cólera, no orgulho, na alegria; empalidecemos no medo, no pavor e na tristeza; essa mudança de cor do rosto é absolutamente involuntária e manifesta o estado da alma sem seu consentimento; é um efeito do sentimento sobre o qual a vontade não tem qualquer governo; ela pode comandar todo o resto, pois basta um instante de reflexão para que se possa interromper os movimentos musculares do rosto nas paixões, e mesmo para alterá-los; mas não é possível impedir a mudança de cor, pois ela depende de um movimento do sangue ocasionada pela ação do diafragma, que é o principal órgão do sentimento interior.

Nas paixões, a cabeça toda assume posições e movimentos distintos, inclinando-se para a frente na humildade, na vergonha e na tristeza, reclinando-se para o lado no langor e na compaixão, elevando-se na arrogância, permanecendo reta e fixa na obstinação; a cabeça realiza um movimento para trás no espanto, e diversos movimentos reiterados de um lado para o outro no desprezo, no escárnio, na cólera e na indignação.

Na angústia, na alegria, no amor, na vergonha, na compaixão, os olhos incham-se de repente, uma substância líquida superabundante os cobre e obscurece, as lágrimas escorrem; a efusão de lágrimas é sempre acompanhada de uma tensão dos músculos do rosto que faz que a boca se abra; a secreção que se forma naturalmente no nariz torna-se mais abundante e as lágrimas unem-se a ela pelos canais internos; estas, por sinal, não escorrem uniformemente, mas parecem interromper-se em intervalos.

Na tristeza,[12] os dois cantos da boca se abaixam, o lábio inferior se ergue, a pálpebra se abaixa pela metade, a pupila do olho se ergue e se esconde pela metade, por trás da pálpebra, os outros músculos da face se descontraem, de modo que o intervalo existente entre a boca e os olhos se torna maior do

---

12 Veja a Dissertação do sr. Parsons, que tem por título: *Human Physionomy Explain'd in the Crounian Lectures on Muscular Motion*. Londres: C. David, 1747. (N. A.)

que o normal e, consequentemente, o rosto parece alongado. (Veja a Prancha 8 da Dissertação de Parsons, Figura I, p.249.)

No medo, no terror, no espanto, no horror, a testa se franze, as sobrancelhas se erguem, a pálpebra se abre o máximo possível, ultrapassando a pupila e deixando aparecer uma parte do branco do olho acima dela, que se abaixa e se esconde um pouco atrás da pálpebra inferior; a boca, ao mesmo tempo, fica muito aberta, os lábios afastam-se e deixam aparecer os dentes em cima e embaixo.

No desprezo e no escárnio, o lábio superior ergue-se de um lado e deixa aparecer os dentes, enquanto faz, do outro lado, um pequeno movimento como se fosse para sorrir, o nariz se franze do mesmo lado em que o lábio se eleva e o canto da boca se retrai; o olho desse mesmo lado permanece quase fechado, enquanto o outro normalmente fica aberto, porém as duas pupilas abaixam-se, tal como quando olhamos algo de cima para baixo. (Veja a Prancha 8, Figura 3.)

No ciúme, na inveja, na malícia, as sobrancelhas se abaixam e franzem, as pálpebras se erguem e as pupilas se abaixam, o lábio superior se eleva de ambos os lados, enquanto os cantos da boca se abaixam um pouco e o meio do lábio inferior se ergue para se juntar ao meio do lábio superior. (Veja a Prancha 8, Figura 4.)

No riso, os dois cantos da boca se retraem e se elevam um pouco, a parte superior das bochechas se ergue, os olhos se fecham um pouco, o lábio superior se eleva e o inferior se abaixa, a boca se abre e, no riso descomedido, a pele do nariz franze. (Veja a Prancha 8, Figura 5.)

Os braços, as mãos e todo o corpo também entram na expressão das paixões; os gestos acompanham os movimentos do rosto para exprimir os diferentes movimentos da alma. Na alegria, por exemplo, os olhos, a cabeça, os braços e todo o corpo se agitam com movimentos repentinos e variados: no abatimento e na tristeza, os olhos baixam, a cabeça pende para o lado, os braços ficam caídos e todo o corpo permanece imóvel: na admiração, na surpresa e no espanto, todo movimento é suspenso, permanecendo-se em uma mesma atitude. Essa primeira expressão das paixões é independente da vontade, mas há outro tipo de expressão que parece ser produzida por uma reflexão do espírito e pela prescrição da vontade, que põe os olhos, a cabeça, os braços e todo o corpo em ação: tais movimentos parecem ser os esforços que a alma faz para defender o corpo; trata-se, no mínimo, de signos secundários que refletem as paixões e que poderiam, sozinhos, exprimi-las; no amor, no desejo e na esperança, por exemplo, elevamos a cabeça e os olhos para o céu, como para suplicar o bem que desejamos; levamos a cabeça e o corpo para a frente, como para adiantar a posse do objeto desejado, ao dele nos aproximarmos; estendemos o braço, abrimos as mãos para envolvê-lo e abraçá-lo: no medo, no ódio e no horror, ao contrário, esticamos o braço precipitadamente, como para repelir aquilo que constitui o objeto de nossa aversão; desviamos os olhos e a cabeça, recuamos a fim de evitá-lo e fugimos para nos distanciar. Esses movimentos são tão súbitos que parecem involuntários, mas consistem em um efeito do hábito, que nos engana, pois eles dependem da reflexão, o que apenas assinala a perfeição dos recursos do corpo humano, dada a prontidão com a qual todos os membros obedecem às ordens da vontade.

Como todas as paixões são movimentos da alma, em sua maior parte relativos às impressões dos sentidos, podem ser expressas pelos movimentos do corpo e, sobretudo, por aqueles do rosto: podemos julgar aquilo que se passa no interior com base na ação exterior e conhecer, mediante a inspeção das alterações do rosto, a situação atual da alma; mas, como a alma não tem uma forma que possa ser relativa a qualquer forma material, não podemos julgá-la pela figura do corpo ou pela forma do rosto; um corpo malfeito pode muito bem conter uma alma extremamente bela, e não podemos julgar o bem ou o mal natural de uma pessoa pelos traços de seu rosto, pois esses traços não têm qualquer relação com a natureza da alma, nem qualquer analogia que possa fundamentar conjecturas razoáveis.

Os antigos, contudo, eram muito apegados a esse tipo de preconceito, e em todas as épocas houve homens que quiseram elaborar uma ciência divinatória de seus supostos conhecimentos em Fisiognomia; porém, é muito evidente que não podem ir além de adivinhar os movimentos da alma com base naqueles dos olhos, do rosto e do corpo, e que a forma do nariz, da boca e das outras partes não diz mais sobre a forma da alma, ou sobre a própria natureza da pessoa, do que o tamanho ou o volume dos membros diz sobre seu pensamento. Seria um homem mais espirituoso por ter um nariz bem-feito? Seria ele menos sábio por ter os olhos pequenos, ou a boca grande? É preciso, portanto, reconhecer que tudo aquilo que os fisiogno-mistas nos disseram é destituído de todo fundamento, e que nada é mais quimérico do que as induções que pretenderam extrair de suas supostas observações metoposcópicas.

As partes da cabeça que menos influem na fisionomia e na aparência do rosto são as orelhas; elas se situam na lateral e são cobertas pelos cabelos: essa parte, que é tão pequena e tão pouco aparente no homem, é muito per-ceptível na maioria dos animais quadrúpedes, influindo muito na aparência da cabeça do animal; ela indica, inclusive, seu estado de vigor ou de abati-mento, pois tem movimentos musculares que denotam o sentimento e res-pondem à ação interior do animal. As orelhas do homem normalmente não fazem qualquer movimento, voluntário ou involuntário, embora haja nelas algumas terminações musculares; as menores orelhas são, segundo se afir-ma, as mais belas, mas as maiores e que, ao mesmo tempo, são bem alinha-das são as que melhor escutam. Certos povos têm o hábito de aumentar prodigiosamente o lóbulo da orelha, perfurando-o e nele inserindo peda-ços de madeira ou de metal, que são sucessivamente substituídos por pe-daços maiores; com o tempo, isso produz um furo enorme no lóbulo da orelha, o qual, por sua vez, cresce continuamente e na mesma proporção em que o buraco se alarga; eu mesmo vi alguns desses pedaços de madei-ra, que tinham mais de 1,5 polegada de diâmetro, eram vindos dos índios da América Meridional e pareciam-se com os peões do gamão. Não sabe-mos em que se pode fundar esse costume singular de aumentar tão prodi-giosamente as orelhas; é verdade que tampouco sabemos melhor de onde vem o hábito, quase geral em todas as nações, de furar as orelhas e, às ve-zes, as narinas, para nelas colocar argolas, anéis etc., a menos que se queira atribuir sua origem aos povos ainda selvagens e nus que procuraram usar, da maneira menos desconfortável possível, as coisas que lhes pareciam ser as mais preciosas, prendendo-as nessa parte.

A bizarrice e a variedade dos hábitos são ainda mais aparentes nas diver-sas maneiras com as quais os homens arrumam seus cabelos e sua barba;

uns, como os turcos, cortam os cabelos e deixam crescer sua barba; outros, como a maioria dos europeus, deixam seus cabelos, ou usam perucas, e raspam sua barba; os selvagens arrancam a barba e conservam cuidadosamente seus cabelos; os negros raspam a cabeça fazendo figuras, ora em forma de estrelas, ora ao modo dos clérigos, ora ainda mais comumente na forma de tiras alternadas, deixando a parte cheia equivalente à parte raspada, e fazem o mesmo com seus meninos; os talapões do Sião raspam a cabeça e as sobrancelhas das crianças cuja educação lhes é confiada; cada povo tem, quanto a isso, um hábito diferente, a uns importa mais a barba do lábio superior do que a do queixo, outros preferem a das bochechas e a que fica na parte de baixo do rosto; uns preferem frisá-la, outros a deixam lisa. Não há muito tempo, deixavam-se os cabelos da parte de trás da cabeça esparsos e esvoaçantes, enquanto hoje os enfiamos dentro de uma touca; nossas roupas são diferentes das de nossos pais, a variedade na maneira de se vestir é tão grande quanto a diversidade das nações, e o mais curioso é que, de todos os tipos de roupas, nós escolhemos uma das mais desconfortáveis, e nossa maneira de nos vestir, embora seja muito geralmente imitada por todos os povos da Europa, é, ao mesmo tempo, de todas elas, aquela que demanda mais tempo e que me parece estar menos de acordo com a natureza.

Ainda que as modas não pareçam ter origem senão no capricho e na fantasia, os caprichos adotados e as fantasias gerais merecem ser examinados: os homens sempre deram e sempre darão importância a tudo aquilo que possa fixar os olhos dos outros homens e dar-lhes, ao mesmo tempo, ideias lisonjeiras de riqueza, de poder, de grandeza etc. O valor das pedras brilhantes, que desde sempre foram consideradas ornamentos preciosos, não se funda em outra coisa senão em sua raridade e em seu brilho ofuscante; dá-se o mesmo com certos metais brilhantes, cujo peso nos parece tão leve quando o distribuímos sobre todas as pregas de nossas roupas, a fim de enfeitá-las; essas pedras e esses metais são menos um ornamento para nós do que um signo para os outros, para que nos notem e reconheçam nossas riquezas; a fim de transmitir-lhes uma ideia ainda maior dessas riquezas, ampliamos a superfície desses metais, desejando prender, ou antes ofuscar seu olhar; com efeito, quão poucos são aqueles que conseguem separar a pessoa de seus trajes e de julgar, distintamente, o homem e o metal?

Sendo assim, enquanto os homens extraírem mais vantagem da opulência do que da virtude, e enquanto os meios de parecer digno de consideração forem tão diferentes daquilo que unicamente merece ser considerado, tudo o que é raro e brilhante estará sempre na moda: o brilho exterior depende muito da maneira de se vestir, e essa maneira assume formas distintas, de acordo com os diferentes pontos de vista a partir dos quais queremos ser observados; o homem modesto, ou que deseja parecê-lo, quer, ao mesmo tempo, assinalar essa virtude pela simplicidade de seus trajes, o homem glorioso não descuida de nada que possa sustentar seu orgulho ou bajular sua vaidade, e o reconhecemos pela riqueza ou pelo requinte de sua indumentária.

Outro intento que os homens têm com muita frequência é aquele que os leva a tornar seus corpos maiores ou mais extensos: insatisfeitos com o pequeno espaço no qual nosso ser está circunscrito, desejamos ter um lugar maior neste mundo do que aquele que a Natureza nos pode oferecer; procuramos, assim, aumentar nossa figura usando sapatos altos e roupas com volume; por mais largas que possam ser, não seria ainda maior a vaidade que recobrem? Por que a cabeça de um doutor é cercada por uma enorme peruca e a de um homem do *bel air*[13] tem tão poucos cabelos? Um deseja que julguemos a dimensão de seus conhecimentos pela capacidade física de sua cabeça, cujo volume aparente quer aumentar, enquanto o outro, ao contrário, procura diminuí-lo, apenas para sugerir a leveza de seu espírito.

Há modas cuja origem é mais razoável, a saber, aquelas cujo objetivo é o de esconder defeitos e tornar a Natureza menos desagradável. Considerando-se os homens de um modo geral, há muito mais figuras defeituosas e rostos feios do que pessoas belas e bem-feitas: as modas, que não são nada mais do que o costume da maioria, ao qual o resto se submete, foram introduzidas e estabelecidas por esse grande número de pessoas interessadas em

---

13 Um *homme du bel air* é aquele que, de maneira afetada, pretende distinguir-se dos outros ao assumir modos mais refinados e polidos. Veja o Dicionário da Academia Francesa (1932). (N. T.)

tornarem seus defeitos mais suportáveis. As mulheres passaram a colorir suas faces a partir do momento em que o rubor de sua tez perdia o vigor, ou quando uma palidez natural as tornava menos atraentes do que as outras; esse hábito é quase universalmente difundido entre todos os povos da Terra; já aquele de branquear os cabelos[14] com pó de arroz, assim como o de torná-los mais volumosos por meio da frisagem, ainda que sejam muito menos universais e bem mais recentes, parecem ter sido concebidos para ressaltar as cores da face e valorizar sua forma.

Mas deixemos de lado as coisas acessórias e exteriores e, sem nos ocuparmos por mais tempo com os ornamentos e a roupagem do quadro, retornemos à sua figura. A cabeça do homem é, tanto por fora quanto por dentro, de uma forma diferente daquela da cabeça de todos os outros animais, à exceção do macaco, no qual essa parte é bem semelhante; este último tem, contudo, um cérebro muito menor e diversas outras diferenças das quais falaremos a seguir: o corpo de quase todos os animais quadrúpedes vivíparos é inteiramente coberto de pelos, sendo que, no homem, até a idade da puberdade, apenas a parte traseira da cabeça é assim coberta, sendo-o mais abundantemente provida do que a cabeça de qualquer animal. O macaco ainda se assemelha ao homem por suas orelhas, narinas e dentes: há uma diversidade muito grande de tamanho, posição e número de dentes entre os diferentes animais: uns têm dentes em cima e embaixo, outros apenas no maxilar inferior; em uns, os dentes são separados uns dos outros, já em outros, são juntos e contínuos; o palato de certos peixes consiste apenas em uma espécie de massa óssea muito dura e provida de um número muito grande de pontas que fazem a função dos dentes.[15]

---

14 Os papuas, habitantes da Nova Guiné, que são povos selvagens, não deixam de se importar com suas barbas e seus cabelos, polvilhando-os com cal. Veja *Recueil des voyages qui ont servi à l'établissement et aux progrès de la Compagnie des Indes Orientales*. Estienne Roger, Amsterdam, v.5, 1702-1706, tomo IV, p.637. (N. A.)

15 No *Journal des Savants*, ano 1675, encontramos um excerto da *Istoria Anatomica dell'ossa del corpo humano*, de Bernardino Genga, no qual esse autor, segundo parece, afirma ter encontrado diversas pessoas que tinham somente um dente a ocupar todo o maxilar e sobre o qual se podiam ver pequenas linhas distintas que, provavelmente,

Em quase todos os animais, a parte com a qual apreendem o alimento é normalmente sólida, ou munida de alguns corpos duros; os dentes do homem, dos quadrúpedes e dos peixes, o bico das aves, as garras, as pinças dos insetos, são todos instrumentos compostos de uma matéria dura e sólida com os quais todos esses animais apanham e trituram seus alimentos; todas essas partes duras originam-se nos nervos, tal como as unhas, os cornos etc. Dissemos que a substância nervosa endurece muito e torna-se sólida quando é exposta ao ar; a boca é uma parte dividida, uma abertura no corpo do animal e, portanto, é natural supormos que as terminações nervosas aí presentes devam se tornar duras e sólidas em sua extremidade, de modo a produzir os dentes, os palatos ósseos, os bicos, as pinças e todas as outras partes duras que encontramos em todos os animais, assim como também produzem, em outras extremidades do corpo, as unhas, os cornos, os esporões e até mesmo, na superfície, os pelos, as penas, as escamas etc.

O pescoço sustenta a cabeça e a une ao corpo; essa parte do corpo é muito mais considerável na maioria dos animais quadrúpedes do que nos homens; os peixes e os outros animais que não são dotados de pulmões semelhantes aos nossos não têm pescoço. As aves são, em geral, os animais cujo pescoço é o mais comprido; nas espécies de aves que têm as pernas curtas, o pescoço também é muito curto, e, naquelas que têm pernas longas, o pescoço também é bastante comprido. Aristóteles diz que todas as aves de rapina com garras têm o pescoço curto.

O peito do homem tem uma conformação exterior diferente da dos outros animais, sendo mais largo proporcionalmente ao corpo, e apenas nos homens e nos macacos encontramos esses ossos que estão imediatamente sob o pescoço e que denominamos *clavículas*. As duas mamas posicionam-se sobre o peito, as das mulheres são maiores e mais proeminentes do que as

---

indicavam ter havido muitos dentes ali: ele diz ter encontrado, no cemitério do hospital do Santo-Espírito de Roma, uma cabeça que não tinha maxilar inferior e que, no superior, não havia mais de três dentes, a saber, dois molares, sendo cada um dividido em cinco, com suas raízes separadas, e outro, que formava os quatro dentes incisivos e os dois que denominamos caninos [Genga, B. *Anatomia chirurgica, cioè Istoria anatomica dell'ossa, e muscoli del corpo humano*. Roma: Tinassi, 1672, p.254]. (N. A.)

dos homens e, no entanto, parecem ser quase da mesma consistência, tendo uma composição bastante semelhante, pois as mamas dos homens podem produzir leite, assim como as das mulheres.

Há muitos exemplos desse fato, que ocorre sobretudo na época da puberdade; eu mesmo já vi um jovem de 15 anos extrair, de uma de suas mamas, mais de uma colher de um líquido leitoso, ou melhor, de verdadeiro leite. Há, entre os animais, grande variedade quanto à posição e ao número de mamas; uns, como o macaco e o elefante, não têm mais de duas, posicionadas sobre a parte anterior do peito, ou ao lado; outros têm quatro, tais como o urso; outros, como a ovelha, têm somente duas, localizadas entre as coxas; outros não as têm nem sobre o peito nem entre as coxas, mas sobre o ventre, tal como as cadelas, as porcas etc., que as têm em grande número; as aves não têm mamas, assim como todos os outros animais ovíparos: os peixes vivíparos, como a baleia, o golfinho e o peixe-boi, também têm mamas e leite. A forma das mamas varia entre as diferentes espécies animais e no interior da mesma espécie, de acordo com as diferentes idades. Afirma-se que as fêmeas cujas mamas não são exatamente redondas, mas em forma de pera, são as que melhor amamentam, pois as crianças podem segurar com a boca não somente o mamilo, mas também uma parte da extremidade da mama. De resto, para que as mamas das fêmeas estejam bem posicionadas, é preciso que o espaço existente entre um mamilo e outro seja equivalente ao espaço que há entre o mamilo e o centro da cavidade interclavicular, de maneira que esses três pontos formem um triângulo equilátero.

Abaixo do peito está o ventre, sobre o qual o umbigo se posiciona de modo aparente e bem demarcado, ao passo que, na maior parte das espécies animais, ele é quase imperceptível ou, mesmo com frequência, inteiramente obliterado; até mesmo os macacos não têm, no lugar do umbigo, nada além de uma espécie de calosidade ou endurecimento.

Os braços dos homens não se assemelham em nada às pernas dianteiras dos quadrúpedes, e tampouco às asas das aves; o macaco é, de todos os animais, o único que tem mãos e braços, porém esses braços são formados mais grosseiramente e em proporções menos exatas do que os braços e as mãos do homem; os ombros são, no homem, também muito mais largos e de uma forma bastante distinta dos ombros de todos os outros animais; a parte alta dos ombros é aquela na qual o homem consegue carregar mais peso.

No homem, a forma das costas não é muito diferente de como ela é em diversos animais quadrúpedes, apenas a região lombar é mais musculosa e mais forte, mas as nádegas, que são a parte mais inferior do tronco, pertencem somente à espécie humana; nenhum animal quadrúpede as tem; aquilo que tomamos por nádegas são suas coxas. O homem é o único que se sustenta em uma posição ereta e vertical, e é a essa posição das partes inferiores que se deve esse inchaço no alto das coxas que forma as nádegas.

O pé do homem é, também, muito diferente do pé de qualquer outro animal, inclusive daquele do macaco; o pé do macaco é mais uma mão do que um pé, os dedos são compridos e dispostos tal como os da mão, sendo o dedo do meio maior do que os outros, assim como na mão; além disso, o pé do macaco não tem um calcanhar semelhante ao do homem; a planta do pé é, também, maior no homem do que em todos os outros animais quadrúpedes, e os dedos do pé são muito úteis para manter o equilíbrio do corpo e para assegurar seus movimentos ao andar, correr, dançar etc.

No homem, as unhas são menores do que em todos os outros animais; se elas ultrapassassem muito as extremidades dos dedos, prejudicariam o uso da mão; os selvagens que as deixam crescer utilizam-nas para rasgar a pele dos animais; porém, ainda que suas unhas sejam maiores e mais fortes do que as nossas, não o são o bastante para que se possa de algum modo compará-las com os chifres e os esporões dos animais.

Não se observou nada que, no detalhe, seja perfeitamente exato nas proporções do corpo humano; não apenas as mesmas partes do corpo não têm as mesmas dimensões proporcionais em duas pessoas diferentes, como muitas vezes também, em uma mesma pessoa, uma parte não é exatamente semelhante à outra parte correspondente; por exemplo, muitas vezes, o braço ou a perna do lado direito não tem as mesmas dimensões do braço ou da perna do lado esquerdo etc. Assim, foram necessárias reiteradas observações durante um longo período de tempo para que as dimensões das partes do corpo humano tivessem sido estabelecidas de modo exato, e para que pudéssemos ter uma ideia das proporções que constituem o que chamamos de bela natureza: não foi pela comparação do corpo de um homem com o corpo de outro homem, ou pelas medidas extraídas atualmente de um grande número de indivíduos que se puderam adquirir esses conhecimentos, mas pelos esforços que se fez para imitar e copiar, com exatidão, a Natureza; é à arte do desenho que devemos tudo aquilo que podemos saber a esse respeito; o sentimento e o gosto fizeram aquilo que a mecânica não podia fazer: abandonamos a régua e o compasso para nos atermos ao olhar, realizamos sobre o mármore todas as formas, todos os contornos de todas as partes do corpo humano, e conhecemos melhor a Natureza por meio da representação do que por meio da própria Natureza; desde que as estátuas surgiram, julgamos melhor sua perfeição ao vê-las do que ao medi-las. É devido a um grande exercício da arte do desenho e a uma percepção apurada que os grandes escultores lograram fazer que os outros homens percebessem as justas proporções das obras da Natureza; os antigos fizeram estátuas tão belas que, de comum acordo, as tomamos pela representação exata do corpo humano mais perfeito. Essas estátuas, que não eram nada além de cópias do homem, tornaram-se os originais, já que não eram feitas a partir de um único indivíduo, mas a partir da espécie humana inteira bem observada e, com efeito, tão bem apreciada que não se pôde encontrar homem algum cujo corpo fosse tão bem-proporcionado quanto o dessas estátuas; foi, portanto, a partir desses modelos que extraímos as medidas do corpo humano, e aqui contaremos como os desenhistas souberam estabelecê--las. Normalmente divide-se a altura do corpo em dez partes iguais que, nos termos da arte, chamamos de *faces*, porque a face do homem foi o primeiro modelo dessas medidas; distinguem-se, também, três partes iguais em cada face, isto é, em cada uma das dez partes da altura do corpo; essa segunda divisão vem daquela que se fez da face humana em três partes iguais. A primeira começa logo acima da testa, onde nascem os cabelos, e termina na raiz do nariz; o nariz constitui a segunda parte da face, e a terceira, começando sob o nariz, segue até embaixo do queixo: nas medidas do resto do corpo, designamos, às vezes, a terceira parte de uma face, ou uma trigésima parte de toda a altura, pela palavra nariz, ou do comprimento do nariz. A primeira face de que falamos, que consiste em toda a face do homem, começa onde nascem os cabelos, acima da testa; desse ponto até o topo da cabeça há, ainda, um terço de face de altura, ou, o que dá no mesmo, uma altura igual à do nariz; portanto, do topo da cabeça até a parte inferior do queixo, ou seja, em toda a altura da cabeça, há uma face e um terço de face; entre a parte inferior do queixo e a cavidade interclavicular, que fica acima do peito, há dois terços de face; assim, a altura desde a parte superior do peito até o topo da cabeça é igual a duas vezes o comprimento da face, o que equivale à quinta parte de toda a altura do corpo; da cavidade interclavicular até a parte inferior das mamas, contamos uma face; sob as mamas, começa a quarta face, que termina no umbigo, e a quinta vai daí até o local onde o tronco se bifurca, o que, ao todo, constitui a metade da altura do corpo. Contamos duas faces no comprimento da coxa até o joelho; este, por sua vez, equivale a uma meia face, que compõe a metade da oitava: há duas faces no comprimento da perna desde a parte inferior do joelho até o peito do pé, compondo, ao todo, nove faces e meia; e, do peito do pé à planta do pé, há uma meia face, que completa as dez faces nas quais dividimos toda a altura do corpo. Essa divisão foi feita para a maioria dos homens; mas naqueles que têm uma estatura alta e forte de um modo acima do comum, encontra--se cerca de uma meia face a mais na parte do corpo situada entre as mamas e a bifurcação do tronco; é, portanto, a altura excedente nesse lugar do corpo que faz uma bela estatura; assim, a origem da bifurcação do tronco não se situa precisamente no meio da altura do corpo, mas um pouco mais embaixo. Quando estendemos os braços, de modo que ambos estejam sobre uma mesma linha reta e horizontal, a distância que há entre as extremidades dos dedos médios da mão é igual à altura do corpo. Da cavidade situada entre as clavículas até a articulação do osso do ombro com aquele do braço há uma face: quando o braço está junto do corpo e dobrado para a frente, contamos quatro faces, a saber, duas entre a articulação do ombro e a extremidade do cotovelo e outras duas do cotovelo até o ponto de onde parte o dedo mindinho, o que compõe cinco faces, e mais cinco do lado do outro braço, resultando, ao todo, em dez faces, um comprimento igual ao de toda a altura do corpo, portanto; resta, contudo, na extremidade de cada mão, o comprimento dos dedos, que consiste em meia face, aproximadamente;

mas é preciso atentar para o fato de que essa meia face se perde nas articulações do cotovelo e do ombro quando os braços estão estendidos. A mão tem
uma face de comprimento, o polegar um terço de face, ou o comprimento do
nariz, assim como o dedo mais longo do pé; o comprimento da parte de baixo
do pé é igual a uma sexta parte da altura do corpo inteiro. Se quisermos verificar essas medidas em um homem em particular, elas estariam erradas em muitos sentidos, pelas razões que mencionamos; seria ainda muito mais difícil
determinar as medidas do volume das diferentes partes do corpo; o engordar
e o emagrecer alteram tão fortemente as dimensões, e o movimento dos músculos as faz variar em um número tão grande de posições que é quase impossível oferecer qualquer resultado confiável a esse respeito.

Na infância, as partes superiores do corpo são maiores do que as partes
inferiores, as coxas e as pernas estão longe de compor a metade da altura
do corpo; à medida que a criança avança em idade, essas partes inferiores
crescem mais do que as partes superiores, e, quando o crescimento de todo
o corpo se realiza por completo, as coxas e as pernas formam, aproximadamente, a metade da altura do corpo.

Nas mulheres, a parte anterior do peito é mais elevada do que nos
homens, de modo que geralmente a capacidade do peito formada pelas
costelas tem, proporcionalmente ao resto do corpo, mais profundidade
nas mulheres e maior largura nos homens; as ancas das mulheres são, também, muito mais grossas, pois tanto os ossos das ancas quanto os que a
estes se ligam, e que compõem, em conjunto, essa disposição denominada
bacia, são mais largos nas mulheres do que nos homens; essa diferença na
conformação do peito e da bacia é sensível o bastante para ser muito facilmente identificada, e é suficiente para distinguir o esqueleto de uma mulher
daquele de um homem.

A altura total do corpo humano varia muito consideravelmente; entre
os homens, a alta estatura vai de 5 pés e 4 ou 5 polegadas a 5 pés e 8 ou 9
polegadas; a estatura mediana vai de 5 pés, ou 5 pés e 1 polegada, a 5 pés e
4 polegadas; e a baixa estatura é abaixo de 5 pés: as mulheres têm, em geral,
2 ou 3 polegadas a menos do que os homens; em outro momento, falaremos dos gigantes e dos anões.

Embora o corpo do homem seja, em seu exterior, mais delicado do que o de qualquer animal, ele é, contudo, muito enervado e, talvez, proporcionalmente a seu volume, mais forte do que o corpo dos animais mais fortes; pois, se quisermos comparar a força do leão com a força do homem, devemos considerar que esse animal, por ser armado com garras e dentes, emprega suas forças de tal maneira que nos transmite uma falsa ideia, uma vez que atribuímos à sua força algo que pertence apenas às suas armas; já as armas que o homem recebeu da natureza não são ofensivas, e feliz seria ele se a arte não lhe tivesse posto em mãos outras mais terríveis do que as unhas do leão.

Mas há uma maneira melhor de comparar a força do homem com a dos animais, a saber, com base no peso que ele pode carregar. Afirma-se que os carregadores de Constantinopla carregam cargas que pesam 900 libras; lembro-me de ter lido uma experiência do sr. Desaguliers a respeito da força do homem: ele mandou fazer uma espécie de arnês, por meio do qual distribuía, por todas as partes do corpo de um homem em pé, um certo número de pesos, de modo que cada parte do corpo suportasse tudo aquilo que podia suportar relativamente às outras, e que não houvesse parte alguma do corpo que não estivesse carregada como deveria sê-lo; levava-se, por meio dessa máquina, sem que se estivesse demasiadamente sobrecarregado, um peso de 2 mil libras; se compararmos essa carga com aquela que, referente a cada volume, um cavalo deve carregar, veremos que, como o corpo desse animal tem um volume no mínimo seis ou sete vezes maior do que o do corpo de um homem, poderíamos, então, carregar um cavalo com um peso de 12 mil a 14 mil libras, o que é um peso enorme em comparação com as cargas que fazemos esse animal levar, mesmo que se distribua o peso da carga tão favoravelmente quanto nos for possível.

Pode-se, ainda, avaliar a força com base na continuidade do exercício e na agilidade dos movimentos; os homens que são treinados para correr vencem os cavalos, ou ao menos sustentam esse movimento por muito mais tempo; e mesmo em um exercício mais moderado, um homem acostumado a andar fará, por dia, um percurso mais longo do que aquele que é feito por um cavalo, e, se ele fizer sempre o mesmo percurso, depois de tê-lo percorrido durante o tempo necessário para que o cavalo esteja exausto, o homem estará ainda em condições de continuar seu trajeto sem se sentir desconfortável. Os valetes de Ispaã, que são corredores profissionais, fazem 36 léguas em 14 ou 15 horas. Os viajantes asseguram que os hotentotes vencem os leões na corrida, que os selvagens caçadores de alces perseguem esses animais, tão ligeiros quanto os cervos, com tanta velocidade que conseguem laçá-los e capturá-los: contam-se milhares de outras coisas a respeito da agilidade dos selvagens na corrida e das longas viagens que realizam e concluem a pé nas montanhas mais escarpadas, nas terras mais difíceis, onde não há qualquer caminho batido, qualquer trilha traçada; esses homens, segundo se diz, fazem viagens de 1.200 léguas em menos de seis semanas ou dois meses. Acaso existe algum animal, à exceção das aves, que tem, de fato, músculos proporcionalmente mais fortes do que todos os outros animais – acaso existe, dizia eu, algum animal que possa suportar essa longa fadiga? O homem civilizado não conhece suas forças, ele não sabe quanto delas está a perder em função da indolência e quanto poderia adquirir ao se habituar aos exercícios pesados.

Às vezes, contudo, vemos entre nós homens de uma força[16] extraordinária; mas esse dom da Natureza, que lhes seria precioso, se estivessem em situação de empregá-lo para sua defesa ou para algum trabalho útil, é uma vantagem muito pequena em uma sociedade civilizada, na qual o espírito vale mais do que o corpo, e na qual o trabalho braçal é destinado apenas aos homens de segunda classe.

As mulheres estão muito longe de serem tão fortes quanto os homens, e o maior uso, ou o maior abuso que o homem fez de sua força foi o de subjugar e, com frequência, tratar de modo tirânico essa metade do gênero humano feita para compartilhar com ele os prazeres e as dores da vida. Os selvagens obrigam suas mulheres a trabalharem ininterruptamente; são elas

---

16 *Nos quoque vidimus Athanatum nomine prodigiosae ostentationis quingenario thorace plumbeo indutum, cothurnisque quingentorum pondo calcatum, per scenam ingredi.* Plínio, v.2, livro 7, p.39. (N. A.) ["Também nós vimos um, de nome Athanatus, produzir-se todo em uma exibição sensacional: ele estava coberto por uma couraça de chumbo de 500 libras e calçava coturnos que pesavam igualmente 500." Plínio, *História natural*, VII, XX. (N. T.)]

que cultivam a terra, que fazem o trabalho árduo, enquanto o marido permanece preguiçosamente deitado em sua rede, da qual não sai a não ser para ir à caça ou à pesca, ou então para permanecer em pé nessa mesma atitude durante horas inteiras; pois os selvagens não sabem o que é passear, e nada os surpreende mais em nossas maneiras do que quando nos veem ir em linha reta para depois retornar em nossos passos, diversas vezes seguidas; eles não entendem que possamos admitir esse sofrimento sem qualquer necessidade, e realizar, assim, um movimento que não leva a lugar algum. Todos os homens tendem à preguiça, mas os selvagens dos países quentes são os mais preguiçosos de todos os homens, bem como os mais tirânicos com relação às suas mulheres, devido aos serviços que delas exigem com uma duração verdadeiramente selvagem: nos povos civilizados, os homens, por serem os mais fortes, ditaram as leis sob as quais as mulheres são sempre mais prejudicadas, à proporção da rudeza dos costumes; e foi apenas entre as nações civilizadas até à polidez que as mulheres obtiveram essa igualdade de condição, que, no entanto, é tão natural e tão necessária para o bem-estar da sociedade; essa polidez dos costumes é obra sua, elas se opuseram à força das armas vitoriosas quando, com sua modéstia, nos ensinaram a reconhecer o império da beleza, vantagem natural maior do que aquela da força, mas que supõe a arte de fazê-lo valer. Pois as ideias que os diferentes povos têm da beleza são tão singulares e opostas que é possível crer que as mulheres ganharam mais com a arte de se fazerem desejar do que, propriamente, com esse dom da Natureza, de que os homens fazem juízos tão diversos; eles estão muito mais de acordo a respeito do valor disso que é, de fato, o objeto de seus desejos, e o preço da coisa aumenta de acordo com a dificuldade de obter sua posse. As mulheres adquiriram a beleza a partir do momento em que souberam respeitar-se o suficiente para rejeitar todos aqueles que quiseram abordá-las por outras vias que não as do sentimento, e, uma vez que o sentimento tiver surgido, a polidez dos costumes deverá segui-lo.

Os antigos possuíam um gosto para a beleza diferente do nosso; a testa pequena, as sobrancelhas juntas, ou quase nada separadas, eram consideradas um encanto no rosto de uma mulher: ainda hoje se tem em grande conta, na Pérsia, as sobrancelhas grandes que se juntam; em alguns países das Índias, é necessário ter, para ser bela, dentes pretos e cabelos brancos, e uma das principais ocupações das mulheres nas Ilhas Marianas é a de escurecer os dentes com ervas e clarear os cabelos lavando-os com certas águas preparadas. Na China, é belo ter o rosto largo, os olhos pequenos e cobertos, o nariz achatado e largo, os pés extremamente pequenos, o ventre muito grande etc. Entre os índios da América e da Ásia, há povos que achatam as cabeças de suas crianças comprimindo a testa e a parte traseira da cabeça entre duas tábuas, a fim de tornar seu rosto muito mais largo do que seria naturalmente; outros achatam a cabeça e a alongam comprimindo-a pelos lados, e outros a achatam pelo topo; outros, por fim, a tornam o mais redonda possível; cada nação tem um juízo distinto com relação à beleza, e a esse respeito também cada homem conta com suas ideias e seu gosto particular; esse gosto é aparentemente relativo às primeiras impressões agradáveis que recebemos de certos objetos durante a infância, e talvez dependam mais do hábito e do acaso do que da disposição de nossos órgãos. Veremos, quando tratarmos do desenvolvimento dos sentidos, em que podem estar fundadas as ideias da beleza em geral que os olhos nos podem dar.

Da velhice e da morte

Na Natureza, tudo muda, tudo se altera, tudo morre; o corpo do homem, mal tendo alcançado seu ponto de perfeição, logo começa a decair: o declínio é, de início, imperceptível, e passam-se muitos anos até que nos apercebamos de uma mudança considerável; todavia, deveríamos ser capazes de sentir o peso dos anos mais do que os outros o são de contá-los; e, como eles não se enganam a respeito de nossa idade quando a julgam com base nas mudanças exteriores, nós nos enganaríamos ainda menos a respeito do efeito interno que produz essas mudanças se nos observássemos melhor, se nos bajulássemos menos e se, em tudo, os outros não nos julgassem sempre muito melhor do que nós mesmos o fazemos.

Depois que o corpo adquire toda a sua extensão em altura e largura por meio do desenvolvimento inteiro de todas as suas partes, ele aumenta em volume; o começo desse aumento é o primeiro ponto de seu declínio, pois essa extensão não é uma continuação do desenvolvimento, ou do crescimento interno de cada parte, devido ao qual o corpo continuaria a se tornar mais extenso em todas as suas partes orgânicas e adquiriria, por conseguinte, mais força e atividade; trata-se, ao contrário, de uma simples adição de matéria superabundante, que incha o volume do corpo e o sobrecarrega com um peso inútil. Essa matéria é a gordura que sobrevém normalmente aos 35 ou 40 anos, e, à medida que ela aumenta, o corpo começa a ter menos agilidade e liberdade em seus movimentos, sua capacidade para a reprodução diminui, seus membros se tornam mais pesados e adquirem extensão à medida que perdem força e atividade.

Além disso, os ossos e as outras partes sólidas do corpo, tendo adquirido toda a sua extensão em tamanho e comprimento, continuam a aumentar em solidez; os líquidos nutritivos que aí chegam, anteriormente destinados a aumentar o volume por meio do desenvolvimento do corpo, não servem para outra coisa senão para o aumento da massa, fixando-se no interior dessas partes; as membranas tornam-se cartilaginosas, as cartilagens tornam-se ósseas, os ossos tornam-se mais sólidos, todas as fibras ficam mais duras, a pele resseca, as rugas se formam aos poucos, os cabelos embranquecem, os dentes caem, o rosto se deforma, o corpo se curva etc.; as primeiras nuances desse estado fazem-se perceber antes dos 40 anos, aumentando em uma gradação bastante lenta até os 60, e em uma gradação mais veloz até os 70; a caducidade tem início nessa idade de 70 anos, e está sempre a crescer; a decrepitude a sucede, e a morte encerra, normalmente antes dos 90 ou 100 anos de idade, a velhice e a vida.

Consideremos em particular esses diferentes objetos e, do mesmo modo como examinamos as causas da origem e do desenvolvimento de nosso corpo, examinemos também aquelas de seu declínio e destruição. Os ossos, que são as partes mais sólidas do corpo, de início não passam de pequenos filetes compostos de uma matéria dúctil que, aos poucos, adquire dureza e consistência; podemos considerar os ossos, em seu primeiro estado, como filetes, ou pequenos canais ocos e revestidos de uma membrana por fora e por dentro; essa membrana dupla fornece a substância que deverá se tornar óssea, ou ela se torna, ela mesma, parcialmente óssea, pois o pequeno intervalo que há entre essas duas membranas, a saber, entre o periósteo interior e o periósteo exterior, logo se transforma em uma lâmina óssea: pode-se conceber, em parte, como se dão a produção e o crescimento dos ossos e das outras partes sólidas do corpo dos animais comparando-os com o modo pelo qual se formam os troncos e as outras partes sólidas dos vegetais. Tomemos, como exemplo, uma espécie de árvore cujo tronco conserva uma cavidade em seu interior, tal como uma figueira ou um sabugueiro, e comparemos a formação do tronco desse canal oco de sabugueiro com o do osso da coxa de um animal, que também tem uma cavidade: no primeiro ano, quando o botão que deverá formar a ramificação começa a se expandir, há apenas uma matéria dúctil que, devido à expansão, se torna um filete herbáceo que se desenvolve sob a forma de um pequeno canal preenchido com a medula; o exterior desse canal é revestido de uma membrana fibrosa, e as paredes internas da cavidade são, também, forradas de uma membrana semelhante; essas membranas, tanto a externa quanto a interna, são, em sua pequeníssima espessura, compostas de diversos planos superpostos de fibras ainda moles que recebem o alimento necessário para o crescimento do todo; esses planos internos de fibras endurecem aos poucos, devido ao depósito da seiva que aí chega, e, no primeiro ano, forma-se uma lâmina lígnea entre as duas membranas; essa lâmina é mais ou menos espessa, proporcionalmente à quantidade de seiva nutritiva que foi bombeada e depositada no intervalo que separa a membrana externa da membrana interna; mas, ainda que essas duas membranas se tenham tornado sólidas e lenhosas em suas superfícies internas, elas conservam, em suas superfícies externas, a maleabilidade e a ductilidade, de modo que, no ano seguinte, quando o botão que reside em sua extremidade comum se expande, a seiva sobe por essas fibras dúcteis de cada uma dessas membranas e, ao depositar-se nos planos internos de suas fibras, e também na lâmina lenhosa que as separa, esses planos internos tornam-se lígneos, tal como os outros que formaram a primeira lâmina, ao mesmo tempo que essa primeira lâmina adquire maior densidade; surgem, assim, dois novos leitos de tronco, um sob a face externa, outro sob a face interna da primeira lâmina, o que aumenta a espessura do tronco e torna maior o intervalo que separa as duas membranas dúcteis; no ano seguinte, elas se distanciam ainda mais, por meio de dois novos leitos de tronco que aderem aos três primeiros, um pelo exterior, outro pelo interior, e, dessa maneira, o tronco aumenta continuamente em espessura e solidez: a cavidade interior também aumenta à medida que a ramificação se desenvolve, pois a membrana interior, assim como a exterior, cresce à medida que todo o resto se expande, e ambas se tornam lígneas apenas na parte que toca o tronco já formado. Se considerarmos apenas a pequena ramificação que foi produzida durante o primeiro ano, ou se considerarmos um intervalo entre dois nós, isto é, o equivalente à produção de um único ano, veremos que essa parte da ramificação conserva, em tamanho maior, a mesma figura que ela possuía quando pequena; os nós que encerram e separam as produções de cada ano assinalam as extremidades do crescimento dessa parte da ramificação; essas extremidades são os pontos de apoio sobre os quais se produz a ação das forças que servem para o desenvolvimento e para a expansão das partes contíguas que se desenvolvem no ano seguinte; ao reagirem contra esse ponto de apoio, os botões superiores o pressionam e se expandem, formando uma segunda parte da ramificação do mesmo modo pelo qual se formou a primeira, e assim seguidamente, enquanto a ramificação estiver a crescer.

A maneira como se formam os ossos seria bastante semelhante ao que acabo de descrever se os pontos de apoio do osso estivessem em suas extremidades, tal como ocorre no tronco, em vez de se encontrarem na parte do meio, como nos proporemos a esclarecer. Nos primeiros momentos, os ossos do feto não passam de filetes compostos de uma matéria dúctil, que se pode perceber com facilidade e distinção através da pele e de outras partes externas, já que estas são, nesse momento, extremamente finas e quase transparentes: o osso da coxa, por exemplo, consiste em um pequeno filete muito curto que, tal como o filete herbáceo do qual acabamos de falar, contém uma cavidade; esse pequeno canal oco é fechado em suas duas extremidades por uma matéria dúctil, sendo também revestido, tanto em sua superfície externa quanto no interior de sua cavidade, de duas membranas compostas, em sua espessura, de diversos planos de fibras, todas elas moles e dúcteis; à medida que esse pequeno canal recebe os sucos nutritivos, as duas extremidades distanciam-se da parte do meio, que permanece sempre no mesmo lugar, enquanto todas as outras delas se afastam aos poucos por ambos os lados; mas elas não podem distanciar-se nessa direção oposta sem reagir sobre essa parte do meio: assim, as partes que estão em torno desse ponto do meio adquirem maior consistência, maior solidez, e são as primeiras a começarem a se ossificar: a primeira lâmina óssea, assim como a primeira lâmina lenhosa, é produzida no intervalo que separa as duas membranas, a saber, entre o periósteo externo e o periósteo que forra as paredes da cavidade interna, mas ela não se expande, tal como a lâmina lenhosa, por todo o comprimento da parte que adquire extensão. Inicialmente, o intervalo dos dois periósteos torna-se ósseo na parte do meio do comprimento do osso; em seguida, as partes que se avizinham do meio são as que se ossificam, enquanto as extremidades do osso e as partes que se avizinham dessas extremidades permanecem dúcteis e esponjosas; e, como a parte do meio é a primeira a se ossificar, e, uma vez que uma parte está ossificada, ela não pode mais se expandir, não é possível que ela cresça tanto quanto as outras: a parte do meio deve, portanto, ser a parte mais miúda do osso, pois as outras partes, bem como as extremidades, endurecem apenas depois dessa parte do meio, devendo crescer mais e adquirir maior volume, e é por essa razão que a parte do meio dos ossos é mais miúda do que todas as outras partes, e que as cabeças dos ossos, que endurecem por último e são as partes mais distantes do meio, são também as maiores partes do osso. Poderíamos seguir adiante com essa teoria sobre a figura dos ossos, mas, a fim de não nos distanciarmos de nosso principal objetivo, iremos nos contentar em observar que, independentemente desse crescimento no comprimento que se dá, como vimos, de modo diferente do crescimento do tronco, o osso adquire, ao mesmo tempo, um crescimento em volume que se opera mais ou menos da mesma maneira como ocorre no tronco, pois a primeira lâmina óssea é produzida pela parte interior do periósteo, e, quando ela se forma entre o periósteo interior e o periósteo exterior, logo se formam duas outras que aderem a cada um dos lados da primeira, o que, ao mesmo tempo, aumenta a circunferência do osso e o diâmetro de sua cavidade; à medida que as partes internas dos dois periósteos assim continuam a se ossificar, o osso continua a crescer por meio da adição de todos os leitos ósseos produzidos pelos periósteos, do mesmo modo como o tronco cresce por meio da adição de leitos lígneos produzidos pelas cascas.

Contudo, quando o osso alcança seu desenvolvimento integral, ou quando os periósteos não oferecem mais matéria dúctil capaz de ossificar--se, o que ocorre quando o animal atingiu seu crescimento completo, os líquidos nutritivos que eram destinados ao aumento do volume do osso servem apenas para aumentar sua densidade; esses líquidos depositam-se no interior do osso, que se torna mais sólido, mais maciço e especificamente mais pesado, como se pode ver pelo peso e pela solidez dos ossos de um boi comparados com os dos ossos de um veado; enfim, a substância do osso torna-se, com o tempo, tão compacta que não pode mais admitir os líquidos necessários para essa espécie de circulação que produz a nutrição dessas partes; a partir de então, essa substância do osso deve se alterar, tal como se altera o tronco de uma velha árvore uma vez que ela adquiriu toda a sua solidez; essa alteração na própria substância dos ossos é uma das primeiras causas que tornam necessário o declínio de nosso corpo.

As cartilagens, que podemos considerar ossos frágeis e imperfeitos, recebem, assim como os ossos, líquidos nutritivos que fazem aumentar pouco a pouco sua densidade; elas se tornam mais sólidas à medida que avançamos em idade e, na velhice, endurecem praticamente até à ossificação, o que torna os movimentos das articulações do corpo muito difíceis e deve, por fim, privar-nos do uso de nossos membros e produzir uma cessação total do movimento exterior, sendo esta a segunda causa, muito imediata e muito necessária, de um declínio mais perceptível e acentuado do que o primeiro, já que se manifesta na cessação das funções exteriores de nosso corpo.

As membranas, cuja substância tem muitas coisas em comum com as das cartilagens, também ressecam e adquirem maior densidade, à medida que avançamos em idade; por exemplo, aquelas que estão ao redor dos ossos deixam de ser dúcteis muito cedo; no momento em que o crescimento do corpo se conclui, a saber, a partir dos 18 ou 20 anos, elas não podem mais se expandir e, por isso, à medida que se envelhece, sua solidez começa a aumentar e elas se tornam continuamente mais densas: ocorre o mesmo com as fibras que compõem os músculos e a carne, ou seja, quanto mais se vive, mais a carne endurece; todavia, a julgar pelo toque na parte exterior, poderíamos crer que ocorre exatamente o contrário, pois, uma vez ultrapassada a juventude, parece que a carne começa a perder seu frescor e sua firmeza e, à medida que se avança em idade, ela parece se tornar cada vez mais flácida. É preciso atentarmos para o fato de que essa aparência não depende da carne, mas da pele; quando a pele está bem tesa, tal como ela fica, de fato, enquanto as carnes e as outras partes do corpo aumentam em volume, a carne, embora menos sólida do que deverá se tornar, parece firme ao toque; essa firmeza começa a diminuir quando a gordura cobre as carnes, pois a gordura, sobretudo quando é demasiado abundante, forma uma espécie de camada entre a carne e a pele: essa camada de gordura que reveste a pele, por ser muito mais macia do que a carne sobre a qual a pele assentava anteriormente, nos faz perceber essa diferença por meio do toque, razão pela qual a carne nos parece ter perdido sua firmeza; a pele se expande e cresce à medida que a gordura aumenta; depois, por menos que essa gordura diminua, a pele enruga e a carne parece murcha e macia ao toque: não é, portanto, a própria carne que amolece, mas sim a pele que a cobre e que, não estando mais tesa o bastante, torna-se flácida, pois a carne endurece à medida que se avança em idade, e disso nos podemos assegurar ao compararmos a carne dos animais jovens com a dos mais velhos: uma é tenra e delicada, a outra é tão seca e dura que não se pode comê-la.

Enquanto o volume do corpo estiver aumentando, a pele pode sempre continuar a se expandir; porém, quando aquele começa a diminuir, ela não tem a elasticidade necessária para restabelecer por completo seu primeiro estado, deixando rugas e pregas que não desaparecem mais; as rugas do rosto dependem em parte dessa causa, mas há em sua produção uma espécie de ordem relativa à forma, aos traços e aos movimentos habituais do rosto. Se examinarmos bem o rosto de um jovem de 25 ou 30 anos, nele já poderemos discernir a origem de todas as rugas que terá em sua velhice, bastando, para isso, somente observar o rosto em um estado de ação violenta, tal como aquele do riso, do choro, ou fazendo apenas uma grande careta; todas essas rugas que se formam nessas diferentes ações serão, um dia, rugas indeléveis; com efeito, elas seguem a disposição dos músculos e ficam gravadas na pele em parte devido ao hábito mais ou menos reiterado dos movimentos que deles dependem.

À medida que se torna mais velho, os ossos, as cartilagens, as membranas, a carne, a pele e todas as fibras do corpo tornam-se, assim, mais sólidas, mais duras, mais secas, todas as partes se retraem, se comprimem, todos os movimentos se tornam mais lentos, mais difíceis; a circulação dos fluidos faz-se com menos liberdade, a transpiração diminui, as secreções se alteram, a digestão dos alimentos torna-se lenta e laboriosa, os sucos nutritivos são menos abundantes e não podem ser admitidos pela maior parte das fibras que se tornaram demasiado sólidas, não servindo mais para a nutrição; essas partes demasiado sólidas são partes já mortas, uma vez que deixam de se nutrir; assim, o corpo morre aos poucos e por partes, seu movimento diminui gradualmente, a vida se extingue em nuances sucessivas, e a morte não é nada mais do que o último termo dessa sequência gradativa, a última nuance da vida.

Assim como os ossos, as cartilagens, os músculos e todas as outras partes que compõem o corpo são menos sólidas e mais moles nas mulheres dos que nos homens, e será necessário um tempo maior para que essas partes adquiram essa solidez que causa a morte; as mulheres, por conseguinte, devem envelhecer mais do que os homens; de fato, é isso o que acontece, e podemos observar, ao consultarmos as tabelas que foram feitas sobre a mortalidade do gênero humano, que, quando as mulheres já tiverem passado de certa idade, elas vivem, em seguida, mais tempo do que os homens da mesma idade: devemos também concluir, a partir do que dissemos, que os homens que são aparentemente mais frágeis do que os outros, e cuja constituição se aproxima mais daquela das mulheres, devem viver mais tempo do que aqueles que parecem ser os mais fortes e os mais robustos; e, do mesmo modo, podemos crer que, em ambos os sexos, as pessoas que concluíram seu processo de crescimento muito tardiamente são aquelas que deverão viver mais, pois, em ambos os casos, os ossos, as cartilagens e todas as fibras alcançarão mais tarde esse grau de solidez que deve produzir a destruição.

Essa causa da morte natural é geral, sendo comum a todos os animais, e até mesmo aos vegetais; um carvalho perece precisamente porque as partes mais antigas do tronco, que ficam no centro, tornam-se tão duras e tão compactas que não conseguem mais receber a nutrição; a umidade que contêm, por não ter mais circulação e não ser substituída por uma seiva nova, fermenta, corrompe-se e altera, aos poucos, a fibra do tronco, que se torna vermelha, desorganiza-se e, por fim, é reduzida a pó.

A duração total da vida pode ser medida, de algum modo, pela duração do tempo de crescimento; uma árvore ou um animal que cresce por completo em pouco tempo morre muito mais cedo do que outro para o qual é necessário mais tempo para crescer. Nos animais, assim como nos vegetais, o crescimento em altura é o primeiro a ser concluído; um carvalho para de crescer muito tempo antes de parar de se avolumar: o homem cresce em altura até os 16 ou 18 anos, mas o desenvolvimento completo do volume de todas as partes de seu corpo conclui-se apenas aos 30: os cães crescem todo o seu comprimento em menos de um ano, e é somente no segundo ano que concluem seu crescimento em volume. O homem, que leva trinta anos para crescer, vive noventa ou cem anos; o cão, que cresce apenas durante dois ou três anos, também não vive mais de dez ou doze; ocorre o mesmo com a maioria dos outros animais: os peixes, por exemplo, que param de crescer somente ao final de muitos anos, vivem séculos e, como já o insinuamos, essa longa duração de sua vida deve depender da constituição particular de suas espinhas, que jamais adquirem tanta solidez quanto os ossos dos animais terrestres. Examinaremos, na história particular dos animais, se há exceções a essa espécie de regra que a Natureza segue quanto à proporção entre a duração da vida e a do crescimento, e se, de fato, é verdade que os corvos e os cervos vivem durante muitos anos, tal como se afirma: o que se pode dizer, de modo geral, é que os grandes animais vivem mais tempo do que os pequenos, porque levam mais tempo para crescer.

As causas de nossa destruição são necessárias, portanto, e a morte é inevitável, de modo que adiar o momento fatal é, para nós, algo tão impossível quanto alterar uma lei da Natureza. As ideias que alguns visionários tiveram a respeito da possibilidade de prolongar a vida por meio de remédios teriam morrido junto com eles, caso o amor-próprio não fizesse sempre aumentar nossa credulidade a ponto de nos persuadirmos até mesmo daquilo que há de mais impossível, e de duvidarmos daquilo que há de mais verdadeiro, real e constante; a panaceia, seja qual for sua composição, a transfusão de sangue e os outros meios que foram propostos para rejuvenescer ou imortalizar o corpo são, no mínimo, tão quiméricos quanto é fabulosa a fonte da juventude.

Quando o corpo é bem constituído, talvez seja possível fazê-lo durar alguns anos a mais ao se cuidar; pode ser que a moderação nas paixões, a temperança e a sobriedade nos prazeres contribuam para prolongar a vida, mas mesmo isso parece bastante duvidoso; talvez seja necessário que o corpo empregue todas as suas forças, que consuma tudo aquilo que pode consumir, que se exercite o quanto for capaz, e, sendo assim, o que é que se ganha com a dieta e a privação? Há homens que viveram mais tempo do que o normal e, sem falarmos daqueles dois idosos mencionados nas *Transações filosóficas*, dos quais um viveu 165 anos e o outro 144, há um grande número de exemplos de homens que viveram 110, e até mesmo 120 anos; esses homens, no entanto, não se cuidaram mais do que os outros, pelo contrário, parece que a maioria era de camponeses acostumados com as maiores fadigas, ou então de caçadores, trabalhadores, em suma, de homens que haviam empregado todas as forças de seus corpos, que delas abusaram, inclusive, se é que é possível delas abusar de outro modo que não seja por meio do ócio e da libertinagem contínua.

Além disso, se refletirmos a respeito do fato de que o europeu, o negro, o chinês, o americano, o homem civilizado, o homem selvagem, o rico, o pobre, o habitante da cidade, aquele do campo, tão diferentes entre si em todo o resto, assemelham-se, contudo, quanto a isso, e todos eles têm a mesma medida, o mesmo intervalo de tempo a percorrer desde o nascimento até a morte; que a diferença entre as raças, os climas, as formas de alimentação, as comodidades etc., não altera em nada a duração da vida; que os homens que se alimentam somente de carne crua ou de peixe seco, de sagu ou de arroz, de caçava ou de raízes, vivem tanto tempo quanto aqueles que se alimentam de pão ou de alimentos preparados; reconheceremos ainda mais claramente que a duração da vida não depende nem dos hábitos, nem dos costumes, nem da qualidade dos alimentos; que nada pode mudar as leis da mecânica, que regulam nosso tempo de vida; e que, se podemos alterá-las de algum modo, é apenas pelo excesso de alimentação ou por meio de dietas exageradas.

Se há alguma diferença, ainda que pouco expressiva, na duração da vida, parece que ela deve ser atribuída à qualidade do ar; observou-se que, nos países elevados, há mais idosos do que nos lugares mais baixos; as montanhas da Escócia, do País de Gales, da Auvérnia, da Suíça, nos deram mais exemplos de velhices extremas do que as planícies da Holanda, de Flandres, da Alemanha e da Polônia; mas, se considerarmos o gênero humano em geral, não há, por assim dizer, qualquer diferença com relação à duração da vida; o homem que não morre devido a alguma doença acidental vive, em toda parte, noventa ou cem anos; nossos ancestrais não viveram mais e, desde o século de David, esse limite nem sequer variou. Se nos perguntarmos por que a vida dos primeiros homens era muito mais longa, por que viviam 900, 930 e até 969 anos, talvez se possa propor uma explicação, afirmando que os produtos da Terra que, na época, lhes serviam de alimento tinham uma natureza distinta da dos produtos de hoje; nos primeiros momentos após a Criação, a superfície do globo devia ser, como vimos, muito menos sólida e menos compacta do que é hoje, pois, como a gravidade passou a agir recentemente, as matérias terrestres não puderam adquirir, em tão poucos anos, a consistência e a solidez que adquiriram a partir de então; os produtos da Terra eram provavelmente análogos a esse estado, devendo a superfície da Terra ser menos compacta, menos seca, e tudo o que ela produzia mais dúctil, mais maleável, mais passível de expansão; é possível, portanto, que o crescimento de todos os produtos da Natureza, inclusive o do corpo humano, não se desse em tão pouco tempo quanto se dá atualmente; talvez os ossos, os músculos, conservassem por mais tempo sua ductilidade e maciez, pois todos os alimentos eram, eles mesmos, mais macios e dúcteis; com isso, todas as partes do corpo alcançariam seu desenvolvimento completo apenas após muitos anos e, consequentemente, a reprodução não poderia realizar-se senão depois que esse crescimento tivesse sido realizado por inteiro, ou quase por inteiro, isto é, aos 120 ou 130 anos, sendo a duração da vida proporcional à do tempo do crescimento, tal como é ainda hoje; ora, se supusermos que a idade da puberdade dos primeiros homens, idade na qual começavam a poder gerar, era de 30 anos, e sendo 14 anos a idade na qual podemos nos reproduzir hoje em dia, veremos que o número de anos que deverá durar a vida dos primeiros homens e o número de anos que dura a vida dos homens da atualidade estarão na mesma proporção, a saber: multiplicando-se cada um desses dois números pelo mesmo número, por exemplo, por sete, veremos que, se a vida dos homens de hoje em dia dura 98 anos, a dos homens daquela época deveria durar 910 anos; é possível, assim, que a duração da vida do homem tenha diminuído aos poucos, à medida que a superfície da Terra foi se tornando mais sólida devido à ação contínua da força de gravidade, e que nos séculos decorridos desde a Criação até o século de David, tendo bastado para que as matérias terrestres adquirissem toda a solidez que podem adquirir devido à pressão da gravidade, a superfície da Terra tenha permanecido no mesmo estado desde aquele momento e tenha adquirido toda a consistência que, a partir de então, teria para todo o sempre, e que todos os prazos para o crescimento de seus produtos tenham sido fixados, incluindo-se o da duração da vida.

Independentemente das doenças acidentais que podem ocorrer em qualquer idade e que, na velhice, se tornam mais perigosas e mais frequentes, os idosos estão ainda sujeitos a enfermidades naturais, oriundas da decrepitude e da decadência de todas as partes de seu corpo; as forças musculares perdem seu equilíbrio, a cabeça vacila, a mão treme, as pernas se tornam cambaleantes e os sentidos, uma vez que a sensibilidade dos nervos diminui, se tornam obtusos, e até mesmo o tato fica embotado; mas aquilo que devemos considerar uma grande enfermidade é o fato de que velhos de muita idade são, geralmente, incapazes de gerar; essa impotência pode ter duas causas, ambas suficientes para produzi-la, sendo uma a ausência de tensão nos órgãos externos e a outra uma alteração no líquido seminal. A ausência de tensão explica-se facilmente pela conformação e pela textura do próprio órgão, que não consiste, por assim dizer, em nada além de uma membrana vazia ou que contém, em seu interior, apenas um tecido celular e esponjoso; ela se alarga, se expande e recebe, em suas cavidades internas, grande quantidade de sangue que produz um aumento do volume aparente e um certo grau de tensão; compreende-se bem que, na juventude, essa membrana tem toda a maleabilidade exigida para expandir-se e obedecer facilmente à impulsão do sangue e, mesmo que este último seja conduzido a essa parte com pouca força, ele dilata e estende facilmente essa membrana macia e flexível; mas, à medida que se envelhece, ela adquire, assim como todas as outras partes do corpo, mais solidez, perdendo algo de sua maciez e de sua flexibilidade e, com isso, mesmo supondo-se que a impulsão do sangue se dê com a mesma força com a qual ela ocorre na juventude (trata-se de outra questão que não examinarei aqui), essa impulsão não seria suficiente para dilatar tão facilmente essa membrana que se tornou mais sólida e, por conseguinte, mais resistente a essa ação do sangue; e, quando essa membrana tiver se tornado ainda mais sólida e ressecada, nada será capaz de desdobrar suas pregas e de conferir-lhe esse estado de dilatação e de tensão necessário para o ato da reprodução.

No que concerne à alteração do líquido seminal, ou melhor, à sua infecundidade na velhice, compreende-se facilmente que esse líquido pode ser fértil apenas quando contém moléculas orgânicas enviadas de todas as partes do corpo, sem exceção; pois, como já estabelecemos, a produção do pequeno ser organizado semelhante ao grande não pode ocorrer senão devido à reunião de todas essas moléculas enviadas de todas as partes do corpo do indivíduo; mas, entre os velhos que são muito idosos, as partes que, tais como os ossos e as cartilagens, se tornaram demasiado sólidas, por não poderem mais receber a nutrição, não podem, por conseguinte, assimilar essa matéria nutritiva, e tampouco reenviá-la depois de tê-la modelado e transformado naquilo que ela deve ser. Os ossos e as outras partes que se tornaram demasiado sólidas não podem, portanto, nem produzir nem reenviar moléculas orgânicas de sua espécie – moléculas estas que, por conseguinte, estarão ausentes no líquido seminal desses idosos, e essa falta é suficiente para torná-lo infértil, pois já provamos que, para que o líquido seminal seja fértil, é necessário que ele contenha moléculas reenviadas de todas as partes do corpo, a fim de que todas essas partes possam, de fato, se reunir primeiro e se realizar em seguida, por meio de seu desenvolvimento.

Seguindo-se esse raciocínio, que me parece legítimo, e admitindo-se a suposição de que, com efeito, é devido à ausência das moléculas orgânicas que não podem ser reenviadas por aquelas partes tornadas demasiado sólidas que o líquido seminal dos homens muito idosos deixa de ser fértil, deve-se pensar que essas moléculas ausentes podem, às vezes, ser substituídas pelas moléculas da mulher; se esta for jovem, e, nesse caso, a geração se efetuará, e é isso que também ocorre. Os velhos decrépitos fecundam, porém apenas raramente, e quando o fazem têm, em sua própria produção, uma participação menor do que a dos outros homens; é também por isso que as pessoas jovens que se casam com velhos decrépitos, cuja estrutura já se deformou, frequentemente produzem monstros, crianças deformadas, ainda mais defeituosas do que seu pai; mas aqui não é o lugar de nos estendermos sobre esse assunto.

A maioria das pessoas idosas morre devido ao escorbuto, à hidropisia ou a outras doenças que parecem provir da degradação do sangue, da alteração da linfa etc. Seja qual for a influência que os líquidos contidos no corpo humano possam ter sobre sua economia, pode-se pensar que esses líquidos, por serem partes passivas e fracionadas, não fazem nada além de obedecer à impulsão dos sólidos, que são partes verdadeiramente orgânicas e ativas, das quais devem ser inteiramente dependentes o movimento, a qualidade e até mesmo a quantidade dos líquidos; na velhice, o calibre dos vasos se comprime, a elasticidade dos músculos diminui, os filtros secretórios se obstruem, o sangue, a linfa e os outros humores devem, por conseguinte, se tornar mais espessos, se alterar, transbordar e produzir sintomas de diversas doenças que temos o costume de associar, como a seu princípio, à corrupção dos líquidos, enquanto sua primeira causa é, na verdade, uma alteração nos sólidos produzida por sua degeneração natural, ou então por alguma lesão ou desarranjo acidentais. É verdade que, embora o mau estado dos líquidos provenha de uma imperfeição orgânica nos sólidos, os efeitos que resultam dessa alteração dos líquidos manifestam-se por meio de sintomas súbitos e alarmantes, e isso porque, estando os líquidos em constante circulação e em grande movimento, por menos estagnados que se tornem devido ao excessivo estreitamente dos vasos, ou por pouco que, devido a seu relaxamento forçado, se derramem e abram falsas vias, não deixam de se corromper e, ao mesmo tempo, de corroer as partes mais frágeis dos sólidos – o que, com frequência, produz males sem remédio ou, no mínimo, faz que eles transmitam suas más qualidades a todas as partes sólidas por eles irrigadas, desarranjando seu tecido e alterando sua natureza; assim, os meios de degradação se multiplicam, o mal interior aumenta cada vez mais e conduz rapidamente ao momento da destruição.

Todas as causas que acabamos de indicar dessa degradação atuam continuamente sobre nosso ser material e conduzem-no pouco a pouco à sua dissolução; a morte, essa alteração de estado tão marcada, tão temida, não é, portanto, na Natureza, nada além da última nuance de um estado precedente; a sucessão necessária da degradação de nosso corpo conduz a esse grau, assim como todos os outros que o precederam; a vida começa a se extinguir muito tempo antes de se extinguir por completo, e na realidade talvez haja mais tempo entre a juventude e a caducidade do que entre a decrepitude e a morte, pois não devemos, aqui, considerar a vida como uma coisa absoluta, mas como uma quantidade passível de aumentar ou diminuir. No momento da formação do feto, essa vida corporal não é nada ainda, ou quase nada; aos poucos, ela aumenta, expande-se e adquire consistência, à medida que o corpo cresce, se desenvolve e se fortifica; quando ele entra em declínio, a quantidade de vida diminui; finalmente, quando ele se curva, resseca e decai, ela decresce, se retrai e se reduz a nada; começamos, portanto, a viver de grau em grau e acabamos morrendo do mesmo modo como começamos a viver.

Por que, então, temer a morte, se vivemos o bastante para não temer as sucessões? Por que recear esse instante, uma vez que ele é preparado por uma infinidade de instantes da mesma ordem; que a morte é tão natural quanto a vida; e que uma e outra nos sucedem da mesma maneira, sem que o notemos, sem que possamos nos aperceber? Se interrogarmos os médicos e os ministros da Igreja acostumados a observar as ações daqueles que estão a morrer, bem como a acolher suas últimas impressões, eles reconhecerão que, à exceção de um pequeno número de mortes causadas por doenças agudas, devido às quais a agitação provocada pelos movimentos convulsivos parece indicar os sofrimentos do doente, em todos os outros casos, morre-se de maneira tranquila, suave e sem dor; e mesmo essas terríveis agonias mais assustam o espectador do que atormentam o doente, pois quantos já não vimos que, depois de terem passado por esse momento extremo, não tinham qualquer lembrança do que havia ocorrido, e tampouco do que haviam sentido! Durante esse tempo, eles realmente deixaram de existir para si mesmos e são obrigados a descontar de seus dias de vida todos aqueles que passaram nesse estado, do qual não lhes resta ideia alguma.

A maioria dos homens, portanto, morre sem sabê-lo, e, entre o pequeno número daqueles que conservam a consciência até o último suspiro, talvez não haja sequer um que não conserve, ao mesmo tempo, a esperança, e não confie em um retorno à vida; a Natureza, para o bem do homem, tornou esse sentimento mais forte do que a razão. Um doente cujo mal é incurável, que pode julgar seu estado com base em exemplos frequentes e familiares, e que dele é advertido pelos movimentos inquietos de sua família, pelas lágrimas de seus amigos, pela postura e pelo abandono dos médicos, não está, por isso, mais convencido de que se aproxima de sua hora final; nosso interesse é tão grande que não confiamos em mais ninguém além de nós mesmos, não acreditando nas opiniões dos outros, que julgamos se tratarem de preocupações infundadas; enquanto ainda estivermos a nos sentir e pensar, refletiremos e julgaremos somente por nós mesmos; quando tudo está morto, a esperança ainda vive.

Observa um doente que te diga cem vezes que se sente combalido até à morte, que sabe muito bem que não pode mais se restabelecer e que está perto de expirar, e examina aquilo que se passa em seu rosto quando, por zelo ou indiscrição, alguém vem lhe anunciar que seu fim, de fato, está próximo: verás que ele se transforma como aquele de um homem a quem anunciamos uma notícia imprevista; esse doente, portanto, não acredita naquilo que diz a si mesmo, e isso tanto é verdade que ele não está de modo algum convencido de que deverá morrer; apresenta apenas alguma dúvida, alguma inquietude com relação a seu estado, mas tem sempre muito menos receio do que esperança, e, caso não despertássemos seus temores com esses tristes cuidados e com esse aparato lúgubre que antecede a morte, ele não a veria chegar.

A morte não é, portanto, um choque tão terrível quanto imaginamos; de longe, nós a julgamos mal; ela é um fantasma que nos aterroriza a uma certa distância e que desaparece quando dele nos aproximamos; dela, portanto, temos apenas uma falsa noção, pois a vemos não apenas como a maior das desgraças, mas ainda como um mal acompanhado da mais intensa dor e das mais penosas angústias: inclusive, ao refletirmos sobre a natureza da dor, fazemos que essas imagens funestas cresçam em nossa imaginação e que nossos temores aumentem. Essa dor deve ser extrema, diz-se, quando a alma se separa do corpo, e pode também ser de longa duração, pois, uma vez que o tempo não possui outra medida senão a sucessão de nossas ideias, um instante de dor muito intensa, durante o qual essas ideias se sucedam com uma rapidez proporcional à violência do mal, pode nos parecer mais longo do que um século durante o qual elas fluam lentamente e de modo correspondente aos sentimentos tranquilos que normalmente nos afetam. Que abuso da filosofia não se faz com esse tipo de pensamento! Se ele não tivesse consequências, não mereceria ser ressaltado; mas ele exerce uma influência sobre a infelicidade do gênero humano, pois torna o aspecto da morte mil vezes mais aterrorizante do que pode ser, e, caso não houvesse apenas um número muito pequeno de pessoas ludibriadas pela aparência enganosa dessas ideias, seria sempre útil destruí-lo e fazer que vissem sua falsidade.

Por acaso sentimos, quando a alma se une ao nosso corpo, um prazer excessivo, uma alegria viva e súbita que nos arrebata e entusiasma? Não, essa união ocorre sem que dela nos apercebamos, e também a desunião deverá ocorrer sem provocar qualquer sentimento; que razão temos para crer que a separação entre a alma e o corpo não possa ocorrer sem uma dor extrema? Qual causa pode produzir essa dor, ou ocasioná-la? Deverá ela residir na alma ou no corpo? A dor da alma não pode ser produzida senão pelo pensamento, já aquela do corpo é sempre proporcional à sua força e à sua fraqueza; no instante da morte natural, o corpo é mais frágil do que nunca e, por isso, pode apenas experimentar uma dor muito pequena, se é que experimenta alguma.

Suponhamos, agora, uma morte violenta, um homem, por exemplo, cuja cabeça foi decepada por uma bala de canhão: será que ele sofre mais do que por um instante? Será que lhe ocorre, no intervalo desse instante, uma sucessão de ideias suficientemente rápida para que essa dor lhe pareça durar uma hora, um dia, um século? É isso o que precisamos examinar.

Admito que a sucessão de nossas ideias seja, de fato, relativamente a nós mesmos, a única medida de tempo, e que devemos considerá-lo mais curto ou mais longo à medida que nossas ideias fluam mais uniformemente ou se cruzem de modo mais irregular; mas essa medida possui uma unidade cuja grandeza não é nem arbitrária nem indefinida, pelo contrário, ela é determinada pela própria Natureza e relativa à nossa organização. Duas ideias que se sucedem, ou que apenas são diferentes uma da outra, têm necessariamente, entre si, um certo intervalo que as separa; por mais repentino que seja um pensamento, é preciso um curto espaço de tempo para que ele seja sucedido por outro pensamento, pois essa sucessão não pode ocorrer em um instante indivisível; o mesmo se dá com o sentimento, ou seja, é preciso um certo tempo para que passemos da dor ao prazer, ou mesmo de uma dor a outra dor; esse intervalo de tempo que separa necessariamente nossos pensamentos e nossos sentimentos é a unidade à qual me refiro; ele não pode ser nem extremamente longo nem extremamente curto, devendo ser, na verdade, quase sempre igual em sua duração, já que esta última depende da natureza de nossa alma e da organização de nosso corpo, cujos movimentos têm um determinado grau de velocidade; não pode haver, portanto, em um mesmo indivíduo, sucessões de ideias que, sendo mais ou menos rápidas, possam ter o grau de variação necessário para produzir essa enorme diferença de duração que transformaria um minuto de dor em um século, um dia, uma hora.

Uma dor muito intensa, por menos que dure, conduz ao desmaio ou à morte, pois, como nossos órgãos têm somente certo nível de força, podem resistir apenas por um certo tempo e a um certo grau de dor; ela cessa quando se torna excessiva, pois nesse caso é mais forte do que o corpo, que, não podendo suportá-la, pode menos ainda transmiti-la à alma, com a qual pode corresponder-se somente quando os órgãos estão ativos; aqui, a atividade dos órgãos cessa, de modo que o sentimento interior que comunicam à alma também deve cessar.

Isso que acabo de dizer talvez seja mais do que suficiente para provar que o instante da morte não é acompanhado de uma dor extrema ou de longa duração; mas, a fim de tranquilizar as pessoas menos corajosas, acrescentaremos ainda uma palavra. Uma dor excessiva não permite qualquer reflexão, e, no entanto, já foram observados diversas vezes alguns sinais de reflexão no exato momento de uma morte violenta. Quando Carlos XII recebeu o golpe que encerrou em um instante suas façanhas e sua vida, levava a mão à sua espada; essa dor mortal não era, portanto, uma dor excessiva, já que não excluía a reflexão; ele se sentiu atacado, julgou que precisaria se defender e, assim, não sofreu mais do que qualquer um sofre devido a um golpe qualquer: não se pode dizer que essa ação é apenas o resultado de um movimento mecânico, pois provamos, no artigo sobre as paixões (veja, anteriormente, "Da idade viril"), que seus movimentos, mesmo os mais repentinos, dependem sempre da reflexão e não passam de efeitos de uma vontade habitual da alma.

Estendi-me sobre esse assunto apenas para tentar destruir um preconceito tão contrário à felicidade do homem; já conheci algumas vítimas desse preconceito, pessoas cujo pavor da morte fez que de fato morressem, e sobretudo mulheres que foram aniquiladas pelo medo da dor; esses terríveis alarmes parecem ter sido feitos apenas para pessoas elevadas que, devido à sua educação, tornaram-se mais sensíveis do que as outras, pois os homens comuns, em especial aqueles do campo, veem a morte sem temor.

A verdadeira filosofia é aquela que vê as coisas tais como são; o sentimento interior estaria sempre de acordo com essa filosofia caso não fosse corrompido pelas ilusões de nossa imaginação e pelo hábito infeliz que adquirimos de inventar fantasmas de dor e de prazer: de longe, qualquer coisa pode ser terrível ou encantadora, mas, para assegurar-se disso, é preciso ter a coragem ou a sabedoria de observá-la de perto.

Se algo pode confirmar o que dissemos a respeito da cessação gradual da vida, e provar ainda melhor que seu fim chega por nuances que são, muitas vezes, imperceptíveis, é a incerteza dos sinais da morte; se consultarmos as observações reunidas a esse respeito, em particular as que foram oferecidas pelos srs. Winslow e Bruhier, estaremos convencidos de que há, entre a morte e a vida, apenas uma nuance tão suave que, mesmo com todas as luzes da arte da medicina e da mais atenta observação, não se pode notá-la: de acordo com eles, "o colorido do rosto, o calor do corpo, a maciez das partes flexíveis são indícios incertos de uma vida ainda subsistente, assim como a palidez do rosto, o corpo frio, a rigidez das extremidades, a cessação dos movimentos e a supressão dos sentidos externos são sinais muito equívocos de uma morte certa": ocorre o mesmo com a cessação aparente do pulso e da respiração; tais movimentos são, às vezes, tão quietos e brandos que não é possível percebê-los; aproximamos um espelho ou uma luz da boca do doente e, se o espelho embaçar, ou se a luz tremeluzir, concluímos que ele ainda respira; mas esses efeitos ocorrem com frequência devido a outras causas, mesmo quando o doente de fato está morto, sendo que às vezes simplesmente não ocorrem, mesmo quando ele ainda está vivo; esses meios são, portanto, muito equívocos: quando queremos estar bem convencidos da certeza da morte de alguém, irritamos suas narinas com esternutatórios e líquidos penetrantes, buscamos despertar-lhe os órgãos do tato com picadelas, queimaduras etc., damos-lhe banhos de fumaça, agitamos seus membros com movimentos violentos, fatigamos seu ouvido com gritos e sons agudos, escarificamos suas escápulas, a parte interna de suas mãos e as plantas dos pés aplicando ferro em brasa, cera ardente da Espanha etc. Há casos, porém, nos quais todas essas provas são inúteis, havendo exemplos, sobretudo de pessoas cataléticas, que, tendo passado por todas elas sem dar qualquer sinal de vida, em seguida voltaram a si, para o grande espanto dos espectadores.

Nada prova melhor o quanto um certo estado de vida se assemelha ao estado de morte, ou melhor, nada seria mais sensato e mais de acordo com a humanidade do que nos apressarmos menos do que fazemos para abandonar, enterrar e sepultar o corpo; por que esperar somente 10, 20 ou 24 horas, visto que esse tempo não é suficiente para que se possa distinguir um verdadeiro morto de um morto aparente, e sabendo-se que há exemplos de pessoas que saíram de seus túmulos ao final de dois ou três dias? Por que deixarmos, com indiferença, que se precipitem os funerais das pessoas cuja vida desejaríamos ardentemente prolongar? Por que subsiste esse hábito, cuja mudança interessaria a todos os homens? Não basta que tenha havido, algumas vezes, certo abuso nos funerais precipitados para que nos empenhemos em adiá-los e em seguir os conselhos dos sábios médicos, que nos dizem[17] ser

incontestável o fato de que, às vezes, o corpo se encontra tão privado de toda função vital, e o sopro de vida é nele tão discreto, que ele parece não diferir em nada do corpo de um morto; e, por isso, a caridade e a religião querem que determinemos um tempo suficiente para aguardar que a vida, caso ainda subsista, possa se manifestar por meio de sinais, já que, de outro modo, ao enterrarmos pessoas vivas, estaremos sujeitos a nos tornarmos homicidas: ora, dizem eles, se acreditarmos na maioria dos autores, é isso que pode ocorrer em um espaço de três dias naturais, ou de 72 horas; mas se, durante esse tempo, não aparecer qualquer sinal de vida, pelo contrário, se o corpo exalar um odor cadavérico, teremos uma prova infalível da morte e poderemos enterrá-lo sem escrúpulos.

Em outra ocasião trataremos dos costumes dos diferentes povos com relação às exéquias, aos funerais, às maneiras de embalsamar etc.; com efeito, a maioria daqueles que são selvagens dá mais atenção do que nós a esses últimos instantes, considerando um dever primeiro algo que, para nós, não passa de uma cerimônia; eles respeitam seus mortos, vestem-nos, falam com eles, narram suas façanhas, louvam suas virtudes, enquanto nós, que nos vangloriamos de sermos sensíveis, nem sequer somos humanos, pois fugimos e os abandonamos, não queremos vê-los, não temos nem a vontade nem a coragem de falar com eles e evitamos até mesmo estar presentes nos lugares que podem nos trazer de volta sua memória; somos, assim, ou demasiado indiferentes, ou demasiado frágeis.

---

17 Veja a Dissertação do sr. Winslow a respeito da incerteza dos sinais da morte, na qual suas palavras são redigidas a partir de Terilli, por ele chamado de Esculápio veneziano. (N. A.)

Depois de termos feito a história da vida e da morte no indivíduo, devemos considerar uma e outra na espécie inteira. O homem, como se sabe,
pode morrer em qualquer idade e, embora se possa dizer que, em geral,
a duração de sua vida seja mais longa do que a da vida de quase todos os
animais, não se pode negar que ela seja, ao mesmo tempo, mais incerta e
mais variável. Nestes últimos tempos, buscou-se conhecer os graus dessas
variações e estabelecer, por meio de observações, algo de fixo a respeito da
mortalidade dos homens em diferentes idades; se essas observações fossem suficientemente exatas e múltiplas, seriam de grande utilidade para o
conhecimento da quantidade de gente, de sua multiplicação, do consumo
das provisões, da repartição dos impostos etc. Muitas pessoas competen-
tes debruçaram-se sobre esse tema; e, por último, o sr. de Parcieux, da
Academia de Ciências, proporcionou-nos uma excelente obra que servirá
de regra futura em relação às tontinas e rendas vitalícias; mas, como seu
projeto principal foi o de calcular a mortalidade dos rentistas, e como, de
modo geral, aqueles que vivem de renda por toda a vida são homens de elite
em um Estado, nada se pode concluir, a partir deles, a respeito da mortalidade do gênero humano em sua totalidade: as tabelas que ele propôs, na
mesma obra, sobre a mortalidade nas diferentes ordens religiosas são também bastante curiosas, mas, por estarem limitadas a um certo número de
homens que vivem diferentemente dos outros, ainda não são suficientes
para fundamentar as probabilidades exatas da duração geral da vida. Os srs.
Halley, Graunt, Kersboom e Simpson também elaboraram tabelas da mortalidade do gênero humano baseadas na verificação dos registros mortuá-
rios de algumas paróquias de Londres, de Breslau etc. Contudo, parece-me
que suas pesquisas, embora sejam muito amplas e tenham demandado um
longo trabalho, não oferecem nada além de estimativas bastante remotas
a respeito da mortalidade do gênero humano em geral. Para elaborar uma
boa tabela desse tipo, é preciso verificar não somente os registros das paróquias de cidades como Londres, Paris etc., onde estrangeiros estão sempre
a entrar e nativos sempre a sair, mas também aqueles do campo, a fim de
que, reunindo-se todos os resultados, uns compensem os outros; é isso que
o sr. Dupré de Saint-Maur, da Academia Francesa, começou a realizar em

doze paróquias do campo e em três paróquias de Paris; ele quis enviar-me as tabelas que elaborou, para que fossem publicadas; e eu o farei de bom grado, pois são as únicas a respeito das quais podemos estabelecer as probabilidades da vida do homem em geral com alguma certeza.

Podem-se extrair diversos conhecimentos úteis dessas tabelas que o sr. Dupré elaborou com muito cuidado, mas devo limitar-me, aqui, àquilo que concerne aos graus de probabilidade da duração da vida. Podemos observar que, nas colunas que correspondem aos 10, 20, 30, 40, 50, 60, 70, 80 anos, bem como aos outros números redondos, tais como 25 e 35, encontramos nas paróquias do campo muito mais mortos do que nas colunas precedentes ou posteriores, e isso se deve ao fato de que os curas não colocam nos registros a idade precisa, mas apenas aquela aproximada: a maioria dos camponeses sempre confunde sua idade em dois ou três anos; se morrem aos 58 ou 59 anos, escreve-se 60 no registro mortuário; dá-se o mesmo com os outros dados de números redondos, mas essa irregularidade pode ser facilmente estimada pela lei da sequência dos números, a saber, pela maneira como estes se sucedem na tabela; assim, isso não causa um grande inconveniente.[18]

---

18 A seguir, a título de ilustração, reproduzimos as tabelas que constam na edição original. (N. E.)

Top table

PAROISSES.	Morts.	\(1\)	\(2\)	\(3\)	\(4\)	\(5\)	\(6\)	\(7\)	\(8\)	\(9\)	\(10\)
Clémont.	1391	573	73	36	29	16	16	14	10	8	4
Brinon.	1141	441	75	31	27	10	10	9	9	8	5
Jouy.	588	231	43	18	10	5	8	4	6	1	1
Lestion.	213	89	16	9	19	0	4	3	0	1	1
Vandœuvre.	611	156	58	19	19	0	11	8	9	3	7
S.t Agil.	934	339	64	30	21	10	11	4	7	1	6
Thury.	262	103	31	8	8	4	15	3	6	3	6
S.t Amant.	748	170	61	24	4	3	21	9	7	8	5
Montigny.	833	346	57	19	25	16	21	0	0	5	0
Villeneuve.	131	56	3	3	1	3	0	9	5	1	8
Gouffainville.	1615	565	184	63	38	34	21	17	15	11	8
Ivry.	2247	686	298	96	61	50	29	34	26	13	19
Total des Morts. 10805		3738	963	330	256	178	154	107	99	61	59
SÉPARATION des 10805 morts, dans les années de la vie où ils sont décédés.		3738	963	330	256	178	154	107	99	61	59
MORTS avant la fin de leur premier, seconde année, &c. sur 10805 sépultures.		3738	4701	5051	5307	5485	5639	5746	5845	5907	5966
NOMBRE des personnes entrées dans leur première, seconde année, &c. sur 10805.		10805	7067	6104	5754	5498	5310	5166	5059	4960	4898
S.t André.	1728	201	122	94	82	50	35	28	14	8	7
S.t Hippolyte.	2516	754	361	127	64	64	55	25	16	20	8
S.t Nicolas.	8945	1761	932	414	298	121	161	147	111	64	40
Total des Morts. 13189		2716	1415	635	444	331	252	200	141	92	55
SÉPARATION des 13189 morts dans les années de la vie où ils font décédés.		2716	1415	635	444	331	252	200	141	92	55
MORTS avant la fin de leur première, seconde année, &c. sur 13189.		2716	4131	4766	5210	5541	5793	5993	6134	6226	6281
NOMBRE des personnes entrées d'une leur première, seconde année, &c. sur 13189.		13189	10473	9058	8423	7979	7648	7396	7196	7055	6963
SÉPARATION des 23994 morts, fur les trois paroisses de Paris, & fur les douze villages.		6454	2378	985	700	509	406	307	240	154	114
MORTS avant la fin de leur première, seconde année, &c. fur 23994 sépultures.		6454	8832	9817	10517	11026	11432	11739	11979	12133	12247
NOMBRE des personnes entrées dans leur première, seconde année, &c. fur 23994.		23994	17540	15162	14177	13477	12968	12562	12255	12015	11861

Bottom table

PAROISSES.	Morts.	\(11\)	\(12\)	\(13\)	\(14\)	\(15\)	\(16\)	\(17\)	\(18\)	\(19\)	\(20\)
Clémont.	1391	6	5	6	5	5	6	6	10	10	13
Brinon.	1141	3	2	2	6	4	5	9	4	9	14
Jouy.	588	3	0	3	6	5	0	4	4	3	0
Lestion.	213	0	1	3	4	5	6	2	0	0	6
Vandœuvre.	611	3	3	3	3	5	2	7	8	7	6
S.t Agil.	934	0	4	3	0	4	5	3	4	3	4
Thury.	262	2	4	2	2	5	3	1	2	0	5
S.t Amant.	748	0	4	4	5	4	5	3	1	3	4
Montigny.	833	0	1	0	2	0	0	1	1	0	5
Villeneuve.	131	0	1	0	5	5	5	4	4	0	0
Gouffainville.	1615	1	5	9	5	5	7	4	10	0	10
Ivry.	2247	0	6	4	4	8	7	4	14	6	12
Total des Morts. 10805		35	44	36	38	41	42	47	67	60	78
SÉPARATION des 10805 morts, dans les années de la vie où ils sont décédés.		35	44	36	38	41	42	47	67	60	78
MORTS avant la fin de leur 11.e, 12.e année, &c. sur 10805 sépultures.		6001	6045	6081	6119	6160	6202	6249	6316	6360	6438
NOMBRE des personnes entrées dans leur 11.e, 12.e année, &c. sur 10805.		4839	4804	4760	4724	4686	4645	4603	4556	4489	4445
S.t André.	1728	3	9	6	7	10	13	13	15	10	14
S.t Hippolyte.	2516	9	2	5	7	6	5	7	6	7	6
S.t Nicolas.	8945	34	38	26	21	33	33	37	33	44	53
Total des Morts. 13189		46	36	37	35	49	57	57	45	61	63
SÉPARATION des 13189 morts dans les années de la vie où ils font décédés.		46	36	37	35	49	57	57	45	61	63
MORTS avant la fin de leur 11.e, 12.e année, &c. fur 13189 sépultures.		6327	6383	6420	6455	6504	6559	6616	6664	6725	6788
NOMBRE des personnes entrées d'une leur 11.e, 12.e année, &c. fur 13189.		6908	6862	6806	6769	6734	6685	6628	6573	6525	6464
SÉPARATION des 23994 morts fur les trois paroisses de Paris, & fur les douze villages.		81	100	73	73	90	97	104	115	105	141
MORTS avant la fin de leur 11.e, 12.e année, &c. fur 23994 sépultures.		12328	12428	12501	12574	12664	12761	12865	12980	13085	13226
NOMBRE des personnes entrées dans leur 11.e, 12.e année, &c. fur 23994.		11747	11666	11566	11493	11420	11330	11233	11129	11014	10909

PAROISSES.	Morts.	31	32	33	34	35	36	37	38	39	40
Clemont	1391	4	13	14	8	17	12	18	15	3	41
Brinon	1141	6	15	3	4	20	8	8	8	6	37
Jouy	588	5	5	3	1	13	6	7	4	1	20
Leflou	223	4	4	3	6	—	4	4	4	—	4
Vandeuvre	672	8	9	2	3	3	5	5	5	0	41
S.t Agil	954	8	7	1	1	18	9	4	4	4	22
Thury	262	0	3	6	0	7	6	5	1	3	4
S.t Amant	748	1	8	3	4	7	4	4	5	0	08
Montigny	833	—	0	1	0	8	8	8	5	0	8
Villeneuve	131	—	2	6	6	6	4	0	2	0	7
Gouffainvill	1615	4	14	6	10	8	8	5	5	7	14
Ivry	2247	8	11	18	19	19	12	13	23	7	27
Total des Morts.	10805	42	101	62	50	146	77	71	76	27	245

		31	32	33	34	35	36	37	38	39	40
SÉPARATION des 10805 morts dans les années de la vie où ils sont décedés.											
Morts avant la fin de leur 31.e, 32.e année, &c. sur 10805 fépultures.		7248	7349	7411	7461	7607	7684	7755	7831	7858	8103
Nombre des perfonnes entrées dans leur 31.e, 32.e année, &c. sur 10805.		3599	3557	3456	3394	3344	3198	3121	3050	2974	2947

PAROISSES:	Morts.	31	32	33	34	35	36	37	38	39	40
S.t André	1728	6	10	17	15	21	14	8	12	4	26
S.t Hippolyte	1516	9	12	13	13	16	21	13	13	10	24
S.t Nicolas	8945	25	57	41	54	81	75	38	59	46	09
Total des Morts.	11189	40	79	71	82	119	110	81	84	60	159

		31	32	33	34	35	36	37	38	39	40
SÉPARATION des 11189 morts dans les années de la vie où ils font décedés.											
Morts avant la fin de leur 31.e, 32.e année, &c. fur 11189 fépultures.		7531	7600	7671	7753	7872	7982	8063	8147	8207	8366
Nombre des perfonnes entrées dans leur 31.e, 32.e année, &c. fur 11189.		5708	5668	5589	5518	5436	5317	5207	5116	5042	4982

		31	32	33	34	35	36	37	38	39	40
SÉPARATION des 21994 morts fur les trois paroiffes de Paris, & fur les douze villages.		82	180	133	132	265	187	158	160	87	404
Morts avant la fin de leur 31.e, 32.e année, &c. fur 21994 fépultures.		14779	14949	15082	15214	15479	15666	15818	15978	16065	16469
Nombre des perfonnes entrées dans leur 31.e, 32.e année, &c. fur 21994.		9307	9245	9045	8911	8770	8515	8228	8176	8016	7929

PAROISSES.	Morts.	21	22	23	24	25	26	27	28	29	30
Clemont	1391	8	9	10	7	22	9	13	10	7	24
Brinon	1141	8	14	7	11	24	2	7	13	6	28
Jouy	588	2	4	7	6	—	2	1	3	2	7
Leflou	223	0	6	3	6	2	1	1	3	—	9
Vandeuvre	672	4	6	6	4	2	10	4	1	1	18
S.t Agil	954	4	6	5	4	2	4	5	4	5	16
Thury	262	1	3	3	0	5	—	4	3	3	8
S.t Amant	748	4	6	6	8	7	4	4	2	0	8
Montigny	833	4	3	0	4	1	0	3	—	1	6
Villeneuve	131	6	3	0	0	—	0	0	0	0	2
Gouffainvill	1615	6	10	1	6	5	9	5	8	10	10
Ivry	2247	6	13	10	9	14	14	5	—	5	13
Total des Morts.	10805	51	80	68	61	121	66	55	77	42	146

		21	22	23	24	25	26	27	28	29	30
SÉPARATION des 10805 morts dans les années de la vie où ils font décedés.											
Morts avant la fin de leur 21.e, 22.e année, &c. fur 10805 fépultures.		6480	6549	6617	6699	6820	6886	6941	7018	7060	7206
Nombre des perfonnes entrées dans leur 21.e, 22.e année, &c. fur 10805.		4367	4316	4236	4168	4106	3985	3919	3864	3787	3745

PAROISSES.	Morts.	21	22	23	24	25	26	27	28	29	30
S.t André	1728	9	17	7	9	9	8	17	13	11	41
S.t Hippolyte	1516	2	4	7	2	10	13	0	10	9	7
S.t Nicolas	8945	31	56	48	41	59	47	53	51	34	62
Total des Morts.	11189	42	81	62	59	78	68	80	74	54	91

		21	22	23	24	25	26	27	28	29	30
SÉPARATION des 11189 morts dans les années de la vie où ils font décedés.											
Morts avant la fin de leur 21.e, 22.e année, &c. fur 11189 fépultures.		6830	6911	6977	7036	7114	7182	7262	7336	7390	7481
Nombre des perfonnes entrées dans leur 21.e, 22.e année, &c. fur 11189.		6401	6359	6278	6212	6153	6075	6007	5927	5853	5799

		21	22	23	24	25	26	27	28	29	30
SÉPARATION des 21994 morts fur les trois paroiffes de Paris, & fur les douze villages.		93	161	134	131	199	134	135	151	96	237
Morts avant la fin de leur 21.e, 22.e année, &c. fur 21994 fépultures.		13319	13480	13614	13745	13944	14068	14203	14354	14450	14687
Nombre des perfonnes entrées dans leur 21.e, 22.e année, &c. fur 21994.		10768	10605	10514	10380	10259	10060	9926	9793	9640	9544

PAROISSES.	Morts.	ANNÉES DE LA VIE.									
		51	52	53	54	55	56	57	58	59	60
Clemont......	1391	0	5	5	14	5	5	5	4	4	52
Brinon.......	1141	6	3	3	10	6	6	3	3	0	34
Jouy.........	588	2	3	6	7	4	4	0	0	0	20
Lestiou......	223	0	1	0	0	2	0	2	3	0	2
Vandœuvre....	672	3	9	1	4	3	3	2	1	3	35
St Agil......	954	3	0	1	1	0	5	0	3	3	6
Thury........	262	0	0	1	4	5	3	7	1	2	17
St Amant.....	748	2	5	4	6	4	3	0	1	0	13
Montigny.....	833	2	5	4	6	0	3	4	0	3	4
Villeneuve...	131	4	9	5	0	0	1	4	0	3	24
Gouffainville..	1615	6	14	13	6	6	11	10	10	3	40
Ivry.........	2247										

Total des Morts. 10805

SÉPARATION des 10805 morts dans les années de la vie où ils sont décédés. | 22 | 56 | 38 | 44 | 111 | 54 | 51 | 61 | 19 | 269

MORTS avant la fin de leur 51e, 52e année, &c. sur 10805 sépultures. | 8871 | 8927 | 8965 | 9009 | 9120 | 9174 | 9225 | 9286 | 9305 | 9574

NOMBRE des personnes entrées dans leur 51e, 52e année, &c. sur 10805. | 1916 | 1934 | 1878 | 1840 | 1796 | 1685 | 1641 | 1580 | 1519 | 1500

St André.....	1728	7	18	8	10	19	11	17	11	46
St Hippolyte..	2516	10	19	6	25	9	15	18	12	33
St Nicolas....	8945	40	59	49	45	115	56	86	48	184

Total des Morts. 13189

SÉPARATION des 13189 morts dans les années de la vie où ils sont décédés. | 57 | 96 | 63 | 66 | 169 | 76 | 78 | 121 | 71 | 265

MORTS avant la fin de leur 51e, 52e année, &c. dans leur 51e, 52e année, &c. sur 13189. | 9385 | 9481 | 9544 | 9610 | 9779 | 9855 | 9933 | 10054 | 10125 | 10390

NOMBRE des personnes entrées dans leur 51e, 52e année, &c. sur 13189. | 3861 | 3804 | 3708 | 3645 | 3579 | 3410 | 3334 | 3256 | 3135 | 3064

SÉPARATION des 23994 morts sur les trois paroisses de Paris, & sur les douze villages. | 79 | 152 | 101 | 110 | 280 | 130 | 129 | 182 | 90 | 534

MORTS avant la fin de leur 51e, 52e année, &c. sur 23994 sépultures. | 18256 | 18408 | 18509 | 18619 | 18899 | 19029 | 19158 | 19340 | 19430 | 19964

NOMBRE des personnes entrées dans leur 51e, 52e année, &c. sur 23994. | 5817 | 5738 | 5586 | 5485 | 5375 | 5095 | 4965 | 4836 | 4654 | 4564

PAROISSES.	Morts.	ANNÉES DE LA VIE.									
		41	42	43	44	45	46	47	48	49	50
Clemont......	1391	4	10	10	6	10	5	6	5	6	31
Brinon.......	1141	6	8	3	6	11	5	8	9	0	23
Jouy.........	588	0	3	0	4	13	3	4	2	3	20
Lestiou......	223	0	2	2	0	3	5	0	3	0	3
Vandœuvre....	672	2	8	7	3	14	0	3	0	0	31
St Agil......	954	2	3	7	3	13	3	3	3	0	24
Thury........	262	1	0	0	4	3	0	0	6	0	4
St Amant.....	748	3	6	4	4	3	3	4	6	1	23
Montigny.....	833	3	6	5	4	0	0	2	6	0	0
Villeneuve...	131	10	3	0	5	1	9	1	1	6	7
Gouffainville..	1615	10	11	4	0	22	0	7	12	15	15
Ivry.........	2247	7	19	7	22						24

Total des Morts. 10805

SÉPARATION des 10805 morts dans les années de la vie où ils sont décédés. | 35 | 82 | 44 | 52 | 139 | 51 | 43 | 62 | 22 | 216

MORTS avant la fin de leur 41e, 42e année, &c. sur 10805 sépultures. | 8138 | 8220 | 8264 | 8316 | 8455 | 8506 | 8549 | 8611 | 8633 | 8849

NOMBRE des personnes entrées dans leur 41e, 42e année, &c. sur 10805. | 2701 | 2667 | 2585 | 2541 | 2489 | 2350 | 2299 | 2256 | 2194 | 2172

St André.....	1728	5	19	12	10	24	11	9	13	10	24
St Hippolyte..	2516	4	18	14	9	33	14	13	15	0	20
St Nicolas....	8945	37	73	58	45	111	54	47	68	50	120

Total des Morts. 13189

SÉPARATION des 13189 morts dans les années de la vie où ils sont décédés. | 46 | 110 | 84 | 64 | 168 | 89 | 69 | 96 | 71 | 164

MORTS avant la fin de leur 41e, 42e année, &c. sur 13189 sépultures. | 8412 | 8522 | 8606 | 8670 | 8838 | 8927 | 8996 | 9092 | 9164 | 9328

NOMBRE des personnes entrées dans leur 41e, 42e année, &c. sur 13189. | 4833 | 4777 | 4667 | 4583 | 4519 | 4351 | 4262 | 4193 | 4097 | 4025

SÉPARATION des 23994 morts sur les deux paroisses de Paris, & sur les douze villages. | 81 | 192 | 128 | 116 | 307 | 140 | 112 | 158 | 94 | 380

MORTS avant la fin de leur 41e, 42e année, &c. sur 23994 sépultures. | 16550 | 16742 | 16870 | 16986 | 17293 | 17433 | 17545 | 17703 | 17797 | 18177

NOMBRE des personnes entrées dans leur 41e, 42e année, &c. sur 23994. | 7525 | 7444 | 7252 | 7124 | 7008 | 6701 | 6561 | 6449 | 6391 | 6197

Tabela (anos 71–80)

PAROISSES.	Morts.	71	72	73	74	75	76	77	78	79	80
Clemont....	1391	1	3	1	3	5	1	1	1	2	6
Brinon....	1141	2	12	2	0	4	1	0	3	0	3
Jouy....	588	0	2	0	0	0	0	0	1	0	1
Lefflou....	223	0	1	0	0	0	0	0	0	0	1
Vandeuvre....	672	1	4	5	5	3	0	3	3	0	7
S.t Agil....	954	3	11	4	0	0	1	3	4	0	6
Thury....	262	0	2	2	3	3	1	4	4	0	3
S.t Amant....	748	3	10	3	5	8	6	4	4	1	5
Montigny....	833	1	8	3	2	9	0	1	2	1	5
Villeneuve....	131	0	3	0	0	0	0	0	0	0	1
Gouffainville..	1615	8	11	11	11	16	6	6	8	1	17
Ivry....	2247	6	24	19	19	24	11	11	14	9	19
Total des Morts.	10805	25	100	37	44	88	84	33	38	15	89
Séparation des 10805 morts dans les années de la vie où ils sont décedés.											
Morts avant la fin de leur 71e, 72e année, &c. sur 10805 sépultures.		10195	10295	10332	10376	10464	10488	10521	10559	10574	10663
Nombre des personnes entrées dans leur 71e, 72e année, &c. sur 10805.		635	610	510	473	429	341	317	284	246	131

PAROISSES	Morts.	71	72	73	74	75	76	77	78	79	80
S.t André....	1728	9	25	14	19	20	16	10	15	8	17
S.t Hippolyte..	2516	10	28	5	15	13	20	18	15	8	15
S.t Nicolas....	8945	64	118	53	90	127	63	59	69	30	121
Total des Morts.	13189										
Séparation des 13189 morts dans les années de la vie où ils sont décedés.											
Morts avant la fin de leur 71e, 72e année, &c. sur 13189 sépultures.		11744	11915	11987	12111	12181	12371	12458	12567	12613	12769
Nombre des personnes entrées dans leur 71e, 72e année, &c. sur 13189.		1528	1445	1274	1302	1078	908	818	731	622	576

PAROISSES	Morts.	71	72	73	74	75	76	77	78	79	80
Séparation des 23904 morts sur les trois paroisses de Paris, & sur les douze villages.											
Morts avant la fin de leur 71e, 72e année, &c. sur 23904 sépultures.		21939	22210	22319	22487	22745	22859	22979	23126	23187	23432
Nombre des personnes entrées dans leur 71e, 72e année, &c. sur 23904.		2160	2155	1784	1675	1507	1249	1135	1015	868	807

Tabela (anos 61–70)

PAROISSES.	Morts.	61	62	63	64	65	66	67	68	69	70
Clemont....	1391	2	6	5	1	5	5	3	4	0	11
Brinon....	1141	1	3	4	7	5	6	3	6	0	6
Jouy....	588	0	5	2	4	5	4	1	0	3	3
Lefflou....	223	0	0	1	1	3	3	0	4	0	0
Vandeuvre....	672	0	2	2	5	3	6	6	0	1	3
S.t Agil....	954	3	4	7	5	7	5	5	5	2	19
Thury....	262	0	1	3	2	1	0	3	6	6	7
S.t Amant....	748	3	4	3	4	11	7	2	6	0	18
Montigny....	833	3	7	3	5	7	6	0	5	5	9
Villeneuve....	131	0	0	1	0	0	3	0	0	0	4
Gouffainville..	1615	6	9	7	6	13	17	13	15	5	16
Ivry....	2247	3	12	12	11	14	21	15	23	7	31
Total des Morts.	10805	21	51	50	48	82	75	42	69	25	133
Séparation des 10805 morts dans les années de la vie où ils sont décedés.											
Morts avant la fin de leur 61e, 62e année, &c. sur 10805 sépultures.		9595	9646	9696	9744	9826	9901	9943	10011	10037	10170
Nombre des personnes entrées dans leur 61e, 62e année, &c. sur 10805.		1231	1210	1159	1109	1061	979	904	861	793	768

PAROISSES	Morts.	61	62	63	64	65	66	67	68	69	70
S.t André....	1728	11	21	19	17	20	27	21	25	9	36
S.t Hippolyte..	2516	7	28	21	23	25	19	12	20	13	35
S.t Nicolas....	8945	42	77	71	73	95	95	67	115	50	177
Total des Morts.	13189										
Séparation des 13189 morts dans les années de la vie où ils sont décedés.											
Morts avant la fin de leur 61e, 62e année, &c. sur 13189 sépultures.		10450	10576	10687	10800	10940	11081	11181	11341	11413	11661
Nombre des personnes entrées dans leur 61e, 62e année, &c. sur 13189.		2799	2739	2613	2502	2389	2249	2168	2008	1848	1776

PAROISSES	Morts.	61	62	63	64	65	66	67	68	69	70
Séparation des 23904 morts sur les trois paroisses de Paris, & sur les douze villages.											
Morts avant la fin de leur 61e, 62e année, &c. sur 23904 sépultures.		20045	20383	20766	20744	20766	20982	21124	21353	21450	21831
Nombre des personnes entrées dans leur 61e, 62e année, &c. sur 23904.		4030	3949	3772	3611	3450	3228	3012	2870	2641	3544

First table (years 91–10 of life):

PAROISSES.	Morts.	91	92	93	94	95	96	97	98	99	10
Clemont....	1391										1
Brinon.....	1141										
Jouy.......	588										
Letliou....	223										
Vandeuvre..	672										
St Agil....	954							0	0	0	
Thury......	262										
St Amant...	748				0	2		0	3		
Montigny...	833										
Villeneuve.	131										
Gouffainville.	1615										
Ivry.......	2247	0	1	0	0	3	1			1	1
Total des Morts. 10805											
SÉPARATION des 10805 morts dans les années de la vie où ils sont décédés.		1	3		3	3	1	0	0		1
Morts avant la fin de leur 91e, 92e année, &c. sur 10805 sépultures.		10794	10797	10797	10797	10800	10801	10801	10804	10804	10805
NOMBRE des personnes entrées dans leur 91e, 92e année, &c. sur 10805.		11	11	8	8	8	5	4	4	1	1
St André....	1728	0	0	0	2	0	1	1	0	0	0
St Hippolyte...	2516	2	2	2	1	2	0	0	1	1	
St Nicolas....	8945	5	9	5	4	5	4	1	4	4	4
Total des Morts. 13189											
SÉPARATION des 13189 morts dans les années de la vie où ils sont décédés.		7	13	7	7	7	5	2	5	4	4
Morts avant la fin de leur 91e, 92e année, &c. sur 13189 sépultures.		13137	13150	13157	13164	13171	13176	13177	13182	13185	13318
NOMBRE des personnes entrées dans leur 91e, 92e année, &c. sur 13189.		59	52	39	32	25	18	14	12	7	6
SÉPARATION des 23094 morts sur les trois paroisses de Paris, & sur les douze villages.		8	16	7	10	10	5	3	8	5	5
Morts avant la fin de leur 91e, 92e année, &c. sur 23094 sépultures.		23931	23947	23954	23961	23971	23976	23978	23986	23987	23992
NOMBRE des personnes entrées dans leur 91e, 92e année, &c. sur 23094.		71	63	47	40	33	23	18	16	8	7

Second table (years 81–90 of life):

PAROISSES.	Morts.	81	82	83	84	85	86	87	88	89	90
Clemont....	1391	0	0	0	3	0	1	1	0	1	
Brinon.....	1141	1	0	0	0	0	0	0	1		
Jouy.......	588	0	0	0	0	0	0	0	1	0	4
Letliou....	223	0	0	0	0	0	0	0	0	0	
Vandeuvre..	672										
St Agil....	954	1	3	1	3	4	0	1	0	0	2
Thury......	262	1	4	0	0	0	0	0	2	6	4
St Amant...	748	0	0	1	3	0	0	0	0	1	
Montigny...	833	0	9	5	7	2	4	4	2	1	
Villeneuve.	131	6	9	5	7	1	4	2	3	1	3
Gouffainville.	1615										
Ivry.......	2247	7	14	4	7	5	4				
Total des Morts. 10805											
SÉPARATION des 10805 morts dans les années de la vie où ils sont décédés.		16	30	11	21	12	9	8	9	5	9
Morts avant la fin de leur 81e, 82e année, &c. sur 10805 sépultures.		10679	10709	10720	10741	10753	10762	10770	10779	10784	10793
NOMBRE des personnes entrées dans leur 81e, 82e année, &c. sur 10805.		142	126	96	85	64	52	43	35	26	12
St André....	1728	4	10	8	8	3	7	4	5	2	4
St Hippolyte...	2516	4	5	16	16	10	4	4	4	2	4
St Nicolas....	8945	32	41	37	37	35	19	30	25	24	17
Total des Morts. 13189											
SÉPARATION des 13189 morts dans les années de la vie où ils sont décédés.		40	56	61	36	48	30	25	34	8	23
Morts avant la fin de leur 81e, 82e année, &c. sur 13189 sépultures.		12809	12865	12926	12962	13010	13040	13065	13099	13107	13130
NOMBRE des personnes entrées dans leur 81e, 82e année, &c. sur 13189.		420	380	324	263	227	179	149	124	90	84
SÉPARATION des 23094 morts sur les trois paroisses de Paris, & sur les douze villages.		56	86	72	57	50	39	33	43	13	32
Morts avant la fin de leur 81e, 82e année, &c. sur 23094 sépultures.		23488	23574	23646	23703	23763	23802	23835	23878	23891	23923
NOMBRE des personnes entrées dans leur 81e, 82e année, &c. sur 23094.		562	506	420	348	291	231	192	159	103	103

TABLE des Probabilités de la durée de la Vie.

AGE.	DUREE DE LA VIE.		AGE.	DUREE DE LA VIE.		AGE.	DUREE DE LA VIE.	
ans.	années.	mois.	ans.	années.	mois.	ans.	années.	mois.
0.	8.	0.	29.	28.	6.	58.	12.	3.
1.	33.	0.	30.	28.	0.	59.	11.	8.
2.	38.	0.	31.	27.	6.	60.	11.	1.
3.	40.	0.	32.	26.	11.	61.	10.	6.
4.	41.	0.	33.	26.	3.	62.	10.	0.
5.	41.	6.	34.	25.	7.	63.	9.	6.
6.	42.	0.	35.	25.	0.	64.	9.	0.
7.	42.	3.	36.	24.	5.	65.	8.	6.
8.	41.	6.	37.	23.	10.	66.	8.	0.
9.	40.	10.	38.	23.	3.	67.	7.	6.
10.	40.	2.	39.	22.	8.	68.	7.	0.
11.	39.	6.	40.	22.	1.	69.	6.	7.
12.	38.	9.	41.	21.	6.	70.	6.	2.
13.	38.	1.	42.	20.	11.	71.	5.	8.
14.	37.	5.	43.	20.	4.	72.	5.	4.
15.	36.	9.	44.	19.	9.	73.	5.	0.
16.	36.	0.	45.	19.	3.	74.	4.	9.
17.	35.	4.	46.	18.	9.	75.	4.	6.
18.	34.	8.	47.	18.	2.	76.	4.	3.
19.	34.	0.	48.	17.	8.	77.	4.	1.
20.	33.	5.	49.	17.	2.	78.	3.	11.
21.	32.	11.	50.	16.	7.	79.	3.	9.
22.	32.	4.	51.	16.	0.	80.	3.	7.
23.	31.	10.	52.	15.	6.	81.	3.	5.
24.	31.	3.	53.	15.	0.	82.	3.	3.
25.	30.	9.	54.	14.	6.	83.	3.	2.
26.	30.	2.	55.	14.	0.	84.	3.	1.
27.	29.	7.	56.	13.	5.	85.	3.	0.
28.	29.	0.	57.	12.	10.			

De acordo com a tabela das paróquias do campo, parece-nos que a metade de todas as crianças que nascem morre um pouco antes da idade de 4 anos completos; de acordo com aquela das paróquias de Paris, parece-nos, ao contrário, serem necessários dezesseis anos para que a metade das crianças que nascem ao mesmo tempo seja extinta: essa grande diferença deve-se ao fato de que nem todas as crianças que nascem em Paris são alimentadas nessa cidade; quase nenhuma, na verdade, pois as enviamos para o campo, onde, por conseguinte, deverão morrer mais pessoas de pouca idade do que em Paris; mas, estimando-se os níveis de mortalidade a partir das duas tabelas juntas, o que me parece aproximar-se muito da verdade, calculei as probabilidades da duração da vida.

Vê-se, por essa tabela, que se pode com razão esperar, isto é, apostar um contra um, que uma criança que acabou de nascer, ou que tem 0 ano de idade, viverá oito anos; que uma criança que já viveu 1 ano, ou que tem 1 ano de idade, viverá, ainda, 33 anos; que uma criança de 2 anos completos viverá, ainda, 38 anos; que um homem de 20 anos completos viverá, ainda, 33 anos e 5 meses; que um homem de 30 anos viverá, ainda, 28 anos; e assim a respeito de todas as outras idades.

Observaremos, em primeiro lugar, que a idade a partir da qual se pode esperar uma duração mais longa da vida é a idade de 7 anos, pois podemos apostar um contra um que uma criança dessa idade viverá ainda 42 anos e 3 meses; em segundo, que aos 12 ou 13 anos, viveu-se um quarto de sua vida, pois desta não se pode legitimamente esperar mais do que 38 ou 39 anos, e, do mesmo modo, aos 28 ou 29 anos de idade, viveu-se a metade da vida, pois não temos mais de 28 anos de vida pela frente, e que, por fim, antes dos 50 anos, teremos vivido três quartos da vida, pois não se pode esperar mais de 16 ou 17 anos de vida. Mas essas verdades físicas, tão mortificantes em si mesmas, podem ser compensadas pelas considerações morais; um homem deve considerar nulos os primeiros quinze anos de sua vida, pois tudo o que lhe aconteceu, tudo o que se passou durante esse longo intervalo de tempo apagou-se de sua memória, ou, ao menos, tem tão pouca relação com os objetos e as coisas que o ocuparam depois, que ele não mais se interessa por essa época de modo algum; não é mais a mesma sucessão de ideias, e tampouco, por assim dizer, a mesma vida; nós apenas começamos a viver moralmente quando começamos a organizar nossos pensamentos, a direcioná-los para um certo futuro e a adquirir uma espécie de consistência, ou um estado relativo ao que devemos alcançar em seguida. Considerando-se a duração da vida sob esse ponto de vista, que é o mais real, a tabela mostrará que, aos 25 anos de idade, teremos vivido somente um quarto de nossas vidas; aos 38 anos, teremos vivido somente sua metade; e é apenas aos 56 anos de idade que teremos vivido os três quartos de nossas vidas.

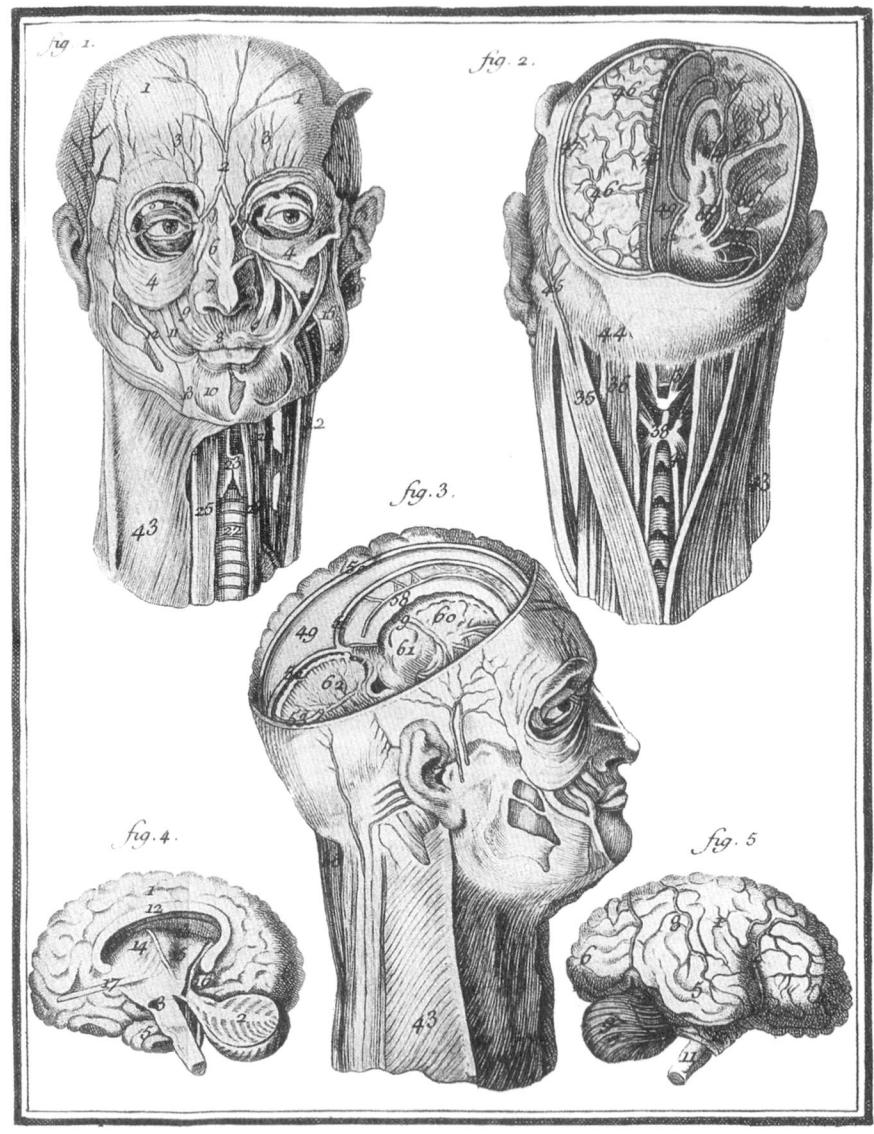

Do sentido da visão*

Depois de termos feito a descrição das diferentes partes que compõem o corpo humano, examinemos seus principais órgãos; vejamos o desenvolvimento e as funções dos sentidos; procuremos identificar seu uso em toda a sua extensão; e, ao mesmo tempo, observemos os equívocos aos quais estamos sujeitos, por assim dizer, pela Natureza.

Os olhos parecem se formar muito cedo no feto; com efeito, no pequeno frango, as partes duplas são aquelas que parecem se desenvolver primeiro; observei que, nos ovos de diversas espécies de pássaros, assim como nos ovos dos lagartos, os olhos eram muito maiores e mais adiantados em seu desenvolvimento do que todas as outras partes duplas de seus corpos: é verdade que, nos vivíparos, e em particular no feto humano, eles não são proporcionalmente tão grandes quanto nos embriões ovíparos; contudo, já se encontram mais adiantados em sua formação, e parecem se desenvolver mais rapidamente do que qualquer outra parte do corpo; ocorre o mesmo com o órgão da audição; os ossículos da orelha formam-se por completo no mesmo espaço de tempo em que outros ossos, que deverão se tornar muito maiores do que estes, ainda nem adquiriram os primeiros graus de seu crescimento e de sua solidez; a partir do quinto mês, os ossículos da orelha já estão sólidos e duros, restando apenas algumas pequenas partes no martelo e na bigorna que ainda são cartilaginosas; o estribo conclui sua formação no sétimo mês, e, nesse pouco espaço de tempo, todos esses ossículos adquirem inteiramente, no feto, o tamanho, a forma e a solidez que deverão possuir no adulto.

Parece, assim, que as partes que possuem uma quantidade maior de terminações nervosas são as primeiras a se desenvolver. Dissemos que a vesícula que contém o cérebro, o cerebelo e as outras partes simples do meio da cabeça é a primeira a aparecer, assim como a espinha dorsal, ou melhor, a medula alongada [bulbo raquidiano?] nela contida; essa medula alongada, considerada em todo o seu comprimento, é a parte fundamental do corpo

---

* "Do sentido da visão", pp. 305-35.

e a que se forma primeiro; os nervos são, portanto, aquilo que existe antes de tudo, e os órgãos que possuem uma grande quantidade de terminações de diferentes nervos, tais como os ouvidos, ou aqueles que são eles mesmos grandes nervos expandidos, tais como os olhos, são também aqueles que se desenvolvem primeiro e mais rapidamente.

Se examinarmos os olhos de uma criança algumas horas ou alguns dias depois de seu nascimento, perceberemos facilmente que ela não faz uso algum deles; como esse órgão ainda não é suficientemente consistente, os raios de luz atingem a retina apenas de um modo confuso; parece ser apenas ao final de um mês, aproximadamente, que o olho adquire a solidez e o grau de tensão necessário para transmitir esses raios na ordem suposta pela visão; contudo, mesmo nesse momento, isto é, ao final de um mês, os olhos das crianças ainda não se detêm em nada; elas os mexem e viram indiferentemente, sem que possamos notar se certos objetos realmente as afetam; mas dentro de pouco tempo, isto é, na sexta ou sétima semana, começam a deter seus olhares sobre as coisas mais brilhantes, a virar com frequência os olhos e a fixá-los do lado da claridade, das luzes ou das janelas; contudo, o exercício que realizam com esse órgão não faz mais do que fortificá-lo, sem lhes dar qualquer noção exata dos diferentes objetos, pois o primeiro defeito do órgão da visão é o de representar todos os objetos invertidos: as crianças, antes de se certificarem pelo tato a respeito da posição das coisas, bem como de seus próprios corpos, veem embaixo tudo aquilo que está em cima, e em cima tudo aquilo que está embaixo; adquirem, portanto, por meio dos olhos, uma ideia falsa da posição dos objetos. Um segundo defeito, que deve induzir às crianças uma outra espécie de equívoco ou de falso juízo, é o fato de que elas veem inicialmente todos os objetos duplos, já que em cada olho se forma uma imagem do mesmo objeto; é ainda apenas pela experiência do tato que elas adquirem o conhecimento necessário para retificar esse equívoco e aprendem, de fato, a julgar como sendo simples objetos aqueles que lhes parecem duplos; esse equívoco da visão, assim como o primeiro, é em seguida tão bem retificado pela verdade do tato que, embora efetivamente vejamos todos os objetos duplos e invertidos, acreditamos que os estamos vendo, na realidade, simples e direitos, e nos persuadimos de que essa sensação pela qual vemos os objetos simples e direitos, que não passa de um juízo de nossa alma ocasionado pelo tato, é uma apreensão real produzida pelo sentido da visão: se fôssemos privados do tato, então os olhos nos enganariam não somente em relação à posição, mas também em relação ao número de objetos.

O primeiro equívoco é uma consequência da conformação do olho, em cujo fundo os objetos se projetam em uma posição invertida, pois esses raios luminosos que formam as imagens desses mesmos objetos não podem entrar no olho senão ao se cruzarem na pequena abertura da pupila: tem-se uma ideia bem clara da maneira pela qual se dá essa inversão das imagens quando se faz um pequeno buraco em um lugar muito escuro; vê-se que os objetos de fora projetam-se nas paredes dessa câmara escura em uma posição invertida, pois todos os raios que partem dos diferentes pontos do objeto não podem passar pelo pequeno buraco na mesma posição e na mesma extensão que possuem ao partirem dele, uma vez que, para isso, seria necessário que esse buraco fosse tão grande quanto o próprio objeto; mas como cada parte ou cada ponto do objeto envia imagens para todos os lados, e os raios que formam essas imagens partem de todos os pontos do objeto como de qualquer outro centro óptico, apenas aqueles que chegam em diferentes direções conseguem passar pelo buraco; este, por sua vez, torna-se um centro óptico para o objeto inteiro, ao qual os raios tanto da parte de cima quanto da parte de baixo chegam em direções convergentes, de modo a se cruzarem no centro e, em seguida, projetarem os objetos em uma posição invertida.

Assim, é muito fácil nos convencermos de que realmente vemos duplos todos os objetos, ainda que os julguemos simples; para isso, basta olhar o mesmo objeto inicialmente com o olho direito, observando que ele corresponde a um ponto qualquer de uma parede, ou de um plano que supomos estar para além dele; em seguida, ao olharmos para ele com o olho esquerdo, veremos que ele corresponde a um outro ponto da parede; e, por fim, ao olharmos para ele com os dois olhos, veremos que ele está no meio dos dois pontos aos quais correspondia anteriormente; forma-se, portanto, uma imagem em cada um de nossos olhos, de modo que vemos o objeto duplo, isto é, vemos uma imagem desse objeto à direita e uma à esquerda, e o consideramos simples e situado no meio porque retificamos esse equívoco da visão mediante o sentido do tato. Do mesmo modo, se olharmos com ambos os olhos para dois objetos que estejam mais ou menos na mesma direção em relação a nós e fixarmos os olhos no primeiro, que está mais próximo, nós o veremos simples, mas, ao mesmo tempo, veremos duplo aquele que está mais distante; de modo inverso, se fixarmos os olhos naquele que está mais distante, nós o veremos simples, enquanto, ao mesmo tempo, veremos duplo o objeto mais próximo; isso prova ainda, de forma evidente, que vemos de fato todos os objetos duplos, embora os julguemos simples, e que os vemos onde na realidade não estão, embora julguemos estarem lá. Assim, se o sentido do tato não retificasse o sentido da visão em todas as ocasiões, nós nos enganaríamos em relação à posição, ao número e também ao lugar dos objetos; nós os julgaríamos invertidos, duplos, à direita e à esquerda do local que realmente ocupam, e, se em vez de dois olhos, tivéssemos cem, julgaríamos sempre o objeto simples, ainda que os víssemos se multiplicarem cem vezes.

Forma-se, portanto, uma imagem do objeto em cada olho; e, quando essas duas imagens recaem sobre as partes da retina correspondentes, isto é, que são sempre afetadas ao mesmo tempo, os objetos nos parecem simples, pois adquirimos o hábito de julgá-los assim; mas, se as imagens dos objetos recaem sobre partes da retina que normalmente não são afetadas em conjunto e ao mesmo tempo, então os objetos nos parecerão duplos, pois não adquirimos o hábito de retificar essa sensação, que não é comum; trata-se, aqui, de um caso semelhante ao de uma criança que começa a ver e que, no início, de fato julga os objetos como sendo duplos. O sr. Cheselden relata, em sua *Anatomia*,[19] que um homem que se tornou vesgo devido a um golpe na cabeça viu objetos duplos durante muito tempo, mas que aos poucos passou a julgar simples aqueles que lhe eram familiares e, por fim, depois de muito tempo, julgava-os todos simples, como antes, embora os olhos continuassem a ter a mesma disposição imperfeita que o golpe havia

---

19 William Cheselden, *The anatomy of the human body*, 3.ed., Londres, 1726, p.324. (N. T.)

causado. Será que isso já não prova, de forma muito evidente, que nós realmente vemos objetos duplos, e que é apenas devido ao hábito que os julgamos simples? E, se perguntarmos por que é necessário, para aprender a
julgá-los simples, tão pouco tempo às crianças e um tempo tão longo às
pessoas de idade avançada quando, por acidente, passam a vê-los duplos,
tal como no exemplo que acabamos de citar, podemos responder que, pelo
fato de as crianças não possuírem qualquer hábito contrário àqueles que
adquirem, é-lhes necessário menos tempo para retificar suas sensações;
mas as pessoas que durante vinte, trinta ou quarenta anos viram objetos
simples, pois estes recaíam sobre duas partes correspondentes da retina, e
depois passaram a vê-los duplos, porque não recaem mais sobre essas mesmas partes, estão em desvantagem por possuírem um hábito contrário ao
que pretendem adquirir, sendo-lhes talvez necessário um treino de vinte,
trinta ou quarenta anos para apagar os traços desse antigo hábito de julgar;
pode-se crer que, caso ocorresse a uma pessoa idosa uma alteração na direção dos eixos ópticos do olho, de modo a fazer que ela visse objetos duplos,
sua vida não mais seria longa o bastante para que ela pudesse retificar seu
juízo apagando os traços do primeiro hábito; consequentemente, ela veria
objetos duplos pelo resto de sua vida.

Não podemos ter qualquer ideia das distâncias por meio do sentido da
visão; sem o tato, todos os objetos nos pareceriam estar em nossos olhos,
uma vez que aí estão, de fato, as imagens desses objetos; uma criança que
ainda não teve a experiência de tocar em algo deve ser afetada como se
todos esses objetos estivessem nela mesma, vendo-os apenas maiores ou
menores, à medida que se aproximam ou se distanciam de seus olhos; uma
mosca que se aproxima de seu olho deve lhe parecer um animal de um
tamanho enorme, enquanto um cavalo, ou um boi que esteja distante, lhe
parecerá menor do que a mosca; assim, ela não pode ter, por meio desse
sentido, qualquer conhecimento do tamanho relativo dos objetos, pois
não faz ideia alguma da distância a partir da qual os vê; é apenas depois de
medi-la, ao estender sua mão ou transportar seu corpo de um lugar a outro,
que a criança poderá adquirir uma ideia tanto da distância quanto do tamanho dos objetos; antes disso, ela não a conhece de forma alguma, e não

pode julgar o tamanho de um objeto senão com base no tamanho da imagem que ele forma em seu olho. Nesse caso, a avaliação do tamanho se faz apenas com base na abertura do ângulo formado pelos dois raios extremos do objeto, o da parte superior e o da parte inferior; consequentemente, a criança deverá julgar grande tudo aquilo que está próximo e pequeno tudo aquilo que está longe dela; mas, depois de adquirir mediante o tato essas ideias de distância, a avaliação do tamanho dos objetos começa a ser retificada, e assim passamos a não confiar mais na primeira apreensão que nos vem pelos olhos para julgá-lo; tratamos de conhecer a distância, procurando, ao mesmo tempo, reconhecer o objeto pela forma para, em seguida, avaliarmos seu tamanho.

Não é de se duvidar que, em uma fileira de vinte soldados, o primeiro, do qual se supõe que estejamos muito próximos, nos pareça muito maior do que o último, se julgarmos apenas pelos olhos, se não tivéssemos adquirido, mediante o tato, o hábito de julgar igualmente grandes o mesmo objeto, ou objetos semelhantes a diferentes distâncias. Sabemos que o último soldado é um soldado tal como o primeiro e, a partir disso, julgamos possuírem o mesmo tamanho, assim como julgaríamos que o primeiro continuaria a ser do mesmo tamanho caso passasse do início para o final da fileira, e assim como temos o hábito de julgar que o mesmo objeto possui sempre o mesmo tamanho a qualquer distância comum a partir da qual possamos reconhecer facilmente sua forma; jamais nos enganamos a respeito desse tamanho, a não ser quando a distância se torna muito grande, ou então quando o intervalo que compõe essa distância não está na direção mais comum; pois uma distância deixa de ser comum para nós todas as vezes em que se torna demasiado grande, ou quando, em vez de a medirmos horizontalmente, o fazemos de cima para baixo, ou de baixo para cima. Nossas primeiras ideias da comparação dos diferentes tamanhos dos objetos nos vêm seja ao medirmos, com a mão ou com o corpo, seja ao percorremos, com o corpo em movimento, a distância desses objetos relativamente a nós ou entre si. Como todas essas experiências pelas quais retificamos as ideias do tamanho fornecidas pelo sentido da visão foram feitas horizontalmente, não pudemos adquirir o mesmo hábito de julgar o tamanho dos objetos que estão acima ou abaixo de nós, pois não foi nessa direção que os medimos pelo tato; e é por essa razão, e também pela falta de hábito de julgar as distâncias nessa direção, que, quando nos encontramos em cima de uma torre elevada, julgamos os homens e os animais que estão embaixo muito menores do que os julgaríamos a uma mesma distância horizontal, isto é, na direção comum. Ocorre o mesmo quando vemos um galo, ou uma esfera em cima de um campanário; esses objetos nos pareceriam muito menores do que os julgaríamos se os víssemos na direção comum e à mesma distância horizontal à qual os vemos verticalmente.

Ainda que, com alguma reflexão, seja fácil convencer-se da verdade de tudo isso que acabamos de dizer a respeito do sentido da visão, não será, contudo, inútil relatar aqui alguns fatos que possam confirmá-lo. O sr. Cheselden, famoso cirurgião de Londres, tendo feito a operação de catarata de um jovem de 13 anos, cego de nascença, e assim sido capaz de lhe conceder o sentido da visão, observou a maneira pela qual esse jovem começou a ver e publicou, em seguida, nas *Transações filosóficas* (no 402, e no 55º artigo do Tatler), as observações que fizera a esse respeito.[20] Esse jovem, embora cego, não o era completamente, ou de forma absoluta; como a cegueira provinha de uma catarata, seu caso era o mesmo do de todos os cegos desse tipo, que sempre podem distinguir o dia e a noite; e ele distinguia até mesmo, sob uma luz forte, o preto, o branco e o vermelho vivo, que denominamos escarlate, porém não via, ou entrevia de modo algum a forma das coisas. De início, foi-lhe feita a operação em apenas um dos olhos; quando ele viu pela primeira vez, estava tão longe de poder avaliar de algum modo as distâncias que acreditava que todos os objetos, indiferentemente, tocavam seus olhos (foi essa a expressão que ele empregou) do mesmo modo que as coisas que apalpava tocavam sua pele. Para ele, os objetos mais agradáveis eram aqueles cuja forma era constante e a figura regular, e isso apesar de ele ainda não poder formar qualquer juízo

---

20 William Cheselden, "An account of the observations made by a young gentleman who was born blind or lost his sight so early that he had no remembrance of having seen and was couched between 13 and 14 years of age". *Philosophical transactions*, Londres, 1727-8, v.35. (N. T.)

a respeito de sua forma, nem dizer por que estes lhe pareciam mais agradáveis do que outros: durante o tempo de sua cegueira, suas ideias das cores que podia distinguir sob uma luz forte eram tão frágeis que não haviam deixado marcas fortes o bastante para que pudesse reconhecê-las no momento em que de fato as viu; ele dizia que essas cores que via não eram as mesmas que outrora havia visto; não conhecia a forma de nenhum objeto e não distinguia as coisas umas das outras, por mais diferentes que fossem em sua figura ou em seu tamanho; quando lhe mostramos as coisas que conheceu anteriormente pelo tato, olhava-as com atenção e observava-as com cuidado para que pudesse reconhecê-las novamente; mas, como havia objetos demais para reter de uma só vez, ele esquecia a maior parte deles, e, no começo, ao aprender (como ele dizia) a ver e a conhecer os objetos, esquecia milhares de coisas a cada uma que guardava. Ficou muito surpreso pelo fato de que as coisas das que mais tinha gostado não eram aquelas que eram as mais agradáveis para seus olhos; esperava que fossem as mais belas as pessoas que mais amava. Passaram-se mais de dois meses até que ele pudesse perceber que os quadros representavam corpos sólidos; até então, os havia considerado apenas como planos diferentemente coloridos, ou como superfícies diversificadas pela variedade das cores; mas, quando ele começou a perceber que esses quadros representavam corpos sólidos, esperava encontrar corpos realmente sólidos ao tocar a tela, e ficou extremamente admirado quando, ao tocar as partes que, devido à luz e às sombras, lhe pareciam redondas e irregulares, encontrou-as planas e homogêneas, assim como o resto; perguntava qual era, então, o sentido que o enganava, se era a visão ou o tato. Mostraram-lhe, assim, um pequeno retrato de seu pai, que estava na caixa do relógio de sua mãe; ele disse que percebia bem que se tratava de algo semelhante a seu pai, mas perguntava, com grande espanto, como era possível que um rosto tão largo coubesse em um local tão pequeno, pois isso lhe parecia tão impossível quanto colocar oito galões dentro de um quartilho. No início, ele podia suportar apenas uma luz muito fraca, e via todos os objetos como se fossem extremamente grandes; mas, à medida que via coisas de fato maiores, julgava as outras menores: acreditava não haver nada para além dos limites daquilo que via; sabia bem que o quarto em que estava era apenas uma parte da casa, e, no entanto, não podia conceber como a casa podia parecer maior do que o quarto. Antes de lhe ter sido feita a operação, ele não esperava nenhum grande prazer do novo sentido que lhe era prometido, e apenas se entusiasmava com a vantagem de poder aprender a ler e a escrever; dizia, por exemplo, que, quando tivesse esse sentido, não poderia ter um prazer maior do que já tinha ao caminhar pelo jardim, pois ele aí caminhava livre e facilmente, conhecendo todas as suas diferentes partes; notara muito bem, inclusive, que seu estado de cegueira lhe havia concedido uma vantagem sobre os outros homens, por ele conservada durante muito tempo depois de ter adquirido o sentido da visão, e que consistia em andar à noite com mais facilidade e segurança do que aqueles que viam. Mas, quando começou a se servir desse novo sentido, sentiu-se arrebatado de alegria, e dizia que cada novo objeto era uma nova delícia, e que seu prazer era tão grande que não conseguia exprimi-lo. Um ano depois, foi levado a Epson, onde há uma vista muito bela e ampla; parecia encantado com esse espetáculo e julgou que essa paisagem era uma nova maneira de ver. Fizeram-lhe a mesma operação no outro olho um ano depois da primeira, tendo obtido o mesmo sucesso; no início, ele via com esse segundo olho os objetos muitos maiores do que como os via com o outro, mas já não tão grandes quanto como os havia visto com o primeiro; e, quando olhava para o mesmo objeto com os dois olhos ao mesmo tempo, dizia que esse objeto lhe parecia duas vezes maior do que quando o via somente com seu primeiro olho; mas não o via duplo, ou ao menos não se pôde ter certeza de que ele via objetos duplos no início, quando lhe foi concedido o uso de seu segundo olho.

O sr. Cheselden relata alguns outros exemplos de cegos que não se recordavam de já terem enxergado, nos quais realizou a mesma operação, e assegura que, quando eles começavam a aprender a ver, diziam as mesmas coisas que o jovem de que falamos, embora, na verdade, com menos detalhes; em todos ele observou que, como jamais haviam tido a necessidade de mover seus olhos durante o tempo de sua cegueira, ficavam inicialmente muito confusos para movimentá-los, e apenas aos poucos, de grau em grau e com o tempo, aprenderam a conduzir seus olhos e a dirigi-los para os objetos que desejavam observar.[21]

Quando, devido a circunstâncias particulares, não podemos ter uma ideia exata da distância e não podemos julgar os objetos senão pelo tamanho do ângulo, ou melhor, da imagem que eles formam em nossos olhos, nos enganamos necessariamente a respeito do tamanho desses objetos; todos nós já tivemos a experiência, ao viajar à noite, de confundir uma moita da qual estamos próximos com uma árvore grande da qual estamos distantes, ou então uma grande árvore distante com uma moita que está próxima: da mesma maneira, se não conhecemos os objetos por suas formas, e se não podemos ter, por meio disso, qualquer ideia de distância, necessariamente nos enganaremos; nesse caso, uma mosca que passa com rapidez a algumas polegadas de distância de nossos olhos parecerá, para nós, um pássaro que está a uma distância muito grande; um cavalo parado no meio de um campo, com uma atitude semelhante à de um carneiro, por exemplo, não nos parecerá maior do que um carneiro enquanto não percebermos se tratar de um cavalo; mas, uma vez que o tivermos reconhecido, ele nos parecerá, no mesmo instante, grande como um cavalo, e retificaremos de imediato nosso primeiro juízo.

Portanto, todas as vezes que nos encontrarmos, à noite, em lugares desconhecidos, onde não conseguimos julgar as distâncias, e onde, devido à escuridão, não podemos reconhecer as formas das coisas, estaremos o tempo todo sujeitos a cometer equívocos em nossos juízos dos objetos que se apresentarão a nós; é daí que vêm o receio e uma espécie de medo interior que quase todos os homens sentem em relação à escuridão da noite, e é isso que explica a aparição dos espectros e das figuras gigantescas e pavorosas que

---

21 Encontraremos um grande número de fatos muito interessantes a respeito dos cegos de nascença em uma pequena obra que acabou de ser lançada, cujo título é: *Carta sobre os cegos, para uso dos que veem*. O autor disseminou por toda parte uma metafísica muito sutil e verdadeira, por meio da qual justifica todas as diferenças que deve produzir no espírito de um homem a privação absoluta do sentido da visão. (N. A.) [Trata-se, evidentemente, do livro de Diderot, publicado em 1749; veja a tradução de Jacó Guinsburg em Diderot, *Obras filosóficas*. E a crítica de D'Alembert no verbete "Cego", *Enciclopédia*, I, 1751, incluído no v.6 da edição brasileira. (N. T.)]

tantas pessoas afirmam ter visto: a estas últimas normalmente se responde que essas figuras estavam em sua imaginação; contudo, elas poderiam realmente estar em seus olhos, sendo muito possível que essas pessoas de fato tenham visto o que afirmam ter visto; pois todas as vezes em que não pudermos julgar um objeto senão pelo ângulo que ele forma no olho, deve necessariamente ocorrer que esse objeto desconhecido cresça em volume e altura à medida que dele nos aproximarmos; e se parecia inicialmente, ao espectador, que não pode conhecer aquilo que vê, nem julgar a qual distância o vê – se lhe parecia, digo, que a altura daquele objeto, estando este a uma distância de vinte ou trinta passos, era de apenas alguns pés, então agora, a uma distância de apenas alguns pés, ela lhe parecerá ser de muitas toesas, o que deverá surpreendê-lo e aterrorizá-lo; assim será até que, por fim, nosso espectador venha a tocar o objeto, ou a identificá-lo, pois, no exato momento em que ele perceber do que se trata, esse objeto, que lhe parecera gigantesco, diminuirá de súbito, parecendo-lhe agora possuir apenas seu real tamanho; mas, se dele fugir, ou não ousar se aproximar, é certo que não terá outra ideia desse objeto senão a da imagem que este último formou no olho, e julgará ter realmente visto uma figura gigantesca ou pavorosa por seu tamanho e por sua forma. O juízo antecipado que se faz dos espectros, portanto, tem seu fundamento na Natureza, e essas aparições não dependem, como creem os filósofos, apenas da imaginação.[22]

Quando não podemos ter uma ideia da distância ao compararmos o intervalo intermediário que há entre nós e os objetos, tratamos de identificar a forma desses objetos para julgar seu tamanho; mas, quando conhecemos essa forma e vemos, ao mesmo tempo, diversos objetos semelhantes e cuja forma é a mesma, julgamos que os mais iluminados são os mais próximos, e que aqueles que nos parecem mais escuros são os mais distantes, juízo este que, às vezes, produz equívocos e aparências singulares. Em uma fileira de objetos dispostos em uma linha reta, tais como são, por exemplo, as luminárias no caminho de Versalhes ao chegar a Paris, cuja proximidade

---

22 Rousseau, *Emílio, ou da educação*, trad. Roberto Leal Ferreira. São Paulo: Martins Fontes, 2018. (N. T.)

ou distância não podemos julgar senão por meio da quantidade maior ou menor de luz que elas enviam ao nosso olho, com frequência nos ocorre, quando vemos essas luminárias de longe, como de a um quarto de légua, vê-las todas à direita, em vez de vê-las à esquerda, onde realmente estão. Essa mudança de posição da esquerda para a direita é uma aparência enganosa, produzida pela causa que acabamos de indicar; pois, como o espectador não possui qualquer outro indício da distância à qual se encontra dessas luminárias senão a quantidade de luz que enviam, ele julga que a mais brilhante delas é a primeira e aquela da qual está mais próximo: ora, se por acaso as primeiras forem as mais escuras, ou apenas se, na fileira dessas luzes, houver apenas uma que seja mais brilhante e mais viva do que as outras, essa luz mais viva parecerá, ao espectador, ser a primeira da fila, o que o fará julgar, desde então, que todas as outras a sucedem, embora, na realidade, a precedam; ora, essa transposição aparente não pode ocorrer, ou melhor, se fazer notar, senão devido à mudança de sua posição da esquerda para a direita; pois julgar à frente aquilo que está atrás em uma longa fileira é ver à direita aquilo que está à esquerda, ou à esquerda aquilo que está à direita.

São esses os principais defeitos do sentido da visão e alguns dos equívocos que por eles são produzidos; examinemos, agora, a natureza, as propriedades e a extensão desse órgão admirável, por meio do qual nos comunicamos com os objetos mais distantes. A visão não é nada além de uma espécie de tato, mas bem diferente do tato normal: para tocar alguma coisa com o corpo ou com a mão, é necessário ou que nos aproximemos dessa coisa ou que ela se aproxime de nós, a fim de estarmos em condições de poder apalpá-la; mas, a qualquer distância que ela esteja, podemos tocá-la com os olhos, desde que ela possa enviar uma quantidade de luz grande o bastante para causar impressão nesse órgão, ou que ela possa nele se projetar sob um ângulo perceptível. O menor ângulo sob o qual os homens podem ver os objetos é de cerca de um minuto, embora seja raro encontrar olhos que consigam perceber um objeto sob um ângulo tão pequeno; esse ângulo corresponde à maior distância à qual os melhores olhos podem perceber um objeto: por exemplo, deixaremos de ver a 3.436 pés de distância um objeto que possua altura e largura de 1 pé; deixaremos de ver um homem cuja altura é de 5 pés a uma distância de 17.180 pés, ou de 1 légua e 1/3, mesmo supondo--se que esses objetos sejam iluminados pelo sol. Creio que essa estimativa do alcance dos olhos é antes demasiado otimista do que demasiado pessi-mista, havendo, de fato, poucos homens que conseguem perceber os objetos a distâncias tão grandes.

Porém, estamos longe de possuir por estimativa uma ideia exata da força e da dimensão do alcance de nossos olhos, pois é necessário atentarmos para uma circunstância essencial, cuja consideração, tomada de modo geral, parece-me ter escapado aos autores que escreveram sobre óptica, a saber: a de que o alcance de nossos olhos diminui ou aumenta proporcionalmente à quantidade de luz que nos cerca, mesmo se supondo que a luz do objeto permaneça sendo sempre a mesma; desse modo, se o mesmo objeto que vemos durante o dia a uma distância de 3.436 vezes seu diâmetro perma-necesse iluminado, durante a noite, com a mesma quantidade de luz que o iluminava durante o dia, poderíamos percebê-lo a uma distância cem vezes maior; da mesma maneira pela qual percebemos a luz de uma vela durante a noite a mais de duas léguas, isto é, a mais de 316.800 vezes o comprimento de seu diâmetro, supondo-se o diâmetro dessa luz igual a uma polegada; enquanto, durante o dia, e sobretudo ao meio-dia, não perceberemos essa luz a mais de 10 mil ou 12 mil vezes o comprimento de seu diâmetro, isto é, a mais de duzentas toesas, supondo-se que ela, assim como nossos olhos, sejam iluminados pela luz do sol. Dá-se o mesmo com um objeto brilhante sobre o qual a luz do sol se reflete com vivacidade; durante o dia, pode-se percebê-lo a uma distância três ou quatro vezes maior do que aquela a que se percebe os outros objetos, mas, durante a noite, se esse objeto for ilumi-nado com a mesma luz que o iluminou durante o dia, iríamos percebê-lo a uma distância infinitamente maior do que a distância a que percebemos os outros objetos; devemos, então, concluir que o alcance de nossos olhos é muito maior do que supusemos no início, e aquilo que nos impede de dis-tinguir os objetos distantes é menos a falta de luz, ou a pequenez do ângulo pelo qual eles se projetam em nosso olho, do que a abundância dessa luz nos objetos intermediários e naqueles que estão mais próximos de nosso olhos, que nos causam uma sensação mais viva e nos impedem de perceber a sensação mais fraca causada, ao mesmo tempo, pelos objetos mais distantes. O fundo do olho é como a tela de um quadro sobre a qual se pintam os objetos; esse quadro possui partes mais brilhantes, mais luminosas, mais coloridas do que outras; quando os objetos estão muito distantes, não podem ser representados senão por meio de matizes muito suaves, que desaparecem quando são cercados pela luz viva com a qual são pintados os objetos próximos; esse suave matiz será, então, imperceptível e desaparecerá no quadro; mas, se os objetos vizinhos e intermediários enviarem apenas uma luz mais fraca do que a do objeto distante, como quando ocorre na escuridão quando olhamos para uma luz, então o matiz do objeto distante, por ser mais vivo do que o dos objetos vizinhos, será perceptível e aparecerá no quadro, mesmo que ele seja muito mais fraco do que antes. Segue-se disso que, quando estamos no escuro, podemos fazer uma luneta sem vidro com um tubo obscurecido, cujo efeito durante o dia não deixará de ser bastante considerável; é também por essa razão que, do fundo de um poço ou de uma cave profunda, podem-se ver as estrelas em pleno meio--dia, o que já era conhecido pelos antigos, como nos parece nesta passagem de Aristóteles: *Manu enim admotâ aut per fistulam longiùs cernet. Quidam ex foveis puteisque interdum stellas conspiciunt.*[23]

Assim, pode-se adiantar que nosso olho possui sensibilidade suficiente para ser abalado e afetado de um modo sensível por objetos que formariam apenas um ângulo de um segundo, ou de menos de um segundo, se esses objetos refletirem ou enviarem ao olho o mesmo tanto de luz que refletiriam se fossem percebidos a um ângulo de um minuto; e que, por conseguinte, a potência desse órgão é bem maior do que nos parecia de início; mas, se esses objetos, sem formarem um ângulo maior, tiverem uma intensidade maior de luz, ainda os perceberíamos de muito longe. Uma pequena luz muito viva, como a de um fogo de artifício, será vista de muito mais

---

23 "Uma pessoa que circunde os olhos com as mãos ou que observe através de um tubo verá mais longe. Em todo caso, o fato é que a partir de um buraco ou de um poço é mais fácil ver as estrelas." Aristóteles, *Da geração dos animais*, V, 1, 780b. (N. T.)

longe do que uma luz menos forte e maior, como a de uma tocha. Há, portanto, três coisas a se considerar para determinar a distância à qual se pode perceber um objeto distante: a primeira é o tamanho do ângulo que ele forma em nosso olho; a segunda é o grau de luz dos objetos vizinhos e intermediários que vemos ao mesmo tempo; e a terceira é a intensidade de luz do próprio objeto; cada uma dessas causas influi no efeito da visão, e é apenas ao avaliá-las e compará-las que se pode determinar, em cada caso, a distância à qual se pode perceber este ou aquele objeto particular. Podemos dar uma prova sensível dessa influência que a intensidade de luz exerce sobre a visão; sabe-se que as lunetas e os microscópios são instrumentos do mesmo gênero: ambos aumentam o ângulo sob o qual se percebe os objetos, quer eles sejam de fato muito pequenos, quer apenas nos pareçam assim por estarem longe; por que, então, as lunetas são tão pouco eficientes, em comparação com os microscópios, considerando-se que a melhor e mais longa luneta mal consegue aumentar mil vezes o objeto, enquanto um bom microscópio parece aumentá-lo 1 milhão de vezes, ou mais? É muito claro que essa diferença não se deve a outra coisa senão à intensidade da luz; se pudéssemos iluminar os objetos distantes com uma luz adicional, tal como iluminamos os objetos que queremos observar no microscópio, de fato os veríamos infinitamente melhor, embora continuássemos a vê-los sob o mesmo ângulo, de modo que as lunetas exerceriam sobre os objetos distantes o mesmo efeito que os microscópios exercem sobre os objetos pequenos; mas aqui não é o lugar para me estender a respeito das consequências úteis e práticas que se podem extrair dessa reflexão.

O alcance da vista, ou a distância à qual se pode ver um mesmo objeto, muito raramente é a mesma para cada um dos olhos, havendo poucas pessoas que possuem os dois olhos igualmente fortes; quando essa diferença de força chega a um certo grau, utiliza-se apenas um olho, aquele que enxerga melhor: é essa diferença de alcance da vista nos olhos que produz o olhar vesgo, como demonstrei em minha *Dissertação sobre o estrabismo* (veja as *Memórias da Academia*, ano 1743). Parece-nos que, quando os dois olhos possuem a mesma força, e quando se observa com ambos o mesmo objeto, dever-se-ia vê-lo duas vezes melhor do que com um olho só; contudo, a sensação que resulta desses dois tipos de visão parece ser a mesma, não havendo diferença perceptível entre as sensações que resultam de uma e de outra maneira de ver; depois de terem sido feitas algumas experiências com isso, pôde-se concluir que se vê melhor com dois olhos iguais em força do que com um olho só, mas não mais do que uma décima terceira parte,[24] de modo que, com ambos os olhos, vê-se o objeto como se ele fosse iluminado por treze luzes iguais, enquanto, com um olho só, ele é visto como se fosse iluminado por doze luzes. Por que esse aumento é tão pequeno? Por que não vemos duas vezes melhor com ambos os olhos do que com um só? Como pode ser que essa causa, que é dupla, produza um efeito simples, ou quase simples? Julguei que se poderia dar uma resposta a essa questão considerando-se a sensação como uma espécie de movimento transmitido aos nervos. Sabe-se que os dois nervos ópticos, ao saírem do cérebro, dirigem-se em direção à parte anterior da cabeça, onde se reúnem para, em seguida, separarem-se um do outro, formando um ângulo obtuso antes de chegar aos olhos: o movimento transmitido a esses nervos pela impressão de cada imagem formada ao mesmo tempo em cada um dos olhos não pode se propagar até o cérebro, no qual suponho que o sentimento se produza, sem passar pela parte na qual esses dois nervos se juntam; a partir disso, esses dois movimentos se encontram e produzem um efeito igual àquele que dois corpos que se movimentam por dois lados distintos de um quadrado produzem em um terceiro corpo, fazendo-o percorrer a diagonal; ora, se o ângulo tivesse cerca de 115 ou 116 graus de abertura, a diagonal do losango estaria para seu lado assim como treze está para doze, isto é, como a sensação resultante dos dois olhos está para aquela que resulta de um só olho; os dois nervos ópticos estando separados um do outro por uma medida mais ou menos igual a essa, pode-se atribuir a essa posição a perda de movimento ou de sensação que se produz na visão que se tem com os dois olhos ao mesmo tempo, e essa perda deve ser tão maior quanto mais aberto for o ângulo formado pelos dois nervos ópticos.

---

24 Veja o tratado do sr. Jurin intitulado *Essay on distinct and indistinct vision*, Londres, 1738. (N. A.)

Há muitas razões que poderiam nos fazer pensar que as pessoas que possuem a vista curta enxergam os objetos maiores do que o fazem os outros homens; contudo, ocorre exatamente o contrário, pois elas certamente os enxergam menores. Eu tenho a vista curta e o olho esquerdo mais forte do que o direito; já verifiquei milhares de vezes que, ao olhar um mesmo objeto – por exemplo, as letras de um livro – sucessivamente com um olho e, em seguida, com o outro, e à mesma distância, aquele com o qual enxergo melhor e mais longe é também aquele pelo qual os objetos me parecem maiores; e, ao virar um dos olhos para ver o mesmo objeto duplo, a imagem do olho direito fica menor do que a do olho esquerdo; assim, não posso duvidar de que, quanto mais curta for a vista, mais os objetos parecerão pequenos. Interroguei diversas pessoas cuja força ou alcance de cada um de seus olhos era diferente, e todas me asseguraram de que, com o olho bom, viam os objetos muito maiores do que com o olho ruim. Acredito que, como as pessoas que possuem a vista curta são obrigadas a ver as coisas muito de perto, e como não podem ver distintamente mais do que um pequeno espaço, ou um pequeno objeto ao mesmo tempo, elas formam para si uma unidade de grandeza menor do que a dos outros homens, cujos olhos podem abarcar distintamente, e ao mesmo tempo, um espaço maior; por conseguinte, julgam, com relação a essa unidade, todos os objetos menores do que o fazem os outros homens. A causa da vista curta explica-se de uma maneira bastante satisfatória pelo espessamento excessivo dos humores refrativos do olho; mas essa causa não é única, havendo pessoas que se tornaram míopes de repente, por acidente, como o jovem homem de que fala o sr. Smith em sua *Óptica* (p.10 das notas, tomo 2), que se tornou míope subitamente ao sair de um banho frio, no qual, contudo, não mergulhara por completo, mas que, a partir desse momento, foi obrigado a utilizar lentes côncavas. Não se pode dizer que o cristalino e o humor vítreo tenham podido inchar de um modo repentino o bastante para produzir essa diferença na visão, e, mesmo que se queira supô-lo, como se conceberá que esse inchaço considerável, produzido em um só instante, poderia se manter sempre no mesmo nível? Com efeito, a vista curta pode provir tanto da respectiva posição das partes do olho, sobretudo da retina, quanto da forma dos

humores refrativos; ou pode, então, provir de um grau menor de sensibilidade na retina; ou de uma abertura maior da pupila etc.; mas é verdade que,
nesses dois últimos tipos de vista curta, as lentes côncavas seriam inúteis,
e até mesmo prejudiciais. Os homens que se encaixam nos dois primeiros
casos podem fazer delas um bom uso, mas, mesmo utilizando aquelas que
melhor lhes convêm, jamais poderão enxergar os objetos tão distintamente
nem de tão longe quanto o fazem os outros homens com seus dois olhos;
pois, como acabamos de dizer, todas as pessoas que possuem a vista curta
enxergam os objetos menores do que as outras; e, mesmo que utilizem uma
lente côncava, uma vez que a imagem do objeto diminui continuamente,
eles deixarão de ver no momento em que essa imagem se tornar pequena
demais para produzir uma marca sensível na retina; por conseguinte, eles
jamais enxergarão com essa lente de tão longe quanto os homens que enxergam com ambos os olhos.

As crianças, por terem os olhos menores do que as pessoas adultas,
devem também enxergar os objetos menores, pois o maior ângulo que um
objeto pode produzir no olho é proporcional ao tamanho do fundo do olho;
e, se supusermos que, nos adultos, o quadro inteiro dos objetos que se projetam sobre a retina é de meia polegada, ele não será, nas crianças, maior
do que de um terço ou um quarto de polegada; por conseguinte, elas não
enxergarão tão de longe quanto os adultos, pois os objetos, parecendo-lhes
menores, desaparecerão mais cedo necessariamente; mas, como a pupila das
crianças, proporcionalmente ao resto do olho, em geral é mais larga do que
a pupila das pessoas adultas, isso pode compensar em parte o efeito produzido pela pequenez de seus olhos, fazendo-as perceber os objetos a uma
distância um pouco maior; contudo, falta muito para que a compensação
seja completa, pois sabemos, por experiência, que as crianças não leem de
longe e não conseguem perceber objetos a uma distância tão grande como
o fazem as pessoas adultas. A córnea, por ser muito flexível nessa idade,
assume muito facilmente a convexidade necessária para que se possa ver
mais de perto ou mais de longe, motivo pelo qual não pode ser ela a causa
de sua vista mais curta; parece-me, então, que isso depende apenas do fato
de seus olhos serem menores.

Nesse sentido, não é de se duvidar que, se todas as partes do olho sofressem, ao mesmo tempo, uma diminuição proporcional de, por exemplo, a metade de seu tamanho, se enxergariam todos os objetos duas vezes menores; os velhos, cujos olhos ressecam, como se diz, deveriam ter a vista mais curta, e, todavia, ocorre exatamente o contrário: eles enxergam a uma distância maior, mas, de perto, deixam de enxergar distintamente: essa vista mais longa não provém, portanto, apenas da diminuição ou do achatamento dos humores do olho, mas antes de uma mudança de posição entre suas partes, por exemplo entre a córnea e o cristalino, ou entre o humor vítreo e a retina; o que se pode facilmente compreender supondo-se que a córnea se torna mais sólida à medida que envelhecemos, de modo a não poder mais tão facilmente se distender nem assumir a maior convexidade necessária para enxergar os objetos que estão próximos, pois se torna um pouco mais plana ao ressecar com a idade, o que, por si só, já basta para que se possa enxergar mais de longe os objetos distantes.

Devem-se distinguir, na visão, duas qualidades que em geral consideramos ser a mesma; confunde-se despropositadamente a visão clara com a visão distinta, embora, em realidade, uma seja muito diferente da outra: vemos com clareza um objeto todas as vezes em que ele está suficientemente iluminado para que se possa identificá-lo no geral, e o vemos distintamente apenas quando dele nos aproximamos o bastante para distinguir todas as suas partes. Quando de longe percebemos uma torre ou um campanário, vemos claramente essa torre, ou esse campanário, desde que possamos afirmar, com segurança, que se trata de uma torre ou de um campanário; mas a vemos distintamente apenas quando estamos próximos o bastante para identificar não apenas a altura ou o tamanho, mas as partes mesmas de que é composto o objeto, tais como a ordem arquitetônica, os materiais, as janelas etc. Podemos, então, ver um objeto claramente sem vê-lo distintamente, e podemos vê-lo distintamente sem vê-lo, ao mesmo tempo, claramente, pois a visão distinta dirige-se apenas sucessivamente sobre as diferentes partes do objeto. Os velhos possuem a visão clara e não distinta; eles percebem de longe os objetos iluminados ou grandes o bastante para deixarem no olho uma imagem de uma determinada extensão;

mas não podem, ao contrário, distinguir os pequenos objetos, tais como as letras de um livro, a menos que a imagem seja aumentada por uma lente de aumento. De modo contrário, as pessoas que possuem a vista curta enxergam bem distintos os pequenos objetos, e não enxergam claramente os grandes, por menos distantes que estejam, a não ser que diminuam sua imagem por meio de uma lente de diminuição. Uma grande quantidade de luz é necessária para a visão clara; uma pequena quantidade de luz é suficiente para a visão distinta; assim, as pessoas que possuem a vista curta enxergam à noite proporcionalmente muito melhor do que as outras.

Quando voltamos os olhos para um objeto muito brilhante, ou quando os fixamos e mantemos por um tempo demasiado longo em um mesmo objeto, o órgão se fere e se cansa, a visão se torna indistinta e a imagem do objeto, tendo exercido um impacto muito vivo e ocupado por um tempo longo demais a parte da retina sobre a qual ela se forma, acaba produzindo aí uma impressão durável que o olho parece carregar, em seguida, para todos os outros objetos; não direi nada, aqui, a respeito desse acidente da visão; sobre isso, encontraremos explicações em minha *Dissertação sobre as cores acidentais* (veja as *Memórias da Academia*, ano 1743). Basta-me, aqui, observar que a quantidade excessiva de luz talvez seja o que há de mais prejudicial ao olho, sendo uma das principais causas que podem levar à cegueira. Há disso exemplos frequentes nos países do Norte, onde a neve iluminada pelo sol ofusca os olhos dos viajantes a ponto de eles serem obrigados a se cobrir com um tecido de crepe para não ficarem cegos. Ocorre o mesmo nas planícies arenosas da África, onde o reflexo da luz é tão vivo que não é possível sustentar o efeito sem correr o risco de perder a visão; as pessoas que escrevem ou leem durante muito tempo seguido devem, então, para cuidar dos olhos, evitar trabalhar sob uma luz excessivamente forte; é muito melhor fazer uso de uma luz fraca, pois o olho a ela logo se habitua, e o máximo que se pode fazer, ao diminuir a quantidade de luz, é cansá-lo, ao passo que, ao multiplicá-la, não se pode evitar feri-lo.

Do sentido da audição[*]

Uma vez que o sentido da audição, assim como o da visão, também nos fornece a sensação de coisas distantes, da mesma forma estará sujeito a equívocos semelhantes aos deste, devendo nos enganar todas as vezes em que não pudermos retificar, por meio do tato, as ideias por ele produzidas: do mesmo modo que o sentido da visão não nos dá qualquer ideia da distância dos objetos, o sentido da audição tampouco nos dá ideia alguma da distância dos corpos que produzem o som; um barulho forte e muito distante e um barulho fraco e muito próximo produzem a mesma sensação, e, a menos que se tenha determinado a distância por meio dos outros sentidos, não sabemos se aquilo que ouvimos é, de fato, um barulho forte ou fraco.

Assim, todas as vezes em que ouvimos um som desconhecido, não podemos, por meio dele, julgar nem a distância nem a quantidade de ação do corpo que o produziu; mas, desde que nos seja possível referir esse som a uma unidade comum, isto é, desde que possamos saber que esse barulho é de tal ou tal espécie, conseguimos então julgar aproximadamente não apenas a distância, mas também a quantidade de ação; por exemplo, se ouvimos um tiro de canhão, ou o som de um sino, pelo fato de esses efeitos produzirem barulhos que podemos comparar com barulhos da mesma espécie que outrora já ouvimos, poderemos julgar grosseiramente a distância a que nos encontramos do canhão ou do sino, e também sua dimensão, isto é, a quantidade de ação.

Todo corpo que se choca com outro produz um som, mas este é simples nos corpos que não são elásticos, ao passo que se multiplicam naqueles que possuem elasticidade; quando se bate um sino, ou a sineta de um pêndulo, uma única batida produz, inicialmente, um som que se repete em seguida pelas ondulações do corpo sonoro e se multiplica, de fato, tantas vezes quantas forem as oscilações ou vibrações no corpo sonoro. Deveríamos, então, considerar esses sons não como simples, mas como compostos, caso não tivéssemos aprendido a julgar que uma batida não produz mais do

[*] "Do sentido da audição", pp. 335-52.

que um som. Devo relatar aqui algo que me ocorreu há três anos: estava em minha cama semiadormecido, meu pêndulo soou e contei cinco horas, ou seja, ouvi distintamente cinco batidas de martelo na sineta; levantei-me no mesmo instante e, ao aproximar-me da luz, vi que não passava da uma hora, e que o pêndulo não havia, de fato, soado mais do que uma vez, pois as peças estavam em repouso: depois de um momento de reflexão, concluí que, se não soubéssemos por experiência que uma batida não deve produzir mais do que um som, cada vibração da sineta seria ouvida como um som diferente, e como se diversas batidas realmente se sucedessem no corpo sonoro. No momento em que ouvi soar meu pêndulo, estava na mesma situação de alguém que ouve pela primeira vez e que, não tendo ideia alguma de como se produz o som, julgaria a sucessão de diferentes sons sem juízo prévio nem regra, mas pela simples impressão que estes últimos causam no órgão; nesse caso, de fato, ouviria tantos sons distintos quantas forem as vibrações sucessivas no corpo sonoro.

É a sucessão de todas essas pequenas batidas repetidas, ou, o que dá no mesmo, é o número de vibrações do corpo elástico que produz o tom do som; não há tom em um som simples: um tiro de fuzil ou de canhão, ou ainda um golpe de chicote, produzem sons diferentes que, contudo, não possuem tom; e dá-se o mesmo com todos os outros sons que não duram mais de um instante. O tom consiste, portanto, na continuidade do mesmo som durante um certo tempo; essa continuidade de som pode se realizar de duas maneiras distintas: a primeira, e a mais comum, é a sucessão das vibrações nos corpos elásticos e sonoros; a segunda poderia ser a repetição rápida e numerosa do mesmo golpe nos corpos incapazes de vibrar, pois um corpo elástico atingido por um único golpe que o faz vibrar age externamente, e sobre nosso ouvido, como se de fato fosse atingido por tantos pequenos golpes idênticos quantas forem as vibrações, cada uma dessas vibrações equivalendo a um golpe; é isso que produz a continuidade desse som, e é isso que lhe confere um tom.

Considerando sob esse ponto de vista a produção do som e dos diferentes tons que o modificam, reconheceremos que, não sendo necessário nada além da repetição de diversos golpes idênticos sobre um corpo incapaz de vibrar para produzir um tom, se aumentarmos o número desses golpes no mesmo tempo, isso apenas fará que o tom se torne mais homogêneo e perceptível, sem nada alterar no som nem na natureza do tom que esses golpes produzirão; mas, ao contrário, se aumentarmos a força dos golpes, o som se tornará mais forte e o tom poderá se alterar; por exemplo, se a força de um golpe for o dobro da força do golpe anterior, ela produzirá um efeito duas vezes maior, isto é, um som duas vezes mais forte que o anterior, cujo tom está a uma oitava, será duas vezes mais grave, pois pertence a um som que é duas vezes mais forte e que não é senão o efeito continuado de uma força duas vezes maior; se a força, em vez de ser o dobro da primeira, for maior em uma outra proporção, produzirá sons mais fortes nessa mesma proporção, os quais terão por conseguinte, cada um deles, tons proporcionais a essa quantidade de força do som, ou, o que dá no mesmo, da força dos golpes que o produzem, e não da frequência maior ou menor destes.

Não deveríamos considerar os corpos elásticos que um único golpe faz vibrar como corpos cuja forma ou o comprimento determinam precisamente a força desse golpe, limitando-os a produzir apenas um certo som, que não pode ser mais forte nem mais fraco? Se batermos um sino com um golpe duas vezes mais fraco do que outro, não ouvimos o som desse sino de tão longe, mas ouviremos sempre o mesmo tom; ocorre o mesmo com as cordas dos instrumentos: o mesmo comprimento produzirá sempre o mesmo tom; sendo assim, não deveríamos crer que, na explicação que foi dada acima, da produção dos diferentes tons pela frequência maior ou menor das vibrações, teríamos tomado o efeito pela causa? Pois, uma vez que as vibrações produzem, sobre os corpos sonoros, o mesmo efeito que golpes idênticos e repetidos produzem sobre os corpos incapazes de vibrar, a maior ou menor frequência dessas vibrações não produzirá, em relação aos tons que delas resultam, um efeito diferente daquele que a repetição mais ou menos imediata dos golpes sucessivos terá sobre o tom dos corpos não sonoros: ora, essa repetição mais ou menos rápida nada altera nesse caso, logo a frequência das vibrações tampouco deverá fazê-lo; e o tom que, no primeiro caso, depende da força do golpe, dependerá, no segundo, da massa do corpo sonoro; se ele for duas vezes mais largo no mesmo comprimento, ou duas vezes mais comprido na mesma largura, o tom será duas vezes mais grave, tal como se dá quando o golpe é dado com uma força duas vezes maior em um corpo incapaz de vibrar.

Assim, se golpearmos um corpo incapaz de vibrar com um martelo que é o dobro de um outro, ele produzirá um som que será o dobro do primeiro, isto é, uma oitava abaixo, pois é o mesmo que se golpeássemos o mesmo corpo com dois martelos iguais em vez de golpeá-lo apenas com um, o que certamente dará ao som uma intensidade duas vezes maior. Supondo-se, então, que golpeemos dois corpos incapazes de vibrar, um com apenas um martelo, outro com dois, sendo cada um deles igual ao primeiro, o primeiro desses corpos produzirá um som cuja intensidade será apenas a metade da intensidade do som produzido pelo segundo; mas, se golpearmos um desses corpos com dois martelos e outro com três, então esse primeiro corpo produzirá um som cuja intensidade é um terço menor do que a intensidade do som produzido pelo segundo corpo; da mesma maneira, se golpearmos um desses corpos com três martelos iguais e outro com quatro, o primeiro produzirá um som cuja intensidade será um quarto menor do que a intensidade do som produzido pelo segundo; ora, de todas essas comparações possíveis entre números, aquelas que fazemos com maior facilidade são as de um a dois, de um a três, de um a quatro etc.; e, de todas as relações compreendidas entre uma unidade simples e o seu dobro, aquelas que percebemos mais facilmente são as de dois para um, de três para dois, de quatro para três etc. Assim, ao considerarmos os sons, não podemos deixar de observar que a oitava é o som que convém, ou que se acorda melhor com a primeira, e, em seguida, aqueles que melhor se acordam são a quinta e a quarta, uma vez que esses tons estão de fato nessa proporção; pois, supondo-se que as partes ósseas do interior do ouvido sejam os corpos duros e incapazes de vibrar, e que recebem os golpes produzidos por esses martelos idênticos, nos será mais fácil referir a uma certa unidade de som, a saber, aquela do som produzido por um desses martelos, os outros sons que serão produzidos por martelos cujas proporções, em relação ao primeiro, serão de 1 a 2, 2 a 3 ou 3 a 4, pois são essas as proporções que a alma percebe mais facilmente. Considerando-se, assim, o som como sensação, pode-se compreender a razão do prazer causado por sons harmônicos; ele surge da relação entre o som fundamental e os outros sons; se estes possuírem com o som fundamental uma medida comum e de partes inteiras, serão sempre harmônicos e agradáveis; se, ao contrário, forem com ele incomensuráveis, ou comensuráveis apenas por partes subdivididas, serão dissonantes e desagradáveis.

Poderiam dizer-me que não se concebe muito bem como uma proporção pode causar prazer, e que não se vê por que tal relação, por ser exata, é mais agradável do que uma outra, que não se mede com exatidão. Eu responderia que, todavia, é nessa exatidão da proporção que consiste a causa do prazer, porquanto todas as vezes em que nossos sentidos são abalados dessa maneira, disso resulta um sentimento agradável, ao passo que a desproporção sempre os afeta de um modo desagradável: podemos nos recordar daquilo que dissemos a respeito do cego de nascença ao qual o sr. Cheselden conferiu a visão ao suprimir-lhe a catarata; quando ele começou a enxergar, os objetos que lhe pareciam mais agradáveis eram as formas regulares e uniformes; os corpos pontudos e irregulares eram, para ele, objetos desagradáveis; não é de se duvidar, portanto, que a ideia da beleza e o sentimento de prazer que nos chega pelos olhos nasçam da proporção e da regularidade; o mesmo se dá com o tato: as formas homogêneas, redondas e uniformes nos são mais prazerosas ao toque do que os ângulos, as pontas e as irregularidades dos corpos ásperos; assim, se o prazer do tato, bem como o da visão, têm por causa a proporção dos corpos e dos objetos, por que não viria o prazer da audição, ele também, da proporção dos sons?

O som possui, assim como a luz, não apenas a propriedade de se propagar ao longe, mas também aquela de se refletir; é verdade que as leis dessa reflexão do som não são tão bem conhecidas quanto as da reflexão da luz; apenas se sabe com segurança que ele se reflete quando encontra os corpos duros; uma montanha, um edifício, uma muralha às vezes refletem o som com tanta perfeição que se crê que ele realmente vem desse lado oposto; e, quando há concavidades nessas superfícies planas, ou quando elas são, por si mesmas, regularmente côncavas, formam um eco, que é uma reflexão do som mais perfeita e mais distinta; as abóbadas de um edifício, as rochas em uma montanha, as árvores em uma floresta quase sempre produzem ecos, as abóbadas por terem uma figura côncava regular, as rochas por formarem abóbadas e cavernas, ou por estarem dispostas de forma côncava e regular, e as árvores pois, entre inúmeros pés de árvores que formam a floresta, há quase sempre algumas que são dispostas e plantadas, umas em relação às outras, de modo a formar uma espécie de figura côncava.

A cavidade interior do ouvido parece formar um eco, no qual o som se reflete com a maior precisão; essa cavidade é encovada na parte petrosa do osso temporal, tal como uma concavidade em uma rocha, e o som nela se repete e se articula, fazendo vibrar em seguida a parte sólida da lâmina da cóclea; essa vibração é transmitida à parte membranosa dessa lâmina, parte essa que, por sua vez, é uma expansão do nervo auditivo que transmite essas diferentes vibrações à alma, na ordem em que esta última as recebe; como as partes ósseas são sólidas e insensíveis, não podem servir senão para receber e refletir o som, sendo apenas os nervos capazes de produzir, a partir disso, a sensação. Ora, no órgão do ouvido, a única parte feita de nervo é aquela porção da lâmina espiral; todo o resto é sólido, e é por esse motivo que, segundo julgo, deve consistir nessa parte o órgão imediato do som, o que se poderá provar pelas reflexões a seguir.

O ouvido externo não é nada além de um acessório para o ouvido interno; sua concavidade e suas dobras podem servir para aumentar a quantidade de som, mas ainda se ouve muito bem sem as orelhas, o que se vê nos animais nos quais elas foram cortadas; a membrana do tímpano, que é, em seguida, a parte mais externa desse órgão, não é mais essencial do que o ouvido externo para sensação do som; há pessoas que, tendo tido essa membrana destruída parcialmente ou por completo, nem por isso deixam de ouvir de um modo muito distinto: vê-se também algumas que fazem passar da boca para a orelha, e desta para fora, a fumaça do cigarro, cordões de seda, lâminas de chumbo etc., e que, no entanto, possuem o sentido da audição tão bom quanto o das outras. Ocorre o mesmo com os ossículos do ouvido, que não são absolutamente necessários para o exercício do sentido da audição, pois mais de uma vez já houve casos em que esses ossículos se cariaram, e até mesmo saíram em pedaços para fora do ouvido depois de uma supuração; essas pessoas, que não tinham mais ossículos, não deixaram de ouvir;

além disso, sabe-se que esses ossículos não se encontram nos pássaros, os quais, todavia, têm um ouvido muito bom e aguçado; os canais semicirculares parecem ser mais necessários; eles são espécies de tubos encurvados no osso petroso que parecem servir para dirigir e conduzir as partes sonoras até a parte membranosa da cóclea, sobre a qual se dá a ação do som e a produção da sensação.

Um inconveniente dos mais comuns na velhice é a surdez, o que se pode explicar muito naturalmente pela maior densidade que deve adquirir a parte membranosa da lâmina da cóclea; ela aumenta em solidez à medida que a idade avança; quando ela se torna demasiado sólida, temos o ouvido rígido, e, quando ele se ossifica, nos tornamos inteiramente surdos, pois já não há qualquer parte sensível no órgão que possa transmitir a sensação do som. A surdez que provém dessa causa é incurável, mas ela também pode às vezes vir de outra causa mais externa; o canal auditivo pode se encontrar cheio e obstruído por matérias espessas; nesse caso, me parece que se poderia curar a surdez seringando os líquidos ou introduzindo instrumentos nesse canal; e há um meio muito simples para saber se a surdez é interna ou se é apenas externa, isto é, para saber se a lâmina espiral está de fato insensível ou se é a parte externa do canal auditivo que está obstruída; para isso, basta apenas colocar um relógio de repetição dentro da boca de um surdo e fazê-lo soar; se ele ouvir o som, é porque sua surdez é causada por alguma perturbação externa, o que é sempre possível remediar parcialmente.

A respeito de diversas pessoas que possuíam o ouvido e a voz desafinados, notei que elas ouviam melhor com um ouvido do que com outro; podemos nos lembrar daquilo que eu disse a respeito dos olhos estrábicos; a causa desse defeito é a desigualdade de força ou de alcance nos olhos; uma pessoa estrábica não enxerga com o olho que desvia de tão longe quanto com o outro: a analogia conduziu-me a realizar alguns experimentos com pessoas que possuem a voz desafinada e, até o momento, pude ver que elas de fato tinham um ouvido muito melhor do que o outro; elas recebiam, portanto, pelos dois ouvidos ao mesmo tempo, duas sensações diferentes, o que deve produzir uma discordância no resultado total da sensação, e é por esse motivo que, ouvindo sempre desafinado, necessariamente também cantam desafinado, mesmo sem se aperceber disso. Essas pessoas cujos ouvidos não são equivalentes em sensibilidade, sempre se enganam a respeito do lado do qual vem o som; se seu ouvido bom é o direito, o som lhes parecerá vir com muito mais frequência do lado direito do que do lado esquerdo. De resto, falo aqui apenas das pessoas que nasceram com esse defeito, pois é apenas nesse caso que a diferença de sensibilidade em ambos os ouvidos faz que seu ouvido e sua voz sejam desafinados; pois aquelas às quais essa diferença ocorre apenas por acidente e que, com a idade, acabam possuindo um ouvido mais rígido do que o outro, nem por isso terão o ouvido e a voz desafinados; pois, por terem tido ouvidos igualmente sensíveis anteriormente, elas já haviam começado a ouvir e a cantar de modo correto; se, em seguida, seus ouvidos passam a ter uma sensibilidade desigual e a produzir uma sensação inexata, elas a retificam imediatamente pelo hábito que sempre tiveram de ouvir e, por conseguinte, julgar de modo correto.

As cornetas acústicas, ou funis, servem para aqueles que têm o ouvido rígido, assim como os óculos convexos servem para aqueles cujos olhos começam a se tornar mais fracos quando se aproximam da velhice; estes últimos têm a retina e a córnea mais duras e sólidas, e talvez também os humores do olhos mais espessos e densos; aqueles têm a parte membranosa da lâmina espiral mais sólida e dura; para ambos, portanto, são necessários instrumentos que aumentam a quantidade de partes luminosas ou sonoras que devem atingir esses órgãos; os óculos convexos e as cornetas produzem esse efeito. Todos conhecem essas longas cornetas com as quais se conduz a voz a distâncias bem grandes; poder-se-ia facilmente aperfeiçoar essa máquina ao torná-la, em relação ao ouvido, o mesmo que a luneta em relação aos olhos; mas é verdade que não se poderia utilizar essa corneta de aproximação senão em lugares ermos, nos quais toda a Natureza esteja em silêncio, pois os barulhos vizinhos confundem-se com os sons distantes muito mais do que a luz dos objetos, nesse caso. Isso vem do fato de que a propagação da luz se dá sempre em linha reta, e, quando há um obstáculo intermediário, ela é quase inteiramente interceptada; já o som, na verdade, também se propaga em linha reta, mas, quando encontra um obstáculo intermediário, ele circula ao redor do mesmo, chegando, assim, de modo oblíquo ao ouvido em quantidade quase tão grande quanto se não houvesse mudado de direção.

O ouvido é muito mais necessário ao homem do que ao animal; neste último, esse sentido não é nada além de uma propriedade passiva capaz apenas de transmitir as impressões de fora. No homem, não é apenas uma propriedade passiva, mas uma faculdade que se torna ativa pelo órgão da fala; com efeito, é por meio desse sentido que vivemos em sociedade, que recebemos o pensamento dos outros, e que podemos lhes comunicar o nosso; os órgãos da voz seriam instrumentos inúteis se não fossem postos em movimento por esse sentido; um surdo de nascença é necessariamente mudo, e não deve ter conhecimento algum das coisas abstratas e gerais. Devo contar aqui uma história resumida de um surdo desse tipo que passou a ouvir de repente, pela primeira vez, com a idade de 24 anos, tal como encontramos no volume da Academia (ano 1703, p.18).

"O sr. Felibien da Academia das Inscrições transmitiu à Academia de Ciências um acontecimento singular, talvez inaudito, que acabara de haver em Chartres. Um jovem de 23, ou 24 anos, filho de um artesão, surdo e mudo de nascença, começou subitamente a falar, para o grande espanto de toda a cidade; a seu respeito, soube-se que, cerca de três ou quatro meses antes, ele havia escutado o som dos sinos e ficara extremamente surpreso com essa sensação nova e desconhecida; em seguida, saiu-lhe uma espécie de água da orelha esquerda, e ele havia ouvido perfeitamente com os dois ouvidos; ficou esses três ou quatro meses a ouvir, sem nada dizer, acostumando-se a repetir baixinho as palavras que ouvia e assegurando-se de sua pronúncia e das ideias vinculadas às palavras; por fim, acreditou estar pronto para romper o silêncio e declarou que passara a falar, mesmo que ainda muito imperfeitamente; quando os teólogos, hábeis como são, o interrogaram a respeito de seu estado passado e propuseram-lhe questões que versavam principalmente sobre Deus, a alma e a bondade ou a maldade moral das ações, ele parecia não ter ainda levado seus pensamentos tão longe: embora fosse filho de pais católicos, assistisse à missa, tivesse sido instruído a fazer o sinal da cruz e a pôr-se de joelhos na posição de um homem que reza, jamais havia associado a tudo isso qualquer intenção, nem compreendido aquela que os outros a isso associavam; ele não sabia muito claramente o que era a morte, e jamais pensava sobre ela; levava uma vida puramente animal, totalmente ocupado com os objetos sensíveis presentes e com as poucas ideias que recebia pelos olhos; nem sequer extraía, da comparação dessas ideias, tudo aquilo que nos parecia poder extrair, e isso não porque não possuísse espírito naturalmente, mas porque o espírito de um homem privado da conversação com os outros é tão pouco exercitado e cultivado que esse homem apenas pensa na medida em que é a isso indispensavelmente forçado pelos objetos exteriores: a maior riqueza das ideias dos homens está em sua frequentação recíproca."

Seria, contudo, muito possível comunicar aos surdos essas ideias que lhes faltam, e até mesmo lhes dar noções exatas e precisas das coisas abstratas e gerais por meio de signos e pela escrita: um surdo de nascença poderia, com o tempo e uma ajuda contínua, ler e compreender tudo aquilo que fosse escrito, e, por conseguinte, também escrever ele próprio e fazer-se entender até mesmo a respeito das coisas mais complicadas; há alguns desses surdos, diz-se, cuja educação foi acompanhada com bastante cuidado, a fim de que fossem levados a um nível ainda mais difícil, a saber, o de compreender o sentido das palavras pelo movimento dos lábios daqueles que as pronunciam; nada prova mais o quanto os sentidos no fundo se assemelham, e até que ponto podem se substituir uns aos outros; entretanto, segundo me parece, uma vez que a maior parte dos sons se forma e se articula dentro da boca por movimentos da língua que não se percebe em um homem que fala normalmente, um surdo-mudo não poderia conhecer, desse modo, mais do que o pequeno número de sílabas que de fato são articuladas pelo movimento dos lábios.

Podemos citar, a esse respeito, um fato inteiramente novo que acabamos de testemunhar. O sr. de Rodrigue Pereira, português, ao buscar os meios mais fáceis para fazer que os surdos e mudos de nascença falassem, praticou essa arte singular durante um tempo longo o bastante para levá-la a um grande nível de perfeição; há quinze dias, enviou-me seu aluno, o sr. D'Azy d'Eravigny, um jovem surdo-mudo de nascença, de cerca de 19 anos de idade; o sr. Pereira, empenhou-se em ensiná-lo a falar e a ler no mês de julho de 1746; ao final de quatro meses, o jovem já pronunciava sílabas e palavras, e, passados dez meses, compreendia cerca de 1.300 palavras, pronunciando-as todas muito distintamente. Essa educação iniciada com tanto sucesso foi interrompida durante nove meses, devido à ausência do mestre, que voltou a assumir seu aluno apenas no mês de fevereiro de 1748; encontrou-o, nesse momento, muito menos instruído do que quando o deixara; sua pronúncia havia adquirido diversos vícios, e a maior parte das palavras que aprendera já haviam saído de sua memória, pois não as utilizara durante um tempo longo o bastante para que tivessem deixado impressões duráveis e permanentes. O sr. Pereira começou, então, a instruí-lo novamente, por assim dizer, no mês de fevereiro de 1748, e desde então não o deixou mais, até este dia (no mês de junho de 1749). Nós vimos esse jovem surdo-mudo em uma de nossas assembleias da Academia; foram-lhe feitas diversas questões por escrito, por ele muito bem respondidas, tanto por escrito quanto por meio da fala; na verdade, ele possui uma pronúncia lenta e o som da voz rude, mas isso não poderia ser diferente, pois é apenas pela imitação que, aos poucos, levamos nossos órgãos a formar sons precisos, suaves e bem articulados; e como esse jovem surdo-mudo não possui sequer a ideia de um som, não tendo, por conseguinte, jamais se apoiado na imitação, sua voz não poderia deixar de possuir certa rudeza que a arte de seu mestre poderá muito bem corrigir aos poucos, até um certo ponto. O pouco de tempo que o mestre empregou nessa educação, bem como os progressos do aluno que, na verdade, parece ser espirituoso e vivaz, são mais do que suficientes para demonstrar que se pode, com a arte, levar todos os surdos-mudos de nascença a se sociabilizarem com os outros homens, pois estou convencido de que, se tivéssemos começado a instruir esse jovem surdo na idade de 7 ou 8 anos, ele estaria atualmente no mesmo ponto em que se encontram os surdos que outrora já falaram, e teria um número de ideias tão grande quanto os outros homens normalmente possuem.

Dos sentidos em geral[*]

O corpo animal[25] é composto de muitos materiais distintos, dos quais alguns, como os ossos, a gordura, o sangue, a linfa etc., são insensíveis, e outros, como as membranas e os nervos, parecem ser matérias ativas das quais dependem o jogo de todas as partes e a ação de todos os membros; são sobretudo os nervos o órgão imediato do sentimento, que se diversifica e muda de natureza, por assim dizer, de acordo com a diferente disposição daqueles; assim, dependendo de sua posição, arranjo e qualidade, eles transmitem à alma diferentes tipos de sentimentos, que distinguimos com os nomes das diferentes sensações, as quais, por sua vez, parecem não ter nada de semelhante entre si. Todavia, se atentarmos para o fato de que todos esses sentidos externos têm o mesmo sujeito em comum; de que não são nada além de membranas nervosas diferentemente dispostas e localizadas; de que os nervos são o órgão geral do sentimento; e de que, no corpo animal, nenhuma outra matéria, além da dos nervos, tem essa propriedade de causar o sentimento; seremos levados a crer que, pelo fato de os sentimentos terem todos um princípio comum; por consistirem apenas em formas variadas da mesma substância; ou por não serem, em suma, nada mais do que os nervos diferentemente ordenados e dispostos, as sensações que deles resultam não são tão essencialmente distintas entre si quanto parecem ser.

O olho deve ser tomado como uma extensão do nervo óptico, ou, melhor dizendo, o olho em si mesmo não é nada mais do que a profusão de um feixe de nervos que, por estarem mais exteriormente expostos do que qualquer outro nervo, são também aqueles que produzem o sentimento mais vivo e mais delicado; assim, ele será estimulado pelas menores partes da matéria, tais como as da luz, e, por conseguinte, nos proporcionará uma sensação das substâncias mais distantes, desde que elas sejam capazes de produzir ou de refletir essas pequenas partículas de matéria. O ouvido, que não é um

---

* Tomo III, 1749, pp.352-370.

25 Trechos desta seção são transcritos por Jaucourt no verbete "Sentidos estranhos" da *Enciclopédia* (XV, 29, 1765), ed. brasileira, op. cit., v.6. (N. T.)

órgão tão externo quanto o olho, e no qual não há uma profusão tão grande de nervos, não terá o mesmo grau de sensibilidade e não poderá ser afetado por partes da matéria tão pequenas como são as da luz, mas o será por partes maiores, tais como aquelas que formam o som, e ainda nos proporcionará a sensação de coisas distantes que possam colocar em movimento essas partes da matéria. Como essas partes são muito maiores do que as da luz, e por serem também menos velozes, não podem se estender a longas distâncias; por esse motivo, o ouvido nos proporcionará a sensação de coisas muito menos distantes do que aquelas cuja sensação nos é proporcionada pelo olho. A membrana que compõe a sede do olfato, por ser ainda menos provida de nervos do que aquela que compõe a sede do ouvido, proporciona-nos a sensação somente das partes da matéria que são maiores e menos distantes, tais como as partículas odoríferas dos corpos, que provavelmente são as mesmas das do óleo essencial que é exalado e, por assim dizer, flutua no ar, do mesmo modo como os corpos leves flutuam na água; e como os nervos são em quantidade ainda menor e ramificam-se ainda mais sobre o palato e sobre a língua, as partículas odoríferas não são fortes o bastante para estimular esse órgão; é necessário, portanto, que essas partes oleosas ou salinas se desprendam dos outros corpos e se detenham sobre a língua, produzindo uma sensação que denominamos paladar e que difere do olfato principalmente pelo fato de este último sentido nos proporcionar a sensação das coisas a uma certa distância, enquanto aquele não nos pode proporcioná-la senão por meio de uma espécie de contato que se opera mediante a dissolução de certas partes da matéria, tais como os sais, os óleos etc. Na pele, por fim, como os nervos ramificam-se o máximo possível e são muito moderadamente distribuídos, nenhuma parte tão pequena quanto aquelas que formam a luz ou os sons, os odores ou os sabores poderá estimulá-los de modo sensível, sendo necessárias partes muito grandes de matéria, a saber, as dos corpos sólidos, para que possam ser afetados. Assim, o sentido do tato não nos proporciona qualquer sensação das coisas distantes, mas somente daquelas com as quais o contato é imediato.

Parece-me, então, que a diferença existente entre nossos sentidos provém apenas da posição mais ou menos exterior dos nervos, bem como de sua quantidade maior ou menor nas diferentes partes que constituem os órgãos. É por essa razão que um nervo estimulado por um golpe ou exposto por uma ferida muitas vezes nos proporciona a sensação da luz, sem que o olho tenha qualquer participação, assim como frequentemente também experimentamos, por essa mesma causa, alguns zunidos e sensações de sons, ainda que o ouvido não seja afetado por nada que venha do exterior.

Quando as pequenas partículas das matérias luminosa ou sonora encontram-se reunidas em grande quantidade, elas formam uma espécie de corpo sólido que produz diferentes tipos de sensação, as quais parecem não ter qualquer relação com as primeiras; pois, todas as vezes que as partes que compõem a luz se reúnem em uma quantidade muito grande, elas afetam não somente os olhos, mas também todas as partes nervosas da pele, produzindo, naqueles, a sensação da luz e, no resto do corpo, a sensação do calor, que é um tipo de sentimento diferente do primeiro, embora produzido pela mesma causa. O calor, portanto, não consiste em outra coisa senão no toque da luz, que age como um corpo sólido ou uma massa de matéria em movimento; identificamos com clareza a ação dessa massa em movimento quando expomos certas matérias leves no centro de um bom espelho ardente; a ação da luz reunida comunica-lhes, antes mesmo de aquecê-las, um movimento que as empurra e desloca; o calor age, assim, tal como agem os corpos sólidos sobre os outros corpos, uma vez que é capaz de deslocá--los ao transmitir-lhes um movimento de impulsão.

Do mesmo modo, quando as partes sonoras encontram-se reunidas em uma quantidade muito grande, elas produzem um espasmo e uma vibração muito sensíveis, e essa vibração é muito diferente da ação do som sobre o ouvido. Uma violenta explosão, ou um forte trovão, faz vibrar as casas, nos atinge e comunica uma espécie de tremor a todos os corpos vizinhos; o som, portanto, também age sobre os outros corpos como um corpo sólido, pois não é a agitação do ar que causa essa vibração, já que, no momento em que ela ocorre, não notamos que seja acompanhada de vento, e, além disso, por mais violento que seja esse vento, não produziria espasmos tão fortes. É por meio dessa ação das partes sonoras que uma corda vibrante agita outra corda, e é devido a esse toque do som que nós mesmos sentimos, quando o barulho é violento, uma espécie de tremor muito diferente da sensação do som que se tem pelo ouvido, ainda que ambos dependam da mesma causa.

Toda a diferença que existe entre nossas sensações deve-se, portanto, apenas ao número maior ou menor e à localização mais ou menos externa dos nervos, o que faz que alguns desses sentidos possam ser afetados por partículas pequenas de matéria que emanam dos corpos, tais como a visão, a audição e o olfato; outros, por partes maiores que se desprendem dos corpos e por meio do contato, tal como o paladar; e outros, pelos próprios corpos, ou mesmo por suas emanações, quando estas se encontram suficientemente aglomeradas e abundantes para formarem uma espécie de massa sólida, tal como o tato, que nos proporciona as sensações da solidez, da fluidez e do calor dos corpos.

Um fluido difere de um sólido por não ter qualquer parte grande o suficiente para que possamos segurá-la e tocá-la em diversos lados ao mesmo tempo; é também isso que faz que os fluidos sejam líquidos; as partículas que os compõem podem ser tocadas pelas partículas vizinhas em apenas um ponto, ou em um número tão pequeno de pontos que nenhuma parte pode ter aderência com outra. Os corpos sólidos reduzidos a pó, ainda que este seja impalpável, não perdem de forma alguma sua solidez, pois, como as partes se tocam por diversos lados, elas conservam a aderência entre si, e é isso que nos permite fazer delas uma massa, ou comprimi-las, de modo a apalpar grande quantidade de uma só vez.

O sentido do tato está espalhado pelo corpo inteiro, mas se exerce de um modo distinto em suas diferentes partes. O sentimento que resulta do tato não pode ser excitado senão pelo contato e pela aplicação imediata da superfície de qualquer outro corpo estranho sobre a de nosso próprio corpo; se aplicarmos um corpo alheio contra o peito ou sobre os ombros de um homem, ele o sentirá, isto é, ele saberá que há um corpo estranho a tocá-lo, mas não terá qualquer ideia da forma desse corpo, pois, como o peito ou os ombros tocam o corpo apenas em um único plano, disso não poderá resultar conhecimento algum da figura desse corpo; ocorre o mesmo com todas as outras partes do corpo que não podem se ajustar à superfície dos corpos estranhos a ele, ou dobrar-se, de modo a abarcar diversas partes dessa superfície ao mesmo tempo; essas partes de nosso corpo não nos podem, portanto, fornecer qualquer ideia precisa de sua forma; mas aquelas partes que, por exemplo a mão, são divididas em diversas pequenas partes flexíveis e móveis, e que, por conseguinte, podem se aplicar sobre os diferentes planos da superfície dos corpos simultaneamente, são as que de fato nos fornecem as ideias de sua forma e de seu tamanho.

Assim, não é apenas por haver uma quantidade maior de terminações nervosas na extremidade dos dedos do que nas outras partes do corpo, e tampouco, como vulgarmente se afirma, por ter o sentido mais delicado, que a mão é, de fato, o principal órgão do tato; pois poderíamos dizer, pelo contrário, que há partes mais sensíveis e cujo tato é mais delicado, tais como os olhos ou a língua; mas é apenas por ser dividida em diversas partes, todas móveis, flexíveis, capazes de agir ao mesmo tempo e de obedecer à vontade, que a mão é o único órgão que nos fornece ideias claras da forma dos corpos: o tato não passa de um contato de superfície, e, se calcularmos a superfície da mão e dos cinco dedos, veremos que ela é proporcionalmente maior do que a de qualquer outra parte do corpo, pois nenhuma outra é tão segmentada; assim, ela tem, em primeiro lugar, a vantagem de poder expor aos corpos alheios uma quantidade maior de superfície; depois, os dedos podem se esticar, encolher, dobrar, separar, unir e ajustar a todos os tipos de superfície; é essa uma outra vantagem que seria suficiente para fazer de tal parte do corpo o órgão desse sentimento exato e preciso, o qual é necessário para nos fornecer a ideia da forma dos corpos. Se a mão tivesse um número ainda maior de partes, se fosse, por exemplo, dividida em vinte dedos, e se esses dedos tivessem um número maior de articulações e de movimentos, não é de se duvidar que o sentimento do tato fosse infinitamente mais perfeito com essa conformação do que já é, pois essa mão poderia aplicar-se muito mais imediatamente e com muito mais precisão sobre as diferentes superfícies dos corpos; e supondo que ela fosse dividida em uma infinidade de partes, todas móveis e flexíveis, e que pudessem se aplicar ao mesmo tempo sobre todos os pontos da superfície dos corpos, um tal órgão seria uma espécie de geometria universal (se assim posso me exprimir), com a ajuda da qual teríamos, no exato momento do toque, ideias exatas e precisas da figura de todos os corpos, assim como da diferença, mesmo que infinitamente pequena, entre essas figuras; se, ao contrário, a mão não tivesse dedos, ela nos forneceria apenas noções muito imperfeitas da forma das coisas mais palpáveis, e nós teríamos apenas um conhecimento muito confuso dos objetos que nos cercam, ou, no mínimo, nos seriam necessários muito mais tempo e uma quantidade muito maior de experiências para adquiri-lo.

Os animais que têm mãos parecem ser os mais espirituosos: os macacos fazem coisas tão semelhantes às ações mecânicas dos homens que elas parecem ter, como causa, a mesma sequência de sensações corporais: todos os outros animais que são privados desse órgão não podem ter qualquer conhecimento suficientemente claro da forma das coisas; como não podem segurar as coisas, e por não possuírem qualquer parte do corpo segmentada e flexível o bastante para se ajustar sobre a superfície dos corpos, eles certamente não têm qualquer noção precisa nem da forma nem do tamanho desses corpos; é por isso que muitas vezes os vemos incertos ou assustados diante do aspecto das coisas que melhor deveriam conhecer e que lhes são as mais familiares. O principal órgão do tato é, para eles, o focinho, pois essa parte é dividida em duas pela boca, sendo a língua outra parte que lhes serve, ao mesmo tempo, para tocar os corpos, que os vemos examinar por todos os lados, antes de apreender com os dentes: podemos também supor que os animais que, tais como as sépias, os pólipos e outros insetos, têm um grande número de braços ou de patas, com os quais, podendo uni-los e agrupá-los, conseguem agarrar os corpos alheios por diferentes lados; podemos supor, digo, que esses animais contam com uma vantagem em relação aos outros, pois conhecem e selecionam muito melhor as coisas que lhes convêm. Os peixes, cujo corpo é coberto de escamas e, por isso, não podem se curvar, devem ser os mais estúpidos de todos os animais; eles não podem ter conhecimento algum da forma dos corpos, já que não têm qualquer meio de apreendê-los; além disso, sua impressão do sentimento deve ser muito frágil, e o próprio sentimento bastante obtuso, visto que não podem sentir senão por meio das escamas: assim, todos os animais cujo corpo não tem extremidades que possam ser consideradas partes segmentadas do mesmo, tais como os braços, as pernas e as patas, sentirão muito menos, por meio do tato, do que os outros: as cobras, contudo, são menos estúpidas do que os peixes, pois, embora não tenham extremidades e sejam cobertas por uma pele dura e escamosa, têm a capacidade de dobrar seus corpos sobre os corpos alheios em diversos sentidos, e, por conseguinte, de apreendê-los de algum modo e de tocá-los muito melhor do que fazem os peixes, cujos corpos não podem se curvar.

Assim, os dois grandes obstáculos ao exercício do sentido do tato são, em primeiro lugar, a uniformidade da forma do corpo do animal, ou, o que é a mesma coisa, a ausência de partes diferentes, segmentadas e flexíveis; e, em segundo lugar, o revestimento da pele, seja ele de pelos, penas, escamas, concha ou carapaça; quanto mais duro e sólido for esse revestimento, menos o sentimento do tato poderá se exercer, e, do contrário, quanto mais fina e delicada for a pele, mais esse sentimento será vivo e sofisticado. Entre as diversas vantagens que as mulheres têm em relação aos homens, há também aquela de terem a pele mais bela e o tato mais delicado.

O feto no útero da mãe tem uma pele muito fina e, por isso, deve sentir vivamente todas as impressões exteriores; porém, como ele está imerso em um líquido – e os líquidos, como se sabe, absorvem e interrompem a ação de todas as causas que podem ocasionar choques –, é muito raro que seja ferido, e apenas o será por meio de golpes e de tentativas muito violentos; sendo assim, ele exercita muito pouco seu sentido do tato, o qual depende apenas da delicadeza da pele e é comum a todo o corpo; como ele não faz uso algum de suas mãos, não pode ter sensações nem adquirir qualquer conhecimento dentro do útero de sua mãe, a menos que se queira supor que ele pode tocar, com suas mãos, diversas partes de seu corpo, tais como o rosto, o peito, os joelhos; pois muitas vezes encontramos as mãos do feto, abertas ou fechadas, encostadas sobre seu rosto.

Para a criança recém-nascida, as mãos permanecem sendo tão inúteis quanto para o feto, pois não lhes é dada a liberdade de utilizá-las senão ao final de seis ou sete semanas; até essa idade, seus braços são enfaixados junto com todo o resto do corpo, e não sei por que essa prática ainda está em uso. É certo que, com isso, o desenvolvimento desse sentido tão importante, e do qual dependem todos os nossos conhecimentos, é atrasado, de modo que faríamos bem se permitíssemos à criança o livre uso de suas mãos desde o momento de seu nascimento; ela adquiriria mais cedo as primeiras noções das formas das coisas, e quem sabe até que ponto essas primeiras ideias têm influência sobre as outras? Talvez um homem tenha muito mais espírito do que outro apenas por ter feito, em sua primeira infância, um uso maior e mais imediato desse sentido; a partir do momento em que as crianças têm a liberdade de se servir de suas mãos, não tardam a fazer delas um grande uso, procurando tocar tudo aquilo que lhes apresentamos; vemos que se divertem e têm prazer ao manusear as coisas que suas pequenas mãos podem segurar; e, ao que parece, procuram conhecer a forma dos corpos tocando-os por todos os lados e durante um tempo considerável; com isso, elas se divertem, ou, antes, instruem-se de coisas novas. Se pararmos para refletir, por acaso nós mesmos, durante todo o tempo de nossas vidas, nos divertimos de algum outro modo que não seja fazendo, ou procurando fazer, algo de novo?

É somente por meio do tato que podemos adquirir conhecimentos completos e reais; é esse sentido que retifica todos os outros sentidos, cujos efeitos seriam apenas ilusões, e que produziriam apenas equívocos em nosso espírito, caso o tato não nos ensinasse a julgar. Mas como se dá o desenvolvimento desse sentido tão importante? Como chegam à nossa alma nossos primeiros conhecimentos? Será que não nos esquecemos de tudo aquilo que se passou nas trevas de nossa infância? Como faremos para reencontrar o primeiro indício de nossos pensamentos? Não haveria, inclusive, uma certa temeridade em querermos remontar até esse ponto? Se esse problema fosse menos importante, haveria razão para nos repreendermos; mas ele, talvez mais do que qualquer outro, é digno de nossa ocupação; e por acaso não sabemos que devemos fazer um esforço todas as vezes que queremos alcançar um grande objetivo?

Imagino, então, um homem, tal como podemos crer que tenha sido o primeiro homem no momento da Criação, a saber, um homem cujo corpo e os órgãos seriam perfeitamente formados, mas que, ao despertar, seria inteiramente novo tanto para si mesmo quanto para tudo aquilo que o cerca. Quais seriam seus primeiros movimentos, suas primeiras sensações, seus primeiros juízos? Se esse homem quisesse nos contar a história de seus primeiros pensamentos, o que teria ele a nos dizer? Que história seria essa? Não posso dispensar-me de fazê-lo falar por si mesmo, a fim de tornar os fatos mais sensíveis: esse relato filosófico, que será curto, não será uma digressão inútil:

Lembro-me desse instante cheio de alegria e inquietação, no qual senti pela primeira vez minha singular existência; não sabia o que era, onde estava, de onde vinha. Abri os olhos, e como cresceu essa sensação! A luz, a abóbada celeste, a vegetação da terra, as águas cristalinas, tudo me ocupava, animava e proporcionava um sentimento inexprimível de prazer; acreditei, no início, que todos esses objetos estavam em mim e faziam parte de mim mesmo.

Esse pensamento nascente fortaleceu-se em mim quando voltei os olhos em direção ao astro da luz, e seu brilho feriu-me; fechei involuntariamente a pálpebra e senti uma leve dor. Nesse momento de obscuridade, julguei ter perdido quase todo o meu ser.

Aflito, tomado pelo espanto, eu refletia sobre essa grande mudança quando, de repente, ouvi sons: o canto dos pássaros e o murmurar dos ares formavam um concerto cuja doce impressão comovia-me até o fundo de minha alma; ouvi-o durante algum tempo, e logo me persuadi de que essa harmonia era eu mesmo.

Atento, inteiramente ocupado com esse novo tipo de existência, já me esquecia da luz, aquela outra parte de meu ser que conheci primeiramente, assim que abri os olhos. Que alegria encontrar-me em posse de tantos objetos brilhantes! Meu prazer superou tudo aquilo que eu havia sentido na primeira vez e suspendeu por um tempo o efeito atraente dos sons.

Fixava meu olhar em milhares de objetos diversos, e logo me dei conta de que podia perder e reencontrar esses objetos, e de que tinha o poder de destruir e reproduzir, segundo minha vontade, essa bela parte de mim mesmo; e, embora ela me parecesse imensa, devido à quantidade de fenômenos da luz e à variedade das cores, julguei ter constatado que tudo estava contido em uma porção de meu ser.

Comecei a ver sem me emocionar, e a ouvir sem me perturbar, quando um ar suave, cuja frescura pude sentir, trouxe-me perfumes que produziram, em mim, um desabrochar íntimo, e que me proporcionaram um sentimento de amor por mim mesmo.

Agitado por todas essas sensações, instigado pelos prazeres de uma existência tão bela e tão grande, levantei-me de um só golpe, sentindo-me transportado por uma força desconhecida.

Dei apenas um passo; a novidade de minha situação tornou-me imóvel, minha surpresa era extrema; julguei que minha existência se evadia, que o movimento que fiz confundira os objetos; supus que tudo havia entrado em desordem.

Levei a mão sobre minha cabeça, toquei minha testa e meus olhos, percorri meu corpo; minha mão pareceu-me, então, ser o órgão principal de minha existência; aquilo que eu sentia nessa parte do corpo era tão completo e distinto, e a fruição parecia-me tão perfeita, em comparação com o prazer que me haviam causado a luz e os sons, que me detive inteiramente nessa parte sólida de meu ser, sentindo que minhas ideias adquiriam profundidade e realidade.

Tudo aquilo que eu tocava em mim mesmo parecia comunicar à minha mão sentimentos recíprocos, e cada toque produzia, em minha alma, uma ideia dupla.

Não demorei muito para me aperceber de que essa faculdade de sentir estava espalhada por todas as partes de meu ser, e logo reconheci os limites de minha existência, que, inicialmente, me parecera imensa em extensão.

Voltei os olhos para meu corpo e tive a impressão de que seu volume era enorme, tão grande que, em comparação com ele, todos os objetos que haviam atingido meus olhos pareciam não passar de pequenos pontos luminosos.

Examinava-me longamente, contemplava-me com prazer, seguia minha mão com os olhos e observava seus movimentos; tinha, a respeito disso tudo, as ideias mais estranhas, acreditava que o movimento de minha mão não passava de uma espécie de existência fugaz, uma sucessão de coisas semelhantes; aproximei-a de meus olhos, e, então, ela me pareceu maior do que todo o meu corpo, fazendo que desaparecessem de minha vista um número infinito de objetos.

Comecei a suspeitar que havia uma ilusão nessa sensação que me vinha pelos olhos; eu havia visto nitidamente que minha mão era apenas uma parte de meu corpo e não podia compreender que ela pudesse aumentar a ponto de ter um tamanho tão exagerado, tal como me parecia; decidi, então, confiar apenas no tato, que ainda não me enganara, e manter sempre um pé atrás com relação a todos os outros modos de sentir e de ser.

Essa precaução foi-me útil; pus-me de novo em movimento, e caminhava com a cabeça erguida e elevada em direção ao céu, quando esbarrei levemente em uma palmeira; tomado pelo espanto, pousei minha mão sobre esse corpo estranho; e julguei-o tal porque ele não me transmitia sentimentos recíprocos; afastei-me, sentindo uma espécie de horror, e assim eu soube, pela primeira vez, que havia algo fora de mim.

Mais inquietado por essa nova descoberta do que estivera por qualquer outra, tive dificuldade de me tranquilizar, e, depois de ter meditado sobre esse acontecimento, concluí que deveria julgar os objetos exteriores do mesmo modo pelo qual havia julgado as partes de meu corpo, e que somente o tato poderia assegurar-me de sua existência.

Procurei, então, tocar tudo aquilo que via; queria tocar o sol, estendia os braços para abraçar o horizonte; mas tudo o que encontrei foi o vazio dos ares.

A cada experiência que eu ensaiava, era sempre tomado por uma nova surpresa, pois todos os objetos pareciam estar igualmente próximos de mim, e foi somente após uma infinidade de tentativas que aprendi a me servir de meus olhos para guiar minha mão; mas, visto que ela me fornecia ideias totalmente distintas das impressões que eu recebia pelo sentido da visão, e que, portanto, minhas sensações não estavam de acordo umas com as outras, meus juízos eram ainda mais imperfeitos, de modo que o total de meu ser ainda não passava, para mim, de uma existência em plena confusão.

Profundamente ocupado comigo mesmo, com aquilo que eu era, com aquilo que eu podia ser, as contrariedades que acabara de experimentar haviam me humilhado; quanto mais eu refletia, mais dúvidas surgiam; aborrecido com tantas incertezas, cansado dos movimentos de minha alma, meus joelhos vergaram-se e encontrei-me em uma posição de repouso. Esse estado de tranquilidade deu novas forças aos meus sentidos; sentei-me à sombra de uma bela árvore, os frutos de uma cor avermelhada pendiam em forma de cachos ao alcance de minha mão; toquei-os suavemente, e logo se separaram do ramo, tal como o figo que deste se separa quando está maduro.

Apanhei um desses frutos e julguei ter realizado uma conquista, glorificando-me pela capacidade, que em mim reconhecia, de poder conter um outro ser inteiro em minha mão; seu peso, ainda que pouco sensível, pareceu-me uma resistência animada que eu me dava o prazer de vencer.

Aproximei esse fruto de meus olhos, analisei sua forma e suas cores; um odor delicioso fez que me aproximasse dele ainda mais; e ele, agora, encontrava-se próximo de meus lábios; eu inspirava profundamente seu perfume e deliciava-me longamente com os prazeres do olfato; sentia estar pleno, por dentro, desse ar embalsamado, minha boca se abria para exalá-lo e voltava a abrir para inspirá-lo; percebi, então, que possuía um olfato interno mais fino, mais delicado do que o primeiro; eu, enfim, saboreava.

Que sabor! Que novidade uma tal sensação! Até então, eu havia sentido apenas alguns prazeres; mas agora o paladar me proporcionava o sentimento de volúpia; o gozo íntimo fez nascer em mim a ideia de posse; e, assim, acreditei que a essência desse fruto se tornara minha, e que eu era o mestre de transformar os seres.

Envaidecido por essa ideia de poder, incitado pelo prazer que havia sentido, colhi um segundo e um terceiro frutos, e não me cansava de utilizar minha mão para satisfazer meu gosto; um agradável langor, porém, apoderando-se pouco a pouco de todos os meus sentidos, fez pesarem meus membros e suspendeu a atividade de minha alma; eu atribuía sua inação à languidez de meus pensamentos; minhas sensações embotadas arredondavam todos os objetos e apresentavam-me apenas imagens incertas e mal-acabadas; nesse instante, meus olhos, que haviam se tornado inúteis, fecharam-se, e minha cabeça, não sendo mais sustentada pela força dos músculos, inclinou-se, encontrando na relva um apoio.

Tudo se apagou, tudo desapareceu, a sequência de meus pensamentos foi interrompida e perdi o sentimento de minha existência: esse sono foi profundo, mas não sei se foi de longa duração, pois ainda não tinha a ideia do tempo e não podia medi-lo; meu despertar foi, assim, um segundo nascimento, e eu sentia apenas que havia deixado de ser.

Essa extinção que eu acabara de experimentar deu-me alguma ideia do medo e me fez sentir que eu, talvez, não existisse sempre.

Tive outra inquietação: não sabia se havia deixado, no sono, uma parte de meu ser; testei meus sentidos, procurei reconhecer-me.

Mas, enquanto percorria com os olhos os limites de meu corpo, a fim de certificar-me de que minha existência permanecia inteira, quão grande não foi minha surpresa ao ver, ao meu redor, uma forma semelhante à minha! Tomei-a por um outro eu-mesmo, e, além de não ter perdido nada durante o tempo em que deixara de existir, acreditei que me havia duplicado.

Pousei minha mão sobre esse novo ser, e que espanto! Não era eu, mas era mais do que eu, melhor do que eu; julguei que minha existência iria mudar de lugar e se transferir inteiramente para essa segunda metade de mim mesmo.

Senti-a animar-se sob minha mão; vi-a aprender o pensamento em meus olhos, e os seus fizeram correr em minhas veias uma nova fonte de vida; desejaria entregar-lhe todo o meu ser; essa vontade viva completou minha existência, e senti nascer em mim um sexto sentido.

Nesse instante, o astro do dia apagou sua chama ao final de seu curso; quase não me dei conta de que perdia o sentido da visão; eu existia demais para ter medo de deixar de ser; e foi em vão que a escuridão na qual me encontrava remeteu-me à ideia de meu primeiro sono.

Variedades da espécie humana[*]

Tudo o que dissemos até aqui sobre a geração do homem, sobre sua formação, seu desenvolvimento, seu estado nos diferentes estágios da vida, seus sentidos e a estrutura de seu corpo, tal como a conhecemos por meio das dissecações anatômicas, constitui ainda apenas a história do indivíduo; a da espécie demanda um detalhamento particular, cujos fatos principais podem ser extraídos somente das variedades que se encontram entre os homens dos diferentes climas. A primeira e mais notável dessas variedades é a cor, a segunda é a forma e tamanho, a terceira é a natureza dos diferentes povos: cada um desses objetos, considerado em toda a sua extensão, poderia fornecer um amplo tratado, mas nos limitaremos ao que há de mais geral e de mais comprovado a respeito.

Percorrendo-se a superfície da Terra a partir desse ponto de vista, e começando pelo Norte, encontramos, na Lapônia e nas costas setentrionais da Tartária, uma raça de homens de pequena estatura, de feições bizarras, e de fisionomia tão selvagem quanto os costumes. Esses homens, que parecem ter degenerado da espécie humana, não deixam de ser bastante numerosos e de ocupar regiões muito vastas; os lapões dinamarqueses, suecos, moscovitas e independentes, os habitantes da Nova Zembla, os *borandiens*, os samoiedos, os tártaros setentrionais, e talvez os ostíacos no Antigo Continente, os groenlandeses e os selvagens ao norte dos esquimós[26] no outro continente, parecem ser todos da mesma raça, a qual se espalhou e se multiplicou ao longo das costas dos mares setentrionais, nos desertos e em um clima inabitável para qualquer outra nação. Todos esses povos têm um rosto largo e achatado,[27] o nariz chato e amassado, a íris do olhos castanho-amarelada,

---

[*] Tomo III, 1749, p.371-530.

26 A existência dos *borandiens* é contestada por alguns autores, entre eles Voltaire. Trata-se, provavelmente, de samoiedos mal caracterizados. Quanto aos habitantes da Nova Zembla, Buffon os compreende (a partir das informações de La Martinière) como um povo particular, os *zemblians*, muito embora se afirme que também estes eram samoiedos. (N. T.)

27 Veja Regnard, *Voyage en Laponie, Oeuvres du M. Reignard*, Paris, 1742, p.169. Veja também Valerio Zani, *Il genio vagante*. Parma, 1691, e as *Viagens do Norte feitas pelos holandeses*.

tendendo para o preto,[28] pálpebras puxadas em direção às têmporas,[29] bochechas extremamente elevadas, a boca muito grande, a parte inferior da face estreita, lábios grossos e realçados, a voz fina, a cabeça grande, cabelos pretos e lisos, a pele morena; são muito baixos e atarracados, embora magros; a maioria não tem mais de 4 pés de altura, e os mais altos não mais de 4,5. Como vemos, essa raça é muito diferente das outras, parecendo até se tratar de uma espécie particular cujos indivíduos não passam de aberrações; pois, se há alguma diferença entre esses povos, ela diz respeito apenas ao grau maior ou menor de deformidade: os *borandiens*, por exemplo, são ainda mais baixos do que os lapões, têm a íris do olhos da mesma cor, embora o branco seja de um amarelo mais avermelhado, são ainda mais morenos e têm as pernas grossas, enquanto as dos lapões são finas. Os samoiedos são mais atarracados do que os lapões, têm uma cabeça maior, um nariz mais largo e a tez mais escura, as pernas mais curtas, os joelhos mais voltados para fora, os cabelos mais longos e menos barba. Os groenlandeses têm a pele ainda mais morena do que todos os outros, de tom verde-oliva escuro; afirma-se, inclusive, haver entre eles alguns que são tão negros quanto os etíopes. Em todos esses povos, as mulheres são tão feias quanto os homens e assemelham-se tanto a eles que não se consegue distingui-los logo de início; as mulheres da Groenlândia são de estatura muito pequena, embora seu corpo seja bem-proporcionado; também têm os cabelos mais pretos e a pele menos macia do que as mulheres samoiedas; seus seios são moles e tão compridos que as crianças mamam por cima do ombro; a ponta de seus seios é preta como carvão e a pele de seus corpos é de um tom verde-oliva muito escuro; alguns viajantes dizem que elas têm pelos somente na cabeça, e que não estão sujeitas à menstruação periódica normal de seu sexo; têm o rosto largo, os olhos pequenos, muito negros e vivos, os pés curtos, assim como as mãos, e assemelham-se em todo o resto às mulheres samoiedas. Os selvagens que ficam ao norte dos esquimós, e mesmo na parte setentrional

---

(N. A.) [*Recueil des Voyages qui ont servi à l'établissement et aux progrès de la Compagnie des Indes Orientales.* Amsterdã, 1702-1706 (N. T.)]

28 Veja Lineu, *Fauna Svecica sistens animalia Sueciae regni*, Estocolmo, 1746, p.I. (N. A.)

29 La Martinière, *Voyage des pays septentrionaux*, Paris, 1671, p.39. (N. A.)

da ilha de Terra Nova, são parecidos com esses groenlandeses; como estes, têm pequena estatura, seu rosto é largo e achatado, seu nariz é chato, mas os olhos são maiores do que os dos lapões.[30]

Esses povos não apenas se assemelham pela feiura, pela pequenez e pela cor dos cabelos e dos olhos, como também têm todos praticamente as mesmas inclinações e os mesmos costumes, sendo grosseiros, supersticiosos e estúpidos. Os lapões dinamarqueses têm um grande gato negro ao qual contam todos os seus segredos e que consultam para todos os seus afazeres, que se reduzem a saber se, em tal dia, devem ir à caça ou à pesca. Entre os lapões suecos, todas as famílias têm um tambor para consultar o diabo; e, embora sejam grandes e robustos corredores, são tão covardes que jamais se pôde fazer que fossem à guerra. Gustav Adolphe tentou formar com eles um regimento, mas jamais conseguiu levá-lo a cabo; parece que não conseguem viver senão à sua maneira e em seu próprio país; para correr sobre a neve, utilizam-se de patins muito espessos de madeira de abeto de cerca de 2 alnas de comprimento e 0,5 pé de largura; esses patins têm uma ponta elevada na parte da frente e são perfurados no meio, por onde passa um couro que prende o pé de maneira firme e imóvel; eles correm sobre a neve com tanta velocidade que, na corrida, conseguem facilmente capturar os animais mais ligeiros; carregam uma vara de ferro, pontuda em uma extremidade e arredondada na outra; essa vara lhes serve para que possam se colocar em movimento, se dirigir, se sustentar, parar, e também para perfurar os animais que perseguem na corrida; com seus patins, descem até o fundo dos maiores precipícios e sobem as montanhas mais escarpadas. Os patins que os samoiedos utilizam são muito mais curtos e não têm mais de 2 pés de comprimento. Em ambos os povos, as mulheres os utilizam tanto quanto os homens, e também sabem utilizar o arco e a besta; afirma-se que os lapões moscovitas atiram uma lança com tanta força e destreza que, a 30 passos de distância, acertariam com segurança um alvo da largura de uma moeda, e que, a essa distância, perfurariam um homem de um lado a outro;

---

30 Veja os *Recueil des Voyages du Nord, contenant divers Mémoires très utiles au commerce et à la navigation*, éd. por J.-F. Bernard, Rouen, 1716, t.I, p.130 e t.III, p.6. (N. A.)

todos eles vão à caça do arminho, do lince, da raposa e da marta, a fim de obter suas peles, e trocam essa pelaria por aguardente e tabaco, de que gostam muito. Sua alimentação consiste em peixe seco, carne de rena ou de urso; seu pão é feito apenas de farinha de osso de peixe triturada e misturada com a casca macia do pinho ou da bétula, e a maioria deles não utiliza sal; sua bebida consiste em óleo de baleia e água, com a qual preparam uma infusão de grãos de zimbro. Não têm, por assim dizer, qualquer ideia de religião nem de um ser supremo; a maior parte deles é idólatra e todos são muito supersticiosos; são mais grosseiros do que selvagens, são desprovidos de coragem, de respeito por si mesmos, de pudor; os costumes que esse povo abjeto tem são apenas o bastante para que se possa desprezá-lo. Eles se banham nus e todos juntos, meninas e meninos, mãe e filho, irmãos e irmãs, e não receiam nem um pouco que sejam vistos nessa situação; ao saírem desses banhos extremamente quentes, atiram-se em um rio muito frio. Oferecem aos estrangeiros suas mulheres e filhas, e consideram uma grande honra que queiram deitar-se com elas; esse costume é igualmente estabelecido entre os samoiedos, os *borandiens*, os lapões e os groenlandeses. As mulheres da Lapônia vestem-se, no inverno, de pele de rena e, no verão, da pele das aves por elas escorchadas; o uso da roupa lhes é desconhecido. As mulheres da Nova Zembla perfuram o nariz e as orelhas para colocarem pingentes de pedra azul; também fazem riscas azuis na testa e no queixo; seus maridos cortam a barba em formato redondo e raspam os cabelos; as groenlandesas vestem-se de peles de cães marinhos; também pintam seus rostos de azul e amarelo e usam brincos nas orelhas. Todos vivem sob a terra ou em cabanas quase inteiramente enterradas e cobertas de cascas de árvores ou de osso de peixe: alguns fazem valas subterrâneas para estabelecer uma comunicação de cabana em cabana com seus vizinhos durante o inverno. Uma noite de muitos meses obriga-os a conservar a luz nessa morada por meio de uma espécie de lamparina que mantêm acesa com o mesmo óleo de baleia que lhes serve de bebida. No verão, não ficam mais à vontade do que no inverno, pois são obrigados a viver continuamente em meio a uma espécie de fumaça, pois foi esse o único meio que conceberam para se proteger da picada dos mosquitos, talvez mais abundantes nesse clima gelado do que nos países mais quentes. Com esse modo de viver tão duro e triste, quase nunca ficam doentes, alcançando todos uma velhice extrema: os idosos são mesmo tão vigorosos que é difícil distingui-los entre os jovens, e o único inconveniente a que estão sujeitos, muito comum entre eles, é a cegueira; como, durante o inverno, o outono e a primavera, seus olhos são continuamente ofuscados pelo brilho da neve e, durante o verão, sempre são cegados por aquela fumaça, a maioria deles perde a visão ao envelhecer.

Os samoiedos, os habitantes da Nova Zembla, os *borandiens*, os lapões, os groenlandeses e os selvagens do Norte acima dos esquimós são, portanto, todos eles, homens da mesma espécie, uma vez que se assemelham pela forma, pela estatura, pela cor, pelos costumes e mesmo pela bizarrice dos hábitos; aquele de oferecer suas mulheres aos estrangeiros, por exemplo, e de ficarem bastante lisonjeados que delas se queiram servir, pode vir do fato de que reconhecem sua própria deformidade e a feiura de suas mulheres, passando aparentemente a julgar menos feias aquelas que os estrangeiros não desdenharam: o que há de certo é que essa prática é geral em todos esses povos, os quais, contudo, estão muito distantes uns dos outros, e até mesmo separados por um grande mar; e também é encontrada entre os tártaros da Crimeia, entre os calmucos e entre diversos outros povos da Sibéria e da Tartária, que são quase tão feios quanto esses povos do Norte; em contrapartida, em todas as nações vizinhas, como a China ou a Pérsia,[31] nas quais as mulheres são belas, os homens são excessivamente ciumentos.

Examinando-se todos os povos vizinhos nessa longa faixa de terra que a raça dos lapões ocupa, veremos que não têm qualquer relação com esta última; apenas os ostíacos e os tungues se lhes assemelham; esses povos fazem fronteira com os samoiedos ao sul e ao sudeste. Os samoiedos e os *borandiens* não se assemelham aos russos, os lapões não se assemelham de

---

31 La Boulaye diz que, após a morte das mulheres do xá, não se sabe onde elas são enterradas, a fim de subtrair àquele qualquer motivo de ciúme; do mesmo modo, também os egípcios não queriam embalsamar suas mulheres senão quatro ou cinco dias após sua morte, por medo de que os cirurgiões tivessem alguma tentação. La Boulaye Le Gouz, *Les Voyages et Observations du sieur de La Boulaye Le Gouz*, Paris, 1657, p.110. (N. A.)

modo algum aos finlandeses, aos godos, aos dinamarqueses, aos noruegueses; os groenlandeses são totalmente diferentes dos selvagens do Canadá; esses outros povos são altos, bem formados e, ainda que sejam muito diferentes entre si, o são infinitamente mais dos lapões. Mas os ostíacos parecem ser samoiedos um pouco menos feios e encolhidos do que os outros, pois são pequenos e malformados,[32] vivem de peixe ou de carne crua, comem a carne de todas as espécies de animais sem qualquer preparo, bebem sangue de preferência à água, e são, em sua maioria, idólatras e errantes, tal como os lapões e os samoiedos; por fim, ao que me parece, compõem a nuance entre a raça dos lapões e a raça dos tártaros, ou, melhor dizendo: os lapões, os samoiedos, os *borandiens*, os habitantes da Nova Zembla e talvez também os groenlandeses e os pigmeus do norte da América são, todos, tártaros degenerados no maior grau; os ostíacos são tártaros menos degenerados; os tungues menos ainda do que os ostíacos, pois são maiores e menos malformados, embora também sejam feios. Os samoiedos e os lapões vivem a aproximadamente 68 ou 69 graus de latitude, mas os ostíacos e os tungues habitam a 60 graus; os tártaros, que ficam a 55 graus ao longo do Volga, são grosseiros, estúpidos e violentos, assemelham-se aos tungues, que, assim como eles, não têm qualquer ideia de religião e não desejam senão as moças que já tiverem tido relações com outros homens.

A nação tártara, considerada em geral, ocupa regiões imensas na Ásia, espalhando-se por toda a extensão de terra situada desde a Rússia até Kamtchatka, isto é, em um espaço de 1.100, ou 1.200 léguas de comprimento por mais de 750 léguas de largura, o que compõe um terreno mais de vinte vezes maior do que o da França. Os tártaros fazem fronteira com a China ao norte e a oeste, com os reinos do Butão, de Ava e os impérios do Mogol e da Pérsia até o Mar Cáspio ao norte, espalhando-se também ao longo do Volga e pela costa ocidental do Mar Cáspio até o Daguestão, tendo penetrado até a costa setentrional do Mar Negro e se estabelecido na Crimeia e na pequena

---

32 Veja a viagem de d'Evertisbrand, p.212, 217 ss. [cf. Ides, "Voyage de Moscou à la Chine", nos *Recueil des Voyages du Nord*] e Weber, *Nouveaux Mémoires sur l'état présent de la Grande Russie*, 1725, t.I, p.270. (N. A.)

Tartária, perto da Moldávia e da Ucrânia. Todos esses povos têm a parte de cima do rosto muito larga e enrugada (mesmo na juventude), um nariz curto e grosso, olhos pequenos e encovados,[33] bochechas muito elevadas, a parte baixa do rosto estreita, o queixo comprido e protuberante, o maxilar superior encovado, dentes longos e separados, sobrancelhas grossas e a cobrir-lhes os olhos, pálpebras espessas, a face achatada, a tez bronzeada e olivácea, cabelos pretos; são de estatura mediana, porém muito fortes e robustos; têm pouca barba, que nasce em pequenos tufos, tal como a dos chineses; têm as coxas grossas e as pernas curtas; os mais feios de todos são os calmucos, cujo aspecto é um tanto pavoroso; são todos errantes e vagabundos, moram em tendas de pano, de feltro ou de peles; comem carne de cavalo, camelo e de outros animais, crua ou um pouco amaciada sob a sela de seus cavalos; também comem peixe ressecado ao sol. Sua bebida mais comum é o leite de égua fermentado com farinha de painço; quase todos raspam a cabeça, à exceção do topete, que deixam crescer o bastante para fazer uma trança de cada lado do rosto. As mulheres, que são tão feias quanto os homens, deixam os cabelos crescer e, neles, fazem tranças e prendem pequenas placas de cobre e outros ornamentos desse tipo; a maioria não tem religião e tampouco qualquer moderação em seus costumes ou qualquer decência; são todos ladrões; aqueles do Daguestão, que são vizinhos dos países civilizados, fazem um grande comércio de escravos e de homens, que são por eles levados à força e, em seguida, vendidos aos turcos e aos persas. Sua principal riqueza são os cavalos, e talvez haja mais destes na Tartária do que em qualquer outra região do mundo. Esses povos têm o hábito de viver com seus cavalos, ocupando-se deles continuamente; e conseguem adestrá-los com tanta habilidade e treiná-los com tanta frequência que ambos, o cavalo e aquele que os maneja, parecem compartilhar o mesmo espírito; esses cavalos não apenas obedecem perfeitamente ao menor movimento das rédeas, como também sentem, por assim dizer, a intenção e o pensamento daquele que os monta.

Para conhecermos as distinções particulares dessa raça tártara basta compararmos as descrições que os viajantes fizeram de cada um dos diferentes

---

33 Veja as *Viagens* de Rubrouck, de Marco Polo, de Jean Struys, do Padre Avril etc. (N. A.)

povos que a constituem. Os calmucos, que habitam os arredores do Mar Cáspio, entre os moscovitas e os grandes tártaros, são, segundo Tavernier, homens robustos, porém os mais feios e disformes que há sob o céu; seu rosto é tão achatado e largo que, de um olho a outro, há um espaço de cinco ou seis dedos; seus olhos são extraordinariamente pequenos, e o pouco que têm de nariz é tão chato que se veem apenas dois furos no lugar das narinas; seus joelhos são virados para fora e os pés para dentro. Os tártaros do Daguestão são, depois dos calmucos, os mais feios de todos os tártaros: os pequenos tártaros, ou tártaros *nogais*, que vivem perto do Mar Negro, são muito menos feios do que os calmucos, mas têm o rosto largo, olhos pequenos e a forma do corpo semelhante à dos calmucos; podemos crer que essa raça de pequenos tártaros perdeu uma parte de sua feiura porque se misturou com os circassianos, os moldávios e outros povos dos quais são vizinhos. Os tártaros *vagolistas* da Sibéria têm o rosto largo como o dos calmucos, o nariz curto e largo, olhos pequenos e, embora sua linguagem seja diferente da dos calmucos, ambos têm tantas semelhanças que devemos considerá-los como sendo da mesma raça. Os tártaros *bratski* são, segundo o padre Avril, da mesma raça dos calmucos. À medida que se avança em direção ao Oriente, na Tartária independente, os traços dos tártaros suavizam-se um pouco, mas as características essenciais de sua raça permanecem presentes; por fim, os tártaros mongóis que conquistaram a China e que, de todos esses povos, eram os mais civilizados, são ainda hoje os menos feios e menos malformados; entretanto têm, como todos os outros, olhos pequenos, um rosto largo e achatado, pouca barba, embora sempre preta ou ruiva,[34] um nariz chato e curto, a tez bronzeada, porém menos olivácea. Os povos do Tibete e de outras províncias meridionais da Tartária são, assim como os tártaros vizinhos da China, muito menos feios do que os outros. O sr. Sanchez, primeiro médico das tropas russas, homem distinto por seu mérito e pela amplidão de seus conhecimentos, quis transmitir-me por escrito as anotações que fez ao viajar pela Tartária.

---

34 Palafox, *Histoire de la conquête de la Chine par les Tartares*, Paris, 1670, p.444. (N. A.)

Entre 1735 e 1737, ele percorreu a Ucrânia, das margens do Don até o Mar de Zabache e dos confins de Kuban até Azov; atravessou os desertos entre a região da Crimeia e a de Backmut; conheceu os calmucos, que vivem sem morada fixa do reino de Kazan até as margens do Don; viu também os tártaros da Crimeia e de Nogai, que erram pelos desertos existentes entre a Crimeia e a Ucrânia, e também os tártaros quirguizes e cheremises, que vivem ao norte de Astracã entre 50 e 60 graus de latitude. Observou que os tártaros da Crimeia, bem como os da província de Kuban até Astracã, são de estatura mediana, têm os ombros largos, o ventre estreito, os membros enervados, os olhos pretos e a tez bronzeada; os tártaros quirguizes e cheremises são menores e mais atarracados, menos ágeis e mais grosseiros; também têm olhos pretos, a tez bronzeada e um rosto ainda mais largo do que os primeiros. O sr. Sanchez também observa que, dentre esses tártaros, encontram-se muitos homens e mulheres que não parecem tártaros, ou que se lhes assemelham apenas de um modo imperfeito, sendo alguns quase tão brancos quanto os poloneses; nessas nações, pelo fato de haver muitos escravos, homens e mulheres, retirados da Polônia e da Rússia; de sua religião permitir a poligamia e uma multiplicidade de concubinas; e de seus sultões, ou *mirzas*, que são os nobres dessas nações, apanharem suas mulheres na Circássia e na Geórgia, os filhos que nascem dessas alianças são menos feios e mais brancos do que os outros, havendo inclusive, dentre esses tártaros, um povo inteiro — a saber, os cabardinos — cujos homens, assim como as mulheres, são de uma beleza singular. O sr. Sanchez afirma ter encontrado trezentos deles que vinham, a cavalo, a serviço da Rússia, e assegura que jamais viu homens tão belos e de um aspecto tão nobre e viril; são altos e esbeltos, seus rostos são belos, frescos e avermelhados e seus olhos são grandes, vivos e pretos; afirma também que o tenente-general de Serapikin, que havia permanecido muito tempo na Cabárdia, lhe havia assegurado que as mulheres eram tão belas quanto os homens; mas essa nação, tão diferente dos tártaros que a cercam, provém originariamente da Ucrânia, de acordo com o que diz o sr. Sanchez, e foi transportada para a Cabárdia há cerca de 150 anos.

Esse sangue tártaro misturou-se com o dos chineses, de um lado, e com o dos russos orientais, de outro, mas essa mistura não fez desaparecerem por completo os traços dessa raça, já que, entre os moscovitas, há muitas feições tártaras; e, embora essa nação tenha, em geral, o mesmo sangue das outras nações europeias, há nela muitos indivíduos cuja forma do corpo é quadrada, as coxas são grossas e as pernas curtas, à semelhança dos tártaros: mas os chineses não são tão diferentes dos tártaros como o são os moscovitas, e tampouco é certo que eles sejam de outra raça; a única coisa que nos levaria a acreditar nisso é o fato de que a natureza dos costumes e dos hábitos de cada um desses povos é totalmente distinta; os tártaros em geral são naturalmente presunçosos, belicosos e caçadores; gostam da fadiga, da independência, são duros e grosseiros até à brutalidade. Os chineses têm costumes totalmente opostos, são povos frouxos, pacíficos, indolentes, supersticiosos, submissos, dependentes até a escravidão, cerimoniosos, aduladores em excesso e até a frivolidade; mas, se os comparamos com os tártaros por sua fisionomia e seus traços, encontraremos em ambos certas características de uma semelhança inequívoca.

Os chineses, segundo Jan Huygen, são grandes e gordos e têm os membros bem-proporcionados; seu rosto é largo e redondo, seus olhos são pequenos, as sobrancelhas grandes, as pálpebras elevadas, o nariz é pequeno e amassado; não têm mais de seis ou sete tufos de barba preta em volta dos lábios e muito pouco no queixo: os que habitam as províncias meridionais são mais pardos e sua tez é mais morena do que a dos outros; assemelham-se, pela cor, aos povos da Mauritânia e aos espanhóis mais morenos; já aqueles que habitam as províncias situadas no centro do Império são brancos como os alemães. Segundo Dampier e alguns outros exploradores, os chineses não são todos tão grandes e gordos, mas é verdade que valorizam a corpulência e o grande porte. Esse explorador afirma, inclusive, ao falar dos habitantes da Ilha São João nas costas da China, que os chineses são altos, esbeltos e têm pouca gordura; além disso, seu rosto é comprido e sua testa elevada, seus olhos são pequenos, seu nariz é bastante largo e arrebitado no meio, sua boca não é nem grande nem pequena, seus lábios são muito finos, sua tez é acinzentada e seus cabelos são pretos; costumam arrancar sua barba, que já é escassa, deixando crescer somente alguns pelos no queixo e sobre o lábio superior. De acordo com Le Gentil, a fisionomia dos chineses não tem nada de chocante: são naturalmente brancos, sobretudo nas províncias setentrionais; já nas províncias do Sul, aqueles, principalmente, que por necessidade são obrigados a se expor ao calor do sol, são mais bronzeados. Têm, em geral, olhos pequenos e ovais, o nariz curto, uma estrutura avantajada e uma altura mediana. Le Gentil assegura que as mulheres fazem tudo o que podem para que seus olhos pareçam pequenos, e que as jovens moças, instruídas por suas mães, esticam continuamente suas pálpebras a fim de tornar seus olhos pequenos e compridos, o que, juntamente com o nariz achatado e as orelhas compridas, largas, abertas e pendentes, as torna perfeitamente belas; afirma também que sua tez é bela, os lábios muito vermelhos, a boca bem desenhada, os cabelos muito pretos, mas que o uso do bétel escurece seus dentes, e o da maquiagem que utilizam prejudica-lhes tão fortemente a pele que elas parecem velhas antes dos 30 anos de idade.

Palafox assegura que os chineses são mais brancos do que seus vizinhos, os tártaros orientais, que também têm menos barba; mas que, de resto, há poucas diferenças entre as feições dessas duas nações; ele diz ser muito raro encontrar olhos azuis na China ou nas Filipinas, e que, nesses países, apenas os europeus, ou então os descendentes de europeus que nasceram nessas regiões, os têm.

Innigo de Biervillas afirma que as mulheres chinesas são mais bem formadas do que os homens; estes, segundo ele, têm um rosto largo, a tez demasiado amarela, um nariz grosso, mais ou menos em forma de nêspera e, na maior parte dos casos, amassado, e são corpulentos, mais ou menos como os holandeses; as mulheres, ao contrário, são esbeltas e desenvoltas, ainda que quase todas sejam um tanto gordinhas, sua tez e sua pele são admiráveis, seus olhos são os mais belos do mundo; na verdade, porém, diz ele, são poucas as que têm um nariz bem-feito, pois o esmagam enquanto são jovens.

Todos os viajantes holandeses concordam com a afirmação de que os chineses têm, em geral, um rosto largo, os olhos pequenos, um nariz chato e pouquíssima barba; e que aqueles que nasceram em Cantão e em toda a costa meridional são tão morenos quanto os habitantes de Fez, na África, enquanto os habitantes das províncias do interior são, em sua maioria, brancos. Se agora compararmos as descrições de todos esses exploradores que acabamos de citar com aquelas que fizemos a respeito dos tártaros, não poderemos de modo algum duvidar de que, embora haja alguma variedade na forma do rosto e na constituição física dos chineses, eles têm muito mais relação com os tártaros do que com qualquer outro povo, e essas diferenças e essa variedade se devem ao clima e à mistura das raças. É assim que pensa Chardin: "Os pequenos tártaros", afirma o viajante, "normalmente têm uma estatura 4 polegadas menor do que a nossa, porém maior em proporção; sua tez é vermelha e bronzeada; seus rostos são achatados, largos e quadrados; seu nariz é esmagado e seus olhos são pequenos. Ora, como são esses, de fato, os traços dos habitantes da China, concluí, após tê-los observado muito bem durante minhas viagens, que a configuração tanto do rosto quanto do corpo de todos os povos que vivem a oriente e nas regiões ao norte do Mar Cáspio, bem como a oriente da península de Malaca, é a mesma, o que em seguida levou-me a crer que esses diversos povos provêm todos de uma mesma cepa, embora a tez e os costumes de cada um sejam diferentes; no que diz respeito à tez, a diferença se deve à qualidade do clima e dos alimentos; e, quanto aos costumes, deve-se também à natureza e à abundância, maior ou menor, do terreno."[35]

O padre Parennin, que, como se sabe, morou por muito tempo na China e observou muito bem seus povos e costumes, diz que os vizinhos dos chineses pelo lado ocidental, desde o Tibete até o Chamo, rumo ao norte, parecem diferenciar-se destes por seus costumes, pela língua, pelos traços do rosto e por sua configuração exterior; que são pessoas ignorantes, grosseiras e preguiçosas, defeitos raros entre os chineses; e que, quando algum desses tártaros vai a Pequim e se pergunta aos chineses qual é razão dessa diferença, eles dizem que ela se deve à água e à terra, isto é, à natureza das terras do país, que opera essas alterações nos corpos e mesmo no espírito dos habitantes. Ele acrescenta que isso parece ser ainda mais verdadeiro na China do que em todos os outros países por ele visitados, e se lembra de que, ao seguir o imperador até o 48º grau de latitude norte, na Tartária,

---

35 Veja Chardin, *Voyage du M. le Chevalier de Chardin en Perse, et autres lieux de l'Orient.* Amsterdam, 1711, t.III, p.86. (N. A.)

encontrou chineses de Nanquim que lá se estabeleceram e cujas crianças se haviam tornado verdadeiros mongóis, tendo as cabeças enterradas nos ombros, as pernas tortas e um aspecto geral grosseiro e imundo, que causava repulsa (veja a carta do padre Parennin, de Pequim, 28 de setembro de 1735. Antologia 24 das *Lettres édifiantes*).[36]

Os japoneses são suficientemente semelhantes aos chineses para que se possa considerar ambos como pertencentes a uma única e mesma raça de homens; apenas são mais amarelos ou mais morenos, pois habitam um clima mais meridional; têm, em geral, uma compleição forte, uma estatura atarracada, um rosto largo e achatado, assim como o nariz, os olhos pequenos,[37] pouca barba, cabelos pretos; são de uma natureza muito altiva, e são aguerridos, hábeis, vigorosos, afáveis e obsequiosos; a bem dizer, são pródigos nos elogios, porém volúveis e muito frívolos; suportam com uma firmeza admirável a fome, a sede, o calor, a vigília, o cansaço e todos os inconvenientes da vida, da qual não fazem grande caso; assim como os chineses, usam pequenos pauzinhos para comer e, durante a refeição, fazem também muitas cerimônia, além de diversas expressões e caretas muito estranhas; são trabalhadores e muito hábeis tanto nas artes como em todos os ofícios; em suma, têm praticamente a mesma natureza, os mesmos hábitos e os mesmos costumes dos chineses.

Um dos costumes mais bizarros, comum a ambas as nações, é o de tornar os pés das mulheres tão pequenos que elas mal conseguem se sustentar. Alguns viajantes contam que, na China, quando uma menina ultrapassa a idade de 3 anos, quebram-lhes o pé de modo que os dedos sejam empurrados para baixo da sola, aplicam-lhe uma água-forte que queima a pele e, em seguida, enfaixam-no com muitas bandagens, até que ele se habitue ao novo formato. Dizem, também, que as mulheres sentem essa dor ao longo de toda a vida, que mal conseguem caminhar, e que nada é mais desagradável do que seu jeito de andar; e, no entanto, elas suportam esse incômodo

---

36 *Lettres édifiantes et curieuses écrites des missions étrangères par quelques pères de la Compagnie de Jésus*, Paris, 1707-1739. (N. T.)

37 Veja Struys, *Les voyages de Jean Struys en Moscovie, en Tartarie, en Perse, aux Indes, et en plusieurs autres pays étrangers*. Rouen, 1719, t.I, p.112. (N. A.)

com alegria e, como se trata de um meio de agradar, procuram deixar seus pés tão pequenos quanto possível. Outros viajantes afirmam que seus pés não são quebrados, mas apenas comprimidos, com tanta violência que se consegue impedir seu crescimento, e concordam unanimemente a respeito do fato de que, na China, uma mulher de condição, ou uma bela mulher deve ter pés pequenos o bastante para vestir confortavelmente a pantufa de uma criança de 6 anos.

Os japoneses e os chineses são uma e a mesma raça de homens que há muito tempo se civilizaram e que diferem dos tártaros mais pelos costumes do que pela figura; a excelência da terra, a temperança do clima e a proximidade do mar contribuíram para civilizá-los, enquanto os tártaros, distantes do mar e do convívio com as outras nações, separados dos outros povos ao sul por elevadas montanhas, permaneceram nômades em seus vastos desertos sob um céu cuja inclemência, sobretudo ao norte, não pode ser suportada senão por homens duros e rudes. O país de Ezo,[38] que fica ao norte do Japão, embora situado em um clima que deveria ser temperado, é, contudo, muito frio, infértil e montanhoso, além de que os habitantes dessa região são completamente diferentes dos japoneses e dos chineses; eles são grosseiros, violentos, não têm bons costumes nem artes; têm o corpo pequeno e volumoso, cabelos compridos e arrepiados, olhos pretos, a testa achatada, a tez amarela, embora um pouco menos do que a dos japoneses; são muito peludos por todo o corpo, inclusive no rosto, vivem como selvagens e alimentam-se de banha de baleia e óleo de peixe; são muito preguiçosos, muito descuidados com suas roupas, suas crianças andam quase nuas e as mulheres não encontraram outro meio de se enfeitar a não ser pintando de azul as sobrancelhas e os lábios; os homens não têm outro prazer além de ir à caça de lobos marinhos, ursos, alces e renas, e à pesca da baleia; entre eles, porém, há alguns que têm alguns hábitos japoneses, tais como o de cantar com a voz trêmula, mas, de um modo geral, assemelham-se mais aos tártaros setentrionais ou aos samoiedos do que aos japoneses.

---

38 Atual Ilha de Hokkaido. (N. T.)

Se agora examinarmos os povos vizinhos da China situados ao sul e ao a oeste, veremos que os conchinchineses, que vivem em um país montanhoso e mais meridional do que a China, são mais morenos do que os chineses, e que os tonquineses, cujas terras são melhores, e que vivem em um clima menos quente do que os primeiros, são mais bem formados e menos feios. Segundo Dampier, os tonquineses são, em geral, de estatura mediana e têm a tez bronzeada como a dos índios; porém, mesmo assim, sua pele é tão bela e tão lisa que se pode perceber até mesmo a menor alteração que ocorre em seus rostos quando ficam pálidos ou enrubescidos, algo que não se percebe nos rostos de outros índios. Têm, geralmente, um rosto achatado e oval, nariz e lábios muito bem-proporcionados, cabelos pretos, longos e muito grossos, além de escurecerem seus dentes o máximo possível. De acordo com os relatos que sucedem as *Viagens* de Tavernier, os tonquineses têm uma bela estatura, uma cor um pouco olivácea, um nariz e um rosto menos achatados do que os dos chineses e, no geral, são mais bem constituídos.

Esses povos não diferem muito dos chineses: assemelham-se pela cor àqueles das províncias meridionais e, se são mais morenos, é por habitarem um clima mais quente; além disso, embora tenham um rosto menos achatado e um nariz menos esmagado do que aqueles, podemos considerar ambos os povos como sendo de uma mesma origem.

Ocorre o mesmo com os siameses, com os habitantes do reino de Pegu, de Aracã, do Laos etc. Todos esses povos têm traços bastante semelhantes aos dos chineses e, embora se distingam destes mais ou menos pela cor, essa diferença não é tão grande quanto a que têm com outros índios. Segundo La Loubère, os siameses tendem a ser mais baixos do que altos, têm um corpo bem formado, seu rosto tem uma forma mais losangular do que oval, é largo e elevado no topo das bochechas e sua testa se estreita de modo súbito, terminando em uma forma tão pontuda quanto a do queixo; seus olhos são pequenos e fendidos obliquamente, e sua parte branca é amarelada; suas bochechas são encovadas, pois são demasiado elevadas na parte superior, sua boca é grande, seus lábios são grossos e os dentes escurecidos, sua tez é rude e de um tom moreno avermelhado; para outros viajantes, porém, esse tom é acinzentado, e o que contribui para isso é tanto a ascendência quanto o calor contínuo; seu nariz é pequeno e arredondado na ponta, suas orelhas são maiores do que as nossas e, quanto maior forem, mais são por eles estimadas. Esse gosto por orelhas compridas é comum a todos os povos do Oriente, mas uns puxam suas orelhas pela parte de baixo, a fim de alongá-las e perfurá-las apenas o suficiente para colocar um brinco; outros, como os habitantes do Laos, alargam tanto esse buraco da orelha que, através dele, quase se poderia passar um punho, e o fazem de tal modo que elas caem até os ombros; quanto aos siameses, suas orelhas são apenas um pouco maiores do que as nossas, e são assim naturalmente, sem artifícios. Seus cabelos são grossos, pretos e lisos; os homens e as mulheres os deixam tão curtos que não passam da altura das orelhas, contornando a cabeça. Passam nos lábios uma pomada perfumada que os faz parecerem ainda mais pálidos do que seriam naturalmente; sua barba é escassa, e eles arrancam o pouco que têm; não cortam as unhas etc. Struys diz que as mulheres siamesas usam brincos tão maciços e pesados que os buracos em que os prendem tornam-se largos o bastante para passar o dedo polegar; afirma, também, que a tez dos homens e das mulheres é bronzeada, que sua estatura não é avantajada, mas bem-feita e esbelta, e que os siameses são, em geral, doces e educados. De acordo com o padre Tachard, os siameses são muito expeditos, havendo, entre eles, alguns hábeis saltadores, e outros que fazem torres de equilíbrio tão ágeis quanto os da Europa; ele diz que o hábito de escurecer os dentes teve origem na ideia de que não convém aos homens ter dentes brancos como os dos animais, e é por isso que eles os escurecem com uma espécie de verniz que precisa ser renovado de tempos em tempos e que, quando o aplicam, são obrigados a ficar sem comer durante alguns dias, a fim de aguardar o tempo necessário para que essa substância se fixe.

Os habitantes dos reinos de Pegu e de Aracã assemelham-se bastante aos siameses e não diferem muito dos chineses nem pela forma do corpo nem pela fisionomia, sendo apenas mais negros;[39] aqueles de Aracã estimam a testa larga e achatada e, para deixá-la assim, aplicam uma placa de chumbo na testa das crianças recém-nascidas. Suas narinas são largas e abertas, seus

---

39 Veja J.-H. van Linschoten, *II. Pars Indiae Orientalis*. Frankfurt, 1598, p.46. (N. A.)

olhos pequenos e vivos e suas orelhas tão alongadas que lhes caem até a altura dos ombros; comem, sem qualquer desgosto, ratos, ratazanas, cobras e peixe podre.[40] As mulheres são razoavelmente brancas e deixam as orelhas tão alongadas quanto as dos homens.[41] Os povos de Achen,[42] que ficam ainda mais ao norte do que aqueles de Aracã, também têm o rosto achatado e uma cor olivácea; são rudes e deixam suas crianças andarem completamente nuas, as meninas usando somente uma placa de prata sobre suas partes naturais (veja a *Recueil des Voyages* [...] *de la Compagnie des Indes Orientales*, t.IV, p.63, bem como os relatos de viagem de Mandelslo, t.II, p.328).

Esses povos não são muito diferentes dos chineses e lembram ainda os tártaros por seus olhos pequenos, o rosto achatado e a cor olivácea; mas, descendo-se em direção ao sul, os traços começam a mudar de modo mais perceptível, ou ao menos a se diversificar. Os habitantes da Península de Malaca e da Ilha de Sumatra são negros, pequenos, vivos e bem-proporcionados em sua pequena estatura; têm um ar vaidoso, embora andem nus da cintura para cima, exceto por uma pequena *écharpe* que levam sobre ambos os ombros.[43] São naturalmente arrojados, e até mesmo perigosos quando tomam ópio, do qual fazem uso com frequência e que lhes causa uma espécie de embriaguez furiosa.[44] Segundo Dampier, os habitantes de Sumatra e de Malaca são da mesma raça e falam praticamente a mesma língua; têm, todos, um temperamento vaidoso e soberbo, uma estatura mediana, um rosto comprido, olhos negros, um nariz de tamanho mediano, lábios finos e dentes escurecidos pelo frequente uso do bétel.[45] Na Ilha de Pugniatan, ou Pissagan,[46] situada a 16 léguas aquém de Sumatra, os nativos são de grande

---

40 Veja Ovington, *Voyages de Jean Ovington, faits à Surate, et en d'autres lieux de l'Asie et de l'Afrique*. Paris, 1725, t.II, p.274. (N. A.)

41 Veja *Voyage de Gautier Schouten aux Indes Orientales*. Amsterdã, 1702, t.VI, p.251. (N. A.)

42 Reino de Assam, região do leste da Índia. (N. T.)

43 Veja Gherardini, *Relation du voyage fait à la Chine sur le vaisseau "l'Amphitrite" en l'année 1698*. Paris, 1700, p.46 ss. (N. A.)

44 Veja as *Lettres édifiantes et curieuses*, Antologia II, p.60. (N. A.)

45 Veja Dampier, *Voyage aux terres Australes, à la Nouvelle-Hollande etc.*, Rouen, 1715, t.III, p.156. (N. A.)

46 Trata-se da Ilha Enggano, ao sul de Sumatra. (N. T.)

estatura e têm uma tez amarela, tal como a dos brasileiros; deixam os cabelos longos e muito lisos, e andam absolutamente nus.[47] Aqueles das Ilhas Nicobar, ao norte de Sumatra, têm uma cor morena e amarelada, e também andam praticamente nus.[48] Dampier diz que os nativos dessas Ilhas Nicobar são grandes e bem-proporcionados, têm um rosto bastante comprido, cabelos pretos e lisos e um nariz de tamanho mediano; as mulheres não têm sobrancelhas, pois, ao que parece, as arrancam. Os habitantes da Ilha de Sombreo, a norte de Nicobar, são muito negros e pintam o rosto de diversas cores, de verde, amarelo etc. (veja [Prévost,] *Histoire géneral des voyages*, Paris, 1746, t.I, p.387). Esses povos de Malaca, de Sumatra e das pequenas ilhas vizinhas, embora diferentes entre si, o são ainda mais em relação aos chineses, aos tártaros etc., e parecem provir de outra raça; todavia, os habitantes de Java, que são vizinhos de Sumatra e de Malaca, não se lhes assemelham em nada e são bastante parecidos com os chineses, a não ser pela cor, que é, assim como a dos malaios, avermelhada e um pouco negra; são muito parecidos, segundo Pigafetta,[49] com os habitantes do Brasil, pois são de forte compleição e de uma estatura quadrada; não são nem grandes nem pequenos demais, porém muito musculosos; têm um rosto achatado, bochechas caídas e inchadas, sobrancelhas grossas e inclinadas, olhos pequenos, barba preta e em pouca quantidade, e também poucos cabelos, que são muito curtos e pretos. O padre Tachard diz que esses povos de Java são bem formados e robustos, que parecem espertos e resolutos, e que o extremo calor os obriga a andar quase nus.[50] Nas *Cartas edificantes*, vemos que esses habitantes de Java não são nem negros nem brancos, mas de um vermelho-púrpura, e que são meigos, acessíveis e afetuosos.[51] François Legat relata que as mulheres de Java, que não ficam tão expostas quanto os homens ao forte calor do sol, são menos bronzeadas do que eles, e têm um rosto belo, o peito elevado e bem-feito, uma tez lisa e bela, apesar de parda, as mãos belas, um ar

---

47 Veja a *Recueil de Voyages* [...] *de la compagnie des Indes Orientales*, 1702, t.I, p.281. (N. A.)
48 Veja as *Lettres édifiantes et curieuses*, Antologia II, p.172. (N. A.)
49 Veja J.-H. van Linschoten, *II. Pars Indiae Orientalis*, p.51. (N. A.)
50 Veja a primeira *Viagem* do padre Tachard, Paris, 1686, p.134. (N. A.)
51 Veja as *Lettres édifiantes et curieuses*, Antologia XVI, p.13. (N. A.)

meigo, os olhos vivos e um riso agradável, e há algumas que dançam linda-
mente.[52] A maior parte dos viajantes holandeses concorda ao afirmar que os
habitantes nativos dessa ilha (da qual são atualmente donos e mestres) são
robustos, bem formados, bem enervados e musculosos; têm um rosto achatado, bochechas largas e elevadas, pálpebras grandes, olhos pequenos, maxilares grandes, cabelos longos e a tez bronzeada; e, além disso, que têm pouca
barba, deixam as unhas e os cabelos muito compridos e limam os dentes.[53]
Em uma pequena ilha situada à frente dessa Ilha de Java, as mulheres têm a
tez bronzeada, olhos pequenos, a boca grande, o nariz achatado e os cabelos
pretos e longos.[54] Graças a todos esses relatos, podemos julgar que os habitantes de Java assemelham-se muito aos tártaros e aos chineses, enquanto
os malaios e os povo de Sumatra e das pequenas ilhas vizinhas diferem destes pelos traços e pela forma do corpo, o que pode ocorrer muito naturalmente, pois a Península de Malaca e as ilhas de Sumatra e de Java, assim
como todas as outras ilhas do arquipélago indiano, devem ter sido povoadas
pelas nações dos continentes vizinhos, e até mesmo pelos europeus, que aí
se estabeleceram há mais de 250 anos; o que faz que se deva encontrar, nesse
lugar, uma grande variedade entre os homens, seja pelos traços do rosto e a
cor da pele, seja pela forma do corpo e a proporção dos membros; há, por
exemplo, nessa Ilha de Java, uma nação que denominamos chacrelas, que é
totalmente diferente não apenas dos outros habitantes dessa ilha, mas também de todos os outros índios. Esses chacrelas são brancos e loiros, seus
olhos são frágeis e não podem suportar a forte luz do dia; pelo contrário,
eles enxergam bem à noite e, durante o dia, andam com os olhos baixos e
quase fechados.[55] Todos os habitantes das Ilhas Molucas são, segundo François Pyrard, semelhantes aos de Sumatra e de Java por seus costumes, pelo

---

52 Veja Leguat, *Voyages et aventures de F. Leguat, et des ses compagnions en deux îles désertes des Indes
    Orientales*. Amsterdam, 1708, t.II, p.130. (N. A.)

53 Veja *Recueil des Voyages* […] *Compagnie des Indes Orientales*, 1702, t.I, p.392, e as *Viagens*
    de Mandeslo, t.II, p.344. (N. A.)

54 Veja também as *Viagens* de Le Gentil, Paris, 1725, t.III, p.92. (N. A.)

55 Veja as *Viagens* de Legat, 1708, t.II, p.137. (N. A.)

modo de viver, pelas armas, pelas roupas, pela linguagem, pela cor etc.[56] De acordo com Mandelslo, os homens molucos são mais negros do que bronzeados, e as mulheres o são menos; todos eles têm cabelos pretos e lisos, olhos grandes, sobrancelhas e pálpebras largas, um corpo forte e robusto; são destros e ágeis, vivem por muito tempo, ainda que seus cabelos se tornem brancos cedo. Esse viajante também afirma que cada ilha tem sua língua particular, e que se deve crer que elas foram povoadas por diferentes nações.[57] Segundo ele, os habitantes de Bornéu e de Bali têm a tez mais negra do que morena,[58] mas, segundo os outros exploradores, eles são apenas pardos como os outros índios.[59] Gemelli Careri diz que os habitantes de Ternate são da mesma cor dos malaios, isto é, um pouco mais morenos do que os das Filipinas; que sua fisionomia é bela, que os homens são mais bem formados do que as mulheres e que ambos cuidam muito de seus cabelos.[60] Os viajantes holandeses contam que os nativos da Ilha de Banda vivem por muito tempo e que afirmam ter visto um homem de 130 anos de idade; que, em geral, esses insulares são muito indolentes, que os homens não fazem nada além de passear, e que são as mulheres que trabalham.[61] Segundo Dampier, os nativos originários da Ilha do Timor, uma das mais vizinhas da Nova-Holanda, têm uma estatura mediana, um corpo esguio, os membros desenvoltos, o rosto longo, cabelos pretos e espetados e a pele muito negra; são destros e ágeis, mas preguiçosos no último grau.[62] Contudo, ele afirma que, na mesma ilha, os habitantes da Baía de Lophao são, em sua maioria, morenos, de cor de cobre amarelo, e que têm cabelos pretos e totalmente lisos.[63]

Subindo-se em direção ao norte, encontram-se Manila e as outras ilhas Filipinas, cujo povo talvez seja o mais misturado do universo, devido às

---

56 Veja F. Pyrard, *Voyage de F. Pyrard de Leval*, Paris, 1619, t.II, p.178. (N. A.)

57 Veja as *Viagens* de Mandelslo, t.II, p.378. (N. A.)

58 Ibid., t.II, p.363 e 366. (N. A.)

59 Veja *Recueil des Voyages* [...] *Compagnie des Indes Orientales*, t.II, p.120. (N. A.)

60 Veja Gemeli Carreri, *Voyages du tour du monde*. Paris, 1719, t.V, p.224. (N. A.)

61 Veja *Recueil des Voyages* [...] *Compagnie des Indes Orientales*, t.I, p.566. (N. A.)

62 Veja as *Viagens* de Dampier, 1715, t.V, p.631. (N. A.)

63 Ibid., t.I, p.52. (N. A.)

alianças que fizeram, juntos, os espanhóis, os índios, os chineses, os mala-bares, os negros etc. Esses negros que vivem nos rochedos e bosques dessa ilha diferem inteiramente dos outros habitantes; alguns têm cabelos cres-pos, tal como os negros de Angola, outros os têm compridos; a cor de seu rosto é como a dos outros negros, sendo alguns um pouco menos negros; foram vistos vários entre eles que possuíam um rabo de 4 ou 5 polegadas de comprimento, tal como os insulares de que fala Ptolomeu (veja as *Viagens* de Gemelli Careri, Paris, 1719, t.V, p.68). Esse viajante acrescenta que alguns jesuítas muito dignos de fé asseguraram-lhe que, na Ilha de Mindoro, vizi-nha de Manila, há uma raça de homens denominados *mangians*, e que todos eles têm rabos de 4 ou 5 polegadas de comprimento, e que inclusive alguns desses homens de rabo adotaram a fé católica (veja as *Viagens* de Gemelli Careri, p.92); e que esses *mangians* têm um rosto de cor olivácea e cabelos compridos (veja as *Viagens* de Gemelli Careri, p.298). Dampier afirma que os habitantes de Mindanau, que é uma das principais e mais meridionais das Filipinas, são de estatura mediana, têm membros pequenos, o corpo esguio e a cabeça miúda, o rosto oval, a testa achatada, olhos negros e pouco fen-didos, um nariz curto, a boca razoavelmente grande, lábios pequenos e ver-melhos, dentes negros e muito sadios, cabelos pretos e lisos, a tez trigueira, mas tendendo mais ao amarelo-claro do que aquela de alguns outros índios; que as mulheres têm a tez mais clara do que a dos homens e são mais bem constituídas, têm um rosto mais comprido e traços bastante regulares, a não ser pelo nariz muito curto e completamente chato entre os olhos; que têm os membros muito pequenos, cabelos pretos e compridos; e que os homens são, em geral, espirituosos e ágeis, mas indolentes e rapaces. As *Cartas edifi-cantes* mostram que os habitantes das Filipinas assemelham-se aos malaios, que outrora haviam conquistado essas ilhas; que têm, como estes, um nariz pequeno, olhos grandes e uma cor olivácea amarelada; e que os costumes e as línguas desses povos são quase os mesmos.[64]

Ao norte da Manila encontra-se a Ilha Formosa, que não é distante da costa da província de Fujian, na China; esses insulares, contudo, não se assemelham

---

64 Veja as *Lettres édifiantes*, Antologia II, p.140. (N. A.)

aos chineses. Segundo Struys, os homens desse lugar são de pequena estatura, em especial aqueles que habitam as montanhas, e a maior parte deles tem um rosto largo; as mulheres têm os seios fartos e densos, e também têm barba, assim como os homens; suas orelhas são muito compridas, e costumam aumentá-las ainda mais no comprimento com certas conchas grandes que lhes servem de brincos; seus cabelos são muito pretos e muito compridos, sua tez é de um tom negro-amarelado, algumas vezes também branco-amarelado, ou totalmente amarela; esses povos são muito indolentes, suas armas são a lança e o arco, com os quais atiram muito bem; são excelentes nadadores e correm com uma velocidade incrível. É nessa ilha que Struys afirma ter visto, com seus próprios olhos, um homem que possuía um rabo de mais de 1 pé de comprimento, todo coberto por um pelo ruivo e muito parecido com o de um boi; esse homem de rabo assegurava que tal defeito, se disso se tratasse, seria devido ao clima, e que todos aqueles que viviam na parte meridional dessa ilha possuíam rabos, assim como ele.[65] Não sei se isso que afirma Struys sobre os habitantes dessa ilha merece total confiança, e sobretudo se o último fato é verdadeiro, pois me parece exagerado, no mínimo, e diferente daquilo que disseram os outros viajantes a respeito desses homens de rabo, e mesmo daquilo que disseram Ptolomeu, que citei anteriormente, e Marco Polo, em sua descrição geográfica impressa em Paris, em 1556, na qual ele conta que, no reino de Lambri, há homens que têm um rabo do comprimento de uma mão, e que habitam as montanhas. Parece que Struys apoia-se na autoridade de Marco Polo, assim como Gemelli Careri na de Ptolomeu, e o rabo que ele diz ter visto é muito diferente, em suas dimensões, daqueles que os outros viajantes atribuem aos negros de Manila, aos habitantes de Lambri etc. O editor da obra de Plasmanasar sobre a Ilha de Formosa não fala desses homens extraordinários e tão diferentes dos outros; ele até mesmo diz que, embora faça muito calor nessa ilha, as mulheres são belas e muito brancas, sobretudo aquelas que não são obrigadas a se expor ao calor do sol; que elas têm o cuidado de se lavar com certas águas preparadas, para conservar sua tez;

---

65 Veja as *Viagens* de Struys, 1719, t.I, p.100. (N. A.)

e que cuidam igualmente de seus dentes, que deixam tão brancos quanto podem, enquanto os chineses e os japoneses têm dentes escuros, devido ao uso do bétel; afirma, além disso, que os homens não são de grande estatura, mas têm, em volume, aquilo que lhes falta em tamanho; e que são normalmente vigorosos, incansáveis, bons soldados, muito destros etc.[66] Os viajantes holandeses não concordam com estes que acabei de citar quanto aos habitantes de Formosa: Mandelslo, e aqueles cujos relatos foram publicados nos *Recueil des Voyages qui ont servi à l'établissement et aux progrès de la Compagnie des Indes Orientales*, dizem que esses insulares são muito grandes e de uma estatura muito mais alta do que os europeus; que a cor de sua pele é entre o branco e o negro, ou de um tom pardo que tende para o negro; que seus corpos são peludos; e que suas mulheres são de baixa estatura, porém robustas, gordas e razoavelmente bem formadas. A maioria dos escritores que falaram a respeito da Ilha Formosa não fez, portanto, qualquer menção a esses homens de rabo, e divergem muito entre si quanto à descrição que nos fornecem da forma e dos traços desses insulares, mas parecem concordar a respeito de um fato que talvez não seja menos extraordinário do que o primeiro, a saber: que nessa ilha não é permitido às mulheres que tenham relações sexuais antes dos 35 anos, ainda que sejam livres para casar muito antes dessa idade. Rechteren fala desse costume nos seguintes termos: "Assim que as mulheres se casam, não trazem filhos ao mundo; para isso, é preciso que tenham no mínimo 35 ou 37 anos; quando ficam grávidas, suas sacerdotisas esmagam seus ventres com os pés, se for necessário, fazendo que abortem de um modo tão doloroso quanto, ou até mais do que seria se viessem a dar à luz; isso porque seria não apenas uma vergonha, mas um grande pecado deixar vir uma criança antes da idade prescrita. Eu mesmo vi algumas que já tinham matado seu feto quinze ou dezesseis vezes, e que

---

66 Veja a descrição da Ilha Formosa feita nas *Memórias* de George Psalmanasar. (N. A.) [Psalmanasar, *Description de l'île Formose en Asie* [...] *par le sieur N. F. D. B. R.* Amsterdam, 1705, p.103. Psalmanasar é o pseudônimo de um viajante francês cujo nome é desconhecido e que teria se passado por um japonês nativo de Formosa e convertido ao cristianismo. (N. T.)]

então, quando lhes era permitido trazer um filho ao mundo, engravidavam pela 17ª vez."[67]

As Ilhas Marianas ou dos Larrons, que são, como se sabe, as ilhas mais distantes da costa do Oriente e, por assim dizer, as últimas terras de nosso hemisfério, são povoadas por homens muito rudes. O padre Gobien afirma que, antes da chegada dos europeus, eles jamais tinham visto fogo; esse elemento tão necessário era-lhes totalmente desconhecido, e nunca estiveram tão surpresos quanto no momento em que o viram pela primeira vez, quando Magalhães desceu em uma de suas ilhas; eles têm a tez morena, porém menos parda e mais clara do que a dos habitantes das Filipinas; são mais fortes e mais robustos do que os europeus; sua estatura é alta e seu corpo bem-proporcionado; embora se alimentem somente de raízes, frutas e peixes, são tão gordos que parecem inchados, mas essa gordura não os impede de ser flexíveis e ágeis. Vivem por muito tempo, de modo que não é algo extraordinário encontrar, dentre eles, pessoas de 100 anos de idade, e isso sem jamais terem ficado doentes.[68] Gemelli Careri diz que os habitantes dessas ilhas têm todos uma forma gigantesca, são de grande corpulência e força, e podem facilmente carregar nas costas um peso de 500 libras.[69] Têm, em sua maioria, cabelos crespos,[70] o nariz grosso, olhos também grandes e a cor do rosto tal como a dos índios. Os habitantes de Guan, uma dessas ilhas, têm cabelos pretos e compridos, olhos nem demasiado grandes nem demasiado pequenos, o nariz grande, lábios grossos, dentes bastante brancos, o rosto longo, um ar feroz; são muito robustos e têm uma estatura muito avantajada; diz-se, inclusive, que chegam a ter 7 pés de altura.[71]

---

67 Veja as viagens de Rechteren no *Recueil des Voyages* [...] *de la Compagnie des Indes Orientales*, t.V, p.96. (N. A.)

68 Veja Le Gobien, *Histoire des îles Mariannes nouvellement converties à la réligion Chrètienne*, Paris, 1700. (N. A.)

69 Veja as *Viagens* de G. Careri, t.V, p.298. (N. A.)

70 Veja as *Lettres édifiantes*, Antologia XVIII, p.198. (N. A.)

71 Veja as *Viagens* de Dampier, t.I, p.378. Veja também a viagem ao redor do mundo, de Cowley. (N. A.)

Ao sul das Ilhas Marianas e a oriente das Ilhas Molucas, encontra-se a terra dos Papuas e a Nova Guiné, que parecem ser as partes mais meridionais das terras austrais. Segundo Argensola, esses papuas são negros como os cafres, seus cabelos são crespos, seu rosto é magro e muito desagradável; e, em meio a esse povo tão negro, encontram-se alguns indivíduos que são tão brancos e loiros quanto os alemães; esses brancos têm olhos frágeis e muito delicados.[72] No relato da navegação austral de Le Maire, encontra-se uma descrição dos habitantes dessa região, cujos traços principais mencionarei aqui. De acordo com esse viajante, esses povos são muito negros, selvagens e violentos, levam argolas nas duas orelhas, nas duas narinas e, às vezes, também no septo do nariz; usam braceletes de madrepérola acima dos cotovelos e nos pulsos, e cobrem suas cabeças com um boné de casca de árvore pintado de diferentes cores. São vigorosos e bem-proporcionados em sua estatura, têm os dentes pretos, uma boa quantidade de barba e cabelos pretos, curtos e crespos, os quais, contudo, não se assemelham tanto à lã quanto aqueles dos negros [*Nègres*[73]]; são ágeis na corrida e utilizam clavas e lanças, sabres e outras armas feitas de madeira dura, uma vez que desconhecem o uso do ferro; servem-se também de seus dentes como armas ofensivas e mordem como os cães. Comem bétel e pimentão misturado com cal, o qual também lhes serve para polvilhar a barba e os cabelos. As mulheres são horrorosas, seus seios são compridos e lhes caem sobre o umbigo, seu ventre é extremamente volumoso, suas pernas são muito miúdas, assim como os braços, e têm uma fisionomia de macaco, de traços feios etc.[74] Dampier afirma que os habitantes da Ilha Sabuda, na Nova Guiné, são um certo tipo de índios muito bronzeados, de cabelos pretos e compridos, e,

---

72 Veja Argensola, *Histoire de la conquête des îles Moluques par les Espagnols, par les Portugais, et par les Hollandais*. Amsterdam, 1706, t.I, p.148. (N. A.) [Esses brancos eram, sem dúvida, albinos. (N. T.)]

73 Traduzimos em outras ocorrências *Noir* por negro. Nesta, Buffon utiliza o termo *Nègres*. Quando se trata de designar cor de pele, o autor em geral faz uso da primeira palavra; para pessoas ou raças, faz uso da segunda, ou então de *Noir*. Neste caso, *Nègre* e *Noir* são grafados em maiúscula. (N. T.)

74 Veja a navegação austral de Jacques Le Maire no *Recueil des Voyages* [...] *de la Compagnie des Indes Orientales*, t.IV, p.648. (N. A.)

quanto aos modos, não diferem muito dos da Ilha de Mindanau e de outros nativos dessas ilhas orientais; mas, além destes, que parecem ser os principais habitantes da ilha, há também os negros, e esses negros da Nova Guiné têm cabelos crespos e felpudos.[75] Os habitantes de outra ilha, por ele denominada Garret-Denis, são negros, vigorosos e bem modelados; sua cabeça é grande e redonda e seus cabelos frisados e curtos; costumam cortá-los de diferentes maneiras, e tingi-los de diferentes cores (vermelho, branco, amarelo etc.); têm um rosto comprido e largo, e um grande nariz chato; e, no entanto, sua fisionomia não seria inteiramente desagradável se não desfigurassem seus rostos com uma espécie de cavilha da grossura de 1 dedo e de 4 polegadas de comprimento, a qual inserem através das duas narinas, de modo que suas duas extremidades alcancem o osso das bochechas e deixem aparecer apenas um pequeno pedaço do nariz em torno desse belo ornamento; têm também grandes buracos nas orelhas, nos quais colocam cavilhas, assim como no nariz.[76]

Os habitantes da costa da Nova-Holanda, que fica a 16 graus e 15 minutos de latitude meridional e ao sul da Ilha do Timor, são, talvez, as pessoas mais miseráveis do mundo e aquelas que, de todos os humanos, mais se aproximam dos seres brutos; são altos, esguios e franzinos, seus membros são compridos e desenvoltos, sua cabeça é grande, a testa redonda, as sobrancelhas espessas; suas pálpebras estão sempre entreabertas, hábito que adquirem desde a infância para proteger seus olhos dos mosquitos, que muito os incomodam; e, como jamais abrem os olhos, não conseguem ver de longe, a menos que levantem a cabeça, como se quisessem olhar para algo acima deles. Seu nariz é grosso, seus lábios também são grossos e sua boca é grande; ao que tudo indica, eles arrancam os dois dentes da frente do maxilar superior, porquanto nenhum entre eles, nem os homens, nem as mulheres, nem os jovens, nem os velhos os têm; e tampouco têm barba: seu rosto é comprido e de um aspecto muito desagradável, não contendo um só traço que possa agradar; seus cabelos não são compridos e lisos, como

---

75 Veja as *Viagens* de Dampier, t.V, p.82. (N. A.)
76 Veja Ibid., p.102. (N. A.)

os de quase todos os índios, mas são curtos, pretos e crespos, tal como os dos negros; e sua pele é negra como a dos negros da Guiné. Não usam roupas, mas apenas um pedaço de casca de árvore preso no meio do corpo em forma de cinto e com um punhado de folhas compridas no meio; não têm casa e dormem ao ar livre, sem qualquer cobertura, não tendo por cama nada além da terra; vivem em grupos de vinte ou trinta pessoas, homens, mulheres e crianças, todos misturados. Seu único alimento é um pequeno peixe que conseguem capturar construindo reservatórios de pedra em pequenos braços de mar, e não possuem pão, grãos, legumes etc.[77]

Os povos de uma outra costa da Nova-Holanda, a 22 ou 23 graus de latitude sul, parecem ser da mesma raça destes de que acabamos de falar; são extremamente feios, e inclusive vesgos, sua pele é negra, seus cabelos crespos e seu corpo grande e desenvolto.[78]

Parece-nos, com base em todas essas descrições, que as ilhas e as costas do Oceano Índico são povoadas por homens muito diferentes entre si. Os habitantes de Malaca, de Sumatra e das Ilhas Nicobar parecem ser originários dos índios da península da Índia; os de Java, por sua vez, parecem provir dos chineses, à exceção daqueles homens brancos e loiros que denominamos *chacrelas*, que devem provir dos europeus; aqueles das Ilhas Molucas também parecem, em sua maioria, provir dos índios da península; mas os habitantes da Ilha de Timor, a mais próxima da Nova-Holanda, são praticamente semelhantes aos povos dessa região. Aqueles da Ilha Formosa e das Ilhas Marianas assemelham-se pelo tamanho da estatura, pela força e pelos traços; parecem compor uma raça à parte, diferente de todas as outras que os cercam. Os papuas e os outros habitantes das terras vizinhas da Nova Guiné são autênticos negros e assemelham-se aos da África, ainda que estejam extremamente distantes destes, e que essa terra seja separada do continente africano por um intervalo de mais de 2.200 léguas do mar. Os habitantes da Nova-Holanda se parecem com os hotentotes; porém, antes de tirarmos consequências de todas essas relações, e antes de refletirmos a

---

77 Veja ibid., t.II, p.171. (N. A.)
78 Ibid., t.IV, p.134. (N. A.)

respeito dessas diferenças, é necessário continuarmos o exame detalhado dos povos da Ásia e da África.

Os mogóis[79] e os outros povos da Península da Índia se parecem bastante com os europeus por sua estatura e por seus traços, mas deles diferem mais ou menos por sua cor. Os mogóis são oliváceos, ainda que, em língua indiana, mogol signifique branco; suas mulheres são extremamente asseadas e se banham com muita frequência; são de cor olivácea, assim como os homens; suas pernas e coxas são muito compridas, e seu corpo é bastante curto, ao contrário das mulheres europeias.[80] Tavernier diz que, para além de Lahore e do reino da Caxemira, todas as mulheres de Mogol não têm, por natureza, pelo em parte alguma do corpo, e que os homens têm pouquíssima barba.[81] Segundo Thévenot, as mulheres mogóis são bastante férteis, embora muito castas; também dão à luz com muita facilidade, de modo que, às vezes, as vemos andar pela cidade já a partir do dia seguinte em que pariram. Ele acrescenta que, no reino de Decan, se realiza o casamento de crianças extremamente jovens; quando o marido tem 10 anos e a mulher 8, os parentes os deixam dormir juntos, e há alguns que têm filhos já nessa idade; mas as mulheres que têm filhos tão cedo normalmente deixam de tê-los após os 30 anos de idade, além de se tornarem extremamente enrugadas.[82] Dentre essas mulheres, há algumas que fazem desenhos de flores na pele, tal como se dá quando se aplicam ventosas, e que pintam essas flores de diversas cores com o suco de algumas raízes, fazendo que sua pele se pareça com um estofado florido.[83]

Os bengaleses são mais amarelos do que os mogóis e também têm costumes totalmente diferentes; as mulheres são muito menos castas, e se afirma até mesmo que, de todas as mulheres da Índia, elas são as mais lascivas. Há, em Bengala, um grande comércio de escravos machos e fêmeas, e também muitos eunucos, tanto dos que têm somente os testículos suprimidos

---

79 O termo *mogol* deriva de *mongol*. (N. T.)

80 Veja as *Viagens* de La Boulaye Le Gouz, Paris, 1657, p.153. (N. A.)

81 Veja as *Viagens* de Tavernier. Rouen, 1713, t.III, p.80. (N. A.)

82 Veja as *Viagens* de Thévenot, t.III, p.246. (N. A.)

83 Veja as *Viagens* de Tavernier, t.III, p.34. (N. A.)

quanto dos que sofrem uma amputação integral. Esses povos são belos e bem formados, amam o comércio e têm muita delicadeza nos costumes.[84] Os habitantes da corte de Coromandel são mais negros do que os bengaleses e também menos civilizados; as pessoas desse povo andam praticamente nuas. Aqueles da costa de Malabar são ainda mais negros e têm, todos, cabelos pretos, lisos e muito compridos; têm a estatura dos europeus; as mulheres usam anéis de ouro no nariz; os homens, as mulheres e as meninas banham-se juntos e em público nos tanques situados no meio das cidades; as mulheres são asseadas e bem formadas, embora negras ou, ao menos, muito pardas; casam-se a partir dos 8 anos de idade.[85] Os costumes desses diferentes povos da Índia são todos muito singulares, e até mesmo bizarros. Os banianes[86] não comem nada que já teve vida e receiam matar o menor dos insetos, até mesmo os piolhos que os mordem; atiram arroz e favas nos rios para alimentar os peixes e grãos sobre a terra para alimentar os pássaros e os insetos: quando encontram um caçador ou um pescador, suplicam-lhe insistentemente que desistam de sua empresa; caso permaneçam surdos às suas súplicas, oferecem-lhes dinheiro pelo fuzil e pelas redes, e, quando recusam suas ofertas, remexem a água para espantar os peixes e gritam com toda força para fazer que as caças e as aves fujam.[87] Os naires de Calecute são militares nobres que não têm outra profissão além das armas; são homens belos e bem formados, ainda que sua tez seja de cor olivácea; têm uma estatura elevada e são arrojados, corajosos e muito hábeis para manejar as armas. Alongam suas orelhas a tal ponto que elas descem até a altura dos ombros, e às vezes ainda mais baixo. Esses naires não podem ter mais de uma mulher, mas as mulheres podem ter quantos maridos lhes aprouver. O padre Tachard, em sua carta ao padre de La Chaise, datada de 16 de fevereiro de 1702, de Ponticheri, afirma que, nas castas ou tribos nobres, uma mulher pode ter diversos maridos legitimamente, e que conhecera algumas que tinham dez ao mesmo tempo; segundo Tachard, elas os consideravam

---

84 Veja as *Viagens* de Pyrard, p.354. (N. A.)

85 Veja a *Viagem de Gautier Schouten às Índias Orientais*, 1702, t.VI, p.461. (N. A.)

86 Casta de comerciantes hinduístas do Gujarate, um dos estados da Índia. (N. T.)

87 *Viagens* de Jean Struys, t.II, p.225. (N. A.)

escravos que haviam submetido para si devido à sua beleza.[88] Essa liberdade de ter diversos maridos é um privilégio de nobreza que as mulheres de
condição fazem valer o tanto quanto podem; já as burguesas, por sua vez,
não podem ter mais de um marido; é verdade que aliviam a rigidez de sua
condição pelas relações com os estrangeiros, aos quais se abandonam sem
qualquer receio de seus maridos e sem que estes ousem questioná-las. As
mães prostituem suas filhas o mais cedo possível. Esses burgueses de Calicute, ou *mukkavans*, parecem ser de uma outra raça em relação à dos nobres,
ou naires, pois são, tanto os homens quanto as mulheres, mais feios, mais
amarelos, mais malformados e de menor estatura.[89] Há, entre os naires, certos homens e certas mulheres que têm pernas tão grossas quanto o corpo
de outro homem; essa deformidade não é uma doença, mas algo que lhes
vem de nascença; alguns têm apenas uma perna, enquanto outros têm duas
dessa espessura monstruosa; a pele dessas pernas é dura e áspera como uma
verruga; mas, mesmo com isso, não deixam de estar muito bem-dispostos.
Essa raça de homens de pernas grossas multiplicou-se mais entre os naires
do que entre qualquer outro povo das Índia; e, todavia, encontram-se alguns
em outros lugares, sobretudo no Ceilão,[90] onde se diz que esses homens de
pernas grossas são da raça de São Tomás.

Os habitantes do Ceilão assemelham-se bastante aos da costa de Malabar; suas orelhas também são largas, baixas e caídas, e são apenas menos
negros[91] do que estes, embora muito morenos; seu ar é doce e são, por natureza, muito ágeis, destros e espirituosos; têm, todos, cabelos muito pretos,
e os homens os usam muito curtos; as pessoas comuns andam quase nuas,
e mesmo as mulheres andam com o seio descoberto, costume este, aliás,
muito geral na Índia.[92] Na Ilha de Ceilão, há certas espécies de selvagens
chamados *bedas* que habitam a parte setentrional da ilha, ocupando apenas

---

88 Veja as *Lettres édifiantes*. Antologia II, p.188. (N. A.)

89 Veja as *Viagens* de François Pyrard, p.411 ss. (N. A.)

90 Veja ibid., p.416 ss. Veja também a *Recueil des Voyages* [...] *de la Compagnie des Indes
    Orientales*, t.IV, p.362; e a *Viagem* de Jean Huguens. (N. A.)

91 Veja Linschoten, *II. Pars Indiae Orientalis*, Frankfurt, 1598, p.39. (N. A.)

92 Veja *Voyage de Gautier Schouten aux Indes Orientales*, t.VII, p.19. (N. A.)

um pequeno cantão; esses *bedas* parecem ser uma espécie de homens totalmente diferente das que vivem nesses climas; eles habitam um pequeno ter-
ritório todo coberto de matas tão fechadas que é muito difícil penetrá-las,
e aí ficam tão bem escondidos que se tem dificuldade de encontrar alguns;
são brancos como os europeus, e alguns, inclusive, são ruivos; não falam a
língua do Ceilão, e sua língua não tem qualquer relação com as outras línguas das Índias; não têm nem aldeias nem casas, nem se comunicam com
qualquer pessoa; suas armas são o arco e as flechas, com os quais matam
muitos javalis, cervos etc., cujas carnes jamais cozinham, mas fazem dela
uma conserva no mel, produto que têm em abundância. Não se sabe a origem dessa nação, que não é muito numerosa e cujas famílias vivem separadas umas das outras.[93] Parece-me que esses *bedas* do Ceilão, assim como
os *chacrelas* de Java, poderiam muito bem ser de raça europeia, tanto mais
porque esses homens brancos e loiros são em muito pequeno número. É
muito possível que alguns homens e algumas mulheres europeias tenham
sido outrora abandonados nessas ilhas, ou que aí tenham acostado devido
a um naufrágio e, por medo de serem maltratados pelos nativos do país,
estabeleceram-se, eles e seus descendentes, nos bosques e nos lugares mais
escarpados das montanhas, onde continuam a levar uma vida de selvagens,
vida esta que talvez tenha suas doçuras quando a ela se está habituado.

Acredita-se que os maldivos descendam dos habitantes da Ilha de Ceilão; todavia, eles não se lhes assemelham em nada, pois os habitantes de
Ceilão são negros e malformados, enquanto os maldivos são bem formados
e bem-proporcionados, havendo pouca diferença entre eles e os europeus,
exceto pelo fato de terem uma cor olivácea; de resto, são um povo mesclado
de todas as nações. Aqueles que habitam ao norte são mais civilizados do
que aqueles que habitam essas ilhas do sul; estes últimos não são tão bem
formados e são mais negros; as mulheres são muito belas, embora de cor
olivácea, havendo também algumas que são tão brancas quanto na Europa,
e todas têm cabelos pretos, o que, dentre eles, é considerado belo; a arte
pode bem contribuir para isso, pois eles procuram deixar os cabelos dessa

---

93 Veja Ribeyro, *Histoire de l'île du Ceylan*, Trévoux, 1701, p.177 ss. (N. A.)

cor raspando a cabeça de suas meninas até a idade de 8 ou 9 anos. Os meninos também têm suas cabeças raspadas, e isso a cada oito dias, o que, com o tempo, faz que todos fiquem com os cabelos pretos; é provável que, sem essa prática, nem todos os teriam dessa cor, uma vez que se encontram algumas crianças pequenas semiloiras. Outro belo atributo para as mulheres são os cabelos muito compridos e espessos. Eles passam um óleo perfumado na cabeça e no corpo; de resto, seus cabelos nunca são crespos, mas sempre lisos, e os homens têm o corpo mais peludo do que os da Europa. Os maldivos adoram se exercitar e são industriosos nas artes; são supersticiosos e muito dedicados às mulheres, que escondem com cuidado seu seio, embora sejam extraordinariamente libertinas e se entreguem muito facilmente; elas são muito ociosas, adormecem continuamente e comem bétel a toda hora, que é uma erva muito ardida, e muitas especiarias em suas refeições; já os homens são muito menos vigorosos do que conviria às suas mulheres (veja as *Viagens* de Pyrard, p.120 e 324).

Os habitantes de Cambaia têm a tez acinzentada, uns mais, outros menos, e aqueles que são vizinhos do mar são mais negros do que os outros:[94] os de Guzarate são amarelados.[95] Os canarins, que são os indianos de Goa e das ilhas vizinhas, são oliváceos.[96]

Os exploradores holandeses contam que os habitantes de Guzarate são amarelados, uns mais do que outros; são da mesma estatura dos europeus; e as mulheres, que apenas muito raramente se expõem ao calor do sol, são um pouco mais brancas do que os homens, havendo algumas que são quase tão brancas quanto as portuguesas.[97]

Mandelslo, em particular, afirma que os habitantes de Guzarate são todos morenos, ou de uma cor olivácea mais ou menos escura, a depender do clima que habitam, sendo-o mais aqueles que vivem ao sul. Também afirma que, nesse lugar, os homens são fortes e bem-proporcionados, têm

---

94 Veja, Linschoten, *II. Pars Indiae Orientalis, partem primam*, p.34. (N. A.)

95 Veja as *Viagens* de La Boulaye Le Gouz, p.225. (N. A.)

96 Ibid. (N. A.)

97 Veja a *Recueil des Voyages* [...] *de la Compagnie des Indes Orientales*, t.VI, p.405. [Cf. *Voyage de Gautier Shouten*]. (N. A.)

um rosto largo e olhos pretos; as mulheres são de baixa estatura, porém asseadas e bem formadas, deixam os cabelos compridos e usam argolas nas narinas e grandes brincos nas orelhas (p.195). Há, entre eles, pouquíssimos corcundas ou mancos; alguns têm a tez mais clara do que outros, porém todos têm cabelos pretos e lisos. Os antigos habitantes de Guzarate são facilmente reconhecíveis: distinguimo-los dos outros por sua cor, que é muito mais negra, além de serem mais estúpidos e grosseiros (*Viagens* de Pyrard, t.II, p.222).

A cidade de Goa é, como se sabe, o estabelecimento principal dos portugueses nas Índias; e, embora tenha decaído muito de seu antigo esplendor, não deixa de ser ainda uma cidade rica e comercial; antigamente, foi o lugar do mundo onde mais se vendiam escravos, onde se encontravam à venda meninas e mulheres muito belas de todas as regiões das Índias; essas escravas sabem, em sua maioria, tocar instrumentos, coser e bordar com perfeição; há, entre elas, brancas, oliváceas, bronzeadas, e de todas as cores; aquelas pelas quais os indianos são mais apaixonados são as moças cafres de Moçambique, que são todas negras. Diz Pyrard: "É algo notável entre todos esses povos indianos, e que eu mesmo pude reparar, que seu suor não fede, nem nos machos nem nas fêmeas, enquanto o dos negros da África, tanto os que vivem do lado de cá quanto os que habitam o lado de lá do Cabo da Boa Esperança, tem um odor tão forte, quando estão com calor, que é impossível se aproximar deles, de tanto que fedem e cheiram mal, que nem alho-poró verde."

Ele acrescenta que as mulheres indianas gostam muito dos homens brancos da Europa e que os preferem aos brancos das Índias, bem como a todos os outros indianos.[98]

Os persas são vizinhos dos mogóis e se parecem muito com eles, e sobretudo aqueles que habitam as partes meridionais da Pérsia quase não diferem dos indianos; os habitantes de Ormuz, aqueles da província de Bascie e de Balascie, são muito morenos e bronzeados, enquanto aqueles da província de Chesimur e de outras partes da Pérsia, onde o calor não é tão forte

---

98 Veja a segunda parte da *Voyage de François Pyrard de Leval*, t.II, p.64 ss. (N. A.)

quanto em Ormuz, são menos morenos; e, por fim, aqueles das províncias setentrionais são bastante brancos.[99] As mulheres das ilhas do Golfo Pérsico são, segundo o relato dos viajantes holandeses, morenas ou amarelas, e muito desagradáveis; seu rosto é largo e seus olhos são feios; também têm modos e costumes semelhantes aos das mulheres indianas, tais como o de inserir argolas na cartilagem do nariz e um alfinete de ouro através da pele do nariz que fica próxima dos olhos;[100] mas é verdade que essa prática de perfurar o nariz para colocar anéis e outras joias estendeu-se para ainda mais longe, já que, entre os árabes, há muitas mulheres que têm uma narina perfurada, na qual inserem uma grande argola; nesses povos, é considerado um galanteio o ato de beijar a boca de suas mulheres através dessas argolas, as quais são, às vezes, grandes o bastante para envolver toda a boca em sua circunferência.[101]

Xenofonte, ao falar dos persas, diz que eram, em sua maioria, grandes e gordos; Marcellin, ao contrário, afirma que eram magros e secos, em sua época. Olearius, que faz a mesma observação, acrescenta que eles são ainda hoje magros e secos, assim como no tempo desse último autor, mas que não deixam de ser fortes e robustos; segundo ele, têm a tez olivácea, os cabelos pretos e um nariz aquilino.[102] O sangue persa, diz Chardin, é naturalmente rude, o que se observa nos guebros, que são os remanescentes dos antigos persas: eles são feios, malformados, pesados, têm a pele áspera e a tez tingida; isso também se observa nas províncias mais próximas da Índia, onde os habitantes são apenas um pouco mais malformados do que os guebros, pois fazem alianças somente entre si; no resto do reino, porém, o sangue persa tornou-se muito belo nos dias de hoje, devido à mistura do

99 Veja Marco Polo, *La Description géographique des provinces et villes plus fameuses de l'Inde Orientale*, Paris, 1556, p.22 e 39. Veja também a *Viagem* de Pyrard, t.II, p.256. (N. A.) [A *Bascie* corresponde ao Nuristão, província do Afeganistão; a *Balascie*, ao atual Tajiquistão; e *Chesimur*, à Caxemira. (N. T.)]

100 Veja a *Recueil des Voyages* [...] *de la Compagnie des Indes Orientales*, 1702, t.V, p.191. (N. A.)

101 Veja La Roque, *Voyage fait par ordre du roi Louis XIV dans la Palestine vers le Grand Émir*, Paris, 1717, p.260. (N. A.)

102 Veja Olearius, *Relation du voyage d'Adam Olearius en Moscovie, Tartarie et Perse*, Paris, 1656, t.I, p.501. (N. A.)

sangue da Geórgia e da Circássia, que são os dois lugares do mundo onde a Natureza forma as pessoas mais belas: além disso, não há quase nenhum homem nobre, na Pérsia, que não tenha nascido de uma mãe georgiana ou circassiana; até mesmo o rei é normalmente georgiano ou circassiano de origem, pelo lado materno; e, como essa mistura começou a se efetuar já há muitos anos, o sexo feminino embelezou-se também, assim como o outro, de modo que os persas se tornaram muito belos e bem formados, embora não no mesmo nível dos georgianos. Quanto aos homens, são geralmente altos, esbeltos, avermelhados, vigorosos, elegantes e de uma bela aparência. A boa temperatura de seu clima e a sobriedade na qual são criados contribuem muito para sua beleza corporal; ela não é herdada de seus pais, pois, sem a mistura de que falei há pouco, as pessoas nobres na Pérsia seriam os homens mais feios do mundo, já que são originários da Tartária, cujos habitantes são, como dissemos, feios, malformados e grosseiros; eles são, ao contrário, muito polidos e espirituosos; sua imaginação é viva, ágil e fértil, sua memória é fluente e fecunda; têm muita disposição para as ciências e para as artes liberais e mecânicas, e também para as armas; amam a glória, ou a vaidade, que é a falsa imagem daquela; sua natureza é leve e maleável, seu espírito fácil e intrigante; são galantes, e mesmo voluptuosos; amam o luxo, o consumo, ao qual se entregam até à prodigalidade; por isso, não entendem nem de economia nem de comércio (veja as *Viagens* de Chardin, Amsterdam, 1711, t.II, p.34).

São, em geral, bastante comedidos e, todavia, imoderados na quantidade de frutas que comem; é muito comum vê-los comer 1 *man* de melões, isto é, o equivalente ao peso de 12 libras, havendo inclusive alguns que comem 3 ou 4 *mans*; muitos também morrem devido ao excesso de frutas.[103]

Vemos na Pérsia grande quantidade de mulheres belas de todas as cores, pois os comerciantes que as trazem de todas as partes escolhem as mais belas. As brancas vêm da Polônia, de Moscou, da Circássia, da Geórgia e das fronteiras da grande Tartária; as morenas vêm das terras do grande Mogol e daquelas dos reis de Golconda e Bijapur; já as negras vêm da costa

---

103 Veja a *Viagem* de Thévenot, Paris, 1664, t.II, p.181. (N. A.)

de Melinde e daquelas do Mar Vermelho.[104] As mulheres do povo têm uma singular superstição: aquelas que são estéreis imaginam que, para se tornarem férteis, é preciso passar embaixo dos corpos dos criminosos que ficam suspensos nos cadafalsos; elas acreditam que o cadáver de um macho pode, mesmo de longe, exercer alguma influência e tornar uma mulher capaz de ter filhos. Se esse remédio singular não der resultado, elas procuram os canais das águas que escoam dos banhos, esperam até o momento em que houver neles um grande número de homens e, então, passam diversas vezes pelas águas que saem dali; e, se isso não lhes trouxer melhor resultado do que a primeira receita, decidem, por fim, engolir a parte do prepúcio que é retirada na circuncisão; é esse o remédio soberano contra a infertilidade.[105]

Os povos da Pérsia, da Turquia, da Arábia, do Egito e de toda a Berbéria podem ser vistos como uma mesma nação que, no tempo de Maomé e de seus sucessores, expandiu-se muito, ocupando territórios imensos e misturando-se prodigiosamente com os povos naturais de todos esses países. Os persas, os turcos, os mouros se civilizaram até certo ponto, mas, em sua maioria, os árabes permaneceram em um estado de independência que supõe o desprezo pelas leis; eles vivem, assim como os tártaros, sem regras, sem governo e quase sem sociedade; os furtos, os raptos e a pilhagem são autorizados por seus chefes; eles se orgulham de seus vícios, não têm respeito algum pela virtude e, de todas as convenções humanas, não admitiram senão aquelas que produzem o fanatismo e a superstição.

Esses povos são muito resistentes para o trabalho e também acostumam seus cavalos à maior fadiga, não lhes dando de comer e beber mais do que uma vez em 24 horas, de modo que os deixam muito magros, mas, ao mesmo tempo, muito ágeis para a corrida e, por assim dizer, infatigáveis. Os árabes, em sua maioria, vivem miseravelmente, não têm nem pão nem vinho, e não se dão o trabalho de cultivar a terra; em vez de pão, alimentam-se de grãos selvagens que descascam e amassam com o leite de seu

---

104 Veja as *Viagens* de Tavernier, Rouen, 1713, t.II, p.368. (N. A.)
105 Veja as *Viagens* de Gemelli Careri, Paris, 1719, t.II, p.200. (N. A.)

gado.[106] Têm tropas de camelos e rebanhos de carneiros e cabras, que levam para pastar lá e cá, onde houver pasto; quando o encontram, armam suas tendas, feitas de pelo de cabra, e aí permanecem com suas mulheres e filhos até que todo o pasto tenha sido comido, e depois disso levantam acampamento para buscar mais pasto em outro lugar.[107] Mesmo com uma maneira de viver tão dura e uma alimentação tão simples, os árabes não deixam de ser bastante robustos e fortes, sendo até mesmo bem formados e de estatura consideravelmente grande; todavia, têm o rosto e o corpo queimados pelo calor do sol, já que a maior parte deles anda inteiramente nua ou veste apenas uma camisa de má qualidade.[108] Os habitantes dos litorais da Arábia Feliz e da Ilha de Socotorá são menores, têm a tez acinzentada ou muito bronzeada e assemelham-se, pela forma, aos abissínios.[109] Os árabes têm o hábito de aplicar uma cor azul-escura em seus braços, lábios e nas partes mais aparentes do corpo; colocam-na em pequenos pontos sobre a pele e fazem-na penetrar com uma agulha feita especialmente para isso; a marca deixada é indelével.[110] Esse costume singular encontra-se também entre os negros que tiveram contato com os maometanos.

Entre os árabes que residem nos desertos sobre as fronteiras de Tremecém e Túnis, as moças, a fim de parecerem mais belas, fazem símbolos azuis por todo o corpo utilizando vitríolo e a ponta de uma lanceta; a seu exemplo, as africanas fazem o mesmo, mas não aquelas que vivem nas cidades, pois estas conservam a mesma brancura da face com a qual vieram ao mundo; apenas algumas pintam uma pequena flor ou qualquer outra coisa nas bochechas, na testa ou no queixo, com fumaça de noz de galha e açafrão, o que deixa a marca bastante escura; além disso, também escurecem as sobrancelhas (veja *L'Afrique de Marmol*, p.88, t.I). La Boulaye diz que as mulheres dos árabes do deserto têm as mãos, os lábios e o queixo pintados

---

106 Veja Villamont, *Les Voyages du sieur Villamont*, Lyon, 1620, p.603. (N. A.)
107 Veja Thévenot, *Relation d'un voyage fait au Levant*, Paris, 1664, t.I, p.330. (N. A.)
108 Veja as *Viagens* de Villamont, p.604. (N. A.)
109 Veja Linschoten, *II. Pars Indiae Orientalis*, 1598, p.25. Veja também a sequência das *Viagens* de Olearius, t.II, p.108. (N. A.)
110 Veja as *Viagens* de Pietro della Valle, Rouen, 1745, t.II, p.269. (N. A.)

de azul; que a maioria usa anéis de ouro ou de prata de 3 polegadas de diâmetro no nariz; que são muito feias, pois ficam constantemente sob o sol,
embora nasçam brancas; que as moças são muito agradáveis, que cantam
sem parar e que seu canto não é triste como o dos turcos ou o dos persas,
mas muito mais estranho, pois expelem o ar com toda força e articulam os
sons com muita rapidez (veja as *Viagens* de La Boulaye Le Gouz, p.318).

"As princesas e as damas árabes", diz outro viajante, "que pude ver pela
fresta de uma tenda pareceram-me muito belas e bem formadas, e podemos
julgar, tanto por estas quanto por tudo o que me foi dito, que as outras
não o são menos; elas são muito brancas, pois estão sempre ao abrigo do
sol. As mulheres do povo são muito bronzeadas, para além da cor morena
e trigueira que têm naturalmente; achei-as muito feias em toda a sua fisionomia, e nelas nada vi além dos encantos ordinários que acompanham uma
grande juventude. Essas mulheres injetam com agulhas sob seus lábios uma
mistura de pólvora com fel de boi, que penetra a pele e os deixa azulados e
lívidos pelo resto de suas vidas; do mesmo modo, fazem pequenos pontos
nos cantos da boca, ao lado do queixo e acima das bochechas; escurecem o
contorno das pálpebras com um pó preto feito de tutia, traçando uma linha
dessa cor preta no canto de fora do olho, a fim de que ele pareça mais fendido, pois em geral a principal beleza das mulheres do Oriente é a de ter os
olhos grandes e pretos, bem abertos e proeminentes. Os árabes exprimem
a beleza de uma mulher ao afirmarem que ela tem olhos de gazela: todas as
suas canções amorosas não falam de outra coisa senão dos olhos pretos e
dos olhos de gazela, e é com esse animal que sempre comparam suas amantes; efetivamente, não há nada mais belo do que essas gazelas, nas quais
se observa sobretudo um certo temor inocente que se assemelha muito ao
pudor e à timidez de uma jovem. As senhoras e as recém-casadas escurecem
as sobrancelhas, unindo-as no meio da testa; também tatuam os braços e as
mãos, formando diversos tipos de figuras de animais e flores, pintam suas
unhas de uma cor avermelhada, a mesma com a qual os homens pintam a
crina e o rabo de seus cavalos; elas têm as orelhas perfuradas em diversos
lugares, nos quais colocam pequenos anéis e argolas; usam pulseiras nos
braços e nas pernas" (veja a *Viagem* de La Roque, p.260).

No mais, todos os árabes são ciumentos com suas mulheres e, mesmo que as tenham comprado ou raptado, tratam-nas com doçura e até mesmo com algum respeito.

Os egípcios, que são tão próximos dos árabes, têm a mesma religião e são, como eles, submissos à dominação dos turcos, todavia têm costumes muito diferentes dos seus; por exemplo, em todas as cidades e vilarejos ao longo do Nilo encontram-se moças destinadas ao prazer dos viajantes, sem que estes sejam obrigados a lhes pagar; é um hábito entre eles o de terem casas de hospitalidade sempre cheias dessas moças, e as pessoas ricas fundam essas casas antes de morrerem, como um dever de misericórdia, e povoam-nas com moças que são compradas para essa finalidade caridosa: quando elas engravidam de um menino, são obrigadas a criá-los até a idade de 3 ou 4 anos e, em seguida, levam-no ao patrão da casa ou a seus herdeiros, que são obrigados a receber a criança e dele logo se servem como se fosse um escravo; as meninas, porém, permanecem com suas mães para, em seguida, substituí-las.[111] Os egípcios são muito morenos e têm os olhos vivos;[112] sua estatura é abaixo da média, a maneira como se vestem não é nada agradável e sua conversação é muito enfadonha;[113] de resto, eles fazem muitos filhos, e alguns viajantes afirmam que a fertilidade ocasionada pela inundação do Nilo não se limita somente à terra, mas se estende aos homens e aos animais; dizem que se pode ver, com base em uma experiência que jamais foi desmentida, que as mulheres se tornam férteis tanto ao beber quanto ao banhar-se nas águas novas; que concebem normalmente nos primeiros meses seguintes à inundação, isto é, nos meses de julho e agosto, de modo que as crianças devem vir ao mundo nos meses de abril e maio; e que, quanto aos animais, as vacas engravidam quase sempre de dois bezerros de uma só vez, as ovelhas de dois cordeiros etc.[114] Não sabemos bem como conciliar isso que acabamos de dizer dessas influências benignas

111 Veja Lucas, *Voyages du sieur Paul Lucas au Levant*, Paris, 1704, p.363 ss. (N. A.)
112 Veja as *Viagens* de Gemelli Careri, t.I, p.190. (N. A.)
113 Veja Wansleben, *Nouvelle Relation, en forme de Journal, d'un voyage fait en Égypte* [...] *en 1672-1673*, Paris, 1677, p.43. (N. A.)
114 Veja Lucas, *Troisième voyage du sieur Paul Lucas*, Rouen, 1719, t.II, p.83. (N. A.)

do Nilo com as doenças lastimáveis por ele causadas, pois o sr. Granger diz que o ar do Egito é insalubre, que as doenças dos olhos são muito frequentes nesse lugar, e tão difíceis de curar que quase todos aqueles que as contraem perdem a visão; que há, no Egito, mais cegos do que em qualquer outro país e que, na época da inundação do Nilo, a maioria dos habitantes é acometida por disenterias constantes causadas pelas águas desse rio, que, nesse momento, são muito carregadas de sais.[115]

No Egito, apesar de as mulheres serem geralmente bem pequenas, os homens costumam ser de alta estatura.[116] De modo geral, ambos são de cor olivácea e, quanto mais se sobe distanciando-se do Cairo, mais morenos são os habitantes, a tal ponto que aqueles que vivem nas fronteiras da Núbia são quase tão negros quanto os próprios núbios. Os defeitos mais naturais dos egípcios são a ociosidade e a covardia; eles não fazem praticamente nada durante o dia além de tomar café, fumar, dormir ou permanecer ociosos em algum lugar, ou então tagarelar pelas ruas; são muito ignorantes e, todavia, cheios de uma vaidade ridícula. Os próprios coptas não estão isentos desses vícios e, embora não possam negar que perderam sua nobreza, suas ciências, o domínio das armas, sua própria história e até mesmo sua língua, e que, de uma nação ilustre e valente se tornaram um povo vil e submisso, seu orgulho é tão grande a ponto de desprezarem as outras nações e de se ofenderem quando sugerimos que suas crianças viajem à Europa para que lá sejam educadas nas ciências e nas artes.[117]

As inúmeras nações que habitam a costa do Mediterrâneo desde o Egito até o oceano, bem como toda a profundidade das terras da Berbéria até para além do Monte Atlas, são povos de diferentes origens; os nativos dessa região – os árabes, os vândalos, os espanhóis e mais antigamente os romanos e os egípcios – povoaram essas terras de homens bastante diferentes entre si; por exemplo, os habitantes das montanhas de Aurès têm um ar e uma fisionomia diferentes dos de seus vizinhos: sua tez, longe de

---

115 Veja Granger, *Relation du Voyage fait en Égypte par le sieur Granger*, Paris, 1745, p.21. (N. A.)

116 Veja as *Viagens* de Pietro della Valle, t.I, p.401. (N. A.)

117 Veja as *Viagens* do sr. Lucas, t.III, p.194, bem como o relato de viagem de Wansleben, p.42. (N. A.)

ser morena, é branca e avermelhada, seus cabelos são de um amarelo escuro, enquanto os de todos os outros são pretos, o que, segundo o sr. Shaw, pode nos fazer crer que esses homens loiros descendem dos vândalos, os quais, após terem sido expulsos de suas terras, teriam encontrado um meio de se restabelecer em alguns lugares dessas montanhas.[118] As mulheres do reino de Trípoli não se parecem nem um pouco com as egípcias, de quem são vizinhas; elas são grandes, e sua beleza consiste, de fato, nessa estatura excessivamente alongada; assim como as mulheres árabes, elas também se tatuam no rosto, sobretudo nas bochechas e no queixo; estimam muito os cabelos ruivos, como na Turquia, e inclusive tingem de cor vermelha os cabelos de suas crianças.[119]

Em geral, as mulheres mouras gostam de deixar e exibir seus cabelos compridos até os tornozelos; aquelas que não têm tanto cabelo, ou que não os têm tão compridos quanto os das outras, usam cabelos postiços, e todas fazem tranças com fitas; elas tingem os cílios com pó de grafite, pois consideram uma beleza singular o tom sombreado que isso confere aos olhos. Esse costume é muito antigo e generalizado, uma vez que, assim como as mulheres do Oriente, as mulheres gregas e romanas já sombreavam seus olhos (*Viagem* do sr. Shaw, t.I, p.382).

A maioria das mulheres mouras pode ser considerada bela, mesmo neste país; suas crianças têm a mais bela tez do mundo e o corpo muito branco; é verdade que os meninos, que ficam expostos ao sol, bronzeiam-se muito rápido, mas as meninas, por ficarem em casa, conservam sua beleza até a idade de 30 anos, quando em geral param de ter filhos; em contrapartida, elas os têm com frequência aos 11 anos e tornam-se avós aos 22; e, como vivem tanto quanto as mulheres europeias, normalmente acompanham diversas gerações (*Viagem* do sr. Shaw, t.I, p.395).

Podemos notar, ao lermos a descrição desses diferentes povos na obra de Marmol, que os habitantes das montanhas da Berbéria são brancos, ao passo que os habitantes dos litorais e das planícies são pardos e muito morenos. Ele afirma expressamente que os habitantes de Gabès, vila do

---

118 Veja as *Viagens* do sr. Shaw, La Haye, 1743, t.I, p.149. (N. A.)
119 Veja *État des royaumes de Barbarie, Tripoli, Tunis, et Alger*, La Haye, 1704. (N. A.)

reino de Túnis no Mediterrâneo, são pessoas pobres e muito negras;[120] que aqueles que vivem ao longo do Rio Dara, na província de Escure, no reino de Marrocos, são muito morenos;[121] que, ao contrário, os habitantes de Azrou e das montanhas de Fez do lado do Monte Atlas são muito brancos, e Marmol acrescenta que estes últimos são tão pouco sensíveis ao frio que, no meio da neve e das geleiras dessas montanhas, se vestem com roupas muito leves e ficam com a cabeça descoberta durante todo o ano.[122] Quanto aos habitantes da Numídia, afirma que são mais morenos do que negros, sendo que as mulheres, inclusive, são bem brancas e corpulentas, embora os homens sejam magros;[123] mas que os habitantes de Ouadane, nas profundezas da Numídia, já perto das fronteiras do Senegal, são mais negros do que morenos,[124] enquanto na província de Dara as mulheres são belas e vigorosas; e que por toda parte há uma grande quantidade de escravos negros de ambos os sexos.[125]

Todos os povos que vivem entre o 20º e o 30º, ou 35º grau de latitude norte no Antigo Continente, desde o império mogol até a Berbéria, e mesmo desde o Ganges até as costas ocidentais do reino de Marrocos, não são muito diferentes uns dos outros, se excetuarmos as variedades particulares ocasionadas pela mistura destes com outros povos setentrionais que conquistaram ou povoaram algumas dessas vastas regiões. Essa extensão de terra sob os mesmos paralelos é de quase 2 mil léguas; os homens, em geral, são pardos e bronzeados, mas são, ao mesmo tempo, muito belos e bem formados. Agora, se examinarmos aqueles que vivem em um clima mais temperado, veremos que os habitantes das províncias setentrionais de Mogol e da Pérsia, os armênios, os turcos, os georgianos, os mingrelianos, os circassianos, os gregos e todos os povos da Europa são os homens mais belos, mais brancos e mais bem formados de toda a Terra, e mesmo que haja uma grande

---

120 Veja a *África de Marmol*, t.II, p.536. (N. A.)

121 Ibid., p.125. (N. A.)

122 Ibid., p.198 e 305. (N. A.)

123 Id., t.III, p.6. (N. A.)

124 Ibid., p.7. (N. A.)

125 Ibid., p.11. (N. A.)

distância entre a Caxemira e a Espanha, ou entre a Circássia e a França, não deixa de haver uma singular semelhança entre esses povos tão distantes uns dos outros, porém situados a uma distância praticamente igual com relação ao equador. Os caxemires, diz Bernier, são famosos pela beleza; são tão bem formados quanto os europeus e nada têm das feições tártaras; não têm aquele nariz achatado e aqueles pequenos olhos de porco que encontramos em seus vizinhos; as mulheres sobretudo são muito belas, e a maioria dos estrangeiros recém-chegados à corte de Mogol fica com as mulheres caxemires para ter filhos que sejam mais brancos do que os indianos e possam se passar por verdadeiros mogóis.[126] O sangue da Geórgia é ainda mais belo do que o da Caxemira, de modo que não se encontra um rosto feio sequer nesse país. A natureza disseminou entre a maioria das mulheres certas graças que não se veem em nenhum outro lugar do mundo; elas são grandes, bem formadas, têm a cintura extremamente fina e feições encantadoras.[127] Os homens também são muito belos;[128] são naturalmente espirituosos e seriam aptos para as ciências e as artes, não fosse por sua má educação, que os torna muito ignorantes e depravados, não havendo qualquer outro país do mundo em que a libertinagem e a embriaguez existam em grau tão elevado como na Geórgia. Chardin diz que as pessoas da Igreja, assim como as outras, embebedam-se com muita frequência e têm em casa belas escravas que tratam como concubinas; e ninguém se escandaliza por causa disso, pois esse costume é generalizado e até mesmo autorizado; ele acrescenta que o prefeito dos capuchinhos garantiu-lhe ter ouvido alguém dizer ao *catholicos* (é assim que se chama o patriarca da Geórgia) que aquele que nas grandes festas, tais como a Páscoa e o Natal, não se embriaga completamente não pode ser considerado cristão e deve ser excomungado.[129] Mesmo com todos esses vícios, os georgianos não deixam de ser polidos, humanos,

---

126 Veja Bernier, *Voyages de François Bernier*, Amsterdam, 1710, t.II, p.281. (N. A.)
127 Veja Chardin, *Journal du voyage du ch. Chardin en Perse et aux Indes Orientales*, Primeira parte, Londres, 1686, p.204. (N. A.)
128 Veja Aurelio degli Anzi, *Il Genio vagante*, Parma, 1691, t.I, p.170. (N. A.)
129 Veja as *Viagens* de Chardin, p.205. (N. A.)

sérios e moderados; apenas muito raramente se tornam coléricos, mas, uma vez que sentem ódio por alguém, tornam-se inimigos irreconciliáveis.

As mulheres da Circássia, diz Struys, também são muito belas e brancas, e têm a tez e as cores mais belas do mundo; sua testa é grande e uniforme e, mesmo sem ajuda da arte, têm tão poucos pelos nas sobrancelhas que se poderia tomá-las por fios de seda retorcidos; são dotadas de olhos grandes, doces e cheios de fogo, um nariz bem formado, lábios vermelhos, uma boca pequena e risonha, o queixo tal como deve ser para formar um rosto perfeitamente oval; têm o colo e o pescoço bem-feitos, a pele branca como neve, a estatura grande e desenvolta, cabelos do mais belo tom de preto; usam um pequeno gorro de pano preto, no qual prendem uma rodilha da mesma cor; mas o que há de ridículo é que as viúvas, no lugar dessa rodilha, usam uma bexiga de boi ou de vaca das mais infladas, o que as desfigura prodigiosamente. No verão, as mulheres do povo vestem apenas uma simples camisa, que em geral é azul, amarela ou vermelha e aberta até a metade do corpo; têm o seio perfeitamente bem-feito e sentem-se muito à vontade com os estrangeiros; contudo, permanecem fiéis a seus maridos, que disso não têm ciúme algum (veja as *Viagens* de Struys, t.II, p.75).

Tavernier afirma também que as mulheres da Cumânia e da Circássia são como as da Geórgia: são muito belas e bem formadas, e permanecem frescas até a idade de 45 ou 50 anos; são todas muito trabalhadoras e ocupam-se, com frequência, dos trabalhos mais árduos; esses povos conservaram uma grande liberdade no casamento, pois, se o marido não estiver satisfeito com sua mulher e for o primeiro a se queixar, o senhor do lugar manda prender a mulher, vende-a e oferece outra ao homem que está a se queixar; da mesma forma, se a mulher for a primeira a queixar-se, retiram-lhe o marido e deixam-na livre.[130]

Os mingrelianos são, segundo o relato dos viajantes, tão belos e bem formados quanto os georgianos ou os circassianos, e parece que esses três povos são apenas uma e a mesma raça de homens. "Há, na Mingrélia", diz Chardin, "mulheres maravilhosamente bem-feitas, de um ar majestoso, de

---

130 Veja as *Viagens* de Tavernier, Rouen, 1713, t.I, p.469. (N. A.)

feições e estatura admiráveis; além disso, têm um olhar sedutor que instiga todos aqueles que as veem: as menos belas e as idosas maquiam-se grosseiramente, pintando todo o rosto, sobrancelhas, bochechas, testa, nariz, queixo; as outras se satisfazem pintando apenas as sobrancelhas, e se enfeitam o máximo que podem. Sua vestimenta é semelhante à das persas: usam um véu que cobre apenas as partes superior e traseira da cabeça, são espirituosas, polidas e afetuosas, mas, ao mesmo tempo, muito pérfidas, não havendo maldade alguma de que não se utilizem para arranjar, manter ou livrar-se de um amante. Os homens também têm más qualidades: são todos educados para realizar pequenos furtos; eles os estudam e fazem deles sua ocupação, seu prazer e sua honra; contam com extrema satisfação os roubos que realizaram, são por eles louvados e deles extraem sua maior glória; o assassinato, o roubo, a mentira é o que denominam boas ações; a concubinagem, a bigamia, o incesto são hábitos virtuosos na Mingrélia; eles roubam as mulheres uns dos outros, ficam sem escrúpulos com suas tias, sobrinhas, com a tia de sua mulher, esposam duas ou três mulheres de uma vez, e cada um tem tantas concubinas quanto quiser. Os maridos são muito pouco ciumentos e, quando um homem flagra sua mulher com seu galanteador, ele tem o direito de obrigá-lo a pagar-lhe um leitão; em geral, não se vinga de nenhuma outra maneira, e o leitão é comido pelos três. Eles afirmam ser um costume muito bom e louvável o de ter diversas mulheres e concubinas, pois assim se têm muitos filhos, que são vendidos à vista ou trocados por rebanhos e por alimentos" (veja as *Viagens* de Chardin, p.77 ss).

No mais, esses escravos não são muito caros, pois os homens que têm entre 25 anos e 40 anos de idade não custam mais de 15 escudos, e os mais velhos, 8 ou 10; as belas moças que têm entre 13 e 18 anos custam 20 escudos, as outras menos; as mulheres 12 escudos, e as crianças 3 ou 4 (*Viagens* de Chardin, p.105).

Os turcos, que compram um grande número desses escravos, são um povo composto de muitos outros povos; os armênios, os georgianos, os turcomanos misturaram-se com os árabes, os egípcios, e mesmo com os europeus na época das Cruzadas, de modo que quase não é possível reconhecer os habitantes nativos da Ásia Menor, da Síria e do resto da Turquia:

tudo o que se pode dizer é que, em geral, os turcos são homens robustos e muito bem formados, sendo inclusive muito raro encontrar entre eles pessoas corcundas ou mancas.[131] Normalmente, as mulheres também são belas, bem formadas e sem defeitos; são muito brancas, pois saem pouco e, quando saem, estão sempre cobertas pelo véu.[132]

"Na Ásia, não há uma mulher de trabalhador ou de camponês que não tenha a tez fresca como uma rosa, a pele delicada e branca, e tão polida e rija que seu toque parece de veludo; elas diluem terra de Chio para fazer uma espécie de unguento que esfregam por todo o corpo durante o banho, e também no rosto e nos cabelos. Algumas também pintam de preto as sobrancelhas, outras as depilam com rusma e fazem sobrancelhas falsas com tinta preta, em forma de arco e elevadas, em forma de *croissant*, o que é belo quando se vê de longe, porém feio quando se olha de perto; esse hábito, contudo, existe desde a mais remota antiguidade (veja Pierre Belon, *Observations de plusieurs singularités*, Paris, 1555, p.199)."

Ele acrescenta que os turcos, homens e mulheres, não deixam os pelos crescerem em parte alguma do corpo, à exceção dos cabelos e da barba; para arrancá-los, utilizam rusma, misturando com ela a mesma quantidade de cal viva e diluindo tudo em água; essa pomada se aplica ao entrar no banho, e deve ser deixada sobre a pele por quase o mesmo tempo necessário para cozinhar um ovo; quando se começa a transpirar nesse banho quente, o pelo cai sozinho, bastando apenas lavar com as mãos e água quente, e assim a pele permanece lisa e polida, sem qualquer vestígio dos pelos (Belon, *Observations de plusieurs singularités*, p.198). Ele diz ainda que, no Egito, há um pequeno arbusto denominado *alcana*, cujas folhas ressecadas e transformadas em pó servem para tingir de amarelo; as mulheres de toda a Turquia utilizam-no para pintar as mãos, os pés e os cabelos de cor amarela ou vermelha; e também tingem da mesma cor os cabelos das crianças pequenas, tanto os meninos quanto as meninas, bem como as crinas de seus cavalos etc. (Belon, *Observations de plusieurs singularités*, p.136).

---

131 Veja as *Viagens* de Thévenot, Paris, 1664, t.I, p.55. (N. A.)
132 Ibid., p.105. (N. A.)

As mulheres turcas colocam tutia queimada e preparada nos olhos, a fim de torná-los mais escuros; para isso, utilizam um pequeno punção de ouro ou de prata umedecido com suas salivas para pegar esse pó preto e passá-lo suavemente entre as pálpebras e o olho.[133] Elas também se banham com muita frequência, perfumam-se todos os dias e se servem de todos os meios para conservar e aumentar sua beleza. Diz-se, contudo, que as mulheres persas preocupam-se ainda mais com o asseio do que as mulheres turcas. Os homens têm gostos diferentes com relação à beleza das mulheres: os persas querem as morenas e os turcos querem as ruivas.[134]

Acreditava-se que os judeus, que vieram todos originalmente da Síria e da Palestina, tinham ainda hoje a tez morena, tal como a possuíam em tempos remotos; mas, como bem observa Misson, é um equívoco afirmar que todos os judeus são morenos; pois isso é verdade apenas no que diz respeito aos judeus portugueses. Essas pessoas, uma vez que se casam sempre umas com as outras, têm filhos que se parecem tanto com o pai quanto com a mãe, de modo que sua tez morena perpetua-se, quase sem diminuir, em todos os lugares que habitam, inclusive nos países do Norte; mas os judeus alemães, tais como aqueles de Praga, não têm a tez mais morena do que a dos outros alemães.[135]

Atualmente os habitantes da Judeia assemelham-se aos outros turcos, sendo apenas mais morenos do que aqueles de Constantinopla ou das costas do Mar Negro, assim como os árabes são mais morenos do que os sírios, por serem mais meridionais.

Ocorre o mesmo com os gregos: os da parte setentrional da Grécia são muito brancos, e os das ilhas ou das províncias meridionais são morenos. Para falar de modo geral, as mulheres gregas são ainda mais belas e vivas do que as turcas, e ainda por cima têm a vantagem de serem muito mais livres. Gemelli Careri diz que as mulheres da Ilha de Chio são brancas, belas, vivas e muito atrevidas com os homens, que as meninas saem com os estrangeiros

---

133 Veja *Nouvelle Relation du Levant, par M. P. A.*, Paris, 1667, p.355. (N. A.)

134 Veja a *Viagem* de La Boulaye, p.110. (N. A.)

135 Veja Misson, *Nouveau Voyage d'Italie, fait en l'année 1688*, La Haye, 1717, t.II, p.225. (N. A.)

de modo muito livre, e que todas andam com o pescoço inteiramente descoberto.[136] Diz também que as mulheres gregas têm os cabelos mais lindos do mundo, sobretudo nas imediações de Constantinopla, mas ele observa que as mulheres cujos cabelos descem até os calcanhares não têm traços tão regulares quanto os das outras gregas.[137]

Os gregos consideram uma enorme beleza nas mulheres a de terem olhos grandes e protuberantes, e as sobrancelhas muito elevadas; e pretendem que os homens tenham olhos ainda maiores e mais salientes.[138] Em todos os bustos e medalhas dos antigos gregos, pode-se notar que os olhos são excessivamente grandes em comparação com aqueles que se veem nos bustos e nas medalhas romanos.

Os habitantes das ilhas do arquipélago são quase todos grandes nadadores e excelentes mergulhadores. Thévenot diz que eles treinam tirando as esponjas do fundo do mar, assim como os bens e as mercadorias que se perdem dos navios; e que, na Ilha de Samos, os meninos que não conseguem mergulhar na água até pelo menos 8 braças de profundidade não se casam;[139] Dapper diz 20 braças,[140] e acrescenta que, em algumas ilhas, como na Icária, eles têm o hábito muito esquisito de conversar de longe, sobretudo no campo, e que esses insulares têm uma voz tão forte que podem conversar normalmente estando a um quarto de légua um do outro, e com frequência a 1 légua, de modo que a conversa é interrompida por grandes intervalos, pois a resposta chega apenas muitos segundos após a pergunta.

Os gregos, os napolitanos, os sicilianos, os habitantes da Córsega e os espanhóis, estando situados quase sob o mesmo paralelo, têm uma tez muito semelhante, e são, todos eles, povos muito mais morenos do que os franceses, os ingleses, os alemães, os poloneses, os moldávios, os circassianos e todos os outros habitantes do norte da Europa até a Lapônia, onde, como dissemos no início, se encontra outra espécie de homens. Quando

136 Veja as *Viagens* de Gemelli Careri, Paris, 1719, t.I, p.110. (N. A.)
137 Ibid., p.373. (N. A.)
138 Veja as *Observations* de Belon, p.200. (N. A.)
139 Veja as *Viagens* de Thévenot, t.I, p.206. (N. A.)
140 Veja Dapper, *Description exacte des îles de l'Archipel*, Amsterdam, 1703, p.163. (N. A.)

se faz a viagem da Espanha, começa-se, a partir de Baiona, a perceber essa diferença de cor; as mulheres têm a tez um pouco mais parda e também os olhos mais brilhantes.[141]

Os espanhóis são magros e muito pequenos, têm uma estatura esguia, uma cabeça bonita, traços regulares, olhos belos, dentes muito bem-arranjados, porém a tez morena e amarelada; as crianças nascem muito brancas e são muito belas, mas, ao crescerem, sua tez muda de maneira surpreendente, o ar os deixa amarelos, o sol os queima, sendo fácil distinguir um espanhol dentre todas as outras nações europeias.[142] Observou-se que, em algumas províncias da Espanha, como nas imediações do Rio Bidasoa, os habitantes têm orelhas de um tamanho desproporcional.[143]

Os homens de cabelos pretos ou castanhos começam a ser raros na Inglaterra, em Flandres, na Holanda e nas províncias setentrionais da Alemanha; não se encontra quase nenhum na Dinamarca, na Suécia e na Polônia. Segundo o sr. Lineu, os godos são de alta estatura, seus cabelos são lisos, loiros e prateados, e a íris dos olhos é azulada: *Gothi corpore proceriore, capillis albidis restis, oculorum iridibus cinereo-caerulescentibus*. Os finlandeses têm o corpo musculoso e carnudo, cabelos loiro-amarelados e compridos, a íris dos olhos amarelo-escura: *Fennones corpore toroso, capillis flavis prolixis, oculorum iridibus fuscis*.[144]

As mulheres são muito férteis na Suécia. Rudbeck diz que elas têm normalmente 8, 10 ou 12 crianças, e não raro têm 18, 20, 24, 28 e até 30; ele diz, além disso, que lá se encontram com frequência homens que ultrapassam os 100 anos, tendo havido dois, inclusive, dos quais um viveu 156 e o outro 161 anos.[145] Mas é verdade que esse autor é um entusiasta de sua pátria, e que, segundo ele, a Suécia é o melhor país do mundo em todos os

---

141 Veja Mme. d'Aulnoy, *Relation du voyage d'Espagne*, Paris, 1691, t.I, p.4. (N. A.)
142 Ibid., p.187. (N. A.)
143 Ibid., p.326. (N. A.)
144 Veja Lineu, *Fauna Suecica*, Estocolmo, 1746, p.1. (N. A.) [As observações de Lineu são traduções das passagens latinas. (N. T.)]
145 Veja Olav Rudbeck, *Atlantica sive Manheim*, Upsal, 1684. (N. A.)

aspectos. Essa fertilidade das mulheres não implica que elas tendam mais ao amor; mesmo os homens são muito mais castos nos países frios do que nos climas meridionais. As pessoas são menos amorosas na Suécia do que na Espanha ou em Portugal e, contudo, as mulheres daquele país têm muito mais filhos. Todos sabem que as nações do Norte inundaram toda a Europa a ponto de os historiadores chamarem o Norte de *Officina gentium*.

O autor das viagens históricas da Europa diz também, assim como Rudbeck, que os homens na Suécia normalmente vivem mais do que na maioria dos outros reinos da Europa, e afirma ter visto muitos que, segundo lhe garantiram, teriam mais de 150 anos.[146] Ele atribui a vida longa dos suecos à salubridade do ar de seu clima, e afirma o mesmo a respeito da Dinamarca; segundo ele, os dinamarqueses são grandes e robustos, de uma tez viva e corada, e vivem muito tempo, graças à pureza do ar que respiram; as mulheres também são muito brancas, bem formadas e muito férteis.[147]

Diz-se que, antes do czar Pedro I, os moscovitas eram quase bárbaros; o povo nascido na escravidão era rude, violento, cruel, sem coragem e sem costumes. Os homens e as mulheres banhavam-se juntos com muita frequência nas estufas aquecidas a um grau de calor que apenas para eles não era insuportável; assim como faziam os lapões, atiravam-se na água fria logo em seguida, ao saírem desses banhos quentes. Alimentavam-se muito mal, seu prato favorito não consistia em nada além de pepinos ou melancias de Astracã, com os quais, durante o verão, preparavam uma conserva com água, farinha e sal.[148] Privavam-se de algumas carnes, tais como as de pombo e vitela, devido a certos escrúpulos ridículos; todavia, desde essa época, as mulheres sabiam passar batom, arrancar as sobrancelhas, pintá-las ou fazer outras artificiais; sabiam também usar pedrarias, enfeitar seus penteados com pérolas, vestir-se com tecidos ricos e preciosos; não seria isso uma prova de que a barbárie estaria terminando e de que seu soberano não teve tanta dificuldade para civilizá-los quanto alguns autores quiseram

---

146 Veja *Voyages historiques de l'Europe*, Paris, 1693, t.VIII, p.229. (N. A.)
147 Ibid., t.VIII, p.279 e 280. (N. A.)
148 Veja *Relation curieuse et nouvelle de Moscovie*, Paris, 1698, p.181. (N. A.)

insinuar? Hoje em dia, esse povo é civilizado, comerciante, curioso a respeito das artes e das ciências, e amante dos espetáculos e das novidades engenhosas. Não basta um grande homem para que essas mudanças sejam feitas, é preciso ainda que esse grande homem nasça no lugar certo.

Alguns autores disseram que o ar da Moscóvia é tão bom que lá jamais houve peste; contudo, os anais do país contam que, em 1421, e durante os seis anos seguintes, ele foi tão atormentado por doenças contagiosas que a constituição dos habitantes e de seus descendentes se alterou; desde então, poucos homens chegam à idade de 100 anos, ao passo que, antes, muitos iam além desse limite.[149]

Os íngrios e os carelianos, que vivem nas províncias setentrionais da Moscóvia e são nativos do país nas imediações de São Petersburgo, são homens vigorosos e de uma constituição robusta, tendo, na maioria das vezes, cabelos loiros ou brancos;[150] assemelham-se muito aos finlandeses e falam a mesma língua, a qual não tem relação alguma com qualquer outra língua do Norte.

Refletindo a respeito da descrição histórica que acabamos de fazer dos povos da Europa e da Ásia, parece que a cor depende muito do clima, sem que possamos afirmar, contudo, que dele dependa por completo: com efeito, há diversas causas que devem influir na cor, e mesmo na forma do corpo e dos traços dos diferentes povos; uma das principais é a alimentação, e a seguir examinaremos quais são as mudanças que por ela podem ser ocasionadas. Outra causa que não deixa de produzir efeito são os costumes e a maneira de viver; um povo civilizado, que vive com certo conforto, acostumado a uma vida regrada, leve e tranquila, e que, devido aos cuidados de um bom governo, está relativamente ao abrigo da miséria, na medida em que não carece dos bens de primeira necessidade, será, por essa única razão, composto de indivíduos mais fortes, mais belos e mais bem formados do que uma nação selvagem e independente, na qual cada indivíduo, por não

---

149 Veja Mayerberg, *Voyage en Moscovie d'un ambassadeur*, Leiden, 1688, p.220. (N. A.)
150 Veja Weber, *Nouveaux mémoires sur l'état de la Grande Russie*, Paris, 1725, t.II, p.64. (N. A.)

extrair qualquer auxílio da sociedade, é obrigado a providenciar seu próprio sustento, a sofrer ora devido à fome, ora devido aos excessos de uma
alimentação muitas vezes ruim, a exaurir-se de trabalhar ou a consumir-se
no tédio, a suportar a austeridade do clima sem poder se proteger, em suma,
a agir mais frequentemente como um animal do que como um homem.
Supondo-se esses dois povos distintos sob um mesmo clima, podemos
crer que os homens da nação selvagem seriam mais morenos, mais feios,
menores, mais enrugados do que aqueles da nação civilizada. Se tivessem
alguma vantagem sobre estes, seria devido à força ou, antes, à resistência de
seus corpos; é possível também que houvesse, nessa nação selvagem, muito
menos corcundas, mancos, surdos, vesgos etc. Esses indivíduos defeituosos
vivem, e até mesmo se multiplicam em uma nação civilizada, na qual todos
se suportam uns aos outros, o forte nada pode contra o fraco e as qualidades do corpo importam muito menos do que aquelas do espírito; mas, em
um povo selvagem, como cada indivíduo depende de suas qualidades corporais ou de sua destreza e de sua força para subsistir, viver e se defender,
aqueles que infelizmente nascem fracos, defeituosos ou adoecem logo deixam de fazer parte da nação.

Admitirei, então, três causas que, juntas, concorrem para produzir as
variedades que observamos nos diferentes povos da Terra. A primeira é a
influência do clima; a segunda, que deve muito à primeira, é a alimentação;
e a terceira, que talvez deva ainda mais tanto à primeira quanto à segunda,
são os costumes. Mas, antes de expor as razões sobre as quais, segundo julgamos, essa opinião deve se fundar, é necessário descrevermos os povos da
África e da América, tal como fizemos com os outros povos da Terra.

Já falamos das nações de toda a parte setentrional da África, desde o Mar
Mediterrâneo até o trópico; todos aqueles que estão para além do trópico,
do Mar Vermelho ao Oceano, em uma extensão de cerca de 100 ou 150
léguas, são ainda espécies de mouros, mas tão morenos que parecem quase
inteiramente negros; os homens, sobretudo, são extremamente morenos,
enquanto as mulheres são um pouco mais brancas, bem formadas e bastante belas; há, entre esses mouros, grande quantidade de mulatos, que são

ainda mais negros do que eles, pois suas mães são as negras [*Negrèsses*] que os mouros compram e com as quais não deixam de ter muitos filhos.[151]

Para além dessa extensão de terra, sob o 17º e o 18º graus de latitude norte e no mesmo paralelo, encontramos os negros do Senegal e da Núbia: os primeiros estão próximos do Oceano Atlântico e estes do Mar Vermelho; na sequência, todos os outros povos da África que vivem após o 18º grau de latitude norte até o 18º de latitude sul são negros, à exceção dos etíopes ou abissínios: parece-nos, assim, que a porção do globo atribuída pela Natureza a essa raça de homens é uma extensão de terra paralela ao equador, de cerca de 900 léguas de largura e de um comprimento muito maior, sobretudo ao norte do equador; e, para além dos 18º ou 20º de latitude sul, os homens não são mais negros, tal como se pode dizer a respeito dos cafres e dos hotentotes.

Durante muito tempo estivemos enganados com relação à cor e aos traços dos etíopes, pois os confundimos com os núbios, seus vizinhos que, contudo, são de outra raça. Marmol diz que os etíopes são completamente negros, têm o rosto largo e o nariz chato;[152] os viajantes holandeses dizem o mesmo,[153] mas a verdade é que eles são diferentes dos núbios no que se refere à cor e aos traços: a cor natural dos etíopes é parda ou olivácea, tal como a dos árabes meridionais, dos quais provavelmente se originaram. Têm estatura alta, os traços do rosto bem marcados, olhos belos e bem alongados, um nariz bem formado, lábios pequenos e dentes brancos; ao passo que os habitantes da Núbia têm o nariz esmagado, lábios grossos e espessos e o rosto muito negro.[154] Esses núbios, assim como os berberes, seus vizinhos do lado do Ocidente, são um tipo de negros bastante semelhantes àqueles do Senegal.

Os etíopes são um povo semicivilizado. Suas vestes são de tecido de algodão, e as dos mais ricos, de seda; suas casas são baixas e mal construídas, suas terras são muito mal cultivadas, pois os nobres desprezam, maltratam

---

151 Veja *L'Afrique de Marmol*, t.III, p.29 e 32. (N. A.)
152 Ibid., p.68 e 69. (N. A.)
153 Veja *Recueil des Voyages* [...] *de la Compagnie des Indes Orientais*, t.IV, p.33. (N. A.)
154 Veja *Lettres édifiantes*, Antologia IV, p.349. (N. A.)

e espoliam o quanto podem os burgueses e a gente do povo; eles moram, entretanto, separadamente uns dos outros em aldeias ou vilarejos distintos, a nobreza em uns, a burguesia em outros, e as pessoas do povo ainda em outros lugares. Eles compram o sal, que lhes falta, a peso de ouro, e gostam muito de carne crua; nas festas, com efeito, o segundo prato, que consideram o mais delicado, é de carnes cruas; eles não tomam vinho, embora tenham videiras, e sua bebida ordinária é feita com tamarindo e tem um sabor um tanto azedo. Utilizam cavalos para viajar e mulas para transportar suas mercadorias; têm escasso conhecimento nas ciências e nas artes, pois sua língua não tem regra alguma e seu modo de escrever é muito pouco aperfeiçoado, de modo que levam muitos dias para escrever uma carta, embora suas letras sejam mais belas do que as dos árabes.[155] Sua maneira de cumprimentar é muito singular: eles seguram a mão direita uns dos outros e levam-na mutuamente à boca; além disso, pegam o lenço daquele que cumprimentam e o amarram ao redor do corpo, deixando aqueles que são cumprimentados seminus, uma vez que a maioria deles não veste nada mais do que esse lenço e uma cueca de algodão.[156]

Nos relatos de viagem do almirante Drack ao redor do mundo, encontra-se um fato que, embora muito extraordinário, não me parece inverossímil. Esse viajante afirma haver, nas fronteiras dos desertos da Etiópia, um povo denominado acridófago, ou comedores de gafanhoto; eles são negros, magros, muito ligeiros na corrida e menores do que os outros. Na primavera, há certos ventos quentes que vêm do Ocidente trazendo-lhes um número infinito de gafanhotos, e, como eles não têm nem gado nem peixe, estão condenados a viver desses gafanhotos, que eles recolhem em grande quantidade, polvilham com sal e guardam para deles se alimentarem durante todo o ano. Essa má alimentação produz dois efeitos singulares: o primeiro é o fato de que eles mal vivem até os 40 anos de idade, e o segundo é de que, quando se aproximam dessa idade, insetos alados nascem em sua pele; no início, esses insetos lhes causam uma comichão ardente, depois se

---

155 Veja *Recueil des Voyages* [...] *de la Compagnie des Indes Orientales*, t.IV, p.34. (N. A.)
156 Veja as *Lettres édifiantes*, Antologia IV, p.349. (N. A.)

multiplicam em número tão grande que em pouco tempo começam a pulular em toda a sua pele; eles começam comendo o ventre, em seguida o peito, e roem-no até o osso, de modo que todos esses homens que se alimentam apenas de insetos acabam, por sua vez, sendo comidos por insetos. Se esse fato fosse bem comprovado, forneceria matéria para amplas reflexões.

Há vastos desertos de areia na Etiópia, bem como na grande ponta de terra que se estende até o Cabo Guardafui. Esse país, que pode ser considerado a parte oriental da Etiópia, é quase inteiramente inabitado; ao sul, a Etiópia faz fronteira com os beduínos e com alguns outros povos que seguem a lei maometana, o que prova ainda que os etíopes são originários da Arábia, da qual estão separados apenas pelo Estreito de Bab-el-Mandeb; assim, é bastante provável que os árabes outrora tenham invadido a Etiópia e perseguido os nativos do país, os quais teriam sido forçados a se retirar em direção ao Norte, na Núbia. Esses árabes se espalharam ao longo do litoral de Melinde, pois os habitantes dali são todos morenos e de religião maometana.[157] Em Zanguebar, eles também não são completamente negros, a maioria fala árabe e se veste com pano de algodão. No mais, embora esse país esteja situado na zona tórrida, ele não é excessivamente quente; contudo, os nativos têm cabelos pretos e crespos, tal como os negros;[158] em todo esse litoral, encontram-se alguns homens brancos, que são, segundo se afirma, de origem chinesa, e que aí se adaptaram na época em que os chineses viajaram por todos os mares do Oriente, como fazem hoje os europeus. Independentemente dessa opinião, que me parece ousada, é certo que os nativos dessa costa oriental da África são negros de origem, e que os homens morenos ou brancos que aí se encontram vieram de outras partes. Mas, para formar uma ideia justa das diferenças que encontramos entre esses povos negros, é necessário examiná-los em detalhes.

De início, ao reunirmos os testemunhos dos viajantes, parece que há tantas variedades na raça dos negros quanto na dos brancos. Os negros têm,

157 Veja Pigafetta, *Regnum Congo hoc est Vera descriptio regni Africani*, Frankfurt, 1598, p.56. (N. A.)
158 Veja *L'Afrique de Marmol*, t.II, p.107. (N. A.)

assim como os brancos, seus tártaros e seus circassianos, os da Guiné são extremamente feios e têm um cheiro insuportável, aqueles de Sofala e Moçambique são belos e não têm mau cheiro. É, portanto, necessário dividir os negros em diferentes raças, e parece-me ser possível reduzi-los a duas principais, a dos negros propriamente ditos e a dos cafres; na primeira, compreendo os negros da Núbia, do Senegal, de Cabo Verde, da Gâmbia, de Serra Leoa, da Costa dos Dentes, da Costa do Ouro,[159] da Costa de Juda, de Benim, do Gabão, de Loango, do Congo, de Angola e de Benguela, até o Cabo Negro; na segunda, incluo os povos que ficam para além do Cabo Negro até a ponta da África, onde recebem o nome de hotentotes, e também todos os povos da costa oriental da África, tais como aqueles da terra de Natal, de Sofala, de Monomotapa, de Moçambique, de Melinde; os negros de Madagascar e das ilhas vizinhas também serão cafres, e não negros. Essas duas espécies de homens negros assemelham-se mais pela cor do que pelos traços do rosto; seus cabelos, sua pele, o cheiro de seus corpos, seus costumes e sua natureza também são muito diferentes.

A seguir, examinando em particular os diferentes povos que compõem cada uma das raças negras, veremos tantas variedades quanto nas raças brancas, e encontraremos todas as nuances que existem do pardo ao negro, assim como, nas raças brancas, encontramos as nuances do pardo ao branco.

Comecemos então pelos países que ficam ao norte do Senegal e, seguindo todas as costas da África, consideremos todos os diferentes povos que os viajantes identificaram e dos quais nos deram alguma descrição: em primeiro lugar, é certo que os nativos das Ilhas Canárias não são negros, pois os viajantes asseguram que os antigo habitantes dessas ilhas eram bem formados, de uma bela estatura e uma forte compleição; que as mulheres eram belas e tinham os cabelos muito bonitos e finos, e que aqueles que habitavam a parte meridional de cada uma dessas ilhas eram mais oliváceos do que aqueles que habitavam a parte meridional.[160] Na página 72 do relato

---

159 Costa dos Dentes corresponde à atual Costa do Marfim, e a Costa do Ouro corresponde à atual Gana. (N. T.)

160 Veja *Histoire de la première découverte et conquête des Canaries*, Paris, 1630, p.251. (N. A.)

de sua viagem a Lima, Duret nos ensina que os antigos habitantes da Ilha de Tenerife eram uma nação robusta e de alta estatura, mas magra e morena, e a maioria tinha o nariz chato.[161] Esses povos, como vemos, não têm nada em comum com os negros, a não ser o nariz chato; aqueles que vivem no continente da África na mesma altura dessas ilhas são mouros bastante morenos, mas pertencem, assim como esses insulares, à raça dos brancos.

Os habitantes do Cabo Branco são, ainda, mouros que seguem a lei maometana. Eles não vivem muito tempo em um mesmo lugar e, assim como os árabes, são errantes, vão de lugar em lugar, de acordo com a pastagem que encontram para seu gado, cujo leite lhes serve de alimento. Têm cavalos, camelos, bois, cabras, carneiros, fazem comércio com os negros, que lhes dão oito ou dez escravos por um cavalo, e dois ou três por um camelo;[162] é desses mouros que se obtém a goma arábica: eles a dissolvem no leite do qual se alimentam, comem carne apenas muito raramente e quase nunca matam seus animais, a não ser quando os veem próximos de morrer de velhice ou devido a alguma doença.[163]

Esses mouros espalham-se até o rio do Senegal, que os separa dos negros; os mouros, como acabamos de dizer, são apenas morenos e vivem ao norte do rio; já os negros ficam ao sul e são absolutamente negros; os mouros são nômades pelos campos, os negros são sedentários e vivem em aldeias; os primeiros são livres e independentes, os segundos têm reis que os tiranizam e dos quais são escravos; os mouros são muito pequenos, magros e têm um aspecto feio, mas são espirituosos e perspicazes; os negros, ao contrário, são grandes, corpulentos, bem formados, porém parvos e sem gênio; por fim, o país habitado pelos mouros é todo de areia, e tão estéril que nele há áreas verdes apenas em pouquíssimas regiões; já o país dos negros é abundante, fértil em pasto, painço e em árvores sempre verdes, que, na verdade, não dão quase nenhum fruto bom para comer.

---

161 Veja Prevost, *Histoire général des voyages*, 1746, t.II, p.230. (N. A.)
162 Veja o sr. Le Maire, *Voyage du sieur Le Maire aux îles Canaries*, Paris, 1695, p.46-7. (N. A.)
163 Ibid., p.66. (N. A.)

Encontram-se, em algumas regiões, ao norte e ao sul do rio, uma espécie de homens denominados *foules*, que parecem fazer a transição entre os mouros e os negros, e que poderiam muito bem não ser nada além de mulatos produzidos pela mistura das duas nações. Esses *foules* não são completamente negros como os negros, mas são muito mais pardos do que os mouros, ficando entre os dois povos. Também são mais civilizados do que os negros, seguem a lei de Maomé, como os mouros, e recebem muito bem os estrangeiros.[164]

As ilhas do Cabo Verde também são povoadas de mulatos vindos dos primeiros portugueses que aí se estabeleceram, e os negros que encontraram nesse lugar são chamados de *negros cor de cobre*, pois com efeito, ainda que se assemelhem muito aos negros por seus traços, são, contudo, menos negros, ou melhor, são amarelados; de resto, são bem formados e espirituosos, mas muito preguiçosos; não vivem, por assim dizer, de nada mais do que da caça e da pesca; adestram seus cães para caçar e capturar as cabras selvagens, oferecem suas filhas e mulheres aos estrangeiros, não importando quão pouco lhes queiram pagar por elas, e as trocam por alfinetes ou outras coisas de valor semelhante, por papagaios muito belos e facilmente domesticáveis, por belas conchas, denominadas *porcelanas*, e até mesmo por âmbar cinzento etc.[165]

Os primeiros negros que encontramos são, portanto, aqueles que habitam o limite meridional do Senegal; esses povos, assim como aqueles que ocupam todas as terras compreendidas entre esse rio e o rio da Gâmbia, chamam-se *jalofes*; são todos muito negros, bem-proporcionados e de uma estatura bastante avantajada; os traços de seus rostos são menos duros do que aqueles dos outros negros; há alguns, sobretudo entre as mulheres, que têm traços muito regulares, e têm as mesmas ideias da beleza que nós temos, pois se atraem por olhos belos, por uma boca pequena, por lábios proporcionais e por um nariz bem formado; eles pensam de um modo diferente apenas no que diz respeito ao fundo do quadro, por assim dizer, pois

164 Veja a *Viagem* do sr. Le Maire, 1695, t.I, p.75. Veja também *L'Afrique de Marmol*, t.I, p.34. (N. A.)

165 Veja Roberts, *Relation du voyage au Cap-Vert* (citado a partir de Prévost), p.387; Biervillas, *Voyage d'Innigo de Biervillas*, parte I, p.15; e as *Viagens* de Struys, t.I, p.11. (N. A.)

é preciso que a cor seja muito negra e reluzente; também têm uma pele muito fina e delicada, e há também entre eles mulheres tão bonitas, salvo pela cor, quanto em qualquer outro país do mundo; elas são normalmente muito bem formadas, joviais, vivas e muito propensas ao amor; gostam de todos os homens, em particular dos brancos, que procuram com ardor, tanto para satisfazerem-se quanto para receber algum presente; seus maridos não se opõem à sua inclinação pelos estrangeiros e não têm ciúme a não ser quando elas têm relações com homens de sua nação; brigam com frequência, inclusive, por causa desse assunto, com golpes de faca ou de espada, apesar de amiúde oferecerem aos estrangeiros suas mulheres, filhas e irmãs, e consideram uma honra o fato de não as recusarem. No mais, essas mulheres andam sempre com o cigarro na boca, e sua pele também não deixa de ter um cheiro desagradável quando passam calor, ainda que o cheiro desses negros do Senegal seja menos forte do que o dos outros; elas gostam muito de saltar ou dançar ao som de uma cabaça, um tambor ou um chocalho, e todos os movimentos de sua dança são posturas lascivas e gestos indecentes; elas se banham com frequência e limam os dentes para igualá-los; a maioria das meninas, antes de se casar, faz desenhos e bordados na pele de diferentes figuras de animais, flores etc.

As negras quase sempre levam seus filhos sobre as costas enquanto trabalham; alguns viajantes afirmam ser por essa razão que os negros geralmente têm a barriga grande e o nariz achatado; a mãe, ao erguer-se e abaixar-se por espasmos, faz bater o nariz da criança contra suas costas, e a criança, para evitar o golpe, recua para trás, forçando o ventre para a frente.[166] Todos eles têm cabelos pretos e crespos como lã frisada; é também pelos cabelos e pela cor que eles se diferenciam dos outros homens, pois seus traços talvez não difiram tanto daqueles dos europeus quanto o rosto tártaro difere do rosto francês. O padre Du Tertre diz expressamente que, se quase todos os negros têm o nariz chato, é porque, quando são crianças, seus pais e suas

---

166 Veja a *Viagem* do sr. Le Maire, Paris, 1695, p.144-55; padre Du Jaric, *Histoire des choses plus mémorables*, Bordeaux, 1614, t.III, p.364; Du Tertre, *Histoire générale des Antilles habitées pas les Français*, 1667, t.II, p.493-537. (N. A.)

mães o esmagam, além de também pressionarem seus lábios para torná-los mais grossos; as crianças que não sofrem nenhuma dessas duas operações têm os traços do rosto tão belos, o nariz tão elevado e os lábios tão finos quanto os dos europeus. No entanto, isso não deve ser compreendido senão a respeito dos negros do Senegal, que, de todos os negros, são os mais belos e bem formados; parece que, em quase todos os outros povos negros, os lábios grossos e o nariz largo e achatado são traços dados pela Natureza, e que serviram de modelo para a arte por eles praticada de achatar o nariz e engrossar os lábios daqueles que nasceram sem essa perfeição.

As negras são muito férteis e engravidam com muita facilidade e sem qualquer ajuda; as consequências do parto não lhes são nem um pouco incômodas, bastando-lhes apenas um ou dois dias de repouso para se restabelecerem. São ótimas nutrizes e têm uma ternura muito grande por seus filhos; também são muito mais espirituosas e hábeis do que os homens, e procuram até mesmo atribuir-se certas virtudes, tais como as da discrição e da temperança. O padre Du Jaric diz que, para se acostumarem a comer e a falar pouco, as negras jalofes tomam um gole d'água de manhã e a retêm dentro da boca durante todo o tempo em que se ocupam de seus afazeres domésticos, e cospem-na somente quando tiver chegado a hora da primeira refeição.[167]

Os negros da Ilha de Goreia e da costa do Cabo Verde são, como aqueles da fronteira do Senegal, bem formados e muito negros; dão grande importância para sua cor, que é, de fato, de um negro de ébano profundo e brilhante, e desprezam os outros negros que não são tão negros, assim como os brancos desprezam os mais morenos; embora sejam fortes e robustos, são muito preguiçosos; não têm trigo, nem vinho, nem frutas, vivem só de peixe e painço, comem carne apenas muito raramente e, embora tenham poucas iguarias para escolher, não querem comer verduras. Como os europeus comem verduras, eles os comparam aos cavalos. De resto, são apaixonados por aguardente, embriagando-se com frequência; eles vendem seus

---

167 Veja a terceira parte da *Histoire* do padre Du Jaric, t.III., p.365. (N. A.)

filhos, seus parentes e, às vezes, a si mesmos para obtê-lo.[168] Andam quase nus, suas vestes não consistem em nada além de um pano de algodão que os cobre desde a cintura até o meio da coxa; segundo dizem, isso é tudo o que o calor do país lhes permite colocar sobre si.[169] Sua má alimentação e a pobreza em que vivem não os impede de serem contentes e muito alegres, acreditam que seu país é o melhor e seu clima o mais belo da Terra, que eles próprios são os mais belos homens do Universo, por serem os mais negros e, se suas mulheres não demonstrassem um gosto pelos brancos, fariam muito pouco caso deles, por conta de sua cor.

Ainda que os negros de Serra Leoa não sejam tão escuros quanto os do Senegal, eles não são, como diz Struys (t.I, p.22), de uma cor arruivada e morena, mas de um negro um pouco menos escuro do que os primeiros, como aqueles da Guiné; o que pode ter enganado esse viajante é o fato de que esses negros da Serra Leoa e da Guiné pintam com frequência todo o seu corpo de vermelho e de outras cores; pintam também o entorno dos olhos de branco, amarelo, vermelho, e fazem riscas e marcas de diferentes cores sobre o rosto; e também fazem cortes na pele para imprimir figuras de animais ou plantas; as mulheres são ainda mais libertinas do que as do Senegal; muitas delas são prostitutas, o que não as desonra de modo algum; esses negros, homens e mulheres, andam sempre com a cabeça descoberta, e raspam ou cortam os cabelos, que são muito curtos, de diversas maneiras diferentes; usam brincos nas orelhas, que pesam até 3 ou 4 onças; esses brincos são dentes, conchas, chifres, pedaços de madeira etc.; alguns também furam o lábio superior ou as narinas para pendurar ornamentos parecidos; sua roupa consiste em uma espécie de bata feita de casca de árvore e coberta de peles de macaco, nas quais prendem chocalhos semelhantes àqueles que são colocados em nossas mulas; eles dormem sobre esteiras de junco e comem peixe e carne, quando conseguem obtê-los, mas seus principais alimentos são o inhame e a banana.[170] Não têm gosto

---

168 Veja Froger, *Relation d'un Voyage* [...] *commandée par M. de Gennes*, Paris, 1698, p.15 ss. (N. A.)

169 Veja *Lettres édifiantes*, Ant.XI, p.48-49. (N. A.)

170 Veja Linschoten, *II. Pars Indiae Orientalis*, Frankfurt, 1599, p.11-12. (N. A.)

por nada, a não ser pelas mulheres, e desejo algum que não seja por ficar ociosos; suas casas não passam de choupanas miseráveis, moram muitas vezes em lugares selvagens e em terras estéreis, embora dependesse apenas deles viver em belos vales, em colinas agradáveis e cobertas de árvores, em campos verdes, férteis e entrecortados por simpáticos rios e riachos; tudo isso, porém, não lhes dá prazer algum; têm a mesma indiferença com relação a quase tudo. Os caminhos que conduzem de um lugar a outro são normalmente duas vezes mais longos do que o necessário, e eles não procuram torná-los mais curtos; mesmo que lhes indiquemos os meios, jamais consideram passar pelo mais curto; eles seguem maquinalmente o caminho já batido,[171] e preocupa-os tão pouco se estão a perder ou a aproveitar seu tempo que jamais o medem.

Embora os negros da Guiné tenham uma saúde muito boa e robusta, raramente atingem uma certa velhice; um negro de 50 anos é, em seu país, um homem muito velho, e desde os 40 anos de idade já parecem sê-lo; a prática precoce com as mulheres talvez seja a causa da brevidade de sua vida; as crianças são tão desavergonhadas e tão pouco tolhidas por seus pais e mães que, desde sua mais tenra juventude, entregam-se a tudo aquilo que a Natureza lhes sugere;[172] nada é mais raro nesse povo do que encontrar uma menina que possa recordar-se de quando deixou de ser virgem.

Os habitantes da Ilha de São Tomás, da Ilha de Ano-Bom etc., são negros semelhantes àqueles do continente vizinho; apenas existem em número muito menor, pois os europeus os perseguiram e mantiveram só aqueles que foram reduzidos à escravidão. Homens e mulheres andam nus, exceto por uma pequena bata de algodão.[173] Mandelslo diz que os europeus que se estabeleceram, ou que se estabelecem atualmente nessa Ilha de São Tomás, situada a apenas um grau e meio do equador, conservam sua cor e permanecem brancos até a terceira geração, e parece insinuar que, depois disso,

---

171 Veja Bosman, *Voyage de Guinée*, Utrechet, 1705, p.143. (N. A.)
172 Ibid., p.118. (N. A.)
173 Veja as *Viagens* de Pyrard, t.I, p.16. (N. A.)

eles se tornam negros; a mim, porém, não parece que essa mudança possa se dar em tão pouco tempo.

Os negros da costa de Juda e de Allada são menos negros do que aqueles do Senegal e da Guiné, e mesmo do que aqueles do Congo; eles gostam muito de carne de cachorro, preferindo-a a todas as outras carnes; em geral, o primeiro prato de seus festins é um cachorro assado; o gosto pela carne de cachorro não é particular dos negros, também os selvagens da América setentrional e outras nações tártaras têm o mesmo gosto; diz-se, inclusive, que na Tartária eles castram os cães a fim de engordá-los e torná-los mais saborosos (veja Labat, *Nouveau Voyage aux îles de l'Amérique*, Paris, 1722, p.165).

De acordo com Pigafetta, e segundo o autor da viagem de Drack, que parece ter copiado Pigafetta palavra por palavra a respeito desse artigo, os negros do Congo são negros, mas uns mais do que outros e menos do que os senegaleses; em sua maioria, têm os cabelos pretos e crespos, mas alguns os têm ruivos; os homens têm um tamanho mediano, uns têm olhos castanhos e outros têm olhos verdes da cor do mar; seus lábios não são tão grossos quanto os dos outros negros e os traços do rosto são muito parecidos com os dos europeus.[174]

Em certas províncias do Congo, há costumes muito singulares: por exemplo, em Loango, quando alguém morre, eles colocam o cadáver em uma espécie de anfiteatro de 6 pés de altura, deixando-o na postura de um homem sentado com as mãos apoiadas sobre os joelhos; vestem-no com o que têm de mais belo e, em seguida, acendem um fogo detrás e diante do cadáver; à medida que este resseca e os panos encharcam, cobrem-no com outros panos, até que ele esteja inteiramente ressecado; depois disso, enterram-no com muita pompa. Na província de Matamba, é a mulher que enobrece o marido; quando o rei morre e deixa apenas uma filha, ela é senhora absoluta do reino, desde que tenha, contudo, atingido a idade núbil; ela começa circulando por todo o seu reino e, em todas as vilas e aldeias por

---

174 Veja Pigafetta, *Regnum Congo*, p.5; e *Le Voyage curieux, fait autour du monde, par F. Drack*, p.110. (N. A.)

onde passa, os homens são obrigados a se organizar em fileiras para recebê-
-la em sua chegada; dentre eles, aquele que mais lhe agradar passará a noite
com ela. Ao retornar de sua viagem, ela manda vir aquele que mais a satis-
fez dentre todos os homens e com ele se casa. Depois disso, deixa de ter
qualquer poder sobre seu povo, sendo toda a autoridade transferida para
seu marido a partir desse momento. Extraí esses fatos de um relato que me
foi comunicado pelo sr. de la Brosse, que escreveu sobre as principais coisas que notou em uma viagem feita pelo litoral de Angola, em 1738. Ele
acrescenta um fato não menos singular: "Esses negros são extremamente
vingativos, do que darei uma prova convincente: a toda hora eles mandavam
pedir, em todos os nossos bares, aguardente para o rei e para os diretores
do lugar; um dia em que nos recusamos a dar-lhes o que queriam, tivemos
todas as razões do mundo para nos arrependermos: pois, tendo ido todos
os oficiais franceses e ingleses pescar em um pequeno lago que fica próximo
do mar, e ali montado, à beira do lago, uma tenda para comer seu peixe; e
estando eles a se divertir ao final da refeição, chegaram sete ou oito negros
em palanquins, que eram os diretores de Loango, e deram-lhes a mão para
cumprimentá-los, como manda o costume desse país. Esses negros haviam
esfregado suas mãos com uma erva cujo veneno, muito sutil, age no instante
em que, desafortunadamente, se encosta em alguma coisa, ou quando se
fuma tabaco sem antes lavar as mãos. Esses negros foram tão bem-sucedi-
dos em seu cruel desígnio que morreram no mesmo instante cinco capitães
e três cirurgiões, dentre os quais meu capitão."

Quando esses negros do Congo sentem dor de cabeça, ou em qualquer
outra parte do corpo, fazem uma leve ferida na região dolorida e nela aplicam uma espécie de pequeno chifre perfurado, por meio do qual sugam o
sangue, como se fosse um canudo, até a que a dor seja apaziguada.[175]

Os negros do Senegal, da Gâmbia, de Cabo Verde, de Angola e do Congo
são de um negro mais belo do que aqueles da costa de Juda, de Issigni, de
Allada e dos lugares adjacentes; são todos muito negros quando estão saudáveis, mas sua tez muda quando estão doentes, tornando-se cor de bistre,

---

175 Veja Pigafetta, *Regnum Congo*, p.51. (N. A.)

ou mesmo cor de cobre.[176] Em nossas ilhas, preferimos os negros de Angola àqueles do Cabo Verde, devido à força de seus corpos, mas eles cheiram tão mal quando sentem calor que o ar dos lugares pelos quais passam fica infectado por mais de um quarto de hora; aqueles do Cabo Verde não têm nem de longe um cheiro tão forte quanto os de Angola, e também têm a pele mais bela e mais negra, o corpo mais bem formado, os traços do rosto menos duros, uma natureza mais delicada e uma estatura mais avantaja-da.[177] Aqueles da Guiné também são muito bons para o trabalho na terra e para outros trabalhos pesados; já os do Senegal não são tão fortes, mas são mais apropriados para o serviço doméstico e mais capazes de aprender as tarefas.[178] O padre Charveloix diz que os senegaleses são, dentre todos os negros, os mais bem formados, os mais facilmente disciplináveis e os mais apropriados para o serviço doméstico; que os bambaras são os maiores de todos, mas são velhacos; que os allados são aqueles que melhor entendem do cultivo da terra; que os congoleses são os menores de todos, são habi-líssimos pescadores, porém desertam com facilidade; que os nagôs são os mais humanos, os mandingas os mais cruéis, os mines os mais determina-dos, os mais caprichosos e os mais sujeitos a se exasperarem, e que os negros crioulos, seja qual for sua nação de origem, não herdaram de seus parentes nada além de seu espírito de servidão e de sua cor, e são mais espirituosos, mais sensatos, mais hábeis, porém mais indolentes e libertinos do que aque-les que vieram da África. Ele acrescenta que todos os negros da Guiné têm uma inteligência extremamente limitada, e muitos, inclusive, parecem ser completamente estúpidos; veem-se alguns que não conseguem contar até mais do que três; por si mesmos, não têm ideia alguma, e tampouco têm memória, sendo-lhes o passado tão desconhecido quanto o futuro; aque-les que têm espírito fazem ótimas brincadeiras e compreendem muito bem o senso de ridículo; de resto, são muito dissimulados, preferem morrer a contar um segredo, têm geralmente uma natureza delicada, são humanos,

---

176 Veja Labat, *Nouveau Voyage aux îles de l'Amérique*, 1722, t.IV, p.138. (N. A.)

177 Veja Du Tertre, *Histoire génerale des Antilles*, 1667, t.II, p.493. (N. A.)

178 Veja Labat, *Nouveau Voyage aux îles de l'Amérique*, t.IV, p.116. (N. A.)

dóceis, simples, crédulos, e até mesmo supersticiosos; são bastante fiéis, corajosos e, se quiséssemos disciplina-los e guiá-los, poderíamos transformá-los em ótimos soldados.[179]

Ainda que os negros tenham pouco espírito, não deixam de ter muito sentimento; são alegres ou melancólicos, trabalhadores ou indolentes, amigos ou inimigos, de acordo com a maneira com a qual os tratamos; quando os alimentamos bem e não os maltratamos, eles ficam contentes, animados, prontos para fazer qualquer coisa, e a satisfação de sua alma fica estampada em seu rosto; mas quando os tratamos mal, ficam profundamente magoados e, muitas vezes, morrem de melancolia: eles são, portanto, muito sensíveis tanto às benesses quanto às ofensas, e carregam um ódio mortal contra aqueles que os maltrataram; de modo inverso, quando se afeiçoam a um mestre, não há nada que não sejam capazes de fazer para mostrar-lhe seu zelo e sua devoção. Eles são naturalmente compassivos e até mesmo meigos com suas crianças, seus amigos, seus compatriotas;[180] compartilham de bom grado o pouco que têm com aqueles que veem passar necessidade, mesmo sem conhecê-los de outro modo que não seja por sua indigência. Como se pode ver, portanto, eles têm um coração excelente, e têm o germe de todas as virtudes, de modo que não posso escrever sua história sem compadecer-me de seu estado. Não são eles demasiado infelizes por estarem reduzidos à servidão e obrigados a trabalhar constantemente sem jamais adquirir coisa alguma? Será ainda necessário extenuá-los, castigá-los e tratá-los como animais? A humanidade se revolta contra esses tratamentos odiosos que a ânsia pelo ganho pôs em uso, ânsia esta que ressurgiria todos os dias se nossas leis não colocassem um freio na brutalidade de nossos mestres e restringisse, assim, os limites da miséria de seus escravos. Nós os forçamos a trabalhar e lhes poupamos os alimentos, até mesmo os mais comuns, pois, segundo se diz, eles suportam a fome com muita tranquilidade; para viver três dias, não lhes é necessário mais do que a porção que um europeu consome em uma única refeição; por mais que comam e

---

179 Veja Charlevoix, *Histoire de l'île Espagnole ou de St. Domingue*, Paris, 1730. (N. A.)
180 Veja Du Tertre, *Histoire génerale des Antilles*, p.483-533. (N. A.)

durmam pouco, estão sempre igualmente firmes e igualmente fortes para o trabalho.[181] Como podem os homens, nos quais ainda resta algum sentimento de humanidade, adotar essas máximas, formar preconceitos a partir delas e procurar legitimar, por meio de tais razões, os excessos que a sede pelo ouro os faz cometer? Mas deixemos de lado esses homens duros e voltemos ao nosso objeto.

Não se conhece quase nada a respeito dos povos que habitam os litorais e o interior das terras da África a partir do Cabo Negro até o Cabo das Voltas, área esta que tem uma extensão de quase 400 léguas: sabe-se apenas que esses homens são muito menos negros do que os outros negros, e se parecem muito com os hotentotes, dos quais são vizinhos ao sul. Esses hotentotes, pelo contrário, são bem conhecidos, quase todos os viajantes os mencionam: eles não são negros, mas sim cafres, que seriam apenas morenos se não escurecessem a pele com tintas e graxas. Porém, o sr. Kolbe, que fez uma descrição muito exata desses povos, considera-os negros, assegurando que todos têm cabelos curtos, pretos, crespos e lanosos, assim como estes,[182] e que ele jamais viu um só hotentote de cabelos longos; ao que me parece, isso apenas não basta para que devam ser vistos como verdadeiros negros; primeiro, eles se diferenciam totalmente destes por sua cor; o sr. Kolbe diz que eles são cor de oliva, nunca negros, apesar do esforço que fazem para se tornar negros; em seguida, parece-me muito difícil opinar sobre seus cabelos, já que eles nunca os penteiam ou lavam, e os esfregam todos os dias com uma enorme quantidade de graxa e fuligem misturadas, o que faz que aí se juntem tanto pó e tanta sujeira que os fios ficam todos grudados uns nos outros durante um longo tempo, e ficam parecendo o velo de um carneiro preto cheio de lama.[183] Além disso, sua natureza é diferente da dos negros: estes gostam de higiene, são sedentários e acostumam-se facilmente com a servidão, ao passo que os hotentotes são da mais aterrorizante falta de higiene, são nômades, independentes

---

181 Veja Charlevoix, *Histoire de l'île Espagnole ou de St. Domingue*, t.II, p.498 ss. (N. A.)
182 Veja Kolbe, *Description du Cap de Bonne-Espérance*, Amsterdam, 1741, t.I, p.95. (N. A.)
183 Ibid., p.92. (N. A.)

e muito ciosos de sua liberdade; essas diferenças são, como se vê, mais do que suficientes para que possamos considerá-los um povo distinto dos negros que descrevemos.

Vasco da Gama, o primeiro a ultrapassar o Cabo da Boa Esperança e a abrir a rota das Índias para as nações europeias, chegou à Baía de Santa Helena em 4 de novembro de 1497. Ali encontrou habitantes muito negros, de pequena estatura e de péssima aparência,[184] mas ele não diz que eles são naturalmente negros como os negros; sem dúvida, eles lhe pareceram muito negros apenas devido à graxa e à fuligem com que se esfregam, a fim de ficarem dessa cor; esse viajante ainda acrescenta que a articulação de sua voz era semelhante a um suspiro, que vestiam peles de animais, que suas armas eram varas endurecidas no fogo e armadas com a ponta de um chifre de algum animal etc.[185] Esses povos não possuíam, portanto, nenhuma das artes praticadas pelos negros.

Os viajantes holandeses dizem que os selvagens que ficam ao norte do Cabo são homens menores do que os europeus, têm a tez castanho-avermelhada, alguns mais ruços e outros menos, são muito feios e procuram ficar negros aplicando uma tinta no corpo e no rosto; sua cabeleira é semelhante à de um enforcado que ficou por algum tempo pendurado na forca.[186] Eles dizem, em outro lugar, que os hotentotes são da cor dos mulatos, têm o rosto disforme, um tamanho mediano, são magros e muito ligeiros na corrida; que sua linguagem é estranha, e cacarejam como os galos da Índia.[187] O padre Tachard diz que, embora geralmente sejam dotados de cabelos quase tão lanosos quanto aqueles dos negros, muitos têm cabelos mais compridos e os deixam esvoaçantes sobre as costas; ele acrescenta que há entre eles, inclusive, alguns tão brancos quanto os europeus, mas que escurecem sua pele com graxa e com o pó de certa pedra preta que esfregam no rosto e em todo o corpo; e que suas mulheres são naturalmente muito brancas,

---

184 Veja Prévost, *Histoire générale des voyages*, t.I, p.22. (N. A.)
185 Ibid., p.22. (N. A.)
186 Veja *Recueil des Voyages* [...] *de la Compagnie des Indes Orientales*, t.I, p.228. (N. A.)
187 Id., *Viagem* de G. Spilberg, t.II, p.443. (N. A.)

mas que, depois de satisfazerem seus maridos, ficam negras como eles.[188] Ovington diz que os hotentotes são mais morenos do que os outros índios e que nenhum outro povo assemelha-se aos negros tanto quanto este no que diz respeito aos traços; e que contudo eles não são negros, seus cabelos não são tão crespos nem seu nariz tão chato.[189]

Devido a todos esses testemunhos, é natural observarmos que os hotentotes não são verdadeiros negros, mas homens que, no interior da raça dos negros, começam a se aproximar do branco, assim como os mouros, no interior da raça branca, começam a se aproximar do negro; no mais, esses hotentotes são um tipo muito extraordinário de selvagens; as mulheres, sobretudo, que são muito menores do que os homens, têm uma espécie de excrescência, ou de pele dura e larga que cresce acima do osso púbis e desce até o meio das coxas em forma de avental.[190] Thévenot diz a mesma coisa das mulheres egípcias, mas elas não deixam que essa pele cresça, queimando-a com ferro quente. Eu duvido que, no caso das egípcias, isso seja tão verdadeiro quanto no caso das hotentotes; seja como for, todas as mulheres nativas do Cabo estão sujeitas a essa monstruosa deformidade, que mostram àqueles que têm curiosidade ou ousadia suficientes para lhes pedir para ver ou tocar. Os homens, por sua vez, são todos semieunucos, mas é verdade que não nascem assim, pois geralmente lhes é extraído um testículo aos 8 anos de idade, e com frequência ainda mais tarde. O sr. Kolbe afirma ter assistido a essa operação em um jovem hotentote de 18 anos; as circunstâncias que acompanham essa cerimônia são tão singulares que não pude impedir-me de relatá-las aqui, de acordo com a testemunha ocular que acabei de citar.

Depois de terem esfregado bem o jovem com a gordura das entranhas de uma ovelha morta há pouco para essa finalidade, deitam-no de costas no chão, amarram suas mãos e seus pés e três ou quatro de seus amigos o seguram; então o padre (pois se trata de uma cerimônia religiosa), munido

---

188 Veja a primeira *Viagem* do padre Tachard, 1686, p.108. (N. A.)
189 Veja as *Viagens* de J. Ovington, 1725, t.II, p.194. (N. A.)
190 Veja Kolbe, *Description du cap*, t.I, p.91; veja também a *Viagem* do capitão Cowley em Dampier, *Voyage aux terres australes*, t.V, p.291. (N. A.)

de uma faca bem afiada, faz uma incisão, retira o testículo esquerdo[191] e coloca em seu lugar uma bola de gordura do mesmo tamanho, que foi preparada com algumas ervas medicinais; em seguida, ele costura a ferida com o osso de um pequeno pássaro, que lhe serve de agulha, e um fio de nervo de carneiro; terminada essa operação, eles desamarram o paciente, mas, antes de dispensá-lo, o padre esfrega-o com a gordura quente da ovelha morta, ou, melhor dizendo, besunta todo o seu corpo com ela de um modo tão abundante que, quando ela esfria, forma uma espécie de crosta; e esfrega-o, ao mesmo tempo, de um modo tão rude que o jovem homem, que já não está a sofrer pouco, se põe a suar em bicas e a fumegar como se fosse um capão assado; em seguida, o operador faz, com suas unhas, algumas ranhuras nessa crosta sebosa de uma extremidade do corpo à outra e urina sobre elas o mais copiosamente possível, após o que ele volta a esfregá-lo de novo, recobrindo-o com a gordura das ranhuras cheias de urina. Quando todos abandonam o paciente, ele fica sozinho mais morto do que vivo, sendo obrigado a se arrastar até uma cabana construída para esse fim, que fica próxima do local em que foi realizada a operação; ali ele pode morrer ou recuperar a saúde, sem que lhe seja dado qualquer socorro, e sem ter à disposição qualquer outra bebida ou alimento além da gordura que cobre seu corpo e que ele pode lamber, se quiser. Ao final de dois dias, ele normalmente se restabelece, e então pode sair e exibir-se, e, a fim de provar que está perfeitamente curado, põe-se a correr tão ligeiro quanto um cervo.[192]

Todos os hotentotes têm o nariz muito chato e largo. Porém, eles não o teriam assim se as mães não se atribuíssem o dever de lhes achatar o nariz pouco tempo depois de nascerem, pois consideram o nariz proeminente uma deformidade; também têm lábios muito grossos, sobretudo o superior, dentes muito brancos, sobrancelhas espessas, a cabeça grande, o corpo magro, membros miúdos; não vivem muito além dos 40 anos, a imundície na qual se afundam e se comprazem, bem como as carnes infectadas e apodrecidas da qual fazem seu principal alimento, são, sem dúvida, as causas

---

191 Tavernier diz ser o testículo direito. Veja t.IV, p.297. (N. A.)

192 Veja Kolbe, *Description du cap*, t.I, p.275. (N. A.)

que mais contribuem para a curta duração de sua vida. Eu poderia estender-me ainda mais na descrição desse povo vil, mas, como quase todos os viajantes já escreveram muito longamente a seu respeito, contentar-me-ei somente em mencioná-los.[193] Apenas não devo deixar passar em silêncio um fato narrado por Tavernier: segundo ele, os holandeses pegaram para si uma menina hotentote pouco tempo depois de nascer e, tendo sido ela criada entre eles, tornou-se tão branca quanto uma europeia; assim, o autor supõe que todo esse povo seria branco se não tivesse o costume de se sujar continuamente com substâncias pretas.

Quando subimos ao longo do litoral da África para além do Cabo da Boa Esperança, encontramos a terra de Natal, onde os habitantes já são diferentes dos hotentotes; eles são muito menos sujos e menos feios, e também naturalmente mais negros; têm o rosto oval, o nariz bem-proporcionado, dentes brancos, um aspecto agradável, cabelos naturalmente frisados, mas também têm um certo gosto pela gordura dos animais, pois usam gorros feitos de sebo de boi que têm de 8 a 10 polegadas de altura; eles gastam muito tempo para fazê-los, pois é preciso, para tanto, que o sebo esteja bem depurado; aplicam-no aos poucos em seus cabelos, misturando-o tão bem que ele jamais se desfaz.[194] O sr. Kolbe afirma que eles têm o nariz chato, de nascença mesmo, sem que ninguém os achate, e que diferem dos hotentotes pelo fato de não gaguejarem, pois não batem no palato com sua língua, como fazem estes últimos; e que têm casas, cultivam a terra, semeiam uma espécie de milho ou de trigo da Turquia com o qual fazem cerveja, bebida desconhecida pelos hotentotes.[195]

Para além da terra de Natal, encontramos a de Sofala e a de Monomotapa; segundo Pigafetta, os povos de Sofala são negros, porém mais altos e

---

193 Ibid.; o *Recueil des Voyages* [...] *de la Compagnie des Indes Orientales*; a *Viagem* de R. Lade traduzida por Prévost (t.I, p.88); a *Viagem* de J. Ovington (t.II, p.134); a de La Loubère (t.II, p.134); a primeira *Viagem* do padre Tachard (p.95); a de Innigo Biervillas (Primeira parte, p.34); as *Viagens* de Tavernier (t.IV, p.296); as de F. Légat (t.II, p.154); as de Dampier (t.II, p.255 ss.). (N. A.)
194 Veja as *Viagens* de Dampier, t.II, p.393. (N. A.)
195 Kolbe, *Description du cap*, t.I, p.136. (N. A.)

mais gordos do que os outros cafres; é nas redondezas do reino de Sofala que esse autor situa as amazonas,[196] mas nada é mais incerto do que aquilo que se disse a respeito dessas mulheres guerreiras. Os habitantes de Monomopata são, de acordo com o relato dos viajantes holandeses, muito grandes, bem formados em sua estatura, negros e de boa compleição; as meninas andam nuas e não vestem nada além de um pedaço de pano de algodão; mas, assim que se casam, passam a usar roupas.[197] Esses povos, embora muito negros, são diferentes dos negros; não têm os traços tão duros nem tão feios, seu corpo não tem um cheiro ruim e não podem suportar nem a servidão nem o trabalho; o padre Charlevoix diz que esses negros do Monomopata e de Madagascar foram vistos na América, que eles jamais puderam servir e que, inclusive, morrem em muito pouco tempo.[198]

Esses povos de Madagascar e de Moçambique são negros, uns mais e outros menos, e os de Madagascar têm os cabelos do topo da cabeça menos crespos do que os de Moçambique; nem estes nem aqueles são verdadeiros negros, e, embora aqueles do litoral sejam muito submissos aos portugueses, os do interior do continente são muito selvagens e ciosos de sua liberdade; eles andam todos, homens e mulheres, absolutamente nus, alimentam-se de carne de elefante e comercializam marfim.[199] Em Madagascar, há homens de diferentes espécies, sobretudo negros e brancos que, apesar de serem muito morenos, parecem ser de outra raça; os primeiros têm cabelos pretos e crespos, estes têm cabelos menos pretos, menos frisados e mais compridos: a opinião comum dos viajantes é a de que esses brancos descendem dos chineses, mas, como nota muito bem François Cauche, é mais provável que eles sejam de raça europeia; ele assegura que, de todos aqueles que viu, nenhum tinha nem o nariz nem o rosto achatados como

---

196 Veja Pigafetta, *Regnum Congo*, p.54. (N. A.)

197 Veja *Recueil des Voyages* [...] *de la Compagnie des Indes Orientales*, t.III, p.625; veja também *Viagem* de F. Drack, Segunda parte, p.99; e Mocquet, *Voyages en Afrique, Asie, Indes Orientales et Occidentales*, Paris, 1617, p.266. (N. A.)

198 Veja a *Histoire*, de Charlevoix, p.499. (N. A.)

199 Veja *Recueil des Voyages*, t.III, p.623; a *Viagem* de Mocquet, p.265; e Linschoten, *II. Pars Indiae Orientalis*, p.20. (N. A.)

o dos chineses; ele diz também que esses brancos são mais brancos do que os castelhanos, que seus cabelos são compridos e que, comparados aos negros, não têm o nariz chato como aqueles dos continente, e seus lábios são bem finos; nessa ilha, há também uma grande quantidade de homens de cor olivácea ou morena que aparentemente provêm da mistura de negros com brancos: o viajante que acabei de mencionar diz que aqueles da Baía de Santo Agostinho são morenos, não têm barba, têm cabelos compridos e lisos, são de alta estatura e bem-proporcionados e, por fim, são todos circuncidados, embora haja fortes evidências de que jamais tenham ouvido falar da lei de Maomé, já que não têm nem templos, nem mesquitas, nem religião.[200] Os franceses foram os primeiros a abordar, e aí fizeram uma primeira colônia que não foi sustentada;[201] quando nela desembarcaram, encontraram os homens brancos de que acabamos de falar, e notaram que os negros, que devem ser considerados os nativos do país, tinham respeito pelos brancos.[202] Essa Ilha de Madagascar é extremamente povoada e muito abundante em pastagens e gado; os homens e as mulheres são muito libertinos, e aquelas que se prostituem não são desonradas; todos eles gostam muito de dançar, cantar e se divertir, e, ainda que sejam muito preguiçosos, não deixam de ter algum conhecimento das artes mecânicas; há, dentre eles, lavradores, ferreiros, carpinteiros, oleiros e até mesmo ourives; todavia, não têm comodidade alguma em suas casas, nenhum móvel: dormem sobre esteiras, comem carne quase crua e devoram até mesmo o couro de seus bois depois de tostar um pouco o pelo; também comem cera com mel; as pessoas do povo andam quase todas nuas, os mais ricos têm cuecas ou saiotes de algodão e de seda.[203]

Os povos que habitam o interior da África não são conhecidos o bastante por nós para que possamos descrevê-los. Aqueles que os árabes chamam de

---

200 Veja François Cauche, *Relations véritables et curieuses de l'île de Madagascar et du Brésil*, Paris, 1671, p.45. (N. A.)

201 Veja Flacourt, *Histoire de la grande île Madagascar*, Paris, 1661. (N. A.)

202 Veja Dellon, *Nouvelle Relation d'un voyage fait aux Indes Orientales*, Amsterdam, 1699. (N. A.)

203 Veja a *Histoire* de Flacourt, p.90; a *Viagem* de Struys, t.I, p.32; e a *Viagem* de Pyrard, t.I, p.38. (N. A.)

zingues são negros quase selvagens, e Marmol diz que eles se multiplicam prodigiosamente e inundariam todos os países vizinhos se não houvesse, de tempos em tempos, uma grande mortalidade entre eles causada pelos ventos quentes.

Por tudo o que acabamos de relatar, parece que os negros propriamente ditos são diferentes dos cafres, que são negros de outra espécie; mas o que essas descrições indicam ainda mais claramente é que a cor depende principalmente do clima, e que os traços dependem muito dos costumes que existem entre os diferentes povos, tais como o de esmagar o nariz, puxar as pálpebras, esticar as orelhas, engrossar os lábios, achatar o rosto etc. Nada prova melhor o quanto o clima influi sobre a cor do que o fato de haver, sob o mesmo paralelo, a mais de mil léguas de distância, povos tão semelhantes quanto os senegaleses e os núbios, e de se observar que os hotentotes, que não podem ter origem senão nas nações negras, são, contudo, os mais brancos de todos esses povos da África, pois se encontram no clima mais frio dessa parte do mundo; e se nos espantamos com o fato de haver uma nação morena de um lado das fronteiras do Senegal e, do outro, uma nação inteiramente negra, podemos nos recordar daquilo que já sugerimos em relação aos efeitos da alimentação; ela deve ter influência tanto sobre a cor quanto sobre os outros aspectos do corpo; se quisermos um exemplo, podemos dar um que todos têm condições de verificar, extraído dos animais: as lebres das planícies e das regiões aquáticas têm a carne muito mais branca do que aquelas da montanha e das terras secas, e, em um mesmo lugar, aquelas que habitam a pradaria são totalmente diferentes daquelas que vivem sobre as colinas; a cor da carne depende da cor do sangue e dos outros humores do corpo, cuja qualidade deve ser influenciada pela alimentação.

Há muito tempo se discute a origem dos negros. Os antigos, que conheciam apenas aqueles da Núbia, viam-nos como o último matiz dos povos pardos, além de os confundirem com os etíopes e com as outras nações dessa parte da África que, embora extremamente morenas, aproximam-se mais da raça branca do que da raça negra; acreditavam, assim, que as diferentes cores dos homens provinha apenas da diferença do clima, e que aquilo que produzia a negritude desses povos era o ardor excessivo do sol ao qual estavam perpetuamente expostos; essa opinião, que é muito verossímil, passou por dificuldades quando se admitiu que, para além da Núbia, em um clima ainda mais meridional, e até mesmo sobre o equador, tal como em Melinde e em Mombaça, a maioria dos homens não é negra como os núbios, mas apenas muito morena; e quando se observou que, ao transportarem negros de seu clima ardente para países temperados, eles nada perderam de sua cor e continuaram igualmente a transmiti-la a seus descendentes. Porém, se prestarmos atenção, de um lado, à migração desses diferentes povos e, de outro, ao tempo que talvez seja necessário para tornar uma raça branca ou negra, veremos que tudo isso pode ser conciliado com a intuição dos antigos, pois os habitantes nativos dessa parte da África são os núbios, que são negros e originalmente negros, e que permanecerão eternamente negros enquanto habitarem o mesmo clima e não se misturarem com os brancos; enquanto os etíopes, os abissínios e até mesmo os habitantes de Melinde, que se originaram dos brancos, já que têm a mesma religião e os mesmos costumes dos árabes, além de se semelharem a estes pela cor, são, na verdade, ainda mais morenos do que os árabes meridionais; mas isso prova inclusive que, em uma mesma raça de homens, o grau maior ou menor da cor negra depende do fato de o clima ser mais ou menos quente. Talvez sejam necessários vários séculos e uma sucessão de um grande número de gerações para que uma raça assuma, de nuance em nuance, a cor parda e, por fim, se torne inteiramente negra; mas há evidências de que, com o tempo, um povo branco transportado do Norte para o equador poderia se tornar pardo e até mesmo inteiramente negro, sobretudo se esse povo mudasse de costumes e passasse a se alimentar apenas de produtos do país quente para o qual fora transportado.

Poderíamos fazer uma objeção contra essa opinião baseada na diferença dos traços, mas ela não me parece muito consistente, pois se pode responder que há menos diferença entre os traços de um negro que não foi desfigurado em sua infância e aqueles de um europeu do que entre os traços de um tártaro, ou de um chinês e aqueles de um circassiano ou grego; e, no que diz respeito aos cabelos, sua natureza depende tanto da natureza da pele que, se há uma diferença entre os tipos de cabelo, ela não deve ser considerada senão como fortemente acidental; isso porque há, no mesmo país e na mesma cidade, homens que, apesar de serem brancos, não deixam de ter os cabelos muito diferentes uns dos outros, a ponto de encontrarmos, inclusive na França, homens com cabelos tão curtos e tão crespos quanto os dos negros; e, além disso, vemos que o clima, o frio e o calor influem tão fortemente na cor dos cabelos dos homens e do pelo dos animais que não há cabelos pretos nos reinos do Norte, e que os esquilos, as lebres, as doninhas e diversos outros animais dessa região são brancos, ou quase brancos, ao passo que, nos países menos frios, são marrons ou cinza; essa diferença produzida pela influência do frio ou do calor é tão acentuada que, na maior parte dos países do Norte, como na Suécia, certos animais, como as lebres, são completamente cinza durante o verão e completamente brancas durante o inverno.[204]

Mas há outro argumento muito mais forte contra essa opinião, que, de início, parece inquestionável: é o fato de que foi descoberto um continente inteiro no Novo Mundo em que a maioria das terras habitadas situa-se na zona tórrida, e no qual, contudo, não se encontra sequer um homem negro, sendo todos os habitantes dessa parte da Terra mais ou menos vermelhos, mais ou menos morenos ou cor de cobre; pois deveríamos ter encontrado, nas Ilhas Antilhas, no México, no reino de Santa Fé, na Guiana, no país das Amazonas e no Peru, alguns negros, ou ao menos alguns povos negros, já que esses países da América situam-se na mesma latitude do Senegal, da Guiné e no país de Angola, na África; deveríamos ter encontrado no Brasil, no Paraguai, no Chile, homens semelhantes aos cafres, aos hotentotes, caso o clima ou a distância com relação ao polo fosse a causa da cor dos homens. Mas, antes de expormos aquilo que se pode dizer sobre esse assunto, acreditamos ser necessário analisar todos os diferentes povos da América do mesmo modo como analisamos os povos das outras partes do mundo, e depois disso estaremos em melhores condições para realizar comparações justas e para delas extrair resultados gerais.

---

204 *"Lepus apud nos aestate cinereus, hieme semper albus"* ["A lebre é, entre nós, acinzentada no verão e sempre branca no inverno"]. Lineu, *Fauna Svecica*, p.8. (N. A.)

Começando pelo Norte: como já dissemos, nas partes mais setentrionais da América encontramos espécies de lapões semelhantes aos da Europa ou aos samoiedos da Ásia; e, mesmo sendo pouco numerosos em comparação com estes, não deixam de estar espalhados em uma extensão de terra bastante considerável. Aqueles que habitam as terras do Estreito de Davis são pequenos, têm a tez olivácea e as pernas curtas e grossas; são pescadores hábeis e comem peixe e carne crus; bebem água pura ou sangue de tubarão galhudo; são muito robustos e vivem muito longamente.[205] Assim são, como vemos, a figura, a cor e os costumes dos lapões, e o que há de singular é que, assim como ao lado dos lapões da Europa se encontram os finlandeses, que são brancos, belos, bem grandes e bem formados, também se encontra, ao lado desses lapões da América, uma espécie de homens grandes, bem formados, bastante brancos e cujos traços do rosto são muito regulares.[206] Os selvagens da Baía de Hudson e do norte das terras de Labrador não parecem ser da mesma raça dos primeiros, ainda que sejam feios, pequenos, malformados, e que seu rosto seja quase inteiramente coberto de pelos, assim como os selvagens da região de Yeço, ao norte do Japão; no verão, moram em cabanas feitas de pele de original ou de caribu[207] e, no inverno, vivem sob a terra, assim como os lapões e os samoiedos, e, também como estes, deitam-se todos misturados, sem qualquer separação; vivem por um longo tempo, ainda que se alimentem apenas de carne e peixe crus.[208] Os selvagens de Terra-Nova são muito parecidos com aqueles do Estreito de Davis; são de pequena estatura, têm pouca ou nenhuma barba, seu rosto é largo e achatado, seus olhos são grandes e seu nariz é geralmente bem achatado; o viajante que assim os descreve diz que eles se assemelham muito aos selvagens do continente setentrional e das redondezas da Groenlândia.[209]

---

205 Veja Rochefort (atrib.), *Histoire naturelle et morale des îles Antilles de l'Amérique*, Rotterdam, 1658, p.189. (N. A.)

206 Ibid. (N. A.)

207 É o nome que se dá à rena na América. (N. A.)

208 Veja a *Viagem* de Robert Lade, traduzida por Prévost. Paris, t.II, p.309 ss. (N. A.)

209 Veja o *Recueil des voyages au Nord*, Rouen, 1716, t.III, p.7. (N. A.)

Abaixo desses selvagens, que estão espalhados nas partes mais setentrionais da América, encontram-se outros selvagens mais numerosos e totalmente diferentes dos primeiros. Esses selvagens são aqueles do Canadá e de
toda a extensão de terras continente adentro, até os assiniboine. São todos
grandes, robustos, fortes e muito bem formados, têm cabelos e olhos pretos, dentes muito brancos, a tez morena, pouca barba, e nenhum, ou quase
nenhum, pelo em parte alguma do corpo; eles são resistentes e incansáveis
ao caminhar, muito ligeiros na corrida, suportam com facilidade tanto a
fome quanto os maiores excessos de alimentação, são ousados, corajosos,
fiéis, orgulhosos, austeros e moderados; por fim, assemelham-se tanto aos
tártaros orientais pela cor da pele, dos cabelos e dos olhos, pela pequena
quantidade de barba e de pelos, e também por sua natureza e por seus costumes, que se poderia crer serem eles provenientes dessa nação, caso desconsiderássemos o fato de estarem separados uns dos outros por um vasto
mar. Além disso, estão também sob a mesma latitude, o que prova ainda
o quanto o clima influi na cor, e mesmo na fisionomia dos homens. Em
suma, no Novo Continente, assim como no Antigo, encontram-se ao Norte,
inicialmente, homens semelhantes aos lapões, e também homens brancos e
com cabelos loiros, semelhantes aos povos do norte da Europa; em seguida,
encontram-se homens peludos semelhantes aos selvagens de Yeço; e, por
fim, os selvagens do Canadá e de toda a terra firme até o Golfo do México,
que se assemelham aos tártaros por tantos motivos que não duvidaríamos
serem eles de fato tártaros, se a possibilidade da migração não fosse ainda
algo confuso para nós; todavia, se atentarmos para a pequena quantidade
de homens que se encontravam nessa imensa extensão de terras da América Setentrional, e também para o fato de que nenhum desses homens era
ainda civilizado, deveremos crer que todas essas nações selvagens são novas
colônias produzidas por alguns indivíduos que escaparam de um povo mais
numeroso. De fato afirma-se que, na América Setentrional, tomando-a
desde o Norte até as Ilhas Lucaias e o Mississippi, não resta atualmente
nem a vigésima parte do número de povos nativos que aí existiam quando
houve a descoberta, e essas nações selvagens ou foram destruídas, ou reduzidas a um número tão pequeno de homens que não devemos julgá-las

atualmente tal como as teríamos julgado naquela época; mas, mesmo se concordássemos que a América Setentrional possuía vinte vezes mais habitantes do que os que restam hoje, isso não impede que devamos considerá-la desde então como uma terra deserta, ou tão recentemente povoada que os homens ainda não haviam tido tempo de se multiplicar. O sr. Fabry, que citei anteriormente[210] e que fez uma viagem muito longa por todo o interior das terras ao noroeste do Mississippi, onde ninguém ainda havia penetrado, e onde, por conseguinte, as nações selvagens não foram destruídas, garantiu-me que essa parte da América é tão deserta que ele com frequência andava uma distância de 100 ou 200 léguas sem encontrar um rosto humano, nem qualquer outro vestígio que pudesse indicar a existência de alguma habitação vizinha das léguas por ele percorridas; e, quando encontrava algumas dessas habitações, estavam sempre a distâncias extremamente grandes umas das outras; em cada uma delas não havia, em geral, mais de uma só família, às vezes duas ou três, mas raramente mais de vinte pessoas juntas, e essas vinte pessoas estavam a 100 léguas de distância de outras vinte pessoas. É verdade que, ao longo dos rios e lagos que se sobe ou contorna, encontram-se nações selvagens compostas de um número de homens muito maior, e restam ainda algumas que não deixam de ser numerosas o bastante para às vezes incomodar os habitantes de nossas colônias; mas as mais numerosas dessas nações reduzem-se a 3 mil ou 4 mil pessoas; e essas 3 mil ou 4 mil pessoas estão espalhadas em um espaço de terra muitas vezes maior do que todo o reino da França; desse modo, estou persuadido de que podemos adiantar, sem medo de nos enganarmos, que há mais homens em uma única cidade como Paris do que selvagens em toda essa parte da América Setentrional compreendida entre o Mar do Norte e o Mar do Sul, desde o Golfo do México até o Norte, embora essa extensão de terra seja muito maior do que toda a Europa.

A multiplicação dos homens depende ainda mais da sociedade do que da Natureza, e os homens são tão numerosos, em comparação com os animais

---

210 Veja esta *História Natural*, Paris, 1749, t.I, p.340. (N. A.) [Buffon cita Fabry de la Bruyère nas "Preuves de la théorie de la Terre". (N. T.)]

selvagens, apenas porque se reúnem em sociedade, ajudam-se, defendem-se, socorrem-se mutuamente. Nessa parte da América da qual acabamos de falar, os bisões[211] talvez sejam mais abundantes do que os homens; mas, da mesma maneira que o número de homens não pode aumentar consideravelmente senão devido à sua reunião em sociedade, é o número de homens já elevado a um certo ponto que produz, quase necessariamente, a sociedade; assim, pode-se supor que, como não se encontrou em toda essa parte da América qualquer nação civilizada, o número de homens era ainda demasiado pequeno e seu estabelecimento nessas regiões demasiado recente para que eles tenham podido sentir a necessidade, ou mesmo intuído as vantagens de se reunir em sociedade; pois, embora essas nações selvagens tivessem certos tipos de hábitos ou costumes particulares a cada uma, e que umas fossem mais ou menos indômitas, mais ou menos cruéis, mais ou menos corajosas, elas eram todas igualmente estúpidas, igualmente ignorantes, igualmente desprovidas de artes e ofícios.

Creio, assim, que não devo estender-me muito sobre aquilo que diz respeito aos costumes dessas nações selvagens. Todos os autores que falaram disso ressaltaram sempre o fato de que todas as práticas constantes e os costumes de uma sociedade de homens são apenas ações particulares a alguns indivíduos muitas vezes determinados pelas circunstâncias ou pelo capricho; certas nações, dizem-nos, comem seus inimigos, outras os queimam, outras os mutilam, outras estão constantemente em guerra, outras buscam viver em paz; em algumas, o pai é morto quando atinge certa idade, em outras, os pais e as mães comem seus filhos. Todas essas histórias, a respeito das quais os viajantes discorreram com tanto prazer, reduzem-se a relatos de fatos particulares e significam apenas que tal selvagem comeu seu inimigo, aquele outro o queimou ou mutilou, outro ainda matou ou comeu seu filho, e tudo isso pode ser encontrado tanto em uma única nação de selvagens como em diversas nações, pois toda nação na qual não há nem regra, nem lei, nem mestre, nem sociedade habitual, é menos uma nação do que um conjunto tumultuoso de homens bárbaros e independentes, que

---

211 Espécie de boi selvagem diferente de nossos bois. (N. A.)

obedecem apenas às suas paixões particulares e que, não podendo ter um interesse comum, são incapazes de se dirigir em direção a um mesmo fim e de se submeter a práticas constantes, o que supõe uma sequência de propósitos racionais e aprovados pela maioria.

Pode-se dizer que uma mesma nação é composta de homens que se reconhecem, que falam a mesma língua, reúnem-se, quando necessário, sob um chefe, armam-se também, gritam da mesma maneira, pintam-se com a mesma cor; e claro, se essas práticas fossem constantes, se eles não se reunissem frequentemente sem saber por quê, se não se separassem sem razão, se seu chefe não deixasse de sê-lo por seu próprio capricho, ou pelo capricho deles, se sua língua não fosse tão simples a ponto de ser praticamente comum a todos.

Como eles têm apenas um número reduzido de ideias, têm também um número muito pequeno de expressões, que abarcam apenas as coisas mais gerais e os objetos mais comuns; e mesmo que essas expressões sejam diferentes, em sua maioria, umas das outras, como elas se reduzem a um número muito pequeno de termos, eles acabam se entendendo em muito pouco tempo; de modo que deve ser mais fácil um selvagem entender e falar todas as línguas dos outros selvagens do que um homem de uma nação civilizada aprender a língua de outra nação igualmente civilizada.

Portanto, se é inútil estender-se muito a respeito dos costumes e hábitos dessas supostas nações, talvez seja necessário examinar a natureza do indivíduo. O homem selvagem é, de fato, dentre todos os animais, o mais singular, o menos conhecido e o mais difícil de descrever; mas nós distinguimos tão mal aquilo que apenas a natureza nos deu daquilo que a educação, a imitação, a arte e o exemplo nos transmitiram, ou melhor, nós confundimos tanto ambas as coisas que não seria surpreendente se nos reconhecêssemos no retrato de um selvagem, se este nos fosse apresentado com as verdadeiras cores e apenas com os traços naturais que devem compor sua figura.

Um selvagem completo, tal como a criança criada entre os ursos, da qual fala Connor;[212] o jovem encontrado nas florestas de Hannover; ou a menina encontrada nos bosques da França seriam, todos eles, um curioso

---

212 Connor, *Evangelium medici seu Medicina mystica*, Amsterdam, 1699, p.133. (N. A.)

espetáculo para um filósofo; ao observar seu selvagem, este último poderia avaliar com exatidão a força dos apetites da natureza, observar a alma a
descoberto, distinguir todos os seus movimentos naturais; talvez reconhecesse nela mais doçura, tranquilidade e calma do que em sua própria alma;
talvez visse com clareza que a virtude pertence ao homem selvagem mais do
que ao civilizado, e que o vício nasce apenas na sociedade.

Mas voltemos ao nosso objeto principal: se, em toda a América Setentrional, havia apenas selvagens, no México e no Peru, ao contrário, havia
homens civilizados, povos disciplinados, submissos a leis e governados por
reis, que possuíam indústria, artes e uma espécie de religião, que viviam
em cidades, onde a ordem e a disciplina eram mantidas pela autoridade do
soberano. Esses povos, que aliás eram bastante numerosos, não podem ser
considerados nações novas ou homens originários de alguns indivíduos
fugidos dos povos da Europa e da Ásia, dos quais estão extremamente distantes; além disso, se os selvagens da América Setentrional assemelham-
-se aos tártaros, por estarem situados sob a mesma latitude, estes últimos,
que, assim como os negros, estão na zona tórrida, não se lhes assemelham
em nada. Qual é, então, a origem desses povos e qual é a verdadeira causa
da diferença de cor entre os homens, já que a causalidade da influência do
clima encontra-se aqui, de fato, desmentida?

Antes de satisfazer o quanto me fosse permitido a essas questões, é preciso continuar nossa análise e descrever esses homens que parecem, de fato,
tão diferentes do que deveriam ser se a distância do polo fosse a causa principal da variedade existente na espécie humana. Nós já fornecemos a descrição dos selvagens do Norte e dos selvagens do Canadá;[213] os habitantes
da Flórida, do Mississippi e de outras partes meridionais do continente

---

213 Veja a esse respeito: La Hontan, *Nouveaux voyages de M. le baron de la Hontan, dans l'Amérique septentrionale*, La Haye, 1702; Leclercq, *Nouvelle relation de la Gespésie*, Paris, 1691,
p.44 e 392; Charlovoix, *Description de la Nouvelle-France*, Paris, 1744, t.I, p.16 ss., t.III,
p.24, 302, 310, 323; as *Lettres édifiantes*, Antologia XXIII, Paris, 1738, p.203 e 242;
Théodat, *Le Grand Voyage du pays des Hurons, situé en l'Amérique*, Paris, 1632, p.128 e
178; Diereville, *Relation du voyage du Port-Royale de l'Acadie, ou de la Novelle France*, Rouen,
1708, p.122-91; e H. de Tonti, *Dernières découvertes dans l'Amérique septentrionale, de M.
de La Salle*, Paris, 1697, p.24 e 58. (N. A.)

da América Setentrional são mais morenos do que aqueles do Canadá, sem que, contudo, se possa dizer que são pardos, pois o óleo e as tintas que esfregam no corpo fazem que sua cor pareça mais olivácea do que de fato é. Coreal diz que as mulheres da Flórida são grandes, fortes e de cor olivácea, assim como os homens; que têm os braços, as pernas e o corpo pintados de diversas cores que não podem ser apagadas, pois foram impressas na carne por meio de muitas picadas; e que a cor olivácea de ambos não se deve tanto ao calor do sol quanto ao fato de eles envernizarem, por assim dizer, sua pele com certos óleos; ele acrescenta que essas mulheres são muito ágeis, que atravessam grandes rios a nado, até mesmo segurando seu filho com o braço, e que trepam nas árvores mais altas com a mesma agilidade.[214] Tudo isso é comum entre elas e as mulheres selvagens do Canadá e de outras regiões da América. O autor da *História natural e moral das Antilhas* diz que os apalachitas, povos vizinhos da Flórida, são homens de estatura bem grande, de cor olivácea e bem-proporcionados; que têm todos cabelos pretos e compridos; e acrescenta ainda que os caraíbas, ou selvagens das Ilhas Antilhas, provêm desses selvagens da Flórida, e que até mesmo se recordam, por tradição, da época de sua migração.[215]

Os nativos das Ilhas Lucaias são menos morenos do que aqueles de São Domingos e da Ilha de Cuba, mas atualmente resta tão pouco de ambos os povos que praticamente não se pode verificar aquilo que nos disseram os primeiros viajantes que escreveram sobre eles. Esses viajantes afirmaram que esses homens eram muito numerosos e governados por certos chefes por eles denominados caciques, e que também tinham seus padres, médicos ou adivinhos; porém, tudo isso é muito apócrifo e, além disso, importa muito pouco para a nossa história. Os caraíbas em geral são, segundo o padre Du Tertre, homens de bela estatura e boa aparência; são vigorosos, fortes e robustos, muito dispostos e saudáveis; muitos têm o rosto chato e o nariz achatado, mas essa forma do rosto e do nariz não lhes é natural, são

---

214 Veja Coreal, *Voyages de François Coreal aux Indes Occidentales*, Paris, 1722, t.I, p.36. (N. A.)

215 Veja Rochefort (atrib.), *Histoire naturelle et morale des îles Antilles de l'Amérique*, Rotterdam, 1658, pp. 351 e 356. (N. A.)

os pais que achatam desse modo a cabeça da criança pouco tempo depois
de ela ter nascido; esse tipo de capricho dos selvagens de alterar a forma
natural da cabeça é bastante generalizado entre todas as nações selvagens:
quase todos os caraíbas têm olhos escuros e muito pequenos, mas a disposição da testa e de todo o rosto os faz parecerem grandes; seus dentes são
belos, brancos e bem-arranjados, seus cabelos são compridos e lisos, e todos
têm cabelos pretos: jamais se viu um único dentre eles que tivesse cabelos
loiros; sua pele é bronzeada ou cor de oliva, e mesmo o branco dos olhos
tende um pouco para esse tom; essa cor morena lhes é natural e não provém
apenas, como anteciparam alguns autores, do urucum com o qual se esfregam constantemente; pois se observou que as crianças desses selvagens que
foram criadas entre os europeus e nunca se esfregavam com essas cores con-
tinuavam a ser morenas e oliváceas como seus pais; todos esses selvagens
têm um ar meditativo, embora não estejam a pensar em nada; suas feições
também são tristes, e eles parecem melancólicos; são naturalmente afáveis
e compassivos, embora muito cruéis para com seus inimigos; eles assumem
indiferentemente, como esposas, tanto suas parentes como as estrangeiras;
suas primas de primeiro grau pertencem-lhes de direito, e viram-se muitos
que tinham, ao mesmo tempo, duas irmãs, ou uma mãe e uma filha, ou até
mesmo sua própria filha; aqueles que têm muitas mulheres frequentam-
-nas alternadamente durante um mês, ou durante um mesmo número de
dias, e isso basta para que essas mulheres não sintam qualquer ciúme; eles
perdoam suas mulheres de muito boa vontade quando cometem adultério,
mas jamais àquele que as desencaminhou. Alimentam-se de burgau, caran-
guejos, tartarugas, lagartos, cobras e peixes, que temperam com pimenta e
farinha de mandioca.[216] Como são extremamente preguiçosos e acostumados a uma grande independência, detestam a servidão, de modo que jamais
pudemos nos servir deles como nos servimos dos negros; não há nada que
não sejam capazes de fazer para se tornarem livres de novo, e, quando veem
que isso lhes é impossível, preferem deixar-se morrer de fome e melancolia

---

216 Veja Du Tertre, *Histoire générale des Antilles*, t.II, p.453-82. Veja também Labat, *Nouveau
Voyage aux îles de l'Amérique*, 1722. (N. A.)

do que viver para trabalhar. Algumas vezes, servimo-nos dos aruaques, que são mais dóceis do que os caraíbas, mas apenas para a caça e a pesca, atividades de que gostam muito e com as quais estão acostumados em seu país; e, se quisermos manter esses escravos selvagens, ainda é preciso tratá-los, no mínimo, com a mesma delicadeza com que tratamos nossos escravos domésticos na França, sem o que eles fogem ou morrem de melancolia. Ocorre praticamente o mesmo com os escravos brasileiros, ainda que, de todos os selvagens, eles pareçam ser os menos estúpidos, os menos melancólicos e os menos preguiçosos; todavia, tratando-os com bondade, pode-se engajá-los a fazer de tudo, a não ser trabalhar na terra, pois imaginam que o cultivo da terra é o que caracteriza a escravidão.

As mulheres selvagens são menores do que os homens; as dos caraíbas são gordas e muito bem formadas, têm olhos e cabelos pretos, o contorno do rosto arredondado, boca pequena, dentes muito brancos, um ar mais alegre, risonho e aberto do que os homens; todavia, são modestas e bastante reservadas; borram-se todas com urucum, mas não fazem riscas pretas sobre a face, como os homens; usam apenas uma pequena bata de 8 ou 10 polegadas de largura e 5 a 6 polegadas de altura, em geral de tecido de algodão coberta com pequenas contas de vidro; eles conseguem o tecido e as miçangas com os europeus, que com eles fazem comércio de tais mercadorias: essas mulheres também usam muitos colares de miçangas, envolvendo seu pescoço e descendo-lhes até o peito; usam pulseiras semelhantes nos punhos e acima dos cotovelos, e brincos de pedra azul ou de contas de vidro enfiados na orelha: um último ornamento que lhes é particular, e que os homens nunca usam, é uma espécie de borzeguim feito de pano de algodão enfeitado com miçangas, que vai desde o tornozelo até a parte acima da batata da perna; quando as meninas chegam à idade da puberdade, dão-lhes uma bata e, ao mesmo tempo, fazem-lhes borzeguins para as pernas que jamais podem tirar; eles são tão apertados que não sobem nem abaixam, e, como impedem que a parte inferior da perna cresça, as panturrilhas tornam-se muito mais grossas e firmes do que seriam naturalmente.[217]

---

217 Veja Labat, *Nouveau Voyage aux îles de l'Amérique*, 1722, t.II, p.8 ss. (N. A.)

Os povos que atualmente habitam o México e a Nova Espanha são tão misturados que mal se podem encontrar dois rostos da mesma cor; na cidade do México, há brancos da Europa, índios do norte e do sul da América, negros da África, mulatos, mestiços, de modo que se veem homens de todos os matizes de cores que podem existir entre o branco e o negro.[218] Os nativos do país são muito morenos e de cor de oliva, bem-feitos e dispostos, têm poucos pelos, mesmo nas sobrancelhas, e, no entanto, todos têm cabelos muito compridos e pretos.[219]

Segundo Wafer, os habitantes do istmo da América são geralmente de boa estatura e belo porte, têm a perna fina, os braços bem-feitos, o peito largo, são ativos e ligeiros na corrida; as mulheres são pequenas e atarracadas, e não têm a mesma vivacidade dos homens, embora as jovens sejam corpulentas, tenham uma bela estatura e o olhar vivo: ambos têm o rosto redondo, nariz grosso e curto, olhos grandes e, em sua maioria, cinza, brilhantes e cheios de fogo, sobretudo na juventude, a testa elevada, dentes brancos e bem-arranjados, lábios finos, uma boca de tamanho mediano e, de modo geral, todos os traços bastante regulares. Além disso, todos eles, homens e mulheres, têm cabelos pretos, compridos, lisos e rudes, e os homens teriam barba se não a arrancassem; sua tez é morena, cor de cobre amarelo ou alaranjado, e as sobrancelhas são pretas como azeviche.

Esses povos que acabamos de descrever não são os únicos habitantes nativos do istmo; encontram-se, entre eles, homens muito diferentes e, embora existam em número muito pequeno, merecem nossa atenção: esses homens são brancos, mas esse branco não é como o dos europeus, e sim um branco de leite, que se aproxima muito da cor do pelo de um cavalo branco; sua pele é toda coberta, ora mais, ora menos, por uma espécie de penugem curta e esbranquiçada, mas que, sobre as bochechas e a testa, não é tão espessa a ponto de não se poder distinguir facilmente a pele; suas sobrancelhas são de um branco de leite, assim como seus cabelos, que são muito belos, têm de 7 a 8 polegadas de comprimento e são parcialmente

---

218 Veja *Lettres édifiantes*, Antologia XI, p.119. (N. A.)
219 Veja as *Viagens* de Coreal, t.I, p.116. (N. A.)

frisados. Esse índios, homens e mulheres, não são tão grandes quanto os outros, e o que lhes é ainda muito singular são as pálpebras, que têm uma forma oblonga, ou melhor, têm o formato de uma meia-lua cujas pontas se curvam para baixo; seus olhos são tão fracos que eles quase não enxergam em pleno dia, pois não conseguem suportar a luz do sol, enxergando bem apenas à luz da lua: são de compleição muito delicada em comparação com os outros índios, receiam os exercícios árduos, dormem durante o dia e saem apenas à noite; e, quando a lua brilha, correm para os locais mais escuros das florestas tão depressa quanto o fazem os outros durante o dia, mas com a diferença de não serem nem tão robustos nem tão vigorosos. De resto, esses homens não constituem uma raça particular e distinta, mas às vezes acontece de um pai e uma mãe que sejam, ambos, cor de cobre amarelo terem um filho tal como o que acabamos de descrever. Wafer, que relata esses fatos, afirma ter visto ele próprio uma dessas crianças, a qual não tinha ainda nem um ano.[220]

Se fosse assim, essa cor e esse hábito singular do corpo de tais índios brancos não seriam nada mais do que uma doença herdada de seus pais; mas, supondo-se que este último fato não tenha sido bem verificado, isto é, que em vez de provirem dos índios amarelos eles constituíssem uma raça à parte, então se assemelhariam aos chacrelas de Java e aos bedas do Ceilão, dos quais já falamos; ou, se esse fato for mesmo verdadeiro, e esses brancos realmente nascem de pais cor de cobre, poderemos crer que os chacrelas e os bedas também provêm de pais morenos, e que todos esses homens brancos que se encontram a distâncias tão grandes uns dos outros são indivíduos degenerados de sua raça por qualquer causa acidental.

Reconheço que essa última opinião me parece ser a mais verossímil e que, se os viajantes nos tivessem dado descrições dos bedas e dos chacrelas tão exatas quanto aquela que Wafer nos deu dos dariéns, talvez tivéssemos reconhecido que eles tampouco poderiam ser de origem europeia. O que me parece sustentar fortemente essa maneira de pensar é o fato de que, entre os negros, também nascem brancos de pais negros; encontramos a descrição

---

220 Veja as *Viagens* de Dampier, t.IV, p.252. (N. A.)

de dois desses negros brancos na História da Academia,[221] tendo eu mesmo visto um deles; e assegura-se que há um grande número deles na África entre os outros negros.[222] O que eu vi, independentemente do que dizem os viajantes, não me deixa qualquer dúvida a respeito de sua origem; esses negros brancos são negros degenerados de sua raça, ou seja, eles não são uma espécie de homens particular e constante, mas indivíduos singulares que consistem em uma variedade acidental; em suma, eles são entre os negros o mesmo que, segundo Wafer, são os nossos índios brancos entre os índios amarelos, ou, aparentemente, os chacrelas e os bedas entre os índios pardos: o mais curioso é o fato de que essa variação da Natureza ocorre apenas do negro para o branco, e não do branco para o negro; pois ela se dá entre os negros, entre os índios mais pardos, e também entre os índios amarelos, isto é, em todas as raças de homens que mais se distanciam do branco, e jamais nascem entre os brancos indivíduos negros. Outra curiosidade é o fato de que todos esses povos das Índias Orientais, da África e da América, dentre os quais se encontram esses homens brancos, estão todos sob a mesma latitude; o istmo de Darién, o país dos negros e o Ceilão ficam exatamente sob o mesmo paralelo. O branco parece, portanto, ser a cor primitiva da Natureza, cor esta que o clima, a alimentação e os costumes alteram, podendo modificar-se até o amarelo, o pardo e o negro, e que reaparece em certas circunstâncias, mas com uma alteração tão grande que em nada se parece com o branco primitivo, o qual, com efeito, foi desnaturado pelas causas que acabamos de indicar.

Em todas as coisas, os dois extremos quase sempre se aproximam; a Natureza, tão perfeita quanto parece ser, fez homens brancos; e a Natureza, tão alterada quanto possível, torna-os ainda brancos; mas o branco natural, ou branco da espécie, é muito diferente do branco individual ou acidental; vemos exemplos disso tanto nas plantas quanto nos homens e animais: a rosa branca, o goivo branco etc. são muito diferentes, mesmo quanto ao branco das rosas ou dos goivos vermelhos que, no outono, se tornam brancos quando sofrem o frio das noites e as pequenas geadas dessa estação.

---

221 *Histoire de l'Académie Royale des Sciences*, 1734, p.15-7; e 1744 (1748), p.12-3. (N. T.)
222 Veja Maupertuis, *La Vénus Physique*, 1745. (N. A.)

O que ainda nos pode fazer crer que esses homens brancos são, de fato, apenas indivíduos degenerados de sua espécie é o fato de serem, todos, muito menos fortes e menos vigorosos do que os outros, e de terem os olhos muito frágeis; mas esse fato nos parecerá menos extraordinário se nos lembrarmos de que, entre nós, os homens que são de um loiro branco normalmente têm os olhos frágeis e, com frequência, segundo notei, também têm as orelhas rígidas; afirma-se que os cães que são inteiramente brancos, sem qualquer mancha, são surdos; não sei se isso é, de modo geral, verdadeiro; posso apenas garantir ter visto muitos que de fato eram assim.

Os índios do Peru também são cor de cobre, assim como os do istmo, sobretudo aqueles que habitam o litoral e as terras baixas, pois aqueles que vivem nas regiões elevadas, por exemplo, entre as duas cadeias das cordilheiras, são quase tão brancos quanto os europeus. Estes que habitam as regiões elevadas ficam a uma légua de altitude acima dos outros, e, no que diz respeito à temperatura do clima, essa diferença de elevação sobre o globo é equivalente à diferença de mil léguas de latitude. Com efeito, todos os índios nativos da terra firme que vivem ao longo do Rio Amazonas e no continente da Guiana são morenos e de cor avermelhada, mais ou menos clara: é provável que a causa principal da diversidade das nuances, diz o sr. de La Condamine, seja a diferença de temperatura do ar desses países que habitam, que varia desde o calor mais forte da zona tórrida até o frio causado pela vizinhança da neve.[223] Alguns desses selvagens, como os omáguas, achatam o rosto de seus filhos apertando-lhes a cabeça entre duas tábuas;[224] outros perfuram as narinas, os lábios e as bochechas para colocar ossos de peixe, penas de pássaros e outros ornamentos; a maioria fura as orelhas, alargam-nas prodigiosamente e preenchem o buraco do lóbulo com um grande buquê de flores ou de ervas que lhes servem de brincos.[225] Eu não direi nada sobre essas amazonas, das quais tanto já se falou; a respeito desse assunto, podem-se consultar aqueles que escreveram sobre elas;

223 Veja La Condamine, *Relation abregé d'un voyage fait dans l'intérieur de l'Amérique méridionale* (o título mais comum é *Voyage de la rivière des Amazones*), Paris, 1745, p.49. (N. A.)
224 Ibid., p.72. (N. A.)
225 Ibid., p.48 ss. (N. A.)

e, após lê-los, não se encontrará nada convincente o bastante para que se possa constatar a existência dessas mulheres.[226]

Alguns viajantes mencionam uma nação na Guiana cujos homens são mais negros do que os de todas as outras nações: os arras, diz Raleigh, são quase tão negros quanto os negros; são muito vigorosos e se armam com flechas envenenadas: esse autor fala também de uma outra nação de índios que têm o pescoço tão curto e os ombros tão elevados que os olhos parecem estar sobre os ombros e sua boca sobre o peito;[227] essa deformidade tão monstruosa certamente não é natural, e há muitas evidências de que esses selvagens, que têm tanto prazer em desfigurar a Natureza achatando, arredondando e alongando a cabeça de suas crianças, também tenham tido a ideia de enfiar seu pescoço dentro dos ombros; para fazer surgir todas essas bizarrices basta apenas a ideia de se tornar mais assustador e terrível para seus inimigos por meio dessas deformidades. Parece que os citas, outrora tão selvagens quanto o são atualmente os americanos, tinham as mesmas ideias e realizavam-nas da mesma maneira; sem dúvida, foi isso que deu origem àquilo que os antigos escreveram a respeito dos homens acéfalos, cinocéfalos etc.

Os selvagens do Brasil são quase da mesma estatura dos europeus, porém mais fortes, mais robustos e mais saudáveis; não são suscetíveis a tantas doenças e, em geral, vivem por mais tempo: seus cabelos, que são pretos, raramente embranquecem na velhice; são morenos, e de uma cor parda que puxa um pouco para o vermelho; têm a cabeça grande, os ombros largos e os cabelos compridos; arrancam a barba, o pelo do corpo, e até mesmo as sobrancelhas e os cílios, o que lhes dá um ar extraordinariamente feroz; perfuram o lábio inferior para inserir um pequeno osso polido como mármore, ou uma pedra verde bem grande; as mães esmagam o nariz de seus filhos pouco tempo depois de nascerem; andam todos inteiramente nus e

---

226 Veja La Condamine, *Relation abregé d'un voyage*, p.101-13; Raleigh, *Relation de la Guyane*, em Coreal, *Voyages de F. Coreal aux Indes Occidentales*, t.II, p.25; Acuña, *Relation da la rivière des Amazones*, Paris, 1682, t.I, p.237; *Lettres édifiantes*, Antologia X, p.241, e Antologia XII, p.213 ss.; Mocquet, *Voyages en Afrique, Asie*, p.101-5. (N. A.)

227 Veja as *Viagens* de Coreal, t.II, p.58-9. (N. A.)

pintam o corpo de diferentes cores.[228] Aqueles que vivem nas terras vizinhas das costas marítimas são um pouco civilizados devido ao convívio, voluntário ou forçado, com os portugueses; mas aqueles das terras do interior são ainda, em sua maioria, completamente selvagens; é apenas à força, ou quando se pretende reduzi-los à dura escravidão, que se consegue civilizá-los; as missões formaram mais homens nessas nações bárbaras do que os exércitos vitoriosos dos príncipes que os subjugaram: apenas dessa maneira o Paraguai foi conquistado; a brandura, o bom exemplo, a caridade e o exercício da virtude, constantemente praticados pelos missionários, sensibilizaram esses selvagens, vencendo sua desconfiança e sua ferocidade; eles pediram muitas vezes, por si próprios, para conhecer a lei que tornava os homens tão perfeitos, a ela se submeteram e se reuniram em sociedade: nada honra mais a religião do que civilizar essas nações e lançar as bases de um império sem fazer uso de outras armas que não sejam as da virtude.

Os habitantes dessa região do Paraguai normalmente têm uma estatura bela e elevada, o rosto um pouco comprido e uma cor olivácea.[229] Às vezes reina, entre eles, uma doença extraordinária: trata-se de uma espécie de lepra que lhes cobre todo o corpo, formando uma crosta semelhante às escamas dos peixes; esse inconveniente não lhes causa dor alguma nem qualquer outro transtorno em sua saúde.[230]

Os índios do Chile, segundo o relato do sr. Frezier, são de cor morena, puxando um pouco para o cobre vermelho, como a dos índios do Peru: essa cor é diferente da dos mulatos; pois, como estes vêm de um branco e de uma negra, ou de uma branca e um negro, sua cor é parda, isto é, uma mistura do branco e do negro, ao passo que, em todo o continente da América Meridional, os índios são amarelos ou avermelhados; os habitantes do

228 Veja Jean de Lery, *Histoire d'un voyage fait en la terre du Brésil, autrement dite Amérique*, La Rochele, 1578, p.108; a *Viagem* de Coreal, t.I, p.163 ss.; Rennefort, *Mémoires pour servir à l'histoire des Indes Orientales*, Paris, 1702, p.287; Maffei, *L'Histoire des Indes Orientales et occidentales*, Paris, 1665, p.71; a Segunda parte das *Viagens* de Pyrard, t.II, p.337; as *Lettres édifiantes*, Antologia XV, p.351. (N. A.)

229 Veja as *Viagens* de Coreal, t.I., p.240 e 259; as *Lettres édifiantes*, Antologia XI, p.391 e Antologia XII, p.6. (N. A.)

230 Veja as *Lettres édifiantes*, Antologia XXV, p.122. (N. A.)

Chile são de boa estatura: têm os membros grandes, o peito largo, o rosto pouco agradável e sem barba, olhos pequenos, orelhas compridas, cabelos pretos, lisos e grossos, como uma crina; eles alargam suas orelhas e arrancam a barba com pinças feitas de conchas; a maior parte deles anda nua, ainda que o clima seja frio, levando apenas algumas peles de animais sobre os ombros. É na extremidade do Chile, em direção às terras situadas ao norte do Estreito de Magalhães, que se encontra, segundo se afirma, uma raça de homens cuja estatura é gigantesca; o sr. Frezier diz ter aprendido de diversos espanhóis que haviam visto alguns desses homens que eles tinham quatro varres[231] de altura, isto é, 9 ou 10 pés; segundo ele, esses gigantes, denominados patagões, habitam o lado leste da costa deserta de que falam os antigos relatos – algo que depois se passou a tratar como fábula, pois no Estreito de Magalhães foram vistos índios cuja estatura não ultrapassava a dos outros homens: segundo ele, é isso que talvez tenha enganado Froger em seu relato da viagem do sr. de Gennes; pois alguns navios viram, ao mesmo tempo, tanto uns quanto outros. Em 1709, as pessoas do navio *Jacques*, de Saint-Malo, viram sete desses gigantes na Baía Gregório, e aqueles do navio *Saint-Pierre*, de Marselha, viram seis deles, dos quais se aproximaram para oferecer-lhes pão, vinho e aguardente, o que recusaram, e isso apesar de eles terem atirado nesses marinheiros algumas flechas e ajudado a encalhar o bote do navio.[232] De resto, como o sr. Frezier não diz ter visto ele próprio nenhum desses gigantes, e os relatos que os mencionam são cheios de exageros a respeito de outras coisas, podemos ainda duvidar que de fato exista uma raça de homens inteiramente composta de gigantes, sobretudo quando se supõe que tenham 10 pés de altura; pois o volume do corpo de um tal homem seria oito vezes mais considerável do que o de um homem comum; parece que, sendo de 5 pés a altura normal dos homens, os limites não se estendem muito mais do que 1 pé para menos ou para mais; um homem de 6 pés é, com efeito, um homem muito alto, e um homem de 4 pés é muito pequeno; os gigantes e os anões, que estão acima ou abaixo desses

---

231 Medida equivalente a 85 centímetros. (N. T.)
232 Veja a *Viagem* de Frezier, Paris, 1732, p.75 ss. (N. A.)

limites de grandeza, devem ser vistos como variedades individuais e acidentais, e não como diferenças permanentes que produziriam raças constantes.

No mais, se esses gigantes das terras de Magalhães existem, eles são em número muito reduzido, pois os habitantes das terras do Estreito e das ilhas vizinhas são selvagens de estatura mediana; são de cor olivácea, têm o peito largo, o corpo quadrado, membros grandes, cabelos pretos e lisos;[233] em suma, assemelham-se a todos os outros homens por sua estatura, bem como aos outros americanos por sua cor e seus cabelos.

No Novo Continente, portanto, pode-se dizer que há apenas uma e a mesma raça de homens, que são todos mais ou menos morenos; e, à exceção do norte da América, onde se encontram homens semelhantes aos lapões, e também alguns homens de cabelos loiros semelhantes aos europeus do Norte, todo o resto dessa vasta parte do mundo contém apenas homens entre os quais praticamente não há qualquer diversidade; ao passo que, no Antigo Continente, encontramos uma prodigiosa variedade nos diferentes povos: parece-me que a razão dessa uniformidade entre os homens da América deve-se ao fato de que eles vivem todos do mesmo modo; todos os americanos nativos foram, ou são ainda, selvagens, ou quase selvagens; os mexicanos e os peruanos foram civilizados tão recentemente que não devem ser uma exceção. Seja qual for, portanto, a origem dessas nações selvagens, ela parece ser comum a todas elas; todos os americanos provêm de uma mesma família e conservaram até o presente as características de sua raça, sem grande variação, pois todos permaneceram selvagens e viveram aproximadamente da mesma maneira, além de que o clima no qual vivem não é, nem de longe, tão heterogêneo em relação ao frio e ao calor quanto o do Antigo Continente; por isso, tendo eles se estabelecido recentemente em seu país, as causas que produzem as variedades não puderam agir por tempo suficiente para operar efeitos sensíveis.

---

233 Veja Narborough, *Journal du voyage du captaine Narborough à la mer du sud*. In: Coreal, *Voyages de F. Coreal aux Indes occidentales*, t.II, p.231 e 284; Argensola, *Histoire de la conquête des îles Moluques*, t.I, p.35 e 255; a *Viagem* de Gennes, por Froger, p.97; o *Recueil des Voyages* [...] *Compagnie des Indes Orientales*, t.I, p.651; a *Viagem* do capitão Wood no v.5 das *Viagens* de Dampier, p.179. (N. A.)

Cada um dos argumentos que acabo de adiantar merece ser considerado em particular: os americanos são povos jovens, e, segundo me parece, não podemos duvidar disso quando levamos em conta seu pequeno número, sua ignorância e o pouco progresso que os mais civilizados entre eles fizeram nas artes; pois, embora os primeiros relatos da descoberta e das conquistas da América nos falem do México, do Peru, de São Domingos etc. como sendo países muito populosos, e afirmem que os espanhóis combateram por toda parte exércitos muito numerosos, vê-se facilmente que esses fatos são muito exagerados, em primeiro lugar, por restarem poucos monumentos da suposta grandeza desses povos; em segundo, devido à própria natureza de seu país, que, embora povoado de europeus decerto mais industriosos do que os nativos, permanece sendo selvagem, inculto e coberto de mata; de resto, não passa de um conjunto de montanhas inacessíveis e inabitáveis que, por conseguinte, deixa apenas alguns pequenos espaços próprios para serem cultivados e habitados; em terceiro, devido à própria tradição desses povos na época em que se reuniram em sociedade: os peruanos não tiveram mais de doze reis, dentre os quais o primeiro começou a civilizá-los,[234] não havendo nem trezentos anos que tinham deixado de ser completamente selvagens como os outros; em quarto, pelo pequeno número de homens que foram empregados na conquista dessas vastas regiões: mesmo que a pólvora lhes possa dar alguma vantagem, jamais teriam subjugado esses povos se fossem muito numerosos; uma prova disso, que aqui adianto, é o fato de que jamais nos foi possível conquistar o país dos negros nem subjugá-los, ainda que os efeitos da pólvora fossem, para eles, algo tão novo e tão terrível quanto para os americanos; a facilidade com a qual nos apoderamos da América parece-me provar que ela era muito pouco povoada e, por conseguinte, recentemente habitada.

No Novo Continente, a temperatura dos diferentes climas é muito menos heterogênea do que no Antigo Continente, o que ocorre, ainda, devido ao efeito de diversas causas; faz muito menos calor na zona tórrida da América do que na zona tórrida da África; os países compreendidos

---

234 Veja De la Vega, *Histoire des Incas, rois du Pérou*, Paris, 1744. (N. A.)

nessa zona da América são o México, a Nova Espanha, o Peru, a terra das Amazonas, o Brasil e a Guiana. No México, na Nova Espanha e no Peru, o calor nunca é muito forte, pois essas regiões são terras extremamente elevadas acima do nível ordinário da superfície do globo; na época de maior calor, o termômetro não sobe tanto no Peru quanto na França; a neve que cobre o pico das montanhas resfria o ar, e essa causa, que é apenas o efeito da primeira, influencia muito a temperatura desse clima; também os habitantes, em vez de serem negros ou muito pardos, são apenas morenos; na terra das Amazonas há uma prodigiosa quantidade de águas dispersadas, de rios e florestas, de modo que o ar é muito úmido nesse lugar e, por conseguinte, muito mais fresco do que seria em um país mais seco: além disso, deve-se observar que o vento leste que sopra constantemente entre os trópicos chega ao Brasil, à terra das Amazonas e à Guiana apenas depois de ter atravessado um vasto mar, sobre o qual apanha o frescor que carrega, em seguida, para todas as terras orientais da América Equinocial: é por esse motivo, e também devido à quantidade de águas e de florestas, bem como à abundância e à continuidade das chuvas, que essas partes da América são muito mais temperadas do que seriam sem essas circunstâncias particulares. Mas, depois que o vento leste atravessa as terras baixas da América e chega ao Peru, ele já adquiriu um grau de calor mais considerável; assim, faria mais calor no Peru do que no Brasil ou na Guiana, se a altitude dessa região e as neves que aí se encontram não resfriassem o ar e não suprimissem ao vento leste todo o calor que ele possa ter apanhado ao atravessar as terras: resta-lhe, todavia, calor bastante para influenciar a cor dos habitantes, pois aqueles que, devido à sua situação, estão mais expostos a ele, são mais amarelos, e aqueles que habitam os vales entre as montanhas e estão ao abrigo desse vento são muito mais brancos do que os outros. No mais, esse vento que se choca contra as montanhas elevadas das Cordilheiras deve ser refletido para as terras vizinhas dessas montanhas a distâncias bem grandes, levando-lhes o frescor que apanhou sobre as neves que cobrem seus cumes; essas neves, por si mesmas, devem produzir ventos frios na época de degelo. Assim, uma vez que todas essas causas concorrem para tornar o clima da zona tórrida na América muito menos quente, não surpreende o fato de não haver aí homens negros, nem mesmo pardos, tal como há na zona tórrida da África e da Ásia, onde as circunstâncias são muito diferentes, como diremos adiante: seja nossa suposição a de que os habitantes da América naturalizaram-se há muito tempo em seu país, ou a de que eles aí chegaram em época mais recente, não deveria haver homens negros nesse continente, pois sua zona tórrida é um clima temperado.

O último argumento que forneci para o fato de haver pouca variedade entre os homens da América é a uniformidade de seu modo de viver; eram todos selvagens, ou muito recentemente civilizados, e todos viviam ou haviam vivido do mesmo modo: supondo-se que tenham todos uma origem comum, as raças teriam se dispersado sem se cruzar, e cada família formava uma nação sempre semelhante a si mesma, e um pouco semelhante às outras, pois o clima e a alimentação eram também muito semelhantes; eles não tinham, portanto, meio algum de se degenerar nem de se aperfeiçoar, podendo apenas permanecer sempre os mesmos, e também os mesmo praticamente por toda parte.

Quanto à sua primeira origem, eu não duvido, independentemente das razões teológicas, inclusive, que ela não seja a mesma que a nossa; a semelhança dos selvagens da América Setentrional com os tártaros orientais deve nos fazer suspeitar que eles têm uma origem antiga nesses povos: as novas descobertas que os russos fizeram para além de Kamtchatka, de diversas terras e ilhas que se estendem até a parte oeste do continente americano, não deixariam qualquer dúvida a respeito da possibilidade da comunicação, caso essas descobertas fossem bem constatadas e essas terras fossem praticamente contíguas; mas, mesmo se supondo que haja intervalos de mar bastante consideráveis, não é muito possível que os homens tenham atravessado esses intervalos e tenham ido por si mesmos à procura dessas terras novas, ou tenham sido arremessados para elas por alguma tempestade? Talvez haja um intervalo de mar maior entre as Ilhas Marianas e o Japão do que entre qualquer uma das terras que ficam além de Kamtchatka e as da América; contudo, as Ilhas Marianas são povoadas de homens que não podem ter vindo senão do continente oriental. Eu tenderia, portanto, a crer que os primeiros homens que vieram da América atracaram nas terras que ficam ao noroeste da Califórnia; que o frio excessivo desse clima obrigou-os a ganhar as partes mais meridionais de sua nova morada; que eles se fixaram inicialmente no México e no Peru, a partir de onde, em seguida, se espalharam por todas as partes da América Setentrional e Meridional; pois o México e o Peru podem ser consideradas as terras mais antigas desse continente e as que foram povoadas há mais tempo, já que são as mais elevadas e as únicas nas quais se encontrou homens reunidos em sociedade. Pode-se também supor, com grande probabilidade, que os habitantes do norte da América no Estreito de Davis, bem como das partes setentrionais da terra de Labrador, vieram da Groenlândia, que está separada da América somente pela largura, não muito considerável, desse estreito; pois, como já o dissemos, esses selvagens do Estreito de Davis e da Groenlândia assemelham-se perfeitamente; e, quanto ao modo pelo qual a Groenlândia teria sido povoada, podemos crer, com muita probabilidade, que os lapões teriam passado para essas terras a partir do Cabo Norte, que fica distante delas apenas cerca de 150 léguas. Além disso, visto que a Ilha da Islândia é quase contígua à Groenlândia; que não é distante das Órcades Setentrionais; que foi habitada há muito tempo e, inclusive, frequentada por povos da Europa; e que os dinamarqueses se estabeleceram na Groenlândia e aí formaram colônias; não é de se espantar que haja, nesse país, homens brancos e de cabelos loiros que descenderiam desses dinamarqueses. Além disso, há algumas evidências de que os homens brancos que também se encontram no Estreito de Davis provenham desses brancos da Europa que se estabeleceram na Groenlândia, de onde teriam facilmente passado para a América, atravessando o pequeno intervalo de mar que forma o Estreito de Davis.

Se, entre os habitantes nativos da América, há uma grande uniformidade de cor e de forma, entre os povos da África, ao contrário, há uma grande variedade; essa parte do mundo foi povoada há muito tempo e de um modo muito abundante, seu clima é ardente e, contudo, sua temperatura é muito heterogênea nas diferentes regiões; os costumes dos diferentes povos também são todos diferentes, tal como pudemos observar com base nas descrições que foram dadas: todas as causas concorreram, portanto, para produzir na África uma variedade entre os homens maior do que em qualquer outro lugar; pois, ao examinarmos inicialmente a diferença de temperatura das regiões africanas, veremos que, não sendo o calor excessivo na Berbéria e em toda a extensão das terras vizinhas do Mar Mediterrâneo, os homens são brancos, e apenas um pouco morenos: toda essa terra da Berbéria é refrescada, de um lado, pelo ar do Mar Mediterrâneo e, por outro, pelas neves do Monte Atlas; ela é, além disso, situada na zona temperada aquém do trópico, de modo que todos os povos que vivem desde o Egito até as Ilhas Canárias são apenas um pouco mais ou um pouco menos morenos. Para além do trópico, e do outro lado do Monte Atlas, o calor se torna muito maior e os homens são muito pardos, mas ainda não são negros; em seguida, no 17º ou 18º grau de latitude, há o Senegal e a Núbia, onde os habitantes são inteiramente negros, e o calor também é excessivo; sabe-se que, no Senegal, ele é tão forte que o líquido do termômetro sobe até 38 graus, enquanto na França ele muito raramente sobe até 30 graus e, no Peru, embora situado na zona tórrida, permanece quase sempre no mesmo grau e quase nunca se eleva acima de 25 graus. Não dispomos de observações feitas com o termômetro na Núbia, mas todos os viajantes concordam em afirmar que o calor é excessivo; os desertos arenosos entre o alto Egito e a Núbia aquecem o ar a tal ponto que o vento norte dos núbios deve ser um vento ardente; do outro lado, o vento leste, que com frequência é mais dominante nos trópicos, chega à Núbia apenas depois de ter percorrido as terras da Arábia, sobre as quais ele adquire um calor que o pequeno intervalo do Mar Vermelho quase não consegue temperar; não devemos, portanto, nos surpreender por encontrarmos aí homens completamente negros; contudo, eles devem sê-lo ainda mais no Senegal, pois o vento leste chega a esse país apenas após ter percorrido todas as terras da África em sua maior largura, o que deve torná-lo insuportavelmente quente. Assim, se considerarmos de modo geral toda a parte da África compreendida entre os trópicos, onde o vento leste sopra com mais constância do que qualquer outro, entenderemos facilmente que todas as costas ocidentais dessa parte do mundo devem experimentar, e de fato experimentam, um calor muito mais forte do que as costas orientais, pois o vento leste chega às costas orientais com o frescor que adquiriu ao percorrer um vasto mar, do mesmo modo como adquire um calor ardente ao atravessar as terras da África antes de chegar às costas ocidentais dessa parte do mundo; assim, as costas do Senegal, de Serra Leoa, da Guiné, em suma, todas as terras ocidentais da África situadas na zona tórrida, são os climas mais quentes da Terra, não sendo o calor nas costas orientais da África, como em Moçambique, em Mombaça etc., nem de longe tão forte quanto naquelas. Não duvido de que seja essa a razão pela qual haja verdadeiros negros, isto é, os mais negros de todos os negros [*Noirs*], nas terras ocidentais da África, e que, ao contrário, haja os cafres, ou seja, negros [*Noirs*] menos negros, nas terras orientais; a diferença notável entre essas duas espécies de negros provém da diferença do calor de seu clima, que é muito grande na parte oriental, mas excessiva na parte ocidental da África. Para além do trópico, ao sul, o calor diminui consideravelmente, antes de tudo devido à alta latitude, mas também porque a ponta da África torna-se mais estreita, e, estando ela cercada de mar por todos os lados, o ar deve ser muito mais temperado do que seria no meio de um continente; por isso, os homens dessa região começam a se tornar brancos, sendo inclusive naturalmente mais brancos do que negros, como já dissemos. Nada me parece provar mais claramente que o clima é a principal causa da variedade da espécie humana do que a cor dos hotentotes, cujo tom negro não pode ter se enfraquecido senão por causa da temperatura do clima, e, se juntarmos a essa prova todas aquelas que devemos extrair das informações que acabei de expor, me parece que não poderemos mais duvidar disso.

Se examinarmos todos os outros povos que ficam na zona tórrida para além da África, estaremos ainda mais convencidos dessa opinião: os habitantes das Maldivas, do Ceilão, da ponta da Península da Índia, de Sumatra, de Malaca, de Bornéu, de Celebes, das Filipinas etc. são todos extremamente pardos, sem serem completamente negros, pois todas essas terras são ilhas ou penínsulas; nesses climas, o mar tempera o calor do ar, que, no mais, não pode ser tão forte quanto no interior ou nas costas ocidentais da África, pois o vento do leste ou do oeste, que reinam alternadamente nessa parte do globo, chegam a essas terras do arquipélago indiano apenas depois de terem passado sobre mares de uma extensão muito vasta: assim, todas essas ilhas são povoadas apenas de homens pardos, já que o calor não é excessivo; mas, na Nova Guiné ou na terra dos Papuas, encontram-se novamente homens negros e que parecem ser verdadeiros negros, segundo a descrição dos viajantes, porque essas terras formam um continente do lado leste, e o vento que as cruza é muito mais ardente do que aquele que reina no Oceano Índico. Na Nova Holanda, onde o calor do clima não é tão forte, visto que essa terra começa a se afastar do equador, encontram-se novamente povos menos negros e bastante parecidos com os hotentotes; não poderia a cor desses negros e desses hotentotes, que se encontram na mesma latitude e a uma distância tão grande dos outros negros e dos outros hotentotes, depender apenas do calor do clima? Pois não podemos suspeitar que tenha havido um dia alguma passagem da África para esse continente austral; e, todavia, reencontram-se aí as mesmas espécies de homens, pelo fato de haver, neste lugar, as circunstâncias que podem ocasionar o mesmo grau de calor. Um exemplo extraído dos animais poderá ainda confirmar tudo o que acabei de dizer. Observou-se que, em Delfinado, todos os porcos são negros, e que, ao contrário, do outro lado do Rhône, em Vivarais, onde faz mais frio do que em Delfinado, todos os porcos são brancos; não há evidências de que os habitantes dessas duas províncias tenham decidido criar, uns, apenas porcos negros, e outros, apenas porcos brancos, e parece-me que essa diferença não pode provir senão da diferença de temperatura do clima, talvez combinada com a diferença de alimentação desses animais.

Os negros que foram encontrados, embora em número muito pequeno, nas Filipinas e em algumas outras ilhas do Oceano Índico, aparentemente provêm desses papuas ou negros da Nova Guiné, que os europeus conhecem há cerca de cinquenta anos, apenas: em 1700, Dampier descobriu a parte mais oriental dessa terra, à qual deu o nome de Nova Bretanha, mas ainda ignoramos a extensão dessa região; sabe-se apenas que ela não é muito povoada nas partes que conhecemos.

Sendo assim, há negros apenas nos climas da Terra em que se reúnem todas as circunstâncias para produzir um calor constante e sempre excessivo; esse calor é tão necessário, não apenas para a produção, mas mesmo para a conservação dos negros, que se pode observar em nossas ilhas, onde o calor, embora muito forte, não é comparável ao do Senegal, que as crianças recém-nascidas dos negros são tão suscetíveis às impressões do ar que somos obrigados a deixá-las em um quarto bem fechado e quente durante os nove primeiros dias após seu nascimento; se não tomarmos essas precauções e as expusermos ao ar no momento que nascem, são acometidas por uma convulsão do maxilar que lhes impede de se alimentar e as leva à morte. O sr. Littre, que em 1702 dissecou um negro, observou que a ponta da glande que não estava coberta pelo prepúcio era negra como toda a sua pele, e o resto que estava coberto era perfeitamente branco:[235] essa observação prova que a ação do ar é necessária para produzir o enegrecimento da pele dos negros: seus filhos nascem brancos, ou melhor, vermelhos, como os dos outros homens, porém, três ou quatro dias após terem nascido, a cor muda, eles parecem assumir um tom moreno amarelado que se torna pardo aos poucos e, no sétimo ou oitavo dia, já são completamente negros. Sabe-se que, três ou quatro dias após o nascimento, todas as crianças têm uma espécie de icterícia, a qual nos brancos tem apenas um efeito passageiro e não deixa qualquer impressão na pele; já nos negros ela deixa uma cor indelével na pele, que não para mais de escurecer. O sr. Kolbe diz ter notado que os filhos dos hotentotes, que nascem brancos como na Europa, tornavam-se oliváceos devido ao efeito dessa icterícia que se espalha por toda a pele três ou quatro dias após o nascimento da criança e, depois, não desaparece mais: todavia, essa icterícia, bem como a impressão atual do ar, parecem-me ser apenas causas ocasionais do enegrecimento, e não a causa primeira deste; pois notamos que os filhos dos negros têm, no momento exato de seu nascimento, uma cor negra na raiz das unhas e nas partes genitais: a ação do ar e a icterícia poderão servir, se quisermos, para espalhar essa cor, mas é certo que o germe da cor negra é transmitido aos filhos pelos pais, de modo que, seja qual for o país em que um negro [*Nègre*] venha ao mundo, ele será negro como se tivesse nascido em seu próprio país, e, se há qualquer diferença desde a primeira geração, ela é tão insensível que

---

235 Veja *Histoire de l'Académie Royale des Sciences*, 1702, p.32. (N. A.)

não a percebemos. Entretanto, isso não basta para que tenhamos o direito de assegurar que, após certo número de gerações, essa cor não se alteraria sensivelmente; pelo contrário, temos todas as razões do mundo para supor que, como ela surge originalmente apenas por causa do clima ardente e devido à ação contínua e duradoura do calor, também se extinguiria aos poucos devido à temperatura de um clima frio; em consequência, se transportássemos negros para uma província do Norte, seus descendentes da oitava, décima ou décima segunda geração seriam muito menos negros do que seus ancestrais, e talvez tão brancos quanto os povos originários do clima frio no qual viveriam.

Os anatomistas buscaram a parte da pele na qual residiria a cor negra dos negros; uns afirmam não ser nem no corpo da pele nem na epiderme, mas na membrana reticular, que se encontra entre a epiderme e a pele;[236] e que essa membrana, se for lavada e mantida em água morna durante um longo período de tempo, não muda de cor, permanecendo sempre negra, enquanto a pele e a sobrepele parecem ficar, logo depois disso, tão brancas quanto as dos outros homens. O dr. Towns e alguns outros afirmaram que o sangue dos negros era muito mais negro do que o dos brancos; eu não tive oportunidade de verificar esse fato, no qual tenderia muito a acreditar, já que notei que os homens entre nós que têm a tez morena, amarelada e parda têm o sangue mais negro do que os outros; e esses autores afirmam que a cor do negros provém da cor de seu sangue.[237] O sr. Barrere, que parece ter observado a coisa mais de perto do que qualquer outro,[238] diz, assim como o sr. Winslow,[239] que a epiderme dos negros é negra e que, se ela pareceu branca àqueles que a examinaram, foi por ela ser muito fina e transparente; mas que ela é realmente tão negra quanto um chifre negro que fosse reduzido a uma espessura tão pequena quanto a dela: eles asseguram que a pele dos negros é de um vermelho moreno que se aproxima do negro; essa cor da epiderme e da pele dos negros é produzida, segundo o sr.

---

236 Veja ibid., p.32. (N. A.)
237 Veja o escrito do dr. Towns à Sociedade Real de Londres. (N. A.)
238 Veja Barrere, *Dissertation sur la cause physique de la couleur des Nègres*, Paris, 1741. (N. A.)
239 Veja Winslow, *Exposition anatomique de la structure du corps humain*, Paris, 1732, p.498. (N. A.)

Barrere, pela bile que, neles, não é amarela, mas sempre negra como tinta, tal como ele acredita ter se certificado com base em diversos cadáveres de negros que teve oportunidade de dissecar em Caiena: de fato, quando a bile se derrama, ela tinge de amarelo a pele dos homens brancos, e tudo indica que, sendo ela negra, a tingiria de negro; mas, assim que cessa a efusão da bile, a pele recupera sua brancura natural: assim, seria necessário supor que a bile se derrama constantemente nos negros, ou então que, como diz o sr. Barrere, ela foi tão abundante que se separou naturalmente na epiderme em quantidade grande o suficiente para lhe conferir essa cor negra. No mais, é provável que a bile e o sangue sejam mais escuros nos negros do que nos brancos, assim como a pele também é mais negra; mas um desses fatos não pode servir para explicar a causa do outro, pois, se afirmarmos que são o sangue ou a bile que, por serem escuros, conferem essa cor à pele, então, em vez de perguntarmos por que os negros têm a pele negra, perguntaremos por que têm o sangue ou a bile negros; com isso, não se faz mais do que desviar a questão, em vez de respondê-la. De minha parte, confesso, sempre me pareceu ser a mesma causa aquela que nos deixa morenos quando nos expomos ao ar livre e aos ardores do sol e aquela que faz que os espanhóis sejam mais morenos do que os franceses, os mouros mais do que os espanhóis, e também os negros mais do que os mouros: de resto, não queremos aqui investigar como essa causa age, mas apenas nos certificarmos de que ela age, e de que seus efeitos são tanto maiores e mais sensíveis quanto mais forte e longamente ela agir.

O calor do clima é a principal causa da cor negra: quando esse calor é excessivo, como no Senegal e na Guiné, os homens são completamente negros; quando ele é um pouco menos forte, como nas costas orientais da África, os homens são menos negros; quando começa a se tornar um pouco mais temperado, como na Berbéria, em Mogol, na Arábia etc., os homens são apenas pardos; e, por fim, quando ele é inteiramente temperado, como na Europa e na Ásia, os homens são brancos, notando-se apenas algumas variedades oriundas do modo de viver; por exemplo, todos os tártaros são morenos, enquanto os povos da Europa que ficam sob a mesma latitude são brancos: devemos, segundo me parece, atribuir essa diferença ao fato de que os tártaros estão sempre expostos ao ar, não têm nem cidades nem moradias fixas, dormem sobre a terra e vivem de um modo rude e selvagem; isso já basta para que sejam menos brancos do que os povos na Europa, aos quais não falta nada daquilo que pode tornar a vida mais suave: por que os chineses são mais brancos do que os tártaros, aos quais, de resto, se assemelham em todos os traços do rosto? Porque vivem em cidades, são civilizados, têm todos os meios de se proteger das injúrias do ar e da terra, às quais os tártaros, por sua vez, estão constantemente expostos.

Mas, quando o frio se torna extremo, produz alguns efeitos semelhantes aos do calor excessivo; os samoiedos, os lapões e os groenlandeses são muito morenos; inclusive se assegura, como dissemos, haver entre os groenlandeses homens tão negros quando os da África: como se vê, os dois extremos aproximam-se de novo aqui, um frio muito intenso e um calor ardente produzem o mesmo efeito sobre a pele, pois ambas as causas agem por meio de uma qualidade comum, a saber, a secura, que, em um ar muito frio, pode ser tão grande quanto em um ar quente; o frio, assim como o calor, deve ressecar a pele, alterá-la e conferir-lhe essa cor morena que observamos nos lapões. O frio comprime, encolhe e reduz a um volume mínimo todos os produtos da natureza; assim, os lapões, que ficam constantemente expostos ao frio mais severo, são os menores de todos os homens. Nada prova mais a influência do clima do que essa raça lapona que se encontra localizada ao longo de todo o círculo polar em uma zona muito ampla, cuja largura vai desde um clima excessivamente frio até chegar a um país mais temperado.

O clima mais temperado situa-se entre o quadragésimo e o quinquagésimo graus de latitude; é também nessa zona que se encontram os homens mais belos e mais bem formados; é desse clima que se deve extrair a ideia da verdadeira cor natural do homem, bem como o modelo, ou a unidade à qual é preciso referir todos os matizes de cor e de beleza; os dois extremos estão igualmente distantes do verdadeiro e do belo: os países civilizados situados nessa zona são a Geórgia, a Circássia, a Ucrânia, a Turquia da Europa, a Hungria, a Alemanha Meridional, a Itália, a Suíça, a França e a parte setentrional da Espanha. Todos esses povos são, assim, os mais belos e os mais bem formados de toda a Terra.

Portanto, deve-se considerar o clima a causa primeira e quase única da cor dos homens; mas a alimentação, que exerce um efeito menor sobre a cor do que o do clima, influencia muito a forma. Os alimentos toscos, insalubres ou mal preparados podem levar à degeneração da espécie humana; todos os povos que vivem miseravelmente são feios e malformados; mesmo entre nós as pessoas do campo são mais feias do que as da cidade, e muitas vezes notei que, nos vilarejos nos quais a pobreza é menor do que em outros que lhes são vizinhos, os homens são também mais bem formados e têm os rostos menos feios. O ar da terra influi muito na forma dos homens, dos animais, das plantas: se examinarmos, em um mesmo cantão, os homens que habitam as terras elevadas, como as encostas e as partes superiores das colinas, e se os compararmos com aqueles que ocupam o meio dos vales vizinhos, veremos que os primeiros são ágeis, bem-dispostos, bem formados, espirituosos, e que as mulheres são normalmente belas; ao passo que nas planícies, onde a terra é grossa, o ar espesso e a água menos pura, os camponeses são rudes, pesados, malformados, estúpidos, e as camponesas são quase todas feias. Se levarmos cavalos da Espanha ou da Berbéria para a França, não será possível perpetuar sua raça, pois eles começam a degenerar desde a primeira geração; já na terceira ou quarta, esses cavalos de raça berbere ou espanhola, sem que se misturem com outras raças, não deixam de se tornar cavalos franceses; de modo que, para perpetuar os belos cavalos, somos obrigados a cruzar as raças, fazendo surgir novos garanhões da Espanha ou da Berbéria: logo, o clima e a alimentação têm uma influência tão acentuada sobre a forma dos animais que não se pode duvidar de seus efeitos; e, embora sejam menos imediatos, menos aparentes e menos sensíveis nos homens, deve-se concluir, por analogia, que esses efeitos têm lugar na espécie humana e manifestam-se nas variedades que nela se encontram.

Sendo assim, tudo concorre para provar que o gênero humano não é composto de espécies essencialmente diferentes entre si; pelo contrário, há originariamente apenas uma espécie de homens que, tendo se multiplicado e espalhado sobre toda a superfície da Terra, sofreu diversas mudanças devido à influência do clima, à diferença de alimentação e do modo de viver, às doenças epidêmicas, assim como à miscigenação infinitamente variada entre indivíduos mais ou menos semelhantes. Inicialmente, essas alterações não eram tão assinaladas e produziam apenas variedades indivi-duais; em seguida, tornaram-se variedades da espécie, já que passaram a ser mais gerais, sensíveis e constantes, devido à ação continuada dessas mesmas causas; elas se perpetuaram e se perpetuam de geração em geração, assim como as deformidades ou doenças dos pais passam para os filhos; e, por fim, como foram produzidas originariamente apenas devido ao concurso de causas exteriores e acidentais, e apenas se firmaram, ou se tornaram constantes por causa da ação continuada dessas mesmas causas, é muito provável que desaparecessem aos poucos, com o tempo, ou mesmo que se tornassem diferentes de como são hoje em dia, se essas mesmas causas não mais subsistissem, ou se chegassem a variar por meio de outras circunstân-cias e combinações.

Descrição do gabinete do rei, por Daubenton[*]

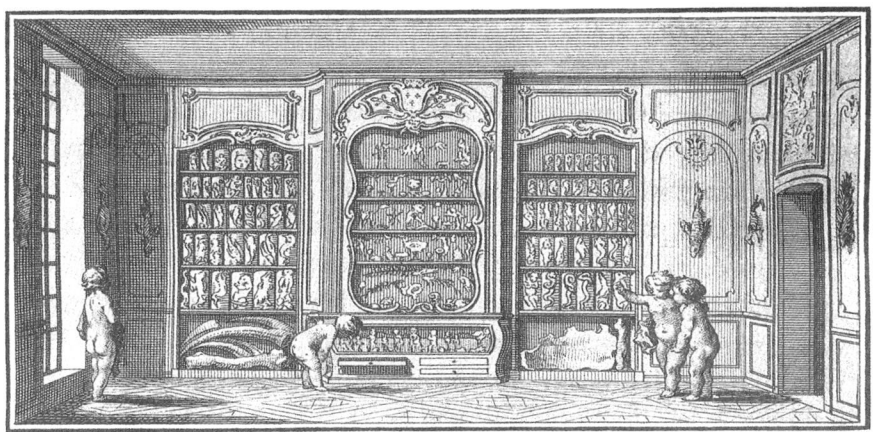

Antes de entrar nos detalhes desta descrição, parece-me conveniente falar da ordem geral e da distribuição particular das peças de História Natural que compõem o gabinete do rei, e oferecer algumas observações

---

[*] Tomo III, 1749, p.1-13.

sobre gabinetes em geral, indicando os meios mais adequados para expor e conservar as coisas que eles contêm.[1] Nada mais propício ao avanço da História Natural do que ver em sequência os objetos que ela compreende, e que nos impressionam com muito mais força e veracidade do que as descrições mais exatas e as figuras mais perfeitas. Coleções desse gênero reunidas não somente em Paris, mas também nas províncias do reino, são a prova viva do gosto pela História Natural que se espalhou pela França neste século, o que parece um augúrio favorável em relação aos progressos que essa ciência poderá realizar no futuro.

O arranjo de um gabinete de História Natural requer certa arte, e, para mantê-lo em ordem e em boas condições, é preciso ter cuidados constantes e cultivar uma espécie de diligência. Como venho me ocupando disso já há oito anos, no gabinete do rei, penso que o trabalho que realizei pode ser útil para pessoas que queiram reunir coleções de História Natural. Mencionarei aqui os meios que se mostraram mais eficazes para a conservação de diferentes peças de natureza particular, para arranjá-las entre si e expô--las aos olhos da melhor maneira possível. Espero que minhas observações ao menos sejam úteis aos que começam a se ocupar de objetos como esses, pois, nesse caso, não terão de realizar as tentativas que eu mesmo não teria feito, se alguém tivesse me indicado os meios para atingir o fim que eu tinha em vista.

O gabinete do rei, embora bastante rico e composto por coleções abundantes de todo gênero, pode se tornar ainda maior, pois o número de produções da Natureza é inesgotável, e é preciso um tempo considerável para que um estabelecimento como esse se aproxime da máxima perfeição possível. Um dos melhores meios para torná-lo mais completo é coletar espólios de coleções particulares que se dispersaram. Os que se ocupam dessa sorte de pesquisa terminam por formar um conjunto geral, e o depósito público pode ser considerado como seu centro. É preciso, por isso, dar aos

---

1 Daubenton redige um curto verbete "Gabinete de História Natural" para a *Enciclopédia* de Diderot e D'Alembert (II, 489, 1751, incluído no v.3 da edição brasileira). Curiosamente, o texto é completado por citações, comentadas por Diderot, extraídas da presente seção. (N. T.)

que formam essas coleções todas as luzes e facilidades possíveis, para que cada um, com seu gosto, seus conhecimentos e suas pesquisas, possa contribuir para o avanço da História Natural e a perfeição do gabinete do rei. Esses motivos levaram-me a dar conta em detalhe dos trabalhos internos desse gabinete. Contudo, para não realizar uma digressão excessivamente longa, envio o leitor a cada artigo particular das descrições, para a explicação dos meios empregados na conservação de peças de diferentes gêneros. Limito-me aqui a algumas observações sobre o conjunto de um gabinete de História Natural.

O arranjo mais favorável ao estudo dessa ciência é a ordem metódica que distribui os objetos em classes, gêneros e espécies. Assim, os animais, os vegetais e os minerais estariam estritamente separados uns dos outros, cada reino com seu domínio à parte. A mesma ordem subsistiria nos gêneros e espécies: os indivíduos de uma mesma espécie seriam dispostos uns após os outros, sem que se permitisse que fossem afastados, as espécies seriam vistas dentro dos gêneros, e os gêneros, dentro das classes. Tal é o arranjo indicado pelos princípios concebidos para facilitar o estudo da História Natural, e tal é a única ordem capaz de efetuá-lo: tudo se torna instrutivo, e, a cada relance de olhos, adquire-se não apenas um conhecimento do que se observa, como descobrem-se suas possíveis relações com o que o cerca. As semelhanças indicam o gênero, as diferenças marcam a espécie, e esses caracteres mais ou menos similares ou mais ou menos diferentes, comparados em conjunto, apresentam ao espírito e gravam na memória a imagem da Natureza. Acompanhando-se assim a variedade de seus produtos, passa-se insensivelmente de um reino a outro, as gradações nos apresentam, pouco a pouco, essa grande alteração que só se torna sensível, em toda a sua extensão, quando se comparam os dois extremos. Apresentados nessa ordem, os objetos da História Natural nos ocupam suficientemente para que nos interessemos por suas relações sem com isso nos fatigarmos e sem causar o desgosto que costuma vir da confusão e da desordem.

Esse arranjo parece tão vantajoso que seria de esperar encontrá-lo em todos os gabinetes. Contudo, em nenhum ele foi seguido à risca, e reconheço que, quanto a isso, o gabinete do rei tem muitas imperfeições. Tive a intenção de suprimi-las, algo que, no entanto, não pude fazer, pois há espécies e mesmo indivíduos que, embora dependam do mesmo gênero e da mesma espécie, são tão desproporcionais quanto ao volume que não podem ser dispostos um ao lado do outro. O mesmo vale para os gêneros e às vezes mesmo para as classes. Sem mencionar que com frequência é necessário interromper a ordem das sequências, pois é impossível conciliar o arranjo metódico com os lugares disponíveis. É uma inconveniência que costuma ocorrer quando o espaço total disponível não condiz com o número de coisas que compõem as coleções. Por isso, fomos obrigados, no gabinete do rei, a dispor em uma mesma sala coisas de dois ou mesmo três reinos. Essa obscuridade, porém, não constitui obstáculo ao estudo da História Natural, pois é impossível confundir coisas de diferentes gêneros e diferentes classes, é apenas nos detalhes menores de gêneros e espécies que o menor equívoco pode levar ao erro.

A ordem metódica, que nesse gênero de estudo tanto apraz ao espírito, quase nunca é a que mais agrada aos olhos. Se tem muitas vantagens, não deixa de ter inconvenientes, pois acreditamos conhecer as coisas quando tudo o que conhecemos são números e lugares. É bom, por isso, vez por outra frequentar coleções que obedecem à ordem da simetria ou do contraste. O gabinete do rei é suficientemente amplo para dar lugar a ambos esses arranjos. Assim, em cada um dos gêneros que é dele suscetível, comecei por escolher uma sequência de espécies ou mesmo de diferentes indivíduos de uma mesma espécie, para mostrar as variedades e as espécies constantes, arranjando-as metodicamente em gêneros e classes. O excedente de cada coleção foi destinado àqueles lugares que me pareceram mais favoráveis à composição de um conjunto agradável e variado ao olho, em virtude de suas diferentes formas e cores. É então que os objetos mais importantes da História Natural se mostram em seu esplendor e podem ser contemplados sem o constrangimento da ordem metódica, pois se destacam pelas qualidades individuais, sem consideração pelos caracteres arbitrários do gênero e da espécie.

Se tivéssemos sempre diante dos olhos sequências classificadas metodicamente, haveria um risco de o método prevalecer, e o estudo da Natureza seria negligenciado em prol de convenções nas quais ela mal tem parte. Tudo o que se possa reunir de seus produtos em um gabinete de História Natural na ordem que mais se aproxime da ordem livre da Natureza. Impõe--se aos seus produtos, dispersos sobre a face da Terra, um constrangimento inevitável, quando são reunidos em um pequeno espaço; e, mesmo assim, por poucos que sejam, sentimos a obrigação de fazer classes, gêneros e espécies para facilitar o estudo de sua história. Esses princípios arbitrários são, no mais das vezes, defeituosos, e as sequências metodicamente dispostas são meros índices que conduzem a observação da Natureza em coleções nas quais aparece sem outros apetrechos além dos que a tornam agradável aos olhos. Os maiores gabinetes seriam insuficientes, caso se quisessem imitar as disposições e progressões naturais; e, assim, para evitar confusão, somos obrigados a recorrer a uma arte de simetria e contraste.

Quando a coleção reunida em um gabinete de História Natural aumenta, a ordem só pode ser mantida deslocando-se tudo o que nele se encontra. Por exemplo, quando se quer incluir em uma sequência uma espécie que falta, caso essa espécie pertença ao primeiro gênero será necessário que todo o resto da sequência seja deslocado para dar lugar à nova espécie. Como a coleção do gabinete do rei aumentou consideravelmente nos últimos anos, é inevitável que o arranjo tenha se alterado várias vezes; e continua a acontecer, dando assim uma prova evidente dos progressos recentemente realizados por esse estabelecimento. Por mais que esse tipo de ocupação exija atenção e tome um tempo considerável, não deve de modo algum ser negligenciada pelos que reúnem coleções de História Natural. Não consideraremos tedioso, e tampouco infrutífero, se reunirmos ao trabalho das mãos o espírito de observação. Sempre se aprende algo de novo quando se arranja uma coleção metodicamente, pois, nesse gênero de estudo, quanto mais se vê, mais se sabe, e mesmo os arranjos feitos apenas para agradar envolvem tentativas frustradas; apenas depois de muitas combinações é que se encontra um resultado satisfatório nas coisas do gosto, e então o prazer do êxito compensa amplamente a pena do trabalho. O mais desagradável nisso tudo são os cuidados que se é obrigado a ter na conservação de certas peças mais frágeis: toda atenção é pouca em sua conservação, e a menor negligência pode ser fatal. Felizmente, porém, nem todas as peças de um gabinete demandam tamanha atenção e nem todas as épocas do ano são igualmente críticas para sua conservação.

Minerais em geral não exigem mais do que uma rápida limpeza, e que se evite o choque entre eles. Há alguns que não devem ser expostos à umidade, como os sais, que se fundem com facilidade, e as piritas fluorescentes, que se tornam poeira. Os animais e os vegetais estão em maior ou menor medida sujeitos à degradação. O único modo de preveni-la é mantê-los secos ou submergi-los em preparações líquidas. Nesse último caso, deve-se impedir que o líquido evapore ou seja alterado. Objetos ressecados exigem ainda mais cuidado. Insetos que nascem em seu interior e se alimentam deles os corroem por dentro antes de nos darmos conta disso. Vermes, escaravelhos, cupins, borboletas e ácaros se alojam em tudo o que lhes seja conveniente. Devoram ou roem carnes, cartilagens, peles, pelos e plumas, e atacam mesmo as plantas ressecadas. Vermes reduzem a madeira a pó. As borboletas não são tão nocivas quanto os escaravelhos, exceto pelas que produzem ácaros. A maioria desses pequenos animais se reproduz de tal forma que seu número se torna prodigioso quando não se recorre a diferentes meios para eliminá-los. Costumam surgir no mês de abril, na alta primavera, ou em maio, com a chegada do verão. Nessa época se fazem necessários uma vistoria e um exame acurados, para verificar se há vestígios de insetos, em geral assinalados por uma pequena poeira que eles expelem nos locais em que se alojam. Quando isso acontece, o mal já foi feito, algo foi roído. Não há tempo a perder, devem ser eliminados. O cuidado com esses pequenos animais se prolonga até o fim do verão. Com a entrada do outono, não põem mais ovos, pois são paralisados e enrijecidos pelo frio. Por cinco meses, nossa vigilância deve ser incessante; mas nem por isso devemos nos descuidar no resto do ano.

Em geral, é suficiente proteger o interior do gabinete do frio e do calor excessivos, bem como da umidade. Se os animais ressecados, em particular os marinhos, que ficam impregnados de sal, fossem expostos durante o período das geadas ou do degelo, com certeza seriam danificados ou se decomporiam, em parte pela ação do gelo, em parte pela mudança abrupta de temperatura. Por essa razão, durante o fim do outono e por todo o inverno, nada melhor do que manter cada um dos gabinetes bem fechados. Não é preciso recear que a qualidade do ar piore por não ter sido renovado; nada é mais prejudicial do que a umidade. De resto, as salas dos gabinetes costumam ser suficientemente grandes para que o ar circule com facilidade. No tempo seco, pode-se abri-los ao meio do dia. No verão, a ação da umidade é menor, mas o calor produz efeitos nocivos, como a fermentação e a corrupção. Quanto mais quente o ar, mais vigorosos os insetos; e quanto mais fácil e abundante sua multiplicação, mais consideráveis os estragos. É preciso, pois, evitar os raios de sol por todos os meios possíveis, e só permitir a entrada de ar quando estiver mais fresco lá fora do que no interior do gabinete. Seria desejável que a ala norte dos gabinetes de História Natural fosse a única aberta; é o mais recomendável para protegê-los contra a umidade no inverno e o calor no verão.

Por fim, quanto à distribuição e às proporções da parte interna, os pisos não devem ser muito altos e as salas não podem ser muito grandes. Para decorar um gabinete com mais proveito, deve-se mobiliar as paredes por inteiro e guarnecer o teto. Apenas assim é possível garantir a continuidade do todo. Certos objetos ficam melhores suspensos, mas não muito alto, pois do contrário nos cansaríamos ao contemplá-los e não os distinguiríamos bem. Um objeto que só se deixa perceber pela metade é sempre o que mais atiça nossa curiosidade. Dificilmente se poderia contemplar um gabinete de História Natural sem alguma concentração, o que, por si mesmo, é cansativo. Embora a maioria das pessoas que visitam gabinetes não faça disso uma ocupação séria, a multidão de objetos singulares costuma cativar sua atenção.

Quanto à maneira de dispor e apresentar de modo vantajoso as diferentes peças de História Natural, creio que há muitos jeitos de fazê-lo. Um mesmo objeto admite maneiras diferentes, tão convenientes quanto outras. O bom gosto deve dar o tom. Não pretendo entrar em uma discussão a respeito; remeto aos artigos da descrição do gabinete para que se observe como os objetos estão dispostos, onde também comento, como eu disse, os meios de sua conservação.

A descrição do gabinete será dividida em diferentes artigos conforme as divisões da História Natural, e as diferentes peças serão exibidas imediatamente depois do discurso que trata delas. Como a História Natural do homem foi oferecida no volume precedente desta obra, começarei pela parte do gabinete que se refere a ele. Cada peça é indicada por um número, e sua descrição é imprimida em caracteres menores do que os que constam do corpo da obra, para que se possam identificar com facilidade quais artigos pertencem ao gabinete, quais se encontram distribuídos pelas diferentes partes desta *História Natural*. Não faremos menção ao lugar do gabinete em que as peças descritas se encontram, nem sua distribuição pelas salas. Reconheço que essa indicação facilitaria sua localização depois da leitura, mas, ao mesmo tempo, poderia ser enganosa, pois os objetos não permanecem nos mesmos lugares, dado que é necessário remanejá-los a cada vez que novos vêm enriquecer as coleções. Seria impossível, portanto, que a ordem dos objetos seguisse então a mesma ordem do gabinete, mas, como seus números são devidamente indicados, poderão ser localizados nestas páginas pelos que tiverem visitado essa instituição.

Peças de Anatomia representadas em cera, em madeira etc.

A maioria dos homens possui um secreto horror pelas dissecções anatômicas: quase todos os que vi entrar pela primeira vez em um laboratório de Anatomia foram tomados por uma espécie de assombro, despertados pela visão de um cadáver ensanguentado e destroçado. Essa imagem da morte parece expressar ao mesmo tempo a sensação de dor mais cruel: é apenas pela força do hábito que podemos ver a sangue-frio objetos tão hediondos e tão horrendos. Assim como alguns anatomistas se sentem obrigados, no estudo dessa ciência, a dissecar o corpo humano, outros se se sentem repelidos pelo odor exalado por um cadáver armazenado. E esse odor pode ser tão penetrante que mesmo os anatomistas mais experientes são afetados, a ponto de ser acometidos por cólicas e outras doenças. As dificuldades enfrentadas para a obtenção dos objetos necessários a esse estudo o tornam dispendioso e penoso. Malgrado esses obstáculos, a Anatomia realizou grandes progressos nos últimos tempos, e muitos autores nos ofereceram descrições exatas e desenhos fiéis de todas as partes do corpo. Mas o que são descrições e desenhos, em comparação com os objetos reais? Uma sombra em lugar do corpo.

Para evitar esses inconvenientes, os anatomistas passaram a conservar as peças já dissecadas e preparadas. Há diferentes meios de preservá-las da deterioração, cada um conforme seu gênero. Expliquei em outra parte como se preparam os ossos, preservam-se carnes em líquidos e preenchem-se vasos por injeção. Por isso, tratarei aqui apenas da desidratação de peças relativas à miologia, à esplancnologia etc., ou seja, músculos e vísceras, desidratados e dissecados. Sabe-se que as carnes enrijecem quando são ressecadas, que seu volume diminui consideravelmente, e todas as precauções que possamos tomar, deixando-as na sombra ou sob uma temperatura constante e moderada, não impedem que as diferentes peças se deformem a ponto de se desfigurar. Em vão as mantemos esticadas, presas a diferentes pontos, para tentar impedir que se contraiam, pois assim se produzem marcas que as desfiguram: a cavidade é retraída pela desidratação das vísceras que foram esvaziadas, como o estômago, a bexiga e o útero, e as dimensões de seu interior se alteram, por mais que se tenha o cuidado de preenchê-lo com mercúrio, areia, grãos de milho ou pelos. E mais, as loções e vernizes que fabricamos com licores espirituosos, salgados ou cáusticos, para impedir a deterioração ou matar os insetos, também modificam as formas e alteram a organização, a ponto de as direções das fibras mal se distinguirem em um músculo desidratado. Eu poderia acrescentar, a esses inconvenientes, os contínuos cuidados absolutamente indispensáveis à conservação dessas peças, pois, se o negligenciarmos, elas rapidamente apodrecerão ou serão devoradas por insetos.

Se há uma circunstância em que a arte ultrapassa a Natureza, é sem dúvida esta: foi descoberto um meio para representar perfeitamente as formas e as cores de todas as partes do corpo humano. Dito isso, a miologia artificial é claramente preferível à natural, e ocorre o mesmo para a esplancnologia, isto é, exposição de vísceras em particular e de todas as partes do corpo em geral. As peças naturais que permanecem armazenadas por algum tempo apresentam uma coloração de carne apodrecida, ou melhor, de carne defumada; as peças artificiais, ao contrário, têm cores frescas e vivas, e pode-se variá-las tanto quanto seja necessário para imitar a Natureza. Talvez fosse possível pintar as carnes desidratadas, mas não conseguiríamos exprimir a espécie de transparência própria da carne tão bem como nas peças de anatomia modeladas em cera.

A primeira jamais vista na França foi apresentada à Academia de Ciências em 1701 pelo sr. Gaëtano Giulio Zumbo, de Siracusa. A memória relativa a essa sessão conta que ele levou à audiência uma cabeça composta por um preparado de cera que representava perfeitamente uma cabeça pronta para uma demonstração anatômica, com os mínimos detalhes de uma cabeça natural. Ela tinha veias, artérias, nervos, glândulas, músculos, e era colorida tal como na Natureza. Essa peça foi muito elogiada por todos, e como o sr. Zumbo morreu logo depois, temeu-se que sua invenção se perdesse para sempre. (Veja *Mémoires de l'Académie de Sciences*, 1704, p.57.)

Em 1711, o sr. Desnoües, cirurgião de Paris, apresentou peças de anatomia em cera; e, como pretendesse ser o primeiro inventor desse tipo de preparação, disse que ele mesmo havia comunicado o segredo ao sr. Zumbo. (Veja *Mémoires de l'Académie de Sciences*, 1711, p.101.)

"As obras anatômicas do sr. Desnoües, em que a natureza é tão bem reproduzida, e as preparações que os anatomistas empregaram para tornar os vasos sensíveis são representadas com muita perfeição; não deixam dúvidas de que, auxiliados por uma invenção tão nova quanto singular, não possamos aprender a anatomia com facilidade, sem nojo, e em pouco tempo. O sr. Desnoües defende que o sr. Zumbo, que mostrou à Academia uma cabeça de cera que foi fortemente elogiada, recebera dele esse segredo" (*Mémoires de l'Académie de Sciences*, 1714, p.101).

Daniel Hoffman falou muito e por longo tempo sobre essas mesmas peças de cera, e discutiu as pretensões de Desnoües com relação a Zumbo em uma dissertação em forma de carta sobre uma viagem que fizera à França.[2] Eis o extrato publicado no *Journal des Sçavans*:

---

2 Daniel Hoffmann, *Annotationes Medicae*, Frankfurt, 1719, p.6-19. (N. A.)

"O autor (sr. Hoffman) estende-se longamente sobre uma espécie ino-
vadora de preparação que, segundo ele afirma, irá influenciar os séculos vin-
douros por toda parte, mas cujo espetáculo é encenado em Paris: trata-se
das peças coloridas de anatomias do sr. Desnoües, que imitam tão perfeitamente os correspondentes naturais que, observa o autor, chegaram a enganar os mais experientes anatomistas. Ele realiza um inventário detalhado e
exaustivo das peças do gênero que o sr. Desnoües expôs à curiosidade dos
espectadores, e narra como esse laborioso anatomista chegou a um segredo
que, embora muito útil, foi até aqui pouco cultivado. Contentávamo-nos,
antes disso, em exprimir com cera preparada e colorida a figura e as cores
das partes externas do corpo humano, principalmente da face, da qual
foram produzidos retratos belos e fidedignos. Mas o sr. Desnoües, quando
esteve em Gênova, fez contato com um siciliano, o abade Zumbo, de quem
se tornou amigo, artesão exímio na arte de trabalhar em cera colorida, apesar de ignorar a anatomia, e prontamente pôs em prática sua incomparável
habilidade, pedindo-lhe que representasse em cera cada uma das partes de
uma cabeça humana que ele dissecara e expusera ao abade Zumbo como
modelo. Este, por sua vez, realizou uma cópia da peça que produzira para
o sr. Desnoües, e, de posse dela, partiu em segredo para Paris, onde a exi-
biu, provocando a admiração pública, como se fosse obra de sua invenção.
O sr. Desnoües, advertido da fraude do abade, se associou a outro excelente escultor em cera, chamado De la Croix, que realizou a representação
da anatomia completa do corpo da mulher. De posse dessa representação,
foi a Paris e denunciou a má-fé do abade Zumbo, que veio a falecer pouco
depois. De resto, não temos como garantir a veracidade de todos esses
fatos, que reportamos com base no testemunho do sr. Hoffman" (*Journal
des Sçavans*, 1719, p.475-6).

Tudo isso prova apenas que as obras de que falamos foram as primeiras vistas no gênero, que foram bem executadas, em cera, e que tiveram a
participação de Desnoües como anatomista e de Zumbo como escultor. É
verdade que o trabalho do escultor dependia, para ser bom, da exatidão daquele do anatomista, mas a dissecção é uma prática antiga, e Desnoües não
era melhor do que os outros anatomistas. A arte das representações em cera

também não era nova, sendo bastante difundida na Itália, como se vê pelas figuras em cera vindas desse país e que imitam perfeitamente a coloração do rosto e a aparência da carne. Antes do abade Zumbo, porém, ninguém sabia aplicá-la à anatomia. Resta saber se foi Desnoües que lhe sugeriu essa ideia; é mais natural pensar que Zumbo, por conhecer a coloração e a modelagem em cera, julgou que poderia representar as dissecções anatômicas e, com efeito, representou-as com sucesso. O escultor De la Croix as representou tão bem quanto ele, pois sucedeu Zumbo junto a Desnoües e o julgamento da Academia não foi menos favorável às peças que Desnoües fizera com De la Croix do que fora com a cabeça que o próprio Desnoües fizera com o abade Zumbo.

Seja como for, não me interessa investigar quem inventou as peças anatômicas modeladas em cera colorida; proponho-me antes a examinar se é factível que elas possam ser sempre tão bem-feitas quanto as que Desnoües trouxe a público. Ele separou em diferentes peças os músculos, os vasos sanguíneos, os nervos, a maioria das vísceras, as partes relativas à reprodução de cada um dos sexos, e fez ainda uma mulher grávida com o útero exposto. Obteve permissão para expor publicamente essa série anatômica, e conseguiu por ela uma recompensa, atraindo para si dinheiro e fama. A curiosidade por suas produções durou cerca de vinte anos. Depois disso, o público diminuiu; De la Croix deixou Desnoües para trabalhar com o famoso De Verney, com o intuito de compor um cérebro em cera para o tsar Pedro I. Nessas circunstâncias, Desnoües decidiu levar suas peças de anatomia para Londres, sob os cuidados de dois de seus sobrinhos; morreu pouco depois, e seus sobrinhos venderam todas as peças de cera para particulares de Londres que as possuem até hoje. Compreendo quem os condena e acredita que é uma perda irreparável; mas, depois de tomar conhecimento dos procedimentos dos quais depende o êxito desse trabalho, creio que é possível esperar por peças anatômicas em cera melhores do que as vistas no tempo de Desnoües.

A primeira operação é puramente anatômica, começa-se a dissecar a parte do corpo humano que se quer representar, depois que tudo dela tenha sido destacado e disposto na situação mais conveniente, cobre-se com uma camada de gesso diluído após tê-la impermeabilizado com uma matéria gordurosa para impedir que o gesso fique preso a ela; tem-se o cuidado de aplicá-lo de modo que ele possa adentrar pelas menores cavidades, e para isso é necessário que ele esteja líquido em um determinado ponto: deve-se escolher o gesso mais fino e, depois de tê-lo assado no forno, passa-se por uma peneira de seda. Não são menores as precauções para diluir esse gesso, os artistas são escrupulosos a ponto de crer que se o mexerem em diferentes sentidos podem desandá-lo e ele se precipitará como leite coalhado; deve-se mexê-lo circularmente: a camada de gesso derramada sobre a preparação anatômica deve ser mais ou menos espessa e proporcional em toda a sua extensão, deve ser capaz de se sustentar com fios de ferro se for necessário. Assim que o gesso ganhou um pouco de consistência, corta-se o invólucro que ele forma para retirá-lo por partes, e obriga-se a fazer cortes em diferentes sentidos, nos locais mais convenientes, para impedir que as regiões mais salientes da superfície interior do gesso, que preenchem os afundamentos e as cavidades exteriores da dissecção se quebrem, como quando retirarmos uma grande extensão da camada de gesso de uma única vez, de modo que devemos retirá-la em várias peças. Eis o molde que porta em sua cavidade todos os relevos da dissecção e no qual será impresso e registrado o modelo sobre a cera: as peças devem ser secas ao sol para serem separadas desse molde, e besuntadas em seu interior com óleo de nozes para impedir que a cera grude.

Se nos limitarmos a representar apenas a forma de uma peça anatômica, bastará que a cor seja acrescentada ao molde com uma matéria que possa ser modelada nele; a cera é muito apropriada para esse uso, pois tem um verniz natural que imita bem o brilho das carnes, e além disso possui um grau de transparência que leva à perfeição esse tipo de obra, quando são coloridas a carne e as outras partes do corpo. Ao se escovar a peça de cera depois de ter sido modelada, ela perde a transparência e terá sido em vão copiar todas as reentrâncias e todas as nuanças da peça natural; podem-se perceber somente as cores da superfície. Ao contrário, caso se incorporem as cores com a cera antes de modelá-la, veremos, por assim dizer, até mesmo o interior das carnes e a representação terá consistência e realidade. É preciso preparar a cera antes de modelá-la, é preciso dar diferentes tonalidades para cada cor; essa matéria não absorve igualmente todas as cores, seja porque sua consistência gordurosa nem sempre é análoga à de materiais corantes, seja porque esses materiais não podem ser perfeitamente separados entre si e incorporados à cera. Essa preparação só pode ser feita depois de uma longa prática, há muito conhecida na Itália e na Sicília. A primeira peça de anatomia em cera colorida vista na França foi feita pelo abade Zumbo, que era de Siracusa. Em Gênova, De la Croix aprendeu essa arte que ele levou à França e exerceu em Paris com Desnoües. Temos alguns artistas que sabem fazer essas preparações, mas mantêm segredo a seu respeito. Acredito que não seria difícil instruí-los para encontrar os procedimentos mais garantidos para colorir as ceras, depois de ter feito algumas experiências sobre esse assunto, por mais que não seja possível instruí-los na Itália.

Uma vez coloridas, as ceras são empregadas como pastéis. No lugar de uma superfície plana, o molde apresenta uma figura oca: a peça de anatomia que ela carrega imprime e dá cores ao modelo. Em cada parte do molde é aplicada uma camada de cera colorida, de tonalidade conforme à parte correspondente na peça anatômica. Como temos a garantia de que a forma será sempre a mesma, devemos nos ocupar apenas do emprego das cores. Nem todas as camadas de cera devem ter a mesma espessura, pois as da pele, das membranas, dos músculos nem sempre são iguais. E, como essas diferentes partes se superpõem e recobrem-se umas às outras, também é necessário, para representar várias camadas de cera, diferentes espessuras e diferentes cores. Quando a cera que cobriu as paredes interiores do molde fez um revestimento bastante espesso para produzir todo o efeito que se pode esperar da transparência desse material, não se trata mais de manejar as cores; desliza-se a cera sobre o revestimento preparado, inclina-se o molde em diferentes direções para que a cera se espalhe por todos os lugares, e utiliza-se tanta cera quanto necessária para que a peça se sustente depois de ser retirada do molde. A cavidade interior permanece vazia, mas pode ser preenchida com cera ou outros materiais.

Como fomos obrigados a trabalhar separadamente sobre cada parte do molde, é preciso que cada uma das partes de cera modeladas seja similar às outras para que componham assim uma peça inteira. É então que a arte do escultor se torna necessária para aperfeiçoar a peça tão logo ela deixe o molde, suprimindo as falhas ou manchas que os cortes necessariamente produzem. Além disso, é preciso reunir as partes que foram separadas e reparar todos os pontos da superfície ou do contorno que apresentem falhas.

Depois de ter dado uma ideia do trabalho de fabricação das peças de cera coloridas, posso concluir que as atuais são mais perfeitas do que as de Desnoües, não fosse por outra razão, devido aos progressos da anatomia neste século. É o que mostram as peças que se encontram no gabinete do rei, e, comparando-se à cabeça preparada pelo abade Zumbo muitas das peças trabalhadas por anatomistas ainda vivos, percebe-se que são muito mais capazes do que esse artista de executar perfeitamente uma série completa de anatomia desse gênero, pois a cabeça de Zumbo tem alguns defeitos. E, caso nossos anatomistas queiram continuar a se dedicar a esse trabalho, não há dúvida de que alcançarão uma perfeição ainda maior, como mostra a comparação entre suas peças de cera e as peças de gravura que podem ser vistas depois das descrições das primeiras. Tentarei dar uma ideia justa dessas preparações anatômicas descrevendo-as com exatidão. Como a maioria delas é bastante complicada, enumerei cada uma de suas partes principais para a comodidade dos que queiram dispor das descrições ao examinar as peças de anatomia. As que estão gravadas não apresentam todas as suas faces, de modo que não encontraremos nas pranchas todos os números que são indicados nas descrições; para distinguir aqueles que estão nas figuras das pranchas, nós os colocamos entre colchetes, os outros números estão entre parênteses.

Eu não poderia deixar de mencionar que as peças moldadas em cera não são as únicas utilizadas na Anatomia: há também as esculpidas em madeira, sem mencionar outros materiais também empregados para representá-las, como veremos nas descrições que compõem esta seção. Embora a cera seja mais apropriada para esse uso do que qualquer outro material, por razões que já explicamos, ela pode apresentar alguns inconvenientes. Suas cores se alteram com o tempo, o branco, sobretudo, adquire uma aparência amarelada; essa falha, porém, é menos prejudicial às peças de anatomia do que às figuras que representam a carne viva. A cera se quebra facilmente, mas é fácil remontar as peças, e, desde que seja feito com cuidado, não há que temer a ação corrosiva dos animais. Por fim, pode-se torná-las menos frágeis misturando-se algodão com cera, e recobrindo-as com fios de seda, que representam as ramificações dos vasos e dão sustentação à peça.

Discurso sobre a natureza dos animais[*]

Apenas comparando é que podemos julgar se nossos conhecimentos versam ou não sobre as relações que as coisas têm com aquilo que é semelhante ou diferente delas; de resto, se não existissem animais, a natureza do homem seria ainda mais incompreensível do que é. Sendo assim, após termos considerado o homem por si mesmo, devemos nos servir dessa via de comparação. É preciso examinar a natureza dos animais, comparar sua organização, estudar a economia animal em geral, a fim de fazer aplicações particulares, apreender as semelhanças, aproximar as diferenças, e, a partir da reunião dessas combinações, lançar luzes suficientes para distinguir claramente os principais efeitos da mecânica dos seres vivos e nos conduzirmos à importante ciência que tem por objeto o próprio homem.

_____

[*] Tomo IV, 1753, p.3-110.

Comecemos por simplificar as coisas, restrinjamos a extensão de nosso assunto, à primeira vista imenso, e esforcemo-nos por reduzi-lo a seus justos limites. As propriedades que pertencem ao animal porque pertencem a toda matéria não devem ser aqui consideradas, ao menos não de maneira absoluta.[1] O corpo do animal é extenso, pesado, impenetrável, figurado, suscetível de ser posto em movimento ou forçado a permanecer em repouso pela ação ou pela resistência de corpos estrangeiros. Essas propriedades, que ele tem em comum com o resto da matéria, não são as que caracterizam a natureza dos animais, e devem ser consideradas apenas de maneira relativa, comparando-se, por exemplo, o tamanho, o peso e a figura de um animal com o tamanho, o peso e a figura de outro.

Do mesmo modo, devemos separar, da natureza particular dos animais, as faculdades comuns entre ele e o vegetal: ambos se nutrem, desenvolvem--se e se reproduzem. Não devemos, pois, incluir na economia animal propriamente dita essas faculdades, que pertencem também ao vegetal, e por essa razão tratamos da nutrição, do desenvolvimento, da reprodução e até da geração dos animais, antes de ter tratado do que pertence propriamente a eles, ou melhor, do que pertence exclusivamente a eles.

Feito isso, como a classe dos animais inclui muitos seres animados cuja organização é muito diferente da nossa e daquela de outros animais cujo corpo é composto praticamente como o nosso, devemos afastar de nossas considerações essa espécie de natureza animal particular e nos atermos à dos animais mais similares a nós. A economia animal de uma ostra, por exemplo, não se inclui naquela que temos de tratar.

Mas, como o homem não é um simples animal, mas sua natureza é superior à dos animais, devemos tentar demonstrar a causa dessa superioridade e estabelecer, por provas claras e sólidas, o grau preciso dessa inferioridade da natureza dos animais, a fim de distinguir o que pertence unicamente ao homem daquilo que ele tem em comum com o animal.

---

1 Veja o que eu disse no começo do primeiro capítulo do segundo volume desta *História Natural*. (N. A.) [Trata-se do início do primeiro capítulo da *História dos animais* (N. T.)]

Para melhor ver nosso objeto, tivemos de circunscrevê-lo: aparamos as extremidades sobressalentes e conservamos somente as partes necessárias. Dividamo-lo agora, para considerá-lo com toda a atenção que ele exige, porém dividamo-lo em grandes massas. Antes de examinar em detalhes as partes da máquina animal e as funções de cada uma delas, vejamos em termos gerais o resultado dessa máquina, e, sem querer de início raciocinar sobre as causas, limitemo-nos a constatar os efeitos.

O animal tem duas maneiras de existir: o estado de movimento e o de repouso, a vigília e o sono, que se sucedem alternadamente ao longo da vida. No primeiro estado, todas as molas da máquina animal entram em ação; no segundo, apenas uma parte delas, e essa que está em ação durante o sono também está durante a vigília, pois é absolutamente indispensável e o animal não poderia existir sem ela; ademais, é independente dela, já que atua sozinha e, a outra, ao contrário, depende dela, pois não pode exercer sua ação por si mesma. Uma é a parte fundamental da economia animal, que age continuamente e sem interrupção; a outra, é uma parte menos essencial, já que se exerce de maneira intermitente e alternada.

Essa primeira divisão da economia animal parece-me natural, geral e bem fundamentada: o animal que dorme ou que está em repouso é uma máquina menos complicada e mais fácil de considerar do que o animal desperto ou que está em movimento. Essa diferença essencial não é uma simples mudança de estado, como no corpo inanimado, para o qual é indiferente estar em repouso ou em movimento; pois um corpo inanimado que está em um ou outro desses estados permanecerá nele para sempre, a menos que forças ou resistências externas o constranjam a mudá-lo. Porém, é por suas próprias forças que o animal muda de estado: ele passa do repouso à ação e da ação ao repouso de forma natural e sem constrangimento. O momento do *despertar* retorna tão necessariamente quanto o do sono, independentemente de causas externas, já que o animal só pode existir durante certo tempo em um estado ou em outro, e a continuidade não interrompida da vigília ou do sono, da ação ou do repouso conduziria igualmente à cessação da continuidade do movimento vital.

Podemos, portanto, distinguir na economia animal duas partes: a primeira age perpetuamente sem interrupção, a segunda age por intervalos. A ação do coração e dos pulmões no animal que respira, do coração no feto, parece ser a primeira parte da economia animal; a ação dos sentidos e do movimento do corpo e dos membros parece constituir a segunda.

Imaginemos, pois, seres aos quais a Natureza houvesse concedido apenas essa primeira parte da economia animal: privados de sentidos e movimentos progressivos, não deixariam de ser animados, e em nada difeririam do animal que dorme. Uma ostra, um zoófito, que não parece ter movimento externo perceptível nem sentido externo, é um ser formado para dormir sempre. Nesse sentido, um vegetal é um animal que dorme, e, de modo geral, as funções de todo ser organizado desprovido de movimento e de sensação poderiam ser comparadas às funções de um animal que estaria por natureza fadado a dormir perpetuamente.

No animal, o estado de sono não é, portanto, um estado acidental, ocasionado pelo maior ou menor exercício de suas funções durante a vigília; é, ao contrário, uma maneira essencial de existir e que serve de base à economia animal. Pelo sono começa a nossa existência; o feto dorme quase continuamente, e a criança dorme muito mais do que fica acordada.

O sono, que parece ser um estado puramente passivo, uma espécie de morte, é, pois, ao contrário, o primeiro estado do animal vivo e o fundamento da vida. Não é uma privação, um aniquilamento; é uma maneira de ser, um modo de existir tão real e geral quanto qualquer outro. Existimos desse modo antes de existirmos de outro: todos os seres organizados que não têm sentidos existem apenas desse modo, nenhum existe em um estado de movimento contínuo e a existência de todos participa em maior ou menor medida desse estado de repouso.

Se reduzirmos o animal, mesmo o mais perfeito, a essa parte que age continuamente por si mesma, ele não nos parecerá diferente de outros seres aos quais relutamos em dar o nome de animal. Quanto às funções externas, ele nos parece similar ao vegetal; pois, embora a organização interna seja diferente no animal e no vegetal, um outro como o nos oferecem os mesmos resultados: alimentam-se, crescem, desenvolvem-se, têm os princípios de um movimento interno, levam uma vida vegetativa; mas estão igualmente privados de movimento progressivo, de ação e sentimento, e não têm nenhum sinal externo, nenhum caráter aparente de vida animal. Mas recubramos a parte interna com um invólucro mais adequado, dando-lhe sentidos e membros, e a vida animal não tardará a se manifestar. Quanto mais o invólucro contenha sentidos, membros e outras partes externas, mais completa nos parecerá a vida animal e mais perfeito será o animal. É, pois, por esse invólucro que os animais diferem entre si. A parte interna que compõe o fundamento da economia animal pertence a todos os animais sem exceção e é aproximadamente a mesma, quanto à forma, no homem e nos animais que têm carne e sangue; mas o invólucro externo é muito diferente, e em suas extremidades estão as mais conspícuas diferenças.

Para melhor nos fazer entender, comparemos o corpo do homem com o de um animal, por exemplo o cavalo, o boi, o porco etc. A parte interna que age continuamente, isto é, o coração e os pulmões, ou, em termos mais gerais, os órgãos da circulação e da respiração, é quase a mesma no homem e no animal; mas a parte externa, o invólucro, é muito diferente. A carcaça do corpo do animal, embora composta de partes similares às do corpo humano, varia prodigiosamente segundo o número, o tamanho e a posição. Os ossos são mais ou menos alongados, reduzidos, arredondados, achatados etc.; suas extremidades são mais ou menos elevadas, côncavas; muitos estão unidos, e há até alguns que faltam, como as clavículas, outros que estão em maior número, como os cornetos do nariz, as vértebras, as costelas etc.; e outros que estão em número muito menor, como os ossos do carpo, metacarpo, tarso, metatarso e falanges, o que produz diferenças muito consideráveis na forma do corpo desses animais relativamente à forma do corpo do homem.

Além disso, se prestarmos atenção, veremos que as maiores diferenças estão nas extremidades e que é pelas extremidades que o corpo do homem mais difere do corpo do animal. Visto que dividimos o corpo em três partes principais: o tronco, a cabeça e os membros; a cabeça e os membros, que são as extremidades do corpo, são o que há de mais diferente no homem e nos animais; em seguida, considerando as extremidades de cada uma dessas três partes principais, reconhecemos que a maior diferença na parte do tronco se encontra na extremidade superior e inferior dessa parte, já que no corpo do homem há clavículas no alto, ao passo que essas partes faltam na maioria dos animais. Encontramos paralelamente à extremidade inferior do tronco certo número de vértebras externas que formam uma cauda no animal, e essas vértebras exteriores faltam nessa extremidade inferior do corpo do homem. Do mesmo modo, a extremidade inferior da cabeça, os maxilares, as extremidades superiores da cabeça e os ossos da fronte diferem prodigiosamente no homem e no animal: os maxilares na maioria dos animais são muito alongados e os ossos frontais são, ao contrário, muito reduzidos. Por fim, comparando os membros do animal com os do homem, reconheceremos ainda facilmente que é pelas extremidades que eles mais diferem. À primeira vista, nada se assemelha menos do que a mão humana e a pata de um cavalo ou de um boi.

Tomando, pois, o coração como o centro da máquina animal, vejo que o homem se assemelha perfeitamente aos animais pela economia dessa parte e das outras que lhe são vizinhas; mas, quanto mais nos afastamos desse centro, mais as diferenças se tornam consideráveis, e é nas extremidades que são maiores. E quando nesse centro mesmo se encontra alguma diferença, o animal é, então, infinitamente mais diferente do homem; é, por assim dizer, de outra natureza, e não tem nada de comum com as espécies de animais que consideramos. Na maioria dos insetos, por exemplo, a organização dessa parte principal da economia animal é singular; no lugar de coração e pulmões, encontram-se partes que servem igualmente às funções vitais, e que por essa razão as consideramos como análogas a essas vísceras, mas que realmente são muito diferentes delas, tanto pela estrutura quanto pelo resultado de suas ações; também os insetos diferem, tanto quanto possível, do homem e dos outros animais. Uma ligeira diferença nesse centro da economia animal é sempre acompanhada de uma diferença infinitamente maior nas partes exteriores. A tartaruga, cujo coração é conformado de modo singular, é também um animal extraordinário, que não se assemelha a nenhum outro.

Que se considere o homem, os animais quadrúpedes, os pássaros, os cetáceos, os peixes, os anfíbios, os répteis: que prodigiosa variedade na figura, na proporção de seus corpos, na quantidade e na posição de seus membros, na substância de sua carne, de seus ossos, de seus tegumentos! Os quadrúpedes têm, de modo bastante geral, caudas, cornos e as extremidades do corpo diferentes das do homem; os cetáceos vivem em outro elemento, e, embora se multipliquem pela mesma via de geração que os quadrúpedes, pela forma lhes são muito diferentes, pois não têm extremidades inferiores; os pássaros parecem se diferenciar ainda mais por seu bico, suas plumas, seu voo e sua geração por ovos; os peixes e os anfíbios são ainda mais distantes da forma humana; os répteis não têm membros. A maior diversidade é, portanto, encontrada em todo o invólucro externo; todos têm, ao contrário, a mesma conformação interna: todos têm um coração, um fígado, um estômago, intestinos, órgãos para a geração; essas partes devem, pois, ser vistas como as mais essenciais da economia animal, já que são as mais constantes de todas e as menos sujeitas à variação.

Mas deve-se observar que no próprio invólucro há também partes mais constantes que outras. Os sentidos, sobretudo alguns deles, não faltam a nenhum desses animais. No artigo "Dos sentidos em geral", explicamos qual pode ser sua espécie de tato; não sabemos de qual natureza é seu olfato ou seu paladar, mas estamos seguros de que todos têm o sentido da visão, e talvez também o da audição. Os sentidos podem, portanto, ser considerados como outra parte essencial da economia animal, tanto quanto o cérebro e seus invólucros; encontra-se em todos os animais que têm sentidos, e, com efeito, é a parte que dá origem aos sentidos e sobre a qual exercem sua primeira ação. Os próprios insetos, que diferem muito dos outros animais pelo centro da economia animal, têm uma parte na cabeça análoga ao cérebro, e sentidos, cujas funções são semelhantes às dos outros animais. E os que, como as ostras, parecem estar privados dele, devem ser vistos como semianimais, seres que oferecem a nuance entre os animais e os vegetais.

O cérebro e os sentidos formam, assim, uma segunda parte essencial da economia animal. O cérebro é o centro do invólucro, como o coração é o centro da parte interna do animal. É essa parte que confere movimento e ação a todas as outras partes exteriores, por meio da medula, da espinha e dos nervos, que são apenas prolongamentos dele. E, do mesmo modo que o coração e toda a parte interior comunicam com o cérebro e com todo o invólucro externo pelos vasos sanguíneos que neles se distribuem, o cérebro comunica-se também com o coração e toda a parte interna pelos nervos que neles se ramificam. A união parece íntima e recíproca, e embora esses dois órgãos tenham funções absolutamente diferentes, quando os consideramos à parte, não podem, entretanto, ser separados sem que o animal pereça no mesmo instante.

O coração e toda a parte interna agem continuamente, sem interrupção e, por assim dizer, de forma mecânica e independente de qualquer causa exterior. Ao contrário, os sentidos e todo o invólucro agem apenas por intervalos alternados e por vibrações sucessivas causadas pelos objetos exteriores. Os objetos exercem sua ação sobre os sentidos, estes modificam essa ação dos objetos e levam a impressão deles modificada ao cérebro, onde essa impressão se torna o que chamamos de *sensação*. Em consequência dessa impressão, o cérebro age sobre os nervos e lhes comunica a vibração que acaba de receber, e é essa vibração que produz o movimento progressivo e todas as outras ações exteriores do corpo e dos membros do animal. Todas as vezes que uma causa age sobre um corpo, sabemos que o próprio corpo age por sua reação sobre essa causa. Aqui, os objetos agem sobre o animal por meio dos sentidos, e o animal reage sobre os objetos por seus movimentos exteriores. Em geral, a ação é a causa e a reação, o efeito.

Dir-me-ão, talvez, que nesse caso o efeito não é proporcional à causa; que nos corpos sólidos que seguem as leis da mecânica a reação é sempre igual à ação; mas que no corpo animal o movimento exterior ou a reação parece incomparavelmente maior que a ação, e, por conseguinte, que o movimento progressivo e os outros movimentos externos não devem ser considerados simples efeitos da impressão dos objetos sobre os sentidos. Mas é fácil responder que, se os efeitos nos parecem proporcionais às suas causas em alguns casos e circunstâncias, há na Natureza um número muito maior de casos e de circunstâncias em que os efeitos não são proporcionais às suas causas aparentes. Com uma faísca, inflama-se um armazém de pólvora e manda-se pelos ares uma cidadela; com uma leve fricção, produz-se por eletricidade um golpe violento, um vivo abalo que se faz sentir instantaneamente mesmo a uma distância muito grande, e que não a enfraquecemos em nada dividindo-o, de modo que mil pessoas que se toquem ou se segurem pela mão são igualmente afetadas, e quase com tanta violência quanto se o golpe tivesse sido dirigido apenas sobre uma única pessoa. Por conseguinte, não deve parecer extraordinário que uma leve impressão sobre os sentidos possa produzir no corpo do animal uma violenta reação, que se manifesta pelos movimentos externos.

As causas que podemos medir e das quais, portanto, podemos estimar exatamente a quantidade dos efeitos, não são em tão grande número quanto aquelas cujas qualidades nos escapam, cuja maneira de agir nos é desconhecida, e das quais ignoramos, consequentemente, a relação proporcional que podem ter com seus efeitos. Para que possamos medir uma causa, é necessário que ela seja simples, que seja sempre a mesma, que sua ação seja constante, ou, o que dá no mesmo, que seja variável apenas seguindo uma lei que nos seja exatamente conhecida. Ora, na Natureza, a maioria dos efeitos depende de muitas causas combinadas diferentemente, cuja ação varia, cujos graus de atividade não parecem seguir nenhuma regra, nenhuma lei constante, e que, por consequência, não podemos nem medir, nem mesmo estimar, a não ser como se estimam probabilidades, esforçando-nos por nos aproximamos da verdade mediante verossimilhanças.

Por conseguinte, não pretendo firmar como verdade demonstrada que o movimento progressivo e os outros movimentos externos do animal tenham por causa, e por única causa, a impressão dos objetos sobre os sentidos; afirmo-o apenas como coisa verossímil e que me parece fundada sobre boas analogias, pois vejo que na Natureza todos os seres organizados que são desprovidos de sentidos são também privados do movimento progressivo, e que todos os que deles são providos têm também essa qualidade ativa de mover seus membros e mudar de lugar. Além disso, vejo que com frequência essa ação dos objetos sobre os sentidos põe de imediato o animal em movimento, sem que a vontade pareça tomar parte, e que todas as vezes que a vontade determina o movimento, ela mesma foi excitada pela sensação que resulta da impressão atual dos objetos sobre os sentidos ou da reminiscência de uma impressão anterior.

Para expor isso mais claramente, consideremos nós mesmos e analisemos um pouco a física de nossas ações. Quando, por qualquer sentido que seja, um objeto nos impressiona, se a sensação produzida é agradável e origina um desejo, esse desejo apenas pode ser relativo a algumas de nossas qualidades e de nossas maneiras de fruir. Não podemos desejar esse objeto senão pelo ver, pelo degustar, pelo ouvir, pelo cheirar, pelo tocar; não o desejamos senão para satisfazer mais plenamente o sentido com o qual o percebemos, ou para satisfazer ao mesmo tempo alguns de nossos outros sentidos, isto é, para tornar a primeira sensação ainda mais agradável, ou para excitar outra que é uma nova maneira de fruir desse objeto; pois se, no momento mesmo em que o percebemos, pudéssemos fruí-lo plenamente e por todos os sentidos de uma só vez, nada poderíamos desejar. O desejo surge, portanto, apenas do fato de estarmos mal situados em relação ao objeto que acabamos de perceber: ou estamos muito longe ou muito perto dele; mudamos, então, naturalmente de posição, porque ao mesmo tempo que percebemos o objeto, percebemos também a distância ou a proximidade que produz o incômodo de nossa posição, e que nos impede de fruir dele plenamente. O movimento que fazemos em consequência do desejo e o próprio desejo vêm, portanto, apenas da impressão que esse objeto produziu sobre nossos sentidos.

Tomemos um objeto que percebemos pelos olhos e que desejamos tocar: se ele está próximo de nós, estendemos o braço para alcançá-lo, se está longe, nos colocamos em movimento para nos aproximarmos dele. Se tiver muita fome, um homem profundamente dedicado a uma especulação não se servirá do pão que estiver ao alcance de sua mão? Poderá até levá-lo à sua boca e comê-lo sem perceber que o faz. Esses movimentos são uma sequência necessária da primeira impressão dos objetos; jamais deixariam de suceder a essa impressão se outras impressões, que despertam ao mesmo tempo, não se opusessem com frequência a esse efeito natural, seja enfraquecendo-o, seja destruindo a ação dessa primeira impressão.

Um ser organizado desprovido de sentidos, uma ostra, por exemplo, que tem provavelmente apenas um tato muito imperfeito, é privado não apenas de movimento progressivo, mas até mesmo de sentimento e de toda inteligência, já que um ou outro produziriam igualmente o desejo e se manifestariam pelo movimento exterior. Não afirmarei que esses seres privados de sentidos sejam também privados do sentimento mesmo de sua existência, mas pode-se dizer ao menos que não o sentem senão de modo muito imperfeito, já que não podem perceber nem sentir a existência de outros seres.

Portanto, é a ação dos objetos sobre os sentidos que dá origem ao desejo, e é o desejo que produz o movimento progressivo. Para melhor compreender isso, suponhamos um homem que, no momento em que quisesse se aproximar de um objeto, repentinamente se encontrasse privado dos membros necessários para essa ação; esse homem, do qual suprimimos as pernas, esforçar-se-á por caminhar sobre seus joelhos; retiremos ainda os joelhos e as coxas, conservando o desejo de se aproximar do objeto: ele se esforçará, então, por caminhar sobre suas mãos; privemo-lo ainda dos braços e das mãos, e ele rastejará, arrastar-se-á, empregará todas as forças de seu corpo e se servirá de toda a flexibilidade das vértebras para se pôr em movimento; ele se agarrará pelo queixo ou pelos dentes a algum ponto de apoio para conseguir mudar de lugar; e mesmo se reduzirmos seu corpo a um ponto físico, a um átomo globuloso, se o desejo subsistir, empregará sempre todas as suas forças para mudar de posição. Mas, então, como não teria outro meio para se mover a não ser agir contra o plano sobre o qual se apoia, teria de se elevar a uma altura maior ou menor para alcançar o objeto. O movimento exterior e progressivo não depende, portanto, da organização e da figura do corpo e dos membros, já que qualquer que fosse a conformação exterior de um ser, não poderia deixar de se mover, se estivesse dotado de sentidos e do desejo de satisfazê-los.

Na verdade, dessa organização externa dependem a facilidade, a rapidez, a direção e a continuidade do movimento; mas a causa, o princípio, a ação e a determinação vêm unicamente do desejo ocasionado pela impressão dos objetos sobre os sentidos. Suponhamos agora que, sendo a conformação exterior sempre a mesma, um homem se encontre privado sucessivamente de seus sentidos: ele não mudará de lugar para satisfazer seus olhos, se estiver privado da visão; não se aproximará para escutar, se o som não causar impressão alguma sobre seus órgãos; jamais fará qualquer movimento para respirar um odor agradável ou para evitar um odor desagradável, se seu olfato estiver destruído; o mesmo se dará com o tato e o paladar: se esses dois sentidos não são mais suscetíveis de impressão, não agirá para satisfazê-los. Esse homem permanecerá, pois, em repouso, e perpetuamente em repouso. Nada poderá fazê-lo mudar de posição e imprimir o seu movimento progressivo, embora por sua conformação exterior fosse perfeitamente capaz de se mover e agir.

As necessidades naturais, por exemplo, de tomar o alimento, são movimentos interiores cujas impressões fazem nascer o desejo, o apetite e até a necessidade [*nécessité*]. Esses movimentos interiores poderão, então, produzir no animal movimentos externos, e desde que não seja privado de todos os sentidos externos e tenha um sentido relativo a suas carências [*besoins*], agirá para satisfazê-las. A carência não é o desejo; difere deste como a causa difere do efeito e não pode produzi-lo sem o concurso dos sentidos. Todas as vezes que o animal percebe algum objeto relativo a suas carências, nasce o desejo ou o apetite e segue a ação.

Uma vez os objetos exteriores tenham atuado sobre os sentidos, é necessário que essa ação produza um efeito; e facilmente se concebe que o efeito dessa ação seria o movimento do animal, se todas as vezes que seus sentidos fossem afetados de igual modo, o mesmo efeito, o mesmo movimento sucederia sempre a essa impressão. Mas, como entender essa modificação da ação dos objetos sobre o animal, que dá origem ao apetite ou à repugnância? Como conceber o que acontece para além dos sentidos a esse termo médio entre a ação dos objetos e a ação do animal? Operação na qual, todavia, consiste o princípio de determinação do movimento, já que ela muda e modifica a ação do animal, e a torna algumas vezes nula, malgrado a impressão dos objetos.

Essa questão é mais difícil de resolver, pois, como somos, por natureza, diferentes dos animais, a alma participa em quase todos os nossos movimentos, e talvez em todos, e é muito difícil para nós distinguir os efeitos da ação dessa substância espiritual daqueles produzidos apenas pelas forças de nosso ser material. Não podemos julgar senão por analogia, comparando às nossas ações as operações naturais dos animais. Mas, como essa substância espiritual foi concedida apenas ao homem, e é graças a ela que ele pensa e reflete, e, ao contrário, o animal é um ser puramente material, que não pensa nem reflete, e todavia age e parece ser determinado, não podemos duvidar de que o princípio da determinação do movimento no animal seja um efeito puramente mecânico e absolutamente dependente de sua organização.

Concebo, portanto, que no animal a ação dos objetos sobre os sentidos produz outra ação sobre o cérebro, que considero um sentido interno e geral que recebe todas as impressões transmitidas pelos sentidos externos. Esse sentido interno é não apenas suscetível de ser tocado pela ação dos sentidos e dos órgãos externos, mas ainda, por sua natureza, conserva por muito tempo a vibração produzida por essa ação. A impressão consiste na continuidade dessa vibração, que é mais ou menos profunda, dependendo de a vibração durar mais ou menos tempo.

O sentido interno difere, pois, dos sentidos externos, em primeiro lugar pela propriedade de receber geralmente todas as impressões de qualquer natureza que seja, ao passo que aqueles não os concebem senão de uma maneira particular e relativa à sua conformação, já que o olho não vibra mais pelo som do que o ouvido pela luz. Em segundo lugar, esse sentido interno difere dos externos pela duração da vibração que produz a ação das causas exteriores; mas, para todo o resto, é da mesma natureza que os sentidos exteriores. O sentido interno do animal é, da mesma maneira que seus sentidos externos, um órgão, um resultado de mecânica, um sentido puramente material. Como o animal, temos esse sentido interno material; temos, além disso, um sentido de natureza superior e bem diferente, que reside na substância espiritual que nos anima e nos conduz.

O cérebro do animal é, pois, um sentido interno geral e comum, que recebe igualmente todas as impressões que lhe transmitem os sentidos externos, isto é, todas as vibrações produzidas pela ação dos objetos, que duram e subsistem por muito mais tempo nesse sentido interno do que nos externos; conceber-se-á isso facilmente se se reparar que mesmo nos sentidos externos há uma diferença muito perceptível na duração de suas vibrações. Aquela que a luz produz no olho subsiste por mais tempo do que a vibração do ouvido pelo som. Para ver que é assim, basta refletir sobre os fenômenos mais conhecidos. Quando se gira com alguma rapidez um carvão incandescente, ou quando se solta um foguete, o carvão incandescente forma em nossa vista um círculo de fogo e o foguete, um longo traço de fogo. Sabe-se que essa aparência vem da duração da vibração que a luz produz sobre o órgão e de que se vê ao mesmo tempo a primeira e a última imagem do carvão ou do foguete. Ora, o tempo entre a primeira e a última imagem não deixa de ser perceptível. Meçamos esse intervalo e digamos que é necessário ½ segundo, ou, se quisermos, ¼ de segundo para que o carvão incandescente descreva seu círculo e se encontre no mesmo ponto da circunferência. Sendo assim, a vibração causada pela luz dura a metade ou, pelo menos, um quarto de segundo. Mas a vibração que o som produz está longe de ter uma duração tão longa, pois o ouvido percebe por intervalos muito menores de tempo. Podemos ouvir distintamente três ou quatro vezes o mesmo som, ou três ou quatro sons sucessivos no espaço de um quarto de segundo, e sete ou oito em meio segundo, e a última impressão não se confunde com a primeira, sendo distinta dela e separada, ao passo que, na visão, a primeira e a última impressão parecem ser contínuas, e é por essa razão que uma sequência de cores, que se sucederiam tão rápido quanto os sons, deve necessariamente se confundir e não pode nos afetar de maneira distinta como se faz em uma sequência de sons.

Portanto, podemos supor com razão que as vibrações podem durar muito mais tempo no sentido interno do que nos sentidos externos, já que em alguns destes dura mais do que em outros, como acabamos de expor sobre a visão, cujas vibrações duram mais do que aquelas do ouvido. É por essa razão que as impressões que o olho transmite ao sentido interno são mais fortes do que as transmitidas pelo ouvido, e que representamos as coisas que vimos muito mais vivamente do que aquelas que ouvimos. Além disso, parece que, de todos os sentidos, a visão é aquele cujas vibrações têm uma maior duração e que deve, portanto, formar as impressões mais fortes, embora em aparência sejam as mais rápidas; pois, por sua natureza, esse órgão parece participar mais do que nenhum outro da natureza do órgão interno. Isso poderia ser provado pela quantidade de nervos que chegam ao olho; apenas ele recebe quase tanto quanto o ouvido, o olfato e o paladar juntos.

O olho pode ser considerado, portanto, uma continuação do sentido interno. Como dissemos no artigo "Dos sentidos em geral", é apenas um nervo expandido, um prolongamento do órgão no qual reside o sentido interior do animal; não é surpreendente, pois, que se aproxime mais do que nenhum outro da natureza desse sentido interno. Com efeito, não apenas suas vibrações são mais duráveis, como no sentido interno, mas tem ainda propriedades eminentes acima dos outros sentidos, e essas propriedades são semelhantes àquela do sentido interno.

O olho manifesta no exterior as impressões internas, exprime o desejo que fez nascer o objeto agradável que acabou de afetá-lo. Como o sentido interno, é um sentido ativo; todos os outros, ao contrário, são quase puramente passivos, são simples órgãos feitos para receber as impressões exteriores, mas incapazes de conservá-las e, ainda, de refleti-las exteriormente. O olho as reflete porque as conserva; e as conserva porque as vibrações pelas quais é afetado são duráveis, ao passo que as dos outros sentidos nascem e perecem quase no mesmo instante.

Entretanto, quando qualquer um dos sentidos vibra muito forte e por bastante tempo, a vibração subsiste e continua muito tempo após a ação do objeto exterior. Quando o olho é afetado por uma luz muito viva ou se fixa por muito tempo em um objeto, se a cor desse objeto é brilhante, recebe uma impressão tão profunda e duradoura que traz em seguida a imagem desse objeto sobre todos os outros. Se por um instante se olha o sol, ver-se-á durante muitos minutos, e algumas vezes por muitas horas e até por muitos dias, a imagem do disco solar sobre todos os outros objetos. Quando o ouvido vibrou durante algumas horas seguidas com a mesma melodia, com sons fortes aos quais se prestava atenção, como oboés e sinos, a vibração subsiste, continua-se a ouvi-los, a impressão dura por vezes alguns dias e só se apaga pouco a pouco. Do mesmo modo, quando o olfato e o paladar foram afetados por um odor muito forte e por um sabor muito desagradável, sente-se ainda por muito tempo o odor ou gosto ruim; enfim, quando se exercita muito o sentido do tato sobre o mesmo objeto, ou se aplica fortemente um corpo estranho a qualquer parte de nosso corpo, a impressão subsiste também durante algum tempo, e parece ainda que tocamos e somos tocados.

Todos os sentidos têm, pois, a faculdade de conservar mais ou menos as impressões de causas exteriores, mas o olho a tem em maior grau que os outros sentidos; e o cérebro, onde reside o sentido interno do animal, tem eminentemente esta propriedade: não somente conserva as impressões que recebeu, mas propaga sua ação comunicando aos nervos as vibrações. Os órgãos dos sentidos externos, o cérebro que é o órgão do sentido interno, a medula espinhal e os nervos que se espalham por todas as partes do corpo animal devem ser vistos como fazendo um corpo contínuo, como uma máquina orgânica na qual os sentidos são as partes sobre as quais se aplicam as forças ou as potências exteriores. O cérebro é o hipomóclio[2] ou a massa de apoio, e os nervos são as partes que a ação das faculdades põe em movimento. Mas o que torna essa máquina tão diferente das outras é que o hipomóclio é não somente capaz de resistência e reação, mas que é ele mesmo ativo, pois conserva por muito tempo a vibração que recebeu; e, como esse órgão interno – o cérebro e as membranas que o envolvem – é de uma enorme capacidade e sensibilidade, pode receber um grande número de vibrações sucessivas e simultâneas, e conservá-las na ordem em que as recebeu, porque cada impressão vibra apenas uma parte do cérebro e as impressões sucessivas vibram diferentemente a mesma parte e podem vibrar também partes vizinhas e contíguas.

Se supuséssemos um animal que não tivesse cérebro, mas tivesse um sentido externo muito sensível e muito amplo, um olho, por exemplo, cuja retina tivesse uma extensão tão grande quanto a do cérebro, e tivesse ao mesmo tempo essa propriedade do cérebro de conservar por muito tempo as impressões que houvesse recebido, é certo que com tal sentido o animal veria ao mesmo tempo não só os objetos que atualmente o afetariam, mas

---

2 Segundo o dicionário Trévoux, termo de mecânica usado para designar o ponto de sustentação da alavanca, e sobre a qual se faz o esforço, seja quando a baixamos, seja quando a elevamos. Diz-se ordinariamente apoio, ponto de apoio. Segundo o *Dicionário Caldas Aulete*, hipomóclio significa ponto de apoio da alavanca. (N. T.)

também todos os que antes o afetaram, porque, nessa suposição, as vibrações sempre subsistem e a capacidade da retina, sendo muito grande para recebê-las nas partes diferentes, discerniria igualmente e ao mesmo tempo as primeiras e as últimas imagens. E, vendo também o passado e o presente na mesma olhadela, seria determinado mecanicamente a fazer tal ou tal ação em consequência do grau de força e do número maior ou menor de vibrações produzidas pelas imagens relativas ou contrárias a essa determinação. Se o número das imagens próprias para despertar o apetite ultrapassa o das que despertam a repugnância, o animal será necessariamente determinado a realizar um movimento para satisfazer esse apetite; e se a quantidade ou a força das imagens de apetite são iguais ao número ou à força das de repugnância, o animal não será determinado, permanecerá em equilíbrio entre essas duas potências iguais e não fará nenhum movimento, nem para alcançar nem para evitar o objeto. Digo que isso será feito mecanicamente e sem que a memória tenha parte nisso, pois as imagens, sendo todas vistas ao mesmo tempo pelo animal, agem todas ao mesmo tempo: as que são relativas ao apetite se reúnem e se opõem às relativas à repugnância, e é pela preponderância, ou antes, pelo excesso de força ou de quantidade de umas ou de outras, que o animal será necessariamente determinado a agir de tal ou tal modo, nessa suposição.

Isso mostra que, no animal, o sentido interno difere dos externos apenas por essa propriedade que tem de conservar as vibrações, as impressões que recebeu. Por si mesma, essa propriedade é suficiente para explicar todas as ações dos animais e nos dar uma ideia do que se passa em seu interior; ela também pode servir para demonstrar a diferença essencial e infinita que deve se encontrar entre nós e eles, e ao mesmo tempo fazer-nos reconhecer o que temos em comum com eles.[3]

Os animais têm os sentidos excelentes; mas, de modo geral, não os têm todos tão bons quanto o homem; e é preciso observar que no animal os graus de excelência dos sentidos seguem uma ordem diferente da do

---

3 O argumento que se segue será contestado por Condillac, *Tratado dos animais* (1755), e por Le Roy, *Cartas sobre a inteligência dos animais* (1769). (N. T.)

homem. O sentido mais relacionado ao pensamento e ao conhecimento é o tato: o homem, como provamos,[4] tem esse sentido mais perfeito do que os animais. O olfato é o sentido mais relacionado ao instinto, ao apetite; o animal tem esse sentido infinitamente mais desenvolvido do que o homem. Por conseguinte, o homem deve conhecer mais do que apetecer, e o animal, mais apetecer do que conhecer. No homem, o primeiro dos sentidos por excelência é o toque, o olfato é o último; no animal, o olfato é o primeiro dos sentidos, e o toque é o último. Essa diferença está relacionada à natureza de um e de outro. O sentido da visão só pode ter segurança ou servir ao conhecimento com o auxílio do tato; por conseguinte, o sentido da visão é mais imperfeito, ou antes, adquire menos perfeição no animal do que no homem. A audição, embora talvez tão bem-conformada no animal como no homem, é para aquele, contudo, muito menos útil por lhe faltar a palavra, que no homem é dependente do sentido do ouvido, órgão de comunicação que faz ativo esse sentido, ao passo que no animal o ouvido é um sentido quase inteiramente passivo. O homem tem, pois, o tato, a visão e a audição mais perfeitos, e o olfato mais imperfeito do que o animal; e, como o paladar é um olfato interno, e ainda mais relativo ao apetite do que qualquer dos outros sentidos, pode-se presumir que o animal tem também esse sentido mais certeiro e talvez mais delicado do que o homem: seria possível provar isso pela repugnância invencível que os animais têm por certos alimentos, e pelo apetite natural que os leva a escolher, sem se enganar, os que lhes convêm, ao passo que o homem, se não fosse advertido, comeria o fruto da mancenilheira como maçã, e a cicuta como salsa.

A excelência dos sentidos vem da Natureza, mas a arte e o hábito podem lhe dar também um grau maior de perfeição. Não é necessário para isso senão exercitá-los com frequência e por muito tempo sobre os mesmos objetos: um pintor acostumado a considerar com atenção as formas verá na primeira olhada uma infinidade de nuances e diferenças que outro homem só poderá apreender depois de muito tempo, e talvez nem mesmo venha a

---

4 Veja o artigo "Dos sentidos em geral" [p.307ss do primeiro volume]. (N. A.)

apreender. Um músico, cujo ouvido é continuamente exercitado em harmonia, será vivamente abalado por uma dissonância; uma voz destoante, um som áspero o ofenderá e ferirá; seu ouvido é um instrumento que um som discordante perturba e desafina. A visão do pintor é um quadro, no qual são percebidas as mais ligeiras nuances e traçados os mais delicados traços. Aprimora-se também os sentidos e até mesmo o apetite dos animais: os pássaros são ensinados a repetir palavras e cantos, e aumenta-se o ardor do cão pela caça lhe dando as miudezas.

Mas essa excelência dos sentidos e a perfeição mesma que lhes pode ser dada têm efeitos sensíveis apenas no animal. Ele nos parecerá tanto mais ativo e inteligente quanto melhores ou mais aperfeiçoados forem seus sentidos. O homem, ao contrário, não é mais racional, espiritual, por ter exercitado muito seu ouvido e seus olhos. Observa-se apenas as pessoas que têm os sentidos obtusos, a vista curta, o ouvido duro, o olfato destruído ou insensível, tendo menos espírito do que os outros; prova evidente de que há no homem alguma coisa além de um sentido interno animal: este não é mais do que um órgão material, similar ao órgão dos sentidos externos, e que se difere dele apenas porque tem a propriedade de conservar as vibrações que recebeu. A alma do homem, ao contrário, é um sentido superior, uma substância espiritual, inteiramente diferente da natureza dos sentidos externos, por sua essência e ação.

Portanto, é inegável que há no homem um sentido interno material que, como nos animais, tem relação com os sentidos externos, e apenas a inspeção o demonstra: a conformidade dos órgãos em ambos, o cérebro que está no homem assim como no animal e que é nele de maior extensão em relação ao volume do corpo, bastam para assegurar no homem a existência daquele sentido interno material. Mas o que reivindico é que esse sentido seja infinitamente subordinado ao outro. A substância espiritual o comanda: ela o destrói ou o incita a agir. Esse sentido que, em uma palavra, tudo engendra no animal, só gera no homem o que os sentidos superiores não impedem; gera igualmente o que o sentido superior ordena. No animal, esse sentido é o princípio da determinação do movimento e de todas as ações; no homem, é apenas o meio ou a causa secundária dele.

Desenvolvamos tanto quanto possível esse ponto importante; vejamos o que esse sentido interno material pode produzir: quando fixamos a extensão da esfera de sua atividade, tudo o que não estiver compreendido nela dependerá necessariamente do sentido espiritual; a alma fará tudo o que esse sentido material não pode fazer. Se estabelecermos limites certos entre esses dois poderes, reconheceremos claramente o que pertence a cada uma; distinguiremos com facilidade o que os animais têm em comum conosco e o que temos de superior a eles.

O sentido interno material recebe de igual modo todas as impressões que cada um dos sentidos exteriores lhe transmite: essas impressões vêm da ação dos objetos, apenas passam pelos sentidos externos e não produzem neles mais do que uma vibração de curtíssima duração, e, por assim dizer, instantânea; detêm-se, contudo, nos sentidos internos, e produzem no cérebro, que é o órgão desse sentido, vibrações duráveis e distintas. Essas vibrações são agradáveis ou desagradáveis, isto é, são relativas ou contrárias à natureza do animal e originam o apetite ou a repugnância, segundo o estado e a disposição atual do animal. Tomemos um animal no instante de seu nascimento; desde o momento em que, pelos cuidados da mãe, ele se encontra livre de seus invólucros, começou a respirar e a necessidade de se alimentar se faz sentir, o olfato, que é o sentido do apetite, recebe as emanações do odor do leite que está contido nas mamas da mãe: esse sentido, agitado pelas partículas odoríferas, comunica a vibração ao cérebro, que agita por sua vez os nervos e o animal faz movimentos e abre a boca para obter esse alimento de que necessita. E, sendo o sentido do apetite bem mais rude no homem do que no animal, a criança recém-nascida sente apenas a necessidade de tomar o alimento e a anuncia por gritos; mas não pode encontrá-lo por si só: não é advertido pelo olfato e nada pode determinar seus movimentos para encontrar esse alimento. É necessário aproximá-lo da mama e fazê-lo senti-la e tocá-la com a boca. Então, agitados, esses sentidos comunicarão sua vibração ao seu cérebro e este age sobre os nervos, e a criança fará os movimentos necessários para sugar e receber esse alimento. Só pode ser pelo olfato e pelo paladar, isto é, pelos sentidos do apetite, que o animal é advertido da presença do alimento e do lugar em que deve procurá-lo: seus olhos não estão ainda abertos e, se estivessem, seriam nos primeiros instantes inúteis para a determinação do movimento. O olho, que é um sentido mais relacionado ao conhecimento do que ao apetite, está no homem aberto no momento de seu nascimento, e permanece fechado por muitos dias na maioria dos animais. Os sentidos do apetite, ao contrário, são muito mais perfeitos e desenvolvidos no animal do que na criança: outra prova de que no homem os órgãos do apetite são menos perfeitos do que os do conhecimento e de que no animal estes são menos desenvolvidos do que os do apetite.

Os sentidos relativos ao apetite são, pois, mais desenvolvidos no animal que acaba de nascer do que na criança recém-nascida. E o mesmo ocorre com o movimento progressivo e todos os outros movimentos externos: a criança pode mover apenas seus membros, e passará muito tempo antes que tenha a força para mudar de lugar; o jovem animal, ao contrário, adquire em pouco tempo todas essas faculdades: como elas não estão no animal senão relativas ao apetite, este é veemente e prontamente desenvolvido, e é o princípio único da determinação de todos os movimentos; no homem, ao contrário, o apetite é fraco, desenvolve-se apenas mais tarde e não deve influir tanto quanto o conhecimento na determinação dos movimentos. A esse respeito, o homem é mais tardio do que o animal.

Tudo contribui, pois, para provar, mesmo no físico, que o animal apenas se move pelo apetite e que o homem é conduzido por um princípio superior: se sempre houve dúvida sobre esse assunto, é porque não concebemos bem como, por si só, o apetite pode produzir no animal efeitos tão semelhantes aos que o conhecimento produz em nós, e, além disso, porque não distinguimos facilmente o que fazemos em virtude do conhecimento daquilo que fazemos apenas pela força do apetite. No entanto, não me parece impossível fazer desaparecer essa incerteza, e, empregando o princípio que estabelecemos, chegar até mesmo à convicção. O sentido interno material, tal como dissemos, conserva por muito tempo as vibrações que recebeu. Esse sentido existe no animal e o cérebro é o seu órgão. Esse sentido recebe todas as impressões que cada um dos sentidos exteriores lhe transmite. Quando uma causa exterior, um objeto, de qualquer natureza que seja, exerce, pois, sua ação sobre os sentidos externos, essa ação produz uma vibração duradoura no sentido interior, e essa vibração transmite movimento ao animal. Se a impressão vem dos sentidos do apetite, esse movimento será determinado, pois o animal avançará para alcançar o objeto dessa impressão ou se desviará para evitá-lo, conforme ele o tenha favorecido ou prejudicado. Esse movimento pode também ser incerto, quando for produzido pelos sentidos não relativos ao apetite, como o olho ou o ouvido. O animal que vê ou ouve pela primeira vez é, na verdade, abalado pela luz e pelo som; mas a vibração produz, primeiro, apenas um movimento incerto, porque a impressão da luz ou do som não é de modo algum relativa ao apetite; não é senão por atos repetidos e por reunir às impressões do sentido da visão ou da audição aquelas do odor, do paladar ou do toque, que o movimento se tornará determinado, e ao ver um objeto ou ouvir um som, ele avançará para alcançar ou recuará para evitar a coisa que produz essas impressões tornadas relativas aos seus apetites pela experiência.

Para melhor nos fazer entender, consideremos um animal treinado, um cão, por exemplo, que, embora atormentado por um violento apetite, parece não ousar tocar e, de fato, não toca no que poderia satisfazê-lo, mas, ao mesmo tempo, faz muitos movimentos para obtê-lo da mão de seu mestre. Esse animal não parece combinar ideias? Não parece desejar e temer, em uma palavra, raciocinar quase como um homem que gostaria de se apoderar do bem de outrem, e que, embora violentamente tentado, é detido pelo temor do castigo? Eis aí a interpretação vulgar da conduta do animal. Como é dessa maneira que a coisa se passa em nós, é natural imaginar, e de fato se imagina, que ela se passa do mesmo modo no animal: diz-se que a analogia é bem fundada, já que a organização e a conformação dos sentidos, tanto no exterior quanto no interior, são semelhantes no animal e no homem. Entretanto, para que essa analogia fosse efetivamente bem fundada, não deveríamos observar que seria necessária alguma coisa a mais, ao menos que nada pudesse desmentir que os animais pudessem fazer, e fizessem em algumas ocasiões, tudo o que fazemos? Ora, o contrário é evidentemente demostrado: eles não inventam, nada aperfeiçoam, por consequência, não refletem sobre nada, fazem sempre as mesmas coisas do mesmo modo. Podemos, pois, rebater muito da força dessa analogia; podemos até mesmo duvidar de sua realidade e devemos investigar se não é por outro princípio diferente do nosso que eles são guiados, e se seus sentidos não são suficientes para produzir suas ações, sem que seja necessário conceder-lhes um conhecimento reflexivo.

Tudo o que é relativo ao seu apetite vibra seu sentido interno muito vivamente e o cão se lançaria instantaneamente sobre o objeto desse apetite se esse mesmo sentido não conservasse as impressões anteriores de dor, que precedentemente acompanharam essa ação. As impressões externas modificaram o animal; essa presa que se apresenta a ele não é simplesmente oferecida a um cão, mas a um cão que apanhou. E, como foi castigado todas as vezes que se entregou a esse movimento de apetite, as vibrações de dor se renovam, ao mesmo tempo que as do apetite se fazem sentir, porque essas duas vibrações são produzidas sempre juntas. Sendo o animal, pois, impelido ao mesmo tempo por dois impulsos contrários que se destroem mutuamente, permanece em equilíbrio entre essas duas potências equivalentes; e sendo a causa determinante de seu movimento contrabalançada, não se moverá para alcançar o objeto de seu apetite. Mas as vibrações do apetite e da repugnância, ou, se se quiser, do prazer e da dor, ao subsistirem sempre com uma oposição que destrói seus efeitos, renovam ao mesmo tempo no cérebro do animal uma terceira vibração que, com frequência, as acompanha. É a vibração causada pela ação de seu mestre, de cuja mão ele muitas vezes recebeu essa porção que é o objeto de seu apetite. E, como essa terceira vibração não é contrabalançada por nada que lhe contrarie, torna-se a causa determinante do movimento. O cão será, pois, determinado a se mover em direção ao seu mestre e a se agitar até que seu apetite seja inteiramente satisfeito.

Pode-se explicar pelo mesmo modo e pelos mesmos princípios todas as ações dos animais, por mais complicada que elas possam parecer, sem que seja necessário lhe conceder o pensamento ou a reflexão; seu sentido interior é suficiente para produzir todos os seus movimentos. Resta apenas uma coisa a esclarecer: a natureza de suas sensações, que devem ser, segundo o que acabamos de estabelecer, muito diferentes das nossas. Os animais, dir-nos-ão, não têm nenhum conhecimento? Deles, subtrais o conhecimento de sua existência, o sentimento? Visto que pretendeis explicar mecanicamente todas as suas ações, não os reduzis a apenas simples máquinas, autômatos insensíveis?

Se bem me expliquei, deve estar claro que, longe de tudo subtrair dos animais, eu lhes concedi tudo com exceção do pensamento e da reflexão. Eles têm o sentimento, e o têm ainda em um grau mais alto do que o nosso; têm também a consciência de sua existência atual, mas não têm a de sua existência passada; têm sensações, mas falta-lhes a faculdade de compará-las, isto é, a potência que produz as ideias; pois as ideias não são mais do que sensações comparadas ou, melhor dito, associações de sensações.

Consideremos em particular cada um desses objetos. Os animais têm o sentimento ainda mais requintado do que o nosso; creio já ter provado isso pelo que dissemos sobre a excelência de seus sentidos relativos ao apetite, pela repugnância natural e invencível que têm por algumas coisas, e o apetite constante e resoluto que têm por outras coisas, por essa faculdade que têm de modo muito superior a nós de distinguir imediatamente e sem nenhuma incerteza o que lhes convém do que lhes é nocivo. Os animais têm, pois, tal como nós, dor e prazer. Não conhecem o bem e o mal, mas o sentem: o que lhes é agradável é bom, o que lhes é desagradável é mau. Um e outro são apenas relações que convêm ou contrariam sua natureza, sua organização. O prazer que as cócegas nos dão, a dor que nos causa um ferimento, são dores e prazeres que temos em comum com os animais, já que dependem absolutamente de uma causa exterior material, isto é, de uma ação mais ou menos forte sobre os nervos, que são os órgãos do sentimento. Tudo o que atua suavemente sobre esses órgãos, que os move com delicadeza, é uma causa de prazer; tudo o que os faz vibrar com violência, que os agita fortemente, é uma causa de dor. Todas as sensações são, portanto, fontes de prazer, desde que suaves, temperadas e naturais; mas, quando se tornam demasiado fortes, produzem a dor, que, no físico, é mais o extremo do que o contrário do prazer.

De fato, uma luz muito viva, um fogo muito ardente, um barulho excessivamente alto, um odor muito forte, um prato insípido ou tosco, uma fricção áspera agridem-nos ou nos afetam desagradavelmente; ao passo que uma cor amena, um calor temperado, um som suave, um perfume delicado, um sabor apurado, um toque suave deleitam-nos e muitas vezes nos comovem deliciosamente. Todo afago dos sentidos é, pois, um prazer, e todo abalo forte, toda vibração violenta, é uma dor. E, como as causas que podem ocasionar as comoções e as vibrações violentas se encontram mais raramente na Natureza do que as que produzem movimentos suaves e de efeitos moderados, e como os animais, pelo exercício de seus sentidos, adquirem em pouco tempo os hábitos não só de evitar os reencontros ofensivos e de se afastar das coisas nocivas, mas também de distinguir os objetos que lhes convêm e de se aproximar deles, não é de duvidar que tenham muito mais sensações agradáveis do que desagradáveis, e que a soma do prazer seja maior do que a da dor.

Se no animal o prazer não é outra coisa além daquilo que deleita os sentidos, e no físico o que deleita os sentidos é apenas o que convém à Natureza; se a dor, ao contrário, não é senão o que fere os órgãos e o que se opõe a ela; se, em uma palavra, o prazer é o bem e a dor, o mal físico, não podemos duvidar de que todo ser que sente tenha em geral mais prazer do que dor; pois tudo o que é conveniente à sua natureza, tudo o que pode contribuir para sua conservação, tudo o que sustenta sua existência é prazer; tudo o que tende, ao contrário, à sua destruição, tudo o que pode perturbar sua organização, tudo o que modifica seu estado natural, é dor. É, pois, apenas pelo prazer que um ser que sente pode continuar a existir; e, se a soma das sensações deleitosas, isto é, dos efeitos convenientes à sua natureza, não ultrapassasse a das sensações dolorosas ou dos efeitos que lhe são contrários, privado de prazer, ele definharia antes de qualquer coisa por falta de bem; se o sobrecarregássemos de dor, pereceria pela abundância do mal.

No homem, o prazer e a dor física são a menor parte de suas penas e prazeres; sua imaginação, que trabalha continuamente, faz tudo, ou antes, não faz nada que não seja para sua infelicidade; pois ela não apresenta à alma nada além de fantasmas vãos ou imagens exageradas, e força-a a se ocupar deles; mais agitada por essas ilusões do que pelos objetos reais, a alma perde sua faculdade de julgar, e até mesmo seu comando, compara apenas quimeras, quer apenas o secundário e, muitas vezes, o impossível; sua vontade, que ela deixa de determinar, torna-se, pois, para ela um fardo; seus desejos exagerados são penas; e suas esperanças vãs são, no máximo, falsos prazeres que desaparecem e se dissipam logo que chega a calma e que a alma, retomando seu lugar, consegue julgá-los.

Por conseguinte, todas as vezes que procuramos prazer, preparamos penas para nós mesmos. Somos infelizes sempre que desejamos ser mais felizes. A felicidade está dentro de nós mesmos; ela nos foi dada. A infelicidade está fora e vamos à sua procura. Por que não estamos convencidos de que a fruição tranquila de nossa alma é nosso único e verdadeiro bem? De que não podemos aumentá-la sem correr o risco de perdê-la? De que, quanto menos desejamos, mais possuímos? E, finalmente, de que tudo o que queremos para além do que a Natureza pode nos dar é pena, e que todo prazer está no que ela nos oferece?

Ora, a Natureza nos deu e ainda nos oferece a todo instante inúmeros prazeres; proveu-nos de necessidades, muniu-nos contra a dor; no físico, há infinitamente mais bem do que mal. Não é, portanto, a realidade que se deve recear, mas a quimera; não é nem a dor do corpo, nem as doenças, nem a morte, mas a agitação da alma, as paixões e o tédio o que se deve temer.

Os animais contam com apenas um meio para obter prazer: pôr em movimento seu sentimento para satisfazer seu apetite. Nós temos essa mesma faculdade, e, além disso, temos outro meio: mover nosso espírito, cujo apetite é o de saber. Essa fonte de prazeres seria a mais abundante e a mais pura se acaso nossas paixões, ao se oporem ao seu curso, não acabassem por perturbá-la e desviassem a alma de toda contemplação; logo que se tornam preponderantes, a razão silencia, ou, ao menos, não emite mais do que uma voz fraca e muitas vezes inoportuna, segue-se a aversão pela verdade, o charme da ilusão aumenta, o erro se fortifica, arrasta-nos e nos conduz à infelicidade: pois que infelicidade seria maior do que a de nada mais ver tal como é, de nada mais julgar que relativamente à sua paixão, de não agir senão por sua ordem, de parecer consequentemente injusto ou ridículo aos outros, e de ser forçado a depreciar a si mesmo quando resolve se examinar?

Nesse estado de ilusão e trevas, queremos mudar a natureza mesma de nossa alma; ela nos foi dada apenas para conhecer e queremos empregá-la só para sentir; se pudéssemos sufocar por completo sua luz, não lamentaríamos sua perda, cobiçaríamos de bom grado a sorte dos insensatos. Como é senão de tempos em tempos que somos razoáveis, e esses intervalos de razão nos são um fardo e se passam em reprimendas secretas, gostaríamos de suprimi-los; desse modo, caminhando sempre de ilusão em ilusão, procuramos de bom grado nos perder de vista para em pouco tempo chegar a não mais nos conhecer e acabar por nos esquecer.

Uma paixão sem intervalos é demência, e o estado de demência é para a alma um estado de morte. Violentas paixões com intervalos são acessos de loucura, de doença da alma, tanto mais perigosas quanto mais longas e frequentes. A sabedoria não é mais do que a soma dos intervalos de saúde que esses acessos nos deixam; essa soma não é aquela de nossa felicidade, pois então sentimos que nossa alma esteve doente, censuramos nossas paixões, condenamos nossas ações. A loucura é o germe da infelicidade, que é desenvolvido pela sabedoria. A maioria daqueles que se dizem infelizes são homens apaixonados, isto é, loucos, aos quais restam alguns intervalos de razão, durante os quais conhecem sua loucura e sentem, por consequência, sua infelicidade. E como há nas condições elevadas mais desejos falsos, mais pretensões vãs, mais paixões desordenadas, mais abuso de sua alma do que nos estados inferiores, os grandes são, sem dúvida, dentre todos os homens, os menos felizes.

Mas desviemos os olhos desses tristes objetos e dessas verdades humilhantes, consideremos o homem sensato, o único digno de ser considerado: mestre de si mesmo e dos acontecimentos; contente com seu estado, ele não quer ser senão como sempre foi; vive apenas como sempre viveu; bastando-se a si mesmo, tem apenas uma fraca necessidade dos outros, não pode lhes ser um fardo; sempre ocupado em exercer as faculdades de sua alma, aperfeiçoa seu entendimento, cultiva seu espírito, adquire novas consciências e se satisfaz a todo instante sem remorsos, sem aversão, desfruta de todo o Universo, desfrutando de si mesmo.

Tal homem é sem dúvida o ser mais feliz da Natureza: ele reúne os prazeres do corpo, que compartilha com os animais, e as alegrias do espírito, que pertencem apenas a ele. Tem dois modos de ser feliz, que se auxiliam e se fortificam mutuamente. E se por um desarranjo de saúde ou por algum outro acidente venha a sentir dor, sofre menos do que outro, a força de sua alma o sustenta, a razão o consola. Tem satisfação mesmo ao sofrer: é a de se sentir bastante forte para sofrer.

A saúde do homem é menos consistente e mais oscilante do que a de qualquer animal: adoece com mais frequência e por mais tempo, perece em qualquer idade, ao passo que os animais parecem percorrer com um passo igual e consistente o espaço da vida. Isso me parece vir de duas causas que, embora bem diferentes, devem contribuir ambas para esse efeito. A primeira é a agitação de nossa alma: ela é ocasionada pelo desregramento de nosso sentido interior material; as paixões e as infelicidades que elas ocasionam influem sobre a saúde e desarranjam os princípios que nos animam: se se observasse os homens, ver-se-ia que quase todos levam uma vida tímida ou contenciosa, e que a maioria morre de tristeza. A segunda é a imperfeição de nossos sentidos que se relacionam com o apetite. Os animais sentem bem melhor do que nós o que convém à sua natureza; não se enganam na escolha de seus alimentos, não se excedem nos prazeres. Guiados apenas pelo sentimento de suas necessidades atuais, eles se satisfazem sem procurar fazer nascer novas. Nós, independentemente do que queremos em excesso, independentemente dessa espécie de furor com a qual procuramos nos destruir buscando forçar a natureza, não conhecemos muito o que nos convém ou o que nos é prejudicial, não distinguimos bem os efeitos de tal ou tal alimento, desdenhamos os alimentos simples e preferimos refeições compostas, porque corrompemos nosso gosto, e de um sentido de prazer fizemos um órgão de gula, que não se deleita senão com o que o irrita.

Não é de espantar, pois, que estejamos, mais do que os animais, sujeitos a enfermidades, já que não sentimos tão bem quanto eles o que é bom ou mau para nós, o que contribui para conservar ou destruir nossa saúde. Desse ponto de vista, nossa experiência é bem menos segura do que seu sentimento; além disso, abusamos infinitamente mais do que eles desses mesmos sentidos do apetite, que lhes são melhores e mais perfeitos do que os nossos, já que esses sentidos são para eles apenas meios de conservação e de saúde, e que se tornam para nós causas de destruição e de doença. Por si só, a intemperança destrói e faz languir mais homens do que todos os outros flagelos da natureza humana reunidos.

Todas essas reflexões nos levam a crer que os animais têm o sentimento mais certeiro e mais requintado do que o nosso; pois, mesmo se se quisesse objetar que há animais que se pode envenenar com facilidade, outros que se envenenam a si mesmos, e, por conseguinte, que esses animais não distinguem mais do que nós o que pode lhes ser desfavorável, responderei sempre que eles tomam o veneno apenas com o engodo que o envolve ou com o alimento que o rodeia; que, além disso, é apenas quando não têm outra escolha, quando a fome os pressiona e quando a privação se torna necessidade que devoram, de fato, tudo o que encontram ou lhes é apresentado, e ainda acontece que a maioria se deixa consumir de inanição e perecer de fome, em vez de tomar alimentos que lhes repugnam.

Os animais têm, pois, o sentimento em um grau muito mais elevado do que o nosso. Poderia ser comprovado ainda pelo uso que fazem desse sentido admirável, que por si só faria as vezes de todos os outros sentidos. A maioria dos animais tem o olfato tão perfeito que sente de tão longe o que não vê; eles não só sentem de muito longe os corpos presentes e atuais, mas também sentem suas emanações e os rastros muito tempo depois de estarem ausentes e terem passado. Tal sentido é um órgão universal de sentimento: é um olho que vê os objetos, não apenas onde eles estão, mas também por todos os lugares por onde estiveram; é um órgão de paladar pelo qual o animal saboreia não só o que pode tocar e apreender, mas também o que está afastado e que não pode alcançar; é o sentido pelo qual ele é mais rápido, frequente e seguramente advertido, pelo qual ele age, determina-se, reconhece o que é conveniente ou contrário à sua natureza, enfim, percebe, sente e escolhe o que pode satisfazer seu apetite.

Os animais têm, desse modo, o sentido relativo ao apetite mais perfeito do que o nosso, e, por consequência, têm o sentimento mais requintado e em um grau mais alto do que o nosso; têm também a consciência de sua existência atual, mas não a de sua existência passada. Essa segunda proposição merece, como a primeira, ser considerada. Vou me esforçar para provar sua verdade.

A consciência de sua existência, esse sentimento interno que constitui o *eu*, é composto em nós da sensação de nossa existência atual e da lembrança de nossa existência passada. Essa lembrança é uma sensação tão presente quanto a primeira, e, por vezes, ocupa-nos até com mais força e nos afeta com mais potência do que as sensações atuais. Como essas duas espécies de sensações são diferentes e nossa alma tem a faculdade de compará-las e de formar ideias delas, nossa consciência de existência é tanto mais certa e extensa quanto com mais frequência e em número muito maior representamos as coisas do passado e, por nossas reflexões, preferencialmente as comparamos e as combinamos entre si e com as coisas presentes. Cada um conserva em si mesmo certo número de sensações relativas às diferentes existências, isto é, aos diferentes estados em que se encontrou. Esse número de sensações se transformou em uma sucessão e formou uma sequência de ideias pela comparação que nossa alma fez dessas sensações entre si. A ideia de tempo consiste nessa comparação de sensações, e todas as outras ideias são, como dissemos, apenas sensações comparadas. Mas essa sequência de nossas ideias, essa cadeia de nossas existências, muitas vezes se apresenta para nós em uma ordem muito diferente daquela em que recebemos nossas sensações. O que vemos é a ordem de nossas ideias, isto é, das comparações que nossa alma fez de nossas sensações, de modo algum a ordem dessas sensações. Consiste nisso sobretudo a diferença dos caráteres e dos espíritos; pois, de dois homens que suporemos semelhantemente organizados e que foram criados juntos e do mesmo modo um poderá pensar muito diferentemente do outro, embora ambos tenham recebido suas sensações na mesma ordem. Mas, como a índole de suas almas é diferente, e cada uma dessas almas comparou e combinou sensações semelhantes de uma maneira que lhe é própria e particular, o resultado geral dessas comparações, isto é, as ideias, o espírito e o caráter adquirido, será muito diferente.

Há homens cuja atividade da alma é tal que jamais recebem duas sensações sem compará-las e, por consequência, delas formar uma ideia. Estes são os mais espirituais e podem, segundo as circunstâncias, tornar-se os primeiros homens em todo gênero de coisas. Há outros em quantidade muito grande cuja alma menos ativa deixa escapar todas as sensações que não têm certo grau de força e apenas compara as que vibram fortemente. Estes têm menos espírito do que os primeiros, e tanto menos quanto menos frequentemente sua alma compara suas sensações e delas forma ideias; outros, enfim, a grande maioria deles, têm tão pouca vida na alma e uma tão grande indolência para pensar que nada comparam e combinam, nada ao menos na primeira olhadela, sendo-lhes necessárias sensações fortes e repetidas milhões de vezes para que sua alma venha, finalmente, a comparar algumas delas e formar uma ideia. Esses homens são mais ou menos estúpidos e parecem não diferir dos animais a não ser por esse pequeno número de ideias que sua alma se esforça tanto para produzir.

Sendo, pois, a consciência de nossa existência composta não só de nossas sensações atuais, mas também da sequência de ideias que engendra a comparação de nossas sensações e existências passadas, é evidente que quanto mais ideias se tem, tanto mais certo se está de sua existência; que quanto mais espírito se tem, tanto mais se existe; que, enfim, é pela potência que nossa alma tem de refletir, e apenas por ela, que estamos certos de nossas existências passadas e que vemos nossas existências futuras, não sendo a ideia de futuro senão a comparação inversa do presente com o passado, já que, dessa perspectiva do espírito, o presente é passado, e o futuro é presente.

Tendo sido recusado aos animais esse poder de refletir,[5] é certo, pois, que não podem formar ideias e que, consequentemente, sua consciência de existência é menos segura e menos extensa do que a nossa, pois não podem ter nenhuma ideia de tempo, nenhuma consciência de existência do passado, nenhuma noção do futuro: sua consciência de existência é simples, depende apenas das sensações que os afetam atualmente, e consiste no sentimento interno que essas sensações produzem.

Não poderíamos conceber o que é essa consciência de existência nos animais ao refletirmos sobre o estado em que nos encontramos quando somos fortemente atraídos por um objeto ou violentamente agitados por uma paixão que impede toda reflexão sobre nós mesmos? Exprime-se a ideia desse estado dizendo que se está fora de si, e, de fato, se está, quando se é atraído

---

5 Veja o artigo "Da natureza do homem" [p.159-68 do primeiro volume]. (N. A.)

apenas por sensações atuais, e tanto mais quanto mais vivas forem essas sensações e menos tempo se dê à alma para considerá-las. Nesse estado, sentimos a nós mesmos, sentimos até o prazer e a dor em todas as suas nuances; temos, pois, o sentimento, a consciência de nossa existência, sem que nossa alma pareça tomar parte nisso. Esse estado, em que nos encontramos apenas por instantes, é o estado habitual dos animais; privados de ideias e providos de sensações, eles não sabem que existem, mas o sentem.

Para tornar mais perceptiva a diferença que estabeleci aqui entre as sensações e as ideias e demonstrar, ao mesmo tempo, que os animais têm sensações e que não têm ideias, consideremos em detalhes suas faculdades e as nossas, e comparemos suas operações às nossas ações. Como nós, eles têm sentidos e, consequentemente, recebem as impressões dos objetos exteriores; como nós, têm sentido interno, um órgão que conserva as vibrações causadas por essas impressões e, por conseguinte, têm sensações que, como as nossas, podem se renovar e são mais ou menos fortes e duráveis; entretanto, não têm nem espírito, nem entendimento, nem memória como nós temos, porque não têm o poder de comparar suas sensações, do qual dependem essas três faculdades de nossa alma.

Os animais não têm a memória? O contrário parece demonstrado, dir-me-ão: após uma ausência, não reconhecem as pessoas com quem viveram, os lugares que habitaram, os caminhos que percorreram? Não se lembram das punições que experimentaram, dos carinhos que lhes foram feitos, das lições que receberam? Tudo parece provar que, ao retirar-lhes o entendimento e o espírito, não podemos recusar-lhes a memória, e uma memória ativa, extensa e, talvez, mais fiel do que a nossa. Entretanto, por maiores que sejam essas aparências e por mais forte que seja o preconceito a que elas deram origem, creio que podemos demonstrar que nos enganam, que os animais não têm nenhum conhecimento do passado, nenhuma ideia de tempo, e que, consequentemente, não têm memória.

Em nós, a memória emana do poder de refletir, pois a lembrança que temos das coisas passadas supõe não só a duração das vibrações de nosso sentido interno material, isto é, a renovação de nossas sensações anteriores, mas também as comparações que nossa alma fez dessas sensações, isto é, as ideias que formamos delas. Se a memória consistisse apenas na renovação das sensações passadas, essas sensações se representariam para o nosso sentido interior sem deixar nele uma impressão determinada; elas se apresentariam sem nenhuma ordem, sem ligação entre si, mais ou menos como se apresentam na embriaguez ou em alguns sonhos, onde tudo é tão descosturado, tão pouco contínuo e ordenado, que não podemos conservar deles a recordação, pois nos lembramos apenas das coisas que se relacionam com as que lhes precederam ou as que lhes seguiram; e toda sensação isolada, que não teve ligação alguma com as outras sensações, por mais forte que possa ser, não deixa nenhum traço em nosso espírito. Ora, é nossa alma que estabelece essas relações entre as coisas, pela comparação que faz de umas com as outras; é ela que forma a ligação de nossas sensações e que urde a trama de nossas existências por um fio contínuo de ideias. A memória consiste, pois, em uma sucessão de ideias e supõe necessariamente o poder que as produz.

Mas, para não deixar, se for possível, nenhuma dúvida sobre esse ponto importante, vejamos qual é a espécie de lembrança que nos deixam sensações, quando não são acompanhadas de ideias. A dor e o prazer são puras sensações, e as mais fortes de todas; contudo, quando queremos nos recordar do que sentimos nos instantes mais vivos de prazer ou de dor, não podemos fazê-lo senão de modo fraco e confuso. Lembramo-nos apenas de que fomos favorecidos ou feridos, mas nossa lembrança não é distinta, não podemos representar para nós mesmos nem a espécie, nem o grau, nem a duração dessas sensações que, todavia, nos moveram tão fortemente. E somos tão menos capazes de representá-las quanto menos repetidas e mais raras forem. Uma dor, por exemplo, que provamos apenas uma vez, que tenha durado apenas alguns instantes, e que seja diferente das dores que habitualmente provamos, necessariamente será esquecida com rapidez, por mais viva que seja. E, embora nos lembremos que nessa circunstância sentimos uma grande dor, não temos mais do que uma fraca reminiscência da sensação mesma, já que temos uma memória clara das circunstâncias que a acompanharam e do tempo no qual ocorreu.

Por que tudo o que sucedeu em nossa infância é quase inteiramente esquecido? E por que os velhos têm uma lembrança mais presente daquilo que lhes sucedeu na meia-idade do que daquilo que lhes sucedeu na velhice? Há prova melhor de que as sensações por si sós não são suficientes para produzir a memória, e de que ela, de fato, não existe senão na sequência das ideias que nossa alma pode obter dessas sensações? Pois na infância as sensações são tão e, talvez, mais vivas e rápidas do que na meia-idade e, contudo, deixam apenas pouco ou nenhum rastro, porque naquela idade o poder de refletir, único que pode formar ideias, está em uma inação quase total, e no momento em que age não compara senão superfícies, não combina mais do que coisas pequenas, por pouco tempo, sem nada ordenar e formar sequência. Na idade madura, em que a razão está inteiramente desenvolvida, pois o poder de refletir está em inteiro exercício, obtemos de nossas sensações todo o fruto que elas podem produzir e formamos muitas ordens de ideias e muitas cadeias de pensamentos, em que cada uma produz um rastro duradouro, sobre o qual voltamos a passar com tanta frequência e que se torna profundo, inapagável. E, muitos anos depois, no tempo de nossa velhice, essas mesmas ideias se apresentam com mais força do que aquelas que podemos extrair imediatamente das sensações atuais, porque, então, essas sensações são fracas, lentas, embotadas, e, nessa idade, a própria alma partilha da languidez do corpo. Na infância, o tempo presente é tudo; na idade madura, goza-se também o passado, o presente e o futuro; e na velhice, sente-se pouco o presente, desvia-se os olhos do futuro, e vive-se apenas no passado. Essas diferenças não dependeriam inteiramente da ordenação que nossa alma fez de nossas sensações e não são relativas à maior ou à menor facilidade que temos nessas diferentes idades para formar, adquirir e conservar ideias? A criança que tagarela e o velho que repete sempre a mesma coisa não têm nem um nem outro o tom da razão, porque faltam igualmente ideias; o primeiro não pode formá-las, e o segundo não as forma mais.

Um imbecil, cujos sentidos e os órgãos corporais nos parecem sadios e bem-dispostos, tem como nós sensações de todas as espécies, e as terá também na mesma ordem se vive em sociedade e o obrigamos a fazer o que fazem os outros homens. Contudo, como essas sensações não fazem nascer nele ideias, como não há correspondência entre sua alma e seu corpo, e como ele não pode refletir sobre nada, está, consequentemente, privado da memória e do conhecimento de si. Esse homem não difere em nada do animal quanto às faculdades exteriores, pois, por mais que tenha uma alma e, por consequência, possua em si o princípio da razão, como esse princípio permanece na inação e não recebe nada dos órgãos corporais com os quais não tem correspondência alguma, não pode influir sobre as ações desse homem, que a partir de então não pode agir senão como um animal determinado apenas por suas sensações e pelo sentimento de sua existência atual e de suas necessidades presentes. Assim, o homem imbecil e o animal são seres cujos resultados e operações são em todos os aspectos os mesmos, porque um não tem alma, e o outro não se serve dela. Ambos carecem do poder de refletir e, portanto, não têm nem entendimento, nem espírito, nem memória, mas têm sensações, sentimento e movimento.

Entretanto, repetir-me-ão sempre: o homem imbecil e o animal não agem com frequência como se estivessem determinados pelo conhecimento das coisas passadas? Não reconhecem as pessoas com as quais viveram, os lugares que habitaram etc., ações que supõem necessariamente a memória? E isso não provaria, ao contrário, que a memória não emana do poder de refletir?

Se se prestar atenção ao que acabei de dizer, já se perceberá que distingo duas espécies de memória infinitamente diferentes uma da outra por sua causa, e que, entretanto, podem se assemelhar de algum modo por seus efeitos. A primeira é o rastro de nossas ideias; e a segunda, que de bom grado eu chamaria de reminiscência mais do que de memória, é apenas a renovação de nossas sensações, ou antes, das vibrações que as causaram. A primeira emana da alma, e, como provei, é para nós bem mais perfeita do que a segunda; essa última, ao contrário, não é produzida senão pela renovação das vibrações do sentido interior material, e é a única que concorda com o animal ou com o homem imbecil: suas sensações anteriores são renovadas pelas atuais e despertam com todas as circunstâncias que as acompanharam; a imagem principal e presente evoca as imagens antigas e acessórias; eles sentem como sentiam, agem, pois, como agiam, veem juntos o presente e o passado, mas sem distingui-los, compará-los e, consequentemente, conhecê-los.

Uma segunda objeção que sem dúvida me farão, e que não sendo, contudo, mais do que uma consequência da primeira, mesmo assim não deixarão de me colocar como outra prova da existência da memória nos animais, são seus sonhos. É certo que os animais representam no sono as coisas de que se ocuparam na véspera: em geral os cães latem dormindo, e embora esse ladrar seja surdo e fraco, reconhece-se, entretanto, o latido de caça, os acentos de cólera, os sons do desejo ou do murmúrio etc. Não se pode, pois, duvidar que têm das coisas passadas lembranças muito vivas, ativas e diferentes da que acabamos de falar, já que se renova independentemente de alguma causa exterior relativa a ela.

Para esclarecer essa dificuldade e respondê-la de maneira satisfatória, é preciso examinar a natureza de nossos sonhos, e procurar descobrir se vêm de nossa alma ou se dependem apenas de nosso sentido interior material. Se pudermos provar que residem inteiramente neste último, isso seria não só uma resposta à objeção, mas uma nova demonstração contra o entendimento e a memória dos animais.

Os imbecis, cuja alma é sem ação, sonham como os outros homens; produzem-se, pois, sonhos independentemente da alma, já que nos imbecis a alma nada produz. Os animais, que não têm alma, podem também sonhar, e não apenas se produzem sonhos independentemente da alma, mas sou fortemente levado a crer que todos os sonhos são independentes dela. Peço apenas que cada um reflita sobre seus sonhos e esforce-se por reconhecer por que as partes são tão mal ligadas e os acontecimentos tão bizarros. Pareceu-me que era principalmente porque giram em torno apenas de sensações e de modo algum de ideias. A ideia de tempo, por exemplo, jamais toma parte nele; representam-se bem as pessoas não vistas, e mesmo as que morreram há muitos anos: elas são vistas vivas e tal como eram, mas unidas às coisas atuais e às pessoas presentes, ou às coisas e às pessoas de outro tempo. O mesmo ocorre com a ideia de lugar: não se vê onde elas estavam; as coisas que se representa são vistas alhures, onde não poderiam estar. Se a alma agisse, seria necessário apenas um instante para pôr ordem nessa sequência descosida, nesse caos de sensações. Mas, ordinariamente, a alma não age; deixa as representações se sucederem em desordem, e, embora cada objeto se apresente vivamente, a sucessão é, em geral, confusa e sempre quimérica. E se acontecer de a alma quase ser acordada pela enormidade de seus disparates, ou apenas pela força de suas sensações, ela lançará de imediato uma centelha de luz em meio às trevas, produzirá uma ideia real no seio mesmo das quimeras; sonhar-se-á que tudo isso poderia muito bem ser apenas um sonho, ou deveria dizer, pensar-se-á, pois, embora essa ação seja apenas um pequeno signo da alma, não é uma sensação nem um sonho, é um pensamento, uma reflexão, mas que, não sendo forte o suficiente para dissipar a ilusão, se mistura a esta, tornando-se parte dela e não impedindo as representações de se sucederem, de modo que, ao acordar, imagina-se ter sonhado aquilo mesmo que se pensava.

Nos sonhos, vê-se muito e quase nunca se ouve; não se raciocina, sente-se vivamente. As imagens se seguem, as sensações se sucedem sem que a alma as compare nem as reúna; tem apenas sensações e não ideias, já que as ideias são só comparações entre sensações. Assim, os sonhos residem apenas no sentido interior material. A alma não os produz, e farão, pois, parte daquela lembrança animal, daquela espécie de reminiscência material que acabamos de falar. A memória, ao contrário, não pode existir sem a ideia do tempo, sem a comparação das ideias anteriores com as atuais, e já que essas ideias não entram nos sonhos, parece demonstrado que eles não podem ser nem uma consequência, nem um efeito, nem uma prova da memória. Mas, ainda que se quisesse sustentar que às vezes há sonhos de ideias, e para prová-lo se citassem os sonâmbulos, as pessoas que falam dormindo e dizem coisas ordenadas, que respondem a questões etc., e disso se inferisse que as ideias não são excluídas dos sonhos, ao menos tão absolutamente quanto pretendo, ser-me-ia suficiente, para o que teria para provar, que a renovação dos sentimentos pudesse produzi-las; pois, por conseguinte, os animais não terão mais do que sonhos dessa espécie e esses sonhos, muito longe de supor a memória, não indicam, pelo contrário, senão a reminiscência material.

Entretanto, estou muito longe de acreditar que os sonâmbulos, as pessoas que falam dormindo, que respondem a questões, estejam de fato ocupadas com ideias. A alma não me parece ter nenhuma parte em todas essas ações, pois os sonâmbulos vão, vêm, agem sem reflexão, sem conhecimento de sua situação ou do perigo e dos inconvenientes que acompanham seus passos. As únicas faculdades em exercício são as animais e também elas não estão ali inteiras. Um sonâmbulo está em um estado mais estúpido do que um imbecil, porque há apenas uma parte de seus sentidos e de seu sentimento que estão, naquele momento, em exercício, ao passo que o imbecil dispõe de todos os seus sentidos e desfruta do sentimento em toda a sua extensão. Com respeito às pessoas que falam dormindo, não creio que dizem nada novo. A resposta a algumas questões triviais e correntes, a repetição de algumas frases comuns não provam a ação da alma. Pode-se operar tudo isso independentemente do princípio do conhecimento e do pensamento. Por que no sono não se falaria sem pensar, já que examinando a si mesmo quando se está acordado percebe-se, sobretudo nas paixões, que se diz muitas coisas sem reflexão?

No que se refere à causa ocasional dos sonhos, que faz as sensações anteriores se renovarem sem ser excitadas por objetos presentes ou por sensações atuais, observar-se-á que quando o sono é profundo não se sonha. Tudo está, então, calmo; dorme-se interna e externamente. Mas o sentido interno é o último a dormir e o primeiro a acordar, porque é mais vivo, ativo e fácil de vibrar do que os sentidos externos, e consequentemente o sono é menos completo e profundo. Eis aí o período dos sonhos ilusórios: as sensações anteriores, sobretudo essas sobre as quais não refletimos, renovam-se; não podendo ser ocupado por sensações atuais devido à inação dos sentidos externos, o sentido interior age e produz um efeito sobre suas sensações passadas. As mais fortes são aquelas que ele mais frequentemente apreende, e é por essa razão que quase todos os sonhos são terríveis ou encantadores.

Tampouco é necessário que os sentidos externos estejam absolutamente suspensos para que o sentido interno material possa agir por iniciativa própria; basta que estejam sem exercício. Com o costume que temos de nos entregar regularmente a um descanso antecipado, não é sempre que se dorme com facilidade. O corpo e os membros frouxamente estendidos estão sem movimento; os olhos duplamente vedados pela pálpebra e pela escuridão não podem se exercitar; a tranquilidade do lugar e o silêncio da noite deixam o ouvido inútil; os outros sentidos também estão inativos, tudo está em repouso e nada se encontra ainda em suspensão. Nesse estado, quando não nos ocupamos de ideias e também a alma está na inação, cabe ao sentido interior material o império. Nesse momento, ele é o único poder que age: aí está o tempo de imagens quiméricas, sombras volitantes. Está-se acordado e, no entanto, provam-se os efeitos do sono: caso se esteja em plena saúde, tem-se uma sequência de imagens agradáveis, de ilusões encantadoras; mas, por menor que seja o sofrimento ou o abatimento do corpo, as cenas são bem diferentes: veem-se figuras, esgares, rostos enrugados, fantasmas horrendos que parecem se dirigir a nós, e que se sucedem com tanta bizarrice quanto rapidez. É a lanterna mágica, uma cena quimérica que preenche nosso cérebro então vazio de qualquer outra sensação, e os objetos dessa cena são tão mais vivos, numerosos e desagradáveis quanto mais lesadas as outras faculdades animais, mais delicados e mais fracos os nervos, porque nesse estado de fraqueza ou doença, sendo as vibrações causadas pelas sensações reais muito mais fortes e mais desagradáveis do que no estado de saúde, as representações dessas sensações, produzidas pela renovação dessas vibrações, devem também ser mais vivas e mais desagradáveis.

De mais a mais, lembramo-nos de nossos sonhos pela mesma razão que nos lembramos das sensações que acabamos de experimentar, e a única diferença que aqui haveria entre nós e os animais é que distinguimos perfeitamente o que pertence aos nossos sonhos do que pertence às nossas ideias ou às nossas sensações reais, e isso é uma comparação, uma operação da memória, na qual entra a ideia do tempo. Ao contrário, os animais, que são privados da memória e desse poder de comparar os tempos, não podem distinguir seus sonhos de suas sensações reais, e é possível dizer que o que sonharam efetivamente lhes sucedeu.

No que escrevi[6] sobre a natureza do homem, creio já ter provado de modo demonstrativo que os animais não têm o poder de refletir; ora, o

---

6 Veja o artigo "Da natureza do homem" [p.159-68 do primeiro volume]. (N. A.)

entendimento é não apenas uma faculdade desse poder de refletir, mas o exercício mesmo desse poder, seu resultado, o que o manifesta. Só devemos distinguir no entendimento duas operações diferentes: a primeira servindo de base para a segunda e a precedendo necessariamente. Essa primeira ação do poder de refletir é de comparar as sensações e formar ideias delas, e a segunda é de comparar as ideias mesmas e raciocinar sobre elas. Pela primeira dessas operações, adquirimos ideias particulares, que bastam para o conhecimento de todas as coisas sensíveis; pela segunda, elevamo-nos a ideias gerais, necessárias para se chegar à inteligência das coisas abstratas. Os animais não têm nenhuma dessas faculdades, pois não têm entendimento, e o entendimento da maioria dos homens parece ser limitado à primeira dessas operações.

Se todos os homens fossem igualmente capazes de comparar ideias, de generalizá-las e com elas formar novas combinações, manifestariam seu engenho por novas produções, sempre diferentes das de outros e, geralmente, mais perfeitas. Todos teriam o dom de inventar, ou, ao menos, o talento de aperfeiçoar. Mas não é isso o que acontece: reduzidos a uma imitação servil, a maioria dos homens faz apenas o que veem ser feito; não pensa senão com a memória e na mesma ordem que os outros pensaram; as fórmulas, os métodos, os ofícios, preenchem toda a capacidade de seu entendimento e o dispensam de refletir suficientemente para crer.

A imaginação é uma faculdade da alma. Se pela palavra *imaginação* entendemos o poder que temos de comparar imagens com ideias, de dar cores a nossos pensamentos, de representar e de aumentar nossas sensações, de pintar nossos sentimentos, em uma palavra: de apreender vivamente as circunstâncias e ver com clareza as distantes relações dos objetos que consideramos, essa potência de nossa alma é também sua qualidade mais brilhante e ativa, é o espírito superior, é o gênio. Os animais estão desprovidos dela ainda mais do que de entendimento e memória; mas há outra imaginação, outro princípio que depende unicamente dos órgãos corporais e que nos é comum com os animais: é essa ação tumultuosa e forçada, que se excita em nosso interior pelos objetos análogos ou contrários aos nossos apetites; é essa impressão viva e profunda das imagens desses objetos que, a despeito de nós, renova-se a todo instante e nos obriga a agir como os animais, sem reflexão, sem deliberação. Essa representação dos objetos, ainda mais ativa do que sua presença, exagera e falsifica tudo. Essa imaginação é inimiga de nossa alma, fonte da ilusão, mãe das paixões que nos dominam, que nos arrastam apesar dos esforços da razão e nos reenviam ao infeliz teatro de um combate contínuo, onde somos quase sempre vencidos.

Homo duplex

O homem interior é duplo: composto de dois princípios diferentes por sua natureza e contrários por sua ação. A alma, princípio espiritual e de todo conhecimento, está sempre em oposição a outro princípio, animal e puramente material. O primeiro é uma luz pura acompanhada de calma e serenidade, uma fonte salutar de onde emanam a ciência, a razão, a sabedoria; o outro é um falso clarão que brilha apenas com a tempestade e a obscuridade, uma torrente impetuosa que revolve e arrasta atrás de si as paixões e os erros.

O princípio animal é o primeiro que se desenvolve. Como é puramente material e consiste na duração das vibrações e na renovação das impressões formadas em nosso sentido interior material pelos objetos análogos ou contrários aos nossos apetites, começa a se agitar assim que o corpo possa sentir dor ou prazer. Ele é o primeiro a nos determinar, assim que somos capazes de fazer uso de nossos sentidos. O princípio espiritual se manifesta mais tarde, desenvolve-se, aperfeiçoa-se mediante a educação. É pela comunicação dos pensamentos de outrem que a criança o adquire e se torna ela própria pensante e racional. Sem essa comunicação, ela não será mais do que uma criança estúpida ou fantasiosa, segundo o grau de inação ou atividade de seu sentido interior material.

Consideremos uma criança no momento em que está em liberdade e longe dos olhos de seus mestres; podemos julgar o que se passa no interior dela pelo resultado de suas ações exteriores: ela não pensa nem reflete, segue indiferentemente todas as rotas do prazer, obedece a todas as impressões dos objetos exteriores; agita-se sem razão, diverte-se, como os animais jovens, ao correr, ao exercitar seu corpo; vai e volta sem desígnio, sem plano; agita-se sem ordem e sem sequência. Mas, assim que advertida pela voz daqueles que a ensinaram a pensar, compõe-se, dirige suas ações e dá provas de que conservou os pensamentos que lhe foram comunicados. O princípio material domina, pois, na infância, e continuaria a dominar e a agir quase unicamente durante toda a vida se a educação não viesse desenvolver o princípio espiritual e colocar a alma em exercício.

Voltando-se para si mesmo, é fácil reconhecer a existência desses dois princípios: há instantes na vida, até mesmo horas, dias, épocas em que podemos julgar não apenas a certeza da existência deles, mas também a contrariedade de suas ações. Falo dos tempos de dissabores, de indolência, de desgosto, em que não podemos nos determinar a agir, em que queremos o que não fazemos e fazemos o que não queremos; do estado ou da doença que denominamos vapores, estado em que com muita frequência se encontram os homens ociosos e também os que não assumem nenhum trabalho. Se observamos a nós mesmos nesse estado, nosso *eu* nos parecerá dividido em duas pessoas: a primeira, que representa a faculdade racional, censura o que faz a segunda, mas não é forte o suficiente para se opor a ela de modo eficaz e vencê-la. Ao contrário, esta última, sendo formada por todas as ilusões de nossos sentidos e de nossa imaginação, constrange, arrasta e, muitas vezes, oprime a primeira, e nos faz agir contra o que pensamos ou nos força à inação, embora tenhamos vontade de agir.

No tempo em que a faculdade racional domina, ocupamo-nos tranquilamente de nós mesmos, de nossos amigos, de nossos negócios; contudo, apenas por distrações involuntárias percebemos a presença do outro princípio. Quando chega a vez de tal princípio dominar, entregamo-nos ardentemente à dispersão, aos seus sabores, às paixões, e refletimos apenas em alguns momentos sobre os objetos mesmos que nos ocupam e que nos preenchem por completo. Nesses dois estados, somos felizes: no primeiro, comandamos com satisfação, e no segundo, obedecemos ainda com mais prazer. Como apenas um dos dois princípios está no momento em ação e age sem oposição por parte do outro, não sentimos nenhuma contrariedade interior, nosso *eu* nos parece simples, porque provamos apenas um impulso simples, e é nessa unidade de ação que consiste nossa felicidade: pois, por pouco que venhamos a refletir, censuramos nossos prazeres, ou procuramos detestar a razão pela violência de nossas paixões, cessamos então de ser felizes, perdemos a unidade de nossa existência, em que consiste nossa tranquilidade; a contrariedade interior se renova, as duas pessoas se representam em oposição, e os dois princípios se fazem sentir e se manifestam em dúvidas, inquietações e remorsos.

Daí se pode concluir que o mais infeliz de todos os estados é aquele em que esses dois poderes soberanos da natureza do homem estão em grande atividade, mas em movimento igual e equilibrado: aí está o ponto de mais profundo tormento e de horrível desgosto consigo mesmo, que não nos deixa outro desejo que o de cessar de existir, e nos permite apenas a ação necessária para nos destruir, voltando friamente contra nós armas furiosas.

Que estado terrível! Acabei de pintar a nuance mais sombria; mas quantas outras não devem precedê-la! Todas as situações vizinhas a esta, todos os estados que se aproximam desse equilíbrio, e nos quais os dois princípios opostos custam a se superar, e agem ao mesmo tempo e com forças quase iguais, são tempos de perturbação, irresolução e infelicidade; o próprio corpo acaba por sofrer com essa desordem e com esses combates interiores, enlanguescido no abatimento, ou se consome pela agitação que esse estado produz.

A felicidade do homem consiste na unidade de seu interior; ele é feliz na infância, porque apenas o princípio material domina e age quase continuamente. O constrangimento, a admoestação e também os castigos não são mais do que pequenos pesares; a criança não os experimenta senão como as dores corporais. O fundo de sua existência não é afetado: retoma, desde que em liberdade, toda a ação, toda a alegria, que lhe dão a vivacidade e a novidade de suas sensações. Se ele estivesse inteiramente entregue a si mesmo, seria perfeitamente feliz; mas essa felicidade cessaria, produziria também a infelicidade para as idades seguintes. Somos então obrigados a conter a criança; é triste, mas necessário fazê-la infeliz por instantes, já que esses próprios instantes de infelicidade são os germes de toda a sua felicidade futura.

Na juventude, quando o princípio espiritual começa a ser exercitado e já pode nos conduzir, nasce um novo sentido material que ganha um império absoluto e comanda todas as nossas faculdades com tanta força que a própria alma parece se submeter com prazer às paixões impetuosas que ele produz. O princípio material ainda domina, e talvez com mais superioridade do que nunca; pois não apenas submete e obscurece a razão, mas a perverte e se serve dela como de mais um meio: não pensamos e não agimos senão para aprovar e satisfazer sua paixão. Enquanto dura essa embriaguez, somos felizes; as contradições e as penas exteriores parecem restringir mais a unidade do interior, fortificam a paixão, preenchem os intervalos de languidez, despertam o orgulho e acabam por voltar todos os nossos olhares para o mesmo objeto e todos os nossos poderes para o mesmo fim.

Mas, como em um sonho, essa felicidade passará: o encanto desaparece, segue o desgosto; um vazio horrível sucede a plenitude dos sentimentos de que nos ocupávamos. A alma, ao sair desse sono letárgico, reconhece-se com dificuldade. Com a escravidão, ela perdeu o hábito de comandar, não tem mais força para isso; sente também a perda da servidão e procura um novo mestre, um novo objeto de paixão, que por sua vez logo desaparece, para ser seguido por outro que dura ainda menos; assim, os excessos e desgostos se multiplicam, os prazeres desvanecem, os órgãos enfraquecem, o sentido material, longe de poder comandar, não tem força senão para obedecer. O que resta ao homem depois de tal vigor? Um corpo enervado, uma alma amolecida e a impotência de se servir de ambos.

Nota-se igualmente que é na meia-idade que os homens estão mais sujeitos a essas prostrações da alma, a essa doença interior, a esse estado de vapores de que falei. Corre-se ainda atrás dos prazeres da juventude, buscando-os por hábito e não por necessidade. E como, à medida que se avança, acontece ainda muito frequentemente que se sinta menos o prazer do que a impotência de fruí-lo, encontra-se contradito por ele mesmo, humilhado por sua própria fraqueza, de modo tão claro e frequente que não se pode impedir de se censurar, de condenar suas ações e de repreender também seus desejos.

Aliás, é nessa idade que nascem as preocupações e que a vida é mais contenciosa; pois abraçou-se uma profissão, isto é, por acaso ou por escolha entrou-se em uma carreira que é sempre vergonhoso não ter completado honrosamente, e em geral muito perigoso completá-la com brilho. Caminha-se, pois, penosamente entre dois escolhos formidáveis, o desprezo e o rancor; enfraquece-se pelos esforços que se faz para evitá-los, e cai-se em desânimo, pois quando se foi forçado a viver, conhecer e experimentar as injustiças'dos homens, habituou-se a contar com elas como um mal necessário. Enfim, quando se acostumou a levar menos em consideração os julgamentos dos outros do que seu próprio repouso, e que o coração endurecido pelas cicatrizes dos golpes sofridos se tornou insensível, chega-se facilmente a esse estado de indiferença, a essa quietude indolente, pela qual se ruborescia alguns anos antes. A glória, esse potente móbil de todas as grandes almas, vista de longe como um fim resplandecente que, por ações brilhantes e trabalhos úteis, seria forçoso alcançar, não é para aqueles que se aproximaram dela mais do que um objeto sem atrativos e, para os outros que estão dela separados, um fantasma vão e enganoso. A preguiça ocupa seu lugar e parece oferecer a todos rotas mais fáceis e bem mais sólidas; mas é precedida pelo desgosto e seguida pelo aborrecimento, esse triste tirano de todas as almas que pensam, contra o qual a sabedoria pode menos do que a loucura.

Desse modo, é porque a natureza do homem está composta de dois princípios opostos que ele tem tanta dificuldade de se conciliar consigo mesmo; é daí que provêm sua inconstância, sua irresolução, seus aborrecimentos.

Os animais, ao contrário, cuja natureza é simples e puramente material, não sofrem nem combates internos, nem oposições, nem obscurecimentos; não têm nem nossas lástimas, nossos remorsos, nossas esperanças, nossos temores.

Separemos de nós tudo o que pertence à alma; eliminemos o entendimento, o espírito e a memória. O que nos restará será a parte material que faz de nós animais. Temos ainda necessidades, sensações, apetites; temos dor e prazer e também paixões, pois uma paixão seria outra coisa que uma sensação mais forte do que as outras e que se renova a todo instante? Ora, nossas sensações poderão se renovar em nosso interior material; teremos, pois, todas as paixões, ao menos todas as paixões cegas que a alma, esse princípio do conhecimento, não pode nem produzir nem fomentar.

Aqui está o ponto mais difícil: tendo em vista sobretudo o abuso que fizemos dos termos, como poderemos nos fazer entender e distinguir claramente as paixões que pertencem apenas ao homem daquelas que lhe são comuns com os animais? É certo e crível que os animais possam ter paixões? Não convém que toda paixão seja uma emoção da alma? Deve-se, por consequência, procurar em outro lugar que não nesse princípio espiritual os germes do orgulho, da inveja, da ambição, da avareza e de todas as paixões que nos comandam?

Não sei ao certo, mas me parece que tudo o que comanda a alma está fora dela; que o princípio do conhecimento não é aquele do sentimento; que o germe de nossas paixões está em nossos apetites; que as ilusões provêm de nossos sentidos e residem em nosso sentido interior material; que, antes de mais nada, a alma não participa disso senão por seu silêncio; que quando ela consente com isso, está subjugada, e quando se compraz com isso, está pervertida.

Distingamos, pois, nas paixões humanas, o físico e o moral: um é a causa; o outro, o efeito. A primeira emoção está no sentido interior material; a alma pode recebê-la, mas não a produz. Distingamos também os movimentos instantâneos dos duráveis e vejamos primeiro que o medo, o horror, a cólera, o amor, ou antes, o desejo de fruir são sentimentos que, embora duráveis, não dependem senão da impressão dos objetos sobre nossos sentidos, combinada com as impressões subsistentes de nossas sensações anteriores, e, em consequência, que essas paixões devem nos ser comuns com os animais. Digo que as impressões atuais dos objetos são combinadas com as impressões subsistentes de nossas sensações anteriores porque nada é horrível, nada é assustador, nada é atraente para o homem ou para o animal que vê pela primeira vez. Pode-se provar isso com os animais jovens: vi um deles se jogar ao fogo na primeira vez que este lhe foi apresentado. Eles não adquirem experiência a não ser por ações reiteradas, cujas impressões subsistem em seu sentido interior. E embora sua experiência não seja razoada, ela não é menos segura; é apenas mais circunspecta, pois um grande barulho, um movimento violento, uma figura extraordinária que se apresenta ou se faz ouvir subitamente e pela primeira vez produz no animal um abalo cujo efeito é semelhante aos primeiros movimentos do medo. Mas esse sentimento é apenas instantâneo; como ele não pode ser combinado com nenhuma sensação precedente, oferece ao animal apenas uma vibração momentânea, e não uma emoção duradoura, tal como supõe a paixão do medo.

Um animal jovem, habitando tranquilo as florestas, que de repente escuta o som agudo de uma corneta ou o barulho súbito e novo de uma arma de fogo, estremece, salta e foge só pela violência do abalo que acabou de experimentar. Entretanto, se esse barulho é sem efeito, se cessa, o animal reconhece logo o silêncio ordinário da Natureza: ele se acalma, detém-se e retoma a passo moderado seu tranquilo refúgio. Mas a idade e a experiência logo o tornam circunspecto e tímido; se por ocasião de semelhante barulho sente-se ferido, atacado ou perseguido, esse sentimento de pena ou essa sensação de dor se conserva em seu sentido interior, e assim que o mesmo barulho se faz ouvir de novo, ela se renova e, ao se combinar com a vibração atual, produz um sentimento duradouro, uma paixão subsistente, um verdadeiro medo. O animal foge e o faz com todas as forças; foge para bem longe, por muito tempo; foge ininterruptamente, já que em geral abandona para sempre sua morada originária.

O medo é, pois, uma paixão à qual o animal está suscetível, ainda que não tenha nossos receios razoados ou previstos. E o mesmo acontece com o horror, a cólera, o amor, embora não tenha nem nossas aversões refletidas, nem nossos ódios duráveis, nem nossas amizades constantes. O animal tem todas essas paixões primeiras; estas não supõem nenhum conhecimento, nenhuma ideia, e não estão fundadas senão sobre a experiência do sentimento, isto é, sobre a repetição dos atos de dor ou prazer, e a renovação das sensações anteriores do mesmo gênero. A cólera ou, se quisermos, a coragem natural é percebida nos animais que sentem suas forças, isto é, que as experimentaram, mediram-nas e as acharam superiores às de outros. O medo é o quinhão dos fracos, contudo, o sentimento de amor pertence a todos eles.

Amor! Desejo inato! Alma da Natureza! Princípio inesgotável de existência! Poder soberano que tudo pode e contra o qual nada é possível;

pelo qual tudo age, tudo respira e tudo se renova! Flama divina! Germe de perpetuidade que o Eterno difundiu em todos com o sopro de vida! Precioso sentimento que pode por si só amolecer os corações ferozes e gelados, enchendo-os com um calor suave! Causa primeira de todo bem, de toda sociedade, que reúnas sem coerção e unicamente por teus atrativos as naturezas selvagens e dissipadas! Fonte única e fecunda de todo prazer, de toda volúpia! Amor! Por que promoves a condição feliz de todos os seres e a infelicidade do homem?

Apenas o aspecto físico dessa paixão é bom; malgrado o que podem dizer as pessoas apaixonadas, a moral aqui não vale nada. O que é de fato a moral do amor? A vaidade; vaidade no prazer da conquista, erro que vem de se levar demasiadamente em conta o que se ama; vaidade no desejo de conservá-la exclusivamente, condição infeliz que acompanha sempre o ciúme, paixão pequena, tão baixa que se tenta escondê-la; vaidade na maneira de fruí-la, que faz multiplicarem apenas seus gestos e seus esforços sem multiplicar seus prazeres; vaidade no modo mesmo de perdê-la, quando se quer romper com ela; pois, se se é abandonado, que humilhação! E essa humilhação se torna desespero quando se reconhece que se foi por muito tempo tolo e enganado.

Os animais não estão sujeitos a todas essas misérias; eles não buscam prazeres onde não podem tê-los. Guiados unicamente pelo sentimento, jamais se enganam em suas escolhas. Seus desejos são sempre proporcionais à capacidade de gozar; sentem tanto quanto fruem, e fruem apenas tanto quanto sentem. Ao contrário, o homem, ao querer inventar prazeres, não faz mais do que estragar a Natureza. Ao querer exceder-se no sentimento, não faz mais do que abusar de seu ser e abrir em seu coração um vazio que, depois, nada mais é capaz de preencher.

Tudo o que há, pois, de bom no amor pertence aos animais, assim como a nós. E como esse sentimento jamais pode ser puro, ambos parecem ter uma pequena porção do que há de pior nele. Refiro-me ao ciúme. Em nós, essa paixão supõe sempre alguma desconfiança de si mesmo, algum conhecimento surdo de sua própria fraqueza. Os animais, ao contrário, parecem ser tanto mais ciumentos quanto mais força e ardor têm, e quanto mais acostumados estão ao prazer. Isso porque nosso ciúme depende de nossas ideias, e o deles, do sentimento: eles fruíram e ainda desejam fruir; sentem sua força; afastam, pois, todos aqueles que querem ocupar seu lugar; seu ciúme não é refletido; eles não o voltam contra o objeto de seu amor, são ciumentos apenas de seus prazeres.

Mas os animais estariam limitados unicamente às paixões que acabamos de descrever? O medo, a cólera, o horror, o amor e o ciúme são as únicas afecções duráveis que eles podem experimentar? Parece-me que, independentemente dessas paixões, cujo sentimento natural, ou antes, a experiência do sentimento torna os animais suscetíveis a elas, têm ainda paixões que lhes são comunicadas e que vêm da educação, do exemplo, da imitação e do hábito. Eles têm sua espécie de amizade, de orgulho, de ambição. E, embora já se possa assegurar, como dissemos, que em todas as suas operações e atos que emanam de suas paixões não participam nem reflexão, nem pensamento e também nenhuma ideia, no entanto, uma vez que os hábitos de que falamos são os que mais parecem supor algum grau de inteligência, e que é aqui que se encontra entre nós e eles a nuance mais delicada e mais difícil de apreender, deve ser também a que se tem de examinar com o máximo cuidado.

Há algo de comparável à ligação do cão com a pessoa de seu mestre? Vimo-lo morrer sobre o túmulo que a continha; mas (sem querer citar os prodígios nem os heróis de qualquer gênero) que fidelidade em acompanhar seu mestre, que firmeza em segui-lo, que cuidado em protegê-lo! Que ardor em buscar seus carinhos! Que docilidade em obedecê-lo! Que paciência para suportar seu mau humor e os castigos frequentemente injustos! Que doçura e que humildade para tentar voltar a cair nas boas graças! Que movimentos, que inquietações, que pesar se seu mestre está ausente! Que alegria quando o reencontra! Em todos esses traços, seria possível não reconhecer a amizade? É ela notada entre nós por caracteres tão enérgicos?

Nessa amizade acontece o mesmo que naquela de uma mulher com seu canário, de uma criança com seu brinquedo etc.: ambas são muito pouco refletidas; nada mais são do que um sentimento cego. O do animal é somente mais natural, já que está fundado sobre a necessidade, enquanto o outro não é mais do que um insípido divertimento com objeto, do qual a alma não toma parte. Esses costumes pueris duram somente na ociosidade e têm força apenas em uma cabeça vazia. E o gosto pelos objetos grotescos e o culto aos ídolos, o apego, em uma palavra, às coisas inanimadas, não é o último grau de estupidez? Entretanto, quantos produtores de ídolos e de objetos bizarros neste mundo! Quanta gente não adora a argila que modelou! E quantos outros apaixonados pelo torrão de gleba que revolveram!

Disso convém que todas as afeições vêm da alma, e que a faculdade de poder se afeiçoar supõe necessariamente o poder de pensar e refletir, já que é quando menos se pensa e se reflete que nasce a maior parte de nossas afeições. É ainda por falta de pensar e refletir que elas se confirmam e se convertem em hábito; basta que alguma coisa deleite nossos sentidos para que a amemos. Por fim, não é preciso se ocupar com frequência e por muito tempo de um objeto para fazer dele um ídolo.

A amizade, entretanto, supõe esse poder de refletir. De todas as afeições, é a mais digna do homem e a única que não o degrada. A amizade emana apenas da razão, e a impressão dos sentidos nada exerce sobre ela: ama-se a alma de seu amigo, e para amar uma alma é preciso ter também uma alma, fazer uso dela, tê-la conhecido, comparado e encontrado em um mesmo plano a outra que se pode conhecer. A amizade supõe, pois, não apenas o princípio do conhecimento, mas o exercício atual e refletido dele.

Desse modo, a amizade pertence apenas ao homem e a afeição pode pertencer aos animais. O sentimento basta por si só para que eles se afeiçoem às pessoas que veem com frequência, aos que se ocupam deles, que os alimentam etc.; basta também para que eles se afeiçoem aos objetos que se esforçam por cuidar. A afeição das mães por seus filhos não vem senão de os terem carregado no ventre, de os terem gerado, livrado de seus invólucros, e ainda os amamentado. E se nos pássaros os pais parecem ter alguma afeição por seus filhos e parecem cuidar deles como as mães, é porque, como elas, cuidaram da construção do ninho e o habitaram; é porque tiveram prazer com suas fêmeas, cujo calor dura ainda por muito tempo após terem sido fecundadas, ao contrário de outras espécies de animais em que a temporada do amor é muito curta, em que, passado esse período, nada mais liga os machos às suas fêmeas, em que não há ninho e nenhuma obra a se fazer em comum; os machos são pais tal como se estivessem em Esparta, não tendo cuidado algum com sua posteridade.

O orgulho e a ambição dos animais provêm de sua coragem natural, isto é, do sentimento que têm de sua forma, agilidade etc. Os grandes desdenham os pequenos e parecem desprezar sua insultante audácia. Também pela educação aumentamos esse sangue-frio, essa coragem a que nos referimos. Aumentamos igualmente seu ardor e pelo exemplo lhes damos educação, pois são suscetíveis e capazes de tudo, exceto de razão. Em geral, os animais podem aprender a fazer mil vezes tudo o que fizeram uma vez, a fazer sucessivamente o que faziam a intervalos, a fazer durante muito tempo o que não faziam senão por um instante, a fazer voluntariamente o que só faziam antes pela força, a fazer por hábito o que fizeram uma vez por acaso, a fazer por si mesmos o que viram outros fazer. De todos os resultados da máquina animal, a imitação é a mais admirável, o móbil mais delicado e extenso, o que mais de perto copia o pensamento. E embora nos animais a causa disso seja puramente material e mecânica, é por seus efeitos que eles mais nos espantam. Os homens jamais admiraram os símios senão quando os viram imitar as ações humanas; com efeito, não é muito fácil distinguir certas cópias de alguns originais. Há, além disso, tão pouca gente que vê claramente quanta distância existe entre fazer e contrafazer, de modo que, para o grosso do gênero humano, os símios devem ser seres admiráveis, que se humilham a ponto de não acharem nada de mal atribuir sem hesitar mais espírito ao símio, que contrafaz e copia o homem, do que ao homem (tão raro entre nós) que nada faz nem copia.

Entretanto, os símios são no máximo gente de talento que tomamos por gente de espírito. Ainda que tenham a arte de nos imitar, sua natureza não deixa de ser a das bestas, as quais têm, todas elas, maior ou menor talento para imitar. Na verdade, em quase todos os animais esse talento é limitado à espécie mesma, e não se estende para além da imitação de seus semelhantes, ao passo que o símio, que não é mais de nossa espécie do que nós da sua, não deixa de copiar algumas de nossas ações. Mas ele se assemelha a nós em alguns sentidos, pois exteriormente tem quase nossa conformação, e essa semelhança grosseira basta para que possa haver movimentos e mesmo sequências de movimentos semelhantes aos nossos; para que possa, em suma, imitar-nos grosseiramente, de tal modo que todos aqueles que julgam as coisas apenas pelo exterior encontrem aqui e ali desígnio, inteligência e espírito, já que há, com efeito, apenas relações de figura, de movimento e organização.

Pelas relações de movimento, o cão adquire os costumes de seu mestre; pelas de figura, o símio imita os gestos humanos; pelas de organização, o canário repete melodias, e o papagaio imita o signo mais inequívoco do pensamento, a fala, que exterioriza tanta diferença entre um e outro homem assim como entre o homem e a besta, já que ela exprime em uns a luz e a superioridade do espírito e em outros deixa perceber apenas uma confusão de ideias obscuras ou tomadas de empréstimo; no imbecil ou no papagaio, marca o último grau da estupidez, isto é, a impossibilidade que ambos têm de produzir interiormente o pensamento, embora não lhes falte nenhum dos órgãos necessários para manifestá-la exteriormente.

Não é difícil dar provas ainda melhores de que a imitação é apenas um efeito mecânico, um resultado puramente maquinal, cuja perfeição depende da vivacidade com que o sentido interior material recebe as impressões dos objetos e da facilidade de manifestá-las exteriormente pela similitude e maleabilidade dos órgãos exteriores. As pessoas que têm os sentidos requintados, delicados, vibráteis, e os membros obedientes, ágeis e flexíveis, mantidas inalteradas todas as outras coisas, são os melhores atores, pantomimos, macaqueadores; as crianças, sem se dar conta disso, tomam os hábitos[7] do corpo, emprestam os gestos, imitam as maneiras daqueles com quem vivem; elas são também muito levadas a repetir e reproduzir. A maioria dos jovens mais vivos e menos pensantes, que não vê senão pelos olhos do corpo, apreende, contudo, maravilhosamente o ridículo das figuras. Todas as formas bizarras os afetam, toda representação os abala, toda novidade os comove. A impressão é tão forte que eles mesmos representam, narram com entusiasmo, copiam facilmente e com graça; têm, pois,

---

7 Segundo Trévoux (1740), em medicina, *habitude* é o temperamento, a compleição, as carnes, todo o exterior do corpo humano. (N. T.)

o talento superior da imitação, que supõe a mais perfeita organização, as mais felizes disposições do corpo, e à qual nada mais se opõe do que uma forte dose de bom senso.

Assim, entre os homens, são ordinariamente os que menos refletem que têm o maior talento da imitação. Não é, pois, surpreendente que encontremos esse talento nos animais que de modo algum refletem; devem até mesmo tê-lo em um grau de perfeição mais alto, porque não têm nada que se oponha a isso e princípio algum pelo qual tenham a vontade de ser diferentes uns dos outros. Entre nós, diferenciamo-nos por nossa alma; é por ela que somos nós mesmos, dela vem a diversidade de nossos caracteres e a variação de nossas ações. Os animais, ao contrário, que não têm alma alguma, não têm o *eu*, *que é* o princípio da diferença [e] causa que constitui a pessoa. Por conseguinte, quando se assemelham pela organização ou são da mesma espécie, têm de se copiar mutuamente, fazer as mesmas coisas e, do mesmo modo, imitarem-se, em suma, de modo muito mais perfeito do que o modo como os homens podem imitar uns aos outros. E, por conseguinte, esse talento da imitação, muito longe de supor espírito e pensamento nos animais, prova, ao contrário, que eles estão absolutamente privados deles.

Pela mesma razão, embora muito curta, a educação dos animais é sempre bem-sucedida. Eles aprendem em muito pouco tempo quase tudo o que seu pai e sua mãe sabem, e é por imitação que eles aprendem. Têm, portanto, não somente a experiência que podem adquirir pelo sentimento, mas se servem ainda, por meio da imitação, da experiência que os outros adquiriram. Os animais jovens se guiam pelos mais velhos, veem que eles se aproximam ou fogem quando ouvem certos barulhos, quando percebem certos objetos, quando sentem certos odores. Com eles, também se aproximam ou fogem inicialmente sem outra causa determinante a não ser a imitação, e, em seguida, aproximam-se ou fogem sozinhos e por si mesmos, porque adquirem o hábito de se aproximar ou fugir todas as vezes que experimentam as mesmas sensações.

Após ter comparado o homem com o animal, tomado cada um individualmente, vou comparar o homem em sociedade com o animal em bando e buscar, ao mesmo tempo, qual pode ser a causa dessa espécie de indústria que se nota em alguns animais, mesmo nas espécies mais vis e mais numerosas. Quantas coisas não se diz da de alguns insetos! Nossos observadores admiram à porfia a inteligência e os talentos das abelhas; dizem que elas têm um engenho particular, uma arte que não pertence senão a elas: a arte de bem governar a si mesmas. Para perceber isso, é preciso saber observar; mas uma colmeia é uma república em que cada indivíduo não trabalha senão para a sociedade, onde tudo é ordenado, distribuído, repartido com uma previdência, equidade, prudência admiráveis. Atenas não era mais bem conduzida nem mais bem organizada; quanto mais se observa esse ninho de moscas, mais se descobrem maravilhas: uma base de governo inalterável e sempre a mesma, um respeito profundo pela pessoa que ocupa um bom cargo, uma vigilância singular em relação a seu serviço, a mais cuidadosa atenção para com seus prazeres, um amor constante pela pátria, um ardor inconcebível pelo trabalho, uma assiduidade inigualável à obra, o maior desinteresse ligado à maior economia, a mais fina geometria empregada à mais elegante arquitetura etc. Não chegaria ao fim se quisesse apenas percorrer os anais dessa república e tirar da história desses insetos todos os traços que excitaram a admiração de seus historiadores.

Independentemente do entusiasmo com que se considera seu objeto, fica-se sempre mais admirado quando se observa mais e se raciocina menos. Com efeito, haveria algo de mais gratuito do que essa admiração pelas moscas e essas visões morais que se quer emprestar a elas, esse amor ao bem comum que nelas supomos, esse instinto singular que equivale à geometria mais sublime, instinto que novamente lhes concedemos, pelo qual as abelhas resolvem sem hesitar o problema de *construir o mais solidamente possível no menor espaço possível e com a maior economia possível*? O que pensar do excesso que acarretou a enumeração minuciosa desses elogios? Pois, por fim, na cabeça de um naturalista, uma mosca não deve ter mais lugar do que tem na Natureza, e essa república maravilhosa não será jamais, aos olhos da razão, mais do que uma multidão de pequenas bestas que não têm outra relação conosco além de nos fornecer cera e mel.

Não é a curiosidade o que censuro aqui, mas os argumentos e as exclamações: que se tenham observado com atenção suas manobras, seguido com cuidado seus procedimentos e seu trabalho, descrito exatamente sua formação, multiplicação, metamorfoses etc. Todos esses objetos podem ocupar o lazer de um naturalista, mas é a moral, a teologia dos insetos que não posso ouvir exortar. O que se deve examinar são as maravilhas que os observadores lhes atribuem e que, seguidamente, clamam como se elas de fato estivessem ali. É essa inteligência, essa previdência, esse conhecimento mesmo do futuro que se lhes concede com tanta complacência, e que, entretanto, se deve refutar com rigor, que tratarei de reduzir ao seu justo valor.

As moscas solitárias, segundo o testemunho desses observadores, não têm espírito algum em comparação com as que vivem juntas; as que formam apenas pequenos bandos o têm em menor grau do que as que estão em grande número; e as abelhas, que de todas são talvez as que formam a sociedade mais numerosa, são também as que têm o maior engenho. Isso não bastaria, por si só, para fazer pensar que essa aparência de espírito ou de engenho seja apenas um resultado puramente mecânico, uma combinação de movimentos proporcional à quantidade, uma relação que não é complicada senão porque depende de muitos milhares de indivíduos? Não é sabido que toda relação, toda desordem mesma, por mais constante que seja, parece-nos uma harmonia, desde que ignoremos suas causas, e, amando os homens mais admirar do que se aprofundar, não se dá nem um passo da suposição dessa aparência de ordem àquela da inteligência?

Admitir-se-á, portanto, primeiramente que, ao se tomar as moscas uma a uma, elas têm menos engenho do que o cão, o símio e a maioria dos animais; reconhecer-se-á que elas têm menos docilidade, afeição, sentimento, em suma, menos qualidades em relação às nossas. Sendo assim, deve-se reconhecer que sua inteligência aparente vem apenas de sua multidão reunida. Entretanto, essa reunião mesma não supõe nenhuma inteligência, pois não é por visadas morais que elas se reúnem; é sem seu consentimento que elas se encontram juntas. Essa sociedade não é, pois, mais do que uma junção física ordenada pela Natureza e independente de qualquer visão, de qualquer conhecimento, de qualquer raciocínio. A mãe abelha produz 10 mil indivíduos ao mesmo tempo e no mesmo lugar; esses 10 mil indivíduos, se forem ainda mil vezes mais estúpidos do que os supus, apenas para continuar a existir serão obrigados a se dispor de algum modo. Como agem todos uns contra os outros com forças iguais, se começarem por se prejudicar, graças ao prejuízo recíproco logo chegarão a se prejudicar o menos possível, isto é, a se ajudar; parecerão, portanto, entender-se e concorrer para o mesmo fim. Logo o observador lhes atribuirá intenções e todo espírito que lhes falta; ele quererá dar razão para cada ação, cada movimento terá prontamente seu motivo, e disso sairão maravilhas ou monstros de raciocínios inúmeros; pois esses 10 mil indivíduos produzidos todos ao mesmo tempo, que residiram juntos, que se metamorfosearam quase ao mesmo tempo, não podem deixar de fazer todos as mesmas coisas, e, por pouco sentimento que tenham, adquirir hábitos comuns, organizar-se, reunir-se, ocupar-se de sua morada, retornar para ela após ter se afastado etc., e daí a arquitetura, a geometria, a ordem, a previdência, o amor à pátria, a república, em suma, tudo fundado, como se vê, sobre a admiração do observador.

A Natureza não é por si só suficientemente admirável, sem buscar ainda nos surpreender ao nos atordoar com maravilhas que não estão ali e que nós mesmos colocamos? O Criador não é grande o bastante por suas obras e nós não acreditamos fazê-lo maior por nossa imbecilidade? Se assim pudesse ser, esse seria o modo de rebaixá-lo. De fato, quem tem melhor ideia do Ser supremo: aquele que o vê criar o Universo, ordenar as existências, fundar a Natureza sobre leis invariáveis e perpétuas, ou aquele que o busca e o quer encontrar atento em conduzir uma república de moscas, e muito ocupado com a maneira com que se deve dobrar a asa de um escaravelho?

Há entre alguns animais uma espécie de sociedade que parece depender da escolha daqueles que a compõem, e que, por consequência, aproxima-se muito mais da inteligência e do desígnio do que a sociedade das abelhas, que não tem outro princípio além de uma necessidade física: os elefantes, os castores, os símios e muitas outras espécies de animais buscam uns aos outros, reúnem-se, andam em bando, ajudam-se, defendem-se, advertem-se e se submetem a atrativos comuns; se não perturbássemos com tanta frequência essas sociedades e pudéssemos observá-las tão facilmente quanto as das moscas, veríamos nelas sem dúvida outras muitas maravilhas, que, entretanto, não seriam mais do que relações e conveniências físicas. Que se coloque junto e no mesmo lugar um grande número de animais de mesma espécie. Disso resultará necessariamente certo arranjo, certa ordem, certos hábitos comuns, como trataremos na história do gamo, do coelho etc. Ora, todo hábito comum, muito longe de ter por causa o princípio de uma inteligência esclarecida, supõe, ao contrário, apenas o de uma imitação cega.

Entre os homens, a sociedade depende menos das conveniências físicas do que das relações morais. Em primeiro lugar, o homem mediu sua força e sua fraqueza, comparou sua ignorância e sua curiosidade, sentiu que sozinho não poderia bastar nem satisfazer por si mesmo à multiplicidade de suas necessidades, reconheceu a vantagem que teria em renunciar ao uso ilimitado de sua vontade para adquirir um direito sobre a vontade dos outros, refletiu sobre a ideia do bem e do mal, gravou-a no fundo do coração graças à luz natural que lhe foi repartida pela bondade do Criador, viu que a solidão para ele não era mais do que um estado de perigo e de guerra, buscou a segurança e a paz na sociedade, trouxe suas forças e suas luzes para aumentá-las ao reuni-las com as dos outros. Essa reunião é a melhor obra do homem e o uso mais sábio de sua razão. Com efeito, ele não está tranquilo, não é forte nem grande, e comanda o Universo apenas porque soube comandar a si mesmo, subjugar-se, submeter-se e se impor leis: em suma, o homem só é homem porque soube se reunir ao homem.

É verdade que tudo concorreu para tornar o homem sociável; pois, embora as grandes e civilizadas sociedades certamente dependam do uso e, em alguns casos, do abuso que ele fez da razão, sem dúvida elas foram precedidas por pequenas sociedades, que dependiam, por assim dizer, apenas da Natureza. Uma família é uma sociedade natural, tanto mais estável e mais bem fundada quanto mais necessidades e causas de união tenha. Bem diferente dos animais, o homem quase não existe ainda quando acaba de nascer: está nu, fraco, incapaz de qualquer movimento, privado de toda ação, reduzido a tudo sofrer, sua vida depende dos cuidados que lhe dispensamos. Esse estado imbecil, impotente da infância, dura muito tempo; a necessidade do cuidado torna-se, pois, um hábito que por si só será capaz de produzir a ligação mútua da criança e do pai e da mãe. Mas, à medida que avança, a criança adquire meios para prescindir mais facilmente dos cuidados, já que fisicamente tem menos necessidade de ajuda. E como, ao contrário, os pais continuam a se ocupar dela muito mais do que ela deles, acontece sempre de o amor descer muito mais do que subir: a afeição de pai e mãe torna-se excessiva, cega, idólatra, e a da criança permanece tépida e não recobra forças senão quando a razão desenvolve o germe do reconhecimento.

Assim, a sociedade, considerada ainda em uma só família, supõe no homem a faculdade racional. A sociedade, nos animais que parecem se reunir livremente e por conveniência, supõe a experiência do sentimento; e a sociedade das bestas que, como as abelhas, se encontram reunidas sem que tenham se buscado mutuamente, não supõe nada: qualquer que possa ser o resultado, está claro que não foram nem previstos, nem ordenados, nem concebidos por aqueles que os executam, e que não dependem senão do mecanismo universal e das leis do movimento estabelecidos pelo Criador. Que sejam colocados juntos, no mesmo lugar, 10 mil autômatos animados com uma força viva e em tudo determinados, perfeitamente semelhantes em sua forma exterior e interior e na conformidade de seus movimentos, a fazer cada um a mesma coisa no mesmo lugar, disso resulta necessariamente uma obra regular: aí se encontrarão as relações de igualdade, similitude, situação, já que dependem das de movimento que supomos iguais e conformes; as relações de justaposição, extensão, figura também aí se encontrarão, já que supomos o espaço dado e circunscrito; e se atribuirmos a esses autômatos o menor grau de sentimento, apenas o que é necessário para sentir sua existência, tender à sua própria conservação, evitar as coisas nocivas, apetecer as coisas convenientes etc., a obra não será somente regular, proporcionada, situada, similarmente orientada, igual, mas terá ainda o ar da simetria, da solidez, da comodidade no mais alto grau de perfeição, porque, ao formá-la, cada um desses 10 mil indivíduos procurou se dispor da maneira mais cômoda para ele e, ao mesmo tempo, foi forçado a agir e a se situar da maneira menos incômoda para os outros.

Direi ainda uma palavra: essas células das abelhas, esses hexágonos, tão louvados, tão admirados, fornecem-me uma prova a mais contra o entusiasmo e a admiração. Essa figura, por mais que nos pareça completamente geométrica e regular, e que de fato seja na especulação, não é aqui senão um resultado mecânico e bastante imperfeito que se encontra com frequência na Natureza, e que é notado até nas produções mais brutas. Os cristais, muitas outras pedras e alguns sais, por exemplo, ganham constantemente essa figura em suas formações. Que se observem as pequenas escamas da pele de um pata-roxa:[8] ver-se-á que elas são hexagonais, porque ao crescerem todas ao mesmo tempo, fazem obstáculo umas as outras e tendem a ocupar o máximo de espaço possível em um espaço dado; vê-se esses mesmos hexágonos no segundo estômago dos ruminantes, nas sementes, em suas cápsulas, em algumas flores etc. Que se encha uma vasilha com ervilhas, ou antes, com qualquer outro grão cilíndrico, e a feche exatamente após verter o tanto de água que os intervalos entre os grãos possam receber, que se faça cozinhar essa água, e todos esses cilindros se tornarão colunas de seis lados. Vê-se claramente a razão disso, que é puramente mecânica: cada grão, cuja figura é cilíndrica, tende por seu inchaço a ocupar o máximo de espaço possível em um espaço dado. Elas se tornam, pois, necessariamente hexágonas pela compressão recíproca. Do mesmo modo, cada abelha procura ocupar o máximo de espaço possível em um espaço dado, e já que o corpo das abelhas é cilíndrico, é, pois, também necessário que suas células sejam hexágonas, pela mesma razão dos obstáculos recíprocos.

Atribui-se mais espírito às moscas cujas obras são mais regulares. Diz-se que as abelhas são mais engenhosas do que as vespas e os vespões, que também conhecem a arquitetura, mas cujas construções são mais grosseiras e irregulares do que as das abelhas. Não se quer julgar ou duvidar que essa maior ou menor regularidade dependa unicamente do número e da figura, e de modo algum da inteligência dessas pequenas bestas. Quanto mais numerosas elas são, mais forças existem que agem igualmente e, da mesma maneira, se opõem; por conseguinte, mais coação mecânica, regularidade forçada e perfeição aparente existem em suas produções.

Os animais que mais se parecem com o homem por sua figura e organização serão, pois, apesar dos apologistas de insetos, mantidos na possessão

---

8 Tubarão de pequeno porte. (N. T.)

em que estavam: de ser superiores a todos os outros pelas qualidades interiores. E embora estas sejam infinitamente diferentes daquelas do homem, não são, como provamos, mais do que resultados do exercício e da experiência do sentimento; esses animais são por suas faculdades também muito superiores aos insetos. E como tudo se faz e existe por nuances na Natureza, pode-se estabelecer uma escala para julgar graus de qualidades intrínsecas de cada animal, tomando por primeiro termo a parte material do homem, e colocando sucessivamente os animais a diferentes distâncias, conforme eles, com efeito, mais se aproximam ou se distanciam dele, tanto pela forma exterior quanto pela organização interior, de modo que o símio, o cão, o elefante e os outros quadrúpedes estarão em primeiro lugar; os cetáceos que, como os quadrúpedes e o homem, têm carne e sangue, que como eles são vivíparos, estarão em segundo lugar; os pássaros em terceiro, porque no conjunto diferem do homem mais do que os cetáceos e os quadrúpedes; e se não houvesse seres que, como as ostras e os pólipos, pareçam diferir dele tanto quanto possível, os insetos estariam com razão em último lugar.

Mas se os animais são desprovidos de entendimento, espírito e memória, se são privados de toda inteligência, se todas as suas faculdades dependem de seus sentidos, se são limitados unicamente ao exercício e à experiência do sentimento, de onde pode vir essa espécie de previdência que se nota em alguns deles? O sentimento, por si só, pode fazer que eles juntem os víveres durante o verão para subsistir durante o inverno? Isso não supõe uma comparação de tempos, uma noção de futuro, uma inquietação arrazoada? Por que na toca de um arganaz é possível encontrar no fim do outono grãos suficientes para alimentá-lo até o verão seguinte? Por que essa abundante colheita de cera e mel nas colmeias? Por que as formigas fazem provisão? Por que os pássaros fariam seus ninhos se não soubessem que necessitarão deles para ali depositar seus ovos e criar seus pequenos, e tantos outros fatos particulares que se narram da previdência das raposas, que escondem sua caça em diferentes lugares para recuperá-la quando necessário e se alimentar durante muitos dias; da sutileza arrazoada dos mochos, que sabem dispor sua provisão de ratos cortando suas patas para impedi-los de fugir; da sagacidade maravilhosa das abelhas, que sabem antecipadamente que sua rainha deve pôr em tal tempo tal número de ovos de certa espécie, de onde devem sair as larvas de moscas macho, e outro número de ovos de outra espécie que devem produzir as moscas neutras, e que em consequência desse conhecimento do futuro, constroem tal número de alvéolos maiores para os primeiros e outro número de alvéolos menores para os segundos? E assim por diante.

Antes de responder a essas questões e também raciocinar sobre esses fatos, seria necessário estar seguro de que eles são verdadeiros e averiguados, e que, em vez de terem sido relatados pelo povo ou publicados por observadores amantes do prodigioso, tivessem sido vistos por gente sensata e registrado por filósofos. Estou persuadido de que todos os pretensos prodígios desaparecem e que, refletindo sobre isso, é possível encontrar a causa de cada um desses efeitos em particular. Mas, por enquanto, admitamos a verdade de todos esses fatos e, junto com aqueles que os narram, concedamos o pressentimento, a previsão, o conhecimento mesmo do futuro aos animais: teremos como resultado que isso seja um efeito de sua inteligência? Se assim for, ela será muito superior à nossa, pois nossa previdência é sempre conjectural, nossas noções sobre o futuro não são mais do que duvidosas, toda a luz de nossa alma quase não basta para nos fazer entrever as probabilidades das coisas futuras. Por consequência, os animais que as veem com certeza, já que se determinam previamente e sem jamais se enganar, teriam em si alguma coisa de muito superior ao princípio de nosso conhecimento, teriam uma alma bem mais perspicaz e clarividente do que a nossa. Pergunto se essa consequência não repugna tanto a religião quanto a razão.

Por uma inteligência semelhante à nossa, não é possível, pois, que os animais tenham certo conhecimento do futuro, já que não temos senão noções muito duvidosas e imperfeitas dele. Por que, então, temos de lhes conceder irrefletidamente uma qualidade tão sublime? Por que nos rebaixar sem razão? Não seria menos desarrazoado supor que não podemos duvidar dos fatos e relacionar sua causa com leis mecânicas, estabelecidas, como todas as outras leis da Natureza, pela vontade do Criador? A confiança com a qual se supõe que agem os animais, a certeza de sua determinação, seria suficiente, por si só, para que disso se concluísse que são efeitos de um mecanismo puro. O caráter mais marcado da razão é a dúvida, a deliberação, a comparação; mas movimentos e ações que apenas anunciam a decisão e a certeza provam, ao mesmo tempo, o mecanismo e a estupidez.

Contudo, como as leis da Natureza, segundo as conhecemos, não são mais do que efeitos gerais, e os fatos em questão são apenas efeitos muito particulares, seria pouco filosófico e pouco digno da ideia que devemos ter do Criador carregar despropositadamente sua vontade de tantas pequenas leis, seria violar sua onipotência e a nobre simplicidade da Natureza ao confundi-la gratuitamente com essa quantidade de estatutos particulares, em que um não seria feito senão pelas moscas, outro pelos mochos, outro pelos arganazes etc.; deve-se, ao contrário, esforçar-se ao máximo para reconduzir esses efeitos particulares aos gerais, e se isso não for possível, pôr de lado esses fatos e se abster de querer explicá-los, até que, por novos fatos e novas analogias, possamos conhecer suas causas.

Vejamos, então, com efeito, se eles são inexplicáveis, se são tão espantosos e se estão também comprovados. A previdência das formigas era somente um juízo antecipado; foi-lhes concedida ao se observá-las e retirada ao se observá-las melhor. As formigas hibernam todo o inverno; suas provisões são apenas montes acumulados sem qualquer visada e sem conhecimento do futuro, já que por esse conhecimento teriam previsto toda a sua inutilidade. Não seria muito natural que os animais que têm uma morada fixa, para onde estão acostumados a transportar os alimentos de que têm atualmente necessidade, e que favorecem seu apetite, transportem muito mais do que lhes é necessário, determinados unicamente pelo sentimento e pelo prazer do odor ou de alguns outros de seus sentidos, e guiados pelo hábito que adquiriram de levar seus víveres para comê-los com tranquilidade? Isso não demonstraria que eles têm apenas sentimento e nenhum raciocínio? É pela mesma razão que as abelhas reúnem muito mais cera e mel do que lhes são necessários. Não é, pois, do produto de sua inteligência que nos servimos, mas dos efeitos de sua estupidez; pois a inteligência as levaria necessariamente a reunir apenas aquilo de que mais ou menos têm necessidade e a se poupar de todo o esforço restante, sobretudo diante da triste experiência de que esse trabalho seja para elas perdido, de que se lhes retira tudo o que têm de excesso, de que, finalmente, essa abundância é a única causa da guerra que se faz contra elas, e a fonte da desolação e da perturbação de sua sociedade. Isso é tão verdadeiro que é apenas pelo sentimento cego que elas trabalham, que a obrigamos a trabalhar, por assim dizer, tanto quanto queremos: enquanto houver flores que lhes agradem na região em que habitam, não cessam de extrair delas o mel e a cera; elas param seu trabalho e terminam sua colheita apenas quando não encontram nada mais para coletar. Suponhamos que se transportem as abelhas e as faça viajar para outras regiões onde ainda haja flores, então elas retomam o trabalho, continuam a colher, a reunir, até que as flores desse novo cantão estejam esgotadas ou murchas; e se as levarmos a outra região que esteja ainda florida, elas continuarão do mesmo modo a recolher, a acumular: seu trabalho não é, pois, uma previdência nem um esforço que se dão para fazer provisões; ao contrário, é um movimento ditado pelo sentimento, e esse movimento dura e se renova enquanto existirem objetos que lhe sejam relativos.

Informei-me particularmente sobre os arganazes e vi alguns em suas tocas, que estão ordinariamente divididas em duas: em uma, eles fazem nascer seus filhos, em outra, amontoam tudo o que favorece seu apetite. Quando eles próprios fazem sua toca, não as constroem grandes, e então não podem depositar ali mais do que uma ínfima quantidade de sementes; mas quando encontram sob o tronco de uma árvore um grande espaço, nele se instalam e o enchem, tanto quanto possível, com grãos, nozes, avelãs, glandes, segundo a região que habitam; de modo que a provisão, em vez de ser proporcional à necessidade do animal, é, ao contrário, proporcional à capacidade do lugar.

Eis aí, portanto, as provisões das formigas, dos arganazes, das abelhas, reduzidas a montes inúteis, desproporcionais e reunidos sem propósito; eis aí as pequenas leis particulares de sua suposta previdência reconduzida à lei real e geral do sentimento; e o mesmo se dará com a previdência dos pássaros. Não é necessário lhes atribuir o conhecimento do futuro, ou de recorrer à suposição de uma lei particular estabelecida em seu favor pelo Criador para dar razão à construção de seus ninhos. Eles são conduzidos gradualmente a fazê-los: primeiro encontram um lugar que convém; nele se acomodam e levam para lá o que lhes for mais cômodo. Esse ninho é apenas um lugar que eles reconheceram, habitaram sem inconveniente, e onde permanecem tranquilamente. O amor é o sentimento que os guia e os incita a essa obra; eles têm necessidade mútua um do outro, encontram-se bem juntos, buscam se ocultar e se esconder do resto do Universo, que se tornou para eles mais incômodo e mais perigoso do que nunca; detêm-se, então, nos lugares mais cerrados das árvores, nos lugares mais inacessíveis ou mais obscuros, e, para se manterem e permanecerem ali de maneira menos incômoda, amontoam folhas, dispõem pequenos materiais e trabalham à porfia em sua habitação comum; uns, menos hábeis ou menos sensuais, não fazem mais do que obras grosseiramente esboçadas, outros se contentam com o que encontram feito e não têm outro domicílio além das tocas que se apresentam ou as vasilhas que se lhes oferecem. Todas essas manobras são relativas à sua organização e dependentes do sentimento, que não pode, em qualquer grau que seja, produzir o raciocínio e ainda menos dar essa previdência intuitiva, esse conhecimento certo do futuro, que neles supomos.

Isso pode ser provado por exemplos familiares: não somente esses animais não sabem o que deve acontecer, mas ignoram também o que aconteceu. Uma galinha não distingue seus ovos dos de outros pássaros; ela não vê que os patinhos que ela acabou de fazer eclodir não lhe pertencem; ela choca ovos de calcário, dos quais nada resulta, com tanta atenção quanto se fossem seus próprios ovos; ela não conhece, portanto, nem o passado nem o futuro, e se engana ainda sobre o presente. Por que os pássaros de capoeira não fazem ninhos como os outros? Será porque o macho pertence a muitas fêmeas? Ou, ainda, não é porque, sendo domésticas, familiares e acostumadas a estar ao abrigo dos inconvenientes e dos perigos, eles não tenham nenhuma necessidade de se subtrair aos olhos, nenhuma habilidade de procurar sua segurança no retiro e na solidão? Isso também poderia ainda ser de fato provado, pois, no mesmo espaço, o pássaro selvagem faz geralmente o que o pássaro doméstico não faz; a ganga e a pata selvagem fazem ninhos, a galinha e a pata doméstica não fazem. Os ninhos de pássaros, as células das moscas, as provisões das abelhas, das formigas, dos arganazes não supõem, pois, nenhuma inteligência no animal, e não emanam de qualquer lei particularmente estabelecida para cada espécie, mas dependem, como todas as outras operações dos animais, do número, da figura, do movimento, da organização e do sentimento, que são as leis da Natureza, gerais e comuns a todos os seres animados.

Não é de se admirar que o homem, que conhece tão pouco a si mesmo, que confunde tão frequentemente suas sensações com suas ideias, que distingue tão pouco o produto de sua alma da de seu cérebro, compare-se aos animais e não admita entre ambos senão uma nuance que depende de um pouco mais ou de um pouco menos de perfeição nos órgãos. Não é de se admirar que os faça raciocinar, compreenderem-se e estarem decididos como ele, e que ele lhes atribua não somente as qualidades que tem, mas ainda aquelas que lhe faltam. Mas que o homem se examine, analise-se e se indague, e logo reconhecerá a nobreza de seu ser, sentirá a existência de sua alma, cessará de se aviltar e verá em um golpe de vista a distância infinita que o Ser supremo pôs entre ele e as bestas.

Apenas *Deus* conhece o passado, o presente e o futuro; ele pertence a todos os tempos e vê em todos os tempos. O homem, cuja duração é de tão poucos instantes, vê apenas esses instantes; mas uma Potência viva, imortal, compara esses instantes, distingue-os, ordena-os, é por Ela que conhece o presente, que julga o passado e que prevê o futuro. Retirai do homem essa luz divina, apagai e obscurecei seu ser, e não restará nada além do animal; ele ignorará o passado, não pressentirá o futuro e também não saberá o que é o presente.

Da descrição dos animais, por Daubenton[*]

A descrição é uma das principais partes da história natural dos animais, uma vez que dela dependem as outras, para a certeza e a inteligência dos fatos; pois após termos observado bem cada animal, tanto externa quanto internamente, é que podemos descobrir a mecânica de seus órgãos e compreender suas diferentes operações. Estamos sujeitos a nos equivocar desde que nos entregamos às nossas conjecturas: as obras do Criador são tão maravilhosas, e nossas luzes, tão fracas, que apenas podemos conhecer nas produções da Natureza o que vimos, e não podemos julgá-las senão tendo em vista o que observamos. Portanto, em História Natural, a observação e a descrição são os melhores meios que temos para adquirir conhecimentos e transmiti-los aos outros. Mas cada um tem sua maneira de observar, proporcional à extensão de seu saber e de seu espírito. Quanto mais se sabe, mais se descobre ao observar, e valorizam-se suas descobertas segundo a força de gênio de que se é dotado. Por conseguinte, não há princípios ou regras a estabelecer para guiar o observador; os caminhos que poderíamos lhe abrir não seriam apropriados para seus passos, e ele só pode trilhar novos à medida que faz progressos.

Ao contrário, aquele que descreve deve expor ao público o método que segue ao fazer suas descrições: a escolha desse método é muito importante, uma vez que não apenas a clareza da descrição depende do método, mas também as consequências extraídas dele. Portanto, é absolutamente necessário estabelecer princípios e regras que sejam rigorosamente seguidos em todas as descrições, e propor um método de descrição em lugar

---

[*] Tomo IV, 1753, p.113-41.

dos métodos de nomenclatura que ocuparam a maioria dos naturalistas até hoje.[1]

Uma nomenclatura razoada é uma sequência de definições. Que sejam examinadas todas as distribuições metódicas que foram feitas acerca dos diferentes reinos da História Natural e veremos claramente que cada frase é uma definição de uma espécie: os caracteres gerais representam uma definição de todas as espécies contidas sob um mesmo gênero; enfim, encontraremos, nas *ordens* ou nas classes, definições ainda mais gerais, que compreendem todas aquelas dos gêneros: tais são os métodos de nomenclatura que se quer fazer passar por princípios no estudo da história da natureza; é o estado presente dessa ciência na maioria dos autores. São os naturalistas ainda desses séculos de trevas, nos quais os *universais* e as *categorias* da escolástica eram o objeto de meditação de todos os sábios? Esforçar-se-ia então para reunir todas as partes das ciências em uma fórmula, representando o Universo inteiro na árvore de *Porfírio*, que, no entanto, não é senão um método de nomenclatura e uma sequência de definições, tal como nossas distribuições metódicas da História Natural.

Por pouco que se reflita sobre o progresso das ciências, ver-se-á que quanto menos elas estavam avançadas, mais os homens acreditavam ser capazes de tudo entender e de tudo explicar. Não se duvidava de nada na filosofia da Escola; como a ciência consistia nas definições, cada um queria definir antes de ter conhecido bem, e não se tinha por esse meio senão um enganoso simulacro das ciências: à medida que se adquiriram conhecimentos verdadeiros, reconheceram-se os erros. Hoje se está bem convencido de que é muito difícil definir as coisas que melhor se conhece, pois a definição é o resultado de nossos conhecimentos, que sempre são limitados, e mesmo falíveis. Os naturalistas nomencladores são os únicos que conservam o antigo preconceito. Eles retardam o avanço da História Natural da mesma maneira que os filósofos escolásticos interromperam, por longos anos, o progresso da

---

1 Ver a crítica à nomenclatura no Discurso Preliminar de Buffon e no verbete "Botânica", redigido por Daubenton para a *Enciclopédia* e incluído no volume 3 da edião brasileira. (N. T.)

ciência; querem definir as diferentes produções da Natureza antes de bem descrevê-las: trata-se de querer julgar antes de ter conhecido e querer ensinar aos outros isso que se ignora. Por isso, os métodos de nomenclatura e as definições que eles compreendem são apenas esboços bastante imperfeitos do quadro da Natureza, que só pode ser exprimido por descrições completas.

A descrição de uma coisa compreende a definição e acarreta todas as dificuldades que poderiam nascer da incerteza do nome; por consequência, um bom método de descrição não apenas equivale aos melhores métodos de nomenclatura, mas compreende todos, tanto para as definições quanto para os nomes; e o método de descrição não pode ser arbitrário nem sujeito aos erros das convenções dos homens, pois as descrições apresentam seu objeto por inteiro e tal como a Natureza o produziu.

Em História Natural, as descrições podem ser verdadeiras apenas quando são completas, pois, caso se descreva apenas uma ou várias partes de cada objeto sem compreender sua totalidade, tudo o que se tem é um quadro defeituoso ou quimérico. Com efeito, que ideia se pode ter de um animal que apresenta apenas os dentes, as mamas ou os dedos? O que nos representa uma composição tão absurda? É, quando muito, um enigma, de que os naturalistas conhecem o segredo e os outros não podem adivinhar. Tomemos um exemplo, e perguntemos: *Quais são os animais que diferem muito dos outros pelos dentes, que têm seis incisivos em cada maxilar, encurvados no de baixo e dirigidos para a frente no de cima, que têm os dentes caninos bem curtos e separados uns dos outros, e que não têm senão um casco nos pés e duas mamas inguinais?*[2] Um naturalista responderá em um instante: vossa exposição é demasiadamente curta. Aristóteles disse em uma palavra: são os solípedes, isto é, os cavalos, os asnos, os mulos e as zebras. Mas que pensarão as pessoas que querem se instruir? Que farão com esses dentes, esses cascos, essas mamas que são as únicas coisas que se lhes apresenta? Não irão abrir a boca de todos os animais para contar os dentes? Não ignorariam, aliás, as fêmeas, que não os têm em mesmo número que os machos, ao menos na maioria dos animais de que aqui se trata? Procurarão as mamas? Não as vemos na maioria dos

---

2 Lineu, *Sistema da Natureza*, 5.ed., 1748, p.11. (N. A.)

machos e, se neles há alguma, elas não estão colocadas no lugar indicado?[3] Portanto, não lhes resta senão a terceira condição do enigma, a saber: quais os animais que têm apenas um casco nos pés? Essa característica é a única essencial e constante dos três animais. Mas quem acreditará nas palavras do metodizador (ou metódico) após ter sido enganado acerca dos dentes e das mamas? Será então preciso ver todos os animais do Universo para se certificar de que apenas os cavalos, os mulos e as zebras têm um único casco nos pés? Continuemos e examinemos os meios que os metodistas nos oferecem para distinguir os animais solípedes. Ei aqui: o cavalo, o asno e o mulo diferem pela cauda. A do cavalo é guarnecida de crinas por toda a sua extensão; a do asno e a do mulo estão apenas em sua extremidade e a zebra tem como caráter distintivo as listras transversais de diferentes cores que estão sobre sua pele – eis aí tudo. O metodista está satisfeito, ele jamais toma um cavalo por um asno, desde que veja sua cauda. Mas qual ideia se tem dos cavalos, quando se conhece o número e a posição da metade de seus dentes e de suas mamas, a figura do casco em seus pés, o arranjo das crinas em sua cauda? Vejamos um cavalo dentre os animais, observemos os caracteres que nos permitirão distingui-los. Decerto não serão nem os dentes nem as mamas; nós não os vemos e, no entanto, ninguém jamais se equivocou ao reconhecer um cavalo. O que caracteriza um animal aos nossos olhos é o conjunto de sua figura, sua atitude, seu porte, seu modo de andar, e eis o que nos faz reconhecê-lo no instante em que o vemos. Observando-o mais de perto, seguimos o detalhe de suas diferentes partes, e só o conhecemos bem após ter visto tudo, até onde nos é possível ver.

A História Natural não se limita aos conhecimentos do exterior; ela vai muito além. Seu objeto principal é desenvolver o interior e reconhecer, pela inspeção do que é interno, o mecanismo dos movimentos que aparecem externamente e as causas dos apetites e das inclinações que são próprias a cada espécie de animal. Por consequência, suas descrições não estão completas até que se estendam ao interior. Os naturalistas negligenciaram muito essa parte, e a maioria parece ter se restringido a conhecer a natureza

---

3 Veja a descrição do cavalo [p.89-144, deste volume]. (N. A.)

apenas pela casca, tal como os viajantes que querem ver somente os muros das cidades ou as fachadas dos palácios, em vez de entrar e examinar em detalhes todas as obras de arte aí contidas. Não imitemos esses observadores superficiais, aprofundemos nosso objeto em seus pontos interessantes, mas evitemos os detalhes minuciosos que nos lançariam em pesquisas vãs, enquanto há coisas mais importantes a descobrir na Natureza.

Tudo o que pode contribuir para o aperfeiçoamento dos conhecimentos da economia animal deve entrar nas descrições da História Natural. Aí está o objeto que o historiador jamais deve perder de vista, a regra que serve de guia a todo observador inteligente. Ao contrário, aqueles que não percebem esse fim e não propõem nenhum plano que possa lhes conduzir, longe de fazer reflexões sobre seus objetos, contemplam sem discernimento tudo o que se apresenta aos seus olhos. Todas as ações dos animais lhes parecem igualmente interessantes, não negligenciam nem mesmo aquelas que o acaso possibilita independentemente do animal. Descrevem com a mais escrupulosa exatidão todas as partes mais informes dos animais, parecem mesmo preferir aquelas que aparentam ser as menos importantes e cuja variedade é a mais acidental. Esses observadores insistentes nos detalhes, jamais se elevam acima de seus objetos para apreciar o seu valor. Os materiais que reúnem são tão frágeis que não podem jamais entrar na construção de um edifício sólido e, no entanto, se esforçam em descrevê-los com uma ênfase que a futilidade do objeto torna ainda mais ridícula. Acreditam que tudo aquilo que se esforçaram para ver merece o esforço de ser lido. Mas qualquer que seja o ardor que tenhamos neste século pelo estudo da História Natural, não se pode fazer grande caso dessas pretensas maravilhas, e deve-se temer o comprometimento com detalhes tão infrutíferos.

A escolha dos fatos é a parte essencial da composição das descrições, mas ela não seria suficiente sem a escolha da expressão. Toda descrição concebida em termos inusitados ou equívocos é nula para a maior parte dos leitores, pois poucos desejam estudar e adivinhar coisas que deveriam ser claras e fáceis ou que estejam em estado de supri-la na falta da expressão. A descrição é um quadro, e se as cores são falsas e confusas ele não exprime nenhuma imagem verdadeira e acabada: vê-se apenas uma nuvem, e nada se distingue. Tais são as descrições compostas de termos bárbaros que ninguém entende e que só têm significado na cabeça dos autores que as criaram. Não se pode imaginar que os leitores aprenderão de bom grado uma nova língua para ler uma descrição; e, mesmo que o queiram, como conseguirão entender palavras compostas sem nenhuma regra constante, e um idioma estranho para todas as línguas? Existem novidades na expressão, como a mudança dos nomes recebidos de modo geral; não concebo que um autor seja tão insensato a ponto de dar nomes a coisas já nomeadas e de empregar expressões ininteligíveis; é querer falar para não ser escutado e escrever para não ser entendido. É preciso chamar cada coisa pelo nome mais conhecido; nomeemo-la como ela foi nomeada e esgotemos todas as expressões de nossa língua antes de emprestá-las de outra língua: nosso único fim é fazer que a coisa seja conhecida e nos exprimir da maneira mais clara, pois nunca faltaram nomes às coisas conhecidas e as línguas são suficientemente ricas, para aquele que sabe escrever.

Nas descrições deve haver ainda outro tipo de expressão, bem diferente do das palavras: é a expressão da coisa, a composição do quadro, bem mais difícil que aquela das cores. Cada objeto se apresenta sob um aspecto que lhe é particular; por consequência, cada objeto deve ser descrito de maneira particular para que a descrição seja conforme ao seu tema. Há, no entanto, algumas regras gerais que se poderiam aplicar a todas as descrições, pois os órgãos são os mesmos em todos os homens, ainda que os objetos sobre os quais eles os exerçam sejam diferentes. No primeiro olhar que lançamos sobre uma coisa, percebemos o conjunto e a totalidade antes de distinguir as partes. Assim, na descrição de um animal não é possível isentar-se de seguir a ordem natural, que é a de começar por exprimir a figura total do animal antes de detalhar as partes de seu corpo. Deve-se também descrever o exterior antes do interior, e descer sempre do geral ao particular. Mas essa figura total, esse conjunto e essa descrição do exterior podem ser expressos de maneiras bem diversas. Eis a expressão da coisa, que deve variar nos diferentes objetos à proporção da diferença que há entre eles. Que se compare um cavalo e um porco, um cervo e um rinoceronte, ver-se-á facilmente que a primeira pincelada não deve ser a mesma para um e para o outro.

Os seres animados passam do estado de repouso ao estado de movimento, mudança essa que requer duas partes em sua descrição. É preciso começar sempre por descrever um animal em seu estado de repouso; é o fundamento da descrição do estado de movimento, pois neste último não se percebe de modo suficientemente distinto as partes do corpo, não se vê mais do que o deslocamento e, ainda com muita dificuldade, reconhece-se a sucessão dos movimentos e das atitudes. Mas cada animal deve ser descrito diferentemente no estado de movimento e no estado de repouso, uma vez que a força e a continuação dos movimentos variam em diferentes espécies de animais, assim como a figura das partes de seu corpo. A descrição do animal, considerada no estado de repouso, abrange a exposição de todas as partes do corpo e a expressão do conjunto da figura total. Deve ser um *retrato* no qual se reconhece a disposição do corpo e os traços do animal: a descrição do mesmo animal, visto no estado de movimento, torna-se um *quadro histórico* que o representa nas diferentes atitudes que lhe são próprias e em todos os graus de movimento aos quais se entrega por sua tendência natural, quando é excitado por suas necessidades ou agitado por suas paixões. Para demonstrar o quanto essas duas descrições são necessárias e o quanto elas diferem uma da outra, suponhamos que em um quadro representa-se, por exemplo, um leão parado sobre suas quatro patas, a cabeça baixa, o olhar tranquilo, a juba pendente e a cauda que se arrasta sobre a terra, e que em outro quadro o mesmo leão apareça rugindo de cólera, a cabeça levantada, o olhar bravio, a boca espumante, a cauda ameaçadora, as patas estendidas, as garras à mostra, e o corpo inteiro em uma atitude violenta. Reconheceremos nesses dois quadros o mesmo animal, se não nos fosse dada a ideia do leão no estado de repouso, antes de representá-lo nos movimentos do furor? Não, assim como vemos no rosto de um homem arrebatado de cólera os traços naturais de sua fisionomia.[4]

Os animais têm também sua fisionomia, isto é: ao comparar os principais traços de sua face com os traços que caracterizam as fisionomias dos

---

4 Esse parágrafo mostra que para Daubenton as exigências analíticas da descrição estão aliadas à dimensão retórica dessa prática eminentemente científica. (N. T.)

homens, encontra-se um tipo de semelhança longínqua, e, por mais grosseira que seja, ela é suficiente para nos lembrar, ao ver a face dos animais, das ideias de fineza ou de estupidez, de doçura ou de ferocidade que nos oferecem as fisionomias de certos homens. Os traços que mais variam no animal são aqueles que dependem do comprimento dos maxilares e dos ossos do nariz, e da distância entre os olhos. Esses mesmos traços influem muito sobre a fisionomia dos homens, tanto é assim que se reivindicou que cada homem tinha uma semelhança particular com algum animal, cujo caráter influía sobre o seu. De tais quimeras, tão absurdas, nada se deve concluir, exceto que, independentemente da semelhança grosseira que existe entre a face dos animais e o rosto do homem, há ainda um tipo de relação entre os principais traços da fisionomia, relação puramente material, que não supõe nos animais senão paixões produzidas por seu instinto e por seu temperamento, e que podem ser comparadas àquelas que dependem exclusivamente da parte animal do homem.

A fisionomia dos animais, tomada nesse sentido, é muito difícil de ser apreendida e exprimida; a expressão desse retrato é de uma execução muito fina e delicada, por isso vemos que a maioria dos desenhistas e dos pintores exprime perfeitamente todos os traços da face de um homem ou de um animal, sem, no entanto, dar o caráter da fisionomia. Há menos dificuldade em fazer quadros; as paixões que aí dominam podem apenas ser equívocas, por isso os pintores têm uma grande vantagem, quando representam os animais em caças ou combates; apenas os grandes mestres conseguem fazer retratos simples, tais como aqueles que deveriam acompanhar a descrição dos animais considerados no estado de repouso. Mas a fineza desses retratos tomados ao natural escapa à maioria dos especialistas, pois eles não observaram suficientemente na Natureza os caracteres mais sensíveis da fisionomia dos animais, tais como a fineza da raposa, a timidez do cabrito montês, a imbecilidade do porco etc. Somos mais tocados pelo aspecto de um quadro no qual se reconhece a altivez de um touro que se defende contra a obstinação de um dogue ou a ferocidade de um javali ferido pelos cães. No entanto, esse ar de altivez do touro e de ferocidade no javali são a expressão de um estado violento e forçado e muito diferente do estado de repouso, no qual o touro não nos parece senão um animal grosseiro, e o javali um animal estúpido. O retrato que os representa nesse estado seria menos cobiçado, ainda que seja o mais necessário para o verdadeiro conhecimento do caráter desses animais. Do mesmo modo, a descrição de um animal visto em estado de repouso será interessante apenas para aqueles que desejam estudar a Natureza, pois essa descrição é inseparável de um tipo de secura nos detalhes que tende a ser desagradável para aqueles que se encantam com a distração e negligenciam a instrução.

A descrição das partes externas dos animais depende unicamente da História Natural, mas a das partes internas pode ser feita de diferentes pontos de vista e pertencer a varias ciências: cada ciência, cada arte emprega os meios que lhes são próprios para atingir esse fim. Mas esses meios diferem pouco em certas ciências cujos objetos são análogos, tais como a História Natural e a Anatomia, ambas tratam da descrição das partes interiores dos animais. Entretanto, as descrições dos naturalistas devem ser feitas de modo diferente da dos anatomistas, pois o objeto da História Natural não é exatamente o mesmo daquele da Anatomia. Mas isso poderia passar por um paradoxo; e, assim, é necessário explicá-lo.

Se se considera a História Natural em toda a extensão que se poderia dar à sua denominação, fazendo-a ir para além de seus limites ordinários, é certo que essa ciência compreenderia todos os conhecimentos que se relacionam aos animais, aos vegetais e aos minerais.[5] Apenas na parte que trataria dos animais encontraríamos a anatomia, a medicina, a cirurgia e a química, e todas as artes que têm por objeto os animais ou partes deles. Enfim, todas as ciências, todas essas artes não seriam senão divisões da História Natural ou, antes, uma compilação dos conhecimentos sob o nome de História Natural. Teríamos galhos e ramos, mas não o tronco que os sustenta, e tampouco a raiz que os alimenta: tal suposição seria absurda. Por isso, a História Natural compreende conhecimentos que não pertencem propriamente nem ao anatomista, nem ao médico, nem ao cirurgião, nem ao químico etc., mas sim ao

---

5 Essa passagem é evocada no verbete "História Natural" da *Enciclopédia*, traduzido no volume 3 da edição brasileira.

naturalista. Eis por que essa ciência é distinta das ciências e das artes que dela dependem. Talvez pudéssemos provar isso pelas definições; mas, como esse gênero de prova é sempre equivocado, deixemos as definições, discutamos o fundamental da ciência e, para julgá-la, tomemos o exemplo da descrição das partes interiores dos animais, na medida em que ela se relaciona com a História Natural e com a Anatomia, e vejamos em que essas duas ciências diferem uma da outra nas descrições cujo tema lhes é comum.

O anatomista disseca seu objeto, o naturalista o observa, e ambos o descrevem. Considero aqui a Anatomia separadamente da Fisiologia, somente como arte de dissecar. Nesse sentido, tudo o que o anatomista vê é o indivíduo que tem sob os olhos, enquanto o naturalista se ocupa tanto dos caracteres específicos quanto das qualidades individuais, busca nas produções da Natureza as diferenças e as semelhanças. Assim, ao observar uma produção ele jamais perde de vista as outras; todas devem fazer parte de seus conhecimentos e fornecer fatos à História Natural. Essa ciência percorre de modo uniforme as espécies, os gêneros, as classes e os reinos, e seus limites são tão extensos quanto aqueles da Natureza. O anatomista, ao contrário, atém-se ao indivíduo que se lhe apresenta; ele o examina em todas as suas partes, contempla-o tão atentamente, e o vê crescer sob seus olhos, e, à força de detalhá-lo e dividi-lo, ele crê desenvolver um mundo inteiro. Esse objeto, imenso nos detalhes, torna-se imenso nas descrições e ocupa por completo o anatomista. Aplica toda a sua arte a ele, arte cujas operações são tão finas e tão delicadas que supõem a maior sagacidade e a mais perfeita destreza. Tudo se apresenta aos olhos de um hábil anatomista: ele separa as membranas mais delgadas, vê a direção das fibras mais delicadas, segue os vasos e os nervos até suas menores ramificações, penetra nas cavidades mais secretas, observa o interior dos filtros mais estreitos, exibe os órgãos das partes mais sólidas; sabe consolidar, por preparações, aquelas que são mais moles; corta, separa, retira tudo que lhe é obstáculo; põe luz sobre seu objeto e nele injeta líquidos coloridos que tornam sensíveis à visão as partes menos aparentes; aumenta-os com a ajuda de um microscópio. Enfim, o anatomista particulariza seu objeto em todos esses pontos e desce até as maiores profundezas da análise para considerá-lo em seus primeiros elementos, enquanto o naturalista generaliza todas as suas observações e se eleva o suficiente para reconhecer em um olhar os resultados gerais da Natureza.

Ciências cuja conduta é muito diferente devem necessariamente empregar diferentes procedimentos para a mesma operação; é o que deve ocorrer nas descrições das partes internas dos animais.[6] Toda descrição anatômica dessas partes é boa quando é clara e conforme à verdade; talvez sua prolixidade esteja mais em buscar do que em evitar. Poderíamos dar como exemplos muitas obras desse gênero cujo principal mérito é a extensão. Não ocorre o mesmo nas descrições de História Natural; elas têm limites que não se podem transpor sem que se crie na obscuridade ou na minúcia, todo detalhe supérfluo está além de seus limites, e não se pode extrair deles nenhuma consequência fundamentada.

Trata-se, portanto, de saber quais fronteiras devem ser prescritas às descrições de História Natural, e como se podem evitar esses detalhamentos que, longe de ser necessários, são nocivos. Há um meio fácil e evidente para aquele que terá de refletir sobre o objeto das descrições dos animais. Propõe-se dar a conhecer as qualidades essenciais de cada animal, e só se pode chegar a tanto relacionando as semelhanças e as diferenças principais entre os diferentes animais. É preciso comparar uns com os outros para aprender a distingui-los, a partir daí se devem fazer descrições nas quais cada um possa ser comparado aos outros. Dessa comparação resultarão não apenas o conhecimento distinto de cada animal, mas ainda conhecimentos gerais de todos os animais, que são os principais conhecimentos que podemos extrair da História Natural. Tão logo se esteja convencido de que as descrições devem ser comparadas, não se duvidará que seja absolutamente necessário fazê-las todas sobre o mesmo plano. Um plano de descrição é o método que se propõe seguir ao observar os animais. Cada observador pode fazer um plano a seu bel-prazer, ele sempre será bom se for constantemente o mesmo em todas as descrições, pois se poderão comparar essas descrições em todos os seus pontos, e extrair resultados dessas comparações. É verdade

---

6 O gênero do conhecimento determina os princípios da arte vinculada a ele. (N. T.)

que esses resultados serão de maior ou menor extensão, mais ou menos concludentes, em razão da sagacidade e do gênio com os quais o plano do método terá sido preparado.[7]

Fazendo todas as nossas descrições sobre um mesmo plano, evitamos os detalhes supérfluos, pois, por mais extensas que sejam, todas as suas partes serão úteis. Se cada uma dessas partes se encontra em todas as descrições, resultará alguma consequência da comparação que dela se fará. Admito que existem tais resultados que são bastante indiferentes ao avanço de nossos conhecimentos. Todo observador inteligente os prevê e os negligencia, mas se acontece de não terem muito discernimento para fazer uma boa escolha, não se perderá todo o fruto de seu trabalho quando suas descrições forem metódicas. Saberemos separar o joio do trigo. É pela mesma razão que as descrições truncadas e imperfeitas, aquelas que, longe de encerrar todas as partes essenciais, delas não compreendem senão um número incompleto, podem contribuir para o avanço da ciência se as mesmas partes estão relacionadas em todas as descrições e se elas são aí descritas sobre o mesmo plano. Pode-se compará-las e, em seguida, acabar a descrição total: eis a utilidade que se pode extrair dos métodos de nomenclatura. Esses métodos apenas compreendem a descrição de algumas partes das produções da Natureza sobre as quais elas foram feitas. É muito pouco para fazê-las conhecer inteiramente, mas já é um passo, uma vez que essas partes da descrição são metódicas e podem ser comparadas. Por isso, os nomencladores menos entusiastas com o sistema da Natureza estão de acordo que a principal vantagem que se pode extrair da multiplicidade dos métodos de nomenclatura é a de avançar as descrições, pois, quanto mais são criados métodos desse gênero, mais se descrevem partes. Com efeito, quando os nomencladores tiverem esgotado todas as partes de seu objeto graças aos novos métodos, na falta de recursos, sem dúvida, eles perderão a esperança de poder encontrar o sistema da Natureza, e é preciso esperar que eles a compensem ao

---

7 À unidade da Anatomia Comparada como ciência corresponde a unidade dos métodos das descrições, que independe dos objetos descritos ou de suas peculiaridades. A ciência empírica eleva-se a uma perspectiva geral. (N. T.)

se aproveitar dos restos de seus próprios sistemas e ao reuni-los sobre o mesmo plano para completar a descrição total.

Os anatomistas, por longo tempo ocupados em detalhar todas as partes do corpo humano, conseguem, por fim, esgotar seus objetos. Não tendo mais coisas importantes a descrever, lançaram-se em discussões frívolas. Eles empregaram mais destreza e mais sagacidade do que seria preciso para fazer descobertas reais. Esse defeito de conduta provém de um erro que prevaleceu. Acreditou-se que seria suficiente observar o corpo humano para descobrir todos os órgãos e se negligenciou todas as luzes que se poderia extrair da observação do corpo dos animais. Raciocinou-se mal, ou antes, não se raciocinou sobre essa matéria, contentou-se em observar sem buscar a boa maneira de ver. Quando examinamos as produções da Natureza, não raro deparamo-nos com nuvens tão espessas, que, para dissipá-las, precisamos recorrer à variedade de suas obras, e, comparando-as entre si, extraímos delas as luzes que possam nos oferecer. Quando se examina apenas o corpo do homem, pode-se ter ideia dos órgãos que lhe são perceptíveis; mas, quando se compara o corpo do homem ao corpo dos animais, julgam-se os órgãos que estão escondidos no homem por aqueles de mesmo gênero que são aparentes nos animais. Essa via de comparação e de indução nos conduz a termos que jamais teríamos percebido pelo exame de um único objeto.

Entre os anatomistas, encontraram-se observadores que sentiram a necessidade de comparar os diferentes animais para atingir o conhecimento da economia animal, e a essa pesquisa deram o nome de Anatomia Comparada. Descreveram-se sob esse ponto de vista diversas espécies de animais,[8] mas na maioria dessas descrições falta a universalidade do plano, sem a qual toda descrição é quase inútil para a Anatomia Comparada. Cada um descreveu seu objeto pelo ponto que mais o impressionava e não considerou senão o próprio objeto, sem se preocupar com a comparação que dele se poderia fazer com outros objetos do mesmo gênero, de modo que na descrição de certos animais há partes que são amplamente detalhadas,

---

8 Veja *Mémoires de l'Académie Royale des Sciences*, os *Éphémérides des curieux de la Nature*, as *Transactions philosophiques*, os *recueils* de Berlim, de Copenhague, Leipzig etc. (N. A.)

enquanto quase não se faz menção a essas mesmas partes na descrição de outros animais. Isso se encontra nas melhores obras que nós temos sobre essa matéria, ainda que pareça em vários pontos que os autores não se distanciaram muito do bom método, e que saberiam muito bem encontrá-lo se seu trabalho tivesse continuação. Vê-se nas descrições dos animais, que foram adestrados pelo sr. Perrault e que estão nas *Mémoires* da Academia Real de Ciências, que os animais mais análogos são comparados em conjunto na mesma descrição, por exemplo, o ouriço com o porco-espinho, o leirão com a marmota. Alguém que tivesse tido a ideia de comparar um animal àquele que mais se lhe assemelhava poderia, ao mesmo tempo, muito bem compará-lo a outro animal que menos se lhe assemelhasse e estaria bem perto de estender a comparação a todos os animais. Sendo bem preparado, esse projeto não poderia deixar de fazer todas as descrições sobre um mesmo plano ou, ao menos, sentir-se-ia a necessidade se se quisesse fazer um *corpus* completo de Anatomia Comparada. A compilação de Valentini,[9] que é a coletânea mais extensa que temos nesse gênero, poderia fornecer grandes resultados e fatos importantes para a economia animal, se as descrições que ela contém estivessem todas conformes a um método geral. Mas felizmente esse defeito é, de algum modo, reparável, pois é possível reduzir uma parte de cada uma dessas descrições a um plano uniforme. Recorri a essas fontes quando comecei a fazer a descrição dos animais; mas, antes de explicar quais são as partes das descrições já feitas que podem convir a meu plano, é necessário expor seu método.

Gostaria de ter examinado todas as espécies de animais, se fosse possível encontrá-las, e meu desígnio era o de observá-las, tanto interna quanto externamente, para descrever as proporções das principais partes de seus corpos, pois essa descrição das partes exteriores seria suficiente para fazer a distinção de cada animal, e aquela das partes interiores poderia dar uma ideia dos principais órgãos que servem os animais, e das modificações de cada um desses órgãos nas diferentes espécies. Pela comparação que se fará de uns com os outros, tal exposição do corpo dos animais pode fornecer

---

9 *Amphitheatrum Zootomicum etc., Mich. Bern. Valentini*, Francoforte, in-fólio, 1720. (N. A.)

resultados importantes para a economia animal, que é o objeto principal da História Natural.

A descrição das partes externas de um animal é o enunciado de diferentes dimensões de seu corpo. É verdade que há escolhas a fazer na maneira com que as tomamos, mas as mais simples são as melhores, por exemplo, o comprimento, a largura, a espessura, o diâmetro, a circunferência etc. Não farei aqui o detalhe das dimensões que relatei para cada animal; nós as veremos na sequência desta obra. As dimensões e as proporções variam nos animais em razão da idade, da grandeza e da espessura de cada indivíduo. Estamos cientes de que não se pode evitar o inconveniente de que não se podem encontrar, nos homens como nos animais, dois indivíduos perfeitamente semelhantes. De todas as mulheres mais belas e mais bem-feitas que existem sobre a terra, não há uma que se assemelhe em todos os detalhes à estátua de Vênus de Médici, talvez pela mesma razão pela qual não haverá jamais um animal que tenha precisamente as dimensões dos indivíduos que serviram às nossas descrições.[10] Entretanto, poder-se-ão reportar todos os animais da espécie de animal que se descreve a cada descrição, pois encontraremos sua idade, seu peso e uma dimensão principal que é independente das variedades da espessura do corpo. Essa dimensão é tomada em linha reta, da extremidade do focinho até o ânus; a cabeça e o pescoço sendo estendidos, tanto quanto possível, na direção da porção da coluna vertebral, que é composta pelas vértebras das costas e dos lombos. As cores são mais constantes do que as dimensões nos animais selvagens, por isso elas fazem parte da descrição exterior e são relatadas em detalhes. Aquelas dos animais domésticos são apenas indicadas de modo geral, pois variam de todas as maneiras em diferentes indivíduos de uma mesma espécie.

A descrição interna seria bem longa e complicada se se desenvolvessem todas as partes sólidas que compõem o corpo dos animais, por exemplo, os ossos, os músculos, os vasos, os nervos, as vísceras. Um trabalho tão

---

10 Ou seja, a descrição de acordo com um plano oferece uma ideia ou modelo do animal, a partir da identificação de sua especificidade. O método será seguido à risca em artigos como o dedicado ao cão; suas implicações filosóficas são expostas nos artigos dedicados ao cavalo e ao asno. (N. T.)

extenso ocuparia vários homens durante toda a sua vida. Mas que imensidão de detalhes, se começássemos a descrever as cartilagens, os tendões, as membranas, a direção das fibras, os vasos linfáticos e todos os filtros das secreções, os corpos glandulosos, vasculares etc., enfim, se quiséssemos fazer sobre cada animal o que foi feito sobre o corpo humano! Tal descrição é da competência da Anatomia e seria talvez necessária para aprender a desenvolver, ainda melhor do que se fez, as partes mais finas e mais delgadas do corpo humano, e para dar a conhecer as doenças dos animais e os remédios que lhes convêm. Mas os naturalistas devem abandonar esses detalhes, se não quiserem perder de vista as relações gerais entre as diferentes espécies de animais, as semelhanças e as diferenças essenciais que se encontram no mecanismo de seus corpos. Por isso, limitei-me ao exame das partes principais e tive em vista unicamente a posição, a figura, as dimensões e as proporções dos ossos, do cérebro, do coração, dos pulmões, do diafragma, do estômago, dos intestinos, do fígado, do baço, do pâncreas, dos rins, da bexiga e das partes da geração do macho e da fêmea, do embrião e de seus invólucros etc. Não se mencionarão os músculos, as artérias, as veias, tampouco os nervos etc., pois creio que as luzes que se poderiam extrair da descrição dessas partes não influenciariam tanto os conhecimentos da economia animal quanto os resultados que produzirá a comparação das vísceras e dos ossos.

O plano dessas descrições é o mesmo para todos os animais, de modo que a descrição do camundongo é tão extensa quanto aquela do cavalo, pois, de fato, o corpo do camundongo é composto de quase o mesmo número de vísceras e de ossos que o do cavalo e é necessário comparar todos, uns com os outros. Observei externa e internamente todos os animais do país, e aqueles que pude obter dos países estrangeiros. Examinei o macho, a fêmea e o embrião todas as vezes que pude. Repeti minhas observações sobre diversos indivíduos de cada espécie para distinguir o que é de uma natureza constante do que não é senão variedade. Mas, há muitos animais estrangeiros que não me foi possível observar; à medida que eles chegarem, poderei aumentar o corpo de observações que ofereço ao público. Também espero encontrar médicos, cirurgiões e naturalistas em nossas colônias e em países estrangeiros, que poderão colaborar para a perfeição desta obra, ao descreverem os animais que estão ao alcance de suas observações e se conformarem ao plano de nossas descrições.

A maioria dos homens tem uma repugnância natural pela dissecção de cadáveres e pela descrição das partes interiores dos animais; entretanto, ganha-se muito em superá-la. Eu mesmo, como qualquer outro, teria tido repugnância por esse tipo de trabalho, se, contra o nojo que necessariamente o acompanha, não tivesse sido encorajado pelo prazer de ver a cada dia coisas novas. Ao abrir um animal que ainda não se observou, descobre-se, por assim dizer, um novo país. E sente-se, ao examiná-lo, todo o ardor que poderia ter um viajante ao ver uma cidade que ele foi buscar no fim do mundo. Como o viajante, o naturalista está sujeito a se perder no país em que recentemente chegou. O primeiro animal que se abre não é suficiente para uma descrição; essa primeira inspeção é apenas uma observação vaga, com frequência lançada ao acaso e sempre errônea. Primeiro, nota-se apenas os objetos principais e, um momento depois de tê-los percebido, tudo já está descabido, deslocado e em desordem, quando muito alcançamos alguns conhecimentos gerais. Mas, quando se abre o segundo ou o terceiro animal da mesma espécie, encontra-se um país bastante conhecido para percorrê-lo em detalhes. Mesmo que não se queira ter o trabalho de uma descrição inteira, já será muito ter algumas observações principais sobre os animais menos conhecidos; nós as receberíamos com o maior reconhecimento e não deixaríamos de informar ao público de qual parte elas ter-nos-iam chegado. Sem esses recursos, não se poderia ter a esperança de um corpo completo de descrições, mas todas as observações particulares, todos os fatos desligados concorreriam para isso se os recolhêssemos e se os uníssemos sobre um mesmo plano. É dessa visada que extrairei, das descrições de animais estrangeiros já feitas por diversos autores, todas as observações que se relacionam àquelas que fiz sobre os outros. Assim, todos os fatos conhecidos e relativos ao plano de nossas descrições serão reunidos nesta obra e nos oferecerão os meios de extrair os resultados gerais mais bem fundados, uma vez que estarão sobre as descrições de um grande número de animais.

Possuímos em História Natural algumas observações contínuas sobre as diferentes espécies de animais; são os caracteres empregados nas distribuições metódicas feitas a seu respeito. Encontra-se nesses métodos uma descrição uniforme das mesmas partes em cada animal; ela é conforme ao nosso plano e, por conseguinte, recorreremos a essas descrições para os animais estrangeiros que não vimos. Há ainda outra vantagem a extrair dos métodos: eles nos apresentam resultados gerais, adquiridos a partir de um grande número de observações particulares. A semelhança entre algumas partes de animais de diferentes espécies forma caracteres gerais; a semelhança entre animais de alguns gêneros forma um caráter mais extenso, pelo qual as *ordens* ou as classes são determinadas. Assim, os caracteres dos gêneros, das *ordens* e das classes são os mesmos resultados extraídos das observações particulares e, por consequência, dos fatos necessários para o conhecimento dos animais. Essas observações, combinadas sobre um plano contínuo, são tão importantes, que não poderíamos deixar de expô-las em nossa obra, uma vez que essas distribuições metódicas oferecem alguns conhecimentos gerais que devem preceder a descrição particular de cada animal. Aliás, essa exposição é necessária também para a nomenclatura dos animais, ainda mais que em suas histórias não seguiremos nenhum método de nomenclatura, pois queremos fazer as descrições mais completas que nos sejam possíveis sem nos restringirmos a simples definições.[11]

---

11 As descrições feitas por Daubenton não foram traduzidas nesta edição, que traz, no entanto, ilustrações correspondentes a elas. As tabelas e textos originais podem ser consultados no site http://buffon.cnrs.fr. (N. T.)

História natural dos quadrúpedes[*]

Os animais domésticos

O homem modifica o estado natural dos animais, forçando-os a lhe obedecer e fazendo que sirvam ao seu uso. Um animal doméstico é um escravo, com o qual o homem se diverte, do qual ele usa e abusa, que ele adultera, expatria e desnatura, ao passo que o animal selvagem, obediente apenas à Natureza, não conhece outras leis além daquelas da necessidade e da liberdade. A história de um animal selvagem é, pois, limitada a um pequeno número de fatos que emanam da simples Natureza, ao passo que a história de um animal doméstico é composta por tudo o que tem relação com a arte que se emprega para domesticá-lo ou subjugá-lo. E, como não

---

[*] Tomo IV, 1753, p.169-73.

se conhece suficientemente de que modo o exemplo, o constrangimento e a força do hábito podem influenciar os animais e mudar seus movimentos, determinações, pendores, a meta de um naturalista deve ser observá-los suficientemente para poder distinguir os fatos que dependem do instinto daqueles que vêm da educação, reconhecer o que lhes pertence e o que tomaram de empréstimo, separar o que eles fazem daquilo que os fazemos fazer, e jamais confundir o animal com o escravo, o animal de carga com a criatura de Deus.

O império do homem sobre os animais é um império legítimo, que nenhuma revolução pode destruir; é o império do espírito sobre a matéria, é não só um direito por natureza, um poder fundado sobre leis inalteráveis, mas ainda um dom de Deus, pelo qual o homem pode reconhecer a todo instante a excelência de seu ser. Pois não é por ser o mais perfeito, o mais forte e o mais hábil dos animais que ele os comanda. Se ele não fosse mais do que o primeiro da mesma ordem, os segundos se reuniriam para disputar com ele o império. É, porém, pela superioridade de natureza que o homem reina e comanda, pensa e, desde então, é senhor dos seres que não pensam.

Ele é o senhor dos corpos brutos, que apenas podem opor à sua vontade uma pesada resistência ou uma inflexível dureza, que sua mão sempre sabe ultrapassar e vencer, fazendo-os agir uns contra os outros; ele é o senhor dos vegetais, que por sua indústria pode aumentar, diminuir, regenerar, desnaturar, destruir ou multiplicar ao infinito; ele é o senhor dos animais, porque não apenas tem, como eles, movimento e sentimento, mas tem a luz do pensamento em seu mais alto ponto, conhece os fins e os meios, sabe dirigir suas ações, concertar suas operações, medir seus movimentos, vencer a força pelo espírito e a velocidade pelo emprego do tempo.

Contudo, dentre os animais, uns parecem ser mais ou menos familiares, mais ou menos selvagens, mais ou menos mansos, mais ou menos ferozes. Que se compare a mansidão e a submissão do cão com a altivez e a ferocidade do tigre: um parece ser o amigo do homem e o outro seu inimigo. Seu império sobre os animais não é, pois, absoluto: quantas espécies sabem se subtrair de sua potência pela rapidez de seu voo, pela ligeireza de sua marcha, pela obscuridade de seu refúgio, pela distância posta entre eles e o homem por causa do elemento em que habitam? Quantas outras lhe escapam unicamente por sua pequenez? E, enfim, quantas não existiriam que, bem longe de reconhecer seu soberano, o atacam com força manifesta? Sem falar desses insetos que parecem insultá-lo com suas picadas, dessas serpentes, cuja dentada carrega o veneno e a morte, e tantos outros animais imundos, incômodos, inúteis, que parecem não existir senão para formar a nuance entre o bem e o mal, e fazer o homem sentir o quanto, desde sua queda, é pouco respeitado.

É que se necessita distinguir o império de Deus do domínio do homem: Deus criador dos seres é o único mestre da Natureza. O homem nada pode sobre o produto da criação, nada pode sobre os movimentos dos corpos celestes, sobre as revoluções desse globo que habita; nada pode sobre os animais, os vegetais, os minerais em geral; nada pode sobre as espécies. Pode apenas sobre os indivíduos, pois as espécies em geral e a matéria em bloco pertencem à Natureza, ou antes a constituem. Tudo se passa, se segue, se sucede, se renova e se move por uma potência irresistível. O homem, ele próprio arrastado pela torrente dos tempos, nada pode a respeito de sua própria duração; ligado por seu corpo à matéria, envolvido no turbilhão dos seres, é forçado a se submeter à lei comum, obedece à mesma potência e, como todo o resto, nasce, cresce e perece.

Mas o raio divino que anima o homem enobrece-o e o eleva acima de todos os seres materiais; essa substância espiritual, longe de estar sujeita à matéria, tem o poder de fazê-la obedecer, e embora ela não possa comandar a Natureza inteira, domina os seres particulares: Deus, única fonte de toda luz e inteligência, rege o Universo e as espécies inteiras com uma potência infinita. O homem, que não tem mais do que um raio dessa inteligência, tem apenas uma potência limitada a pequenas porções de matéria, e não é mestre senão dos indivíduos.

Portanto, é pelos talentos do espírito, e não pela força e por outras qualidades da matéria, que o homem soube subjugar os animais. Nos tempos primevos, todos eles deveriam ser igualmente independentes. O homem, tornado criminoso e feroz, era pouco apropriado para domesticá-los. Foi necessário tempo para se aproximar deles, reconhecê-los, elegê-los, submetê-los; foi necessário que ele próprio fosse civilizado para saber instruir e comandar, e o império sobre os animais, como todos os outros impérios, foi fundado apenas depois da sociedade.

É dela que o homem tira sua potência; é por ela que ele aperfeiçoou sua razão, exercitou seu espírito e reuniu suas forças. Primeiro, talvez o homem fosse o animal mais selvagem e menos perigoso de todos. Nu, sem armas e sem abrigo, a Terra não era para ele mais do que um vasto deserto povoado de monstros, dos quais com frequência se tornaria presa. E mesmo muito tempo depois, a história nos diz que os primeiros heróis não foram senão os destruidores de bestas.

Mas, embora com o tempo a espécie humana tenha se espalhado, se multiplicado, se expandido e, graças às artes e à sociedade, o homem tenha podido marchar em grande número para conquistar o Universo, fez recuar pouco a pouco os animais ferozes, purgou a Terra desses animais gigantescos, dos quais ainda encontramos as enormes ossadas; destruiu ou reduziu as espécies vorazes e nocivas a um pequeno número de indivíduos; opôs os animais aos animais, e subjugando uns pela destreza, domesticando outros pela força, ou isolando-os pelo número e atacando a todos por meios razoados, ele conseguiu se pôr em segurança e estabelecer um império que é limitado apenas pelos lugares inacessíveis, pelos refúgios remotos, pelas areias escaldantes, pelas gélidas montanhas, pelas cavernas obscuras, que servem de retiro ao pequeno número de espécies de animais indomáveis.

O cavalo*

A mais nobre conquista que o homem algum dia alcançou é a desse distinto e fogoso animal que compartilha com ele as fadigas da guerra e a glória dos combates. Tão intrépido quanto seu mestre, o cavalo vê o perigo e o afronta, acostuma-se com o estrondo das armas; ele o ama, procura-o e se anima com o mesmo ardor; compartilha também seus prazeres; na caça, nos torneios, nas corridas, ele brilha, resplandece. Contudo, tão dócil quanto

---

* Tomo IV, 1753, p.174-257.

corajoso, ele não se deixa levar por seu brilho; sabe reprimir seus movimentos, não apenas se curva sob a mão daquele que o guia, mas parece consultar seus desejos e, obedecendo sempre às impressões que recebe dele, precipita-se, acalma-se ou se detém, e não age senão para satisfazê-lo. É uma criatura que renuncia a seu próprio ser para existir apenas para a vontade de um outro; que sabe também antecipá-la; que pela prontidão e precisão de seus movimentos a exprime e a executa; que sente tanto quanto se deseja, e não retribui senão tanto quanto se quer; que, entregando-se sem reservas, não se recusa a nada, serve com todas as suas forças, extenua-se e até mesmo morre para melhor obedecer.

Eis aí o cavalo, cujos talentos foram desenvolvidos, do qual a arte aperfeiçoou suas qualidades naturais, que foi tratado desde a tenra idade, e em seguida exercitado e adestrado a serviço do homem. É pela perda dessa liberdade que começa sua educação, que é concluída pela coação. A escravidão ou domesticidade desses animais é também tão universal e tão antiga que não os vemos senão raramente em seu estado natural. Em seus trabalhos, estão sempre cobertos de arreios; jamais estão soltos de suas ataduras, mesmo nos momentos de repouso, e se alguma vez são deixados a errar nos pastos em liberdade, carregam sempre os sinais da servidão e, muitas vezes, as marcas cruéis do trabalho e da dor. A boca está deformada pelos vincos produzidos pelos freios, os flancos estão enfraquecidos pelas feridas ou sulcados com cicatrizes feitas pela espora; o casco é atravessado por cravos, a postura do corpo é ainda estorvada pela impressão subsistente das travas habituais, das quais seriam soltos em vão, pois delas não estariam mais livres. Mesmos esses cuja escravidão é a mais suave, que são alimentados e mantidos apenas para o luxo e a pompa, e cujas correntes douradas servem menos para seu adorno do que para a vaidade de seu mestre, são ainda mais aviltados pela elegância de seu topete, pelas tranças de suas crinas, pelo ouro e pela seda com que são cobertos, do que pelos ferros que estão em suas patas.

A Natureza é mais bela do que a arte, e, em um ser animado, a liberdade dos movimentos faz a bela natureza. Vede os cavalos que se multiplicam nas regiões da América espanhola e que nela vivem como cavalos livres: sua marcha, sua corrida, seu salto não são nem incômodos nem medidos;

orgulhosos de sua independência, fogem da presença do homem; desdenham seus cuidados; procuram e encontram por si mesmos o alimento que lhes convém; erram, saltam em liberdade nas pradarias imensas, onde colhem as frescas produções de uma primavera sempre nova; sem habitação fixa, sem outro abrigo que aquele de um céu sereno; eles respiram um ar mais puro do que aquele dos palácios abobadados onde os encerramos, comprimindo os espaços que devem ocupar. Esses cavalos selvagens são também muito mais fortes, mais rápidos, mais nervosos do que a maioria dos cavalos domésticos. Eles têm o que a Natureza lhes dá: a força e a nobreza; os outros não têm mais do que a arte pode dar: a destreza e o encanto.

A natureza desses animais não é feroz; são apenas orgulhosos e selvagens. Embora superiores em força à maioria dos animais, jamais os atacam; e, se são atacados, os ignoram ou os esmagam. Também marcham em bando e se reúnem unicamente pelo prazer de estar reunidos, não por qualquer temor, mas por se afeiçoarem uns aos outros. Como as ervas e os vegetais bastam para sua alimentação, têm com que satisfazer abundantemente seu apetite. E como não apreciam a carne dos animais, não entram em guerra com eles ou entre si, não se batem por sua subsistência; jamais têm a oportunidade de abater uma presa ou de disputar um bem, fontes ordinárias de querelas e de combates entre os animais carniceiros. Eles vivem, portanto, em paz, porque seus apetites são simples e moderados e porque têm o bastante para nada cobiçar.

Tudo isso pode ser notado nos jovens cavalos que são criados juntos e conduzidos em bandos. Eles têm costumes suaves e qualidades sociais; sua força e seu ardor são geralmente notados apenas pelos sinais de emulação. Buscam ultrapassar uns aos outros na corrida, acostumam-se e até se animam com o perigo ao se desafiarem a atravessar um rio, a saltar uma vala; e os que nesses exercícios naturais dão o exemplo, os que entre eles vão em primeiro lugar, são os mais generosos, melhores e, em geral, os mais dóceis e mais ágeis, uma vez que estejam domesticados.

Alguns autores antigos falam de cavalos selvagens e citam até os lugares onde eles eram encontrados. Heródoto diz que nas bordas do Rio Hipanes, na Cítia, haveria cavalos selvagens brancos, e que na parte setentrional da Trácia, para além do Danúbio, haveria outros que teriam por todo o corpo o pelo com cinco dedos de comprimento. Aristóteles cita a Síria; Plínio, os países do Norte; Estrabão, os Alpes e a Espanha como lugares onde se encontrariam cavalos selvagens. Entre os modernos, Cardano diz a mesma coisa da Escócia e das Órcades;[1] Olaus, da Moscóvia; Dapper, da Ilha de Chipre, onde haveria, diz ele,[2] cavalos selvagens que eram belos e tinham força e velocidade; Struys,[3] da Ilha de Maio no Cabo Verde, onde haveria cavalos selvagens muito pequenos; Léon, o Africano,[4] relata também que haveria cavalos selvagens nos desertos da África e da Arábia, e assegura que viu, ele mesmo, nas regiões remotas da Numídia, um potro cujo pelo era branco e a crineira crespa. Marmol[5] confirma esse fato, dizendo que há alguns deles nos desertos da Arábia e da Líbia, que são pequenos e de cor acinzentada, que há também brancos, que têm os pelos da crineira e do rabo curtos e eriçados, e a quem nem os cães nem os cavalos domésticos alcançam na corrida. Nas *Cartas edificantes*[6] encontramos também que na China há cavalos selvagens muito pequenos.

Como hoje todas as partes da Europa são povoadas e quase igualmente habitadas, não encontramos nelas mais cavalos selvagens, e isso que se vê na América são cavalos domésticos e europeus de origem, que os espanhóis transportaram para lá e que se multiplicaram nos vastos desertos dessas regiões inabitadas ou despovoadas, pois o Novo Mundo carecia dessa espécie de animal. O espanto e pavor que os habitantes do México e do Peru mostraram à vista dos cavalos e cavaleiros bastaram para que os espanhóis vissem que tais animais eram absolutamente desconhecidos nesse clima.

---

1 Veja Aldrovandi, *De quadrupedibus solidipedibus volumen integrum*, Bolonha, N. Tebaldini, livro I, 1639, p.19. (N. A.)

2 Veja Dapper, *Description des Îles de l'Archipel*, Amsterdam, G. Galet, 1703, p.50. (N. A.)

3 Veja *Les voyages de Jean Struys en Moscovie, en Tartarie, en Perse, aux Indes, et en plusieurs autres pays étrangers*, Rouen, Machuel, 1719, t.I, p.11. (N. A.)

4 Léon L'Africain, *Africae descriptio IX lib. absoluta*, Leiden, Elzevir, 1632, t.II, v.II, p.750-1. (N. A.)

5 Veja *L'Afrique de Marmol*, Paris, 1667, t.I, p.50. (N. A.)

6 Veja as *Lettres édifiantes et curieuses*, recueil XXVI, Paris, 1743, p.371. (N. A.)

Assim, eles transportaram para lá um grande número deles, tanto para seu serviço e utilidade particular quanto para propagar a espécie, que eles deixaram em muitas ilhas, e até no continente, onde se multiplicaram como os outros animais selvagens. Em 1685, La Salle[7] os viu na América Setentrional, perto da Baía de São Luís, pastarem na pradaria, e eram tão ariscos que não podiam ser apanhados. O autor[8] da história dos aventureiros flibusteiros diz "que é possível ver às vezes na Ilha de São Domingos as tropas de mais de quinhentos cavalos que correm todos juntos, e que quando notam algum homem, detêm-se todos. Um deles se aproxima a certa distância, bufa com as narinas, põe-se em fuga e todos os outros o seguem". Ele acrescenta que não sabe se esses cavalos degeneraram ao se tornar selvagens, porém, que não os encontrou tão belos quanto os da Espanha, embora sejam dessa raça; "têm", diz ele,

a cabeça muito grande, assim como as patas, que além disso são ásperas; têm também as orelhas e o pescoço longos. Os habitantes desse país os domesticam facilmente e, em seguida, os fazem trabalhar; os caçadores os fazem carregar seus couros. Para pegá-los, servem-se de laços de corda que são armados nos lugares em que frequentam e atam-se neles com facilidade, e se são presos pelo pescoço, eles mesmos se estrangulam, a menos que não se chegue tarde demais para socorrê-los. São detidos pelo corpo e pelas pernas e presos às árvores, onde são deixados durante dois dias sem beber ou comer. Essa prova é o bastante para começar a torná-los dóceis, e com o tempo ficam de tal modo, como se jamais tivessem sido ariscos. E mesmo se por algum acaso retornam à liberdade, não voltam a ser uma segunda vez selvagens: reconhecem seus mestres e deixam que se aproximem e os recapturem facilmente.[9]

---

7 Veja *Dernières découvertes dans l'Amérique septentrionale de M. de La Salle*, publicadas pelo cavaleiro Tonti, Paris, 1697, p.250. (N. A.)

8 Veja a *Histoire des aventuriers qui se sont signalés dans les Indes*, por Exquemelin, Paris, 1686, t.I, p.110-1. (N. A.)

9 O sr. de Garsault dá outro meio de aprisionar os cavalos ariscos: "Quando não se domesticou, diz ele, os potros desde sua tenra juventude, acontece muitas vezes que a aproximação e o toque humanos lhe causem tanto pavor que se defendem deles com mordidas e patadas, de modo que é quase impossível tratá-los e ferrá-los.

Isso prova que esses animais são naturalmente dóceis e muito dispostos a se familiarizar com o homem e se unir a ele, e também que jamais acontece de deixarem nossas casas e se retirarem para as florestas ou os desertos. Ao contrário, mostram muita prontidão para retornar ao alojamento, onde, entretanto, encontram apenas uma comida tosca, sempre a mesma, e geralmente muito mais medida pela economia do que por seu apetite. Mas a doçura do hábito faz as vezes do que aliás perdem. Depois de terem sido extenuados até a fadiga, o local do repouso é um lugar de delícias; farejam-no de longe, sabem reconhecê-lo no meio das maiores cidades e parecem preferir em tudo a escravidão à liberdade; formam até uma segunda natureza dos hábitos a que foram forçados ou submetidos, já que cavalos abandonados nas florestas foram vistos relinchar continuamente para ser ouvidos, ir ao encontro da voz humana e, ao mesmo tempo, emagrecer e definhar em pouco tempo, embora tivessem como variar seu alimento e satisfazer seu apetite em abundância.

Seus costumes vêm, portanto, quase por completo de sua educação, e esta supõe cuidados e castigos que o homem não oferece a nenhum outro animal, mas de que é, contudo, recompensado pelos serviços contínuos que este lhe presta. Desde a mais tenra idade, tratou-se de separar o potro de sua mãe; são deixados mamar por cinco, seis ou no máximo sete meses, pois a experiência mostra que aqueles que deixamos mamar por dez ou onze meses não têm o mesmo valor daqueles desmamados mais cedo, embora ganhem ordinariamente mais carne e corpo. Depois de seis ou sete meses de leite, são desmamados para que tomem um alimento mais sólido do que o leite. É-lhes dado farelo duas vezes por dia e um pouco de feno, cuja quantidade é aumentada à medida que avança em idade, e são levados à estrebaria assim

---

Se não são suficientes a paciência e a doçura para domesticá-los, é preciso se servir do meio que se emprega em falcoaria para amansar um pássaro recém-capturado e que se quer adestrar ao voo, isto é, impedi-lo de dormir até que desfaleça. O mesmo deve se fazer com um cavalo arisco, e, para isso, é necessário voltar sua parte posterior para a manjedoura e ter um homem dia e noite à sua frente que lhe dê, de tempos em tempos, um punhado de feno e o impeça de se deitar. Ver-se-á com espanto como ele ficará subitamente dócil; há, contudo, cavalos que precisam ser velados desse modo durante oito dias" (veja Garsault, *Le nouveau parfait Maréchal*, Paris, 1746, p.89). (N. A.)

que dão mostras da inquietação para retornar à sua mãe. Mas logo que essa inquietação passa, deixa-se que saiam ao ar livre e são conduzidos para os pastos. É preciso apenas tomar cuidado para deixá-los pastar em jejum, dar-lhes o farelo e fazê-los beber uma hora antes de lhes dar a erva, e jamais expô-los ao frio intenso ou à chuva. Com isso, vencem o primeiro inverno: no mês de maio seguinte, não somente permitir-se-á que pastem todos os dias, mas deixar-se-á que se deitem no relento do pasto durante todo o verão e até o fim de outubro, cuidando apenas para não os deixar pastar o restolho. Se eles se acostumarem a essa erva muito fina, sentirão aversão pelo feno, que deve, entretanto, compor o principal de seu alimento durante o segundo inverno, juntamente com o farelo misturado à cevada ou à aveia moídas. Continua-se a conduzir esses animais desse modo, deixando-os pastar de dia durante o inverno e de noite durante o verão até a idade de 4 anos, quando são retirados do pasto para serem nutridos com a erva seca. Essa mudança de alimentação exige algumas precauções: não lhes é dado durante os primeiros oito dias mais do que palha; e será bom fazê-los tomar algumas beberagens contra os vermes que podem ter sido produzidos pelas más digestões de uma erva muito crua. O sr. de Garsault,[10] que recomenda essa prática, está sem dúvida fundamentado pela experiência; contudo, ver--se-á que em todas as idades e em qualquer tempo o estômago de todos os cavalos está repleto de uma tão prodigiosa quantidade de vermes que estes parecem fazer parte de sua constituição. Nós o encontramos[11] em cavalos sadios e em doentes, nos que pastaram a erva e nos que comeram apenas aveia e feno; e os asnos, que de todos os animais são os que mais se aproximam da natureza do cavalo, têm também essa prodigiosa quantidade de vermes no estômago, sem que pareçam ser incomodados por eles. Assim, não se deve tomar os vermes, ao menos esses de que falamos, como uma doença acidental, causada pelas más digestões de uma erva crua; mas, antes, como um efeito que depende do alimento e da digestão ordinária desses animais.

---

10 Veja Garsault, *Le nouveau parfait Maréchal*, Paris, 1746, p. 84-5. (N. A.)

11 Veja, na sequência deste volume, a descrição do estômago do cavalo e a prancha que o retrata [incluída no final deste artigo]. (N. A.)

Quando se desmamam os jovens potros, é preciso ter o cuidado de deixá-los em uma estrebaria limpa, que não seja muito quente, para não arriscar torná-los muito delicados e sensíveis às impressões do ar. Com frequência lhes é colocada cama de palha fresca, mantida limpa, remanejando-a de tempos em tempos. Porém, não convém que sejam presos nem escovados até a idade de 2,5 ou 3 anos. Essa fricção muito rude lhes causaria dor; sua pele é ainda muito delicada para aturá-la, causando-lhe dano ao invés de proveito. É preciso também ter cuidado para que a manjedoura e a grade da manjedoura não estejam muito altas. A necessidade de elevar a cabeça muito alto para alcançar o alimento poderia habituá-los a mantê-la dessa maneira, o que lhes estragaria o pescoço. Quando tiverem 1 ano ou 18 meses, tosam-se as crinas de sua cauda, e estas voltarão a crescer e se tornarão mais fortes e mais espessas. Desde os 2 anos de idade, é necessário separar os potros, misturar os machos com os cavalos e as fêmeas com as éguas. Sem essa precaução, os jovens potros se fatigariam em volta das potras, e se enervariam sem que produzissem fruto algum.

Com a idade de 3 ou 3,5 anos, deve-se começar a adestrá-los e a torná-los dóceis. Primeiro, põe-se neles uma sela leve e cômoda, e são deixados selados durante duas ou três horas a cada dia. Do mesmo modo, se lhes acostumará a receber um bridão na boca e a deixar que elevem suas patas, sobre as quais dar-se-á alguns golpes como para ferrá-los. E se se trata de cavalos destinados ao coche ou ao tiro, põe-se-lhes um arreio sobre o corpo e um bridão. No início, não é necessário brida nem para uns nem para outros; em seguida, serão levados a trotar puxados por corda com um cabresto sobre o nariz em um terreno plano sem serem montados, e só com a sela ou o arreio sobre o corpo; e quando o cavalo de sela virar para o lado com facilidade e vir de bom grado junto àquele que segura a corda, serão montados e desmontados no mesmo lugar e sem que caminhem, até que tenham 4 anos, porque antes dessa idade ele ainda não tem força suficiente para receber, caminhando, a sobrecarga do peso do cavaleiro. Mas, com 4 anos, são montados para que andem a passo ou a trote, e sempre com pequenas lições.[12]

---

12 Veja La Guérinière, *Élements de cavalerie*, Paris, 1741, t.I, p.140 ss. (N. A.)

Quando o cavalo de coche estiver acostumado ao arreio, atrela-se a ele outro cavalo feito, colocando-lhe rédea e conduzindo-o com uma corda passada por ela, até que comece a ser obediente ao tiro. Então o cocheiro tentará fazê-lo recuar, tendo o auxílio de um homem na frente que o empurrará para trás com doçura e também lhe dará pequenos golpes para obrigá-lo a recuar. Tudo isso deve ser feito antes que os jovens cavalos tenham mudado de alimento, pois uma vez que sejam, como se costuma dizer, *engrainés*, isto é, assim que são tratados com grão e palha, ficam mais vigorosos, e notou--se que também menos dóceis e mais difíceis de adestrar.[13]

O freio e a espora são dois meios que se imaginou para obrigá-los a receber o comando; o freio para a precisão, e a espora para a prontidão dos movimentos. A boca não pareceria destinada pela Natureza a receber outras impressões a não ser as do gosto e do apetite; ela é, contudo, de uma tão grande sensibilidade no cavalo, pois é para ela, preferivelmente ao olho e ao ouvido, que nos endereçamos para transmitir-lhe os sinais da vontade. O menor movimento ou pressão do freio basta para advertir e direcionar o animal, e esse órgão de sentimento não tem outro defeito além de o de sua perfeição mesma. Sua enorme sensibilidade quer ser poupada, visto que, se se abusa dela, estraga-se a boca do cavalo, tornando-a insensível à impressão do freio. Os sentidos da visão e do ouvido seriam sujeitos a tal alteração e não poderiam ser embotados desse modo, mas aparentemente se encontrou inconvenientes para controlar o cavalo por seus órgãos, e é verdade que os sinais transmitidos pelo toque fazem muito mais efeito sobre os animais em geral do que os que lhe são transmitidos pela vista e pelo ouvido. Além disso, a situação dos cavalos em relação àquele que os monta ou os conduz torna os olhos quase inúteis para esse fim, já que veem só o que está diante deles, e é apenas ao virar a cabeça que poderiam perceber os sinais que lhes são feitos. E ainda que a audição seja um sentido pelo qual são animados e conduzidos com frequência, parece que se limitou e se deixou o uso desse órgão aos cavalos rudes, já que no picadeiro, que é o local de sua mais perfeita educação, quase não se fala com o cavalo, e que nem

13 Veja Garsault, *Le nouveau parfait Maréchal*, p.86. (N. A.)

mesmo é necessário que pareçam que são conduzidos. Com efeito, embora sejam bem adestrados, a menor pressão das coxas, o mais leve movimento do freio basta para dirigi-los. A espora é até inútil, ou usada apenas para forçá-los a fazer movimentos violentos. E quando, por inaptidão do cavaleiro, acontece de se servir da espora e encurtar a rédea, o cavalo, ficando excitado de um lado e retido de outro, não pode senão empinar, dando um salto sem sair de seu lugar.

Por meio da rédea, dá-se à cabeça do cavalo um ar lisonjeiro e elevado, posicionando-a como deve ser, e o menor sinal ou o mais ínfimo movimento do cavaleiro é suficiente para fazer o cavalo assumir seus diferentes andamentos. O mais natural talvez seja o trote, mas o passo e também o galope são mais suaves para o cavaleiro, e são igualmente os dois andamentos que mais se empenha para aperfeiçoar. Quando o cavalo eleva a perna dianteira para caminhar, é preciso que esse movimento seja feito com vigor e facilidade, e que o joelho esteja dobrado suficientemente; a perna elevada deve parecer sustentada por um instante, e quando ela retorna, a pata deve estar firme e se apoiar também sobre o solo, sem que a cabeça do cavalo receba qualquer impressão desse movimento. Quando a perna retorna de súbito e ao mesmo tempo a cabeça abaixa, em geral é para aliviar prontamente a outra perna, que não é forte o bastante para suportar sozinha todo o peso do corpo. Esse defeito é muito grave, tal como o de elevar a pata para fora ou para dentro, pois ela retorna nessa mesma direção. Deve-se observar também que, quando o cavalo apoia o talão, é um sinal de fraqueza, e que quando se coloca sobre a pinça, é uma atitude fatigante e forçada que o cavalo não pode aguentar por muito tempo.

O passo, que é o mais lento dos andamentos, deve ser, todavia, diligente; não pode ser nem muito longo nem muito encurtado, e que o andar do cavalo seja leve. Essa leveza depende muito da liberdade das espáduas e é reconhecida pela maneira que se porta a cabeça ao andar. Se ele a tem alta e firme, é geralmente vigoroso e leve. Quando o movimento das espáduas não está suficientemente livre, a perna não se eleva o bastante, e o cavalo está sujeito a dar passos vacilantes e a chocar a pata contra os desníveis do terreno; e quando as espáduas estão ainda mais apertadas e o movimento das pernas lhe parece independente, o cavalo se cansa, cai e não é capaz de serviço algum. O cavalo deve estar sobre as ancas, isto é, encolher as espáduas e abaixar a anca ao andar; deve também sustentar sua perna e elevá-la suficientemente, mas, se sustentá-la por tempo demais, se deixá-la retornar muito devagar, perde toda a vantagem da leveza, torna-se duro, e só serve para a pompa e o piafar.

Não basta que os movimentos do cavalo sejam leves; devem ser ainda semelhantes e uniformes no quarto dianteiro e traseiro, pois se a garupa balança enquanto as espáduas são sustentadas, o movimento é sentido pelo cavaleiro nas sacudidelas e é para ele incômodo. A mesma coisa acontece quando o cavalo alonga demais a perna traseira e a dispõe para além do ponto em que a pata dianteira foi disposta. Os cavalos de corpo curto estão sujeitos a esse defeito; os em que as pernas se cruzam ou se alcançam não têm o andar firme, e em geral os que têm o corpo longo são mais cômodos para o cavaleiro, porque ele fica mais distante das espáduas e da anca, os dois centros do movimento, e sentem menos os abalos e as sacudidelas.

Os quadrúpedes andam ordinariamente pondo ao mesmo tempo uma perna para a frente e outra para trás. Logo que a perna direita dianteira parte, a perna esquerda traseira ao mesmo tempo segue e avança, e esse passo sendo feito, a perna esquerda dianteira, por sua vez, parte em conjunto com a perna direita traseira, e assim sucessivamente. Como seu corpo se sustenta sobre quatro pontos de apoio que formam um quadrado longo, a maneira mais cômoda de se mover é alternando, a cada vez, duas na diagonal, de modo que o centro de gravidade do corpo do animal não faça mais do que um pequeno movimento e permaneça sempre quase na direção dos dois pontos de apoio que não estão se movendo. Nos três andamentos naturais do cavalo, o passo, o trote e o galope, essa regra de movimento é sempre observada, mas com diferenças. No passo há quatro tempos de movimento: se a perna direita dianteira parte primeiro, a esquerda traseira segue após um instante; em seguida, a perna esquerda dianteira, por sua vez, parte para ser seguida um instante depois pela perna direita traseira. Assim, a pata direita dianteira pousa primeiro; em segundo lugar, a pata esquerda traseira é que vai para o chão; a pata esquerda dianteira pousa em terceiro; e a pata direita traseira vai por último para o chão, o que compõe um movimento em quatro tempos e de três intervalos, cujo primeiro e o último são mais curtos do que os do meio. No trote, não há mais do que dois tempos no movimento: se a perna direita dianteira parte, a perna esquerda traseira parte também ao mesmo tempo, e sem que tenham qualquer intervalo entre o movimento de um e de outro; na sequência, a perna esquerda dianteira parte com a direita de trás também ao mesmo tempo, de modo que não há nesse movimento do trote senão dois tempos e um intervalo, a pata direita da frente e a pata esquerda de trás pousam ao mesmo tempo, e em seguida a pata esquerda dianteira e a direita de trás pousam também ao mesmo tempo. No galope, em geral há três tempos; mas como nesse movimento, que é uma espécie de salto, as partes anteriores do cavalo não se movem primeiramente por elas mesmas e avançam pela força das ancas e das partes posteriores, se, das duas pernas dianteiras, a direita deve avançar mais do que a esquerda, é preciso que a pata esquerda traseira pouse primeiro no chão, para servir de ponto de apoio a esse movimento impetuoso. Desse modo, é a pata esquerda de trás que faz o primeiro tempo do movimento, e que pousa primeiro; em seguida, a perna direita traseira se eleva conjuntamente com a dianteira esquerda e elas voltam ao mesmo tempo para o chão; e finalmente, a perna direita da frente, que se eleva um instante após a esquerda dianteira e a direita traseira, e pousa por último, compondo o terceiro tempo. Assim, nesse movimento do galope, há três tempos e dois intervalos, e no primeiro desses intervalos, quando o movimento se faz com rapidez, há um instante em que as quatro pernas estão ao mesmo tempo no ar e é possível ver de uma só vez as quatro ferraduras do cavalo. E quando este tiver as ancas e os jarretes flexionados e os mover com vitalidade e agilidade, esse movimento do galope é mais perfeito, e a cadência é feita em quatro tempos: ele põe, primeiramente, a pata esquerda traseira, que marca o primeiro tempo; em seguida, a pata direita de trás retorna primeiro e marca o segundo tempo; a pata esquerda dianteira voltando um instante depois marca o terceiro tempo; e, enfim, a pata direita dianteira que retorna por último marca o quarto tempo.

Os cavalos galopam amiúde sobre a pata direita; da mesma maneira que partem com a perna direita dianteira para andar e trotar. Começam também a galopar com a perna direita dianteira que está mais avançada do que a esquerda; e do mesmo modo, a perna direita traseira, que segue imediatamente a direita dianteira, é também mais avançada do que a esquerda traseira, e isso sem cessar, enquanto dura o galope. Daí resulta que a perna esquerda, que sustenta todo o peso e impele as outras para a frente, é a mais fatigada, de modo que seria bom exercitar o cavalo a alternar o galope sobre a pata esquerda tanto quanto sobre a direita, o que bastaria para aguentar por mais tempo esse movimento violento. É isso o que se faz no picadeiro, mas talvez por outra razão: a de fazê-lo mudar frequentemente a pata dianteira, isto é, percorrer um círculo cujo centro é tanto à direita quanto à esquerda, sendo obrigado também a galopar sobre a pata direita tanto quanto sobre a esquerda.

No passo, as pernas do cavalo não se elevam senão a uma pequena altura e as patas roçam o solo muito de perto; no trote, elas se elevam mais e as patas são inteiramente retiradas do solo; no galope, as pernas se elevam ainda mais alto e os pés parecem saltar sobre o chão. O passo, para ser bom, deve ser diligente, leve, suave e seguro; o trote deve ser firme, diligente e igualmente sustentado, é preciso que a traseira impulsione satisfatoriamente a dianteira para a frente, e nesse andamento, o cavalo deve trazer a cabeça alta e ter os lombos retos; pois se as ancas se elevam e se abaixam alternativamente em cada tempo do trote, se a garupa balança e se o cavalo se move de um lado para o outro, trota mal por fraqueza. Outra falta é quando ele lança para fora as pernas dianteiras; as pernas da frente devem estar sobre a mesma linha que as de trás, sempre posicionadas com o máximo de graça. Quando uma das pernas de trás se lança, se a perna da frente do mesmo lado fica por um pouco mais de tempo no lugar, o movimento torna-se mais duro por essa resistência; e é por isso que o intervalo entre os dois tempos do trote deve ser curto. Mas, por mais curto que possa ser, essa resistência basta para tornar o andamento mais endurecido do que o passo e o galope; porque no passo o movimento é mais encadeado, suave e a resistência menor, e no galope não há quase ponto de resistência horizontal, que é o único incômodo para o cavaleiro, já que aproximadamente toda a reação do movimento das pernas da frente se faz de baixo para cima na direção perpendicular.

O molejo dos jarretes contribui tanto para o movimento do galope quanto para o dos lombos, já que estes se esforçam para elevar e impulsionar para a frente as partes anteriores; a dobra do jarrete é como uma mola: dissipa o impacto e suaviza a sacudidela. Quanto mais encadeado e leve for o molejo do jarrete, mais suave será o movimento da garupa. E também quanto mais diligente e rápido, quanto mais fortes forem os jarretes e mais firmes, tanto mais apoiado está sobre as ancas e tanto mais as espáduas assentadas sobre a força dos lombos. Aliás, os cavalos que no galope levantam as pernas dianteiras muito altas não são aqueles que galopam melhor; avançam menos do que os outros e se fadigam primeiro, e isso se origina geralmente no fato de não terem as espáduas livres o suficiente.

O passo, o trote e o galope são, portanto, os andamentos naturais mais comuns; mas há alguns cavalos que naturalmente têm outro andamento denominado furta-passo, que é muito diferente dos três outros, e que na primeira olhadela parece contrário às leis da mecânica e muito fatigante para o animal, embora nesse andamento a velocidade do movimento não seja tão grande quanto no galope ou no trote alongado: nele, o pé do cavalo roça o solo ainda mais de perto do que no passo, e cada passada é muito mais alongada; mas o que há de singular é que as duas pernas do mesmo lado, por exemplo, a dianteira e a traseira do lado direito, partem ao mesmo tempo para realizar um passo e, em seguida, as duas pernas do lado esquerdo partem também ao mesmo tempo para dar outro, e assim por diante, de modo que os dois lados do corpo ficam alternadamente sem apoio, não havendo ponto de equilíbrio entre ambos. Isso não pode deixar de fatigar muito o cavalo, que é obrigado a se sustentar em um balanço forçado, pela rapidez de um movimento que é quase descolado do chão, pois se elevasse as patas nesse andamento tanto quanto as eleva no trote, ou mesmo no bom passo, o balanço seria tão grande que não deixaria de cair para o lado. É apenas porque ele roça a terra de muito perto e pela pronta alternativa dos movimentos que o cavalo se sustenta nesse andamento, em que a perna direita posterior não só parte ao mesmo tempo que a perna da frente do mesmo lado, mas ainda avança sobre ela e põe uma pata ou uma pata e meia para além do lugar em que aquela foi posta. Quanto maior for o espaço em que a perna de trás avança sobre a da frente, melhor é realizado o furta-passo e mais rápido o movimento é feito. Como no trote, não há no furta-passo mais do que dois tempos no movimento; e toda a diferença está em que no trote as duas pernas que vão juntas são opostas em diagonal, ao passo que, no furta-passo, as pernas que vão juntas são as do mesmo lado. Esse andamento, que é muito fatigante para o cavalo e que não deve ser realizado senão em terreno aplanado, é muito suave para o cavaleiro: não tem a dureza do trote, que vem da resistência que a perna da frente faz quando a de trás se eleva, porque no furta-passo essa perna dianteira se eleva ao mesmo tempo que a traseira do mesmo lado, ao passo que, no trote, a perna da frente do mesmo lado fica em repouso e resiste ao impulso durante todo o tempo em que a de trás é movida. Os especialistas asseguram que os cavalos que naturalmente adotam o furta-passo jamais trotam e que são muito mais fracos do que os outros; com efeito, os potros assumem com muita frequência esse andamento, sobretudo quando são forçados a andar rápido e não são ainda fortes o bastante para trotar ou galopar; e se observa também que a maioria dos bons cavalos que foram submetidos a excessiva fadiga e começam a se cansar adotam por si sós esse andamento assim que são forçados a um movimento mais rápido que o do passo.[14]

O furta-passo pode, portanto, ser visto como um andamento defeituoso, já que não é comum e não é natural senão a um pequeno número de cavalos que são quase sempre mais fracos do que os outros; e os que parecem mais fortes se arruínam em menos tempo do que os que trotam e galopam. Mas há ainda dois outros andamentos, o entrepasso e o *aubin*,[15] que os cavalos

14 Veja La Guérinière, *Élements de cavalerie*, Paris, 1751, in-folio, p.77. (N. A.)
15 "O *aubin* é uma defeituosidade que se observa em animais velhos e esgotados e que se caracteriza pelo galopar de bípede anterior ou posterior, enquanto o outro continua em trote. Diz-se que é de frente ou de trás, de acordo com o bípede que se movimenta em galope. O *aubin* de frente é mais comum. Chaves de Lemos dá a esta defeituosidade a denominação de trote semidesunido, chamando 'travadinho' o trote semidesunido de trás" (Chieffi; Homem de Mello, Contribuição para o estudo da localização do centro de gravidade no corpo dos animais domésticos e dos fatores que produzem seu deslocamento temporário ou permanente. *Revista da Faculdade de Medicina Veterinária de São Paulo*, v.I, fasc.2, 1939, p.128). (N. T.)

fracos ou extenuados adotam por si mesmos, que são muito mais defeituosos do que o furta-passo. Esses andamentos errados foram denominados marcha descontínua, desunida ou composta: o entrepasso resulta do passo e do furta-passo, e o *aubin*, do trote e do galope. Ambos vêm do excesso de uma longa fadiga ou de uma grande fraqueza dos lombos; os cavalos de serviço de mensagens que se sobrecarregam assumem o entrepasso no lugar do trote à medida que se arruínam, e os cavalos de posta arruinados, obrigados a galopar, assumem o *aubin* em vez do galope.

De todos os animais, o cavalo é aquele que, tendo um porte grande, reúne a maior proporção e elegância nas partes de seu corpo; pois, comparando-o aos animais que estão imediatamente acima e abaixo, ver-se-á que o asno é malfeito, o leão tem a cabeça muito grande, o boi tem as pernas muito magras e demasiado curtas para o tamanho de seu corpo, o camelo é disforme, e os animais maiores, o rinoceronte e o elefante, não são, por assim dizer, mais do que massas informes. O grande alongamento dos maxilares é a principal causa da diferença entre a cabeça dos quadrúpedes e a dos homens; é também a característica mais ignóbil de todas; contudo, embora os maxilares do cavalo sejam muito alongados, não têm, assim como o asno, um ar de imbecilidade ou de estupidez como no boi. A regularidade das proporções de sua cabeça lhe dá, ao contrário, um ar de leveza que é acentuado pela beleza de seu pescoço. O cavalo parece querer se pôr acima de seu estado de quadrúpede ao elevar sua cabeça; nessa nobre atitude, olha o homem face a face. Seus olhos são vivos e bem abertos; suas orelhas são bem-feitas e de um tamanho exato, sem serem curtas como a dos touros ou longas como a dos asnos; sua crineira acompanha bem sua cabeça, orna seu colo, e lhe dá um ar de força e altivez; sua cauda, longa e densa, cobre e finaliza de modo proveitoso a extremidade de seu corpo. Bem diferente da cauda curta do cervo e do elefante, e da cauda nua do asno, do camelo e do rinoceronte, a cauda do cavalo é formada por crinas espessas e longas, que parecem sair da garupa, porque o sabugo de onde saem é muito curto. Ele não pode erguer sua cauda como o leão, mas ela lhe convém melhor, embora abaixada; e como pode movê-la de lado, serve-se dela utilmente para espantar as moscar que o incomodam; e embora sua pele seja muito firme e coberta inteiramente por um pelo espesso e serrado, é também muito sensível.

A postura da cabeça e do colo contribui mais do que qualquer outra parte do corpo para dar ao cavalo um porte nobre. A parte superior do pescoço de onde sai a crineira deve se elevar primeiro em linha reta ao sair do garrote e formar na sequência, ao se aproximar da cabeça, uma curva quase semelhante à do colo de um cisne. A parte inferior do pescoço não deve formar nenhuma curvatura. É preciso que sua direção esteja em linha reta desde o peitoral até a ganacha, inclinando-se um pouco para a frente; se ela fosse perpendicular, o pescoço estaria errado. É preciso também que a parte superior do colo seja magra, e que haja pouca carne junto à crineira, que deve ser medianamente coberta de crinas longas e soltas. Um belo pescoço deve ser longo e elevado; contudo, proporcional ao tamanho do cavalo. Quando ele é muito longo e fino, os cavalos geralmente dão cabeçadas, e quando é muito curto e carnudo, trazem a cabeça baixa apoiada sobre o freio; e para que a cabeça seja mais favoravelmente situada, é necessário que a fronte esteja perpendicular ao horizonte.

A cabeça do cavalo deve ser enxuta e fina, sem ser longa demais; as orelhas pouco distantes, pequenas, retas, imóveis, estreitas, delgadas e bem colocadas no alto da cabeça; a fronte, estreita e um pouco convexa; as fossas acima dos olhos devem estar preenchidas; as pálpebras finas; os olhos límpidos, vivos, resplandecentes, suficientemente grandes e avançados em relação à superfície da cabeça; a pupila grande, a ganacha descarnada e pouco espessa, o nariz um pouco arqueado, as ventas bem abertas e fendidas, o septo fino, os lábios delicados, a boca medianamente fendida, o garrote elevado e definido; as espáduas enxutas, chatas e pouco cerradas; o dorso uniforme, liso, insensivelmente arqueado sobre o comprimento e elevado nos dois lados da espinha, que deve parecer aprofundada; os flancos plenos e curtos, a garupa redonda e bem farta, a anca bem guarnecida, o sabugo da cauda espesso e firme, o braço e as coxas grossas e carnudas, o joelho redondo e para a frente, o jarrete amplo e bem talhado, as canelas finas na parte anterior e largas nas laterais, o ligamento bem destacado, os boletos delgados, o machinho pouco coberto, a quartela grossa e de um comprimento mediano, a coroa pouco elevada; a unha negra, plana e luzente; o casco alto, os quartos redondos, os talões largos e medianamente elevados, a ranilha fina e magra, e a sola espessa e côncava.

Mas há poucos cavalos em que se encontram todas essas perfeições reunidas. Os olhos estão sujeitos a muitos defeitos, muitas vezes difíceis de reconhecer. Em um olho sadio, devem-se ver através da córnea, em cima da pupila, duas ou três nódoas cor de fuligem; para ver essas nódoas é preciso que a córnea esteja clara, limpa e transparente. Se ela aparece duplicada ou de cor ruim, o olho não está bom. A pupila pequena, comprida e estreita, ou envolta em um círculo branco, designa também um olho ruim; e quando ela tem uma cor azul-esverdeada, o olho está com certeza ruim e a visão obscurecida.

Para a enumeração detalhada dos defeitos do cavalo, remeto ao artigo dessas descrições, e me contentarei em acrescentar algumas observações pelas quais, assim como pelas precedentes, seria possível julgar a maioria das perfeições ou imperfeições de um cavalo. Julga-se suficientemente bem a natureza e o estado atual do animal pelo movimento das orelhas. Quando caminha, deve ter a ponta das orelhas para a frente; um cavalo cansado tem as orelhas baixas; se encolerizado ou com más intenções, traz uma orelha voltada para a frente e a outra para trás; quando ouvem algum barulho, trazem as orelhas viradas para o lado; e quando batemos sobre seu dorso ou sobre a garupa, voltam as orelhas para trás. Os cavalos que têm os olhos afundados ou um olho menor do que o outro comumente veem mal; os que têm a boca seca não são de tão bom temperamento quanto os que têm a boca fresca e que espumam com a brida. Os cavalos de sela devem ter as espáduas chatas, móveis e pouco carregadas; ao contrário, o de tiro deve tê-las grossas, redondas e carnudas; contudo, se as espáduas de um cavalo de sela estiverem muito enxutas, com os ossos aparecendo demais sob a pele, é um defeito que indica que elas não estão livres e, consequentemente, o cavalo não poderá aguentar a fadiga; outro defeito para o cavalo de sela é ter o peitoral muito avançado e as pernas anteriores viradas para trás, porque está então sujeito a se apoiar sobre a pata dianteira no galope e até mesmo a tropeçar e cair. O comprimento das pernas deve ser proporcional ao porte do cavalo: quando as da frente são muito longas, não fica firme sobre suas patas; se são muito curtas, traz a cabeça baixa apoiada sobre o freio. Nota-se que as éguas estão mais sujeitas a ser mais baixas na frente do que os cavalos, e que os cavalos inteiros[16] têm o colo maior do que o das éguas e dos cavalos castrados.

Uma das coisas mais importantes para se conhecer é a idade do cavalo. Os velhos têm geralmente as fossas acima dos olhos aprofundadas, mas esse indício é equívoco, já que os jovens engendrados por velhos garanhões têm também essas fossas aprofundadas. É pelos dentes que se pode ter um conhecimento mais certeiro de sua idade. O cavalo tem 40 dentes: 24 molares, 4 caninos e 12 incisivos; as éguas não têm dentes caninos ou os têm muito pequenos. Os molares não servem para o conhecimento da idade; são julgados pelos dentes da frente e, em seguida, pelos caninos. Os doze dentes da frente começam a crescer quinze dias depois do nascimento do potro. Esses primeiros dentes são arredondados, pequenos e pouco sólidos, e caem em épocas diferentes para serem substituídos por outros. Com 2,5 anos, os quatro dentes da frente são os primeiros a cair: dois em cima e dois embaixo; um ano depois, caem quatro outros, um de cada lado dos primeiros já substituídos; com cerca de 4,5 anos, caem outros quatro, sempre ao lado daqueles que já caíram e foram substituídos; esses quatro últimos dentes de leite são substituídos por outros quatro que não crescem muito perto nem tão rápido quanto aqueles que substituíram os oito primeiros; e são esses quatro últimos dentes que chamamos de cantos, e que substituem os quatro últimos dentes de leite e marcam a idade do cavalo. Eles são fáceis de reconhecer, já que são os terceiros tanto em cima quanto embaixo, a contar a partir do meio da extremidade do maxilar; esses dentes são cavados e têm um sinal negro em sua concavidade. Com 4,5 ou 5 anos, quase não irromperam totalmente acima da gengiva e a cavidade é muito evidente; com 6,5 anos ela começa a ser preenchida, o sinal começa também a diminuir e a se estreitar cada vez mais até 7,5 ou 8 anos, quando a cavidade está totalmente preenchida e o sinal negro apagado; após 8 anos, uma vez que esses dentes

---

16 Inteiro em oposição a castrado. (N. T.)

não dão conhecimento da idade, procura-se julgá-la pelos dentes caninos ou recurvos. Esses quatro dentes estão ao lado daqueles de que acabamos de falar; assim como os molares, eles são precedidos por outros dentes que caem: os dois do maxilar inferior crescem comumente nos primeiros 3,5 anos, e os dois do maxilar superior com 4 anos, e até os 6 anos esses dentes são muito pontudos. Com 10 anos, os de cima parecem já embotados, gastos e largos, porque os dentes estão com as raízes expostas pela retração da gengiva devido à idade, e quanto mais ela assim estiver, mais velho será o cavalo. De 10 a 13 ou 14 anos, há pouco indício da idade; mas então alguns pelos das sobrancelhas começam a se tornar brancos. Esse indício é, entretanto, tão equívoco quanto aquele que se tira da fossa supraorbital aprofundada, já que é de se notar que os cavalos engendrados por garanhões e éguas velhos têm os pelos brancos nas sobrancelhas desde a idade de 9 ou 10 anos. Há cavalos cujos dentes são tão duros que não se desgastam e sobre os quais o sinal negro subsiste e não se apaga jamais; mas esses cavalos, que são denominados *bégus*,[17,18] são facilmente reconhecidos pela cavidade do dente que está absolutamente preenchida, e também pelo comprimento dos dentes caninos. Quanto ao mais, notou-se que há mais éguas do que cavalos *bégus*. Pode-se assim conhecer, embora menos precisamente, a idade de um cavalo pelos sulcos do palato, que são apagados à medida que o cavalo envelhece.

A partir da idade de 2 ou 2,5 anos, o cavalo está na idade de engendrar, e as éguas, como todas as outras fêmeas, são ainda mais precoces do que os machos. Mas esses cavalos novos não produzem mais do que potros mal-conformados ou mal constituídos. É preciso que o cavalo tenha ao menos 4 ou 4,5 anos antes que lhe seja permitido usufruir da égua, e ainda não será permitido tão cedo senão aos cavalos de tiro e aos encorpados, que são comumente formados mais cedo do que os cavalos finos; pois para estes é preciso esperar até os 6 anos, e até os 7 anos para os bons garanhões

---

17 *Bégu*: cavalo cujos incisivos indicam uma idade inferior (Dicionário Porto francês--português). (N. T.)

18 Veja La Guérinière, *Éléments de cavalerie*, p.25 ss. (N. A.)

espanhóis. As éguas podem ser um ano mais novas: estão comumente nos calores durante a primavera desde o fim de março até o fim de junho. Mas a época do mais forte calor não dura mais do que quinze dias ou três semanas, e é necessário estar atento para aproveitar esse tempo para lhe oferecer o garanhão. Ele deve ser bem escolhido, belo, bem constituído, elevado na parte dianteira, vigoroso, inteiramente sadio e, sobretudo, de boa raça e de boa região. Para ter belos cavalos de sela, finos e bem-feitos, é necessário utilizar garanhões estrangeiros: os árabes, os turcos, os berberes e os cavalos da Andaluzia são os mais preferíveis entre todos; e, em sua falta, servir-se-á de belos cavalos ingleses, pois esses cavalos vêm dos primeiros e não degeneraram muito, devido ao excelente alimento na Inglaterra, onde se tem um enorme cuidado para renovar as raças. Os garanhões italianos, sobretudo os napolitanos, são também muito bons, e têm a dupla vantagem de produzir cavalos finos de montaria quando lhes são dadas éguas finas, e belos cavalos de coche com éguas corpulentas e de bom porte. Afirma-se que na França e na Inglaterra, por exemplo, esses cavalos árabes e berberes geram comumente cavalos maiores do que eles, e que, ao contrário, os cavalos espanhóis produzem apenas crias menores do que eles. Para ter belos cavalos de coche, é preciso tomar garanhões napolitanos, dinamarqueses ou cavalos de algum lugar da Alemanha ou Holanda, como de Holstein e Frise. Os garanhões devem ser de belo porte, isto é, de 4 pés e 8, 9 e 10 polegadas para os cavalos de sela, e de pelo menos 5 pés para os cavalos de coche. É preciso também que o garanhão seja de um bom pelo, como negro azeviche, belo cinza, baio, alazão, isabel dourado com risca de mulo, as crinas e as extremidades negras. Todos os pelos de uma cor lavada e com aparência mal pintada devem ser banidos do haras, assim como os cavalos que têm as extremidades brancas. Com um exterior muito bonito, o garanhão deve ter ainda todas as boas qualidades interiores: a coragem, a docilidade, a fogosidade, a agilidade, a sensibilidade na boca, a liberdade das espáduas, a segurança das pernas, a leveza das ancas, a mobilidade de todo o corpo e, sobretudo, nos jarretes; deve ter também sido um pouco adestrado e exercitado no picadeiro. De todos os animais, o cavalo é aquele que mais se observou, e notou-se que ele comunica, pela geração, quase todas as boas e as más qualidades naturais e adquiridas: um cavalo naturalmente intratável, espantadiço e difícil de conduzir produz potros com a mesma natureza, e como os defeitos de conformação e os vícios de humor se perpetuam com mais certeza do que as qualidades naturais, necessita-se ter o estrito cuidado de excluir do haras todo cavalo disforme, amormado, dispneico, lunático etc.

Nesses climas, a égua contribui menos do que o garanhão para a beleza do potro, mas contribui talvez mais para o seu temperamento e seu porte. Assim, é preciso que as éguas tenham o corpo desenvolvido, um ventre bem grande, e que sejam boas nutrizes. Para ter belos cavalos finos, preferem-se as éguas espanholas e as italianas, e para cavalos de cocho, as éguas inglesas e normandas. Entretanto, com belos garanhões, as éguas de qualquer país poderão gerar belos cavalos, desde que se garanta que elas mesmas sejam bem-feitas e de boa raça, pois se elas foram geradas de um cavalo ruim, os potros que produzirão serão eles próprios frequentemente cavalos ruins. Nessa espécie de animais, como na espécie humana, a prole se assemelha muitas vezes aos ascendentes paternais ou maternais. Parece apenas que, nos cavalos, a fêmea não contribui tanto para a geração quanto na espécie humana. Os filhos se assemelham com mais frequência à sua mãe do que o potro à sua; e quando este se assemelha à égua que o gerou, é comumente nas partes anteriores do corpo, na cabeça e no pescoço.

De mais a mais, para bem julgar as semelhanças das crianças aos seus pais, não seria necessário compará-los nos primeiros anos, mas esperar a idade em que, estando totalmente desenvolvidos, a comparação seria mais certa e visível. Independentemente do desenvolvimento no crescimento, que muitas vezes altera ou muda muito as formas, as proporções e a cor dos cabelos dos filhos, acontece, na época da puberdade, um desenvolvimento rápido e repentino, que muda geralmente os traços, o porte, a postura das pernas etc. O rosto se alonga, o nariz cresce e engrossa, o maxilar avança e se modifica, a cintura se eleva e se curva, as pernas se alongam e muitas vezes se tornam esguias ou com os joelhos voltados para dentro, de modo que a fisionomia e a compostura do corpo mudam tanto que seria muito possível não reconhecer, ao menos em uma primeira olhada, após a puberdade, uma pessoa que tivesse sido conhecida bem antes desse tempo e que não se voltou a ver desde então. É apenas após essa idade que se deve comparar a criança aos seus pais, se se quer julgar a semelhança com exatidão. E então acontece na espécie humana que o filho frequentemente se assemelha a seu pai e a filha à sua mãe; que com mais frequência eles se assemelham um ao outro ao mesmo tempo e que têm algo de ambos; que muitas vezes se assemelham aos avôs e avós, algumas vezes aos tios e tias; que quase sempre os filhos do mesmo pai e da mesma mãe se assemelham mais entre si do que aos seus ascendentes, e que todos têm algo em comum e um ar de família. Nos cavalos, como o macho contribui mais para a geração do que a fêmea, as éguas geram potros que são muito frequentemente semelhantes em tudo ao garanhão, ou que sempre são mais semelhantes a ele do que à mãe. Elas produzem também potros que se assemelham aos avós machos; e quando a égua mãe foi ela própria engendrada por um cavalo ruim, acontece muito frequentemente que, embora ela tenha tido um belo garanhão e seja por si bela, produza apenas potros que, embora na aparência sejam belos e bem-feitos na primeira juventude, declinam sempre ao crescerem; enquanto uma égua que veio de uma boa raça produz potros que, embora inicialmente de aparência ruim, ficam belos com a idade.

Além disso, todas essas observações feitas sobre os produtos das éguas, e que dão a impressão de concorrer para provar que nos cavalos o macho tem influência muito maior sobre a cria do que a fêmea, não parecem ainda suficientes para estabelecer esse fato de maneira indubitável e irrevogável. É possível que essas observações subsistissem e que, ao mesmo tempo e em geral, as éguas contribuíssem tanto quanto os cavalos para o produto da geração. Não me parece espantoso que os garanhões, sempre escolhidos em meio a um grande número de cavalos, vindos comumente de países quentes, alimentados em abundância, mantidos e instalados com grande cuidado, predominem na geração sobre éguas comuns, nascidas em um clima frio e muitas vezes limitadas ao trabalho. E como nas observações vindas dos haras há sempre mais ou menos dessa superioridade do garanhão sobre a égua, pode-se muito bem imaginar que é apenas por essa razão que elas são verdadeiras e constantes. Mas, ao mesmo tempo, poderia ser muito verdadeiro que de éguas muito belas de países quentes, para as quais fossem oferecidos cavalos comuns, elas tivessem uma influência talvez muito maior do que a deles sobre a progenitura, e que, em geral, no espaço dos cavalos, assim como no humano, houvesse igualdade nas influências do macho e da fêmea sobre sua progenitura. Isso me parece natural e tanto mais provável que se notou, mesmo nos haras, que nasceria quase o mesmo número de potros machos e fêmeas, o que prova que a fêmea participa com sua metade ao menos para o sexo.

Mas não sigamos mais longe com essas considerações, que nos afastariam de nosso tema: quando o garanhão é escolhido e as éguas que serão oferecidas a ele estão todas juntas, é preciso ter outro cavalo inteiro que sirva apenas para saber quais delas estarão nos calores e que também contribua com seus ataques para deixá-las receptivas. Uma após a outra, passa-se todas as éguas diante desse cavalo inteiro, que deve estar ardente e relinchar com frequência. Ele quer atacar a todas; as que não estão nos calores se defendem, e apenas as que estão o deixam se aproximar. Mas, em vez de deixá-lo de fato se aproximar, ele é retirado e substituído pelo verdadeiro garanhão. Essa prova é útil para reconhecer a verdadeira época dos calores da égua e sobretudo das que ainda não produziram. Pois estas que acabaram de parir comumente entram nos calores nove dias após o parto. Assim, é possível levá-las ao garanhão já nesse mesmo dia e fazer que ele as cubra; em seguida, testar-se-á nove dias depois, pela prova exposta, se elas ainda estão nos calores, e se efetivamente estiverem, são cobertas uma segunda vez; e assim seguidamente uma vez mais a cada nove dias enquanto durar seu calor, pois assim que estão prenhes, os calores diminuem e cessam poucos dias depois.

Mas, para que tudo isso possa ser feito fácil e comodamente, com sucesso e fruto, é necessário muita atenção, esforço e precauções. É preciso estabelecer o haras em um bom terreno e em um lugar conveniente e proporcional à quantidade de éguas e garanhões que se quer empregar. É necessário dividir o terreno em muitas partes, fechadas com estacas ou fossas com boas cercas, pôr as éguas prenhes e as que estão com seus potros na parte em que o pasto é mais consistente, separar as que não conceberam ou que ainda não foram cobertas e colocá-las com as jovens potras em outro compartimento de criação onde o pasto seja menos espesso, a fim de que elas não engordem muito, o que se opõe à geração; e, enfim, é preciso pôr os jovens potros inteiros ou castrados na parte mais enxuta e desigual do terreno, para que ao subirem e descerem as colinas, adquiram liberdade nas pernas e nas espáduas. Esse último compartimento onde são colocados os potros machos deve ser separado com cuidado daquele das éguas, para que os jovens cavalos não escapem e não se enervem com as éguas. Se o terreno for grande o suficiente para que se possa dividir cada um dos compartimentos de criação em duas partes, para pôr aí alternadamente cavalos e bois no ano seguinte, o fundo do pasto durará por muito mais tempo do que se fosse continuamente comido por cavalos, pois o boi repara o pasto e o cavalo o esgota. É preciso também que existam charcos em cada um desses compartimentos; as águas estagnadas são melhores para os cavalos do que as águas correntes, que lhes causam cólicas; e se houver algumas árvores nesse terreno, não devem ser retiradas, já que os cavalos ficam muito satisfeitos por encontrar sua sombra nos calores do estio; mas se houver troncos, tocos ou buracos, tem-se de extraí-los, tapá-los, aplanar o terreno, para prevenir qualquer acidente. Esses pastos servirão para a alimentação de vosso haras durante o verão; no inverno, será necessário pôr as éguas na estrebaria e alimentá-las com feno, assim como os potros, que serão levados ao pasto apenas nos belos dias de inverno. Os garanhões devem ser sempre alimentados na estrebaria com mais palha do que feno e exercitados moderadamente até a época da cobertura, que dura em geral do começo de abril até o fim de junho; não devem fazer qualquer outro exercício durante esse tempo e serão alimentados com fartura, porém com os mesmos alimentos de costume.

Quando o garanhão é levado para a égua, dever-se-á primeiro tratá-lo; isso irá aumentar seu ardor. É preciso também que a égua esteja limpa e sem as ferraduras das patas posteriores, pois há algumas melindrosas que escoiceiam o garanhão. Um homem segura a égua pelo cabresto e dois outros conduzem o garanhão pelas correias; quando ele estiver pronto, auxilia-se na cópula dirigindo-o e desviando a cauda da égua; pois uma única crina que se oponha poderia feri-lo, até mesmo gravemente. Acontece algumas vezes na cópula de o garanhão não consumar o ato da geração e sair de cima da égua sem ter lhe deixado nada. É preciso, portanto, estar atento para observar se nos últimos momentos da copulação o sabugo da cauda do garanhão não teve um movimento de balanço perto da garupa, pois esse movimento acompanha sempre a emissão do líquido seminal. Se ele consumou, não se deve deixá-lo reiterar a cópula; ao contrário, deve-se levá-lo imediatamente à estrebaria e deixá-lo até dois dias depois, porque, embora um bom garanhão possa bastar para cobrir uma vez ao dia e todos os dias durante os três meses em que dura o período da monta, vale mais poupá-lo por mais tempo e não lhe dar uma égua senão a cada dois dias. Nos primeiros sete dias lhe serão dadas sucessivamente quatro éguas diferentes e no nono dia, a primeira égua é reconduzida e também as outras, enquanto estiverem nos calores; e desde que tenha alguma cujo calor tenha passado, esta será substituída por uma nova, para que seja coberta em seu lugar também a cada nove dias. E como há muitas delas que concebem já na primeira, segunda ou terceira vez, acredita-se que um garanhão assim conduzido possa cobrir quinze ou dezoito éguas e produzir dez ou doze potros nos três meses em que dura esse exercício. Nesses animais, a quantidade do licor seminal é muito grande e, na emissão, é vertido com muita abundância. Ver-se-á nas descrições a grande capacidade dos reservatórios que o contêm e as induções que se podem tirar da extensão e da forma desses reservatórios. Nas éguas, há também uma emissão, ou antes, uma estimulação do líquido seminal durante todo o tempo em que estão ávidas pelo macho, pois lançam para fora um líquido viscoso e esbranquiçado que é denominado calores, e assim que estiverem prenhes, essas emissões cessam. É esse líquido que os gregos denominaram o *hipômanes* da égua e do qual acreditaram poder fazer filtros, sobretudo para deixar um cavalo frenético de amor. Esse *hipômanes* é muito diferente daquele que se encontra nos invólucros do potro, do qual Daubenton[19] foi o primeiro a reconhecer e descreveu tão bem a natureza, origem e situação. Esse licor que a égua lança para fora é o sinal mais certo de seu calor; mas este é reconhecido ainda pelo inchaço na parte inferior da vulva e pelos frenéticos relinchos da égua, que nesse tempo procura se

---

19 Veja *Mémoires de l'Académie royale des sciences*, 1751. (N. A.)

aproximar dos cavalos. Quando ela foi coberta pelo garanhão, é simplesmente necessário levá-la para o pasto sem nenhuma outra precaução. O primeiro potro de uma égua jamais é tão corpulento quanto os que ela produz na sequência; assim, ter-se-á o cuidado de dá-la pela primeira vez a um garanhão maior, a fim de compensar o defeito do crescimento pelo tamanho mesmo do porte. É necessário ter também enorme cuidado com a diferença ou a reciprocidade das figuras do cavalo e da égua, a fim de corrigir os defeitos de um pelas perfeições do outro, e sobretudo jamais fazer cópulas desproporcionadas, como de um cavalo pequeno com uma égua grande ou de um cavalo grande com uma égua pequena, porque o produto dessa cópula seria pequeno ou de proporções ruins. Para conseguir se aproximar da bela natureza, é preciso ir por nuances: dar, por exemplo, a uma égua um pouco farta um cavalo corpulento, mas fino; a uma égua pequena, um cavalo um pouco mais alto do que ela; a uma égua falha na metade anterior, um cavalo que tenha a cabeça bela e o pescoço nobre etc.

Notou-se que os haras estabelecidos nos terrenos secos e finos produzem cavalos sóbrios, ligeiros e vigorosos, com as pernas nervosas e os cascos duros, enquanto nos lugares úmidos e nos pastos mais carnudos quase todos têm a cabeça grossa e pesada, o corpo espesso, as pernas carregadas, os cascos ruins e a sola plana. Essas diferenças vêm do clima e da alimentação, o que pode ser facilmente compreendido; mas o que é mais difícil de compreender e ainda mais essencial do que tudo o que acabamos de dizer é a necessidade de sempre ter de cruzar as raças para impedi-las de degenerar.

Na natureza, há um protótipo geral em cada espécie a partir do qual todo indivíduo é modelado, mas que, ao se realizar, parece se alterar ou se aperfeiçoar pelas circunstâncias; de modo que no que concerne a algumas qualidades, aparentemente há uma variação bizarra na sucessão dos indivíduos, e, ao mesmo tempo, uma constância que parece admirável na espécie por inteiro. O primeiro animal, o primeiro cavalo, por exemplo, foi o modelo exterior e o molde interior a partir do qual foram formados todos os cavalos que nasceram, que existem e os que nascerão. Mas esse modelo, do qual não conhecemos senão cópias, pode ser alterado ou aperfeiçoado ao comunicar sua forma e se multiplicar: a impressão originária subsiste em sua inteireza em cada indivíduo, mas, embora haja milhões desses, cada um desses indivíduos não é, entretanto, em tudo semelhante a outro indivíduo, nem consequentemente ao modelo do qual traz consigo a impressão. Essa diferença, que prova o quanto a Natureza está longe de fazer algo de modo absoluto e o quanto sabe nuançar suas obras, se encontra na espécie humana, nas espécies de todos os animais, de todos os vegetais, em suma, de todos os seres que se reproduzem. E o que há de singular é que parece que o modelo do belo e do bom está disperso por toda a Terra e que em cada clima reside apenas uma porção que sempre degenera, a menos que se una a outra porção tomada de longe, de modo que, para ter um bom grão, belas flores etc., é preciso permutar os grãos e jamais semeá-los no mesmo terreno em que foram produzidos. Assim também, para se ter belos cavalos, bons cães etc., é preciso dar às fêmeas do país machos estrangeiros e, reciprocamente, aos machos do país fêmeas estrangeiras. Sem isso, os grãos, as flores e os animais degeneram ou, antes, ganham uma tintura demasiado forte do clima, de modo que a matéria domina sobre a forma e parece abastardá-la. A impressão permanece, mas desfigurada por todos os traços que não lhe são essenciais; ao contrário, ao se misturar as raças, e sobretudo ao renová-las sempre pelas raças estrangeiras, a forma parece se aperfeiçoar e a Natureza se elevar e dar tudo o que pode produzir de melhor.

Aqui não é o lugar para dar as razões gerais desses efeitos, mas podemos indicar as conjecturas que se apresentam à primeira olhada: é sabido por experiência que animais ou vegetais transplantados de um clima longínquo frequentemente degeneram e às vezes se aperfeiçoam em pouco tempo, isto é, em uma quantidade muito pequena de gerações. É fácil conceber que o que produz esse efeito é a diferença do clima e da alimentação. A influência dessas duas causas deve com o tempo tornar esses animais isentos ou suscetíveis de algumas afecções e doenças; seu temperamento deve mudar pouco a pouco; o desenvolvimento da forma, que depende em parte da alimentação e da qualidade dos humores, deve, portanto, também mudar ao longo das gerações. Essa mudança é, na verdade, quase invisível na primeira geração, porque os dois animais, macho e fêmea, que supomos serem as cepas dessa raça, ganham sua consistência e forma antes de terem sido deslocados de sua pátria, e o novo clima e a nova alimentação podem, na verdade, modificar seu temperamento. Contudo, não podem influir o bastante sobre as partes sólidas e orgânicas para delas alterar a forma, sobretudo se o crescimento de seu corpo foi completamente alcançado. Por conseguinte, a primeira geração não será alterada; a primeira cria desses animais não degenerará; a impressão da forma será pura; não haverá vício algum da cepa no momento do nascimento, mas o jovem animal experimentará, em uma idade tenra e débil, as influências do clima; elas lhe farão mais impressões do que fizeram no pai e na mãe, e as da alimentação serão ainda muito maiores e poderão agir sobre as partes orgânicas no período de crescimento, alterar um pouco a forma originária e produzir neles germes de defeituosidade que depois se manifestarão de uma maneira muito sensível na segunda geração, em que a cria não somente tem seus próprios defeitos, isto é, os que provêm de seu crescimento, mas ainda os vícios da segunda cepa, que se desenvolverão com mais proveito; e, enfim, na terceira geração, os vícios da segunda e terceira cepas, que provêm da influência do clima e da alimentação, encontrando-se ainda combinados com os da influência atual no crescimento, ficarão tão visíveis que as características da primeira cepa estarão apagadas neles. Esses animais de raça estrangeira não terão mais nada de estrangeiro: em tudo se parecerão aos do país. Cavalos espanhóis ou berberes, cujas gerações são assim conduzidas, tornam-se na França cavalos franceses, muitas vezes a partir da segunda geração e sempre na terceira. Fica-se, portanto, obrigado a cruzar as raças, em vez de preservá-las: renova-se a raça a cada geração ao se trazer cavalos berberes ou espanhóis para lhes dar às éguas do país, e o que há de singular é que a renovação da raça, que não é feita senão em parte e, por assim dizer, pela metade, produz, contudo, efeitos muito melhores do que se a renovação fosse inteira: um cavalo e uma égua da Espanha não produzirão juntos cavalos tão belos na França senão quando vierem desse mesmo cavalo da Espanha com uma égua do país, o que se conceberá com facilidade se se prestar atenção à compensação necessária dos defeitos que deve ser feita quando se põem juntos um macho e uma fêmea de diferentes países. Cada clima, por suas influências e pelas da alimentação, dá certa conformação que peca por algum excesso ou defeito;

mas em um clima quente haverá em excesso o que faltará em um clima frio, e assim reciprocamente, de maneira que uma compensação de tudo deve ser feita quando se põem juntos dois animais desses climas opostos. E como o que tem maior perfeição na Natureza é o que tem menos defeitos, e que as formas mais perfeitas são apenas aquelas que têm menos deformidades, os produtos de dois animais, cujos defeitos se compensassem exatamente, seria a produção mais perfeita dessa espécie. Ora, eles se compensam tanto mais quanto se põem juntos animais de países mais distantes, ou antes, de climas mais antagônicos: o composto que daí resulta é tanto mais perfeito quanto mais opostos forem os defeitos do hábito do pai em relação aos defeitos ou excessos do hábito da mãe.

Para se ter belos cavalos no clima temperado da França, é preciso, pois, fazer vir belos garanhões de climas mais quentes ou mais frios. Se for possível consegui-los, os cavalos árabes e os berberes devem ser preferidos; na sequência, os cavalos da Espanha e do reino de Nápoles; e para os climas frios, os da Dinamarca e depois os de Holstein e Frise. Com as éguas do país, todos esses cavalos produzirão na França muito bons cavalos, que serão tanto melhores e mais belos quanto mais a temperatura do clima for antagônica à do clima da França; de modo que os árabes serão melhores do que os berberes, os berberes melhores do que os espanhóis, assim como os vindos da Dinamarca produzirão cavalos mais belos do que os de Frise. Na ausência desses cavalos de climas muito mais frios ou mais quentes, seria necessário trazer garanhões ingleses ou alemães, ou até das províncias meridionais da França para as setentrionais: sempre se ganhará ao dar às éguas cavalos estrangeiros e, ao contrário, muito se perderá em um haras ao deixar se multiplicar cavalos da mesma raça, pois eles degeneram infalivelmente e em um tempo muito rápido.

Na espécie humana, o clima e a alimentação não têm tão grande influência quanto nos animais, e a razão disso é muito simples. O homem se defende melhor do que os animais das intempéries do clima: abriga-se, veste-se como convém às estações, sua alimentação é muito mais variada e, por consequência, não influi do mesmo modo sobre todos os indivíduos. Os defeitos ou os excessos, que vêm dessas duas causas e que são tão constantes e sensíveis nos animais, são nele muito menores. Além disso, como houve frequentes migrações de povos, as nações se misturaram, os homens viajaram e se difundiram em todos os lados, não é de se espantar que as raças humanas pareçam ser menos sujeitas ao clima e que se encontrem homens fortes, bem formados, e também espirituosos, em todos os países. Contudo, pode-se crer que os homens conheceram outrora, por uma experiência cuja memória foi completamente perdida, o mal que resultaria das alianças do mesmo sangue, já que nas nações menos policiadas raramente é permitido ao irmão tomar por esposa sua irmã. Esse uso, que é para nós direito divino e que não relacionamos nos outros povos senão a visões políticas, foi talvez fundado sobre a observação. A política não é entendida de maneira tão geral e absoluta, a menos que resulte do físico, mas se os homens certa vez souberam por experiência que sua raça degeneraria todas as vezes que quisessem conservá-la sem mistura em uma mesma família, teriam visto a lei da aliança com famílias estrangeiras como uma lei da Natureza e estariam todos de acordo em não admitir mistura entre seus filhos. E, de fato, a analogia pode fazer supor que na maioria dos climas os homens degenerariam, tal como os animais, depois de certo número de gerações.

Outra influência do clima e da alimentação é a variedade das cores da pelagem dos animais. Os selvagens que vivem no mesmo clima são de uma mesma cor, que apenas se torna um pouco mais clara ou mais escura nas diferentes épocas do ano; os que vivem sob climas diferentes são de cor diferente, e os animais domésticos variam prodigiosamente pelas cores, de modo que há cavalos e cães de todos os tipos de pelos, ao passo que os cervos e as lebres são todos da mesma cor. As injúrias do clima e a alimentação, que são sempre idênticas, produzem nos animais selvagens essa uniformidade; o cuidado do homem, a suavidade do abrigo, a variedade na alimentação borram e fazem variar essa cor nos animais domésticos, tal como a mistura das raças estrangeiras quando não se atentou para harmonizar a cor do macho com a da fêmea, fato que algumas vezes produz belas singularidades, como se vê no cavalo malhado, no qual o branco e o negro são aplicados de uma maneira tão estranha e recortados um sobre o outro tão singularmente que parece não ser obra da Natureza, mas o efeito do capricho de um pintor.

Na cópula dos cavalos harmonizar-se-ão, portanto, o pelo e o porte, contrastar-se-ão as figuras, cruzar-se-ão as raças opondo os climas, e jamais se unirão cavalos e éguas nascidos no mesmo haras. Todas essas condições são essenciais e há ainda alguns outros cuidados que não se devem negligenciar; por exemplo, no haras não se pode ter éguas de cauda curta, porque, não podendo se defender das moscas, são muito mais atormentadas por elas do que as que têm as crinas inteiras, e a agitação contínua que lhes causa a picada desses insetos lhes diminui a quantidade do leite, o que influi muito no temperamento e no porte do potro, que, aliás, em idênticas condições, será tão mais vigoroso quanto melhor nutriz for sua mãe. É preciso se esforçar por ter em seu haras apenas éguas que tenham sempre pastado e que não estejam muito exauridas. As éguas que sempre estiveram na estrebaria alimentadas a seco e que se põem em seguida no pasto não produzem logo. É preciso lhes dar tempo para se acostumarem a essa nova alimentação.

Embora a temporada ordinária dos calores das éguas seja a partir do começo de abril até o fim de junho, acontece muito frequentemente que, em um grande número, haja algumas que estejam nos calores antes desse tempo: bem se fará de deixar passar esse calor sem cobri-las, porque o potro nasceria no inverno e sofreria as intempéries da estação, e poderia sugar apenas um leite ruim; e o mesmo quando uma égua inicia seus calores somente após o mês de junho: não deveria ser coberta, porque então o potro nasceria no verão, não tendo tempo de adquirir força suficiente para resistir às injúrias do inverno seguinte.

Muitas pessoas, em vez de conduzir o garanhão à égua para cobri-la, soltam-no no compartimento de criação, onde as éguas estão reunidas, e o deixam em liberdade para escolher, por ele mesmo, as que o exigem, e satisfazê-las à sua vontade. Essa maneira é boa para as éguas e elas produzirão com mais segurança do que de outro modo, mas o garanhão estará mais arrasado em seis semanas do que estaria em muitos anos por um exercício moderado e conduzido como dissemos.

Quando as éguas estão prenhes e seu ventre começa a ficar mais pesado, é preciso separá-las das outras que não estão e que poderiam feri-las. A gestação dura comumente onze meses e alguns dias. Elas dão à luz em pé, ao

549

passo que quase todos os outros quadrúpedes se deitam. Ajuda-se aquelas cujo parto é difícil: põe-se ali a mão e recoloca-se o potro na posição; e, às vezes, quando ele morre, é retirado por cordas. A cabeça é quase sempre a primeira a se apresentar. Como em todas as outras espécies de animais, rompe seus invólucros ao sair da matriz e as águas abundantes que elas contêm se derramam, caem ao mesmo tempo um ou mais pedaços sólidos formados por sedimento do líquido da alantoide que se engrossou. Esse pedaço, que os antigos chamavam *hipômanes* do potro, não é, como dizem, um pedaço de carne ligada à cabeça do potro; ao contrário, está separada dele pela membrana âmnio. A égua lambe o potro após o nascimento, mas não toca no *hipômanes*, e os antigos se enganaram ainda quando afirmaram que ela o comia imediatamente.

Costuma-se em geral cobrir uma égua nove dias após ter parido. Faz-se isso para não perder tempo e para extrair de seu haras tudo o que se pode esperar. Entretanto, é certo que a égua divide suas forças ao ter, simultaneamente, de alimentar seu potro recém-nascido e seu potro para nascer, e não pode lhes dar tanto quanto se tivesse apenas um ou outro para nutrir. Para se ter excelentes cavalos, seria, pois, melhor que não se deixasse cobrir as éguas senão a cada dois anos. Elas durariam mais tempo e seriam fecundadas com mais segurança, pois nos haras comuns falta muito para que todas as éguas que foram cobertas produzam todos os anos. Quando muito, no mesmo ano, a metade ou dois terços delas dão potros.

Ainda que prenhes, as éguas podem ser copuladas, e, apesar disso, não sofrem superfetação. Elas produzem geralmente até a idade de 14 ou 15 anos, e as mais vigorosas não produzem para além de 18 anos. Os cavalos, quando poupados, podem engendrar até os 20 anos e mesmo além disso. E a mesma observação feita sobre esses animais foi feita sobre os homens: os que começaram cedo terminam também mais cedo, pois os cavalos corpulentos, que estão formados mais cedo em relação aos cavalos finos e que se tornaram garanhões desde os 4 anos, não duram muito tempo, e estão comumente sem condições de engendrar antes dos 15 anos.[20]

---

20 Veja Garsault, *Le nouveau parfait Maréchal*, p.68 ss. (N. A.)

Como em todas as outras espécies de animais, a duração da vida dos cavalos é proporcional ao tempo de seu crescimento. O homem, que leva catorze anos para crescer, pode viver seis ou sete vezes esse tempo, isto é, noventa ou cem anos; o cavalo, cujo crescimento se dá em quatro anos, pode viver seis ou sete vezes esse tempo, isto é, 25 ou trinta anos: os exemplos que poderiam ser contrários a essa regra são tão raros que nem mesmo se deve considerá-los como uma exceção da qual se possam tirar consequências. E como os cavalos corpulentos chegam ao seu crescimento completo em menos tempo do que os menos volumosos, vivem também menos tempo e estão velhos já aos 15 anos.

Em uma primeira olhada, pareceria que o crescimento das partes posteriores nos cavalos e na maioria dos outros animais quadrúpedes é, inicialmente, maior do que o das partes anteriores, ao passo que no homem as partes inferiores crescem, em princípio, menos do que as superiores, pois, proporcionalmente ao corpo, as coxas e as pernas são nas crianças muito menores do que no adulto. Nos potros, ao contrário, as pernas de trás são longas o bastante para que possam alcançar sua cabeça com o pé de trás, enquanto o cavalo adulto não pode mais alcançá-la. Mas essa diferença vem menos da desigualdade do crescimento total das partes anteriores e posteriores do que da desigualdade das patas dianteiras e das traseiras, que é constante em toda a Natureza, e mais sensível nos animais quadrúpedes. Pois no homem os pés são mais corpulentos do que as mãos e também se formam mais cedo; no cavalo, cuja grande parte da perna traseira não é mais do que um pé, já que ela é composta apenas por ossos relativos ao tarso, metatarso etc., não é de se espantar que esse pé seja mais extenso e desenvolvido mais cedo do que a perna dianteira, cuja parte inferior inteira representa a mão, já que ela não é composta senão por ossos do carpo, metacarpo etc. Quando um potro acaba de nascer, nota-se facilmente essa diferença: comparadas com as pernas de trás, as da frente parecem, e de fato são, muito mais curtas do que serão mais tarde e, além disso, a espessura que o corpo adquire, embora independente das proporções de crescimento em comprimento, põe, entretanto, mais distância entre as patas de trás e a cabeça, e contribui, consequentemente, para impedir o cavalo de alcançá-la assim que atinge seu crescimento.

Em todos os animais, cada espécie é variada seguindo os diferentes climas, e os resultados gerais dessas variedades formam e constituem as diferentes raças, das quais não podemos apreender senão as que são as mais notáveis, isto é, as que diferem sensivelmente umas das outras, negligenciando todas as nuances intermediárias que aqui, como em tudo, são infinitas. Aumentamos ainda seu número e sua mescla ao favorecer a mistura dessas raças, e apressando a Natureza, por assim dizer, ao levarmos desses climas os cavalos da África ou da Ásia, tornando irreconhecíveis as raças primitivas da França ao introduzir cavalos de todos os países. E para distinguir os cavalos, não nos restam mais do que algumas características leves, produzidas por influência atual do clima: essas características seriam muito mais marcantes e as diferenças muito mais sensíveis do que se as raças de cada clima tivessem sido aí conservadas sem mistura; as pequenas variedades teriam sido menos nuançadas, menos numerosas, e haveria certo número de grandes variedades bem marcadas que todo mundo conseguiria facilmente distinguir; ao passo que é necessário hábito e mesmo uma bem longa experiência para conhecer os cavalos das diferentes regiões. Sobre isso, não temos mais do que os esclarecimentos que pudemos tirar dos livros dos viajantes, das obras dos mais hábeis mestres de equitação, tais como os srs. de Newcastle, Garsault, La Guérinière etc., e de algumas observações que o sr. de Pignerolles, cavaleiro do rei e chefe da Academia de Angers, teve a bondade de nos comunicar.

Os cavalos árabes são os mais belos que se conhecem na Europa, são maiores e mais bem guarnecidos do que os berberes, e muito mais bem-feitos. Mas como vêm raramente para a França, os cavaleiros não têm observações detalhadas de suas perfeições e defeitos.

Os cavalos berberes são os mais comuns. Têm o pescoço longo, fino, pouco carregado de crinas e com o garrote bem aparente; têm uma bela cabeça, pequena e, quando olhada de lado, forma comumente, dos olhos até a ponta do nariz, uma linha convexa como a da cabeça de uma ovelha; a orelha bela e bem colocada; as espáduas leves e chatas, o garrote magro e erguido; os lombos curtos e retos; o flanco e as costelas redondas sem muito ventre; as ancas bem enxutas, com muita frequência a garupa um pouco longa e a cauda implantada um pouco alta; as coxas bem formadas e raramente achatadas; as pernas belas, bem-feitas e sem pelo, o ligamento bem destacado, a pata bem-feita, contudo, a quartela comprida; são encontrados em todas as pelagens, mas a cinza é a mais comum. Os berberes são um pouco negligentes em seu andamento: necessitam ser aperfeiçoados; apresentam muita velocidade e nervos; são muito ligeiros e apropriados para a corrida; esses cavalos parecem ser os mais apropriados para produzir raças. Apenas seria desejável que fossem de um porte maior; os maiores são de 4 pés e 8 polegadas e é raro encontrar os que tenham 4 pés e 9 polegadas. Está confirmado pela experiência que na França e na Inglaterra geram potros que são maiores do que eles. Afirma-se que, entre os berberes, os do reino do Marrocos são os melhores, seguidos dos berberes da montanha; os do resto da Mauritânia estão abaixo, assim como os da Turquia, da Pérsia e da Armênia. Todos esses cavalos de países quentes têm o pelo mais curto do que os outros. Os cavalos turcos não são tão bem-proporcionados quanto os berberes: em geral têm o pescoço alongado, o corpo comprido, as pernas muito finas; contudo, são muito trabalhadores e de longo fôlego. Isso não é de se espantar se se notar que nos países quentes os ossos dos animais são mais duros do que nos climas frios, e é por essa razão que, embora tenham a canela mais fina do que os destes países, têm, contudo, mais força nas pernas.

Os cavalos espanhóis, que estão em segundo lugar após os berberes, têm o pescoço longo, espesso e muita crina; a cabeça um pouco corpulenta e, por vezes, quando olhada de lado, dos olhos até a ponta do nariz, forma uma linha convexa como a da cabeça de uma ovelha; as orelhas longas, mas bem localizadas; os olhos cheios de vida, o ar nobre e altivo; as espáduas espessas e o peitoral largo; com muita frequência, os lombos um pouco baixos; as costelas redondas, e muitas vezes o ventre um pouco volumoso; a garupa comumente redonda e larga, embora alguns a tenham um pouco comprida, as pernas belas e sem pelo; o ligamento bem destacado, a quartela por vezes um pouco comprida, como os berberes; a pata um pouco alongada como a de um mulo; e frequentemente o talão bastante alto. Os cavalos espanhóis de boa raça são espessos, corpulentos, patas curtas; têm também muito movimento em seu caminhar, muita leveza, fogosidade e altivez; seu pelo mais comum é o negro e o baio marrom, embora haja de todos os tipos de pelos. Muito raramente têm as pernas e o nariz brancos; os espanhóis têm aversão a esses sinais e não reproduzem os cavalos que os têm: querem apenas uma estrela em sua fronte; estimam também os cavalos zainos, ao passo que nós os desprezamos. Todos esses preconceitos, embora contraditórios, são possivelmente muito mal fundamentados, já que é possível encontrar muito bons cavalos com todo tipo de sinal, e até mesmo zainos excelentes. Essa pequena diferença na pelagem de um cavalo não parece de modo algum depender de sua natureza ou constituição interior, já que ela depende, de fato, de uma qualidade exterior e tão superficial que, por um leve ferimento, se produz uma mancha branca na pele. Quanto ao mais, zainos ou não, os cavalos da Espanha são todos marcados na coxa contrária à que se monta com o sinal do haras de onde provêm. Em geral, não são de grande porte, mas é possível encontrar alguns de 4 pés e 9 ou 10 polegadas. Os da alta Andaluzia são considerados os melhores de todos, embora estejam muito sujeitos a ter a cabeça muito comprida; contudo, relevamos esse defeito por causa de suas raras qualidades. Coragem, obediência, graça, altivez e mais leveza do que os berberes: é devido a todas essas vantagens que são preferidos, dentre todos os outros cavalos do mundo, para a guerra, a pompa e o picadeiro.

Quanto à conformação, os mais belos cavalos ingleses são muito parecidos com os árabes e berberes, dos quais, com efeito, são oriundos; têm, contudo, a cabeça maior, mais bem-feita e, quando olhada de lado, dos olhos até a ponta do nariz, forma uma linha convexa como a da cabeça de uma ovelha; têm as orelhas mais compridas, mas bem colocadas. Apenas pelas orelhas seria possível distinguir um cavalo inglês de um berbere, mas a grande diferença está no porte: os ingleses são mais corpulentos e muito maiores; são encontrados comumente com 4 pés e 10 polegadas e até 5 pés de altura; existem em todas as pelagens e com todo tipo de mancha; são geralmente fortes, vigorosos, corajosos, capazes de aguentar grande fadiga; excelentes para caça e corrida, falta-lhes, contudo, graça e leveza; são duros e com pouca liberdade nas espáduas.

Na Inglaterra, fala-se muito de corridas de cavalos, e há pessoas extremamente hábeis nessa arte de exercitar o corpo. Para dar uma ideia disso, nada melhor do que me referir ao que um homem respeitável,[21] o qual já tive ocasião de citar no primeiro volume desta obra, relatou-me por escrito de Londres em 18 de fevereiro de 1748: o sr. Thornhill, mestre de posta em Stilton, apostou percorrer a cavalo três vezes seguidas o caminho de Stilton a Londres, isto é, fazer 1.215 milhas inglesas (cerca de 72 léguas francesas)[22] em quinze horas. Em 29 de abril de 1745, segundo o antigo calendário, pôs-se a correr; partiu de Stilton e concluiu o primeiro trajeto até Londres em 3 horas e 51 minutos; montou nesse percurso oito diferentes cavalos. Na sequência, partiu imediatamente e fez o segundo trajeto de Londres até Stilton em 3 horas e 52 minutos, montando apenas seis cavalos; para o terceiro trajeto, serviu-se dos mesmos cavalos que já havia usado: dos catorze, montou sete, e completou esse último trajeto em 3 horas e 49 minutos; de modo que não apenas ganhou a aposta, que era de fazer esse caminho em 15 horas, mas que o fez em 11 horas e 32 minutos. Duvido que alguma vez nos Jogos Olímpicos tenha sido feito um trajeto tão rápido quanto esse do sr. Thornhill.

Os cavalos da Itália eram outrora mais belos do que são hoje em dia, pois desde algum tempo os haras têm sido negligenciados. Entretanto, é possível encontrar belos cavalos napolitanos, sobretudo para as atrelagens, mas em geral têm a cabeça grande e o pescoço espesso; são pouco dóceis e, consequentemente, difíceis de adestrar. Esses defeitos são compensados pela riqueza de seu porte, por sua altivez e pela beleza de seus movimentos. São excelentes para o aparato e têm muita disposição para piafar.

Os cavalos dinamarqueses têm tão belo porte e tamanha corpulência que são preferidos a todos os outros para a atrelagem. Há os que são perfeitamente moldados para isso, mas em pequeno número, pois com muita frequência esses cavalos não têm uma conformação muito regular: a maioria tem o pescoço espesso, as espáduas grandes, os lombos um pouco largos

---

21 Milorde conde de Morton. (N. A.)
22 Cerca de 347 quilômetros. (N. T.)

e baixos, a garupa muito estreita em relação à espessura da parte anterior; têm, contudo, belos movimentos e, em geral, são muito bons para a guerra e para o aparato. Existem em todo tipo de pelagem, até mesmo as singulares, como a malhada e a tigrada, que não são encontradas senão nos cavalos dinamarqueses.

Na Alemanha, há cavalos muito belos, mas geralmente são pesados e de pouco fôlego, embora na maior parte se originem de cavalos turcos e berberes, dos quais os haras se mantêm, tanto quanto de cavalos espanhóis e italianos. São, portanto, pouco apropriados para a caça e para a corrida de velocidade, ao passo que os cavalos húngaros e transilvanos são, ao contrário, ligeiros e bons corredores. Os hussardos e húngaros fendem suas narinas, tendo em vista, diz-se, dar-lhes mais fôlego e também para impedi-los de relinchar na guerra. Afirma-se que os cavalos que tiveram as narinas fendidas não podem mais relinchar. Não fui levado a verificar esse fato, mas me parece que devem relinchar apenas de modo mais fraco. Notou-se que os cavalos húngaros, croatas e poloneses estão muito sujeitos a serem *bégus*.

Os cavalos holandeses são muito bons para o coche e dos que mais comumente se servem na França. Os melhores vêm da província de Frise; há também muito bons cavalos na região de Berg e Juliers. Os cavalos flamengos estão muito abaixo dos cavalos holandeses: quase todos têm a cabeça grande, pés achatados, pernas sujeitas a infiltrações inflamatórias; esses dois últimos defeitos são essenciais no cavalo de coche.

Na França, há cavalos de todos os tipos, mas os bons são poucos. Os melhores cavalos de sela vêm de Limosin; assemelham-se muito aos berberes e são, assim como eles, excelentes para a caça, mas tardios em seu crescimento. É necessário poupá-los na juventude e até mesmo não se servir deles senão com 8 anos. Há também muito bons garranos na Auvérnia, em Poitou, em Morvan da Borgonha; mas, depois de Limosin, é a Normandia que fornece os mais belos cavalos: não são tão bons para a caça, mas melhores para a guerra, mais corpulentos e se desenvolvem mais cedo. Da baixa Normandia e de Cotentin obtêm-se muito bons cavalos de coche, que têm mais ligeireza e vigor para o esforço do que os cavalos holandeses; o Franco--Condado e o Boulonnais fornecem muito bons cavalos de tiro; em geral, os cavalos franceses pecam por terem espáduas muito grandes, ao passo que os berberes pecam por tê-las muito serradas.

Depois da enumeração desses cavalos que nos são mais bem conhecidos, acrescentaremos o que os viajantes dizem desses cavalos estrangeiros que pouco conhecemos. Há muito bons cavalos em todas as ilhas do arquipélago; os da Ilha de Creta[23] tinham grande reputação entre os antigos pela agilidade e rapidez, entretanto, pouco se serve deles nesses mesmos países, por causa da grande aspereza do solo, que é quase por toda parte muito desigual e montanhoso; os belos cavalos dessas ilhas e também os da Berbéria são de raça árabe. Os cavalos naturais do Marrocos são muito menores do que os árabes, muito mais ligeiros e vigorosos.[24] O sr. Shaw afirma[25] que os haras do Egito e da Tingitânia são hoje melhores do que os de todos os países vizinhos, ao passo que há cerca de cem anos encontrávamos também bons cavalos em todo o restante da Berbéria. Ele afirma que a excelência dos cavalos berberes consiste em jamais se abaterem e em se manterem tranquilos quando o cavaleiro desmonta ou deixa cair a rédea; têm um grande passo e um galope rápido, mas não deixam que trotem nem marcham a furta-passo. Os habitantes do país veem esses andamentos do cavalo como movimentos grosseiros e ignóbeis. Acrescenta que os cavalos do Egito são superiores a todos os outros pelo porte e beleza; mas esses cavalos do Egito, tal como a maioria dos berberes, vêm dos cavalos árabes que são, indiscutivelmente, os primeiros e mais belos cavalos do mundo.

Segundo Marmol,[26] ou antes, segundo Léon, o Africano,[27] pois Marmol copiou quase palavra por palavra deste, os cavalos árabes vêm dos cavalos selvagens do deserto da Arábia, onde houve muito antigamente haras que os multiplicaram a tal ponto que se encheu toda a Ásia e a África com eles. São tão ligeiros que alguns chegam a ultrapassar os avestruzes na corrida. Os

---

23 Veja *Description des Îles de l'Archipel*, por Dapper, p.462. (N. A.)

24 Veja *L'Afrique de Marmol*, Paris, 1667, t.II, p.124. (N. A.)

25 Veja Shaw, *Voyages de M. Shaw dans plusieurs provinces de la Barbarie et du Levant*, La Haye, 1748, traduzidas em francês, t.I, p.308. (N. A.)

26 Veja *L'Afrique de Marmol*, t.I, p.50. (N. A.)

27 Veja Léon L'Africain, *Africae descriptio IX lib. absoluta*, t.II, p.750-1. (N. A.)

árabes do deserto e os povos da Líbia criam uma grande quantidade desses cavalos para a caça; eles não os utilizam nem para viajar nem para combater; deixam-nos pastar enquanto há erva, e quando esta falta, os alimentam apenas com tâmaras e leite de camelo, o que os deixa nervosos, rápidos e magros. Montam armadilhas para os cavalos selvagens, comem sua carne e dizem que as dos jovens são muito delicadas. Esses cavalos selvagens são menores do que os outros; são comumente de cor acinzentada, embora haja também brancos, e têm a crina e o pelo da cauda muito curtos e eriçados. Outros viajantes[28] nos legaram curiosas relações sobre os cavalos árabes, cujos fatos principais relatamos aqui.

Não há um árabe, por mais miserável que seja, que não tenha cavalos. Eles montam geralmente éguas; a experiência lhes ensinou que elas resistem melhor do que os cavalos à fadiga, fome e sede. Elas são também menos manhosas, mais dóceis e relincham com menos frequência do que os cavalos. Acostumam-nas muito bem a ficarem juntas, de modo que permanecem em grande número às vezes por dias inteiros, abandonadas a si mesmas, sem baterem umas nas outras e sem se fazerem qualquer mal. Os turcos, ao contrário, não amam as éguas, e os árabes lhes vendem os cavalos que não querem manter como garanhões. Eles conservam com muito cuidado e desde há muito tempo as raças de seus cavalos; conhecem suas gerações, alianças e toda a sua genealogia. Distinguem as raças por nomes diferentes e em três classes: a primeira é a dos cavalos nobres, de raça pura e antigas dos dois lados; a segunda é a dos cavalos de raça antiga, mas que se uniram a outra desigual; e a terceira é a dos cavalos comuns, vendidos a baixo preço. Mas os da primeira classe, e também os da segunda, na qual se encontram cavalos tão bons quanto na primeira, são extremamente caros. Nunca fazem a cobertura de éguas dessa primeira classe nobre senão por garanhões da mesma qualidade; conhecem por longa experiência todas as raças de seus cavalos e das de seus vizinhos; conhecem especialmente o

---

28 Veja Jean de La Roque, *Voyage fait par ordre du roi Louis XIV dans la Palestine vers le Grand Émir*, Paris, 1714, p.194 ss., e também de Prévost, *Histoire général des voyages*, Paris, 1746, t.II, p.626. (N. A.)

nome, sobrenome, pelagem, sinais etc. Quando não têm garanhões nobres, mediante algum dinheiro emprestam os de seus vizinhos para cobrir suas éguas, o que é feito na presença de testemunhas que lhes dão um atestado assinado e selado na presença do secretário do emir ou alguma outra pessoa pública, e nesse atestado são citados o nome do cavalo e da égua e toda a geração apresentada. Quando a égua deu cria, chamam-se ainda testemunhas e faz-se outro atestado no qual se descreve o potro que acabou de nascer e marca-se o dia de seu nascimento. Essas certidões dão o preço aos cavalos e são entregues aos que os compram. As éguas mais baratas dessa primeira classe custam 500 escudos e há muitas vendidas por mil, e até 4, 5 e 6 mil libras. Como os árabes têm apenas uma tenda como casa, essa tenda lhes serve também de estrebaria: a égua, o potro, o marido, a mulher e as crianças dormem todos misturados uns com os outros; veem-se aí crianças pequenas sobre o corpo, o colo da égua e do potro, sem que esses animais as machuquem nem as incomodem. Dir-se-ia que não ousam se mover para não lhes fazer mal. Essas éguas são tão acostumadas a viver nessa familiaridade que estão sujeitas a todo tipo de brincadeira. Os árabes não batem nelas; tratam-nas com gentileza, falam e arrazoam com elas; tratam-nas com o maior cuidado, deixam-nas sempre ir a passo e jamais as esporeiam sem necessidade. Mas assim que sentem coçar-lhes os flancos com o canto do estribo, partem subitamente e vão a uma velocidade incrível, saltam obstáculos e valas com tanta leveza quanto as cervas; e se seu cavaleiro acaba por cair, são tão bem adestradas que param de imediato, mesmo no galope mais rápido. Todos os cavalos dos árabes são de um porte médio, mais desenvoltos e não tão gordos. Tratam-nos com muita regularidade pela noite e pela manhã e com tanto cuidado que não deixam a menor sujeira sobre sua pele; lavam suas pernas, crina e cauda, que deixam bem longa e que escovam raramente para não quebrar seus pelos. Não são alimentados durante todo o dia; apenas lhes dão de beber duas ou três vezes, e ao cair do sol passam-lhes uma bolsa pela cabeça na qual há cerca de meio alqueire de cevada bem limpa. Os cavalos comem, portanto, apenas durante a noite e não lhes é retirada a bolsa senão no dia seguinte de manhã, quando comeram tudo. No mês de março, são colocados na erva fresca quando ela está grande o bastante; nessa mesma estação, faz-se cobrir as éguas e tem-se o grande cuidado de lhes jogar água fria sobre a garupa imediatamente após terem sido cobertas. Depois de passada a primavera, os cavalos são retirados do pasto e não lhes são dados nem erva nem feno durante o resto do ano e a palha muito raramente; a cevada é seu único alimento. Não deixam também de cortar as crinas dos potros assim que tenham 1 ano ou 18 meses, a fim de que fiquem mais frondosas e longas. A partir da idade de 2 anos ou 2,5 anos no máximo passam a ser montados, quando lhes são colocadas sela e brida pela primeira vez; e todos os dias, de manhã até a noite, todos os cavalos árabes permanecem selados e enfreados na porta da tenda.

Essa raça de cavalos se estendeu pela Berbéria, em meio aos mouros, e também em meio aos negros do Rio Gâmbia e do Senegal, regiões cujos senhores têm alguns de grande beleza. Em vez de cevada ou aveia, dão-lhes milho triturado ou reduzido à farinha misturado com leite quando se quer engordá-los, e nesse clima tão quente, é-lhes permitido beber apenas raramente.[29] Por outro lado, os cavalos árabes povoaram o Egito, a Turquia e talvez a Pérsia, onde outrora havia haras muito consideráveis: Marco Polo[30] cita um haras de 2 mil éguas brancas e diz que na província de Balascia havia uma grande quantidade e cavalos grandes e ligeiros, com o casco tão duro que seria inútil ferrá-los.

Assim como os da Pérsia e da Arábia, todos os cavalos do Levante têm o casco duro; apesar disso, são ferrados, mas com ferraduras finas, leves, que se podem cravar em toda parte. Na Turquia, na Pérsia e na Arábia, são mantidos também os mesmos modos no tratamento, alimentação e forração da cama com esterco previamente seco no sol para retirar o odor e, em seguida, reduzido a pó e disposto, na estrebaria ou na tenda, como cama de 4 ou 5 polegadas. Essa cama é utilizada por muito tempo, pois quando está novamente infectada, é posta uma segunda vez para secar ao sol, e isso faz que perca completamente seu mau cheiro.

---

29 Veja Prévost, *Histoire général des voyages*, t.III, p.297. (N. A.)

30 Veja Marco Polo, *La Description géographique des provinces et villes plus fameuses de l'Inde Orientale*, Paris, 1566, t.I, p.41 e liv. I, p.21. (N. A.)

Na Turquia, há cavalos árabes, tártaros, húngaros e da raça do país; estes são belos e muito finos,[31] bastante resplandecentes, rápidos e graciosos, mas demasiado delicados: não podem suportar a fadiga, comem pouco, aquecem-se com facilidade e têm a pele tão sensível que não suportam o atrito com a almofaça; contentam-se em espaná-los e lavá-los. Esses cavalos, embora belos, estão, como se vê, muito abaixo dos árabes e também dos persas, que, depois dos árabes,[32] são os melhores e mais maravilhosos cavalos do Oriente. Os pastos da planície da Média, de Persépolis, de Ardebil e de Derbente são admiráveis e criam, por ordens do governo, uma prodigiosa quantidade de cavalos, em sua maioria muito belos e quase todos excelentes. Pietro della Valle[33] prefere os cavalos comuns da Pérsia aos da Itália, e, diz ele, até aos mais excelentes do reino de Nápoles. Geralmente são de porte médio[34] e há também alguns muito pequenos,[35] que não são nem piores nem menos fortes, mas se encontram também muitos de bom porte e maiores do que os cavalos de sela ingleses.[36] Todos eles têm a cabeça ágil, o pescoço fino, o peito estreito, as orelhas bem-feitas e bem colocadas, as pernas enxutas, a garupa bela e o casco duro; são dóceis, vivos, ligeiros, ousados, corajosos e capazes de suportar uma grande fadiga; correm com uma enorme velocidade sem jamais se abater nem se prostrar. São robustos e muito fáceis de alimentar: é-lhes dada apenas cevada misturada com a palha moída fina, em um saco passado pela cabeça, e são colocados na erva fresca apenas durante seis semanas na primavera. Deixa-se a cauda longa e não se sabe o que é castrá-los. Ficam cobertos para se defender das intempéries;

---

31 Veja *Voyage de M. Dumont, en France, en Italie, en Allemagne, à Malte, et en Turquie*, La Haye, 1699, t.III, p.253 ss. (N. A.)

32 Veja Thévenot, *Suite du voyage de Levant*, Paris, 1664, t.II, p.220; de Chardin, *Voyage de M. le chevalier de Chardin en Perse, et autres lieux de l'Orient*, Amsterdam, 1711, t.II, p.25 ss.; de Adam Olearius, *Relation du voyage d'Adam Olearius en Moscovie, Tartarie et Perse*, Paris, 1656, t.I, p.560 ss. (N. A.)

33 Veja Pietro della Valle, *Voyages de Pietro della Valle, gentilhomme romain* [...], Rouen, 1745, in-12, t.V, p.284 ss. (N. A.)

34 Veja Tavernier, *Les six voyages de M. Jean Baptiste Tavernier* [...] *en Turquie, en Perse et aus Indes*, Rouen, 1713, t.II, p.19-20. (N. A.)

35 Veja as viagens de Thévenot, t.II, p.220. (N. A.)

36 Veja as viagens de Chardin, t.II, p.25 ss. (N. A.)

são cuidados com uma particular atenção, conduzidos com um simples bridão e sem espora, e transportados em grande quantidade para a Turquia e,
sobretudo, para as Índias. Esses viajantes, que fazem todo elogio aos cavalos
persas, concordam, contudo, ao dizer que os cavalos árabes são ainda superiores pela agilidade, coragem e força, e também pela beleza e que são muito
mais procurados, mesmo na Pérsia, do que os mais belos cavalos da região.

Os cavalos que nascem nas Índias não são bons.[37] Os grandes do país
servem-se dos persas e dos árabes, que são transportados para lá. Durante
o dia lhes é dado um pouco de feno e, à noite, cozinha-se ervilha com açú-
car e manteiga em vez de aveia e cevada. Esse alimento os sustenta e lhes dá
um pouco de força; sem isso, definhariam em muito pouco tempo, pois o
clima lhes é contrário. Os cavalos naturais da região são geralmente muito
pequenos; há mesmo alguns tão pequenos que Tavernier conta que o jovem
príncipe do Mongol, de 7 ou 8 anos, montava ordinariamente um pequeno
cavalo muito bem-feito, cujo porte não excederia o de um grande lebréu.[38]
Parece que os climas excessivamente quentes são contrários aos cavalos: o
da Costa do Ouro, o de Uidá e o da Guiné são, como os das Índias, muito
ruins. Eles trazem a cabeça e o colo muito baixos; seu passo é tão oscilante que se julga que estão sempre prestes a cair. Não se moveriam se não
lhes batesse continuamente; e a maioria é tão baixa que os pés de quem os
monta quase tocam a terra.[39] São muito indóceis e apropriados somente
para servir de alimento aos negros, que apreciam sua carne tanto quanto
a dos cães.[40] Esse gosto pela carne do cavalo é, pois, comum aos negros e
aos árabes; é encontrada na Tartária e também na China.[41] Os cavalos chineses não são melhores do que os das Índias;[42] são fracos, indolentes, mal-

---

37 Veja La Boullaye Le Gouz, *Les voyages et Observations du sieur La Boullaye Le Gouz*, Paris,
    1657, p.256; e o *Recueil des Voyages qui ont servi à l'établissement et aux progrès de la Compag-
    nie des Indes Orientales*, Amsterdam, Estienne Roger, 1702, t.IV, p.424. (N. A.)

38 Veja as viagens de Tavernier, t.III, p.334. (N. A.)

39 Veja Prévost, *Histoire général des voyages*, t.IV, p.228. (N. A.)

40 Idem, t.IV, p.353. (N. A.)

41 Veja a viagem de Le Gentil, *Nouveau Voyage autour du monde*, Paris, 1725, t.II, p.24. (N. A.)

42 Veja *Anciennes relations des Indes et de la Chine* [...], par Eusèbe Renaudot, traduzidos do
    árabe. Paris, 1718, p.204; Prévost, *Histoire général des voyages*, t.VI, p.492 e 535; e Juan

feitos e muito pequenos; os da Coreia não passam de 3 pés de altura; na China, quase todos os cavalos são castrados, e eles são tão tímidos que não podem ser usados na guerra. Pode-se dizer também que são os cavalos tártaros que fizeram a conquista da China: estes são muito apropriados para a guerra, embora geralmente sejam apenas de porte médio. São fortes, vigorosos, altivos, fogosos, ligeiros e grandes corredores. Têm o casco muito duro, contudo bastante estreito; a cabeça muito ágil, mas também muito pequena; o pescoço longo e rígido; as pernas muito altas. Mesmo com todos esses defeitos, podem passar por muito bons cavalos: são infatigáveis e correm com extrema velocidade. Os tártaros vivem quase como os árabes com seus cavalos: desde os 7 ou 8 meses, são montados pelas crianças pequenas, que passeiam com eles e os fazem correr por pequenos intervalos. Eles os adestram pouco a pouco e os submetem a grandes dietas, mas não os montam para ir às corridas senão quando têm 6 ou 7 anos, e os fazem aguentar fadigas incríveis,[43] como caminhar dois ou três dias sem parar, passar quatro ou cinco dias sem qualquer outro alimento além de um punhado de ervas de oito em oito horas, e ao mesmo tempo ficar 24 horas sem beber etc. Esses cavalos que parecem, e de fato são, tão robustos em seu país, definham assim que transportados para a China e para as Índias, mas têm bastante êxito na Pérsia e na Turquia. Os pequenos tártaros têm também uma raça de pequenos cavalos muito estimada que jamais permitem que seja vendida a estrangeiros. Esses cavalos têm todas as boas e más qualidades dos da grande Tartária, o que prova que os mesmos costumes e a mesma educação dão a mesma natureza e disposição a esses animais. Na Circássia e na Mingrélia, há muitos cavalos que são até mais belos do que os tártaros. Podem-se encontrar ainda belos cavalos na Ucrânia, Valáquia, Polônia e Suécia, mas não temos observações particulares de suas qualidades e defeitos.

Agora, se se consultam os antigos sobre a natureza e as qualidades dos cavalos dos diferentes países, encontrar-se-á[44] que os cavalos da Grécia, e

---

de Palafox, *Histoire de la conquête de la Chine*, Paris, 1670, p.426. (N. A.)

43 Veja Palafox, p.427; *Recueil des voyages du Nord*, Rouen, 1716, t.III, p.156; Tavernier, t.I, p.472 ss.; Prévost, *Histoire général des voyages*, t.VI, p.603 e t.VII, p.214. (N. A.)

44 Veja Aldrovandi, *De quadrupedibus solidipedibus*, p.48-63. (N. A.)

sobretudo os da Tessália e do Épiro, eram reputados e muito bons para a guerra; que os de Acaia eram os maiores que conheciam; que os mais belos eram os do Egito, onde havia uma enorme quantidade e onde Salomão os comprou a preços muito altos; que na Etiópia os cavalos não se sairiam bem por causa do enorme calor; que a Arábia e a África forneceriam os cavalos mais bem-feitos e, sobretudo, os mais ligeiros e apropriados para a montaria e a corrida; que os da Itália, e sobretudo da Apúlia, eram também muito bons; que na Sicília, Capadócia, Síria, Armênia, Média e Pérsia haveria excelentes cavalos e recomendáveis por sua velocidade e ligeireza; que os da Sardenha e da Córsega eram pequenos, mas vivos e corajosos; que os da Espanha se assemelhavam aos de Parto e eram excelentes para a guerra; que haveria também na Transilvânia e na Valáquia cavalos com cabeça ágil, crinas compridas que pendiam até a terra e cauda espessa, e que eram muito rápidos na corrida; que os cavalos dinamarqueses eram bem-feitos e bons saltadores; que os da Escandinávia eram pequenos, mas bem moldados e ágeis; que os cavalos de Flandres eram fortes; que os gauleses forneciam bons cavalos de montaria e de carga aos romanos; que os alemães eram malfeitos e tão ruins que eles não os utilizavam; que os suíços tinham muitos cavalos e muito bons para a guerra; que os da Hungria eram também muito bons; e, enfim, que os cavalos das Índias eram muito pequenos e muito fracos.

De todos esses fatos resulta que os cavalos árabes foram sempre e ainda são os primeiros cavalos do mundo, tanto pela beleza quanto pela docilidade; que é deles que se tira, seja imediata, seja mediatamente pelos berberes, os mais belos cavalos que existem na Europa, África e Ásia; que o clima da Arábia é, talvez, o verdadeiro clima dos cavalos, e o melhor de todos os climas, já que ao invés de cruzar ali as raças com as estrangeiras, tem-se muito cuidado em conservá-las em toda a sua pureza; que se o clima não fosse por si só o melhor para os cavalos, os árabes teriam chegado a isso pelos cuidados particulares que sempre lhes dão, de enobrecer as raças não unindo senão os indivíduos mais bem-feitos e de primeira qualidade; que por esse cuidado seguido durante séculos puderam aperfeiçoar a espécie para além do que a Natureza teria feito nos melhores climas. Podemos ainda concluir que os climas mais quentes do que frios, e sobretudo os países secos, são os que convêm melhor à natureza desses animais; que em geral os pequenos cavalos são melhores do que os grandes; que o cuidado é tão necessário a todos quanto a alimentação; que com familiaridade e carinho consegue-se mais deles do que pela força e pelos castigos; que os cavalos dos países quentes têm os ossos, o casco, os músculos mais duros do que os de nossos climas; que embora o calor convenha melhor do que o frio a esses animais, o calor excessivo não lhes convém; que o frio intenso lhes é contrário; que, enfim; seu hábito e natureza dependem quase inteiramente do clima, da alimentação, dos cuidados e da educação.

Na Pérsia, na Arábia e em muitos outros lugares do Oriente, não se usa castrar os cavalos, tal como se faz tão comumente na Europa e na China. Essa operação lhes subtrai muita força, coragem e altivez, mas lhes dá a doçura, a tranquilidade, a docilidade. Para realizá-la, as pernas do cavalo são amarradas com cordas, ele é virado sobrem as costas, abrem-se as bolsas com um bisturi e os testículos são retirados, cortam-se os vasos que desembocam ali e os ligamentos que as sustentam, e depois de tê-las retirado, fecha-se a ferida e tem-se o cuidado de banhar o cavalo duas vezes por dia durante quinze dias ou de desinfetá-lo frequentemente com água fresca e de alimentá-lo durante esse tempo com farelo dissolvido em muita água, a fim de refrescá-lo. Essa operação deve ser feita na primavera ou no outono, sendo-lhe igualmente contrários o calor e o frio intensos. Com respeito à idade que se deve fazê-la, há diferentes costumes: em algumas províncias, castram-se os cavalos com 1 ano ou 18 meses, tão logo os testículos estejam exteriormente bem aparentes; mas o costume mais difundido e mais bem fundado é de não castrá-los senão com 2 ou mesmo 3 anos, porque, ao castrá-los mais tarde, conservam um pouco mais as qualidades próprias ao sexo masculino. Plínio[45] diz que os dentes de leite não caem mais em um cavalo que foi castrado antes de tê-los perdido. Fui levado a verificar esse fato, que não se mostrou verdadeiro: os dentes de leite caem igualmente nos jovens cavalos castrados e nos inteiros, e é provável que os antigos arriscaram esse palpite apenas porque consideraram sua

---

45 Veja Plínio, *História Natural*, livro II, cap. 2.

possibilidade fundada na analogia da queda dos cornos do cervo, do corço etc., que de fato não caem quando o animal foi castrado. Além disso, um cavalo castrado não tem mais o poder de engendrar, mas pode ainda copular, segundo exemplos conhecidos.

Como quase todos os outros animais cobertos por pelo, qualquer que seja a pelagem do cavalo, ele faz a muda uma vez por ano, em geral na primavera e, às vezes, no outono. Nesse momento, estão mais fracos do que em outras épocas; é preciso poupá-los, tratá-los com mais cuidado e alimentá--los um pouco mais fartamente. Há também cavalos que fazem a muda do casco, e isso acontece sobretudo aos que foram criados em países úmidos e pantanosos, como na Holanda.

Os cavalos castrados e as éguas relincham com menos frequência do que os cavalos inteiros; têm também a voz mais fraca e menos grave. Em todos eles, é possível distinguir cinco[46] tipos de relinchos diferentes, relativos a diferentes paixões: o de alegria, no qual a voz é ouvida por um intervalo bastante longo, aumenta o tom e termina nos sons mais agudos e, ao mesmo tempo, o cavalo escoiceia, mas delicadamente, sem procurar acertar; o relincho de desejo, seja de amor ou de cópula, no qual o cavalo não escoiceia e a voz se faz ouvir longamente e acaba em sons mais graves; o relincho de cólera, que é muito curto e agudo, enquanto o cavalo escoiceia e golpeia perigosamente; o de temor, durante o qual ele também escoiceia, não é mais longo do que o de cólera, a voz é grave, rouca, parece sair inteiramente pelas ventas, e se assemelha muito ao rugido de um leão; o da dor é menos um relincho do que um gemido ou ruído de opressão, feito em voz grave e seguindo alternadamente a respiração. Aliás, notou-se que os cavalos que relincham com mais frequência, sobretudo de alegria e desejo, são melhores e de qualidade superior. Os cavalos inteiros têm também a voz mais forte do que os castrados e as éguas. Desde o nascimento, o macho tem a voz mais forte do que a fêmea. Com 2 ou 2,5 anos, isto é, na puberdade, a voz dos machos e das fêmeas torna-se mais forte e grave, como no homem e na maioria dos outros animais. Quando o cavalo está tomado de

---

46 Veja Cardan, *De rerum varietate*, Lyon, 1580, lib. VII, cap.32. (N. A.)

amor, desejo, apetite, mostra os dentes e parece rir; mostra-os também na cólera e quando quer morder. Algumas vezes deita a língua para fora para lamber, mas com menos frequência do que o boi, que lambe muito mais do que o cavalo e, no entanto, é menos sensível aos carinhos. E o cavalo ainda se lembra por muito mais tempo dos maus-tratos e se aborrece muito mais facilmente do que o boi. Sua natureza viva e corajosa faz que entregue logo todas as forças que tem, e quando sente que exigimos ainda mais, indigna--se e se recusa, ao passo que o boi, que por sua natureza é lento e pregui-çoso, fatiga-se e se aborrece com menos facilidade.

O cavalo dorme muito menos do que o homem. Quando está bem, per-manece apenas duas ou três horas seguidas deitado; depois, levanta-se para comer, e quando está muito cansado, deita-se uma segunda vez após ter comido; entretanto, no total não dorme mais do que três ou quatro horas no dia. E há também cavalos que jamais se deitam e que dormem sempre em pé. Nota-se que os cavalos castrados dormem com mais frequência e por mais tempo que os cavalos inteiros.

Nem todos os quadrúpedes bebem da mesma maneira, embora todos sejam igualmente obrigados a buscar com a cabeça o líquido que não podem tomar de outra maneira, com exceção do símio, do maqui e de alguns outros que têm mãos e que, assim que lhes é dado um recipiente, podem conse-quentemente segurá-lo e beber como o homem; pois eles o levam até a boca, inclinam-no, versam o líquido e o engolem mediante o simples movimento da deglutição. O homem comumente bebe dessa maneira, porque, de fato, é a mais cômoda; mas pode ainda beber de muitos outros modos: aproxi-mando os lábios e os contraindo para aspirar o líquido, ou, ainda, mergu-lhando neste a língua e a boca bem profundamente para que aquela possa cingi-lo, não fazendo outros movimentos além do necessário para a deglu-tição, ou, ainda, mordendo, por assim dizer, o líquido com os lábios, ou, enfim, embora com mais dificuldade, deitando a língua para fora, esten-dendo-a e formando uma espécie de pequena tigelinha que leva um pouco de água até a boca. A maioria dos quadrúpedes poderia beber de diversas maneiras, mas fazem como nós: escolhem a que lhes é a mais cômoda e a seguem constantemente. O cão, cuja goela é bem aberta e a língua comprida e fina, bebe com a língua, isto é, lambendo o líquido e formando com a língua uma tigelinha que se enche a cada vez e carrega grande quantidade de líquido. Ele prefere esse modo ao de molhar o nariz. O cavalo, ao contrário, que tem a boca menor e a língua mais espessa e muito curta para formar uma grande tigela, e que, aliás, ainda bebe mais avidamente do que come, mergulha a boca e o nariz brusca e profundamente na água, que engole em abundância pelo simples movimento da deglutição. Mas isso o obriga a beber de um só fôlego, ao passo que o cão respira confortavelmente quando bebe. Deve-se, por isso, dar ao cavalo a liberdade de beber em várias retomadas, sobretudo depois de uma corrida, quando o movimento da respiração é curto e apressado. E não se deve deixá-los beber água muito fria, pois, independente das cólicas que a água fria frequentemente causa, devido à necessidade de mergulhar as ventas, sucede-lhes também que resfriem o nariz, constipem-se e talvez peguem os germes da doença à qual se dá o nome de mormo, a mais espetacular de todas para essa espécie de animal, pois há pouco tempo se sabe que a sede do mormo encontra-se na membrana pituitária,[47] que é, por conseguinte, sem dúvida um catarro que, com o tempo, causa uma inflamação dessa membrana; por outro lado, os viajantes que relatam com bastante detalhe as doenças dos cavalos nos países quentes, como na Arábia, Pérsia, Berbéria, não afirmam que o mormo seja ali tão frequente quanto nos climas frios. Assim, creio poder conjecturar com fundamento que uma das causas dessa doença é a friagem da água, pois esses animais são obrigados a mergulhar nela o nariz e as ventas e mantê-los aí por um tempo considerável; prevenir-se-ia esse fato jamais lhes dando água fria e lhes enxugando sempre as ventas após beberem. Os asnos, que são muito mais sensíveis ao frio do que os cavalos e que muito se assemelham a estes pela estrutura interior, não estão, contudo, tão sujeitos ao mormo; o que talvez venha do fato de beberem de modo diferente dos cavalos, pois, em vez de afundar profundamente a boca e o nariz na água, nada mais fazem do que tocá-la com os lábios.

---

47 De La Fosse, marechal do rei, foi o primeiro a demonstrar que a sede do mormo é a membrana pituitária, e tentou curar cavalos trepanando-os. (N. A.)

Não tratarei das outras doenças dos cavalos. Seria excessivo estender a História Natural unindo à história de um animal a de suas enfermidades. No entanto, não posso terminar a história do cavalo sem assinalar algumas queixas acerca da saúde desse animal útil e precioso, que foi até o momento abandonada aos cuidados e à prática, em muitos casos cega, de pessoas sem conhecimento e letras. A medicina que os antigos chamaram veterinária é conhecida apenas de nome. Estou persuadido de que se algum médico voltasse seus olhos para ela e fizesse desse estudo seu principal objeto, rapidamente seria compensado por amplos êxitos, que não apenas se enriqueceria, mas também, ao invés de se degradar, tornar-se-ia muito ilustre, e essa medicina não seria tão conjectural e tão difícil quanto a outra. A alimentação, os costumes, a influência do sentimento, em uma palavra, todas as causas sendo mais simples no animal do que no homem, também as doenças devem ser menos complicadas e, consequentemente, mais fáceis de julgar e tratar com sucesso; sem contar a mais completa liberdade que teria para fazer experimentos, tentar novos remédios e poder alcançar sem medo e sem censuras uma grande extensão do conhecimento nesse gênero, do qual até mesmo se poderia, por analogia, tirar induções úteis para a arte de curar os homens.

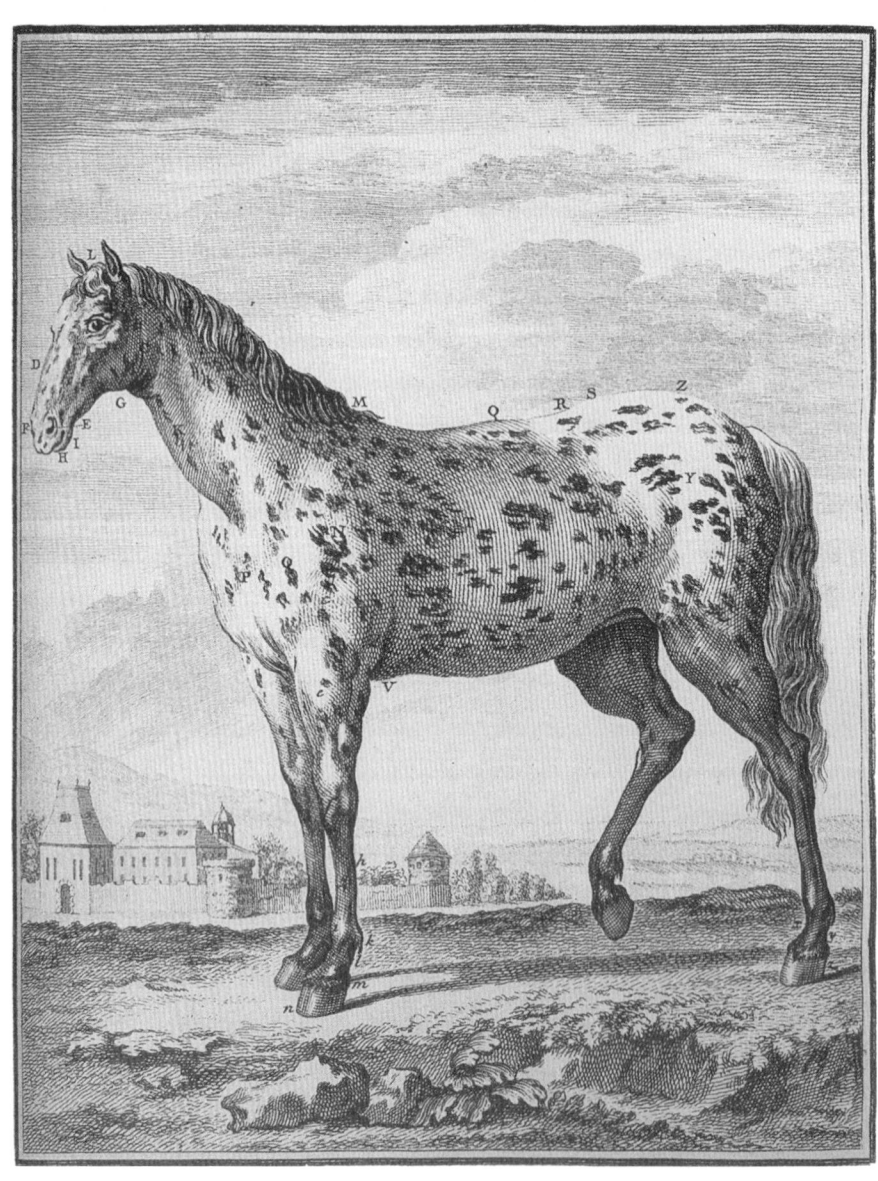

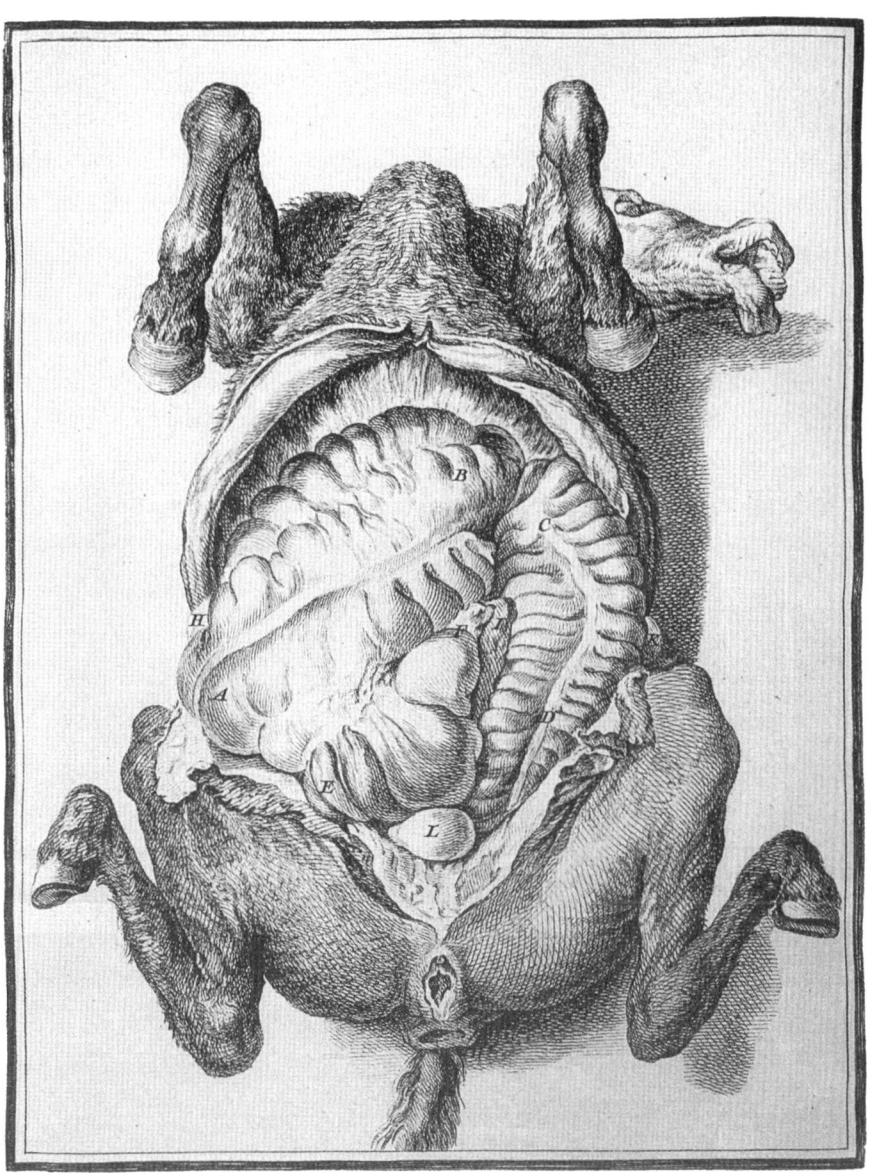

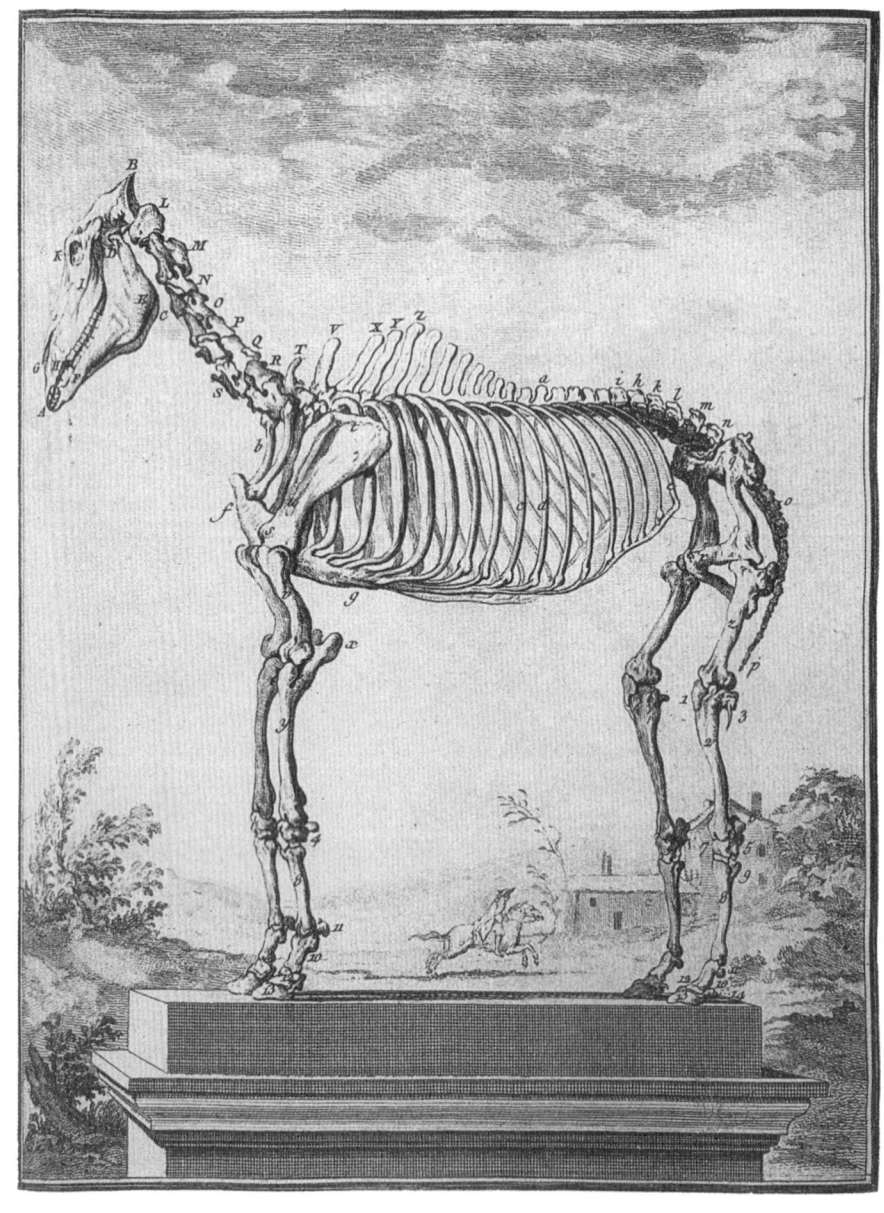

O asno*

Mesmo que se considere esse animal com olhos atentos e nos mínimos detalhes, ele não parece mais do que um cavalo degenerado. A perfeita similaridade de conformação do cérebro, dos pulmões, estômago, do conduto intestinal, do coração, do fígado, de outras vísceras, e a grande semelhança do corpo, das pernas, das patas e do esqueleto inteiro parecem fundar a seguinte opinião: poder-se-ia atribuir as leves diferenças encontradas entre esses dois animais à influência muito antiga do clima e da alimentação e à sucessão fortuita de muitas gerações de pequenos cavalos selvagens e semidegenerados, que pouco a pouco teriam degenerado ainda mais, em seguida, degradado tanto quanto possível e, por fim, aos nossos olhos, teriam produzido uma espécie nova e duradoura, ou antes, uma sucessão de indivíduos semelhantes, viciados todos constantemente da mesma maneira, e muito diferentes dos cavalos, fazendo que sejam vistos como formando uma outra espécie. O que parece corroborar essa ideia é que os cavalos variam muito mais do que os asnos quanto à cor de seu pelo, consequentemente estão domesticados há mais tempo, visto que todos os animais domésticos variam na cor muito mais do que os selvagens da mesma espécie. A maioria dos cavalos selvagens de que falam os viajantes é de porte pequeno e tem, como os asnos, o pelo cinza, a cauda nua e relincha excessivamente, e há cavalos selvagens, e também domésticos, que têm a listra negra sobre o lombo, e outras características que os aproximam ainda dos asnos selvagens ou domésticos. Por outro lado, se se consideram as diferenças de temperamento, natureza, costumes, em uma palavra, o resultado da organização desses dois animais e, sobretudo, a impossibilidade de misturá-los para fazer uma espécie comum, ou ainda uma espécie intermediária que possa se reproduzir, parece que se tem ainda muito boas razões para se crer que esses dois animais são de uma espécie diferente, uma tão antiga quanto a outra, e na origem tão essencialmente diferentes quanto são hoje, tanto mais porque o asno não deixa de diferir materialmente do

---

* Tomo IV, 1753, p.377-403.

cavalo pela pequenez de seu porte, a corpulência da cabeça, a extensão das orelhas, a dureza da pele, a nudez da cauda, a forma da garupa, e também pelas dimensões das partes que lhe são vizinhas; pela voz, pelo apetite, pela maneira de beber etc. Vêm o asno e o cavalo originalmente da mesma cepa? São, como dizem os nomencladores,[48] da mesma *família*? Ou são e desde sempre foram animais diferentes?

Essa questão, cuja generalidade, dificuldade e consequências serão bem percebidas pelos físicos, e que acreditamos dever tratar neste artigo, porque ela se apresenta pela primeira vez, concerne mais do que qualquer outra à produção dos seres e, para ser esclarecida, requer que consideremos a Natureza sob um novo ponto de vista. Se, em meio à imensa variedade apresentada por todos os seres animados que povoam o Universo, escolhêssemos um animal, ou ainda, o corpo do homem, para servir de base para os nossos conhecimentos, e a ele relacionássemos, pela via da comparação, os outros seres organizados, descobriríamos que, embora todos esses seres existam solitariamente, e que todos variem por diferenças gradativas ao infinito, existe ao mesmo tempo um desenho primitivo e geral que se pode seguir de muito longe, e cujas degradações são muito mais lentas do que as das figuras e outras relações aparentes; pois, sem falar dos órgãos da digestão, da circulação e da geração, que pertencem a todos os animais, e sem os quais o animal cessaria de ser animal e não poderia subsistir nem se reproduzir, há, nas próprias partes que mais contribuem para a variedade da forma exterior, uma prodigiosa semelhança que nos evoca necessariamente a ideia de um primeiro desenho, sobre o qual tudo parece ter sido concebido: o corpo do cavalo, por exemplo, que na primeira olhada parece tão diferente do corpo do homem, quando vem a ser comparado a este detalhadamente e parte por parte, ao invés de surpreender pela diferença, espanta mais pela singular e quase completa semelhança nele encontrada. Com efeito, tomai o esqueleto do homem, inclinai os ossos da bacia, encurtai os ossos das coxas, das pernas e dos braços, alongai os dos pés e das mãos, soldai as falanges,

---

48 *Equus caudâ undique setosâ*, o cavalo. *Equus caudâ extremo setosâ*, o asno. Lineu, *Systema Naturae*, Paris, 1744, Class. I, 4.ed. (N. A.)

alongai os maxilares encolhendo o osso frontal, e, finalmente, alongai também a espinha dorsal: esse esqueleto deixará de representar os despojos de um homem para ser o esqueleto de um cavalo; pois pode-se facilmente supor que alongando a espinha dorsal e os maxilares aumenta-se, ao mesmo tempo, o número de vértebras, costelas e dentes. E, de fato, a armação do corpo desse animal difere da do corpo humano apenas pelo número desses ossos vistos como acessórios e pelo alongamento, encurtamento ou junção dos outros. Na descrição do cavalo, acabamos de ver esses fatos muito bem estabelecidos para poder pô-los em dúvida; mas, para ir mais longe com essas relações, que se considerem separadamente algumas partes essenciais à forma: as costelas, por exemplo, são encontradas no homem, em todos os quadrúpedes, nos pássaros, nos peixes, e seus vestígios podem ser seguidos até na tartaruga, onde elas aparecem ainda desenhadas pelos sulcos que estão sob sua carapaça. Assim como notou Daubenton, considere-se que a pata de um cavalo, na aparência tão diferente da mão do homem, é, contudo, composta dos mesmos ossos, e que temos na extremidade de cada um dos dedos o mesmo ossículo em forma de ferradura no qual termina a pata desse animal. Julgar-se-á se essa semelhança oculta não é mais esplêndida do que as diferenças aparentes, se essa conformidade constante e esse desenho segue do homem para os quadrúpedes, dos quadrúpedes para os cetáceos, dos cetáceos para os pássaros, dos pássaros para os répteis, dos répteis para os peixes etc., nos quais as partes essenciais, como o coração, os intestinos, a espinha dorsal e os sentidos estão sempre presentes, e não parecem indicar senão que, ao criar os animais, o Ser supremo não quis empregar mais do que uma ideia e variá-la, ao mesmo tempo, de todas as maneiras possíveis, a fim de que o homem pudesse admirar igualmente a magnificência da execução e a simplicidade do desenho.

Desse ponto de vista, não só o asno e o cavalo, mas também o homem, o símio, os quadrúpedes e todos os animais poderiam ser considerados como compondo uma mesma *família*. Mas deve-se concluir disso que nessa grande e numerosa *família*, que apenas Deus concebeu e fez sair do nada, haveria outras pequenas *famílias* projetadas pela Natureza e produzidas pelo tempo, das quais umas não seriam compostas senão por dois indivíduos, como o cavalo e o asno, e outras por muitos indivíduos, como a doninha, a marta, o furão, a fuinha etc., do mesmo modo como nos vegetais haveria *famílias* de dez, vinte, trinta plantas? Se essas *famílias* existirem de fato, não teriam podido se formar senão pela mistura, variação sucessiva e degeneração das espécies originárias. E uma vez que se admita a existência de *famílias* nas plantas e nos animais, que o asno seria da *família* do cavalo e diferiria dele apenas porque degenerou, poder-se-á dizer igualmente que o símio é da *família* do homem, que é um homem degenerado, que o homem e o símio tiveram uma origem comum como o cavalo e o asno; que cada *família*, tanto nos animais quanto nos vegetais, não teve mais do que uma única cepa, e também que todos os animais vieram de uma só, que ao se aperfeiçoar e se degenerar, produziu na sucessão dos tempos todas as raças dos outros animais.

Os naturalistas que estabelecem tão rápido famílias nos animais e vegetais não parecem ter percebido suficientemente toda a extensão dessas consequências que reduziriam o produto imediato da criação a um número de indivíduos tão pequeno quanto se desejaria, pois, se alguma vez fosse comprovado que se pode, com razão, estabelecer essas *famílias*, se se adquirisse conhecimento de que nos animais, e também nos vegetais, há, não digo muitas espécies, mas apenas uma que fosse produzida pela degeneração de outra espécie, se fosse verdadeiro que o asno é apenas um cavalo degenerado, não haveria mais limites para a potência da Natureza e não nos equivocaríamos em supor que, de um único ser, ela soube com o tempo tirar todos os outros seres organizados.

De modo algum: pela revelação, é certo que todos os animais participaram igualmente da graça da criação, que os dois primeiros de cada espécie e de todas as espécies saíram inteiramente formados da mão do Criador e deve-se crer que eram naquele momento aproximadamente tais como estão hoje representados por seus descendentes. Aliás, desde quando se observa a Natureza, desde o tempo de Aristóteles até o nosso, não se viu aparecer espécies novas, malgrado o movimento rápido que arrasta, amontoa ou dissipa as partes da matéria; malgrado o número infinito de combinações que deviam ser feitas durante esses vinte séculos; malgrado as cópulas fortuitas ou forçadas dos animais de espécies distantes ou avizinhadas, das quais resultaram sempre apenas indivíduos viciados e estéreis, e que não serviram de cepa para novas gerações. E embora a semelhança, tanto exterior quanto interior, fosse em alguns animais ainda maior do que entre o cavalo e o asno, não deve, pois, levar a confundir esses animais em uma mesma *família*, nem de lhes dar uma origem comum; porque se viessem da mesma cepa, se fossem de fato da mesma *família*, poder-se-ia aproximá-los, uni-los novamente, e desfazer com o tempo o que o tempo teria feito.

Além disso, tem-se de considerar que, embora o curso da Natureza se faça por nuances e degraus muitas vezes imperceptíveis, os intervalos desses degraus ou dessas nuances estão longe de ser todos iguais. Quanto mais elevadas são as espécies, menos numerosas elas são e maiores os intervalos que as separam. As pequenas, ao contrário, são muito numerosas e, ao mesmo tempo, muito avizinhadas umas das outras, de modo que somos tanto mais tentados a juntá-las em uma mesma *família*, quanto mais nos inquietam e nos fatigam por sua multidão e suas pequenas diferenças, com as quais somos obrigados a sobrecarregar nossa memória. Não podemos, entretanto, esquecer que essas *famílias* são obra nossa; que não as fabricamos senão para satisfazer as necessidades de nosso espírito; que se não podemos compreender a sequência real de todos os seres, a falta é nossa e não da Natureza, que não conhece essas pretensas *famílias*, e de fato contém apenas indivíduos.

Um indivíduo é um ser à parte, isolado, separado, e que nada tem em comum com os outros seres, senão que se parece, ou bem difere deles. Todos os indivíduos semelhantes que existem sobre a face da Terra são vistos como compondo a espécie desses indivíduos. Contudo, nem o número nem a coleção dos indivíduos semelhantes compõem a espécie: é a sucessão constante e a renovação não interrompida desses indivíduos que a constituem, pois um ser que durasse para sempre não comporia uma espécie, tampouco um milhão de seres semelhantes que durassem igualmente para sempre. A espécie é, pois, uma palavra abstrata e geral, cujo sentido existe apenas considerando a Natureza na sucessão do tempo e na destruição constante e na renovação igualmente constante dos seres. É comparando a Natureza de hoje com aquela de outros tempos e os indivíduos atuais com os do passado que temos uma ideia clara do que chamamos espécie, e a comparação do número ou da semelhança dos indivíduos não é mais do que uma ideia acessória, e muitas vezes independente da primeira, pois o asno se assemelha ao cavalo mais do que o cão d'água francês ao lebréu, e, entretanto, ambos são de uma só espécie, já que produzem juntos indivíduos que podem, por si mesmos, produzir outros, ao passo que o cavalo e o asno são, com certeza, de diferentes espécies, já que produzem juntos apenas indivíduos viciados e infecundos.

Desse modo, os intervalos das nuances da Natureza são os mais perceptíveis e mais bem indicados na diversidade característica das espécies. Poder-se-ia até mesmo dizer que esses intervalos entre as espécies são os mais iguais e os menos variáveis de todos, já que se pode sempre tirar uma linha de separação entre duas espécies, isto é, entre duas sucessões de indivíduos que se reproduzem e não podem se misturar, assim como é possível também reunir em uma só espécie duas sucessões de indivíduos que, ao se misturar, se reproduzem. O ponto mais fixo que temos em História Natural é esse; todas as outras semelhanças e diferenças que se poderiam apreender na comparação entre os seres não seriam nem tão constantes, nem tão reais, nem tão certas. Esses intervalos serão também as únicas linhas de separação que se encontrarão em nossa obra. Não dividiremos os seres de outro modo senão como de fato são. Cada espécie, cada sucessão de indivíduos que se reproduzem e não podem se misturar será considerada à parte e tratada separadamente, e não nos serviremos de *famílias*, gêneros, ordens e classes mais do que deles se serve a Natureza.

Não sendo a espécie, portanto, outra coisa além de uma sucessão constante de indivíduos semelhantes e que se reproduzem, está claro que essa denominação não deve ser estendida senão aos animais e vegetais, e que é apenas por um abuso dos termos ou das ideias que as nomenclaturas a empregaram para designar os diferentes tipos de minerais. Não se deve, pois, considerar o ferro como uma espécie e o chumbo como outra, mas somente como dois metais diferentes. Em nosso discurso sobre os minerais, será possível ver que as linhas de separação que empregamos na divisão das matérias minerais são muito diferentes dessas que empregamos para os animais e vegetais.

Mas para retornar à degeneração dos seres, e em especial àquela dos animais, observemos e examinemos ainda mais de perto os movimentos da Natureza nas variedades que ela nos oferece. E como a espécie humana é para nós a mais conhecida, vejamos até onde se estendem esses movimentos de variação. Os homens diferem do branco ao negro quanto à cor; do simples ao que se duplica na altura, corpulência, rapidez, força etc.; e do tudo ao nada quanto ao espírito. Mas essa última qualidade, ao não pertencer à matéria, não deve ser aqui considerada. As outras são variações comuns da Natureza que provêm da influência do clima e da nutrição. Contudo, essas diferenças de cor e de dimensão na altura não impedem que o negro e o branco, o lapão e o patagão, o gigante e o anão produzam juntos indivíduos que podem se reproduzir entre si e que, por conseguinte, esses homens, tão diferentes em aparência, sejam todos de uma única e mesma espécie, já que essa reprodução constante é o que a constitui. Depois dessas variações gerais, há outras que são mais particulares e que não deixam de se perpetuar, como as enormes pernas dos homens que denominamos *da raça de São Tomás*[49] *na Ilha do Ceilão*, os olhos vermelhos e os cabelos brancos dos dariéns e chacrelas[50] e os seis[51] dedos nas mãos e nos pés de algumas famílias etc. Essas variedades singulares são defeitos ou excessos acidentais que, encontrando-se primeiramente em alguns indivíduos, em seguida se propagaram de raça em raça, como os outros vícios e doenças hereditárias. Mas essas diferenças, embora constantes, não devem ser vistas senão como variedades individuais que não separam esses indivíduos de sua espécie, já que as raças extraordinárias desses homens de pernas enormes ou de seis dedos podem se misturar com a raça comum e produzir indivíduos que se reproduzem entre si. Deve-se afirmar a mesma coisa de todas as outras deformidades

---

49 Veja o terceiro volume desta *História Natural*, artigo "Variedades na espécie humana". (N. A.) [p.308ss. desta edição. (N. T.)]

50 Darién, isto é, Panamá; e Chancrelas, de Java. (N. T.)

51 Veja essa observação curiosa nas cartas de Maupertuis, onde encontrareis também muitas ideias filosóficas bastante elevadas sobre a geração e outros temas diversos. (N. A.)

ou monstruosidades comunicadas de pais e mães para os filhos. Eis aí até onde os erros da Natureza se fazem ouvir; eis aí os maiores limites dessas variedades nos homens. E se há indivíduos que degeneram ainda mais, esses indivíduos nada reproduzem e não alteram nem a constância nem a unidade da espécie. Assim, há no homem apenas uma única e mesma espécie, e embora essa espécie seja talvez a mais numerosa e a mais abundante em indivíduos, e ao mesmo tempo a mais inconsequente e a mais irregular em todas essas ações, não se vê que essa prodigiosa diversidade de movimentos, alimentação, clima, e tantas outras combinações que se pode supor tenha produzido seres muito diferentes de outros para fazer novas cepas e, ao mesmo tempo, para nós muito semelhantes para que pudéssemos negar que tenham pertencido a ela.

Se o negro e o branco não pudessem gerar entre si, se também sua produção permanecesse infecunda, se o mulato fosse um verdadeiro mulo, haveria então duas espécies bem distintas: o negro seria para o homem o que o asno é para o cavalo, ou melhor, se o branco fosse homem, o negro deixaria de sê-lo; seria um animal à parte, como o símio, e teríamos o direito de pensar que o branco e o negro não tiveram uma origem comum. Mas essa mesma suposição é desmentida pelo fato, e já que todos os homens podem comunicar e engendrar uns com os outros, todos vêm da mesma cepa e são da mesma família.

Para que dois indivíduos não possam gerar um com o outro é necessário apenas que haja algumas ligeiras divergências no temperamento ou alguma fraqueza acidental nos órgãos da geração de um dos dois indivíduos. Para que da união de dois indivíduos de diferentes espécies sejam produzidos outros que, não se assemelhando a nenhum deles, não se assemelhem a nada de fixo, e não podem, portanto, nada produzir de semelhante a eles, é necessário apenas um certo grau de convergência entre a forma do corpo e os órgãos da geração desses diferentes animais. Contudo, que número imenso e, talvez, infinito de combinações não seria preciso para apenas poder supor que dois animais, macho e fêmea, de certa espécie, não apenas degeneraram consideravelmente para deixar de ser da espécie que pertenciam, isto é, para que não possam mais engendrar com esses a quem eram semelhantes, mas também que degeneraram ambos precisamente até o mesmo nível e até o ponto necessário para poder engendrar apenas um com o outro? E, além disso, que outra prodigiosa imensidade de combinação não seria ainda necessária para que a nova produção desses dois animais degenerados seguisse exatamente as mesmas leis observadas na produção dos animais perfeitos? Pois um animal degenerado é, ele próprio, um produto viciado; e como seria possível que um começo viciado, uma depravação, uma negação, pudesse servir de cepa e produzir não só uma sucessão de seres constantes, mas também produzi-los do mesmo modo e seguindo as mesmas leis com que efetivamente se reproduzem os animais cuja origem é pura?

Embora não se possa, portanto, demonstrar que a produção de uma espécie pela degeneração seja uma coisa impossível na Natureza, o número de probabilidades que a contrariam é tão enorme que não há filosoficamente qualquer dúvida. Pois se alguma espécie fosse produzida pela degeneração de outra, se a espécie do asno viesse da espécie do cavalo, isso não poderia ser feito senão sucessivamente e por nuances. Teria havido entre o cavalo e o asno grande número de animais intermediários, cujos primeiros seriam pouco a pouco distanciados da natureza do cavalo, e os últimos seriam pouco a pouco aproximados à do asno. E por que não veríamos hoje os representantes, os descendentes dessas espécies intermediárias? Por que permaneceram apenas os dos dois extremos?

O asno é, assim, um asno, e não um cavalo degenerado, um cavalo de cauda nua; também não é nem estrangeiro, nem intruso, nem bastardo. Como todos os outros animais, tem sua família, sua espécie e sua posição. Seu sangue é puro e, embora sua nobreza seja menos ilustre, é também tão boa e antiga quanto a do cavalo. Por que, pois, tanto desprezo por esse animal tão bom, tão paciente, tão sóbrio, tão útil? Por que os homens menosprezariam nos animais até esses que lhes servem muito bem e são tão pouco dispendiosos? Ao cavalo é dada educação, é tratado, instruído, exercitado, ao passo que o asno, abandonado à rusticidade do último dos criados, ou à malícia das crianças, bem longe de melhorar, não pode senão piorar por sua educação. E se não tivesse grandes fundos de boa qualidade, de fato o perderia pela maneira com que é tratado: é joguete, objeto de troça, mula de carga dos rústicos que o conduzem com a vara na mão, golpeando-o, sobre-carregando-o, sem cuidado, sem consideração. Não se presta atenção para o fato de que o asno seria, por si só e para nós, o primeiro, o mais belo, o mais bem-feito, o mais distinto dos animais, se no mundo não houvesse o cavalo. É o segundo, em vez de ser o primeiro, e só por isso nos parece não ser mais nada. A comparação é o que o degrada: é visto, julgado não por ele mesmo, mas relativamente ao cavalo. Esquece-se de que é asno, que tem todas as qualidades de sua natureza, todos os dons próprios à sua espécie, e pensa-se apenas na figura e nas qualidades do cavalo que lhe faltam, as quais não deve ter.

Por sua natureza, é tão humilde, paciente, tranquilo quanto o cavalo é altivo, vivo, impetuoso. Sofre constantemente e, talvez, com coragem, os cas-tigos e golpes; é sóbrio quanto à quantidade e qualidade de sua alimentação: contenta-se com as ervas mais duras, mais desagradáveis, que seriam deixadas e desdenhadas pelo cavalo e outros animais; é muito delicado quanto à água: gosta de beber apenas da mais cristalina e nos riachos que lhe são conheci-dos; bebe ainda mais sobriamente do que come, e de modo algum afunda seu nariz na água, por causa do medo que tem, dizem, da sombra de suas orelhas.[52] Como não nos damos o trabalho de escová-lo, ele muitas vezes se esfrega na relva, no cardo, na samambaia, e sem se importar muito com o que o fazemos carregar, ele se deita sempre que pode para se esfregar, e parece com isso censurar seu mestre do pouco cuidado que tem com ele. E porque não se compraz como o cavalo com a lama e a água, teme até molhar as patas, e dá meia-volta para evitar a lama; tem, assim, a perna mais seca e mais limpa do que as do cavalo. É suscetível à educação e podem-se ver asnos muito bem adestrados[53] que chamam muito a atenção do público.

Na primeira juventude, o asno é alegre, bem como muito bonito; é ligeiro e gentil, mas logo perde essas qualidades, seja pela idade, seja pelos maus--tratos, e torna-se lento, indócil e teimoso. É fogoso apenas para o prazer,

---

52 Veja Cardan, *De subtilitate*, Lion, 1580, liv. X. (N. A.)

53 Veja Aldrovandi, *De quadrupedibus solidipedibus volumen integrum*, Bolonha, 1639, liv. I, p.308. (N. A.)

ou melhor, furioso, a ponto de nada poder detê-lo e incorrer em excesso e morte alguns instantes depois. E como ama com uma espécie de furor, tem também por sua prole o mais forte apego. Plínio nos assegura que, quando a mãe é separada de sua cria, ela atravessa chamas para reencontrá-lo. Apega-se também ao seu mestre. Embora seja comumente maltratado, percebe-o de longe e o distingue de todos os outros homens. Reconhece também os lugares que costumou habitar, os caminhos que costumou percorrer. Tem boa visão, olfato admirável, sobretudo para os corpúsculos da asna, excelente audição, a qual contribuiu ainda para que fosse colocado no número de animais tímidos, os quais têm, pelo que se diz, ouvido muito fino e orelhas longas. Quando está sobrecarregado, assinala inclinando a cabeça e baixando as orelhas; quando é muito atormentado, abre a boca e contrai os lábios de uma maneira muito desagradável, dando-lhe um ar gracejador e zombeteiro. Se cobrimos seus olhos, permanece imóvel; quando deitado de lado e disposta sua cabeça de modo que um olho esteja apoiado sobre a terra e o outro coberto com uma pedra ou um pedaço de pau, permanecerá nessa posição sem fazer movimento algum e sem se sacudir para se levantar. Ele caminha, trota e galopa como o cavalo, mas todos esses movimentos são pequenos e muito mais lentos. Embora possa, inicialmente, correr com muita velocidade, não pode executar mais do que uma pequena carreira durante um curto espaço de tempo. Se é apressado, qualquer andamento que tome logo o rende.

O cavalo relincha, o asno zurra, soltando um grande grito muito longo, muito desagradável e discordante por dissonâncias do agudo ao grave e do grave ao agudo, alternadamente. Em geral, ele grita apenas quando incitado pelo amor ou pela fome. A asna tem a voz mais clara e penetrante. O asno castrado zurra apenas em voz baixa, e embora pareça fazer tanto esforço e idênticos movimentos da garganta, seu grito não se faz ouvir de longe.

De todos os animais cobertos de pelo, o asno é o que está menos sujeito aos parasitas. Jamais tem piolho, e isso se deve, aparentemente, à dureza e à secura de sua pele, que é, de fato, mais dura do que a da maioria dos outros quadrúpedes. Pela mesma razão, é bem menos sensível do que o cavalo ao chicote e à picada de moscas.

Com 2,5 anos, os primeiros dentes incisivos do meio caem e, na sequência, os outros incisivos do lado dos primeiros também caem e se renovam ao mesmo tempo e na mesma ordem que a do cavalo. Conhece-se também a idade do asno pelos dentes: os terceiros incisivos de cada lado indicam-na como no cavalo.

Desde os 2 anos o asno é capaz de engendrar. A fêmea é ainda mais precoce do que o macho, e igualmente lasciva. É por essa razão que ela é muito pouco fecunda, e lança para fora o licor que acabou de receber na cópula, a menos que se tenha o cuidado de suprimir prontamente a sensação do prazer, golpeando-a para acalmar a sequência de convulsões e de movimentos amorosos. Sem essa precaução, ela seria fecundada apenas muito raramente. O tempo mais comum dos calores são os meses de maio e junho. Assim que ela está prenhe, os calores cessam de imediato e, no décimo mês, o leite aparece nos mamilos. Ela pare no 12º mês e, com frequência, há pedaços sólidos no líquido do âmnio, semelhante ao *hipômanes* do potro. Sete dias após o parto, os calores se renovam: a asna é capaz de receber o macho, de modo que ela pode, por assim dizer, continuamente engendrar e nutrir. Ela não engendra mais do que uma cria, e muito raramente duas, sendo difícil encontrar exemplos disso. Ao fim de cinco ou seis meses, pode-se desmamar o pequeno asno, isso sendo necessário se a mãe estiver prenhe, para que ela possa nutrir melhor seu feto. O asno garanhão deve ser escolhido entre os maiores e mais fortes de sua espécie. Deve ter pelo menos 3 anos e não passar de 10; que tenha as pernas altas, o corpo bem guarnecido, a cabeça elevada e ligeira, os olhos vivos, as narinas grandes, o pescoço um pouco longo, o peitoral largo, os lombos carnudos, a costela larga, a garupa chata, a cauda curta, o pelo brilhante, suave ao toque e de um cinza-escuro.

O asno, que como o cavalo demora três ou quatro anos para crescer, também como ele vive 25 ou 30 anos; afirma-se apenas que as fêmeas vivem em geral por mais tempo do que os machos, mas isso acontece, talvez, apenas porque, estando na maioria das vezes prenhes, são um pouco mais cuidadas, ao passo que continuamente se extenuam os machos de fadiga e de golpes. Eles dormem menos do que os cavalos e se deitam para dormir só quando estão extenuados. O asno garanhão dura também mais tempo do que o cavalo garanhão, e quanto mais velho ele for, mais fogoso parece; e, em geral, a sanidade desse animal é mais consistente do que a do cavalo: ele é menos delicado e não está sujeito a grande número de doenças. Os próprios antigos não conheciam nenhuma outra além do mormo, ao qual está, como já dissemos, muito menos sujeito do que o cavalo.

Assim como no cavalo, há diferentes raças de asnos, mas menos conhecidas, porque não são tratadas nem seguidas com a mesma atenção. Apenas não se pode duvidar que todos sejam originários de climas quentes: Aristóteles[54] assegura que em seu tempo eles não existiam na Cítia, nem em outros países setentrionais vizinhos a ela, nem em Gales, cujo clima, afirma, não deixa de ser frio. Ele acrescenta que o clima frio os impede de se reproduzir ou os faz degenerar, e que é por essa última razão que na Ilíria, na Trácia e em Epiro eles são pequenos e frágeis. Na França, ainda são assim, embora estejam bastante naturalizados desde antigamente, e o frio do clima tenha diminuído muito desde 2 mil anos pela quantidade de florestas abatidas e de pântanos dessecados. Mas o que parece ainda mais certo é que são novos[55] na Suécia e nos países do Norte, parecem ter vindo originariamente da Arábia, e ter passado da Arábia para o Egito, do Egito para a Grécia, da Grécia para a Itália, da Itália para a França, em seguida para a Alemanha, Inglaterra e, por fim, para a Suécia, pois, de fato, eles são tão menos fortes e menores quanto mais frios forem os climas.

Essa migração parece suficientemente bem provada pelo relato dos viajantes: Chardin[56] diz

que há dois tipos de asnos na Pérsia, os do país, que são lentos e pesados e dos quais servem apenas para carregar fardos, e uma raça da Arábia, com animais muito bonitos e os primeiros do mundo: eles têm o pelo lustroso, a cabeça alta, as patas ligeiras, levantam-se com veemência, caminham bem e são usados apenas para montar. As selas usadas para montá-los são como de albardas redondas e planas na parte de cima, são de pano ou tapeçaria com arreios e estribos,

54 Veja Aristóteles, *Da geração dos animais*, livro II, cap. 8, 748a. (N. A.)
55 Veja Lineu, *Fauna Suecica sistens animalia Sueciae regni*, Stockholm, 1746. (N. A.)
56 Veja a viagem de Chardin, t.II, p.26-7. (N. A.)

senta-se em cima mais para a garupa do que para o colo. Os asnos são comprados até 400 libras e não por menos de 25 pistolas. São tratados como os cavalos, mas não são ensinados senão a ir a furta-passo, e a arte para adestrá-los a isso é de lhes amarrar as pernas anteriores e posteriores do mesmo lado, por duas cordas de algodão com a medida do passo do asno que vai a furta-passo, suspensas por outra corda passada pelo cinto que concerne ao estribo. Eles são montados por uma espécie de mestre de equitação à noite e pela manhã, que os exercita nesse andamento; fendem-se suas narinas a fim de lhes dar mais fôlego e vão tão rápido que é necessário galopar para segui-los.

Os árabes, que têm o hábito de conservar com tanto cuidado e desde há muito tempo as raças de seus cavalos, guardariam o mesmo esforço para com os asnos? Ou melhor, isso não parece provar que o clima da Arábia é o primeiro e o melhor clima para um e outro? Dali passaram para a Berbéria[57] e o Egito, onde são belos e de grande porte, tal como para os climas excessivamente quentes, como para as Índias e a Guiné,[58] onde são maiores, mais fortes e melhores do que os cavalos do país; são também muito apreciados em Maduré,[59] onde uma das mais consideráveis e nobres tribos das Índias particularmente os reverencia, porque creem que as almas de toda a nobreza passam para o corpo dos asnos. Enfim, os asnos são encontrados em maior quantidade que os cavalos em todos os países meridionais, desde o Senegal até a China. Encontramos aí também mais comumente asnos selvagens do que cavalos selvagens. Os latinos, em conformidade com os gregos, chamaram o asno de *onager*, onagro, que não deve ser confundido, como fazem alguns naturalistas e muitos viajantes, com a zebra, para a qual apresentaremos a história à parte, porque a zebra é um animal de uma espécie diferente da do asno. O onagro ou asno selvagem não é listrado como a zebra e está a grande distância de uma figura tão elegante. Encontramos asnos selvagens em algumas ilhas do Arquipélago, e particularmente na de Cérigo.[60]

---

57 Veja a viagem de Shaw, t.I, p.308. (N. A.)
58 Veja Bosman, *Voyage de Guinée*, Utrecht, 1705, p.239-40. (N. A.)
59 Veja as *Lettres édifiantes et curieuses*, 12ª coletânea, Paris, 1715, p.96. (N. A.)
60 Veja a coletânea de Dapper, p.185 e 378. (N. A.)

Há muitos deles nos desertos da Líbia e da Numídia:[61] eles são da cor cinza e vão tão rápido que apenas os cavalos berberes podem alcançá-los na corrida. Logo que veem um homem, dão um grito, lançam um coice, param e fogem apenas quando se aproximam. São capturados com armadilhas e laçados à corda; pastam e bebem em bando; e se come sua carne. Na época de Marmol, que acabei de citar, havia asnos selvagens na Ilha de Sardenha, mas menores do que os da África; e Pietro della Valle[62] afirma ter visto um asno selvagem em Baçorá. Sua figura não era diferente da dos asnos domésticos; era de uma cor mais clara, e da cabeça até a cauda tinha uma listra de pelos loiros; era também mais rápido e ligeiro na corrida do que os asnos comuns. Olearius[63] relata que um dia o rei da Pérsia o fez subir, junto com ele, a uma pequena construção em forma de teatro, para fazer refeição de frutas e compotas; depois de comer, fez-se entrar 32 asnos selvagens nos quais o rei atirou com fuzil e flechas e permitiu em seguida aos embaixadores e outros senhores atirar, e não era pequeno o divertimento de ver esses asnos, carregados como algumas vezes estavam com mais de dez flechas, com as quais incomodavam e machucavam os outros quando se misturavam com eles, de modo que começavam a se morder e a escoicear uns aos outros de uma maneira estranha, e que quando foram todos abatidos e enfileirados diante do rei, foram enviados a Isfahã, para a cozinha da Corte. Os persas apreciavam enormemente a carne desses asnos selvagens, a ponto de se fazer provérbio. Mas não parece que esses 32 asnos selvagens tenham sido capturados nas florestas; tratava-se, provavelmente, de asnos criados em grandes parques para o prazer de caçá-los e comê-los.

O asno não é encontrado na América, assim como o cavalo, embora o clima, sobretudo o da América Meridional, convenha-lhe tanto quanto nenhum outro. Os que os espanhóis levaram da Europa e que abandonaram nas grandes ilhas e no continente se multiplicaram muito, sendo possível

---

61 Léon L'Africain, *Africae descriptio*, t.II, p.52; e a *L'Afrique de Marmol*, Paris, 1667, t.I, p.53. (N. A.)

62 Veja as viagens de Pietro della Valle, t.VIII, p.49. (N. A.)

63 Veja a viagem de Adam Olearius, 1656, t.I, p.511. (N. A.)

encontrar[64] ali asnos selvagens que andam em bandos e que são capturados em armadilhas como os cavalos selvagens.

O asno produz com a égua mulos grandes; o cavalo produz com a asna mulos pequenos, diferentes dos primeiros em muitos aspectos. Mas reservamo-nos de tratar em particular da geração dos mulos, onotauros etc., e terminaremos a história do asno por aquela de suas propriedades e usos aos quais podemos empregá-lo.

Como os asnos selvagens são desconhecidos nesses climas, não podemos dizer se sua carne é efetivamente boa para comer, mas é certo que a dos asnos domésticos é muito ruim e, comparada à do cavalo, pior, mais dura e mais desagradavelmente insípida. Galeno[65] afirma também que é um alimento pernicioso e que provoca doenças. O leite da asna, ao contrário, é um remédio comprovado e específico para alguns males, e o uso desse remédio é conservado desde os gregos até nossos dias. Para consegui-lo com boa qualidade, é preciso escolher uma jovem asna, sadia, um pouco corpulenta, que tenha parido há pouco tempo e que não tenha sido coberta desde então. Tem-se de afastar dela o pequeno asno que amamenta, mantê-la limpa, bem alimentada com feno, cevada e ervas, cujas qualidades salutares possam influenciar na doença; ter o cuidado de não deixar esfriar o leite e, também, não o expor ao ar livre, o que o estragaria em pouco tempo.

Os antigos atribuíram também muitas virtudes medicinais ao sangue e à urina do asno, e muitas outras qualidades específicas ao cérebro, coração e fígado desse animal. Mas a experiência destruiu, ou ao menos não confirmou o que afirmaram.

Como a pele do asno é dura e muito elástica, é empregada de modo eficaz em diferentes usos: com ela se confeccionam crivos, tambores e muito bons sapatos; e também grandes pergaminhos para cadernos de notas, revestidos de uma fina camada de gesso. É também com o couro do asno que os orientais fazem o *sagri*,[66] que denominamos *chagrém*. Parece que os ossos,

---

64 Veja Labat, *Nouveau voyage aux îles de l'Amérique*, Paris, 1722, t.II, p.293. (N. A.)
65 Veja Galeno, *Das faculdades da alimentação*, livro III. (N. A.)
66 Veja a viagem de Thévenot, t.II, p.64. (N. A.)

como o pelo desse animal, são também mais duros do que os dos outros, já que os antigos faziam com eles flautas e os achavam mais sonoros do que todos os outros ossos.

O asno é, talvez, de todos os animais, aquele que relativamente ao seu volume pode carregar os maiores pesos; e como não custa quase nada alimentá-lo e não requer, por assim dizer, nenhum cuidado, é de grande utilidade para o campo, moinho etc.; e pode também servir para montar, sendo todos os andamentos suaves. Ele protesta menos do que o cavalo; é frequentemente colocado no arado nos países em que o terreno é fácil de trabalhar; e seu estrume é um excelente adubo para as terras compactas e úmidas.

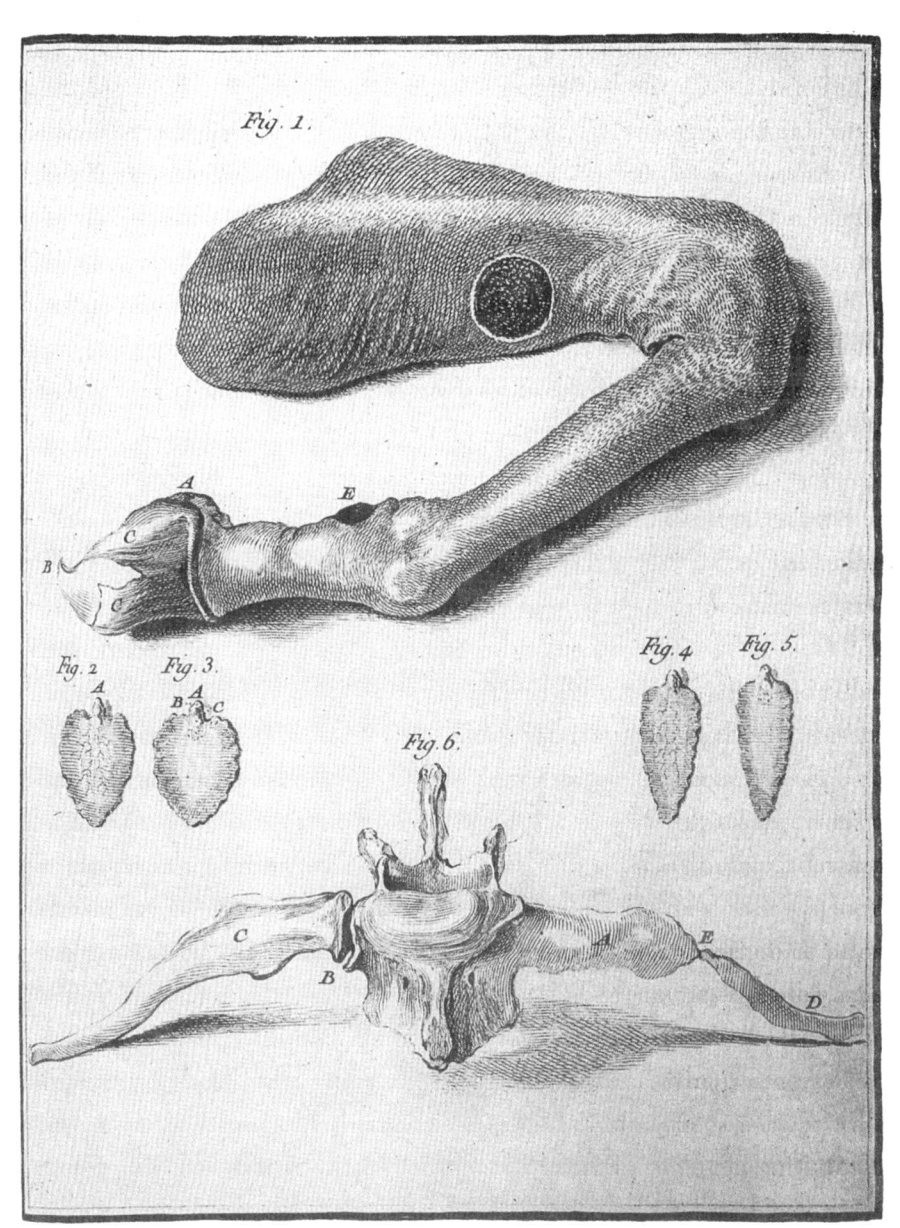

Fig. 1.

Fig. 2. *Fig. 3.*

Fig. 4. *Fig. 5.*

Fig. 6.

O porco, o porco do Sião e o javali[*]

Colocamos juntos o porco, o porco do Sião e o javali porque todos os três são apenas de uma só e mesma espécie: um é o animal selvagem, os outros dois são domésticos. E embora sejam diferentes em alguns sinais exteriores, talvez também por alguns hábitos, não devem ser separados, uma vez que essas diferenças não são essenciais, mas unicamente relativas à sua condição; sua natureza não é muito alterada pelo estado de domesticidade; e, enfim, produzem mutuamente indivíduos que podem produzir outros indivíduos, caráter que constitui unidade e constância da espécie.

Esses animais são singulares. A espécie é, por assim dizer, única: está isolada; parece existir mais solitariamente do que qualquer outra. Não é vizinha de nenhuma espécie que possa ser vista como principal nem como acessória, tal como a espécie do cavalo relativamente àquela do asno, ou da cabra em relação à ovelha; não está sujeita a uma grande variedade de raças, como a do cão; participa de muitas espécies, mas difere essencialmente de todas. Aqueles que querem reduzir a Natureza a pequenos sistemas, que querem encerrar sua imensidade nos limites de uma fórmula, considerem, como nós, esse animal, e vejam se não escapa a todos os seus métodos. Pelas extremidades, não parece com nenhum daqueles denominados *solípedes*, já que têm o pé dividido; nem com aqueles denominados *pés bifendidos*, já que têm realmente quatro dedos no interior, embora exteriormente pareçam apenas dois; não se assemelham àqueles denominados *fissípedes*, já que não caminham senão sobre dois dedos, e os dois outros não são nem desenvolvidos nem posicionados como os dos fissípedes, nem mesmo alongados o bastante para que ele possa se servir deles. Portanto, tem características equívocas, ambíguas, em que umas são aparentes e outras, obscuras. Diriam que é um erro da Natureza, que essas falanges, esses dedos que não estão suficientemente desenvolvidos no exterior, não devem ser contados? Mas esse erro é constante; aliás, esse animal não se parece com os *pés bifendidos* quanto aos outros ossos do pé, e difere deles ainda pelas características

---

[*] Tomo V, 1755, p.99-124.

mais surpreendentes, pois estes têm cornos e lhes falta os dentes incisivos no maxilar superior, têm também quatro estômagos, ruminam etc. O porco não tem cornos, tem dentes em cima e embaixo, apenas um estômago, e não rumina. É evidente que não é do mesmo gênero dos *solípedes* nem dos de *pés bifendidos*, e também não é dos *fissípedes*, já que difere desses animais não apenas pela extremidade do pé, mas ainda pelos dentes, pelo estômago, pelos intestinos, pelas partes interiores da geração etc. Tudo o que se poderia dizer é que é necessária a nuance, sob certas condições, entre os *solípedes* e os *pés bifendidos*, e sob outras, entre os *pés bifendidos* e os *fissípedes*; pois difere menos dos *solípedes* do que dos outros, pela ordem e pelo número dos dentes. Assemelha-se a eles ainda pelo alongamento dos maxilares. Não tem, como eles, senão um estômago, que é muito maior; mas por um apêndice que tem ali, assim como pela posição dos intestinos, parece se aproximar dos *pés bifendidos* ou *ruminantes*. Assemelha-se a eles ainda pelas partes exteriores da geração e, ao mesmo tempo, aos *fissípedes* pela forma das pernas, pela disposição do corpo, pelas numerosas crias da gestação. Aristóteles foi o primeiro[67] a dividir os animais quadrúpedes em *solípedes, pés bifendidos* e *fissípedes*, e reconhece que o porco é um gênero ambíguo, mas a única razão que dá para isso é que na Ilíria, na Peônia e em alguns outros lugares são encontrados porcos solípedes. Esse animal é ainda uma espécie de exceção a duas regras gerais da Natureza: que quanto mais gordos são os animais,

---

67 *Quadrupedum autem, quæ sanguine constant, eadem quæ animal generant, alia multifida sunt; quales hominis manus pedesque habentur. Sunt enim quæ multiplici pedum fissurâ digitentur, ut canis, leo, panthera. Alia bisulca sunt, quæ forcipem pro ungula habeant, ut oves, capræ, cervi, equi fluviatiles. Alia infisso sunt pede, ut quæ solipedes nominantur; ut equus, mulus. Genus sanè suillum ambiguum est; nam et in terra Illyriorum, et in Pæonia, et nonnullis aliis locis, sues solipedes gignuntur.* ["Entre os quadrúpedes sanguíneos e vivíparos, há os que têm um pé com várias fendas, como, no homem, as mãos e os pés (há realmente os que têm vários dedos, como o cão, o leão e o leopardo). Há-os também com o pé bifurcado e cascos em vez de garras, como o carneiro, a cabra, o veado e o hipopótamo. Outros não têm fendas, caso dos solípedes, como o cavalo e a mula. O gênero suíno é um exemplo intermédio, porque há também na Ilíria, na Peônia e em outros lugares, porcos solípedes. Em todo caso, os animais com fendas têm duas na parte posterior das patas; nos solípedes, a pata é inteira." (Aristóteles, *História dos animais*, livro II, cap.1, 499*b*)]. (N. A.) [Peônia é uma antiga região dos Bálcãs, ao norte da Macedônia. (N. T.)]

menos procriam, pois dentre todos os animais, os fissípedes são os que mais dão crias. O porco, embora de um porte muito acima da média, procria mais do que quaisquer animais fissípedes ou outros. Por essa fecundidade, assim como pela conformação dos testículos ou dos ovários da porca, parece até mesmo que faz o limite das espécies vivíparas e se aproxima das espécies ovíparas. Enfim, em tudo ele é de uma natureza equívoca, ambígua, ou, melhor dito, assim parecerá para aqueles que creem que a ordem hipotética de suas ideias faz a ordem real das coisas e que não veem, na cadeia infinita dos seres, mais do que alguns pontos aparentes aos quais querem tudo referir.

Não é estreitando a esfera da Natureza e encerrando-a em um círculo estreito que se poderá conhecê-la; não é fazendo-a agir por vias particulares que se poderá julgá-la, nem adivinhar o que nela se esconde; não é lhe emprestando nossas ideias que se examinarão os desígnios de seu autor. Ao invés de estreitar os limites de seu poder, é preciso alargá-los, estendê-los até o incomensurável. Nada pode ser visto como impossível; espera-se tudo e se supõe que tudo o que pode ser, é. A partir de então, as espécies ambíguas, as produções irregulares, os seres anômalos deixarão de nos surpreender e se encontrarão, tão necessariamente quanto os outros, na ordem infinita das coisas. Preenchem os intervalos da cadeia, formam seus nós, seus pontos intermediários, marcam também suas extremidades. Para o espírito humano, esses seres são exemplares preciosos, únicos, nos quais a Natureza, parecendo menos conforme a si mesma, dá-se mais a conhecer, possibilitando-nos reconhecer caracteres singulares e traços fugidios que nos indicam que seus fins são muito mais gerais do que nossas visões, e que se ela nada faz em vão, tampouco faz os desígnios que lhe supomos.

Com efeito, não devemos refletir sobre o que acabamos de supor? Não devemos extrair induções dessa singular conformação do porco? Ele não parece ter sido formado sobre um plano original, particular e perfeito, já que é um composto de outros animais; evidentemente, tem partes inúteis, ou ainda, partes das quais não pode fazer uso: os dedos, cujos ossos são perfeitamente formados, e que, contudo, não lhe servem para nada. A Natureza está, portanto, muito longe de se sujeitar às causas finais na composição dos seres. Por que não colocaria neles algumas vezes partes superabundantes, já que com tanta frequência deixa de colocar partes essenciais? Quantos animais não existem privados de sentidos e membros? Por que se deseja que em todo indivíduo cada parte seja útil aos outros e necessária ao todo? Não basta que se encontrem juntas, que não se prejudiquem, que possam crescer sem obstáculo e se desenvolver sem se obliterar mutuamente? Tudo o que não se prejudica o suficiente para se destruir, tudo o que pode subsistir em conjunto, subsiste; e talvez haja na maioria dos seres menos partes relativas, úteis ou necessárias do que partes indiferentes, inúteis ou superabundantes. Mas como sempre queremos relacionar tudo a um certo fim, quando as partes não têm aparentemente uso, supomos usos ocultos, imaginamos relações que não têm nenhum fundamento, que não existem na natureza das coisas e que não servem senão para obscurecê-la. Não prestamos atenção para o fato de alterarmos a filosofia, de desnaturarmos seu objeto, que é de conhecer o *como* das coisas, a maneira pela qual a Natureza age, e substituímos esse objeto real por uma ideia vã, tentando tornar o *porquê* dos fatos no fim que ela se propõe ao agir.

É por isso que se tem de recolher com cuidado os exemplos que se opõem a essa pretensão, de insistir sobre os fatos capazes de destruir um preconceito geral ao qual nos livramos voluntariamente, um erro de método que adotamos por escolha, embora apenas tenda a encobrir nossa ignorância e seja inútil, e também oposta à investigação e à descoberta dos efeitos da Natureza. Sem sair de nosso tema, podemos dar outros exemplos pelos quais esses fins, que supomos de modo tão vão para a Natureza, são evidentemente desmentidos.

Afirma-se que as falanges são feitas apenas para formar dedos; contudo, há no porco falanges inúteis, uma vez que elas não formam dedos com que possa se servir. E nos animais de pés bifendidos há pequenos ossos[68] que nem mesmo formam falanges. Se aí está o fim da Natureza, não é evidente que no porco ela tenha executado apenas a metade do projeto que, nos outros, ela iniciou?

---

68 Daubenton foi o primeiro a fazer essa descoberta. (N. A.)

A alantoide é uma membrana que se encontra no produto da geração da porca, da égua, da vaca e de muitos outros animais. Essa membrana se agarra ao fundo da bexiga do feto. Afirma-se que ela é feita para receber a urina que produz durante sua permanência no ventre da mãe e, de fato, no momento do nascimento do animal, é encontrada certa quantidade de líquido nessa membrana, mas essa quantidade não é considerável: na vaca, onde ela talvez seja mais abundante do que em qualquer outro animal, reduz-se a algumas pintas, e a capacidade da alantoide é tão grande que não há proporção alguma entre esses dois objetos. Quando essa membrana é preenchida de ar, forma uma espécie de bolsa dupla em forma de foice, com 13 ou 14 pés de comprimento, e 9, 10, 11 ou mesmo 12 polegares de diâmetro. Seria necessário um recipiente com capacidade de muitos pés cúbicos para receber apenas três ou quatro pintas de líquido? Sozinha, a bexiga do feto seria suficiente para conter essa pequena quantidade de líquido, se não fosse furada no fundo; assim como, de fato, é suficiente no homem e nas espécies de animais em que ainda não foi descoberta a alantoide. Essa membrana não é, portanto, feita tendo em vista receber a urina do feto, nem qualquer outra de nossas ideias. Desse modo, essa grande capacidade é não somente inútil para esse objeto, mas também para qualquer outro, já que não podemos supor ser possível que ela se encha, e se essa membrana estivesse plena, formaria um volume quase tão grande quanto o corpo do animal que a contém, e não poderia consequentemente estar aí contida; e como ela rompe no momento do nascimento e é expelida com as outras membranas que servem de invólucro ao feto, é evidente que ela é ainda mais inútil do que antes.

O número de mamas é, como se diz, em cada espécie de animal relativo ao número de crias que a fêmea deve produzir e aleitar. Mas por que o macho, que nada deve produzir, tem geralmente o mesmo número de mamas? E por que na porca, que frequentemente produz dezoito, e ainda vinte crias, há apenas doze mamas, às vezes menos, mas nunca mais do que isso? Isso não provaria que não é pelas causas finais que podemos julgar as obras da Natureza? Que não devemos lhe atribuir planos tão pequenos e fazê-la agir por conveniências morais, mas examinar como ela age efetivamente e, para conhecê-la, empregar todas as relações físicas que a imensa variedade de seus produtos apresenta para nós? Confesso que esse método, o único que pode nos conduzir a alguns conhecimentos reais, é incomparavelmente mais difícil do que outro, e que há uma infinidade de fatos da Natureza que, como nos exemplos precedentes, não parece possível aplicá-lo com sucesso. Contudo, em vez de buscar para que serve a grande capacidade da alantoide e de encontrar que ela não serve e não pode servir para nada, está claro que não se deve se consagrar senão a buscar as relações físicas que podem nos indicar qual pode ser a origem dela. Observando, por exemplo, que no produto da geração dos animais que não têm uma grande capacidade de estômago e de intestino, a alantoide é muito pequena ou está ausente; por conseguinte, a produção dessa membrana tem alguma relação com essa grande capacidade dos intestinos, assim como considerando que o número de mamilos não é igual ao número de crias e reconhecendo unicamente que os animais que mais produzem são também aqueles que têm mamilos em maior quantidade, poderemos pensar que essa produção numerosa depende da conformação das partes interiores da geração, e que os mamilos são assim das dependências exteriores dessas mesmas partes da geração, havendo entre o número ou ordem dessas partes e a dos mamilos uma relação física que se deve esforçar para descobrir.

Mas aqui nada mais faço do que indicar a verdadeira rota, não sendo o lugar de segui-la mais longe. Entretanto, não posso me furtar de observar de passagem que tenho algumas razões para supor que a produção numerosa depende muito mais da conformação das partes interiores da geração do que de qualquer outra causa, pois não é da maior abundância e quantidade de licores seminais que depende o elevado número na produção, já que o cavalo, o cervo, o carneiro, o bode e os outros animais que têm uma enorme abundância de líquido seminal não produzem mais do que uma pequena quantidade, ao passo que o cão, o gato e outros animais que têm uma menor quantidade desse líquido em relação ao seu volume produzem em grande quantidade. Esse número tampouco depende da frequência dos acasalamentos, pois estamos seguros de que o porco e o cão têm necessidade de apenas um só acasalamento para produzir, e em quantidade elevada. A longa duração do coito ou, melhor dito, do tempo de emissão do licor seminal tampouco parece ser a causa à que se deve relacionar esse efeito, pois o cão não acasala por muito tempo, senão porque é detido por um obstáculo que nasce da conformação mesma das partes (*veja a descrição do cão*). E, embora o porco não tenha esse obstáculo e acasale por mais tempo que a maioria dos outros animais, nada se pode concluir disso em relação à sua numerosa produção, já que se observa que ao galo é preciso apenas um instante para fecundar todos os ovos que uma galinha pode produzir em um mês. Terei oportunidade de desenvolver mais as ideias que aqui reuni, com o único propósito de fazer perceber que uma simples probabilidade, uma suspeita, provida de fundamento sobre relações físicas, propaga mais luz e produz mais frutos do que todas as causas finais reunidas.

Devemos acrescentar outra singularidade às que já relatamos: que a gordura do porco é diferente da de quase todos os outros animais quadrúpedes, não apenas por sua consistência e qualidade, mas também por sua posição no corpo do animal. A gordura do homem e dos animais que não têm sebo, como no cachorro e no cavalo, está misturada com a carne de modo bastante igual; o sebo do carneiro, do bode, do cervo encontra-se apenas nas extremidades da carne. O toucinho do porco, contudo, não está misturado à carne nem reunido em suas extremidades; ele a recobre por inteiro e forma uma camada espessa, distinta e contínua entre a carne e a pele. Isso o porco tem em comum com a baleia e outros animais cetáceos, cuja gordura nada mais é do que uma espécie de toucinho de semelhante consistência, porém mais oleosa do que aquela do porco. Nos cetáceos, esse toucinho, também sob a pele, forma uma camada de muitas polegadas de espessura que envolve a carne.

Ainda uma singularidade, maior do que as outras, é que o porco não perde nenhum de seus primeiros dentes: os outros animais, como o cavalo, o asno, o boi, a ovelha, o cão, e também o homem, perdem todos os seus primeiros dentes incisivos. Esses dentes de leite caem antes da puberdade e são logo substituídos por outros. No porco, os dentes de leite jamais caem; pelo contrário, crescem ainda durante toda a vida. Ele tem seis dentes dianteiros no maxilar inferior, que são incisivos e cortantes; no maxilar superior, tem também seis dentes correspondentes, mas, por uma imperfeição sem precedente na Natureza, esses seis dentes do maxilar superior têm uma forma muito diferente daquela dos do maxilar inferior: em vez de serem incisivos e cortantes, são compridos, cilíndricos e menos cortantes na ponta, de modo que formam um ângulo quase reto com os do maxilar superior e posicionam-se muito obliquamente uns contra os outros em suas extremidades.

Além do porco, os únicos que têm presas ou caninos muito alongados seriam duas ou três outras espécies de animais. Elas diferem dos outros dentes por saírem para fora e crescerem durante toda a vida. No elefante e na morsa, são cilíndricas e com alguns pés de comprimento; no javali e no porco macho, curvam-se circularmente, são achatadas e cortantes, e já as vi com 9 ou 10 polegadas de comprimento. Elas estão enterradas muito profundamente no alvéolo e, como as do elefante, têm também uma cavidade em sua extremidade superior. Mas o elefante e a morsa têm presas apenas no maxilar superior, faltando-lhes ainda dentes caninos no inferior, ao passo que o porco macho e o javali as têm nos dois maxilares, e as do inferior são mais úteis ao animal; são também mais perigosas, pois é com as presas de baixo que o javali fere.

A porca, a javalina e o porco castrado têm também os quatro dentes caninos no maxilar inferior, mas crescem muito menos do que o do macho e quase não saem para fora. Além desses 16 dentes, a saber: 12 incisivos e 4 caninos, têm ainda 28 dentes maxilares, o que totaliza 44 dentes. O javali tem as presas maiores, o focinho mais forte e o grunhido mais comprido do que o porco doméstico; tem também os pés maiores, os cascos mais separados e o pelo sempre negro.

Dentre todos os quadrúpedes, o porco parece ser o animal mais bruto. As imperfeições da forma parecem influenciar a natureza; seus hábitos são grosseiros, seus apetites são imundos, suas sensações se reduzem a uma luxúria furiosa e a uma gulodice brutal que o faz devorar indistintamente tudo o que está à sua frente, até sua prole de recém-nascidos. Sua voracidade depende aparentemente da necessidade contínua que tem de preencher a grande capacidade de seu estômago, e a grosseria de seus apetites, da hebetação do paladar e do tato. A rudeza do pelo, a dureza da pele, a espessura da gordura tornam esse animal pouco sensível aos golpes. Ratos foram vistos se alojar em seu lombo e comer seu toucinho e sua pele sem que eles parecessem senti-lo. Têm, portanto, o tato muito obtuso e o paladar igualmente grosseiro; seus outros sentidos são bons. Caçadores não ignoram que os javalis vêm, escutam e farejam muito de longe, já que, para surpreendê-los, são obrigados a esperá-los em silêncio durante a noite e se colocar contra o vento para ocultar de seu olfato as emanações que sentiriam de longe e sempre muito vivamente, que os fariam imediatamente voltar para trás.

Essa imperfeição em seu paladar e tato é ainda aumentada por uma doença que os torna rabugentos, isto é, quase absolutamente insensíveis e da qual, talvez, tem-se menos de buscar a origem primeira na textura da carne ou da pele desse animal do que em sua imundície natural e na corrupção que deve resultar dos alimentos infectados com os quais às vezes se sacia; pois o javali, que não devora semelhantes detritos e que vive comumente de grão, frutas, glande e raízes não está sujeito a essa doença, tampouco o jovem porco enquanto mama. Previne-se essa doença mantendo o porco doméstico em um estábulo limpo e dando-lhe abundantemente alimentos salubres. Sua carne se tornará ainda excelente ao paladar e o toucinho será firme se, quando caçado, tal como vi praticarem, for mantido durante quinze dias ou três semanas em um estábulo pavimentado antes de ser abatido, não lhe sendo dado de comer mais do que grãos de frumento puro e seco e o deixando beber muito pouco. Escolhe-se para isso um porco jovem, de um ano, de boa carne e já no processo de engorda.

A maneira comum de engordá-los é dar abundantemente cevada, glande, repolho, legumes cozidos e muita água misturada com farelo. Em dois meses estão gordos, o toucinho está abundante e espesso, mas não muito firme nem muito branco; e a carne, embora boa, é sempre um pouco insípida. Pode-se ainda engordá-los com menos custos, no campo, onde há muitas glandes, colocando-os nas florestas durante o outono, quando as glandes caem e a castanha e os frutos da faia deixam seus invólucros. Comem do mesmo modo todos os frutos selvagens e engordam em pouco tempo, sobretudo se à noite, ao retornarem, é-lhes dada água morna misturada com um pouco de farelo e de farinha de joio. Essa bebida os faz dormir e aumenta a tal ponto sua gordura que chegam a não poder mais caminhar nem quase se mexer. Nos primeiros períodos de frio do outono, eles engordam muito mais rápido, tanto por causa da abundância de alimentos quanto porque a transpiração é menor do que no verão.

Como para o restante do gado, não se espera que o porco esteja em idade avançada para engordá-lo. Quanto mais velho, mais a engorda é difícil e pior é sua carne. A castração, que sempre deve preceder a engorda, é feita geralmente com 6 meses, na primavera ou no outono, e nunca na época dos grandes calores ou frios, que tornariam o corte igualmente perigoso ou difícil de sarar, pois é geralmente por incisão que se faz essa operação, embora algumas vezes também seja feita por uma simples ligadura, como já dissemos no tema do carneiro. Se a castração foi feita na primavera, põe--se o porco para engordar a partir do outono seguinte, e é bastante raro deixar que viva dois anos; entretanto, eles crescem ainda mais durante o segundo ano, e continuariam no terceiro, quarto, quinto ano. Os que em meio aos outros são notados pelo tamanho e espessura de sua corpulência são apenas porcos mais velhos, que foram postos muitas vezes para coletar glandes. Parece que a duração de seu crescimento não se limita a quatro ou cinco anos. Os *varrões* ou *porcos machos* separados para a propagação da espécie crescem ainda até os 5 ou 6 anos, e quanto mais velho for um javali, maior, mais rijo e pesado ele é.

A duração da vida do javali pode chegar a 25 ou 30 anos.[69] Aristóteles afirma 20 anos para os porcos em geral e acrescenta que até os 15 anos os machos engendram e as fêmeas produzem. Eles podem copular desde os 9 meses ou 1 ano, mas o melhor é esperar que tenham 18 meses ou 2 anos. A primeira gestação da porca não é numerosa; as crias são fracas e até imperfeitas quando ela não completou 1 ano. Ela sempre está, por assim dizer, nos calores; procura as investidas do macho mesmo quando está prenhe, o que pode ser considerado como um excesso entre os animais, já que em quase todas as espécies a fêmea recusa o macho tão logo tenha concebido. Quase contínuos, esses calores da porca são, entretanto, marcados por ataques e movimentos imoderados, que sempre acabam por se chafurdar na

---

69 Veja *La Vénerie de Jaques du Fouilloux*, Paris, 1614, p.57. (N. A.)

lama. Nesse período, verte um líquido esbranquiçado bastante espesso e abundante. Sua gestação dura quatro meses, ela pare no começo do quinto e logo procura o macho, concebe uma segunda vez e produz, consequentemente, duas vezes ao ano. A javalina, que em todos os outros aspectos se assemelha à porca, emprenha apenas uma vez ao ano, aparentemente pela escassez de alimento e pela necessidade que se encontra de aleitar e alimentar durante muito tempo todas as crias que produziu, ao passo que não se permite que a porca doméstica nutra todas as suas crias por mais de quinze dias ou três semanas. Destas, deixam-se apenas oito ou nove para alimentar [e] vendem-se as outras. Com quinze dias estão boas para serem comidas. E como não são necessárias muitas fêmeas e como são os porcos castrados, cuja carne é a melhor, que permitem maior aproveitamento, dá-se fim nos porcos de leite fêmeas, deixando para a mãe apenas duas fêmeas para sete ou oito machos.

O macho escolhido para propagar a espécie deve ter o corpo curto, compacto e mais quadrado do que comprido, a cabeça grande, o focinho curto e chato, as orelhas grandes e caídas, os olhos pequenos e vivos, o pescoço grande e espesso, o ventre pendente, as nádegas largas, as pernas curtas e grossas, as cerdas espessas e negras. Os porcos brancos nunca são tão fortes quanto os negros. A porca deve ter o corpo comprido, o ventre amplo e largo, os mamilos compridos; é preciso que ela seja também de uma natureza tranquila e de uma raça fecunda. Assim que estiver prenhe, é separada do macho, que poderia machucá-la. E logo que pare, é abundantemente alimentada e fica sob observação a fim de que não devore alguns dos filhotes, e tem-se o grande cuidado de afastar o pai, que os pouparia ainda menos. Faz-se a cobertura no início da primavera, a fim de que os filhotes nasçam no verão, tendo tempo para crescer, fortalecer-se e engordar antes do inverno. Mas quando se quer emprenhá-la duas vezes por ano, é-lhe dado o macho no mês de novembro, a fim de que parteje no mês de março e seja coberta uma segunda vez no começo de maio. Há também porcas que produzem regularmente a cada cinco meses. A javalina, que, como dissemos, não produz mais do que uma vez por ano, aceita o macho no mês de janeiro ou fevereiro, e pare em maio ou junho. Ela aleita seus pequenos durante três ou quatro meses; até que tenham 2 ou 3 anos, guia-os, segue-os e os impede de se separar ou de se perder; e não é raro ver as javalinas acompanhadas ao mesmo tempo dos filhotes daquele ano e dos do ano precedente. Não se permite que a porca doméstica aleite seus pequenos durante mais de dois meses; no fim da terceira semana, começa-se a levá-los aos campos com a mãe, para pouco a pouco acostumá-los a se alimentar como ela. Cinco semanas depois, são desmamados e lhes é dado de manhã e à noite o soro do leite misturado com farelo ou apenas água morna com legumes cozidos.

Esses animais amam muito as minhocas e algumas raízes, como as da cenoura selvagem. Com seus focinhos, eles fuçam a terra para encontrar minhocas e cortar essas raízes. O javali, cuja cabeça é mais comprida e mais forte do que a do porco, fuça mais profundamente e quase sempre em linha reta no mesmo sulco, ao passo que o porco fuça aqui e ali, de modo mais delicado. E como faz muito estrago, tem-se de afastá-lo dos terrenos cultivados e levá-lo apenas às florestas e aos terrenos que estão em descanso.

Denomina-se em termos de caça *porcos selvagens de rebanho* os javalis que não passaram de 3 anos, porque até essa idade não se separam uns dos outros, e seguem todos a mãe que lhes é comum. Passam a andar sozinhos apenas quando estão fortes o suficiente para não temer mais os lobos. Esses animais formam, portanto, por si mesmos, espécies de tropas, e é disso que depende sua segurança. Quando são atacados, resistem pelo número, ajudam e defendem uns aos outros. Os maiores fazem frente pressionando os outros em círculo e colocando os menores no centro. Os porcos domésticos se defendem também da mesma maneira e não é necessário cães para vigiá-los. Mas como são indóceis e duros, um homem, mesmo ágil e robusto, não pode conduzir mais do que cinquenta. No outono e no inverno, são conduzidos para as florestas, onde os frutos selvagens são abundantes; no verão, para os lugares úmidos e pantanosos, onde encontram minhocas e raízes em abundância; e na primavera, vão ao campo e à terra não cultivada, fazendo-os sair duas vezes por dia, de março a outubro; deixa-se que pastem desde a manhã, depois de o orvalho ter se dissipado, até às 10h, e à tarde depois das 14h até à noite. No inverno, quando o tempo estiver ameno, são conduzidos para fora uma vez por dia: o orvalho, a neve e a chuva lhes são desfavoráveis. Quando sobrevém uma tempestade ou apenas uma chuva muito abundante, é muito comum vê-los desertar do bando um após o outro e fugir correndo e sempre cuinchando, até a porta de seu estábulo. Os mais jovens são os que cuincham mais e mais alto; esse berro é diferente do seu grunhido ordinário: é de dor, semelhante aos primeiros cuinchos dados logo que são amarrados para que sejam degolados. O macho berra menos do que a fêmea. É raro escutar o javali lançar um berro, a não ser quando luta e um outro o machuca; a javalina cuincha com mais frequência; e quando são surpreendidos e subitamente se amedrontam, arfam com tanta violên-cia que são ouvidos a grande distância.

Embora esses animais sejam muito gulosos, não atacam nem devoram outros animais, como fazem os lobos. Entretanto, algumas vezes comem carne em decomposição. Javalis já foram vistos comendo carne de cavalo e encontramos em seu estômago pele de corço e patas de pássaros; contudo, talvez seja mais necessidade do que instinto. Entretanto, não se pode negar que sejam ávidos por sangue e carne sanguinolenta e fresca, já que os porcos comem seus filhotes e até crianças recém-nascidas. Assim que encontram algo de suculento, úmido, gordo ou untuoso, eles o lambem e acabam logo por devorá-lo. Vi muitas vezes bandos inteiros desses animais, ao voltarem do campo, pararem ao redor de um pedaço de terra argilosa recentemente tirada. Todos eles a lamberam, apesar de não passar de uma terra muito leve-mente untuosa, e alguns a devoraram em grande quantidade. Sua gulodice é, como se vê, tão grosseira quanto sua natureza é brutal. Não têm nenhum sentimento bem distinto. Os filhotes reconhecem quando muito a mãe, ou, pelo menos, são fortemente sujeitos a se enganar e mamar na primeira porca que lhes deixar alcançar os mamilos. O temor e a necessidade dão, aparentemente, um pouco mais de sentimento e instinto aos porcos selva-gens. Parece que os filhotes são fielmente ligados à sua mãe, que parece ser também muito mais atenta às suas necessidades do que a porca doméstica. Na época do cio, o macho procura, segue e permanece em geral trinta dias com a fêmea nas florestas mais espessas, solitárias e afastadas. Ele é então mais arredio do que nunca e se torna até furioso quando outro macho quer ocupar seu lugar; eles lutam, ferem-se e se matam algumas vezes. A javalina se torna furiosa apenas quando seus filhotes são atacados. E, em geral, em quase todos os animais selvagens, o macho se torna mais ou menos feroz quando procura se acasalar e a fêmea, quando pare.

Caça-se o javali com a arma em punho, com cães, ou ainda ele é morto por emboscada durante a noite, à luz da lua. Como só foge lentamente, deixando um odor muito forte e se defendendo dos cães e ferindo-os sempre com gravidade, não devem ser caçados com bons cães, ordinariamente destinados para o cervo ou o corço. Essa caça lhes corromperia o faro e os acostumaria a ir devagar. Os mastins pouco adestrados seriam suficientes para a caça do javali. Deve-se atacar apenas o mais velho; ele é facilmente reconhecido por seus traços: um javali jovem de 3 anos resiste com força, porque corre para longe sem pausa, ao passo que um javali mais velho não foge muito, deixa-se caçar de perto, não tem muito medo de cães, e se detém muitas vezes para lhes fazer frente. De dia, permanece geralmente em seu lamaçal, na parte mais cerrada e segura da floresta; no fim da tarde, à noite, ele sai para buscar seu alimento. No verão, quando os grãos estão maduros, é muito fácil surpreendê-lo em campos de trigo e de aveia, que frequenta todas as noites. Assim que está morto, os caçadores têm grande cuidado de lhe cortar os seguimentos, isto é, os testículos, cujo odor é tão forte que, se passadas somente cinco ou seis horas sem retirá-los, toda a carne fica infectada. Aliás, apenas a cabeça é boa em um javali velho, ao passo que toda a carne de javali pequeno e do javali jovem, que ainda não tenha atingido 1 ano, é delicada e também bastante refinada. A do varrão ou porco doméstico macho é ainda pior que a do javali; é apenas pela castração e pela engorda que se torna boa para se comer. Os antigos[70] tinham o costume de fazer a castração dos javalis pequenos que podiam ser retirados da mãe, devolvendo-os depois disso à floresta. Esses javalis castrados crescem muito mais do que os outros e sua carne é melhor do que a dos porcos domésticos.

Por pouco que se tenha habitado o campo, não se ignoram os proveitos que se tira do porco: sua carne é vendida aproximadamente pela mesma quantia que a do boi; o toucinho, pelo dobro e até pelo triplo; o sangue, as tripas, as vísceras, os pés, a língua são submetidos ao preparo e consumidos.

---

70 Veja Aristóteles, *História dos animais*, livro VI, cap. 28, 578a-b. (N. A.)

O estrume do porco é mais frio do que o dos outros animais e deve ser usado apenas para as terras muito quentes e secas. A gordura dos intestinos e do epíploon,[71] diferente do toucinho, produz a banha e o lubrificante de eixos. A pele tem suas utilidades: com ela se fazem crivos, assim como das cerdas são feitas escovas, brochas e pincéis. A carne desse animal retém melhor o sal, o salitre, e se conserva salgada por mais tempo do que qualquer outra.

Essa espécie, embora abundante e muito espalhada na Europa, África e Ásia, não se encontrava no continente do Novo Mundo. Foi transportada pelos espanhóis, que abandonaram porcos pretos no continente e em quase todas as ilhas da América. Eles se multiplicaram e voltaram a ser selvagens em muitos lugares; lembram nossos javalis: têm o corpo mais curto, a cabeça maior e a pele mais espessa[72] do que os porcos domésticos, que, nos climas quentes, são todos negros como os javalis.

Por um desses preconceitos ridículos que apenas a superstição pode fazer subsistir, os maometanos se privam desse animal útil: dizem que são imundos, não ousam, pois, nem tocá-los nem se alimentar deles. Os chineses, ao contrário, apreciam muito a carne do porco. Eles os criam em bandos numerosos, sua alimentação é a mais comum e afirma-se que foi isso que os impediu de receber a lei de Maomé. Esses porcos da China, que são também os do Sião e da Índia, são um pouco diferentes dos da Europa: são menores, têm as pernas muito mais curtas; sua carne é mais branca e mais delicada; são conhecidos na França e algumas pessoas os criam; unem-se e se reproduzem com os porcos da raça comum. Os negros criam também uma grande quantidade de porcos e embora houvesse poucos entre os mouros e em todos os países habitados pelos maometanos, na África e na Ásia encontram-se javalis em tanta abundância quanto na Europa.

Esses animais não são, portanto, afetados por um clima particular. Consta apenas que, nos países frios, o javali, tornando-se animal doméstico,

---

71 Antiga denominação da dobra do peritônio. (N. T.)

72 Veja Tertre, *Histoire général des Antilles habitées par les Français*, Paris, 1667, t.II, p.295. (N. A.)

degenerou mais do que nos países quentes. Um grau de temperatura a mais é suficiente para mudar sua cor. Os porcos são comumente brancos nas províncias setentrionais da França e também em Vivarais, ao passo que, muito próximo dali, na província de Delfinado, são todos negros; os de Languedoc, da Provença, da Espanha, da Itália, das Índias, da China e da América são também da mesma cor; o porco do Sião parece mais o porco francês do que o javali. Um dos sinais mais evidentes da degeneração são as orelhas: elas se tornam tanto mais flexíveis, moles, inclinadas e caídas quanto mais o animal é alterado, ou, melhor, quanto mais amansado pela educação e pelo estado de domesticidade. E, de fato, o porco doméstico tem as orelhas muito menos rígidas, muito mais compridas e inclinadas do que as do javali, que deve ser visto como o modelo da espécie.

Fig. 1.

Fig. 2.

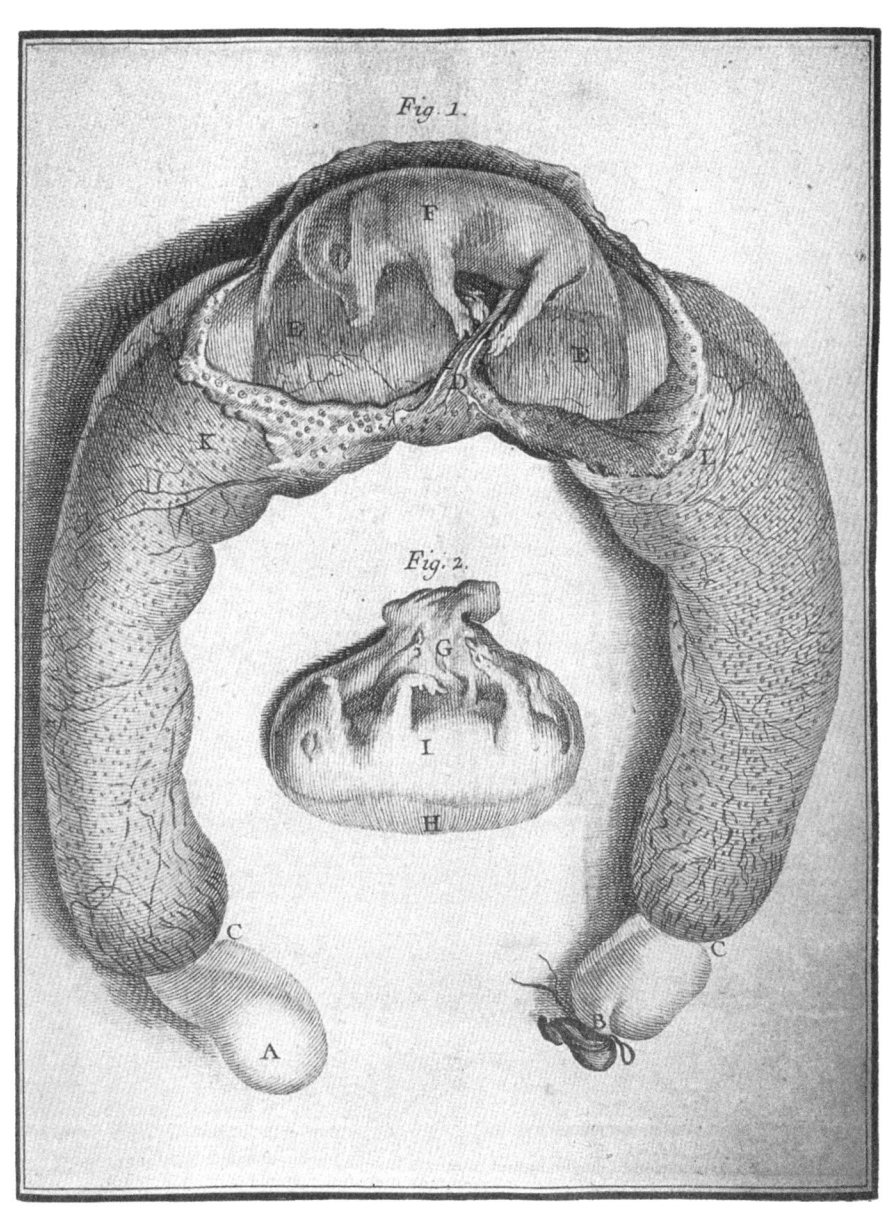

Fig. 1.

Fig. 2.

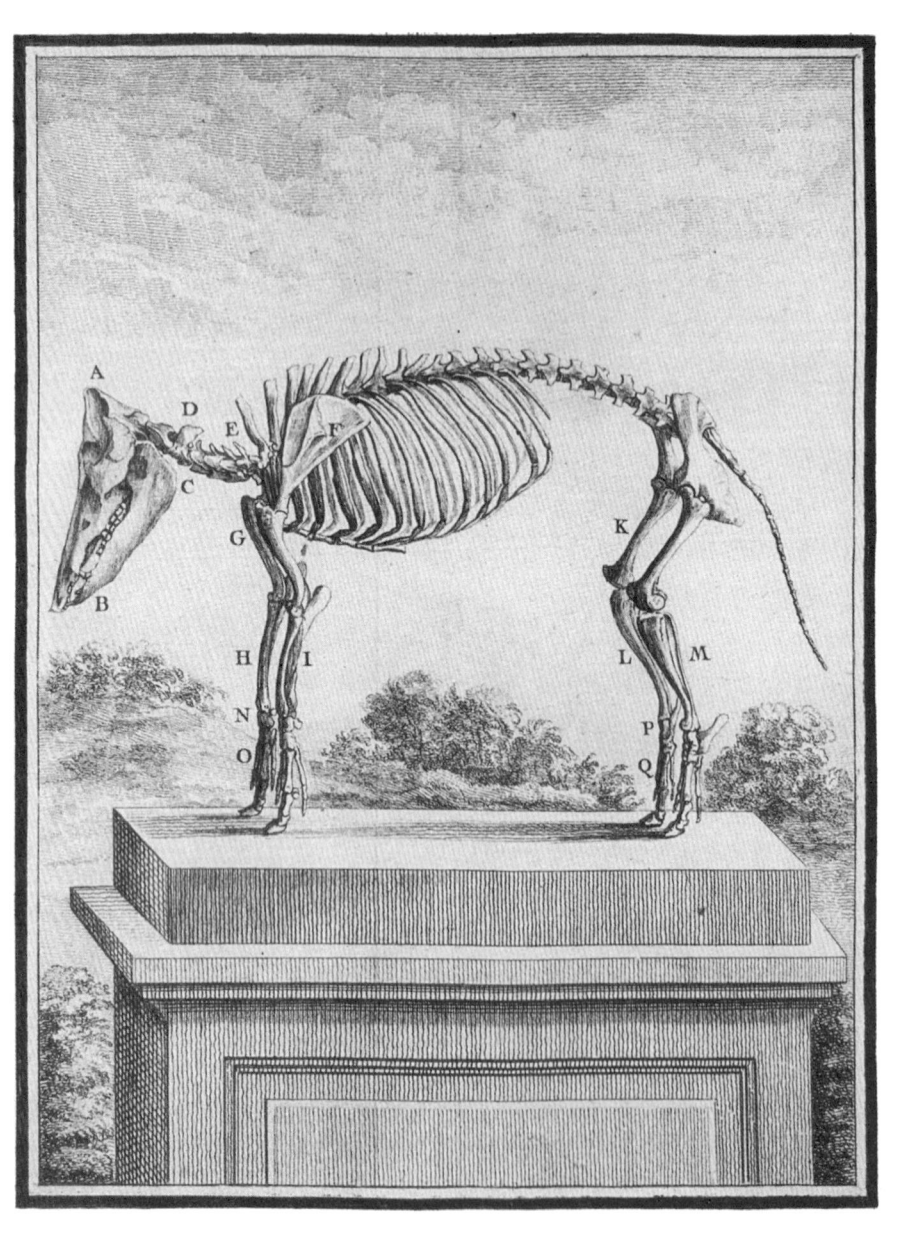

O cão[*]

As dimensões do talhe, a elegância da forma, a força do corpo, a liberdade dos movimentos e outras qualidades externas não são o que um ser animado tem de mais nobre.[73] Assim como no homem preferimos o espírito à figura, a coragem à força, os sentimentos à beleza, também julgamos que as qualidades internas são o que um animal tem de mais valioso. Graças a elas, diferencia-se do autômato, eleva-se acima do vegetal e se aproxima de nós. O sentimento enobrece seu ser, rege-o, vivifica-o, comanda seus órgãos, torna ativos os membros, gera o desejo e dá à matéria o movimento progressivo, a vontade e a vida.

A perfeição do animal depende, portanto, da perfeição do sentimento, e, quanto mais extenso este for, mais numerosas serão suas faculdades e recursos, mais intensa a sua existência, mais amplas as suas relações com o universo. Se, além disso, o sentimento for delicado e requintado, suscetível de ser aperfeiçoado pela educação, tão mais digno será o animal de se associar ao homem, contribuindo para seus desígnios, zelando por sua segurança, auxiliando-o, defendendo-o, lisonjeando-o. Com sua assiduidade e suas carícias, ele agrada a seu senhor e o conquista, e faz de um tirano o seu protetor.

O cão, independentemente da beleza de sua forma, de sua vivacidade, força e celeridade, tem, por excelência, todas as qualidades internas que poderiam atrair a atenção do homem. O natural ardente e colérico, por vezes feroz e sanguinário, que torna o cão selvagem temível a todos os animais, cede, no cão doméstico, aos sentimentos mais dóceis, ao prazer da convivência e ao anseio de agradar. Rastejando, ele deposita aos pés de seu senhor a sua coragem, a sua força, os seus talentos. Espera por ordens, para poder utilizá-los; consulta-o, interroga-o, suplica: um olhar é suficiente

---

[*] Tomo V, 1755, p.185-229.

[73] Tradução parcial. O cão, que Buffon considera tão proeminente no estabelecimento da sociedade humana, tem no século XVIII lugar de destaque também no opúsculo de Le Roy (já referido em nota à página p.447), onde a ênfase recai no estudo de seu comportamento e não tanto de sua morfologia. (N. T.)

para que compreenda os signos de sua vontade; não tem, como o homem, a luz do pensamento, mas tem todo o calor do sentimento; sua afeição é mais fiel e mais constante que a dele; é desprovido de ambição, interesse, sede de vingança, e não tem medo, exceto pelo de desagradar; é feito de zelo, ardor e obediência; mais sensível à lembrança de recompensas que à de castigos, não se abate com maus-tratos, suporta-os, esquece-os, ou, se se lembra deles, é para se tornar mais fiel; longe de se irritar ou de fugir, expõe-se por iniciativa própria a novas provações; lambe a mão que lhe inflige a dor, oferece súplicas, e termina por desarmá-la com a paciência e a submissão.

Mais dócil do que o homem, mais flexível do que todo outro animal, o cão não apenas se instrui em pouco tempo, como se conforma aos movimentos, às maneiras e aos hábitos dos que o comandam; adquire o tom da casa em que habita; como um empregado doméstico, é desdenhoso junto aos grandes, e rústico no campo; dedicado a seu senhor e zeloso de seus amigos, não dá atenção a pessoas indiferentes, declarando-se contra os que, por sua condição, vêm importuná-los: identifica-os pelas roupas, pela voz e pelos gestos, e impede que se aproximem. Quando confiamos a ele a guarda noturna da casa, torna-se altivo, por vezes feroz; faz a vigília e a ronda; fareja de longe os estranhos, e, caso ameacem se aproximar ou romper barreiras, atira-se contra eles, opõe-se à sua investida e, com latidos reiterados e gritos de cólera, dispara o alarme, adverte e dá combate. É igualmente furioso contra os animais predadores: ataca-os, fere-os, morde-os, recupera o que tentavam roubar, e, contente com a vitória, repousa sobre os espólios, sem, no entanto, tocá-los, nem mesmo para aplacar sua fome. Oferece assim, a um só tempo, exemplos de coragem, temperança e fidelidade.

Perceberemos a importância dessa espécie na ordem da Natureza se supusermos por um instante que ela jamais tivesse existido. Como poderia o homem, sem a ajuda do cão, ter conquistado e domado os outros animais, reduzindo-os à escravidão? Como poderia ele, ainda hoje, descobrir, caçar e destruir os animais selvagens e nocivos? Para garantir sua segurança e tornar-se senhor do universo vivo, foi preciso começar por formar um partido junto aos animais, agradando com doçura e carícias os que se mostrassem capazes de se relacionar com ele e obedecê-lo, a fim de opô-los aos demais.

A primeira arte do homem foi, portanto, a educação do cão, e o fruto dessa arte foi a conquista e a posse segura de toda a Terra.

A maioria dos animais tem mais agilidade, velocidade, força e mesmo coragem do que o homem; a Natureza os municiou, armou-os melhor; também seus sentidos são mais perfeitos, sobretudo o olfato. Conquistar uma espécie dócil e corajosa como o cão foi como adquirir novos sentidos e faculdades, dos quais carecíamos. As máquinas e instrumentos que imaginamos para aperfeiçoar nossos sentidos e ampliar seu alcance não se aproximam, sequer em termos de utilidade, dessas máquinas perfeitas que a Natureza nos ofertou, e que, suprindo a imperfeição de nosso olfato, oferecem-nos grandes e eternos meios para vencer e reinar. O cão, fiel ao homem, garantiu para si, eternamente, uma porção do império, um grau de superioridade em relação aos outros animais, um comando sobre eles: à frente do rebanho, se faz compreender melhor do que a voz do pastor. A segurança, a ordem e a disciplina são os frutos de sua vigilância e atividade: é um povo que se submete a ele, que ele conduz e protege, e contra o qual jamais emprega a força, a não ser para preservar a paz.

Mas é principalmente na guerra, contra animais inimigos ou independentes, que a sua coragem brilha e a sua inteligência é integralmente mobilizada. Os talentos naturais se conjugam então às qualidades adquiridas. No instante em que o ruído das armas se faz ouvir, em que a corneta soa, e a voz do caçador anunciam a batalha iminente, o cão, brilhando com um ardor renovado, mostra seu júbilo com os mais vivos transportes, e com seus movimentos e gritos declara a impaciência de combater e o desejo de vencer. Marchando em silêncio, reconhece a região para descobrir o inimigo e surpreendê-lo em sua fortaleza; busca por seus rastros; segue seus passos; e, com diferentes acentos, indica o tempo, a distância, a espécie e mesmo a idade daquele que persegue.

O animal, intimidado, acuado, desesperado para se salvar, põe-se em fuga e recorre a todas as suas faculdades, opondo a astúcia à sagacidade. Jamais os recursos do instinto foram tão admiráveis: para apagar seus rastros, retorna mais de uma vez sobre seus passos, dá pulos, tenta se livrar da terra e como que suprimir os espaços; salta sobre rotas e passagens, atravessa a nado córregos e rios. O inimigo, porém, continua em seu encalço; e, como não pode suprimir o próprio corpo, tenta colocar outro em seu lugar, interrompe o sono de um companheiro mais jovem e menos experiente, desperta-o, coloca-o em marcha a seu lado e põem-se em fuga. Confundidos seus rastros, ele julga ter encontrado um substituto, e abandona o parceiro de maneira ainda mais brusca do que o recrutou, oferecendo-o como vítima ao inimigo ludibriado.

Mas o cão, dotado de uma superioridade adquirida pelo exercício e pela educação, e de um sentimento fino que é só seu, jamais perde de vista o objeto da perseguição, deslinda os pontos embaralhados, desembaraça os nós do tortuoso fio que poderá conduzi-lo à presa, decifra com o olfato cada uma das veredas do labirinto e das falsas rotas em que se quis enredá-lo, e, sem confundir o inimigo com um indiferente, triunfa sobre a trapaça; indignado com esta, é tomado por um ardor ainda maior: encontra enfim sua vítima, ataca-a e a mata, saciando com o sangue toda a sede de seu ódio.

O pendor pela caça e pela guerra é comum a nós e aos animais; o homem selvagem é um combatente e um caçador. Todo os animais que gostam de carne e são dotados de força e de armas são caçadores naturais: o leão e o tigre, tão fortes que têm a certeza de vencer, caçam sozinhos e sem arte; os lobos, as raposas, os cães selvagens reúnem-se, dividem-se, auxiliam-se, revezam-se, repartem entre si a presa capturada. Quanto ao cão doméstico, uma vez a educação aperfeiçoe o seu talento natural e o ensine a reprimir seu ardor, a medir seus movimentos, acostumando-o a uma marcha regular e à espécie de disciplina necessária a essa arte, ele caçará com método, e, invariavelmente, com êxito.

Em regiões desertas e despovoadas há cães selvagens que não diferem de lobos quanto às maneiras, exceto pela facilidade com que se deixam domesticar, e que, tais como os lobos, se reúnem em numerosas tropas para caçar e investir com força contra javalis, touros selvagens, e mesmo leões e tigres. Na América, esses cães selvagens são de raças outrora domésticas, oriundas da Europa. Alguns foram abandonados ou esquecidos em regiões desérticas, e multiplicaram-se a ponto de se reunir em tropas, que invadem regiões habitadas e atacam rebanhos domésticos e mesmo os homens. É necessário, por isso, contê-los à força e matá-los como a animais ferozes. Mesmo porque os cães, quando não convivem com homens, são de fato ferozes; mas, se abordados com docilidade, tornam-se mansos, adquirem familiaridade e permanecem fiéis a seus senhores, enquanto o lobo, por mais que seja capturado na infância e criado em uma casa, só é doce na idade tenra, e nunca perde o gosto pela presa, entregando-se, cedo ou tarde, à rapina e à destruição.

Pode-se dizer que o cão é o único animal fiel a toda prova: reconhece seu senhor e os amigos da casa; apercebe-se da chegada de um desconhecido; entende o próprio nome e identifica a voz doméstica; não confia apenas em si mesmo, mas, quando perde de vista seu senhor e não consegue encontrá-lo, põe-se a chamá-lo com gemidos; em uma viagem longa, que fez apenas uma vez, recorda-se do caminho e é capaz de reencontrar a rota de volta; seus talentos naturais são evidentes e sua educação é sempre exitosa.

Assim como o cão é, de todos os animais, aquele cujo natural é mais suscetível de impressão e mais fácil de ser alterado por causas morais, sua natureza também está mais sujeita a variações e alterações causadas por influências físicas. O temperamento, as faculdades, os hábitos dos corpos variam prodigiosamente, a forma não é constante: em um mesmo país pode haver cães extremamente diferentes de outros, e a espécie é, por assim dizer, diferente de si mesma em diferentes climas. Daí a confusão, a mistura e variedade de raças, tão numerosas que sua enumeração é impossível; daí as diferenças tão acentuadas no talhe, na configuração do corpo, no alongamento do focinho, na forma da cabeça, na extensão e direção das orelhas e da cauda, na cor, na qualidade e quantidade de pelos etc., a tal ponto que parece não haver nada constante, nada comum entre esses animais, exceto pela conformação da organização interna e pela faculdade de se reproduzir entre si. Mas, como mesmo os indivíduos mais diferentes entre si sob todos os aspectos não deixam de produzir outros, que se perpetuam mediante a produção de descendentes férteis, é evidente que todos os cães, por mais diferentes que sejam, formam uma única e mesma espécie.

É difícil apreender, em meio a essa numerosa variedade de diferentes raças, o caráter da raça primitiva, da raça originária, matriz das demais. Como identificar os efeitos produzidos pelo clima, pela alimentação etc.?

Como distingui-los de outros efeitos, ou antes, dos resultados provenientes da mistura dessas diferentes raças entre si, no estado de liberdade ou de domesticação? Com o tempo, essas causas alteram as formas mais constantes, e a impressão da Natureza não conserva intacta a sua pureza em objetos que tenham sido muito manejados pelo homem. Os animais que melhor conservam essa impressão originária são os suficientemente independentes para escolher por si mesmos o clima e a alimentação, e tudo leva a crer que, nessas espécies, a primeira e mais antiga se encontra até hoje preservada fielmente em seus descendentes; já as que o homem submeteu e transportou de um clima a outro, e cuja alimentação, hábitos e maneira de viver ele modificou, são as que tiveram a forma mais alterada. Encontra-se uma variedade muito maior em espécies de animais domesticados do que em espécies de animais selvagens; e, como o cão é, de todos os animais domésticos, aquele que se relaciona mais estreitamente com o homem, e, por viver com ele, tem a vida mais irregular, além de ser aquele onde o sentimento predomina a ponto de torná-lo dócil, obediente e suscetível a todas as impressões, e mesmo a todo constrangimento, não admira que, de todos os animais, seja aquele em que encontramos a maior variedade de figura, talhe, cor e outras qualidades.

Outras circunstâncias contribuem para essa alteração. O cão tem uma vida breve e se reproduz em abundância. Está sempre sob os olhos do homem, e assim, quando, por um acaso, na verdade bastante frequente na Natureza, encontram-se em alguns indivíduos singularidades ou variações aparentes, elas são perpetuadas por meio do cruzamento entre os indivíduos que as apresentam, como, aliás, é feito também com outros animais. E, por mais que todas as espécies sejam igualmente antigas, como o número de gerações a partir de sua criação é muito maior naquelas em que os indivíduos vivem por pouco tempo, as variações, alterações e mesmo as degenerações só podem se tornar mais sensíveis com o tempo, pois esses animais se afastam mais de sua raiz do que aqueles cuja vida é mais longa. O homem se encontra hoje oito vezes mais próximo de Adão do que o cão em relação ao primeiro de sua espécie, pois o homem vive até os 80 anos e o cão apenas até os 10. Se, portanto, em virtude de uma causa qualquer, essas duas espécies tendessem a degenerar, tal alteração seria hoje oito vezes mais pronunciada no cão do que no homem.

Os pequenos animais efêmeros, cuja vida é tão breve que eles se renovam anualmente por geração, estão muito mais expostos do que outros a variações e alterações de todo gênero; o mesmo vale para as plantas de flora anual em comparação aos outros vegetais, sem esquecer aquelas de natureza artificial e, por assim dizer, factícia. O trigo, por exemplo, é uma planta que o homem alterou a ponto de ela não existir mais em estado de natureza. Vê-se bem que ele tem algum parentesco com o joio, a relva, as ervas daninhas e outras ervas de pradaria, mas ignora-se a qual delas teria de ser referido; sem mencionar que ele se renova anualmente, e, por servir à alimentação humana, é, de todas as plantas, a que foi mais trabalhada pelo homem e cuja natureza foi, por essa razão, mais alterada. O homem pode, portanto, não somente colocar todos os indivíduos do universo à sua disposição e à satisfação de suas carências, como também, com o tempo, mudar, modificar e aperfeiçoar as espécies – é o mais belo direito que ele possui sobre a Natureza. Transformar uma erva estéril em trigo é uma espécie de criação; com o suor de sua fronte e o cultivo reiterado, ele consegue extrair do seio da terra esse pão, muitas vezes amargo, que responde por sua subsistência.

As espécies que foram mais trabalhadas pelo homem, sejam elas vegetais ou animais, são, portanto, as que foram as mais alteradas, e como não raro chegam a ponto de sua forma primitiva se tornar tão irreconhecíveis – é o caso do trigo –, que em nada lembram a planta em que tiveram origem, é possível que, dentre a numerosa variedade de cães que encontramos hoje, não exista sequer uma que se assemelhe ao cão primordial, ou melhor, ao primeiro animal dessa espécie, que provavelmente se alterou muito desde a criação e cuja raiz era muito diferente das raças hoje existentes, por mais que todas elas tenham uma mesma origem em comum.

Mas a Natureza recobra sempre os seus direitos, desde que a deixemos atuar em liberdade. O frumento hoje semeado em terra inculta degenera em um ano; se colhermos esse grão degenerado e o plantarmos de novo, o produto dessa segunda geração será ainda mais alterado; e, ao cabo de certo número de anos e reproduções, a planta de frumento originária ressurgirá, e saberemos quanto tempo é necessário para que a Natureza se reabilite e destrua o produto de uma arte que a constrange. É um experimento que pode facilmente ser realizado com o trigo e outras plantas que se reproduzem anualmente, como que por si mesmas e no mesmo lugar; mas não se deve nutrir a ilusão de que algo similar poderia ter êxito, em se tratando de animais que é preciso capturar, prender, acasalar, e que são de difícil manejo, pois se furtam a nós com seus movimentos, sem mencionar a insuperável repugnância que sentem por tudo que contraria seus hábitos e seu natural. Portanto, algo assim jamais poderia mostrar-nos qual a raça primitiva dos cães, e tampouco a de outros animais que, como ele, estão sujeitos a variação constante. Porém, na falta do conhecimento de fatos que não podem ser adquiridos, e, no entanto, necessários para chegar à verdade, podem-se reunir índices e deles extrair consequências verossímeis.

Os cães abandonados nas regiões isoladas do continente americano e que, passados 150 ou 200 anos, vivem como cães selvagens, embora venham de raças adulteradas, pois suas origens estão nos cães domésticos, aproximam-se, ao menos em parte, da forma primitiva da espécie. Mesmo assim, segundo afirmam os viajantes, são semelhantes aos galgos;[74] o mesmo é dito a respeito dos cães do Congo, selvagens ou que se tornaram selvagens,[75] que, como os da América, se reúnem em tropas para dar combate a tigres e leões; já outros testemunhos, sem comparar os cães selvagens de São Domingos aos galgos, dizem apenas[76] que costumam ter a cabeça achatada e longa, o focinho afilado, um ar selvagem, um corpo mirrado e descarnado, e que são muito rápidos na corrida e caçadores perfeitos, que capturam suas presas com facilidade, de preferência filhotes. São cães extremamente magros e ligeiros; e, como as diferenças entre o galgo e o mastim ou o pastor são mínimas, há razões para crer que esses cães selvagens pertençam antes à raça dos pastores que à dos galgos. Viajantes mais antigos afirmaram que os cães naturais do Canadá tinham orelhas retas como

---

74 Olivier Esquemelin, *Histoire des aventuriers Flibustiers*, 2 v., Paris, 1686, p.112-3. (N. A.)

75 *Histoire générale des voyages de l'abbé Prevost*, 4 v., Paris: 1748, v.I, p.86. (N. A.)

76 Jean-Baptiste Labat, *Nouveau voyage aux îles de l'Amérique*, 6 v., Paris, 1722, v.5, p.195. (N. A.)

as das raposas e eram mais similares aos mastins de porte médio que aos médios de nossos vilarejos, ou seja, a nossos pastores.[77] Outros disseram que os cães dos selvagens das Antilhas também tinham a cabeça e as orelhas muito longas e similares à das raposas;[78] que os índios do Peru não tinham as mesmas espécies de cães que temos na Europa, mas apenas uma raça, que chamavam de Alco, com cães de porte grande ou pequeno;[79] que os do istmo americano eram feiosos, tinham pelo crespo e longo, o que pressupõe também orelhas alongadas.[80] Portanto, não há por que duvidar de que os cães originários da América, que, antes da descoberta do Novo Mundo, não tinham qualquer comunicação com os de nossos climas, pertenciam todos, por assim dizer, a uma mesma raça, e, dentre as nossas raças de cães, a que mais se aproxima deles é a dos cães com focinho afilado, orelhas eriçadas e pelo crespo e longo, como os cães pastores. Outra circunstância que me leva a crer que os cães que se tornaram selvagens em São Domingos não são verdadeiros galgos é que, como os galgos são bastante raros na França, são trazidos para o rei de Constantinopla e de outras regiões do Levante, e, ao que eu saiba, nunca vieram de São Domingos ou de outras colônias francesas na América. De resto, fiando-nos pelo que os viajantes disseram acerca das formas dos cães de diferentes países, veremos que todos os cães de países frios têm o focinho alongado e as orelhas retas, que os da Lapônia são pequenos,[81] têm pelo longo, orelhas retas e o focinho pontiagudo; que os da Sibéria e os chamados huskies de pequeno porte são maiores do que os da Lapônia, embora tenham, como eles, o pelo crespo e o focinho pontiagudo; que os da Islândia também são muito similares aos da Sibéria; que em climas quentes, como no cabo da Boa Esperança,[82] os cães naturais do país têm o focinho pontiagudo, as orelhas retas, a cauda longa rente ao

---

77 Gabriel Sagard Théodart, *Le grand voyage au pays des Hurons*, Paris: 1632, p.310. (N. A.)

78 Jean-Baptiste du Terre, *Histoire générale des Antilles habités par les François*, 2 v., Paris: 1667, v.2, p.306. (N. A.)

79 Garcilaso de la Vega, *Histoire des Incas, rois du Pérou*, 2 v., Paris: 1744, v.2, p.265. (N. A.)

80 Jean-Baptiste Labat, *Nouveau voyage aux îles de l'Amérique*, Paris: 1722, v.5, p.195. (N. A.)

81 Pierre de la Martinière, *Voyage des pays septentrionaux*, Paris: 1671, p.75. (N. A.)

82 Peter Kolb, *Description du cap de Bonne-Espérance*, 3 v., Amsterdam: 1741, v.1, p.302-4. (N. A.)

chão, o pelo claro, porém longo e eriçado, e são excelentes para a guarda de rebanhos, e, por conseguinte, se assemelham, não somente pela figura como também pelo instinto, a nossos cães de pastoreio; que, em outros climas, ainda mais quentes, como em Madagascar,[83] na Madeira,[84] no Calicute[85] e no Malabar,[86] os cães originários do país têm todos o pelo longo, as orelhas retas, e são ainda mais similares a nossos cães de pastoreio, a tal ponto que, quando cruzados com mastins, fraldiqueiros, cães d'água, dogues, caçadores, galgos etc., degeneram na segunda ou terceira geração; que, por fim, em países excessivamente quentes, como a Guiné,[87] essa degeneração é ainda mais pronunciada, pois, ao cabo de três ou quatro anos, perdem a voz, deixam de latir, mas gemem com tristeza, produzem apenas filhotes de orelhas retas, como os de raposas, são extremamente feios, têm o focinho pontiagudo, as orelhas alongadas e retas, a calda longa, pontiaguda e sem pelos, a pele do corpo nua, em geral pintada, por vezes com uma única cor, e são desagradáveis à vista e mais ainda ao tato.

Pode-se presumir com algum grau de verossimilhança que o cão pastor é, de todos os cães, o mais próximo da raça primitiva dessa espécie, pois, em todos os países habitados por homens selvagens ou mesmo semicivilizados, os cães são mais semelhantes a essa raça do que a qualquer outra. Tais eram por toda parte no Novo Mundo. São numerosos nas regiões setentrional e meridional de nosso continente; na França em particular, são chamados cães de Brie. Em outros climas temperados, são ainda mais numerosos, apesar de todo o cuidado dos homens para engendrar e multiplicar raças mais convenientes, e de seu desdém pela conservação desta cujo único mérito é o uso no trabalho, e que, por isso, foi relegada ao convívio com os camponeses encarregados dos rebanhos. Mas, se considerarmos que esse cão, malgrado sua fealdade, seu ar triste e selvagem, tem um instinto superior ao de todos os outros, e um caráter decidido, no qual a educação não teve parte, que ele

---

83 Étienne de Flaucourt, *Histoire de la grand isle Madagascar*, Paris, 1661, p.152-3. (N. A.)

84 *Voyage d'Innigo de Biervillas*, Paris, 1736, p.178. (N. A.)

85 *Voyage de François Pyrard de Laval*, 2 v., Paris, 1619, p.426. (N. A.)

86 *Voyages de Jean Ovington*, 2 v., Paris, 1725, v.I, p. 276-7. (N. A.)

87 *Histoire générale des voayges de l'abbé Prevost*, 4 v., 1747, v.4, p.229-30. (N. A.)

é o único que nasce, por assim dizer, já adestrado e, guiado por seu natural, encarrega-se por si mesmo da guarda dos rebanhos com uma assiduidade, uma vigilância e uma fidelidade singulares, conduzindo-os como uma inteligência admirável e silenciosa; e se considerarmos ainda seus espantosos talentos, que dão tranquilidade a seu senhor, enquanto os outros cães exigem um tempo e um cuidado consideráveis para ser devidamente instruídos e acomodados aos usos a que estão destinados, teremos confirmado a opinião de que o pastor é o verdadeiro cão da Natureza, o mais útil que ela nos deu, que tem relações mais estreitas com a ordem geral dos seres vivos que precisam uns dos outros, e é aquele, enfim, que devemos considerar como raiz e modelo da espécie como um todo.

Assim como nos climas glaciais do norte a espécie humana tem um aspecto agreste, contrafeito, minguado, e os habitantes da Lapônia, da Groenlândia e de todas as regiões extremamente frias são, sem exceção, muito feios, e, nos climas imediatamente vizinhos, vemos surgir, de súbito, as belas raças dos finlandeses, dos dinamarqueses etc., que, pela figura, pela cor e pelo talhe, são talvez os mais belos dentre os homens, também os cães, eu digo, estão dispostos na mesma ordem e de acordo com as mesmas relações. Os cães da lapônia são extremamente feios e atarracados, e não costumam medir mais que um pé de comprimento.[88] Os da Sibéria, embora não tão feios, têm, no entanto, as mesmas orelhas retas que os da Lapônia, e o mesmo ar agreste e selvagem que eles. Já nos climas vizinhos, nos quais se encontram os belos homens a que nos referimos, encontram-se também os cães de talhe mais belo e imponente.[89] Os cães da Tartária, da Albânia, do norte da Grécia, da Dinamarca e da Islândia são os maiores, mais fortes e mais possantes que existem. Estes últimos, chamados de cães da Islândia, chegam a ser utilizados para puxar charretes; são de origem ancestral, e sobreviveram, ainda que em pequeno número, no mesmo clima em que surgiram. Os antigos chamavam os cães da Albânia de cães do Épiro. Plínio relata em termos tão

---

88 Zandi, *Il genio vagante*, v.II, p.13. (N. A.)

89 Veja também, nesta *História Natural*, o artigo dedicado às "Variedades da espécie humana". (N. A.)

elegantes quanto enérgicos o combate de um desses cães contra um leão, e em seguida contra um elefante.[90] São cães bem maiores que os nossos mastins; são muito raros na França, e vi somente um, que, segundo me pareceu, media, sentado, quase 5 pés de altura, e era similar, quanto à forma, ao chamado grande dinamarquês, do qual se distinguia, no entanto, pelo talhe, bem maior que o dele, pela cor branca e por um natural tranquilo e afável. Em climas mais temperados, como a Inglaterra, a França, a Alemanha, a Espanha e a Itália, encontram-se homens e cães de todas as raças, e essa variedade provém em parte da influência do clima, em parte do concurso e da mistura de raças estrangeiras ou diferentes entre si, produzindo numerosas raças mestiças ou misturadas – das quais não falaremos aqui, dado que o Sr. Daubenton as descreve e refere cada uma delas às raças puras de que elas provêm.[91]

---

90 Plínio, *História Natural*, VIII, 41: *Indiam petenti Alexandro magno, Rex Albaniae dono dederat inusitatae magnitudinis unum, cujus specie delectatus, jussit ursus, mox apros et deinde damas emitti, contempto immobile jacente eo; quâ signitie tanti corporis offensus imperator generosi spiritus, eum interimi jussit. Nunciavit hoc fama regi; itaque alterum mittens, addidit mandata ne in parvis experiri vellet. Sed in leone, elephantove; duos sibi fuisse hoc interempto, preterea nullum fore. Nec distulit Alexander, leonemque fractum protinùs vidit. Posteà elephantum jussit induci, haud alio magis spetaculo letatus. Horrentibus quippe per totum corpus vilis, ingenti primùm latratu intonnuit, moxque increvit assultans, contraque belluam exsurgens hinc et illinc artifici dimicatione, quâ maximè opus esset, infestans atque evitans, donec assídua rotatam vertigine afflixit, ad casum ejus tellure concussâ.* ["Durante sua marcha pela Índia, Alexandre, o Grande, recebeu de presente do rei da Albânia um cão de talhe excepcionalmente grande. Encantado com a imponente aparência do animal, Alexandre ordenou que fossem soltos diante dele primeiro ursos, depois javalis, e, por fim, gamos: o cão, porém, permaneceu indiferente. A nobre alma do conquistador sentiu-se ofendida com tanta lassidão em um corpo tão belo, e ele ordenou que o cão fosse posto à morte. A notícia chegou ao rei da Albânia, que enviou um novo cão a Alexandre, com a recomendação de que não o tentasse com animais de pequeno porte, mas com um leão ou um elefante, acrescentando ainda, que tinha apenas dois cães dessa espécie, e, como um estava morto, o que restava era o último. Alexandre procedeu como antes, e não tardou a ordenar que se soltasse um leão, que foi despedaçado diante de seus olhos. Em seguida, mandou trazer um elefante, e o espetáculo não o decepcionou. Com o pelo eriçado, o cão, ladrando furiosamente, passou ao ataque, atirando-se ora sobre uma das patas do elefante, ora sobre outra; em um combate cheio de destreza, atacava sua presa ou se furtava a ela conforme as peripécias o exigissem: até que, por fim, sua vítima, completamente tonta, girando de um lado para outro, foi abatida pela vertigem, e sua queda fez tremer o chão".]
91 Veja o complemento deste artigo. (N. T.)

A perfeição maior ou menor do sentido não é uma qualidade eminente do homem, nem sequer notável, mas responde integralmente pelo mérito dos animais, e produz, como causa, todos os talentos de que sua Natureza é suscetível. Não farei aqui a enumeração das qualidades de um cão de caça; todos sabem que a excelência de seu olfato, aliada à educação, torna-o superior aos outros animais. Tais detalhes não dizem respeito à História Natural; e, de resto, as astúcias e os meios que emanam da Natureza e são empregados pelos animais selvagens para se furtar à perseguição ou para fugir às investidas dos cães, são, provavelmente, mais maravilhosos do que os mais finos artifícios da caça.

Quando nasce, o cão não se encontra inteiramente feito. Nessa espécie, como nas de todos os animais que se reproduzem em grande número, os pequenos não são, no momento em que vêm ao mundo, tão perfeitos quanto os animais produzidos individualmente ou em pares. Em geral, os cães nascem com os olhos fechados, suas pálpebras estão não apenas coladas aos olhos, mas aderem a eles por meio de uma membrana, que se esgarça assim que o músculo da pálpebra superior tenha se tornado suficientemente forte para vencer esse obstáculo; a maioria dos cães só abre os olhos no décimo ou no décimo segundo dia. Os ossos do crânio não se desenvolveram por completo; seu corpo é inchado, o focinho é intumescido, e sua forma geral ainda não se encontra bem desenhada. Em menos de um mês, eles aprendem a usar todos os sentidos, adquirem força e crescem rapidamente. No quarto mês, perdem alguns dentes, que, como em outros animais, logo são substituídos por outros, permanentes. Têm ao todo 42 dentes, sendo 6 incisivos superiores e 6 inferiores, 2 caninos superiores e 2 inferiores, 14 molares superiores e 12 inferiores. Mas nem sempre é assim: há cães que têm mais molares ou menos que outros. Na primeira idade, tanto os machos quanto as fêmeas se agacham para urinar; depois, mesmo algumas fêmeas erguem uma das coxas para fazê-lo. Nesse período, tornam-se aptos à reprodução. O macho pode acasalar a todo instante, mas a fêmea recebe-o apenas em períodos determinados, geralmente duas vezes por ano, com mais frequência no inverno que no verão. O cio pode durar 10, 12 ou 15 dias, e é assinalado por sinais externos: as partes da geração se tornam úmidas, entumecidas e proeminentes; há um pequeno escorrimento de sangue, que, a exemplo do intumescimento, precede em alguns dias o período do acasalamento. O macho fareja ao longe uma fêmea que se encontra nesse estado, e persegue-a; mas ela só costuma se entregar 7 dias após o início do cio. Estima-se que uma única cópula é suficiente para que ela conceba uma ninhada numerosa. Se deixada em liberdade, ela copula muitas vezes ao dia, com todos os machos que se ofereçam. Mas, se puder escolher, preferirá os de talhe maior, por feios e desproporcionais que sejam; fêmeas de pequeno porte que engravidaram de mastins pereceram durante o parto.

Algo que todos sabem, mas que nem por isso é menos singular na Natureza, é que é impossível separar esses animais após a consumação do ato. Enquanto houver ereção e intumescimento, permanecerão forçosamente unidos. Isso se explica, sem dúvida, por sua conformação. Pois o cão não apenas tem, como outros animais, um osso na vara, como os corpos cavernosos desta formam uma espécie de pregas, bastante sobressalentes, que intumescem durante a ereção. A cadela, que é talvez, de todas as fêmeas, aquela cujo clitóris torna-se maior e mais proeminente durante o cio, também tem, por seu turno, uma prega, ou melhor, um tumor firme e saliente, cujo intumescimento, que acompanha o das partes vizinhas, provavelmente dura mais que o do macho e é suficiente, talvez, para retê-lo — a despeito de si mesmo, como parece indicar o fato de que, consumado o ato, ele muda de posição, tenta se pôr sobre as quatro patas, tem às vezes um ar triste, e se esforça em vão para deixar a fêmea.

A gravidez da cadela dura 9 semanas, ou cerca de 63 dias, em todo caso nunca menos de 60. Dá à luz 6 ou 7, às vezes 12 filhotes. As maiores e mais fortes são mais férteis que as menores, que em geral dão à luz 4 ou 5 filhotes, às vezes 2 ou 3, e principalmente na primeira gravidez, que, como em todos os animais, produz uma cria menor que as subsequentes.

Os cães experimentam um amor ardente e nunca perdem esse sentimento, que parece não se apaziguar com a idade: copulam e reproduzem-se ao longo de toda a vida. Esta dura, em geral, 14 ou 15 anos, embora alguns indivíduos alcancem os 20. A duração da vida do cão é, como a de outros animais, proporcional ao período de crescimento, em seu caso 2 anos (tendo a sua vida duração de 2 anos vezes 7). Sua idade pode ser identificada pelos dentes, que na juventude são brancos e pontiagudos e, com o passar do tempo, tornam-se mais escuros e desgastados de maneira desigual, e também pela pelugem, que embranquece ao redor do focinho, na fronte e em torno dos olhos.

Esses animais, por natureza tão vigilantes e tão ativos, feitos para executar um grande número de movimentos, tornam-se, em nossas casas, pesados e preguiçosos, devido ao excesso de alimentação, e passam o tempo a dormir, roncar e comer; esse sono quase ininterrupto é marcado por sonhos: quiçá uma maneira doce de passar a vida. Naturalmente vorazes e glutões, conseguem, no entanto, ficar um bom tempo sem se alimentar. As *Memórias da Academia de Ciências*[92] relatam a história de uma cadela que foi abandonada em uma casa de campo e passou 40 dias sem outro alimento que os tufos de lã de um colchão que rasgara a mordidas. A água parece ser mais necessária a eles do que a comida, bebem-na sempre e em abundância; e, segundo reza a crença popular, quando ficam um tempo sem bebê-la se tornam furiosos. Outra peculiaridade é o esforço que fazem para defecar e o sofrimento que experimentam nessa ocasião. Mas, se isso acontece, não é porque, como quis Aristóteles,[93] seus intestinos sejam mais estreitos próximo ao ânus; ao contrário, não há dúvida de que no cão como em outros animais, as grandes tripas se tornam progressivamente mais largas à medida que se aproximam do ânus, de modo que o reto é mais largo que cólon. Os estreitamentos do cólon estão longe demais do intestino para que possam ser atribuídos à conformação. O efeito a que nos referimos se explica pelo temperamento seco[94] que é característico desse animal.

---

92 *Histoire de l'académie des sciences*, 1706, p. 5. (N. A.)

93 Aristóteles, *Das partes dos animais*, III, 13, 675b. (N. A.)

94 No original, *temperement*, ou seja, a têmpera da economia animal em uma determinada espécie. (N. T.)

Descrição do cão, por Daubenton[95]

O cão e cavalo são talvez, de todas as espécies de animais quadrúpedes, aquelas cujas diversas raças mais variam. Encontram-se entre os cães diferenças muito mais consideráveis que entre os cavalos, quanto ao tamanho e às proporções do corpo, à densidade e qualidade da pelugem, e assim por diante. Comparando um pequeno dinamarquês a um dogue de raça, um bassê de pernas retorcidas a um galgo, um cão d'água de grande porte a um cão turco, seríamos levados a crer que são animais de espécies diferentes, sobretudo depois de termos nos convencido de que o cavalo e o asno não pertencem à mesma espécie, dado que o produto de seu cruzamento é estéril.[96] Mas, ao contrário, qualquer que seja a mistura entre cães que copulem, todos os indivíduos resultantes são férteis, na sucessão regular das gerações. Por conseguinte, nem as variedades singulares nem as diferenças marcantes nos impedem de referir todos os cães a uma mesma e única espécie.

Há muitas diferenças consideráveis entre as raças de cães, e essa espécie tem um bom número de indivíduos com características de diferentes raças. São os chamados mestiços, engendrados por um macho e uma fêmea de raças diferentes. Pode-se facilmente reconhecer em um mestiço as raças de que ele provém: se um cão d'água copula com um dinamarquês, os indivíduos que eles produzem trazem, de ordinário, os caracteres das duas raças, que, embora estejam misturadas, são perfeitamente discerníveis. Por vezes, esses mestiços são tão semelhantes ao pai quanto à mãe, e a mistura parece ter duas metades. Mais comum, porém, é que uma das raças predomine e o mestiço seja mais similar ao cão d'água do que ao dinamarquês, ou vice--versa. Também acontece de a mistura não se manifestar em nenhuma aparência sensível e o mestiço ser tão similar à mãe ou ao pai que parece um cão d'água ou um dinamarquês puro. O mestiço de segundo grau, oriundo de dois mestiços, tem caracteres equívocos: não é fácil reconhecer as raças de que ele deriva, sobretudo se os mestiços originais, o pai e a mãe, também forem

---

95 Tradução parcial. (N. T.)
96 Veja neste volume os artigos "Cavalo" e "Asno" (N. A.)

provenientes de dois mestiços. Suponhamos, tomando extremos, que o pai tenha sido engendrado por um cão d'água e uma dinamarquesa e a mãe por um bassê e uma galga: os caracteres dessas quatro raças, tão diferentes entre si que já foram misturados e alterados na primeira geração, confundem-se novamente e desparecem quase por completo na segunda, de sorte que o mestiço duplo compartilha, em maior ou menor medida, dos caracteres das quatro raças – cão d'água, dinamarquês, bassê e galgo –, ao mesmo tempo em que difere delas a ponto de constituir uma raça nova, desde que encontre um par com o qual possa se perpetuar sem alteração.

Diferentes das raças conhecidas já na segunda geração, os mestiços o serão cada vez mais, conforme ocorram novas misturas nas gerações subsequentes e desde que não haja na natureza da espécie uma tendência a restituir os caracteres que constituem as raças principais. Pois, quando um mestiço copula com um cão de raça determinada, a cria resultante recebe mais caracteres dessa raça do que das que constituem o mestiço. É algo que poderia ser comprovado mediante experimentos em série envolvendo a copulação entre cães de raças definidas e cães mestiços em sucessivas gerações. Na falta de tempo e das condições necessárias a essa investigação, pode-se lançar luz sobre a questão raciocinando-se a partir dos fatos conhecidos.

Cães selvagens que nunca foram alterados pela educação doméstica exibiriam, como indivíduos, a reunião de todos os caracteres da espécie dos cães, e não haveria mais do que pequenas variações, como as que se encontram nas raposas, lobos etc. Mas os cães se tornaram animais domésticos, e todas as propriedades de sua natureza foram desenvolvidas. Os diversos climas para os quais foram levados, os alimentos que lhes foram dados, os exercícios que tiveram de realizar produziram diferenças na forma do corpo e no instinto. Quando essas diferenças se tornaram sensíveis a ponto de serem identificáveis, cuidou-se para que fossem perpetuadas e acentuadas através da cópula entre indivíduos dotados das mesmas qualidades. Surgiram assim raças novas e distintas. São, por assim dizer, raças autorizadas pela Natureza, pois se mantêm na sucessão das gerações, e os caracteres que as constituem são os mais naturais possíveis, considerando-se a espécie em estado doméstico, pois se desenvolveram antes dos caracteres dos cães mestiços: assim, os cães d'água, os dinamarqueses, os bassês e os galgos se perpetuam sem alterações sensíveis, cada um em sua própria raça. Mas, se um cão d'água e uma dinamarquesa produzirem um mestiço com caracteres das duas raças e ele vier a copular com um cão d'água ou com um dinamarquês, então os caracteres do mestiço desaparecerão nessa geração, e a Natureza terá restabelecido por completo os do cão d'água ou do dinamarquês.

Do mesmo modo, constata-se que em cruzamentos entre mestiços provenientes de um cão d'água e de uma dinamarquesa, de um lado, e de um bassê e de uma galga, de outro, a mistura dos caracteres dessas quatro raças só pode se dar em proporção igual relativamente a cada raça, pois, embora não seja de todo impossível, seria necessário um acaso muito extraordinário para que se encontrassem ao mesmo tempo e no mesmo lugar dois mestiços de mesma natureza, um macho e uma fêmea, ambos dispostos a copular. Mas, mesmo supondo que essas circunstâncias se encontrassem reunidas, poderiam não ser suficientes para impedir que uma das quatro raças originárias ressurgisse no produto do cruzamento, pois, como dissemos, é impossível que os indivíduos oriundos desses dois mestiços portem exatamente o mesmo número de caracteres de cada uma das quatro raças que deram origem a seus progenitores. É mais comum que, na primeira geração, um mestiço tenha mais caracteres de uma das raças que o gerou do que da outra, e, nesse caso, os caracteres dominantes são transmitidos ao segundo mestiço e podem, a partir dessa segunda geração, restabelecer uma das raças originárias. Esse restabelecimento será muito mais fácil e mais rápido se cada um dos mestiços tiver como pai ou mãe um indivíduo da mesma raça: por exemplo, se um dos mestiços vier de um cão d'água e de uma dinamarquesa e o outro de um cão d'água e de uma galga, pois então os caracteres do cão d'água irão se impor na segunda geração aos do dinamarquês e do galgo, e, por conseguinte, os dois mestiços poderão produzir autênticos cães d'água.

Assim, as raças dos cães se perpetuam e como que renascem a partir de mestiços. E não fosse por uma tendência da Natureza a conservar e restabelecer os caracteres das raças principais, a mistura frequente entre raças diferentes terminaria em pouco tempo por alterá-las e eliminá-las, pois é um fato que os cães se misturam indistintamente. A galga no cio aceita o cão d'água, o bassê e outros, tão bem como o galgo, assim como o cão d'água e o bassê procuram-na tanto quanto às fêmeas de sua raça. Isso explica por que, em determinadas regiões, raças menos numerosas do que outras logo se desnaturam e terminam por desparecer. Na Borgonha, os mastins[97] são muito mais numerosos do que os galgos, e mal se encontram galgos que não tenham algo da natureza e do aspecto do mastim. Se cruzados com cães puros de sua raça, esta poderia ser restabelecida, como também ocorre com os cavalos. Suponho que, se fossem introduzidos galgos e galgas em maior número que os mastins, a raça dos galgos ressurgiria na sucessão das gerações, aperfeiçoando-se e se perpetuando. Mas, criando-se cães de diferentes raças afastados entre si, impede-se a mistura e, por conseguinte, a alteração, exceto pelas produzidas pelo clima.

Examinemos agora qual seria, dentre as diversas raças de cães, a mais semelhante aos cães selvagens, caso eles ainda existissem, ou seja, a menos desnaturada pela educação, e a que melhor representa os caracteres originais da espécie.

Depois de ter observado as partes internas de um bom número de cães de diferentes raças, constatei que, excetuando-se as diferenças de tamanho, esses animais são todos semelhantes entre si quanto às partes moles internas, e os caracteres distintivos de cada raça estão nos ossos e na conformação externa do corpo. Dadas a grande diversidade e as consideráveis variações de forma das diferentes raças, é impossível identificar, em meio a tantas configurações, qual seria a mais próxima da figura original dos cães selvagens. Como a forma das partes moles é a mesma em todas as raças, não poderia esse caractere comum oferecer um meio ou índice para reconhecer a configuração original da espécie? Com isso em vista, busquei entre os animais selvagens os que seriam mais semelhantes ao cão quanto às partes internas do corpo e concluí que eram o lobo e a raposa. A conformidade entre os três animais é tão impressionante, e depende de caracteres tão singulares, que

---

97 Chamam-se assim os cães que não é possível referir a nenhuma raça conhecida, pois têm caracteres pouco pronunciados, derivados de múltiplas raças. São considerados vira-latas, cães de rua. Mas o nome mastim, em acepção própria, cabe a uma das principais raças caninas, e é assim que o utilizamos. (N. A.)

autorizaria talvez uma indução em relação à semelhança externa, levando à conclusão de que o cão selvagem estaria mais próximo, pela configuração, da raposa e do lobo, do que de qualquer outro animal. Uma passada de olhos é suficiente para mostrar que os cães de focinho alongado são os que mais se assemelham ao lobo e à raposa.

Portanto, os cães de focinho alongado parecem ser os mais semelhantes aos cães selvagens, caso eles ainda existissem, e também, por serem os menos desnaturados pela educação, os que melhor representam os caracteres originais da espécie.

A forma do focinho é o traço mais marcante da fisionomia dos cães de todas as raças, e é o caractere mais decisivo em sua distinção. Pois o tamanho do corpo, que é o caractere mais aparente, é também o mais inconstante. Há cães muito grandes e cães muito pequenos de uma mesma raça, mas a configuração do focinho quase não varia de maneira sensível, exceto de uma raça para outra. Quanto mais alongado o focinho, mais conforme é o animal em relação ao estado primitivo da espécie; e, quanto mais encurtado, mais ele degenerou em relação à configuração original. Por isso, na enumeração das diferentes raças que conhecemos, começarei pelas que têm o focinho mais longo, passando em seguida aos com focinho menos longo, terminando pelos que têm o focinho mais curto. Os mastins e dogues são, portanto, os dois extremos da espécie do cão, considerada relativamente à forma do focinho. Nas raças intermediárias, porém, essa parte varia por nuances, e, em todo caso, trata-se de raças dependentes de uma mesma espécie, cujas diferenças não são tão acentuadas como entre espécies reais. Por essa razão, muitas vezes é difícil discernir entre as raças principais e as raças mistas.

Se tivéssemos visto cães e lobos ou cães e raposas copularem entre si e produzirem uma cria comum, como relatam os antigos naturalistas, teríamos motivos para crer que o focinho afilado das raposas teria influenciado no dos galgos, e o do lobo no dos mastins. Mas o sr. Buffon realizou experimentos que põem em xeque o que os antigos disseram. Por isso, não há como garantir que o focinho dos galgos vem da raposa ou que o dos mastins vem do lobo, nem como saber ao certo se as raças do galgo e do dinamarquês se formaram ao mesmo tempo que a dos mastins, ou ainda, se os galgos foram produzidos a partir de certos mastins com o focinho menor, o corpo mais minguado e as pernas mais alongadas do que outros, ou tampouco se os dinamarqueses vêm de mastins com o focinho maior e o corpo mais amplo, qualidades que teriam sido mantidas e aperfeiçoadas na sucessão das gerações por influência do clima, da alimentação, do exercício etc. Portanto, se distinguimos os mastins, os galgos e os dinamarqueses em três raças principais, fazemos isso por uma convenção arbitrária. Pois, se tomo aqui a forma do focinho como marca distintiva das raças de cães, não é a título de qualidade essencial, mas apenas de caractere arbitrário e, portanto, incerto e defectivo, como são, de resto, todos os métodos adotados na História Natural. Se tanto, pode-se afirmar que o focinho dos cães selvagens teria sido como o dos mastins, e que os cães com focinho curto são uma degeneração da raça dos mastins; mas os diferentes graus de alongamento e tamanho do focinho ainda não são suficientes para determinar quais as raças distintas e quais as mistas. Há motivo para crer que todas teriam se formado por misturas por cruzamentos, e pela influência do clima, e que as que consideramos como raças principais são apenas as que conhecemos há mais tempo e que foram preservadas, de maneira constante ou renovada, em diferentes épocas, pela seleção de quais machos e fêmeas deveriam acasalar. Como quer que seja, os caracteres estabelecidos a partir da configuração do focinho ao menos indicam a série de alterações ocorridas na espécie dos cães, permitindo distinguir mais facilmente do que qualquer outro caractere as diferentes raças dessa espécie.

Na enumeração das diferentes raças de cães conhecidas na França, a dos mastins precede a dos dinamarqueses e a dos galgos, pois são os mais numerosos. Parecem também ser os mais agrestes, passam a vida nos campos e recebem uma educação rústica, a menos apta a interferir no caráter dos cães selvagens e a alterar sua índole. O cão pastor não é menos agreste que o mastim, e é ainda mais parecido com o lobo e a raposa, devido à extensão do pelo e à direção das orelhas, que são retas, enquanto as do mastim pendem nas extremidades. O sr. Buffon, depois de ter coletado muitos fatos históricos a respeito de cães que se encontram nas diferentes partes do mundo, presume que o pastor é aquele que mais se aproxima da raça primitiva dos cães. Vimos o êxito com que ele relata, na história do cão, os caracteres que cada clima produziu nos animais dessa espécie, e as diversas raças de cães derivadas em cada região. Mas como me restrinjo, na descrição desses animais, às raças mais conhecidas na França, considero-os como reunidos em um mesmo clima e sujeitos a uma mistura constante em seus acasalamentos. Desse ponto de vista eu distingo as raças principais, as raças mestiças e as raças provenientes de raças mestiças.

Assim como as raças de cavalo mais comuns na França foram objeto da descrição que fiz das partes internas do cavalo, a raça dos mastins será o principal objeto da descrição das partes internas do cão, pois os cães dessa raça são os mais comuns na França e talvez sejam mais naturais a esse clima do que qualquer outra raça. Ver-se-á que a enumeração seguinte das diversas raças de cães desse país, classificados em ordem relativa aos diferentes graus de alongamento do focinho, está de acordo com a numeração das mesmas raças feita pelo sr. Buffon de acordo com a influência do clima, e isso porque as raças de cães de cada país se encontram situadas em sequência em cada uma dessas enumerações, o que prova que, em um mesmo clima, elas degeneram apenas até certo ponto, e que os caracteres extraídos da configuração do focinho são os mais seguros para distinguir as diferentes raças desse animal.

Raças principais

Mastim (*Mâtin*)
Grande dinamarquês (*Grand danois*)
Galgo (*Levrier*)
Husky (*Chien-loup*)
Husky siberiano (*Chien-loup sibérien*)
Cão da Islândia (*Chien de l'Islande*)
Sabujo (*Chien courran*)
Braco (*Braque*)
Bassê
Cão d'água (*Chien de Berger*)
Fraldiqueiro (*Épagneul*)

Gredin
Pequeno dinamarquês (*Petit danois*)
Cão turco (*Chein turc*)
Dogue (*Dogue*)

Raças mestiças

São raças que só se perpetuam e subsistem se houver o cuidado de cruzar as duas raças principais das quais derivam cada uma das raças mestiças, ou então dois mestiços de uma mesma raça. Qualquer outra mistura formaria caracteres novos e produziria raças diferentes, e por essa razão a maioria dos mestiços desaparece sem formar raça. Por exemplo, as pernas curtas e o corpo alongado do cão sabujo vêm do bassê mestiço, a cabeça, as orelhas e o rabo vêm do sabujo, e seu pelo longo parece vir do fraldiqueiro. Um cão dessa natureza é o primeiro indivíduo de uma raça mestiça que não tem nome e que costuma ser extinta por uma nova mistura com um indivíduo da primeira geração. O mestiço a que me refiro é tomado, em Versalhes, por um cão patrulheiro (*limier*), mas, como essa qualidade refere-se exclusivamente ao instinto do animal, eu me afastaria de meu objeto se o considerasse de fato como patrulheiro e entrasse em detalhes a respeito de outros cães de caça cujas respectivas denominações se referem às qualidades do indivíduo, independentemente dos caracteres de sua raça.

Pequeno cão d'água (*Petit barbet*)
Bichon
Cão leão (*Chien-lion*)
Doguin
Dogue alemão (*Dogue de forte race*)

Raças provenientes de raças mestiças

Cão de Roquet
Cão de Artois

Cão de Alicante
Cão de Burgos
Cão da Calábria

São essas as raças de cão que conheço, mas não duvido de que há muitas outras que não se mantiveram até o presente e cujo registro não foi preservado. Os autores mencionam certas raças que não existem mais ou que não foram mais vistas, e talvez existam aquelas que se perpetuam até hoje, mas não são mencionadas, pois não têm nenhum caractere distintivo. Seria inútil entrarmos em maiores detalhes a respeito, pois é evidente que as raças poderiam ser tantas quantas fossem as misturas promovidas entre cães de raças determinadas. Em se tratando dessa espécie de animal, a Natureza produz variedades quase ao infinito. É possível alterar, de uma geração a outra, não apenas a forma do corpo, a qualidade e a cor da pelugem, como também as dimensões dos indivíduos. O acasalamento entre o cão de talhe mais alto e o de talhe maior produziria, no mais das vezes, indivíduos com as maiores dimensões possíveis, assim como, ao contrário, o acasalamento entre os menores cães produziria cães ainda menores, tão pequenos que pareceriam exceder os limites naturais do talhe dos animais dessa espécie. Essas variações, tão grandes e tão súbitas, provam suficientemente que não é possível fazer descrições muito exatas e precisas de cães de diferentes raças, e surgem exceções a cada vez que a descrição é aplicada a um novo indivíduo.

Em espécies nas quais há apenas uma raça, o caráter da fisionomia é o que menos varia de indivíduo para indivíduo, mas, quanto maior o número das raças, mais ela varia e mais difícil se torna sua descrição. Por isso, seria impossível dar alguma ideia da fisionomia dos cães e das diferentes raças que se encontram em sua espécie se não se considerassem primeiro os caracteres principais e os diferentes traços nas raças que menos se assemelham entre si, para identificar, em seguida, as nuances que se encontram entre esses extremos. A figura do focinho, com base na qual estabeleci o caractere distintivo das principais raças, é também o caractere mais expressivo da fisionomia dos cães de diferentes raças considerados relativamente uns aos outros. Quanto mais alongada essa parte, mais ela exprime a doçura e a docilidade, assim como, quanto mais encurtada, mais parece ser um signo da ferocidade e do furor, signo que é desmentido, no entanto, por cães que tiveram o caráter desnaturado pela educação ou pela mistura de raças. Veja um mastim tranquilo descansando sobre as quatro pernas ou sobre as duas dianteiras, com o trem traseiro recuado, repousado sobre o chão: o focinho longo desse animal dá à sua fisionomia um ar dócil, malgrado as orelhas parcialmente eriçadas. O dogue, ao contrário, em posições como essas, traz na fisionomia um caráter de crueldade, devido ao focinho achatado, aos lábios longos e espessos, em parte amenizado pelas orelhas pendentes. Os lábios finos e curtos do mastim, do galgo e do dinamarquês contribuem para a docilidade de sua fisionomia; o focinho afilado e o chanfro arqueado do galgo parecem denotar timidez; as orelhas do husky, do cão de Brie, do cão da Islândia, sempre eretas, parecem uma marca de agilidade; o focinho alongado e espesso dos cães de caça e dos bracos exprime em sua fisionomia uma fineza bem menor do que o focinho mais curto e menos espesso dos fraldiqueiros e cães d'água; os pelos longos destes, por sua vez, mascaram seus traços, assim como no bichon, no cão leão, e geralmente em todos cujo focinho é recoberto por pelos.

Os nomencladores utilizaram o nome cão para denominar um gênero de animais quadrúpedes chamado *gênero canino*, que inclui espécies como os cães, os lobos, as raposas, os texugos, os almiscareiros, as lontras e muitas outras. Os animais desse pretenso gênero não são todos igualmente similares ao cão. Como veremos nesta obra, os lobos e as raposas são os únicos que têm relações essenciais com os cães.

Os caracteres do gênero canino são, de acordo com os metodizadores (ou metódicos), 1º) As unhas e dedos, que distinguem os cães dos animais solípedes e dos animais com pés fendidos, que têm cascos, e não unhas; 2º) O número de dedos, que é maior do que dois, caractere que distingue o cão do camelo, que tem apenas dois dedos; 3º) A demarcação externa da separação entre os dedos, ao contrário do elefante, que tem os dedos reunidos uns aos outros; 4º) As unhas estreitas, configuração que distingue os cães dos símios, que têm unhas largas; 5º) Os dentes incisivos em cada mandíbula, mais numerosos do que nas lebres e nos coelhos, que têm apenas dois em cada uma; 6°) A dimensão do corpo, muito menor do que o talhe das doninhas, dos tourões, das fuinhas, dos furões, cujo corpo é bastante magro e alongado; 7°) Por fim, a configuração do focinho, mais alongado do que o dos gatos, tigres, leões, ursos etc.[98]

Em outra divisão metódica, não menos arbitrária, todos os animais com seis dentes incisivos em cada mandíbula e com os caninos mais longos do que os outros dentes são incluídos em uma mesma classe, e o gênero da classe na qual se encontra a espécie do cão é distinguida dos outros gêneros pelos seguintes caracteres: os dentes incisivos da mandíbula inferior são agudos, e os quatro dentes incisivos do meio dessa mesma mandíbula têm três lóbulos; os caninos da mandíbula inferior são separados dos incisivos, e o crânio forma uma aresta saliente na parte posterior. Por fim, a espécie do cão difere das outras espécies do mesmo gênero pelo porte da cauda, que é arrebitada e, segundo dizem, curvada para a esquerda.[99]

Com esses caracteres genéricos, os metodizadores (ou metódicos) pretendem distinguir os cães, e as espécies que pertencem ao mesmo gênero, das demais espécies de quadrúpedes. Estão longe, porém, de fazê-lo, pois esses caracteres não são igualmente certos e respondem por uma parte muito pequena da descrição do cão. Para dar uma ideia completa desse animal, é preciso descrevê-lo por inteiro, e observar o seu interior bem como o seu exterior.

---

98 John Ray, *Synopsis methodica Animalium Quadrupedum*, Londres, 1693. (N. A.)
99 Lineu, *Sistema da natureza*, 1748, p.5: *Canis caudâ (sinistrorsum) recurvâ.* (N. A.)

O mastim

O galgo

O cão de pastoreio

O grande cão-d'água

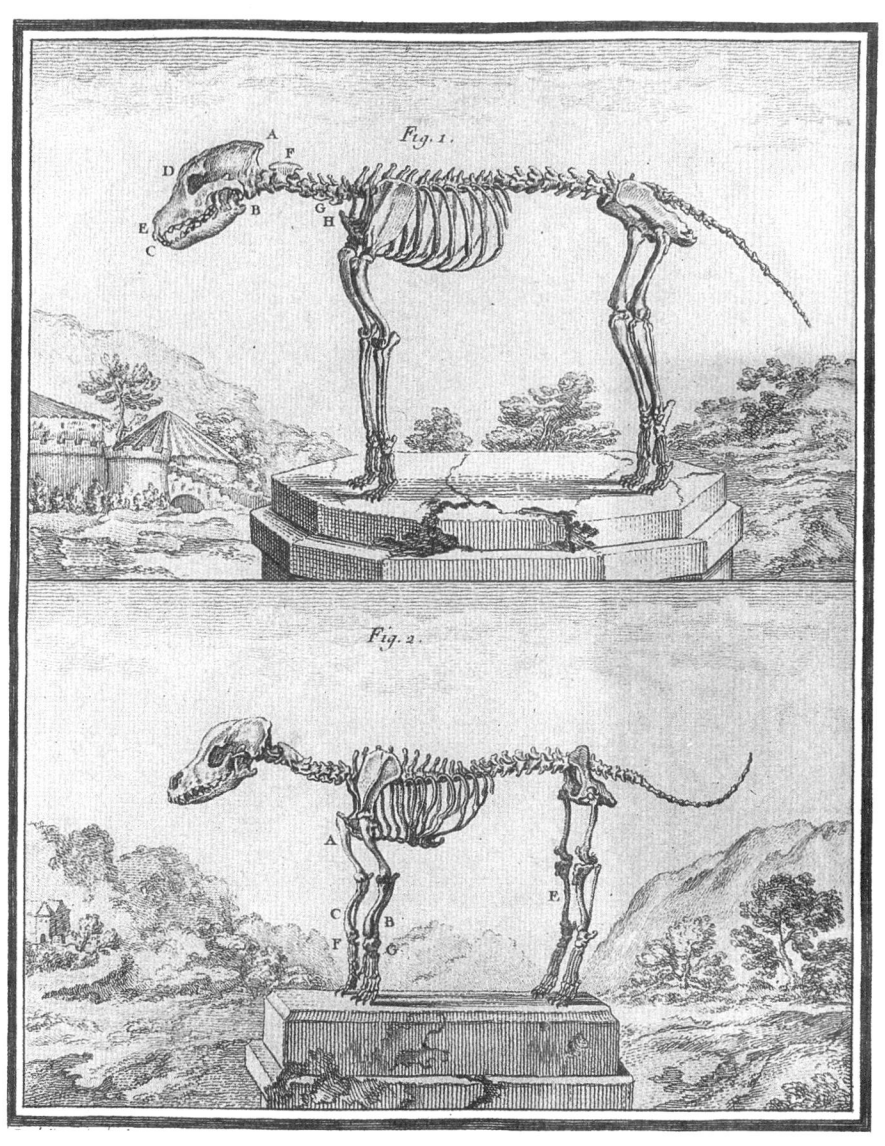

Fig. 1.

Fig. 2.

Os animais selvagens[*]

Nos animais domésticos e no homem vimos a Natureza contida, raramente aperfeiçoada, muitas vezes alterada, desfigurada, cercada de entraves ou carregada de ornamentos estrangeiros. Agora ela surgirá nua,
paramentada apenas com sua simplicidade, porém mais picante, com sua
beleza ingênua, sua *démarche* ligeira, seu ar de liberdade e outros atributos
de nobreza e independência. Nós a veremos percorrer soberana a face da
Terra, partilhando seus domínios entre os animais, atribuindo a cada um
seu elemento, seu clima, sua subsistência, nas florestas, nas águas, nas planícies, ditando suas leis simples, porém imutáveis, imprimindo a cada espécie caracteres inalteráveis, dispensando seus dons de maneira equânime,

---

[*] Tomo VI, 1756, p.55-62.

balançando o bem e o mal, dando a uns a força e a coragem, acompanhados da carência e da voracidade, a outros a docilidade, a temperança, e o corpo ligeiro, com o medo, a inquietude e a timidez, a todos a liberdade, com costumes constantes, o desejo e o amor, fáceis de satisfazer e acompanhados de uma afortunada fecundidade.

Amor e liberdade, que belos dons! Esses animais que chamamos de selvagens porque não se submetem a nós, precisariam mais para ser felizes? Têm a igualdade, não são nem escravos nem tiranos de seus semelhantes; o indivíduo não receia, como o homem, o resto de sua espécie; desfruta da paz, e a guerra só lhe é imposta por estrangeiros ou por nós. Têm razão, portanto, de fugir da espécie humana, e de se furtar à nossa aproximação, preferindo lugares solitários, longe de nossas habitações, servindo-se dos recursos do instinto para se colocar em segurança, e empregando, para se subtrair à potência do homem, a liberdade que a Natureza lhes deu juntamente com o desejo de independência.

Alguns — e estes são os mais dóceis, os mais inocentes — se contentam em se manter afastados e passam a vida nos campos; outros, mais desafiadores, mais ariscos, escondem-se nas florestas; outros ainda, como se soubessem que não há lugar seguro na face da Terra, escavam habitações subterrâneas, refugiam-se em cavernas ou ganham os picos das montanhas mais inacessíveis; os mais ferozes, por fim, ou antes, os mais orgulhosos, habitam os desertos e reinam como soberanos nesses climas ardentes em que o homem, tão selvagem quanto eles, não disputa seu domínio.

Mas, como tudo está sujeito às leis físicas, e mesmo os seres mais livres se submetem a elas, e como os animais sentem, a exemplo do homem, a influência do céu e da terra, parece que as mesmas causas que docilizaram, civilizaram a espécie humana em nosso climas, produziram efeitos similares em todas as outras espécies. O lobo, talvez o animal mais feroz da zona temperada, não é nem de longe tão terrível, tão cruel quanto o tigre, o leopardo, o leão na zona tórrida, ou o urso branco, o lobo ou a hiena na zona glacial. Essa diferença não somente é geral, como se a Natureza, para aumentar as relações e a harmonia entre suas produções, tivesse feito o clima para as espécies ou as espécies para o clima, como também constatamos, em cada espécie particular, que o clima foi feito para os costumes, e os costumes, para o clima.

Na América, onde o calor não é tão intenso e o ar e a terra são mais amenos do que na África nos mesmos paralelos, o tigre, o leão e o leopardo só têm de temível o nome, não são tiranos das florestas, inimigos do homem tão ferozes quanto intrépidos, monstros movidos pelo sangue e pela carnificina, mas animais que fogem ao encontrá-lo, e que, longe de enfrentar os animais selvagens e travar guerra aberta contra eles, empregam o artifício e a astúcia para tentar surpreendê-los. São animais que podem ser domados como outros, ou mesmo treinados. Significa que degeneraram, supondo que a crueldade fosse intrínseca à sua natureza, ou antes, que sofreram a ação do clima. Sob um céu mais dócil, seu natural se adoçou, seus excessos foram temperados, e, com as alterações que sofreram, tornaram-se conformes à terra que habitam, e nada mais.

Os vegetais que recobrem essa terra e estão ainda mais ligados a ela do que o animal que dela brota também participam mais do que ele da natureza do clima. Cada país, cada grau de temperatura tem suas plantas particulares, encontram-se aos pés dos Alpes as da França e da Itália, nos cumes as dos países do Norte, as mesmas que serão encontradas nos climas gélidos das montanhas da África. Sobre os montes que separam o império mogol do reino da Cachemira, veem-se do lado meridional todas as plantas das Índias, e surpreende encontrar do outro as da Europa. Dos climas extremos vêm as drogas, os perfumes, os venenos e todas as plantas com qualidades excessivas; já o clima temperado produz apenas coisas temperadas; as ervas mais doces, os legumes mais saudáveis, as frutas mais suaves, os animais mais tranquilos, os homens mais polidos são o apanágio de tais climas. Assim, a terra faz as plantas, a terra e as plantas fazem os animais, e a terra, as plantas e os animais fazem o homem. Pois as qualidades dos vegetais derivam diretamente da terra e do ar, o temperamento e as demais qualidades relativas aos animais que pastam na erva dependem daquelas das plantas de que se nutrem, e as qualidades físicas do homem e dos animais que vivem de outros animais e de plantas dependem, embora não tão estreitamente, dessas mesmas causas, cuja influência se estende ao seu natural e a seus costumes. Prova ulterior de que tudo em um clima temperado tempera e tudo é extremado em um clima extremo é o fato de que a grandeza e a forma, que parecem ser qualidades absolutas, fixas e determinadas, dependem, como as demais qualidades relativas, da influência do clima. O talhe de nossos animais quadrúpedes não se aproxima daquele do elefante, do rinoceronte, do hipopótamo; nossos maiores pássaros são bem pequenos, se comparados ao abutre, ao condor, ao casoar; que comparação haveria entre os peixes, os lagartos, as serpentes de nossos climas e as baleias, cachalotes e nervais que povoam os mares do Norte ou os enormes crocodilos e grandes lagartos que infestam as terras e águas do Mediterrâneo? Se considerarmos ainda cada espécie em diferentes climas, encontraremos variações sensíveis de grandeza e forma, tingidas, com maior ou menor intensidade, pela força do clima. Essas mudanças ocorrem lentamente, imperceptivelmente; o grande operário da Natureza é o Tempo. E, como ele marcha sempre com o mesmo passo, uniforme e regular, nada faz por saltos, mas tudo por graus, nuances e sucessões; essas mudanças, de início imperceptíveis, tornam-se aos poucos sensíveis, e são assinaladas, enfim, por resultados inconfundíveis.

Contudo, os animais selvagens e livres são, talvez, sem exceção do homem, os menos sujeitos a alterações, mudanças e variações de todo gênero. Como são senhores absolutos na escolha de sua alimentação e do clima, e o único constrangimento que sentem vem de nossa parte, sua natureza varia menos do que a dos animais domésticos, que adestramos, transportamos, maltratamos e alimentamos sem consultar seu paladar. Os animais selvagens vivem sempre do mesmo modo, não os vemos errando de clima em clima, a floresta em que nasceram é uma pátria à qual estão fielmente ligados, raramente se afastam dela e nunca a deixam em definitivo, a não ser que percebam que não podem mais viver ali com segurança. Se são postos em fuga, não é tanto por seus inimigos quanto pelo homem. A Natureza lhes deu meios e recursos contra os outros animais, estão à altura deles, conhecem sua força e sua destreza, julgam suas intenções, suas *démarches* e, se não podem evitá-los, ao menos se defendem corpo a corpo. São, em uma palavra, espécies do mesmo gênero. Mas o que podem contra seres capazes de encontrá-los sem vê-los e de abatê-los à distância?

É o homem, portanto, que os incomoda, afugenta-os, dispersa-os e os torna mil vezes mais selvagens do que seriam de outro modo. A maioria deles não pede mais do que paz, tranquilidade e o desfrute, tão moderado quanto inocente, do ar e da terra; a Natureza os levou a se manterem em grupos, reunidos em famílias e formando sociedades. Os vestígios dessas sociedades ainda podem ser vistos em países de que o homem não se apoderou por completo, e nas obras que realizam em conjunto, projetos que, sem serem razoados, parecem fundamentados em convenções razoáveis, e cuja execução pressupõe ao menos o acordo, a união e o concurso daqueles que se ocupam de tais empreitadas. Não é por meio de força ou necessidade física, como as formigas e as abelhas, que os castores trabalham e constroem, pois não são coagidos pelo tempo, pelo espaço ou pelo número, é por escolha que se reúnem, os que se entendem permanecem juntos, do contrário se separam, e vemos que alguns, rejeitados pelos demais, são forçados a viver solitários. É apenas em países ermos, afastados, onde não receiam deparar com o homem, que tentam estabelecer uma moradia mais fixa e mais confortável, construindo habitações que representam bem os primeiros trabalhos e esforços de uma república nascente. Ao contrário, nos países em que os homens se disseminaram, o terror parece viver com eles, a sociedade entre eles desaparece, a indústria cessa, a arte é sufocada. Não pensam em construir, negligenciam toda comodidade e, pressionados pelo temor e pela necessidade, tentam apenas sobreviver, fugir e se esconder. Se, como parece ser o caso, a espécie humana continuar, na sucessão do tempo, a ocupar por igual a superfície da Terra, em poucos anos a história de nossos castores será considerada uma fábula.

Portanto, pode-se afirmar que os animais, longe de expandir, contraem, ao contrário, suas faculdades e talentos. O tempo trabalha contra eles: quanto mais a espécie humana se multiplica, mais eles sentem o peso de um império terrível e absoluto, que mal lhes permite uma existência individual, priva-os de todos os meios para ser livres e de toda ideia de sociedade, e destrói, na raiz, sua inteligência. O que eles se tornaram e irão se tornar não indica o que um dia foram nem o que poderiam ser. Quem sabe, se um dia a espécie humana fosse extinta, qual deles empunharia o cetro da Terra?

A lebre[*]

As espécies de animais mais numerosas não são as mais úteis; com efeito, nada é mais pernicioso do que essas multidões de ratos, arganazes, gafanhotos, lagartas e tantos outros insetos cuja multiplicação excessivamente numerosa a Natureza parece permitir e tolerar, mais do que controlar. Mas as espécies da lebre[1] e do coelho têm, para nós, uma dupla vantagem, tanto em relação ao número quanto em relação à utilidade: as lebres estão espalhadas universalmente e em grande abundância por todos os climas da Terra; os coelhos, embora sejam originários de certos climas particulares, multiplicam-se tão prodigiosamente em quase todos os lugares para os quais queiramos transportá-los que não é mais possível extingui-los, sendo necessário o emprego de muita arte para diminuir sua quantidade, às vezes importuna.

Assim, quando refletimos sobre essa fecundidade sem limites que é dada a cada espécie, sobre o produto inumerável que dela deverá resultar, sobre a multiplicação súbita e prodigiosa de certos animais que pululam de repente e vêm aos milhares assolar os campos e devastar a terra, surpreende-nos que a Natureza não seja por eles usurpada, tememos que eles a oprimam pela quantidade e, depois de terem devorado sua provisão, pereçam juntamente com ela.

É, de fato, com espanto que vemos chegarem essas nuvens espessas, essas falanges aladas de insetos famintos que parecem ameaçar o globo inteiro e que, ao se assentarem sobre as planícies fecundas do Egito, da Polônia ou da Índia, destroem em um só instante os trabalhos, as esperanças de um povo inteiro; e, não economizando nem os grãos, nem as frutas, nem as ervas,

---

[*] Tomo VI, 1756, p.246-63.

1 A Lebre: grego, Λαγῶς; latim, *Lepus, quasi Levipes*; italiano, *Lepre*; espanhol, *Liebre*; português, *Lebre*; alemão, *Hase*; inglês, *Hare*; sueco, *Hare*; holandês, *Hase*; polonês, *Sajonz*; eslavo, *Saiz*; russo, *Zaïtza*; árabe, *Ernab, Harneb, Arneph*; turco, *Tausan*; persa; *Kargos*; no Brasil, *Thabiti*; na América Setentrional, *Soutanda*.
Lepus: Ray, *Synopsis methodica animalium quadrupedum et serpentini generis*, Londres, 1693, p.204.
Lepus caudâ abruptâ, pupillis atris: Lineu, *Systema Naturae*, Paris, 1744, p.67.
Lepus vulgaris, cinereus, cujus venatio animum exhilarat: Klein, *Quadrupedum dispositio brevisque historia naturalis*, Leipzig, 1751, p.51. (N. A.)

nem as raízes, nem as folhas, despojam a terra de seu verdor, transformando em um árido deserto as mais ricas regiões. Vemos descerem das montanhas do Norte incalculáveis multidões de ratos que, como se fosse um dilúvio, ou melhor, uma enxurrada de matéria viva, vêm inundar as planícies, derramando-se até as províncias do Sul; e, depois de terem destruído tudo aquilo que vive ou vegeta, ao longo de sua passagem, acabam por infectar a terra e o ar com seus cadáveres. Nos países meridionais, vemos saírem repentinamente do deserto miríades de formigas que, tal como uma torrente cuja fonte seria inesgotável, chegam, apressadas, em colônias, sucedem-se umas às outras, renovam-se sem parar, apropriam-se de todos os locais habitáveis, expulsam os animais e os homens, e retiram-se apenas após uma devastação geral. Na época em que o homem ainda era semisselvagem, assim como os animais, sujeito a todas as leis, e, inclusive, aos excessos da Natureza, acaso não vimos esses mesmos transbordamentos da espécie humana, os normandos, os alanos, os hunos, os godos, povos, ou melhor, hordas de animais com cara de homem, sem domicílio e sem nome, saírem subitamente de seus antros, caminharem em bandos desenfreados, tudo oprimirem sem terem, por força, nada além de sua quantidade, destruírem as cidades, derrubarem os impérios e, depois de terem destruído as nações e devastado a Terra, acabarem por repovoá-la com homens tão novos e ainda mais bárbaros do que eles?

Esses grandes acontecimentos, essas épocas tão marcadas na história do gênero humano não são, contudo, nada além de ligeiras vicissitudes no curso ordinário da Natureza viva; este último, em geral, é sempre constante, sempre o mesmo; seu movimento, sempre regrado, desenvolve-se sobre dois pivôs inabaláveis: um é a fecundidade sem limites dada a todas as espécies; o outro são os obstáculos sem número que reduzem o produto dessa fecundidade a uma medida determinada, fazendo que, em todas as épocas, a quantidade de indivíduos em cada espécie seja praticamente a mesma. E, assim como esses animais que, em multidões incalculáveis, surgem repentinamente e desaparecem do mesmo modo, e cujo número geral não aumenta, também o número geral da espécie humana permanece sendo sempre o mesmo; apenas suas variações são um pouco mais lentas, pois, sendo a vida do homem mais longa do que a desses pequenos animais, é necessário que as alternâncias entre o crescimento e a diminuição sejam preparadas com maior antecedência e se completem em um tempo maior; e esse tempo não passa de um instante, ou de um momento na duração e na sequência dos séculos que, contudo, nos atinge mais do que os outros, por ter sido acompanhado de horror e destruição: pois, se considerarmos a Terra inteira e a espécie humana em geral, a quantidade de homens, assim como a de animais, deve ser praticamente a mesma em todas as épocas, visto que ela depende do equilíbrio das causas físicas, equilíbrio este que foi alcançado por todas as coisas desde há muito tempo e que todo esforço dos homens, e mesmo quaisquer circunstâncias morais, não podem romper; essas circunstâncias dependem, elas mesmas, daquelas causas físicas, das quais não passam de efeitos particulares. Por mais que o homem cuide de sua espécie, ele jamais a tornará mais abundante em um lugar sem que, com isso, a destrua ou diminua em outro. Quando uma porção da Terra está superlotada de homens, eles se dispersam, espalham-se, destroem-se, ao mesmo tempo que se estabelecem as leis e costumes que previnem, com muita frequência, esse excesso de multiplicação. Nos climas excessivamente férteis, como na China, no Egito e na Guiné, as crianças são relegadas, mutiladas, vendidas, afogadas; aqui, são condenadas a um celibato perpétuo. Aqueles que existem se arrogam facilmente direitos sobre aqueles que não existem; como seres necessários, aniquilam os seres contingentes e, para seu desafogo, para sua comodidade, suprimem as gerações futuras. Sem que nos apercebamos, passa-se com os homens o mesmo que se passa com os animais: eles se cuidam, multiplicam-se, negligenciam-se e se destroem segundo a necessidade, as vantagens, o desconforto e as contrariedades que daí resultam; e, como todos esses efeitos morais dependem, eles mesmos, de causas físicas que, desde o momento em que a Terra adquiriu sua consistência, estão em um estado fixo e em permanente equilíbrio, o número de indivíduos da espécie deve ser, segundo nos parece, tanto para o homem quanto para os animais, sempre um número constante. Apesar disso, esse estado fixo e esse número constante não são quantidades absolutas; todas as causas físicas e morais, todos os efeitos que delas resultam estão compreendidos e oscilam dentro de certos limites mais ou menos amplos, mas jamais grandes o bastante para que o equilíbrio se rompa. Como tudo está em movimento no Universo, e como todas as forças disseminadas na matéria agem umas contra as outras e se contrabalançam, tudo se realiza por meio de certas oscilações cujos pontos médios são aqueles aos quais referimos o curso ordinário da Natureza, e cujos pontos extremos são os períodos mais distantes. Com efeito, tanto nos animais quanto nos vegetais, o excesso de multiplicação é normalmente seguido de esterilidade; a abundância e a escassez se apresentam alternadamente e, muitas vezes, sucedem-se tão de perto que seria possível avaliar a produção de um ano com base no produto do ano anterior. As macieiras, as ameixeiras, os carvalhos, as faias e a maior parte das outras árvores frutíferas e florestais dão frutos de modo abundante apenas a cada dois anos; as lagartas, os besouros, os arganazes e diversos outros animais que, em certos anos, se multiplicam em excesso, aparecem em pequeno número no ano seguinte. Afinal, o que seria de todos os bens da Terra, o que seria dos animais úteis, ou mesmo do próprio homem se, após esses anos de excesso, cada um desses insetos se reproduzisse, no ano seguinte, por meio de uma geração proporcional à sua quantidade? Mas não, as causas da destruição, da extinção e da esterilidade sucedem de imediato aquelas da multiplicação exageradamente grande; e, independentemente de toda contaminação, consequência necessária das maiores acumulações de toda e qualquer matéria viva presente em um mesmo lugar, há, para cada espécie, causas particulares de morte e destruição que indicaremos em seguida, e que, sozinhas, bastam para compensar os excessos das gerações precedentes.

No mais, repito ainda, isso não deve ser tomado em sentido absoluto, nem mesmo estrito, sobretudo no que concerne às espécies que não são completamente abandonadas à Natureza; aquelas às quais o homem dedica seus cuidados, a começar por sua própria, são mais abundantes do que seriam sem estes; mas, como esses cuidados também têm, eles mesmos, certos limites, também o crescimento que deles resulta já se limitou e fixou há muito tempo em barreiras permanentes; e, nos países civilizados, embora a espécie do homem e as de todos os animais úteis sejam mais numerosas do que em outros climas, elas jamais existem em excesso, pois a força que os faz nascer é a mesma que os destrói quando se tornam importunos.

Nos cantões reservados ao prazer da caça, matam-se às vezes quatrocentas ou quinhentas lebres em uma mesma batida. Esses animais multiplicam-se muito, estão a todo momento, e desde o primeiro ano de suas vidas, em condições de engendrar; as fêmeas carregam os filhotes por apenas 30 ou 31 dias, produzem três ou quatro pequenos e, assim que dão à luz, recebem novamente o macho; também os recebem enquanto estão prenhes, e, devido à conformação particular de suas partes genitais, a superfetação é frequente; pois há uma continuidade entre a vagina e o corpo do útero,[2] e não há um orifício nem um colo de útero tal como ocorre nos outros animais, mas as extremidades do útero têm, cada uma, um orifício que desemboca na vagina e se dilata durante a cópula; assim, essas duas extremidades são dois úteros distintos, separados e que podem agir independentemente um do outro, de modo que as fêmeas dessa espécie podem conceber e dar à luz, em épocas diferentes, a partir de cada um desses úteros; por conseguinte, as superfetações devem ser tão frequentes nesses animais quanto são raras naqueles que não têm esse órgão duplo.

Essas fêmeas podem, portanto, estar no cio e prenhes constantemente, e o que prova que elas são tão libidinosas quanto férteis é uma outra singularidade de sua conformação: elas têm a glande do clitóris proeminente e quase tão grande quanto a glande do pênis do macho; e, como a vulva quase não é aparente, e, além disso, os machos não têm nem o saco escrotal nem os testículos expostos para fora, quando são jovens, em geral é bastante difícil distinguir o macho da fêmea. Foi isso que levou à afirmação de que haveria, entre as lebres, muitos hermafroditas, que os machos às vezes produziam filhotes, tal como as fêmeas, que algumas delas eram ora machos, ora fêmeas, exercendo alternadamente as funções de cada sexo; pois essas fêmeas, aliás, sendo normalmente mais fogosas do que os machos, costumam abordá-los para acasalar, antes de serem por eles abordadas; em suma, elas são tão semelhantes a eles exteriormente que, a menos que se

---

2 Veja, em seguida, a descrição das partes internas da lebre. (N. A.)

observe de muito perto, é possível tomar a fêmea pelo macho, ou o macho pela fêmea.

Os filhotes nascem de olhos abertos, a mãe os amamenta durante vinte dias e, depois disso, eles se afastam dela e buscam por si mesmos seu alimento; esses filhotes não se distanciam muito uns dos outros, e tampouco do lugar onde nasceram; entretanto, vivem solitariamente, e cada um deles constrói, para si, uma toca a uma pequena distância em relação aos outros, algo em torno de 60 ou 80 passos; assim, quando encontramos um jovem lebracho em um local, podemos estar quase certos de que encontraremos ainda um ou dois mais nos arredores. Eles pastam mais durante a noite do que durante o dia, alimentam-se de ervas, raízes, folhas, frutos, grãos, e preferem as plantas cuja seiva é leitosa; roem a casca das árvores durante o dia, poupando apenas a tília e o amieiro. Quando os criamos, nós os alimentamos com alface e legumes; mas a carne dessas lebres nutridas tem sempre um gosto ruim.

Elas dormem ou repousam nas tocas durante o dia, vivendo, por assim dizer, apenas a noite; é durante a noite que passeiam, comem e acasalam; vemo-las, sob a luz da lua, brincar juntas, saltar e correr umas em seguida das outras; mas o menor movimento, ou mesmo o barulho de uma folha que cai, já é suficiente para perturbá-las; elas fogem, e fogem cada uma para um lado.

Alguns autores afirmaram que as lebres ruminam; eu, porém, não julgo que essa opinião seja razoável, uma vez que elas têm apenas um estômago e que, nos animais ruminantes, a conformação dos estômagos e dos outros intestinos é totalmente diferente: o *caecum* desses animais é pequeno, enquanto o da lebre é extremamente amplo, e, se somarmos à capacidade de seu estômago a desse grande *caecum*, compreenderemos facilmente que esse animal, sendo capaz de ingerir um grande volume de alimentos, pode viver apenas de ervas, assim como o cavalo e o asno, que também têm um grande *caecum*, bem como um único estômago, e que, por conseguinte, não podem ruminar.

As lebres dormem muito, e dormem com os olhos abertos; não têm cílios nas pálpebras, e parecem ter a vista ruim; têm, como que por compensação, o ouvido muito aguçado e a orelha em um tamanho desproporcional em relação ao do corpo; elas mexem essas orelhas compridas com extrema facilidade, servindo-se delas como de um leme para se guiarem na corrida, a qual é tão veloz que elas facilmente ultrapassam qualquer outro animal. Como suas pernas dianteiras são muito mais curtas do que as traseiras, é-lhes mais cômodo correr ao subir do que ao descer; assim, quando são perseguidas, começam sempre por ganhar a montanha: o movimento que fazem ao correr é uma espécie de galope, uma sequência de saltos muito ágeis e apressados; elas andam sem fazer barulho algum, pois seus pés são cobertos de pelos, mesmo na parte inferior; talvez sejam elas, também, os únicos animais que têm pelos dentro da boca.

As lebres vivem, no máximo, sete ou oito anos,[3] e a duração de sua vida é, assim como para os outros animais, proporcional ao tempo do desenvolvimento completo do corpo; elas crescem praticamente tudo o que devem crescer em um ano, e vivem cerca de sete vezes esse tempo; costuma-se apenas afirmar que os machos vivem mais tempo do que as fêmeas, mas duvido que essa observação seja correta. Elas passam suas vidas na solidão e no silêncio, e não escutamos sua voz senão quando as agarramos com força, as perturbamos ou ferimos: não se trata de um grito agudo, mas de uma voz bastante forte, cujo som é quase semelhante ao da voz humana. Não são tão selvagens quanto seus hábitos e costumes parecem indicar; são dóceis e suscetíveis a um certo tipo de educação; são facilmente domesticadas e se tornam até afáveis, mas jamais criam um vínculo grande o suficiente para se transformarem em animais domésticos; pois, mesmo aquelas que foram pegas pequenas e criadas em casa, assim que encontram uma oportunidade, se põem em liberdade e fogem para o campo. Pelo fato de terem um bom ouvido, e de poderem se sentar espontaneamente sobre suas patas traseiras, servindo-se das dianteiras como se fossem braços, já se viu algumas que foram colocadas para tocar tambor, para gesticular em cadência etc.

Em geral, não falta à lebre instinto de conservação nem sagacidade para escapar de seus inimigos; ela constrói uma toca para si, escolhe, no inverno,

---

3 Veja *La Vénerie de Jacques du Fovilloux*, Paris, 1614, fol.65, recto. (N. A.)

os lugares situados ao sul e, no verão, aloja-se no norte; para não ser vista, esconde-se entre as moitas que são da cor de seus pelos. "Eu vi", diz Du Fouilloux,[4]

uma lebre tão maliciosa que, quando ouvia a trombeta, se erguia da toca e, mesmo estando a um quarto de légua de distância, ia até uma lagoa, nadava e descansava no meio dela sobre os juncos, sem ser de modo algum caçada pelos cães. Vi uma lebre correr a umas duas horas à frente dos cães, e que, depois de ter corrido, empurrava uma outra de sua toca e metia-se nela. Vi outras que nadavam duas ou três vezes, de ponta a ponta, nas lagoas, cuja menor tinha 80 passos de largura. Outras, que, depois de terem corrido durante duas horas, entravam por sob a porta de um estábulo de ovelhas e lá repousavam, no meio dos animais. Outras, quando os cães as perseguiam, se metiam no meio de um rebanho de ovelhas que estava a passar pelo campo, não querendo deixar que as abandonassem. Outras que, ao ouvirem os cães correrem, se escondiam na terra. Outras que iam pelo lado de uma cerca e voltavam pelo outro, de modo que, entre elas e os cães, não havia mais do que o espaço da espessura da cerca. Outras que, depois de terem corrido por meia hora, subiam uma muralha de 6 pés de altura e iam repousar no canal de evacuação de uma lareira coberto de heras. Outras que cruzavam a nado, diante de mim, um rio que poderia ter 8 passos de largura, indo e voltando no sentido de seu comprimento, que era de 200 passos, mais de vinte vezes.

Mas são esses, sem dúvida, os maiores esforços de seu instinto; suas astúcias ordinárias são menos sutis e rebuscadas, pois, quando são perseguidas e atacadas, limitam-se a correr rapidamente e, em seguida, a ir e voltar em seus passos; elas não orientam sua corrida contra o vento, mas para o lado oposto: as fêmeas não se distanciam tanto quanto os machos e conseguem girar mais. Em geral, todas as lebres que nascem no próprio lugar em que são caçadas quase não se afastam dele, mas retornam à toca, e, quando são caçadas em dois dias seguidos, fazem, no dia seguinte, as

---

4 Fol.64 verso e 65 recto. (N. A.)

mesmas idas e voltas que fizeram na véspera. Quando uma lebre parte em linha reta e distancia-se muito do local em que foi atacada, tem-se a prova de que ela é estrangeira, e de que estava nesse lugar apenas de passagem. Com efeito, sobretudo na época de cio mais acentuada, que ocorre nos meses de janeiro, fevereiro e março, aparecem muitos machos que, devido à ausência de fêmeas em suas terras, caminham muitas léguas para encontrar uma e se detêm junto delas; porém, assim que são atacadas pelos cães, retornam à sua terra natal e não voltam mais. As fêmeas jamais saem, são mais gordas do que os machos e, no entanto, têm menos força e agilidade e mais timidez, pois não ficam aguardando os cães em suas tocas tão de perto quanto o fazem os machos; assim, elas multiplicam mais suas artimanhas e seus subterfúgios; são, também, mais delicadas e suscetíveis com relação às impressões do ar, temem a água e o orvalho, ao passo que, entre os machos, há muitas, as chamadas *lebres sarnentas*, que buscam as águas e são caçadas nas lagoas, pântanos e outros locais lodosos. A carne dessas lebres sarnentas tem um sabor muito ruim; em geral, todas as lebres que habitam as planícies baixas ou os vales têm a carne esbranquiçada e insossa, enquanto, nas regiões de colinas elevadas ou cheias de montanhas, onde há o serpão e outras ervas finas em abundância, os lebrachos, e até mesmo as lebres velhas, têm um sabor excelente. Deve-se apenas observar que, nessas mesmas regiões, aquelas que vivem no interior dos bosques não são nem de longe tão boas quanto aquelas que vivem nas estremas, ou que permanecem nos campos e nas vinhas; além disso, as fêmeas sempre têm a carne mais delicada do que a dos machos.

A natureza do solo tem influência sobre esses animais, assim como sobre qualquer outro: as lebres de montanha são maiores e mais gordas do que as da planície, e também têm uma cor diferente; as da montanha têm o corpo mais pardo e uma parte branca maior embaixo do pescoço, se comparadas com as da planície, que são quase vermelhas. Nas montanhas altas e nos países do Norte, elas se tornam brancas durante o inverno e, no verão, recuperam sua cor ordinária; apenas algumas poucas, e talvez as mais velhas, permanecem sempre brancas, já que todas ficam ou mais ou menos assim ao envelhecerem. As lebres de países quentes, da Itália, da

Espanha, de Berbéria, são menores do que as da França e dos outros países situados mais ao norte: segundo Aristóteles, elas também eram menores no Egito do que na Grécia. Estão igualmente espalhadas por todos os climas: há muitas na Suécia, na Dinamarca, na Polônia, em Moscou; muitas na França, na Inglaterra, na Alemanha; muitas na Berbéria, no Egito, nas ilhas do Arquipélago, sobretudo em Delos,[5] hoje Idilis, que era chamada de *Lagia* pelos gregos antigos, devido ao grande número de lebres que aí se encontrava. Por fim, há ainda muitas na Lapônia,[6] onde são brancas durante dez meses do ano e readquirem sua cor fulva apenas durante os dois meses mais quentes do verão. Parece-nos, assim, que os climas lhes são mais ou menos indiferentes; contudo, notamos que há menos lebres no Oriente do que na Europa, e poucas, ou nenhuma, na América Meridional, ainda que haja na Virgínia, no Canadá,[7] e até nas terras vizinhas à Baía de Hudson[8] e ao estreito de Magalhães; mas talvez essas lebres da América Setentrional sejam de uma espécie diferente daquela das nossas, pois os viajantes dizem que elas não apenas são muito mais gordas, mas que sua carne tem um sabor completamente distinto do sabor da carne de nossas lebres;[9] eles acrescentam que o pelo dessas lebres do norte da América nunca cai, e que, com eles, são feitos excelentes casacos. Nos países excessivamente quentes, tais como o Senegal, a Gâmbia, a Guiné,[10] e sobretudo nos cantões de Fida, de Apram e de Acra,[11] bem como em alguns outros países situados nas

---

5 Veja Dapper, *Description des Îles de l'Archipel*, Amsterdam, 1730, p.375. (N. A.)

6 Veja Regnard, *Voyage en Laponie, Oeuvres de M. Reignard*, Paris, 1742, t.I, p.180; Valerio Zani, *Il genio vagante*, Parma, 1691, t.II, p.46; Pierre de La Martinière, *Voyage des pays septentrionaux*, Paris, 1671, p.74. (N. A.)

7 Veja o relato de la Gaspésie por Leclercq, *Nouvelle relation de la Gaspésie*, Paris, 1691, p.488, 489, 491 e 492. (N. A.)

8 Veja a viagem de Robert Lade, *Voyages du capitaine Robert Labe en différents pays de l'Afrique, de l'Asie et de l'Amerique*, Paris, 1744, t.II, p.317; e a sequência de viagens de Dampier, t.V, p.167. (N. A.)

9 Veja a viagem de Robert Lade, 1744, t.II, p.317; e a sequência de viagens de Dampier, t.V, p.167. (N. A.)

10 Veja Prévost, *Histoire générale des voyages*, 1747, t.III, p.235 e 296. (N. A.)

11 Acra é a atual capital de Gana; Fida é um outro nome do reino de Juda, atualmente em Benim (Uidá); e Apram é um forte holandês na costa de Gana. (N. T.)

zonas tórridas tanto da África quanto da América, tais como a Nova-Holanda e as terras do istmo do Panamá, também se encontram animais que os viajantes confundiram com as lebres, mas que são, na verdade, espécies de coelhos;[12] pois o coelho é originário dos países quentes, e não é encontrado nos climas setentrionais, enquanto a lebre, por ser muito maior e mais forte, habita um clima mais frio.

Esse animal, tão apreciado nas mesas da Europa, não agrada o paladar dos orientais: é verdade que a lei de Maomé e, mais antigamente, a lei dos judeus proibiram o uso tanto da carne de lebre quanto da carne de porco; mas os gregos e os romanos não faziam tanto caso disso quanto nós: *Inter quadrupedes gloria prima Lepus*, diz Martial.[13] De fato, sua carne é excelente, e até mesmo seu sangue é bom de comer, pois é o mais doce de todos; a gordura não tem qualquer relação com a delicadeza da carne, pois a lebre jamais se torna gorda quando está em liberdade no campo, mas morre com frequência devido à gordura excessiva, quando a alimentamos em casa.

A caça da lebre é o divertimento e, muitas vezes, a única ocupação das pessoas ociosas do campo: pelo fato de poder ser realizada sem aparato e sem gastos, e por ser até mesmo útil, ela convém a todos; costuma-se ir de manhã ou à tarde até a ponta do bosque, a fim de aguardar a lebre em sua entrada ou em sua saída; procura-se por elas durante o dia nos lugares onde se entocam; quando há um frescor no ar graças ao sol brilhante, e a lebre se mete na toca depois de ter corrido, o vapor de seu corpo forma uma pequena fumaça que os caçadores percebem de muito longe, sobretudo se seus olhos forem treinados para esse tipo de observação: conheci alguns que, conduzidos por esse indício, partiam a meia légua de distância para matar a lebre na toca. Ela normalmente permite que nos aproximemos bastante, sobretudo se não dermos mostras de que estamos a observá-la e se, em vez de andarmos direto em sua direção, virarmos obliquamente para

---

12 Veja Dampier, *Voyage aux terres Australes, à la Nouvelle-Hollande etc.*, Rouen, 1715, t.IV, p.111; e a viagem de Wafer impressa logo após àquela de Dampier [Lionel Wafer, *Voyage de M. Wafer*, inserida na obra de Dampier], t.IV, p.224. (N. A.)

13 "Entre os quadrúpedes, o mais glorioso é a lebre." [Marcial, *Epigramas*, XIII, p.xcii]. (N. T.)

dela nos acercarmos. Ela teme mais os cães do que os homens, e, quando escuta um cão, ou quando sente sua presença, parte de uma distância maior: embora corra mais rápido do que os cães, ela não faz um percurso em linha reta, mas fica girando em torno do lugar em que foi atacada; é por isso que os lebréus, que costumam caçá-la mais por meio da visão do que por meio do olfato, interrompem seu caminho, apanham-na e matam-na. Ela gosta de ficar no campo durante o verão, nas vinhas durante o outono e nos bosques durante o inverno, podendo-se a todo tempo, sem nela atirar, forçá-la a correr com os cães de caça; ela também pode ser apanhada pelas aves de rapina; as corujas, os gaviões, as águias, as raposas, os lobos e os homens também lhe fazem a guerra: ela tem tantos inimigos que deles não escapa senão por acaso, sendo muito raro que a deixem gozar do pequeno número de dias que Natureza lhe estimou.

Os animais predadores[*]

Tratamos até aqui apenas dos animais úteis; os nocivos são em número muito maior. E, embora na somatória geral o que faz mal pareça mais abundante do que o que serve, tudo, entretanto, está ordenado, pois, no universo físico, o mal compete com o bem e nada faz efetivamente mal à Natureza. Se fazer mal é destruir os seres animados, o homem, como parte do sistema geral desses seres, não é a espécie mais nociva de todas? Só ele imola, aniquila mais indivíduos vivos do que devoram todos os animais carnívoros. Se são nocivos, portanto, é porque são rivais do homem, porque têm os mesmos apetites, o mesmo gosto pela carne e porque, para atender a uma carência de primeira necessidade, disputam com ele uma presa que ele mesmo

* Tomo VII, 1758, p.3-38.

reservaria para seus excessos; pois, à nossa intemperança, sacrificamos mais do que oferecemos às nossas necessidades. Destruidores natos dos seres subordinados a nós, esgotaríamos a Natureza se ela não fosse inesgotável, se por uma fecundidade tão grande quanto nossa depravação, ela não soubesse reparar sozinha a si mesma e se renovar. Mas, na ordenação geral, a morte serve à vida, a reprodução nasce da destruição. Por maior e mais prematuro que seja, portanto, o consumo do homem e dos animais carnívoros,[1] o recurso, a quantidade total de substância viva não é diminuída, e, se precipitam as destruições, ao mesmo tempo aceleram os novos nascimentos.

No universo, os animais que fazem figura por seu tamanho responder pela menor parcela das substâncias vivas. A Terra formiga de pequenos animais. Cada planta, cada semente, cada partícula de matéria orgânica contém milhões de átomos animados. Os vegetais parecem ser os recursos iniciais da Natureza, mas esses recursos de subsistência, mesmo sendo abundantes e inesgotáveis, bastariam apenas ao número ainda mais abundante de toda espécie de insetos. Sua multiplicação, tão numerosa e mais rápida do que a reprodução das plantas, indica de modo suficiente o quanto são superabundantes, pois as plantas apenas se reproduzem anualmente. É preciso uma estação inteira para que ela forme sua semente, ao passo que nos insetos, e sobretudo nas menores espécies, como a dos pulgões, uma única estação basta para muitas gerações. Desse modo, eles se multiplicariam mais do que as plantas, se não fossem destruídos pelos outros animais, para os quais parecem ser o pasto natural, como as ervas e as sementes parecem ser o alimento preparado para si mesmos. Também entre os insetos há muitos que vivem de outros insetos; há até algumas espécies que, como a das aranhas, devoram indiferentemente as outras espécies e a sua. Todos servem de repasto para os pássaros, e os pássaros domésticos e selvagens alimentam o homem ou tornam-se presa dos animais carnívoros.

Assim, a morte violenta é uma prática quase tão necessária quanto a lei da morte natural: são dois meios de destruição e de renovação, um serve

---

1 Em francês, *carnassier*, termo genérico que inclui *carnivore*, utilizado para o cão, o lobo etc. (N. T.)

para conservar a perpétua jovialidade da natureza, o outro para manter a ordem de suas produções, limitando por si mesmo a quantidade das espécies. Ambos são efeitos que dependem de causas gerais. Cada indivíduo que nasce, sucumbe por si mesmo ao fim de um tempo, ou, quando é prematuramente destruído pelos outros, é porque estava em excesso. E quantos não são suprimidos antecipadamente! Quantas flores colhidas na primavera! Quantas raças se extinguem no momento de seu nascimento! Quantos germes aniquilados antes de seu desenvolvimento! O homem e os animais carnívoros vivem de indivíduos inteiramente formados ou prestes a sê-lo; a carne, os ovos, as sementes, os germes de todo tipo compõem sua alimentação ordinária. Só isso pode limitar a exuberância da Natureza. Considere-se por um instante uma dessas espécies inferiores que servem de repasto para as outras, por exemplo, a dos arenques: eles vêm aos milhares se oferecer a nossos pescadores e, depois de ter alimentado todos os monstros dos mares do Norte, proveem ainda a subsistência de todos os povos da Europa durante uma parte do ano. Que pululação prodigiosa a desses animais! Se não fossem em grande parte destruídos por outros, quais seriam os efeitos dessa imensa multiplicação! Os de sua espécie seriam suficientes para recobir a superfície inteira do mar; mas então se destruiriam por si mesmos: sem alimento suficiente, sua fecundidade diminuiria; o contágio e a escassez fariam o mesmo que o consumo, o número de animais não aumentaria e o dos que se alimentam diminuiria. Pode-se dizer o mesmo de todas as outras espécies, e, logo, é necessário que uns vivam dos outros. A morte violenta dos animais é uma prática legítima, inocente, fundada na Natureza, e que faz parte de sua condição.

Reconheçamos, contudo, que o motivo pelo qual se queria pôr isso em dúvida é honroso para com o gênero humano. Os animais, ao menos os que têm sentidos, carne e sangue, são seres sensíveis. Como nós, eles são capazes de prazer e estão sujeitos à dor. Há, portanto, uma espécie de cruel insensibilidade em sacrificar, sem necessidade, sobretudo aqueles que se aproximam de nós, que vivem como nós, cujo sentimento se reflete em nossa direção, e que são marcados pelos signos da dor; já aqueles cuja natureza é diferente da nossa pouco nos afetam. A piedade natural está fundada sobre as relações

que temos com o objeto que sofre. É tão mais viva quanto maior a semelhança, a conformidade de natureza; sofre-se vendo sofrer seu semelhante.
Compaixão: essa palavra exprime de modo suficiente que o que se reparte é
um sofrimento, uma paixão. Entretanto, é menos o homem que sofre do
que sua própria natureza que padece, que se revolta maquinalmente e se
põe em um uníssono de dor. A alma participa menos que o corpo nesse sentimento de piedade natural, e os animais são tão suscetíveis a ela como o
homem. O grito da dor os comove, eles se socorrem prontamente e recuam
diante da visão de um cadáver de sua espécie. Assim, o horror e a piedade
são menos paixões da alma do que afeições naturais que dependem da sensibilidade do corpo e da similaridade da conformação. Esse sentimento deve,
portanto, diminuir à medida que as naturezas se distanciam. Um cão que é
castigado, um cordeiro que é degolado despertam em nós alguma piedade;
uma árvore que é cortada, uma ostra que é mordida não provoca em nós
sentimento algum.

Como duvidar que os animais cuja organização é semelhante à nossa
experimentam sensações semelhantes às nossas? Eles são sensíveis, já que
têm sentidos, e o são tão mais sensíveis quanto mais esses forem ativos e
perfeitos. Aqueles cujos sentidos, ao contrário, são obtusos, têm um sentimento refinado? E nesses em que falte algum órgão, algum sentido, não
faltariam todas as sensações que lhes são relativas? O movimento é o efeito
necessário do exercício do sentimento. Provamos[2] que qualquer que seja
a maneira pela qual um ser está organizado, se é dotado de sentimento,
não pode deixar de expressá-lo por movimentos externos. Desse modo,
as plantas, embora bem organizadas, são seres insensíveis, assim como o
são também os animais que, como elas, não têm qualquer movimento aparente. Entre os animais, os que têm, como a planta denominada *sensitiva*,
unicamente movimento sobre si mesmos e são privados do movimento
progressivo, têm somente um pouco de sentimento. Por fim, os que têm
um movimento progressivo, mas que, como autômatos, fazem apenas um

---

2 Veja o "Discurso sobre a natureza dos animais", v.IV desta *História Natural*. (N. A.)
[p.431ss., deste volume. (N. T.)]

pequeno número de coisas, e sempre da mesma maneira, não têm senão uma fraca porção de sentimento, limitada a um pequeno número de objetos. Quantos autômatos não há na espécie humana! E como a educação e a comunicação de ideias não aumentam a quantidade, a vivacidade do sentimento! A esse respeito, que diferença entre o homem selvagem e o civilizado, entre a camponesa e a mundana! O mesmo vale para os animais, os que vivem conosco se tornam mais sensíveis por essa comunicação, enquanto os que permanecem selvagens não mais que a sensibilidade natural, muitas vezes mais segura, contudo sempre menor do que a adquirida.

Além disso, considerando o sentimento apenas como uma faculdade natural, e também independentemente de seu resultado aparente, isto é, dos movimentos que produz necessariamente em todos os seres que deles são dotados, pode-se ainda julgá-lo, estimá-lo e determinar aproximadamente seus diferentes graus por relações físicas, às quais, me parece, não damos muita atenção. Para que o sentimento se encontre no mais alto grau em um corpo animado, é preciso que esse corpo forme um todo, o qual seja não somente sensível em cada uma de suas partes, mas seja ainda composto de maneira que todas as partes sensíveis tenham entre si uma correspondência íntima, de modo que a vibração de uma seja comunicada a cada uma das outras. Além disso, é preciso que haja um centro principal e único, ao qual possam chegar as diferentes vibrações, como se fosse um ponto de apoio geral e comum, sobre o qual a reação de todos esses movimentos é produzida. Assim, o homem e os animais que, por sua organização, mais se assemelham ao homem, são os seres mais sensíveis; ao contrário, os que não formam um todo completo, cujas partes têm uma correspondência menos íntima, que têm muitos centros de sentimento e que, sob um mesmo invólucro, não parecem encerrar um todo único, um animal perfeito, mas antes, contêm muitos centros de existência separados ou diferentes uns dos outros, são seres muito menos sensíveis. Um pólipo que é cortado, e cujas partes divididas vivem separadamente; uma vespa, cuja cabeça, embora separada do corpo, move-se, vive, age e se alimenta como antes; um lagarto que tem uma parte de seu corpo cortada não perde nem o movimento nem o sentimento; os membros de um caranguejo amputado se renovam; o coração da tartaruga bate por muito tempo depois de ter sido arrancado; nos insetos, as principais vísceras, como o coração e os pulmões, não formam um todo no centro do animal, mas estão divididos em muitas partes, estendem-se ao longo do corpo e formam, por assim dizer, uma sequência de vísceras, de corações e de traqueias; os órgãos de circulação e de respiração dos peixes não têm mais do que uma pequena ação e diferem muito daqueles dos quadrúpedes e também dos dos cetáceos; enfim, todos os animais cuja organização se distancia da nossa têm pouco sentimento, e este é tão mais escasso quanto mais diferente da nossa ela for.

No homem e nos animais que se assemelham a ele, o diafragma parece ser o centro do sentimento. Sobre essa parte nervosa incidem as impressões da dor e do prazer; sobre esse ponto de apoio se exercem todos os movimentos do sistema sensível. O diafragma corta transversalmente o corpo inteiro do animal e o divide com muita exatidão em duas partes iguais: a superior encerra o coração e o pulmão, a inferior contém o estômago e os intestinos. Essa membrana é dotada de uma extrema sensibilidade, e de uma necessidade tão grande para a propagação e a comunicação do movimento e do sentimento, que o mais leve ferimento, seja no centro nervoso, seja na circunferência ou mesmo nos ligamentos do diafragma, é acompanhado de convulsões e frequentemente seguido de uma morte violenta. O cérebro, que se diz ser a sede das sensações, não é, portanto, o centro do sentimento, já que, pelo contrário, é possível feri-lo ou cortá-lo sem que se siga a morte. Por experiência, notamos que, após ter retirado uma porção considerável da substância que compõe o cérebro, o animal não deixa de viver, de se movimentar e de sentir em todas as suas partes.

Distingamos, portanto, a sensação do sentimento. A sensação não é mais do que uma vibração do sentido, e o sentimento é essa mesma sensação tornada agradável ou desagradável pela propagação dessa vibração pelo sistema sensível como um todo. Digo a sensação tornada agradável ou desagradável, pois está aí o que constitui a essência do sentimento; seu caráter único é o prazer ou a dor, e todos os movimentos que não têm nem um nem outro, embora se passem dentro de nós mesmos, são indiferentes para nós e não nos afetam. O movimento externo e o exercício de todas as forças do animal dependem do sentimento; ele não age senão enquanto é afetado, isto é, enquanto sente, e essa mesma parte que tomamos como o centro do sentimento é também o centro das forças, ou, se assim se quer, o ponto de apoio comum sobre o qual elas se exercem. O diafragma é para o animal o que o colo é para as plantas: ambos os cortam transversalmente e servem de ponto de apoio para forças opostas, pois, na árvore, as forças que impelem para cima as partes que devem formar o tronco e os ramos, assim como as forças opostas que impelem para baixo as partes que formam as raízes, incidem no colo e apoiam-se sobre ele.

Por pouco que se examine, perceber-se-á facilmente que todas as afeições íntimas, as emoções vivas, as eclosões de prazer, as comoções, as dores, as náuseas, a tontura, todas as impressões fortes das sensações tornadas agradáveis ou desagradáveis se fazem sentir dentro do corpo, na região mesma do diafragma. No cérebro, pelo contrário, não há nenhum indício de sentimento, e na cabeça tem-se apenas as sensações puras, ou melhor, as representações dessas mesmas sensações simples e despidas dos caracteres do sentimento. Somente se recorda que tal ou tal sensação nos foi agradável ou desagradável, e se essa operação, feita na cabeça, é seguida de um sentimento vivo e real, então sente-se sua impressão dentro do corpo e sempre na região do diafragma. Desse modo, no feto, onde essa membrana está sem exercício, o sentimento é nulo ou tão fraco que nada pode produzir. Também os pequenos movimentos feitos pelo feto são antes maquinais do que dependentes das sensações e da vontade.

Qualquer que seja a matéria que sirva de veículo ao sentimento e que produza o movimento muscular, é certo que ela se propaga pelos nervos e se comunica em um instante indivisível de uma extremidade a outra do sistema sensível. Não importa a maneira pela qual esse movimento se execute, se por vibrações como em cordas elásticas ou se por um fogo sutil, por uma matéria semelhante àquela da eletricidade, que não somente reside nos corpos animados, como também em todos os outros corpos; é, contudo, continuamente regenerado pelo movimento do coração e dos pulmões, pelo atrito do sangue nas artérias e também pela ação das causas exteriores sobre os órgãos dos sentidos. É certo ainda que os nervos e as membranas são as únicas partes sensíveis no corpo animal. O sangue, a linfa, todos os outros líquidos, as gorduras, os ossos, as carnes, todos os outros sólidos, são, por si mesmos, insensíveis. A substância que compõe o cérebro também: ela é mole e sem elasticidade, incapaz de produzir, propagar ou emitir o movimento, as vibrações ou as oscilações do sentimento. As meninges, pelo contrário, são muito sensíveis: são os invólucros de todos os nervos. Como eles, têm sua origem na cabeça, dividem-se como os ramos dos nervos e se estendem até suas menores ramificações. Elas são, por assim dizer, nervos achatados, suas substâncias são a mesma, têm quase o mesmo grau de elasticidade. Compõem parte, e parte necessária, do sistema sensível. Caso se afirme, portanto, que a sede das sensações é na cabeça, será nas meninges e não na parte medular do cérebro, cuja substância é completamente diferente.

A opinião de que a sede de todas as sensações e o centro de toda sensibilidade estava no cérebro deve-se ao fato de que os nervos, que são os órgãos do sentimento, terminam todos na substância cerebral, que indicamos desde então como a única parte comum que pôde receber todas as vibrações e impressões. Não foi preciso mais para que o cérebro se tornasse o princípio do sentimento, o órgão essencial das sensações, em uma palavra, o *sensorium* comum. Essa suposição pareceu tão simples e tão natural que não foi considerada a impossibilidade física que ela encerra, mas que é, no entanto, muito evidente. Pois, como é possível que uma parte insensível, uma substância mole e inativa, tal como a do cérebro, seja o próprio órgão do sentimento e do movimento? Como é possível que essa parte mole e insensível não somente receba essas impressões, mas as conserve por muito tempo e propague as vibrações em todas as partes sólidas e sensíveis? Dir-se-á, talvez, segundo Descartes ou segundo o sr. De La Peyronie, que não é na substância que compõe o cérebro, mas na glândula pineal ou no corpo caloso que reside esse princípio.[3] Contudo, basta lançar um olhar sobre a conformação do cérebro para reconhecer que essas partes, a glândula pineal e o corpo caloso, nas quais se quis colocar a sede das sensações, não podem

---

3 Buffon retoma aqui a discussão de Diderot no verbete "Alma" da *Enciclopédia*, incluído no volume 6 da edição brasileira. (N. T.)

ser vistas como nervos, estão todas envoltas pela substância insensível que compõe o cérebro, e separadas dos nervos de maneira que elas não possam receber deles os movimentos e, desde então, essas suposições caem por terra tanto quanto a primeira.

Mas qual será, portanto, o uso, quais serão as funções dessa parte tão nobre e tão capital? O cérebro não se encontra em todos os animais? No homem, nos quadrúpedes, nos pássaros, todos dotados de pleno sentimento, não é ele mais extenso, maior e mais considerável do que nos peixes, nos insetos e nos outros animais, nos quais é menor? Assim que é comprimido, não desaparece o movimento? Não cessa toda ação? Se essa parte não é o princípio do movimento, por que seria tão necessária, tão essencial a ele? Por que, em cada espécie de animal, ela é proporcional à quantidade de sentimento de que está dotado?

Creio que posso responder de maneira satisfatória a essas questões, por mais difíceis que pareçam. Mas para isso é preciso, como eu faço, ver, por um instante, o cérebro apenas como a substância da qual é composto, e nada supor nele, para além daquilo que se pode nele perceber por meio de uma inspeção atenta e por um exame refletido. A substância que compõe o cérebro, tal como a medula oblonga e a espinhal, que nada mais são que seu prolongamento, é uma espécie de mucilagem mal organizada. Nela, distinguem-se somente as extremidades das pequenas artérias que chegam ali em número muito grande e que carregam não sangue, mas uma linfa branca e nutritiva. (Quando essas mesmas pequenas artérias ou vasos linfáticos aparecem em todo o seu comprimento na forma de filetes muito delgados as partes da substância que compõem o cérebro são desunidas pela maceração.) Os nervos, ao contrário, não penetram a substância do cérebro: eles chegam apenas até a superfície, perdem antes sua solidez, elasticidade, e suas últimas extremidades, isto é, as extremidades mais próximas do cérebro, são moles e quase mucilaginosas. Por essa exposição, que nada apresenta de hipotético, parece que o cérebro, que é nutrido pelas artérias linfáticas, por sua vez, fornece o alimento aos nervos e deve ser considerado como uma espécie de vegetação que parte do cérebro para troncos e ramos, os quais, na sequência, se dividem em uma infinidade de pequenas ramificações. O cérebro é para o nervo o que a terra é para as plantas; as últimas extremidades dos nervos são as raízes que, em todos os vegetais, são mais tenras e moles do que o tronco ou os ramos. Eles obtêm essa matéria dúctil da própria substância do cérebro, para a qual as artérias trazem continuamente a linfa necessária para supri-la. O cérebro, em vez de ser a sede das sensações, o princípio do sentimento, não será, portanto, mais do que um órgão de secreção e de nutrição, mas um órgão muito essencial, sem o qual os nervos não poderiam nem crescer nem se conservar.

Esse órgão é maior no homem, nos quadrúpedes, nos pássaros, porque a quantidade e o volume de nervos é, nesses animais, maior do que nos peixes e nos insetos, cujo sentimento é fraco por essa mesma razão. Eles têm apenas um pequeno cérebro, proporcional à pequena quantidade de nervos que nutre. E não posso deixar de notar que o homem não tem, como se supôs, o cérebro maior do que todo outro animal, pois há espécies de símios e cetáceos que, proporcionalmente ao volume de seu corpo, têm mais cérebro do que o homem: outro fato que prova que o cérebro não é nem a sede das sensações nem o princípio do sentimento, já que esses animais teriam, então, mais sensações e sentimentos do que o homem.

Se se considera a maneira pela qual a nutrição das plantas acontece, notar-se-á que elas não retiram as partes grosseiras da terra ou da água. Para que as raízes possam bombeá-las, é preciso que as partes sejam reduzidas em vapores tênues pelo calor. Do mesmo modo, nos nervos, a nutrição apenas se faz mediante as partes mais sutis da umidade do cérebro que são bombeadas pelas extremidades ou raízes dos nervos e, daí, são levadas para todas as ramificações do sistema sensível. Esse sistema compõe, como dissemos, um todo, cujas partes têm uma conexão muito cerrada, uma correspondência muito íntima, de modo que não se pode ferir um sem abalar violentamente todas as outras. O ferimento, o simples estremecimento do mais ínfimo nervo, basta para causar uma viva irritação em todos os outros, e põe o corpo em convulsão; e a dor e as convulsões só desaparecem cortando-se esse nervo logo acima do ponto lesado, com o que as terminações do nervo tornam-se para sempre imóveis, insensíveis. O cérebro não deve ser considerado como parte do mesmo gênero, nem como porção orgânica do sistema dos nervos, já que não tem as mesmas propriedades nem a mesma substância, não é sólido, elástico ou sensível. Quando comprimido, a ação do sentimento desaparece. Mas isso prova que é um corpo estranho a esse sistema, que agindo então por seu peso sobre as extremidades dos nervos, pressiona-os e os entorpece, da mesma maneira que um peso aplicado sobre o braço, sobre a perna ou sobre qualquer parte do corpo entorpece os nervos e os amortece o sentimento. A melhor prova de que essa interrupção do sentimento por compressão é uma mera suspensão, um mero entorpecimento, é que, no instante em que o cérebro cessa de ser comprimido, o sentimento renasce e o movimento se restabelece. Cortando-se a substância medular e ferindo-se o cérebro até o corpo caloso, seguem-se a convulsão, a privação de sentimento e até a própria morte; mas isso acontece porque os nervos estão inteiramente desordenados, ou, por assim dizer, desenraizados e feridos em conjunto e na origem.

Eu poderia acrescentar a essas razões, fatos particulares que provam igualmente que o cérebro não é nem o centro do sentimento nem a sede das sensações. Viram-se animais e também crianças nascerem sem cabeça e sem cérebro e que, contudo, tinham sentimento, movimento e vida. Há classes inteiras de animais, como os insetos e vermes, nos quais o cérebro não é uma massa distinta nem um volume perceptível; têm apenas uma parte correspondente à medula oblonga e à espinhal. Haveria, pois, mais razão de colocar a sede das sensações e do sentimento na medula espinhal, que não falta em nenhum animal, do que no cérebro, que não é uma parte geral e comum a todos os seres sensíveis.

O maior obstáculo para o avanço dos conhecimentos do homem está menos nas próprias coisas do que na maneira com que ele as considera; por mais complicada que seja a máquina de seu corpo, ela é mais simples do que suas ideias. É menos difícil ver a Natureza tal como ela é do que a reconhecer tal como nós a apresentamos; ela não traz mais do que um véu,[4] nós lhe damos uma máscara e a cobrimos de juízos preconcebidos, supomos que ela age,

---

4 A imagem da Natureza recoberta por um véu evoca o escrito da interpretação *Da Natureza*, de Diderot, cujas considerações Buffon retoma nos parágrafos seguintes. Veja Diderot, *Da interpretação da Natureza*. Trad. Magnólia Costa dos Santos. São Paulo: Iluminuras, 1989.

que opera assim como agimos e pensamos. Contudo, esses atos são evidentes, e nossos pensamentos são obscuros; nós carregamos para essas obras as abstrações de nosso espírito, nós lhes emprestamos nossos meios, não conheceríamos seus fins senão por nossas intenções, e misturamos perpetuamente o produto ilusório e variável de nossa imaginação a essas operações, que são constantes, e a esses fatos, que são sempre certos.

Não me refiro a esses sistemas puramente arbitrários, a essas hipóteses frívolas, imaginárias, nas quais se reconhece à primeira vista que damos para nós mesmos, em vez da realidade, apenas a quimera; percebo os métodos pelos quais se procura a Natureza. A própria rota experimental produziu menos verdades do que erros: essa via, embora a mais segura, não é percorrida em segurança senão quando bem dirigida; por pouco menos oblíqua que esteja, chega-se a plagas estéreis, em que só se veem obscuramente alguns objetos esparsos. Contudo, esforços são feitos para reuni-los, supondo-lhes relações mútuas e propriedades comuns; e como se passou e repassou com complacência sobre os tortuosos passos que foram dados, o caminho parece trilhado e, embora não leve a nada, todo mundo o segue, adota o método e admite suas consequências como princípios. Poderia dar prova disso despido a origem do que se chamam princípios de todas as ciências, abstratas ou reais. Nas primeiras, a base geral dos princípios é a abstração, isto é, uma ou várias suposições;[5] nas outras, os princípios são apenas as consequências, boas ou más, dos métodos que se seguem. E para falar aqui unicamente da anatomia, o primeiro que, vencendo a repugnância natural, se atreve a abrir um corpo humano, não crê que o percorrendo, dissecando e dividindo em todas as suas partes, prontamente conheceria sua estrutura, seu mecanismo e suas funções? Mas tendo descoberto a coisa infinitamente mais complicada do que se pensava, logo foi preciso renunciar às suas pretensões, sendo obrigado a criar um método, não para conhecer e julgar, mas somente para ver, e ver com ordem. Esse método não foi a obra de um só homem, já que foram necessários todos os séculos

---

5 Veja as provas que dou para isso no volume I desta obra, no fim do Primeiro Discurso. (N. A.)

para aperfeiçoá-lo, ainda que hoje ocupe somente nossos mais hábeis anatomistas. Contudo, esse método não é a ciência, mas apenas o caminho que
deveria conduzir a ela, e que de fato talvez tivesse conduzido se, em vez de
sempre se passar pela mesma linha em uma senda estreita, se estendesse a
via e se confrontasse a anatomia do homem e a dos animais. Pois esse conhecimento real pode ser extraído de um objeto isolado? O fundamento de
toda ciência não está na comparação que o espírito humano pode fazer dos
objetos semelhantes e diferentes, de suas propriedades análogas ou contrárias, e de todas as suas qualidades relativas? O absoluto, se existe, não é da
competência de nossos conhecimentos; nós não julgamos e não podemos
julgar as coisas senão pelas relações que têm entre si. Assim, todas as vezes
que um método se ocupa apenas do objeto, considerando-o isolado e de
modo independente do que se assemelha e se difere dele, não se pode chegar a nenhum conhecimento real e menos ainda se elevar a algum princípio
geral; não se poderá dar mais do que nomes e fazer descrições da coisa e de
todas as suas partes. Por isso, há 3 mil anos dissecam-se cadáveres humanos, e a anatomia é ainda apenas uma nomenclatura e mal deu alguns passos em direção ao seu objeto real, que é a ciência da economia animal. Além
disso, quantas falhas no próprio método, que, entretanto, deveria ser claro e
simples, já que depende da inspeção e não chega senão a denominações! Por
tomarmos esse conhecimento nominal pela verdadeira ciência, ocupamo-nos
apenas em aumentar, em multiplicar a quantidade dos nomes em vez de
limitar a das coisas. Demorou-se nos detalhes, quis-se encontrar diferenças
onde tudo estaria junto; criando novos nomes, acreditou-se fornecer coisas novas; descreveu-se com uma exatidão minuciosa as menores partes e se
chamou de descoberta a descrição de alguma parte ainda menor, esquecida
e negligenciada pelos anatomistas precedentes. As próprias denominações,
tendo muitas vezes sido tomadas de objetos que não teriam relação alguma
com os que se queria designar, serviram apenas para aumentar a confusão. O
que se designa *testes* e *nates*[6] no cérebro não é a mesma coisa que as partes da

---

6 *Enciclopédia*, verbete "Cérebro" (Tarin, II, 862): "Atrás do terceiro ventrículo se encontra um pequeno corpo glanduloso, nomeado *glândula pineal*, e embaixo desta

substância que compõe o cérebro, semelhantes ao todo, e que não merece-
riam um nome? Tomados ao acaso ou dados por juízo preconcebido, esses
nomes produziram em seguida, por si próprios, novos juízos antecipados
e opiniões casuais; outros nomes atribuídos a partes malvistas, ou que até
mesmo não existiam, foram novas fontes de erros. Quantas funções e usos
não quiseram dar para a glândula pineal, ao espaço dito vazio que se chamou
abóbada, no cérebro, ao passo que uma não é nada mais do que uma glândula e que a outra é muito duvidosa que exista, já que esse espaço vazio só
pode ser produzido pela mão do anatomista e pelo método de dissecção![7]

O que há de mais difícil nas ciências não é, portanto, conhecer as coisas
que são seu objeto direto, mas que se tem antes de despi-las de uma infinidade de invólucros com que foram cobertas, eliminar delas todas as cores
falsas com que foram mascaradas, examinar o fundamento e o resultado
do método pelo qual são buscadas, separar delas o que lhes foi arbitrariamente colocado, e, enfim, esforçar-se por reconhecer os juízos antecipadamente formulados e os erros adotados, que essa mistura do arbitrário com
o real fez nascer. Tudo isso é necessário para reencontrar a Natureza, mas,
em seguida, para conhecê-la, tem-se apenas de compará-la consigo mesma.
Na economia animal, ela nos parece muito misteriosa e muito oculta, não
somente porque seu objeto é muito complicado e o corpo humano é, de
todas as suas produções, a menos simples, mas sobretudo porque não foi
comparada consigo mesma e, tendo negligenciado esses meios de comparação, únicos que poderiam nos esclarecer, permanece-se na obscuridade da
dúvida ou na confusão das hipóteses. Temos milhares de volumes sobre a
descrição do corpo humano, e apenas alguns memoriais sobre a dos animais
começados. No homem, reconheceram-se, nomearam-se, descreveram-se as
menores partes, ao passo que se ignora nos animais se são encontradas, não
apenas essas partes pequenas, mas também as maiores. Atribuem-se algumas funções a alguns órgãos, sem se estar informado se nos outros seres,

glândula, os tubérculos quadrigêmeos, que denominamos *nates* os superiores e *testes*
os inferiores". Ed. bras., op. cit., v.6. (N. T.)

7 Veja sobre esse tema o Discurso de Sténon, *Discours de M. Sténon sur l'anatomie du cer-
veau à Messieurs de l'Assemblée*, Paris, 1669. (N. A.)

embora privados desses órgãos, as mesmas funções não são executadas; de modo que em todas essas explicações que se quis dar para as diferentes partes da economia animal, teve-se a dupla desvantagem de ter, primeiramente, atacado o objeto mais complicado e, em seguida, de ter raciocinado sobre o mesmo objeto sem fundamento de relação e sem o auxílio da analogia.

Por toda a parte no curso desta obra, seguimos um método muito diferente: comparando sempre a Natureza consigo mesma, nós a consideramos em suas relações, em suas oposições, em seus extremos, e, para citar aqui somente as partes relativas à economia animal que tivemos a oportunidade de tratar, como a geração, os sentidos, o movimento, o sentimento e a natureza dos animais, será fácil reconhecer que após o trabalho, algumas vezes extenso, porém sempre necessário, de afastar as falsas ideias, destruir os juízos preconcebidos, separar o arbitrário do real da coisa, a única arte que empregamos é a da comparação: se tivemos êxito em propagar alguma luz sobre esses assuntos, tem-se menos de atribuí-lo ao gênio do que a esse método que seguimos constantemente e que tornamos tão geral e tão extenso quanto nos permitiram nossos conhecimentos. E, como todos os dias obtemos informações pelo exame e pela dissecção das partes interiores dos animais, e para raciocinar sobre a economia animal é preciso ter visto desse modo ao menos todos os gêneros de animais diferentes, não nos apressaremos em dar ideias gerais antes de ter apresentado os resultados particulares.

Limitamo-nos a recordar alguns fatos que, embora dependentes da teoria do sentimento e do apetite, sobre a qual não queremos, no momento presente, nos estender mais, serão, entretanto, os únicos que bastarão para provar que o homem, no estado de natureza, não se limita a viver de ervas, grãos ou frutas, e que em qualquer época, tanto quanto a maioria dos animais, procurou se alimentar de carne.

A dieta pitagórica, preconizada pelos filósofos antigos e novos, recomendada até por alguns médicos, jamais foi indicada pela Natureza. Na primeira idade do século de ouro, o homem, inocente como a pomba, comia glande, bebia água; encontrando sua subsistência em toda parte, não se inquietava, vivia independente, sempre em paz consigo mesmo e com os animais. Mas desde que, esquecendo-se de sua nobreza, sacrificou sua liberdade para se unir com os outros, a guerra, a idade de ferro tomou o lugar da de ouro e a da paz; a crueldade, o gosto pela carne e pelo sangue foram os primeiros frutos de uma natureza depravada, que os costumes e as artes acabaram de corromper.[8]

Eis aí o que alguns filósofos austeros, selvagens por temperamento, sempre censuraram no homem em sociedade. Elevando seu orgulho individual pela humilhação da espécie inteira, expuseram esse quadro que vale somente pelo contraste e, talvez, porque é bom apresentar algumas vezes aos homens felicidades quiméricas.

Esse estado ideal de inocência, de alta temperança, de abstinência total de carne, de tranquilidade perfeita, de paz profunda, alguma vez existiu? Não é uma apologia, uma fábula em que se emprega o homem como um animal, para nos dar lições ou exemplos? Pode-se ainda supor que houvesse virtudes antes da sociedade? Pode-se dizer de boa-fé que esse estado selvagem merece nossa nostalgia; que o homem, animal arredio, foi mais digno do que o homem, cidadão civilizado? Sim, pois todos os males vêm da sociedade, e que importa se existiam virtudes no estado de natureza, se havia felicidade, se o homem nesse estado era menos infeliz do que é atualmente? A liberdade, a saúde, a força não são preferíveis à indolência, à sensibilidade, à própria volúpia, acompanhada de escravidão? A privação das penas equivale ao uso dos prazeres, e, para ser feliz, nada mais se tem a fazer do que deixar de desejar?

Se é assim, afirmamos ao mesmo tempo que é mais agradável vegetar do que viver, nada apetecer do que satisfazer seu apetite, dormir um sono apático do que abrir os olhos para ver e sentir. Consentimos em deixar nossa alma no entorpecimento, nosso espírito nas trevas, e em jamais nos servir de nenhum deles, em nos colocar abaixo dos animais, a não ser, enfim, mais do que massas de matéria bruta ligada à terra.

Mas, em vez de disputar, discutamos; após ter apresentado razões, daremos fatos. Temos sob os olhos não o estado ideal, mas o estado real de

---

8 Compare-se a Rousseau, Discurso sobre a desigualdade, parte I; in: *Escritos sobre a política e as artes*. São Paulo: Ubu, 2020.

natureza: o selvagem que habita os desertos é um animal tranquilo? É um homem feliz? Por que não suporemos, com certo filósofo, um dos mais altivos censores de nossa humanidade,[9] que há uma distância maior do homem na pura natureza para o selvagem do que do selvagem para nós; que as idades que transcorreram antes da invenção da arte da palavra foram muito mais longas do que os séculos necessários para aperfeiçoar os signos e as línguas, pois me parece que quando se quer raciocinar sobre fatos, tem-se de afastar as suposições e acostumar-se à lei de não retornar a elas até que se tenha esgotado tudo o que a Natureza nos oferece. Ora, vemos que se desce por degraus muito imperceptíveis das nações mais esclarecidas, mais civilizadas, para os povos menos industriosos, destes para outros mais rudes, contudo, ainda submetidos a reis, a leis; desses homens rudes para os selvagens, diferentes uns dos outros, mas nos quais se encontram tantas tonalidades diferentes quanto entre os povos civilizados: enquanto uns formam nações muito numerosas submetidos a chefes, outros em sociedades menores estão submetidos apenas ao uso; enfim, mesmo os mais solitários, os mais independentes não deixam de formar famílias e estar submetidos a seus pais. Um império, um monarca, uma família, um pai: eis aí os dois extremos da sociedade. Esses extremos são também os limites da Natureza. Se eles se estendessem para além disso, percorrendo todos os lugares isolados do globo, não encontraríamos animais humanos privados de palavra, surdos à voz como aos signos, os machos e as fêmeas dispersos, as crias abandonadas etc.? A menos que se sustente que a constituição do corpo humano era inteiramente diferente do que é hoje e que seu progresso foi muito mais rápido, afirmo também que não é possível sustentar que o homem tenha alguma vez existido sem formar família, já que os filhos pereceriam se não fossem socorridos e cuidados durante muitos anos; ao passo que os animais recém-nascidos não têm necessidade de sua mãe senão durante alguns meses. Essa necessidade física é por si só, portanto, suficiente para demonstrar que a espécie humana não pôde subsistir e se multiplicar senão graças à sociedade e que a união dos pais e das mães

---

9 Sr. Rousseau. (N. A.)

com os filhos é natural, já que é necessária. Ora, essa união não pode deixar de produzir uma ligação respectiva e duradoura entre os pais e o filho, e apenas isso é suficiente para que entre eles se habituem aos gestos, signos, sons, resumindo: a todas as expressões do sentimento e da necessidade. O que é também provado pelo fato, já que os selvagens mais solitários, como os outros homens, se servem de signos e da palavra.

Assim, o estado de pura natureza é um estado conhecido: é o selvagem vivendo no deserto, mas vivendo em família, que conhece seus filhos e é por eles conhecido. Que usa a palavra e que se faz entender. A moça selvagem recolhida nos bosques de Champagne, o homem encontrado nas florestas de Hanover não provam o contrário: viveram em uma solidão absoluta, não podiam ter, portanto, qualquer ideia de sociedade, de todo uso de signos e da palavra. Mas se apenas tivessem se encontrado, a inclinação da natureza os teria movido, o prazer os teria reunido. Ligados um ao outro, logo teriam se entendido, estariam falando inicialmente a língua do amor mútuo e, em seguida, a do carinho entre eles e seus filhos. E, aliás, esses dois selvagens eram oriundos de homens em sociedade e tendo sem dúvida sido abandonados nos bosques, não na primeira idade, pois teriam perecido, mas com 4, 5 ou 6 anos, idade em que estariam, em uma palavra, já fortes o suficiente para buscar para si sua subsistência, e, ainda, muito fracos de cabeça para conservar as ideias que lhes foram comunicadas.

Examinemos, portanto, esse homem na pura natureza, isto é, esse selvagem em família. Por menos que ela prospere, ele será rapidamente o chefe de uma sociedade mais numerosa, em que todos os membros terão as mesmas maneiras, seguirão os mesmos usos e falarão a mesma língua; na terceira, ou no mais tardar na quarta geração, haverá novas famílias que poderão permanecer separadas, mas que, sempre reunidas pelos laços comuns dos usos e da linguagem, formarão uma pequena nação que, aumentando com o tempo, poderá, segundo as circunstâncias, ou tornar-se um povo, ou permanecer em um estado semelhante àquele das nações selvagens que conhecemos. Isso dependerá, sobretudo, da proximidade ou da distância a que esses homens novos se encontrarão dos civilizados. Se sob um clima suave, em uma terra abundante, podem ocupar em liberdade um espaço considerável para além do qual não reencontram senão locais desertos ou homens tão novos quanto eles, permanecerão selvagens e se tornarão, segundo outras circunstâncias, inimigos ou amigos de seus vizinhos. Mas assim que sob um céu gélido, em uma terra ingrata, encontrar-se-ão incomodados mutuamente pela quantidade e por estarem restritos pelo espaço, farão colônias ou invasões, espalhar-se-ão, confundir-se-ão com os outros povos, dos quais se tornarão conquistadores ou escravos. Assim, o homem, em qualquer estado, situação e em qualquer clima tende igualmente à sociedade; é um efeito constante de uma causa necessária, já que ela guarda a essência mesma da espécie, isto é, sua propagação.

Eis aí, no que concerne à sociedade, como se vê, que ela está fundada sobre a Natureza. Examinando, do mesmo modo, quais são os apetites e o gosto de nossos selvagens, encontramos que nenhum vive unicamente de frutas, ervas e grãos, que todos preferem a carne e o peixe aos outros alimentos, que a água pura os desagrada e que buscam os meios de fazer por eles próprios ou de encontrar em outro lugar uma bebida menos insípida. Os selvagens meridionais bebem a água da palmeira, os do Norte engolem devagar e saboreando o óleo repugnante da baleia, outros fazem bebidas fermentadas e, em geral, todos têm o gosto mais determinado e a mais viva paixão por licores fortes. Sua indústria, ditada pelas carências de primeira necessidade, excitada por seus apetites naturais, limita-se a fazer instrumentos para a caça e a pesca. Um arco, flechas, uma clava, rede, uma canoa: eis aí o sublime de suas artes, que têm por objeto apenas os meios de conseguir a subsistência conveniente ao seu gosto. E isso que convém ao gosto, convém à Natureza, pois, como já dissemos,[10] o homem não poderia se alimentar apenas de relva; ele pereceria de inanição se não tomasse os alimentos mais substanciais. Ao contrário do boi, que tem quatro estômagos e tripas muito longas, tendo o homem apenas um estômago e intestinos curtos, não pode comer, ao mesmo tempo, um grande volume desse alimento pobre, sendo, portanto, absolutamente necessário compensar a quantidade pela qualidade. O mesmo se dá, mais ou menos, com as frutas e os grãos: eles não lhe seriam o bastante. Seria

---

10 Veja o volume IV desta obra, artigo "O boi". (N. A.)

preciso ainda um enorme volume deles para que fornecessem a quantidade de moléculas orgânicas necessárias para a nutrição, mesmo que o pão seja feito daquilo que há de mais puro no trigo, e que o próprio trigo e nossos outros grãos e legumes tenham sido aperfeiçoados pela arte e sejam mais substanciais e mais nutritivos que os grãos que têm apenas suas qualidades naturais, suportando, com muito esforço, uma vida débil e lânguida.

Vede esses piedosos solitários que se abstêm de tudo o que tenha vida, que, por motivos santos, renunciam aos dons do Criador, privam-se da palavra, fogem da sociedade, encerram-se dentro de muros sagrados que se chocam contra a Natureza. Confinados nesses asilos, ou melhor, nessas túmulos vivos, onde se respira apenas a morte, as faces mortificadas, os olhos apagados, eles não lançam ao redor de si mais do que olhares lânguidos; a vida deles parece se sustentar apenas por esforços. Alimentam-se sem que a necessidade cesse, embora sustentados por seu fervor (pois o estado da cabeça faz o do corpo), resistem somente durante poucos anos a essa abstinência cruel; ao invés de viver, morrem a cada dia uma morte antecipada, e não se extinguem terminando de viver, mas acabando de morrer.

Assim, a abstinência de toda carne, longe de convir à Natureza, apenas pode destruí-la. Se o homem estivesse reduzido a isso, não poderia, ao menos nesses climas, nem subsistir nem se multiplicar. Talvez essa dieta fosse possível nos países meridionais, onde as frutas são mais maduras, as plantas mais substanciais, as raízes mais suculentas, os grãos mais nutridos. Contudo, os *brâmanes* são antes uma seita do que um povo, e sua religião, embora muito antiga, não se espalhou para além de suas escolas, jamais para além de sua região.

Fundada sobre a metafísica, essa religião é um exemplo impressionante do efeito das opiniões humanas. Ao se recolher os fragmentos que nos restam, não se pode duvidar de que as ciências não tenham sido cultivadas desde muito antigamente e aperfeiçoadas talvez para além do que hoje elas são. Antes de nós, sabia-se que os seres animados continham moléculas indestrutíveis, sempre vivas, e que passavam de corpo em corpo. Essa verdade, adotada pelos filósofos e, em seguida, por um grande número de homens, conservou sua pureza apenas durante os séculos das luzes: uma revolução de sombras tendo sucedido, não há recordação das moléculas orgânicas vivas, a não ser para imaginar que o que havia de vivo no animal era aparentemente um todo indestrutível que se separaria do corpo após a morte. Denominou-se esse todo ideal de alma, que logo foi vista como um ser realmente existente em todos os animais; e unindo a esse ser fantástico a ideia real, mas desfigurada, da passagem das moléculas vivas, afirma-se que após a morte essa alma passaria sucessiva e perpetuamente de corpo em corpo. Sem excetuar o homem, soma-se logo a moral à metafísica: não se duvidou de que esse ser sobrevivente não conservasse, em sua transmigração, seus sentimentos, seus afetos, seus desejos. As cabeças fracas estremeceram! De fato, que horror para essa alma que, ao sair de um domicílio agradável, teria de ir habitar o corpo infecto de um animal imundo? E outros pavores passaram a existir (cada medo produz sua superstição): ao matar um animal, temeu-se degolar sua amante ou seu pai; respeitaram-se todos os animais, olhando-os como seu próximo; afirma-se, enfim, que por amor, por dever, tem-se de se abster de tudo o que tivesse vida. Eis aí a origem do progresso da religião mais antiga do continente indiano, origem que indica suficientemente que a verdade, entregue à multidão, é logo desfigurada e que uma opinião filosófica só se torna opinião popular depois de ter mudado de forma. Mas, por meio dessa preparação, pode-se tornar uma religião tão mais bem fundada quanto mais geral for o preconceito e tanto mais respeitada quanto mais tiver por base verdades mal-entendidas. Ela estará necessariamente cercada de obscuridades e, por conseguinte, parecerá misteriosa, augusta, incompreensível. Em seguida, com o temor se misturando ao respeito, essa religião degenerará em superstições, em práticas ridículas, que entretanto ganharão raízes, produzirão costumes que serão no início escrupulosamente seguidos, mas que pouco a pouco, ao serem alterados, mudarão de tal modo com o tempo que a opinião mesma que lhes deu origem não se conservará mais senão por falsas tradições, por provérbios, e terminará em contos pueris e absurdos. Donde se deve concluir que toda religião fundada sobre opiniões humanas é falsa e variável, e que só a Deus cabe nos dar a verdadeira religião, que, independente de nossas opiniões, é inalterável, constante e sempre será a mesma.

Mas retornemos ao nosso assunto. A abstinência completa de carne só pode enfraquecer a Natureza. O homem, para estar bem, tem não apenas necessidade de consumir esse alimento sólido, mas também de variá-lo. Se quer ganhar um vigor completo, é preciso que escolha o que mais lhe convém. E como ele não pode se manter em um estado ativo senão buscando novas sensações, tem de dar aos seus sentidos toda a extensão que lhes é própria: que lhe seja permitido variar seus pratos, assim como outros objetos, e que se guarde da repulsa ocasionada pela monotonia de alimento, e que evite os excessos, que são ainda mais nocivos do que a abstinência.

Assim como o homem, os animais que têm apenas um estômago e intestinos curtos são forçados a se alimentar de carne. Estar-se-á seguro dessa relação e dessa verdade ao se comparar, por meio de nossas descrições, o volume relativo do canal intestinal nos animais carnívoros e dos que vivem apenas de ervas. Encontrar-se-á sempre que essa diferença em sua maneira de viver depende de sua conformação, pois consumir um alimento mais ou menos sólido depende da maior ou menor capacidade do compartimento que o recebe.

Contudo, não se pode concluir que os animais que vivem apenas de ervas estejam, por necessidade física, reduzidos unicamente a esse alimento, assim como, por essa mesma necessidade, que os animais carnívoros estariam forçados a se alimentar só de carne. Afirmamos apenas que os que têm mais estômagos ou tripas mais amplas podem se abster desse alimento substancial e necessário aos outros, mas não afirmamos que não possam fazer uso dele e que se a Natureza lhes tivesse dado armas não apenas para se defender, mas para atacar e capturar, teriam feito uso delas e logo estariam acostumados à carne e ao sangue, já que vemos que os carneiros, os bezerros, as cabras e os cavalos tomam avidamente leite e ovos, que são alimentos animais, e que, sem se servir do hábito, não recusam a carne moída e temperada com sal. Poder-se-ia dizer, pois, que o gosto pela carne e por outros alimentos sólidos é o apetite geral de todos os animais, que se exerce com mais ou menos veemência ou moderação, dependendo da conformação particular de cada animal, já que ao se tomar toda a Natureza, esse mesmo apetite se encontra não somente no homem e nos animais quadrúpedes, mas também nos pássaros, nos peixes, nos insetos e nos vermes, aos quais parece que toda carne foi, de modo particular, ulteriormente destinada.

Em todos os animais, a nutrição se faz por moléculas orgânicas que, separadas do resíduo do alimento por meio da digestão, se misturam com o sangue e são assimiladas por todas as partes do corpo. Mas, independentemente desse grande efeito, que parece ser o principal fim da Natureza, e que é proporcional à qualidade dos alimentos, estes produzem outro, que depende apenas de sua quantidade, isto é, de sua massa e volume. O estômago e os intestinos são membranas maleáveis, que formam no interior do corpo uma capacidade muito considerável: por se manter em seu estado de tensão e por contrabalançar as forças de outras partes que lhes são vizinhas, essas membranas têm necessidade de sempre ser, em parte, preenchidas. Se, por falta de alimento, essa grande capacidade se encontra inteiramente vazia, as membranas, deixando de estar sustentadas por dentro, prostram--se, aproximam-se e colam-se umas nas outras. É isso o que causa a prostração e a fraqueza, que são os primeiros sintomas da necessidade extrema. Portanto, antes de servir para a nutrição do corpo, os alimentos lhe servem de lastro. Sua presença, seu volume, é necessário para manter o equilíbrio entre as partes interiores que agem e reagem umas contra as outras. Quando se morre de fome, é, pois, menos porque o corpo não está alimentado do que por não haver mais o lastro. Também os animais, sobretudo os mais gulosos, os mais vorazes, quando são atormentados pela necessidade, ou somente advertidos pelo enfraquecimento ocasionado pelo vazio interior, buscam apenas preenchê-lo e devoram terra e pedras: encontramos barro no estômago de um lobo; já vi porcos comendo-a; a maioria dos pássaros devora seixos etc. E não por gosto, mas por necessidade; pois o mais urgente não é reparar o sangue com um quilo novo, mas manter o equilíbrio das forças entre as grandes partes da máquina animal.

A raposa*

A raposa é famosa por sua astúcia, e merece, ao menos em parte, essa reputação.[11] O que o lobo só consegue pela força ela obtém pela destreza, e no mais das vezes é bem-sucedida. Evitando o combate direto com cães de caça ou pastores, sem atacar rebanhos ou arrastar carcaças, ela garante sua sobrevivência. Emprega mais espírito do que movimento, parece encontrar seus recursos em si mesma, e sabe-se que os poucos que têm são dessa natureza. Tão fina quanto circunspecta, tão engenhosa e prudente que chega a ser paciente, ela varia sua conduta e tem uma reserva de meios a que recorre apenas nas ocasiões devidas. Ciosa de sua conservação, tão infatigável quanto o lobo e mais ligeira do que ele, não se fia de todo em sua rapidez; põe-se em segurança adotando um asilo no qual se estabelece e cria seus filhotes: não é um animal vagabundo, mas domiciliado.

Essa diferença, que se sente mesmo nos homens, tem, no animais, efeitos bem maiores, e implica causas bem mais portentosas. A ideia mesma de domicílio, que pressupõe uma atenção singular voltada para si mesmo, a escolha do lugar, a arte de erguer sua habitação, de torná-la cômoda e de proteger sua entrada, tais são indícios de um sentimento superior. A raposa o possui, e volta-o inteiramente para benefício próprio. Instala-se à beira de florestas, na entrada de vilarejos; escuta o canto dos galos e o grito das aves; saboreia-os de longe, espera habilmente pela ocasião, esconde seu desígnio e disfarça seus passos, insinua-se, arrasta-se, chega: raramente suas tentativas são frustradas. Se tem como romper uma cerca ou passar por debaixo dela, não perde um instante: devasta a capoeira, mata tudo o que encontra pela frente, retira-se lentamente, carregando sua presa, e a esconde sob o musgo ou a leva para sua toca. Retorna então para buscar outra, que carrega

---

* Tomo VII, 1758, p.75-84.

11 A raposa sempre apareceu com destaque nas discussões em torno da inteligência dos animais. Celebrada por Plutarco no opúsculo *Da astúcia dos animais*, reaparecerá nas *Lettres sur l'intelligence des animaux* (1763), de autoria de Georges Le Roy, com um lustro maior do que em Buffon. Veja também, de Leroy, o verbete "Instinto", redigido para a *Enciclopédia* (VIII, 795, 1765), incluído no v.6 da edição brasileira. (N. T.)

e esconde do mesmo jeito, porém em outro lugar, e depois uma terceira, uma quarta etc., até que o raiar do dia ou o movimento na casa a advirta de que é hora de se retirar e não voltar mais. Executa essa mesma manobra nas florestas em que tordos e galos selvagens são caçados com varas e capturados em redes, chega à emboscada logo cedo, pela manhã, não raro vem mais de uma vez por dia, visita as armadilhas, desarma as varinhas, apodera--se dos pássaros que encontra, deposita cada um deles em um lugar diferente, de preferência à beira de trilhas e caminhos, sob o musgo ou sob o junípero, onde os deixa por dois ou três dias, e sabe perfeitamente como recuperá--los conforme suas necessidades. Caça jovens lebres nas planícies, captura as adultas em suas tocas, não as abandona uma vez as tenha ferido, desaloja os coelhinhas das tocas, descobre ninhos de perdizes e de codornas, ataca a mãe que choca os ovos e trucida uma prodigiosa quantidade de recém-nas-cidos. O lobo é mais nocivo ao camponês, a raposa ao fidalgo.

A caça à raposa mobiliza menos equipamentos do que a do lobo, e, além de ser mais fácil, é mais interessante. Os cães sentem uma repugnân-cia universal pelo lobo, assim como, ao contrário, caçam a raposa por ini-ciativa própria e mesmo com prazer. Pois, apesar do forte cheiro que ela exala, costumam preferi-lo ao do cervo, da cabra ou da lebre. Pode-se caçá--la com bassês, cães corredores e briquetes. Quando sente que está sendo perseguida, ela corre para sua toca. Os bassês de pernas retorcidas são os mais recomendados para atiçá-las. Enquanto a mãe se defende e luta contra eles, o caçador pode investigar a localização da toca e matar seus filhotes ou capturá-los vivos com o auxílio de um gancho. Mas, como essas tocas muitas vezes se encontram em rochedos, sob troncos de árvores, e com fre-quência debaixo da terra, o êxito nem sempre é garantido. O modo mais comum, mais agradável e mais certo de caçar a raposa é cercar sua toca. Posicionados os atiradores de frente para a entrada, soltam-se os brique-tes para que a adentrem; tão logo o fazem, a raposa deixa o abrigo, e dis-para-se uma primeira descarga. Caso ela consiga escapar à saraivada, foge a toda a velocidade, percorre um grande círculo e retorna à toca, da qual é retirada de novo, pelo mesmo meio. Vendo que dessa vez a entrada foi fechada, tenta se salvar fugindo em disparada, em linha reta. Então, caso se queira persegui-la, soltam-se os cães corredores, que ela certamente irá exaurir, percorrendo deliberadamente os trajetos mais acidentados, pelos quais é muito difícil persegui-la; se consegue alcançar uma planície, corre para longe, sem se deter.

Na verdade, a maneira mais fácil de se matar uma raposa é montar uma armadilha com iscas como pedaços de carne, um pombo, uma caça ainda viva etc. Certa vez ordenei que se depositassem, sobre os galhos de uma árvore, a 9 pés de altura, os restos de uma partida de caça, além de carne, pão e ossos. Já na primeira noite, as raposas saltaram com tanta força, que o terreno em volta da árvore ficou batido como se fosse o chão de uma granja. A raposa, além de ser carnívora, é voraz, come de tudo com igual avidez, ovos, leite, queijo, frutas e, principalmente, uvas. Na falta de lebres ou perdizes, ataca ratos, camundongos, serpentes, lagartos, sapos, e abate uma grande quantidade deles. É o único bem de que precisa. Consome o mel com avidez, investe contra abelhas selvagens, vespas e marimbondos, que tentam pô-la em fuga picando-a por toda parte, e ela de fato se retira: mas rolando-se no chão, para esmagá-los, e tantas vezes retorna à carga que termina por obrigá-los a abandonar a colmeia, que ela destroça, devorando o mel e a cera. Ataca também os ouriços, rola-os com suas patas e os obriga a se estenderem com o dorso voltado para o chão. Alimenta-se, ainda, de peixes, camarões, besouros, gafanhotos etc.

É um animal muito parecido com o cão, sobretudo nas partes internas. Contudo, a cabeça é diferente, pois é maior em proporção ao corpo; também tem orelhas mais curtas, a cauda é maior, o pelo é mais longo e mais fofo, os olhos são mais alongados; outra particularidade é um forte odor desagradável; e, por fim, destaca-se em relação ao cão pelo que tem de mais essencial, a saber, o natural, pois não se deixa domesticar facilmente, ou melhor, é impossível domesticá-la. Privada de sua liberdade, entra em um langor, e morre de tédio, quando mantido em cativeiro por longo tempo. Recusa-se a acasalar com cadelas; se não chegam a ser antipáticas, são indiferentes a elas. Sua cria é menos numerosa, e a fêmea é fértil uma vez por ano, quando dá à luz em geral a quatro ou cinco filhotes, raramente a seis, nunca a menos do que três. Durante a gravidez, a fêmea se recolhe e raramente deixa a toca, onde prepara um leito para seus filhotes. Acasala no inverno, e no mês de abril já encontramos pequenos filhotes. Se percebe que seu retiro foi descoberto e que seus pequenos foram perturbados em sua ausência, retira-os, um após o outro, e sai em busca de um novo domicílio. Os filhotes nascem com os olhos cerrados, demoram entre doze meses e dois anos para crescer, como os cães, e, também como eles, vivem de 13 a 14 anos.

Os sentidos da raposa são tão aguçados como os do lobo, seu sentimento é mais fino, e o órgão da voz é mais flexível e mais perfeito. O lobo se faz entender por meio de gritos esganiçados, a raposa guincha, late e, por fim, emite um som triste, similar ao grito do pavão, em diferentes tons, dependendo dos sentimentos que a afetam: tem a voz da caça, o acento do desejo, o som do murmúrio, o tom queixoso da tristeza e o grito da dor – que ela só emite quando recebe o golpe de fogo que atinge um de seus membros, pois não grita por ocasião de outros ferimentos, e deixa-se abater a golpes de bastão, como o lobo, sem se queixar, porém sempre se defendendo com coragem. Sua mordida é perigosa e incisiva, e é preciso recorrer a uma ferramenta ou bastão para que ela solte o corpo que agarra. Seu guincho é uma espécie de latido com sons similares e bastante precipitados. Em geral, é no final do latido que ela emite o som mais forte, mais elevado, similar ao grito do pavão. No inverno, sobretudo durante nevascas ou geadas, emite sons continuamente; no verão, ao contrário, permanece muda. Nessa mesma estação, troca de pelugem. A pelugem de raposas jovens ou capturadas durante o verão é pouco apreciada. Sua carne não é tão ruim quanto a do lobo, os cães e mesmo os homens se alimentam dela no outono, sobretudo se foi nutrida e engordada por uvas. Sua pele de inverno produz casacos de qualidade. A raposa dorme profundamente, e é possível se aproximar dela sem despertá-la. Quando dorme, enrola-se em círculo como os cães; se apenas repousa, estende as pernas para os lados e apoia-se sobre o ventre. Nessa mesma posição, espreita os pássaros por entre os arbustos. A antipatia deles pela raposa é tamanha que, assim que a percebem, emitem gritos de alerta: os melros, principalmente, transmitem-no do alto das árvores, repetem os gritos de alerta e às vezes a acompanham por duzentos ou trezentos passos.

Encarreguei-me da criação de alguns filhotes de raposa. Em razão de seu forte odor, eram mantidos em lugares afastados da casa, como estábulos, e, por isso, não eram observadas com frequência. Talvez por essa razão sejam menos suscetíveis à domesticação do que o lobo, que pode ser mantido mais próximo à casa. Aos 5 ou 6 meses de idade, as pequenas raposas já corriam atrás de patos e frangos, e foi necessário prendê-las em jaulas. Criei três ao longo de dois anos, uma fêmea, e, separados dela, dois machos, que em vão tentamos acasalar com cadelas. Embora não conhecessem fêmeas de sua espécie e parecessem acometidos pelo desejo de copular, recusavam-se a fazê-lo e rejeitavam todas as cadelas que lhes eram apresentadas. Mas, quando viram a fêmea legítima de sua espécie, cobriram-na, mesmo enjaulados. Ela produziu quatro filhotes. Essas mesmas raposas, que, em liberdade, se atiravam sobre frangos, não se interessavam por eles na jaula. Muitas vezes oferecíamos a elas um frango vivo, deixávamos a ave a noite inteira em sua jaula, e chegamos mesmo a fazê-lo quando estavam em jejum; porém, apesar da necessidade e da comodidade, não se esqueciam de que estavam enjauladas, e o frango permaneceu intocado.

Essa espécie de animal é uma das sujeitas às influências do clima, e encontramos quase tantas variedades suas quanto de animais domésticos. A maioria de nossas raposas é vermelha, mas encontram-se também as de pelo cinza prateado. Ambas têm cauda branca. Estas últimas são chamadas, na Borgonha, de *raposas carbonárias*, pois suas patas são mais escuras do que as de outras. Seu corpo parece mais curto em razão de sua pelugem espessa. Já outras têm realmente um corpo mais longo, com uma pelugem cinza escura, com a coloração similar à dos lobos idosos; mas não pude determinar se essa coloração é uma variedade ou é produzida pela idade do animal, que às vezes embranquece ao envelhecer. Nos países do Norte encontram-se raposas de todas as cores, pretas, azuis, cinza de ferro, cinza prateado, branco com pés amarelos, branco com a cabeça negra, branco com a ponta da cauda preta, vermelha com o papo e o dorso inteiramente branco, sem qualquer traço de negro, e, por fim, cruzamentos com uma linha preta ao longo da espinha dorsal, e outra linha preta, que cruza a primeira, ao longo das costelas. Estas últimas são maiores do que as outras e têm o papo escuro. A espécie comum é mais disseminada do que qualquer outra, encontra-se por toda parte na Europa, na Ásia setentrional e na temperada, e mesmo na América, embora seja rara na África e nas regiões vizinhas ao equador. Os viajantes que dizem tê-la visto em Calicute e outras províncias meridionais das Índias tomaram chacais por raposas. Aristóteles caiu em um erro como esse quando disse que as raposas do Egito eram menores do que as da Grécia; mas essas raposas egípcias são fuinhas de odor insuportável. Nossas raposas, originárias de climas frios, naturalizaram-se nos países temperados e não se estendem meridionalmente para além da Espanha e do Japão. São originárias de países frios, pois unicamente neles é que encontramos todas as variedades da espécie. Elas suportam sem dificuldade o frio mais extremo, tanto do lado do polo ártico quanto do antártico. Casacos de pele de raposa branca não são muito apreciados pois os pelos caem facilmente; os de pelugem cinza prateada são melhores, enquanto os azuis e os cruzados são desejados pela raridade. Os negros, porém, são os mais preciosos de todos, e só não são mais belos e mais caros do que os de zibelina. A raposa negra é encontrada em Spitzberg, na Groenlândia, na Lapônia, no Canadá, onde também existem as cruzadas, e a espécie comum é menos avermelhada do que na França e tem pelos mais longos e abundantes.

O castor[*]

À medida que o homem se elevou acima do estado de natureza, os animais foram rebaixados[12]. Dominados e submetidos à servidão, ou então tratados como rebeldes e dispersados pela força, suas sociedades desapareceram, sua indústria tornou-se estéril, suas débeis artes desapareceram, cada uma das espécies perdeu suas qualidades gerais, e todas elas conservaram apenas suas propriedades individuais, aperfeiçoadas em umas pelo exemplo, a imitação e a educação, em outras pelo medo e pela necessidade de constantemente garantir sua própria segurança. Que perspectivas, que desígnios, que projetos podem ter escravos sem alma ou relegados impotentes? Rastejar ou fugir, levar uma vida solitária, sem nada edificar, produzir ou transmitir, languescer em meio à calamidade, privar-se, perpetuar-se sem se multiplicar, perder, em uma palavra, pela duração, o que não se pôde adquirir com o tempo.

Os poucos vestígios que permanecem de sua maravilhosa indústria são encontrados em recantos afastados e desertos, ignorados pelo homem ao longo dos séculos, nos quais as espécies puderam manifestar livremente seus talentos naturais e aprimorá-los durante o repouso, pois que se reúnem em sociedade duradoura. Os castores são talvez o único exemplo que resta, como um monumento antigo dessa espécie de inteligência dos brutos, que, embora infinitamente inferior, quanto ao princípio, à do homem,

---

[*] Tomo VIII, 1760, p.282-306. O castor é considerado hoje um animal herbívoro. (N. T.)

12 [Em francês,] *Castor* ou *Bièvre*; em grego, κάστωρ; em italiano, *Bivaro, Bevero*; em espanhol, *Bevaro*; em alemão, *Biber*; em inglês, *Beaver*; em sueco, *Baeffwer*; em polonês, *Bobr. Castor*. Gesner, *Historiae animalium liber primus de quadrupedibus viviparis*, Frankfurt, 1620, p.309; *Icones animalium quadrupedum viviparorum et oviparorum*, Zurich, 1560, p.84. *Castor sive fiber*. Ray, *Synopsis methodica animalium quadrupedum et serpentini generis*, Londres, 1693, p.209. *Castor caudâ ovatâ planâ, fiber*. Lineu, *Systema Naturae*, Paris, 1744. *Castor, fiber*. Klein, *Quadrupedum dispositio brevisque historia naturalis*, Lepzig, 1751, p.91. *Castor castanei coloris, caudâ horisontaliter planâ. Castor sive fiber*. Brisson, *Le Règne animal divisé en IX classes*, Paris, 1756, p.133. (N. A.)

inclui, mesmo assim, projetos comuns e perspectivas relativas; projetos que, tendo por base a sociedade, e por objetivo a construção de um dique, a elevação de uma barreira, a fundação de uma espécie de república, incluem também uma maneira qualquer de entendimento mútuo e de atuação em conjunto.

Os castores, dir-se-á, são, entre os quadrúpedes, o que as abelhas são entre os insetos. Mas que diferença! Existem na Natureza, tal como a vemos hoje, três espécies de sociedade, que devemos considerar, antes de comparar: a livre sociedade do homem, da qual, a partir de Deus, ele deriva todo o seu poder; a sociedade tímida dos animais, sempre em fuga, diante daquela do homem; e, por fim, a sociedade forçada de alguns pequenos animais, que, por nascerem todos ao mesmo tempo, em um mesmo lugar, são constrangidos a permanecer juntos. Um indivíduo, tomado solitariamente e ao sair das mãos da Natureza, é um ser estéril, cuja indústria se limita ao simples uso dos sentidos; mesmo o homem, em puro estado de natureza, desprovido das luzes e de todos os recursos da sociedade, nada produz e nada edifica. Toda sociedade, ao contrário, necessariamente se torna fecunda, por fortuita e por cega que seja, desde que seja composta por seres de uma mesma natureza: à necessidade mesma de se buscarem ou de se evitarem, formar-se-ão movimentos comuns, cujo resultado será uma obra com ares de ter sido concebida, conduzida e executada com inteligência. Assim, a obra das abelhas, que em dado local, como uma colmeia ou o oco de uma velha árvore, constroem, cada uma, sua célula, ou a dos mosquitos de Caiena, que não somente constroem suas próprias células, como também a colmeia que deve contê-las, são trabalhos puramente mecânicos, que não pressupõem nenhuma inteligência, nenhum projeto coordenado, nenhuma perspectiva geral; são trabalhos que, por serem o produto de uma necessidade física, um resultado de movimentos comuns,[13] são executados sempre da mesma maneira, em todos os tempos e lugares, por uma multidão que não se reúne por escolha própria, mas encontra-se reunida pela força da natureza. Portanto, o que opera aí não é a sociedade, mas apenas o número; é uma potência cega,

---

13 Veja as provas que forneci sobre isso, vol. IV desta obra, no "Discurso sobre a natureza dos animais". (N. A.) [p.431ss. deste volume (N. T.)]

que não se compara à luz que dirige toda sociedade. Não me refiro aqui a essa luz pura, a essa iluminação divina que foi concedida apenas ao homem. Os castores certamente foram privados dela, como todos os animais; mas, como sua sociedade não é, de modo algum, uma reunião forçada, realizando-se, ao contrário, por uma espécie de escolha, e pressupondo, ao menos, um concurso geral e perspectivas comuns entre os que a compõem, pressupõe também um relance de inteligência, que, embora muito diferente da do homem, por princípio, produz no entanto efeitos suficientemente similares para que possamos compará-los, não à sociedade plena e potente, tal como a encontramos entre os povos antigos civilizados, mas à sociedade nascente entre os homens selvagens – única que se deixa equiparar à dos animais.

Vejamos, portanto, o produto de cada uma dessas sociedades; vejamos até onde vai a arte do castor, e o ponto em que se detém a do selvagem. Quebrar um galho para fazer um bastão, construir uma cabana e recobri-la com folhagem para fazer um abrigo, juntar musgo ou feno para fazer um leito são atos comuns ao animal e ao selvagem; os ursos fazem cabanas, os macacos têm varas, muitos outros animais constroem um domicílio próprio, cômodo, impenetrável à água. Afiar uma pedra para torná-la cortante, e fazer assim um machado, servir-se dele para cortar madeira, fabricar flechas, talhar um vaso, destrinchar um animal para se revestir com sua pele, utilizar seus tendões para fazer a corda de um arco, prender esses mesmos tendões a um espinho duro, e servir-se deles como fio e agulha são atos puramente individuais, que o homem solitário pode executar sem o auxílio dos outros, atos que dependem só de sua conformação, pois pressupõem apenas o uso das mãos; mas cortar e transportar uma grande árvore, fazer um abrigo de madeira, construir uma piroga, são, ao contrário, operações que pressupõem necessariamente um trabalho comum e perspectivas coordenadas. Tais obras são também o único resultado produzido pela sociedade que nasce entre as nações selvagens, assim como as obras dos castores são o fruto do aprimoramento da sociedade entre esses animais. Pois é preciso notar que eles não pensam em construir, a menos que habitem um país livre e não desfrutem de uma tranquilidade perfeita. Há castores no Languedoc, nas ilhas do Ródano, não faltam castores nas províncias do norte da Europa, mas, como todas essas regiões são habitadas ou ao menos constantemente frequentadas por homens, os castores encontram-se aí dispersos, como os outros animais, solitários, fugitivos, ou escondendo-se em uma toca; nunca foram vistos reunidos, em conjunto, nem empreendendo ou construindo nada; enquanto, em terras desertas, em que a sociedade humana penetrou mais tarde, e onde outrora se viam apenas vestígios do homem selvagem, encontram-se, por toda parte, castores reunidos, formando sociedades, e não podemos deixar de admirar suas obras. Tentaremos citar apenas testemunhos judiciosos, irreprimíveis, e só tomaremos por certos os fatos a respeito dos quais estejam de acordo; menos dados, talvez, do que alguns deles à admiração, permitir-nos-emos a dúvida, e mesmo a crítica, sobretudo do que nos parece difícil de acreditar.

Todos concordam que o castor, longe de ter uma superioridade clara em relação aos outros animais, parece estar, ao contrário, abaixo de alguns deles quanto a qualidades puramente individuais. Podemos confirmar esse fato, pois dispomos de um jovem castor que nos foi enviado do Canadá,[14] e do qual cuidamos há um ano. É um animal bastante dócil, tranquilo e carinhoso, um pouco triste, queixoso mesmo, sem paixões violentas, sem apetites veementes, que mal se exercita, que não se esforça por nada, mas cioso, por outro lado, de seu desejo de liberdade, que rói, de tempos em tempos, as grades de sua gaiola, porém sem furor ou precipitação, com o objetivo único de criar uma abertura pela qual possa sair; de resto, é indiferente, não demonstra apego,[15] não agride ninguém, nem tampouco tenta agradar. Parece inferior ao cão, pelas qualidades respectivas que poderiam aproximá-lo do homem; não parece feito nem para servir nem para comandar, nem mesmo para se relacionar com outra espécie além da sua. Seu sentido, encerrado em si mesmo, só se manifesta por inteiro com seus semelhantes. Sozinho, ele mostra pouca indústria, menos ainda astúcia, nem mesmo segurança suficiente para evitar armadilhas grosseiras. Longe de atacar os outros animais, ele não sabe se

---

14 Esse castor, que foi pego jovem, foi-me enviado no começo de 1758, pelo sr. de Montbelliard, capitão na Artilharia Real. (N. A.)

15 O sr. Klein escreveu, todavia, que havia alimentado um durante muitos anos, que o seguia e o procurava assim como os cães procuram seus mestres. (N. A.)

defender bem; prefere a fuga ao combate, embora morda agressivamente e com força, quando capturado pelas mãos do caçador. Se, portanto, considerarmos esse animal em estado de natureza, ou melhor, em estado de solidão e dispersão, não se mostrará, por suas qualidades interiores, acima de outros animais: não tem mais espírito do que o cão, mais senso do que o elefante, mais fineza do que a raposa etc. Destaca-se mais por singularidades de conformação interna do que pela suposta superioridade das qualidades internas. É o único dentre os quadrúpedes a ter a cauda achatada, oval, e recoberta por escamas, da qual se serve como um leme, para se orientar na água; é o único cujas patas traseiras são nadadeiras e com dedos separados nas dianteiras, que ele emprega como mãos, levando-as à boca; é o único que, similar aos animais terrestres pelas partes anteriores de seu corpo, parece, ao mesmo tempo, pertencer aos animais aquáticos, pelas partes posteriores. Representa uma nuance entre os quadrúpedes e os peixes, assim como o morcego entre os quadrúpedes e os pássaros. Mas essas singularidades seriam mais defeitos do que perfeições, se o animal não soubesse extrair dessa conformação, que nos parece bizarra, vantagens únicas, que o tornam superior aos outros.

Os castores começam a se encontrar no mês de junho ou de julho, para se reunirem em sociedade; chegam em bom número, de todos os lados, e logo formam uma tropa de duzentos ou trezentos indivíduos. O local do encontro é geralmente o lugar que servirá ao estabelecimento da sociedade: as margens das águas. Se estas forem rasas e mantiverem uma superfície uniforme, como em um lago, eles não se dão ao trabalho de erguer um dique; mas em águas correntes, sujeitas a elevações e abaixamentos, como em córregos ou rios, eles estabelecem um pavimento, e, com essa limitação, formam uma espécie de tanque, no qual as águas permanecem sempre à mesma altura. O pavimento atravessa o rio como uma eclusa, de uma margem a outra; pode ter 80 ou 100 pés de extensão, com 10 ou 12 pés de espessura na base. É uma construção que parece enorme, para animais desse talhe, e exige, com efeito, um trabalho imenso;[16] mas a solidez com

---

16 Os maiores castores pesam 50 ou 60 libras, e não têm mais do que 3 pés de comprimento da ponta do focinho até o início da cauda. (N. A.)

que a obra é erguida impressiona ainda mais do que a grandeza. O local do rio em que eles estabelecem esse dique costuma ser pouco profundo; caso se encontre na margem do rio uma árvore de grande porte, eles começam por derrubá-la, tomando-a como a principal peça da construção; tais árvores costumam ser maiores do que o corpo humano, eles a roem na base, e, sem outro instrumento além de seus dentes incisivos, em pouco tempo a cortam, fazendo que tombe do lado que lhes for mais conveniente, ou seja, atravessando o rio; em seguida, cortam os ramos da cúpula da árvore caída, para deixá-la em nível, e igualmente uniforme. São operações realizadas coletivamente; muitos castores se reúnem para roer o pé da árvore e abatê-la, outros tantos acodem juntos à árvore tombada para cortar os galhos; outros ainda percorrem em grupo as margens dos rios, cortando árvores menores de variada espessura; decepam-nas e as serram a certa altura, para formar estacas; então, transportam esses pedaços de madeira por terra, até a margem do rio, e em seguida por água, até o local da construção; fazem uma espécie de estacaria cerrada, que eles reforçam ainda mais, entrelaçando as estacas por meio de ramos. É uma tarefa que exige a superação de muitas dificuldades, pois, para revestir essas estacas e dispô-las em posição quase perpendicular, é necessário que, com os dentes, alguns deles elevem uma grossa biqueira contra a margem do rio, ou contra a árvore que a atravessa, ao mesmo tempo que outros mergulham até o fundo do rio para escavar, com as patas dianteiras, uma cavidade, na qual introduzem a ponta da estaca, fixando-a. À medida que alguns plantam assim seus pés, outros buscam por terra, que eles amassam com os pés e batem com a cauda; feito isso, transportam-na com a boca e com as patas dianteiras, e em tão grande quantidade que preenchem com ela as lacunas de sua estacaria. Esta é formada por numerosas fileiras de estacas, todas com a mesma altura; estende-se de uma margem a outra, selada e reforçada em cada ponto; as estacas são plantadas verticalmente do lado da queda d'água; no lado que sustenta o peso, ao contrário, a obra é disposta obliquamente, de modo que o pavimento, que tem 10 ou 12 pés de largura na base, reduz-se a 2 ou 3 pés de espessura no cume; ela tem, portanto, não só toda a extensão, toda a solidez necessária, como também a forma mais adequada para reter a água, impedi-la de passar, sustentar seu peso e deter suas investidas. No alto do pavimento, ou seja, na parte em que a espessura deste é menor, eles introduzem duas ou três aberturas em queda, que funcionam como descargas de superfície, que eles tornam mais largas ou estreitas, à medida que o rio se eleve ou se abaixe. E quando inundações muito grandes ou súbitas provocam brechas no dique, eles sabem repará-las, trabalhando nelas tão logo as águas se abaixem.

Seria supérfluo, após essa exposição de seus trabalhos em uma obra pública, oferecer detalhes de suas edificações particulares, se em uma história como esta não tivéssemos de dar conta de todos os fatos, e se essa grande obra por eles realizada não tivesse por objetivo tornar mais cômodas suas pequenas habitações: são cabanas, ou antes, espécies de casebres, erguidas na água, sobre estacas planas, situadas perto da margem de seu tanque, com duas saídas, uma conduzindo à terra, a outra à água. Esse edifício tem quase sempre uma forma oval ou redonda; há os maiores e os que são menores, de 4, 8 ou 10 pés de diâmetro; alguns apresentam dois ou três andares; os muros têm até 2 pés de espessura, são elevados sobre estacas retas, que servem à casa, ao mesmo tempo, como fundação e como prancha. Quando têm um único andar, os muros elevam-se a uns poucos pés de altura, acima dos quais adquirem a curvatura de uma abóboda em forma de cesta, terminando o edifício e servindo-lhe de cobertura; é batida solidamente, e revestida na parte interna como na externa; é impermeável às águas da chuva, e resiste aos ventos mais impetuosos; os paróis são revestidos com uma espécie de estuque, tão rente e tão bem aplicado que parece ter sido passado pela mão do homem, e a cauda serve como espátula para aplicar essa argamassa que eles passam com os pés. Utilizam diferentes espécies de materiais, como madeiras, pedras e terras arenosas, que não se dissolvem na água. As madeiras que eles empregam são quase sempre leves e tenras, como amieiros, choupos ou salgueiros, que naturalmente crescem nas margens dos rios e que são mais fáceis de roer, cortar e macerar do que árvores com madeira mais pesada e mais dura. Quando atacam uma árvore, só a abandonam quando tiver sido abatida, decepada, transportada; cortam-na sempre a 1 ou 1,5 pé de altura em relação ao solo; trabalham sentados, e, além da vantagem dessa posição cômoda, sentem prazer em roer continuamente a casca e a madeira, cujo gosto lhes agrada, e preferem a casca fresca e a madeira tenra à maioria dos alimentos comuns, estocando-as para consumo durante o inverno,[17] pois não gostam de madeira seca. É na água, nas proximidades de suas habitações, que estabelecem seu armazém; cada cabana tem o seu, proporcional ao número de habitantes, que têm todos o mesmo direito de acesso, e nunca pilham os de seus vizinhos. Foram vistas aldeias compostas por 20 ou 25 cabanas; esses assentamentos maiores são raros, e em geral essa espécie de república é menos numerosa, sendo composta, no mais das vezes, por 10 ou 12 tribos, cada uma das quais com seu armazém e sua habitação em separado; não toleram que estrangeiros venham se estabelecer em seus domínios. As pequenas cabanas abrigam 2, 4 ou 6 castores, as maiores, 18, 20, e, dizem alguns, até 30, quase sempre em número par, com a mesma quantidade de machos e fêmeas. Assim, mesmo em uma contagem superficial, pode-se dizer que sua sociedade muitas vezes é composta por 150 a 200 trabalhadores associados, que participaram todos na edificação da grande obra pública, e, em seguida, dividiram-se em tropas para construir as habitações particulares. Por mais numerosa que essa sociedade seja, a paz é mantida sem alteração; o trabalho comum reforçou sua união; as mercadorias pelas quais buscaram, a abundância de víveres que reúnem e consomem juntos, servem à distração; os apetites moderados, os gostos simples, a aversão à carne e ao sangue afastam-nos da ideia de rapina e de guerra: gozam de todos os bens que os homens apenas desejam. Amigos entre si, se têm inimigos de fora sabem evitá-los, emitem o alerta batendo com a cauda na água, de um só golpe, que repercute e chega à entrada de cada uma das habitações; cada um faz sua escolha, ou de mergulhar no fundo do lago, ou de encerrar-se em seus muros, que receiam apenas o fogo dos céus e o ferro do homem, e que nenhum animal ousa tentar derrubar ou abrir. Esses corredores são não apenas muito seguros, como também muito adequados e

---

17 A provisão para 8 ou 10 castores é de 25 ou 30 pés quadrados por 8 ou 10 pés de profundidade, eles levam-na para suas cabanas apenas quando estão cortadas miúdas e inteiramente prontas para comer; amam mais a madeira fresca do que a madeira flutuante, e vão durante o inverno de tempos em tempos comer na floresta. Mémoires de l'Academie des Sciences, 1704. Mémoire de M. Sarrasin. (N. A.)

cômodos: o chão é repleto de verduras; os ramos de buxo e de abeto servem como tapetes, sobre os quais não fazem ou não sofrem nenhuma sujeira; a janela que dá para a água serve como terraço que os refresca e permite que se banhem a qualquer momento do dia; eles estão ali, a cabeça e as partes anteriores do corpo elevadas, e as partes posteriores mergulhadas na água; é uma janela aberta com precaução, a abertura é suficientemente alta para que não possa ser fechada pelo gelo, que, em nosso clima, atinge 2 ou 3 pés de espessura. Então, abaixam a placa, cortam em declive as estacas sobre as quais estava apoiada e abrem caminho até a água, sob o gelo. O elemento líquido é tão necessário para eles, ou melhor, lhes dá um prazer tão grande, que parecem não passar sem ele; vão longe sob o gelo, e é então que se torna mais fácil capturá-los, atacando de um lado a cabana, e esperando por eles, de outro, em um buraco que perfuramos no gelo, a alguma distância, ao qual acodem para poder respirar. O hábito de manter a cauda e todas as partes posteriores sob a água parece ter modificado a natureza de sua carne: a das partes anteriores até os rins tem a qualidade, o sabor e a consistência da carne dos animais terrestres ou voadores; a das coxas e da cauda têm o odor, o sabor e todas as qualidades daquela do peixe. A cauda, com extensão de 1 pé, espessura de 1 polegada, e largura de 5 ou 6, é uma extremidade, uma verdadeira porção de peixe, ligada ao corpo de um quadrúpede; é inteiramente recoberta por escamas e por uma pele similar à dos grandes peixes. Levantando-se essas escamas e as soltando, vê-se que elas deixam marcas sobre a pele, tal como nos peixes.

Os castores reúnem-se no início do verão. Passam os meses de julho e agosto construindo seu dique e suas cabanas; no mês de setembro, fazem a provisão de cortiça e de madeira, e em seguida desfrutam de seu trabalho, e aproveitam as doçuras da vida doméstica. É a época do repouso, ou, melhor ainda, a estação do amor. Os castores se conhecem de antemão pelo hábito, pelos prazeres e dificuldades do trabalho em conjunto e, por isso, os casais não se formam ao acaso, não se reúnem por pura necessidade natural, mas por escolha e gosto próprios; passam juntos o outono e o inverno, contentes um com o outro, sem se separar; à vontade em seus domicílios, só saem para realizar caminhadas agradáveis e úteis, trazendo consigo cortiça fresca, que preferem à seca ou umedecida pela água. A gravidez das fêmeas dura quatro meses; costumam dar à luz no fim do inverno, geralmente a dois ou três filhotes; os machos as deixam pouco tempo depois, rumo ao campo, para gozar as delícias e os frutos da primavera; regressam de quando em quando à cabana, mas não dormem nela. As mães permanecem às voltas com o aleitamento, os cuidados e a criação dos filhos, que, após algumas semanas, conseguem acompanhá-las, quando elas, por seu turno, vão caminhar, restaurar-se ao ar livre, comer peixes e camarões, cortiça fresca, passando assim o verão junto às águas na floresta. Voltam a se reunir no outono, a não ser que inundações tenham destruído seu dique ou suas cabanas, e então se reúnem antes, para reparar os danos.

Preferem habitar certos lugares, e não raro pôde-se observar que, após a destruição de seus trabalhos, eles retornam sempre no verão para reedificá--los, até que, fatigados com essa perseguição e enfraquecidos pela perda de indivíduos, decidem mudar-se e retiram-se para a mais profunda solitude na floresta. Os caçadores buscam por eles principalmente no inverno, quando sua pele se encontra no mais perfeito estado; e quando, após terem des-truído seus assentamentos, capturam-nos em grande número, a sociedade, excessivamente reduzida, não consegue se restabelecer, o pequeno número dos que escaparam à morte ou ao cativeiro se dispersa, torna-se fugitiva, seu gênio, diminuído pelo medo, não mais se exerce, enfia-se, com seus talentos, em uma cavidade qualquer, ou então, rebaixado à condição de outros animais, leva uma vida retraída, ocupa-se apenas das necessidades mais prementes, restringe-se ao exercício de suas faculdades individuais, e perde para sempre as qualidades sociais que tanto admiramos.

Os fatos que expusemos a respeito da sociedade e dos trabalhos do cas-tor, por mais inesperados e maravilhosos que possam parecer, são, ousa-mos dizer, indubitáveis quanto à sua realidade. Todos os relatos, realizados em diferentes épocas por um grande número de testemunhos oculares[18]

---

18 Sobre a história dos castores, veja Olaüs Magnus em sua descrição dos países se-tentrionais; as viagens do barão de La Hortan, t.II, p.155 ss.; o *Musaeum Wormianum*, p.320; a história da América setentrional por Bacqueville de La Poterie, Rou-en, 1722, t.I, p.133; *Mémoire sur le castor*, pelo sr. Sarrasin, inserido nos *Mémoires de*

concordam acerca dos fatos aqui relatados. E, se há diferenças entre o nosso relato e alguns deles, é unicamente nos pontos em que nos parecem resvalar no maravilhoso, e irem além do verdadeiro, mesmo até do verossímil. Muitos não se contentaram em afirmar que os castores têm maneiras sociais e talentos evidentes para a arquitetura, mas disseram ainda que não poderíamos recusar a eles ideias gerais de política e governo; que, uma vez formada sua sociedade, reduzem à escravidão os viajantes e os estrangeiros; que se servem deles para carregar a terra e roer a madeira; que também tratam assim os preguiçosos, que não querem trabalhar, e os idosos, que não podem; que machucam seus dorsos, e os utilizam como charrete para o transporte de materiais; que esses republicanos reúnem-se sempre em número ímpar, para que possa haver, em seus conselhos, um voto preponderante; que a sociedade como um todo tem um presidente; que cada tribo tem seu intendente; que eles têm sentinelas que guardam a república; que, quando perseguidos, eles não deixam de rasgar-lhes os testículos, para satisfazer à cupidez dos caçadores; que se exibem uns aos outros, assim mutilados, para fazer graça; e assim por diante.[19] Longe de nós acreditar nessas fábulas ou aceitar esses exageros; mas parece-nos igualmente difícil recusar crédito a fatos constatados, confirmados e moralmente indubitáveis. Mil vezes suas obras foram vistas e revistas, destruídas e reconstruídas; foram medidas, desenhadas, gravadas; e, por fim, o que não deixa nenhuma dúvida, e tem mais força do que todos os testemunhos passados, são os testemunhos recentes ou atuais, é o que ainda existe de suas obras singulares,

---

l'*Academie des sciences*, 1704; o relato de uma viagem à Acádia, por Dierville, Rouen, 1708, p.126 ss.; *As novas descobertas na América setentrional*, Paris, 1697, p.133; a *Histoire de la Nouvelle-France*, pelo P. Charlevoix, Paris, 1744, t.II, p.98 ss.; a viagem de Robert Lade, traduzida do inglês pelo Sr. abade Prévost, t.II, p.226; a grande viagem à região dos Hurons, por Sagard Theodat, Paris, 1632, p.319 ss.; a viagem à baía de Hudson, por Ellis, Paris, 1749, t.II, p.61-2. Veja também Gesner, Aldrovander, Jonston, Klein etc., no artigo "castor"; o *Tratado do castor*, por Jean Marius, Paris; a *Histoire de la Virginie*, traduzida do inglês, Orléans, 1707, p.406; a *Histoire naturelle* do P. Rzaczynsky, no artigo "castor" etc. etc. (N. A.)

19 Veja Élieu e todos os artigos, com exceção de Plínio, que nega esse fato com razão. Veja também a respeito dos outros fatos os autores que citamos na nota precedente. (N. A.)

que, embora sejam hoje menos comuns do que na época da descoberta da América Setentrional, continuam a ser encontradas, em grande número, por todos os missionários, por todos os viajantes, mesmo os mais recentes, que tenham avançado pelas terras do Norte.

Todos os relatos concordam que, além dos castores que vivem em sociedade, encontram-se os solitários por toda parte, no mesmo clima, que, segundo se diz, teriam sido rejeitados pela sociedade, devido a seus defeitos, e não desfrutam de nenhuma de suas vantagens, não têm nem casa nem armazém, e permanecem como o texugo em um buraco sob a terra: foram chamados de *castores-terrier*. É fácil reconhecê-los: seu pelo é sujo e desgastado no dorso, devido à fricção da terra; vivem, como os demais, junto à margem de rios, alguns chegam a cavar uma fossa com alguns pés de profundidade, para formar assim um pequeno tanque, que se estende até a abertura de sua cavidade e chega a ter 100 pés de extensão, elevando-se sempre para cima, para facilitar sua fuga em caso de inundações. Mas há também os castores solitários que vivem bem longe da água, na terra. Os castores da Europa são castores-terrier solitários, cuja pelagem não é tão bela como a dos que vivem em sociedade. Sua cor varia, conforme o clima que habitem; nos recantos mais ermos do Norte, são todos negros, os mais belos que existem; entre os castores negros encontram-se às vezes castores inteiramente brancos, ou brancos manchados de cinza.[20] À medida que deixamos o Norte, a cor se torna mais clara e as tonalidades se misturam; são marrons na parte setentrional do Canadá, castanhos na meridional, morenos ou cor de palha nos Illinois.[21] Encontram-se castores na América a partir do grau 30 de latitude até o grau 60; são muito comuns no Norte, e tornam-se menos numerosos à medida que avançamos para o Sul. O mesmo acontece no velho continente, onde são encontrados em grande quantidade nas regiões mais setentrionais, mas muito raros na França, na Espanha, na Itália, na Grécia e no Egito. Eram conhecidos na Antiguidade; a religião dos magos proibia sua matança; eram comuns nos rios do Ponto

---

20 *Castor albus caudâ horisontalier planâ*. Brisson, *Regn. animal*, p.94 ss. (N. A.)
21 *Histoire de la Nouvelle-France*, par le P. Charlevoix, Paris, 1477, t.II, p.94 ss. (N. A.)

Euxino; chama-se o castor de *canis ponticus*, mas tudo indica que esses animais não se sentiam à vontade nas praias desse mar, que, com efeito, são frequentadas por humanos desde tempos imemoriais, pois nenhum dos antigos se refere à sua sociedade ou a seus trabalhos. Élio, sobretudo, que mostra acentuada fraqueza pelo maravilhoso, e que foi, se não me engano, o primeiro a ter escrito que os castores cortam os próprios testículos para ludibriar os caçadores, não ficaria calado a respeito das maravilhas de sua república, ou de exagerar seu gênio e seus talentos para a arquitetura. O próprio Plínio, cujo espírito orgulhoso, triste e sublime sempre despreza o homem, para exaltar a Natureza, como poderia ele se abster de comparar os trabalhos de Rômulo aos de nossos castores? Parece certo, assim, que os antigos ignoravam o talento do castor para a edificação; e não surpreende que os escritores romanos não façam nenhuma menção a respeito, pois, por mais que, em séculos mais recentes, cabanas de castores sejam encontradas na Noruega e em outras províncias setentrionais da Europa, e tudo indique que os castores antigos edificassem tão bem quanto os modernos, o fato é que os romanos nunca adentraram essas províncias.

Muitos autores disseram que o castor, por ser um animal aquático, não poderia viver na terra e sem água. Essa opinião não é verdadeira. O castor mantido por nós, ao qual já nos referimos, foi capturado ainda filhote, no Canadá, e, tendo sido criado em cativeiro, não conhecia a água antes de o introduzirmos a ela, quando gritou, e recusou-se a entrar. Porém, uma vez mergulhado nela e mantido à força, sentiu-se bem após alguns minutos, a ponto de não querer mais sair, e, quando foi libertado, retornou a ela por conta própria; ele também se saracoteava na lama e sobre o pavimento molhado. Um dia ele escapou e desceu por uma escada de cave nas abóbadas dos caminhos que estão sob o terreno do jardim real, fugiu para bem longe nadando pelas águas no fundo desses caminhos; no entanto, quando viu a luz das tochas que levávamos para procurá-lo, regressou para aqueles que o chamavam e se deixou capturar facilmente. Ele é doméstico sem ser carinhoso; pede comida para os que estão à mesa; suas solicitações são um pequeno grito choroso e alguns gestos com a mão; e quando lhe damos um pedaço, leva-o consigo e se esconde para comer à vontade; dorme muito frequentemente e repousa sobre o ventre; come de tudo, com exceção de carne, que recusa constantemente, quer crua, quer cozida; ele rói tudo o que encontra, tecidos, móveis, madeiras, e fomos obrigados a dobrar a lata do barril em que era transportado.

Os castores habitam preferencialmente as margens dos lagos, rios e outras águas doces; entretanto, são encontrados à beira-mar, mas principalmente nos mares setentrionais e sobretudo nos golfos mediterrâneos, onde desembocam grandes rios e cujas águas são pouco salgadas. São inimigos da lontra; eles a caçam e não permitem que apareçam nas águas que frequentam. A pelagem do castor é ainda mais bela e densa que a da lontra: é composta de dois tipos de pelos, um mais curto, mas muito cerrado, fino como a penugem, impenetrável à água, reveste imediatamente a pele; o outro mais longo, mais firme, mais lustroso [e] mais raro, recobre o primeiro revestimento, serve-lhe, por assim dizer, de proteção, guarda-o da imundice, da poeira, do lodo. Esse segundo pelo tem pouco valor; é o primeiro a ser usado em nossas manufaturas. As pelagens mais negras são, em geral, as mais densas e, consequentemente, as mais estimadas. As dos castores-terrier são muito inferiores às dos que se acabanam. Os castores estão sujeitos à muda durante o verão, como todos os outros quadrúpedes, por isso, a pelagem daqueles que são pegos nessa estação tem pouco valor. A pelagem dos castores brancos é estimada por causa de sua raridade, e os perfeitamente negros são quase tão raros quanto os brancos.

Mas independentemente da pelagem, que é o que o castor fornece de mais precioso, ele oferece ainda uma matéria de que se faz grande uso na medicina. Essa matéria, que chamamos *castoreum*, está contida em duas grandes vesículas que os antigos tomaram pelos testículos do animal: não lhes daremos a descrição nem os usos,[22] porque as encontramos em todas as farmacopeias.[23] Diz-se que os selvagens tiram um óleo da cauda do castor,

---

22 Veja o *Traité du castor*, por Marius et Francus, Paris, 1746, in-12. (N. A.)

23 Afirma-se que os castores expelem o líquido de suas vesículas pressionando-as com o pé, que isso lhes dá apetite quando estão enfastiados, e que os selvagens esfregam-no nas armadilhas que preparam para atraí-los. Parece mais certo que ele se serve desse líquido para besuntar o pelo. (N. A.)

do qual se servem topicamente para diferentes males. A carne do castor, embora gorda e delicada, sempre tem um gosto amargo muito desagradável. Assegura-se que ele tem os ossos excessivamente duros, mas não pudemos verificar esse fato, tendo dissecado apenas um jovem. Seus dentes são muito duros e tão cortantes que servem aos selvagens de faca para cortar, escavar e polir a madeira. Eles se vestem de pele de castor e, no inverno, usam o pelo diretamente junto à pele. São essas pelagens impregnadas do suor dos selvagens que chamamos *castor gras*, do qual nos servimos para os trabalhos mais grosseiros.

Os castores se servem de suas patas dianteiras como mãos, com uma destreza pelo menos igual à de um esquilo; seus dedos são bem separados, bem divididos, ao passo que os das patas traseiras são ligados entre si por uma forte membrana; elas lhe servem de nadadeiras e se alargam como as do ganso, de modo que o castor em parte também anda sobre a terra. Ele nada muito melhor do que corre; como tem as pernas da frente muito mais curtas que as de trás, sempre caminha com a cabeça baixa e o dorso arqueado. Tem os sentidos muito bons, o olfato muito apurado e até suscetível; parece que não suporta nem a imundice, nem os maus odores. Quando o mantemos muito tempo aprisionado e se vê forçado a fazer seus excrementos, coloca-o na porta de entrada e, assim que ela é aberta, ele as empurra para fora. Esse hábito de limpeza lhe é natural e nosso jovem castor nunca deixou de limpar assim seu recinto. Com um ano, apresenta os signos do calor, o que parece indicar que completou, nesse espaço de tempo, a maior parte de seu crescimento; desse modo, a duração de sua vida não pode ser muito longa, e quando muito se estende até 15 ou 20 anos. Esse castor era muito pequeno para sua idade, e isso não deve nos impressionar; tendo sido quase sempre forçado desde seu nascimento, criado, por assim dizer, a seco, não conhecendo a água até a idade de 9 meses, não pôde crescer nem se desenvolver como os outros, que gozam de sua liberdade e desse elemento que parece lhes ser quase tão necessário quanto a prática na terra.

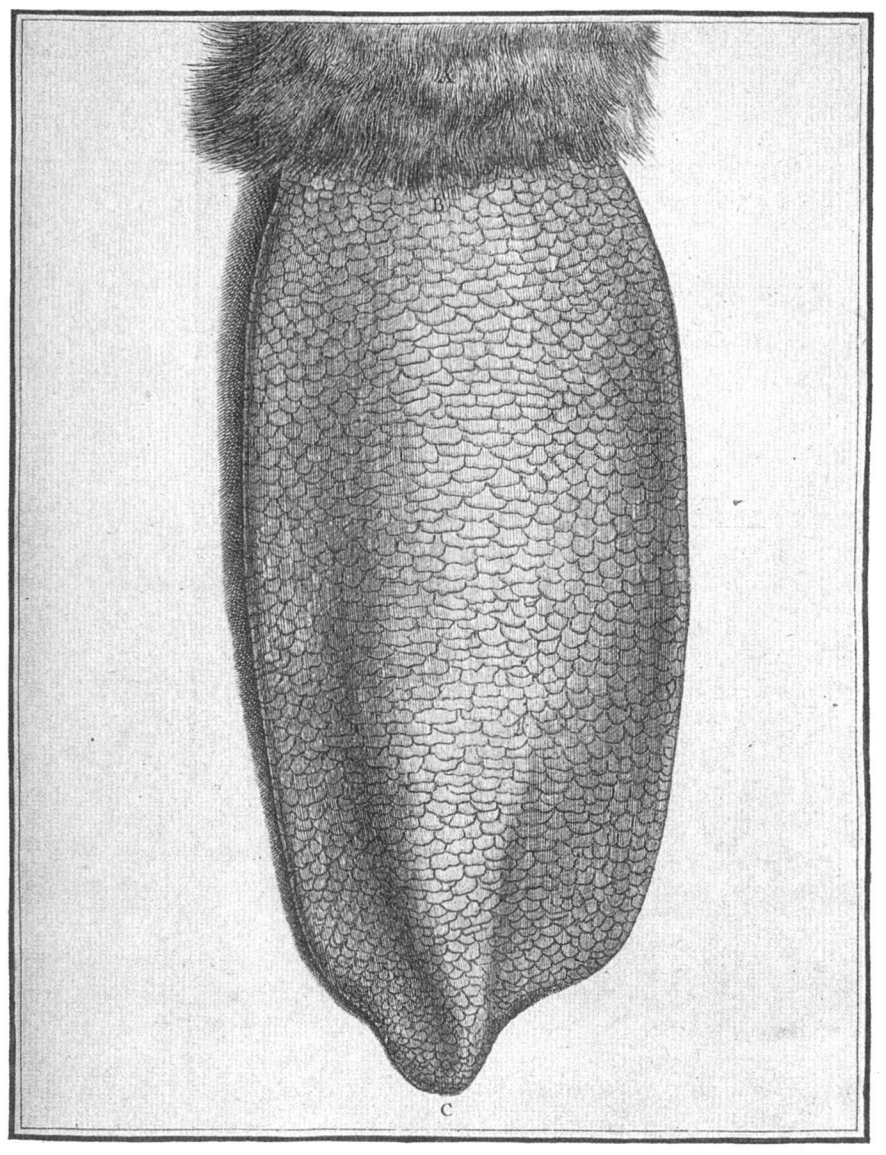

Da Natureza. Primeira visão[*]

Considerando-se que os detalhes da História Natural interessam apenas aos que se aplicam a essa ciência, e que, em uma exposição longa como a da história particular dos animais, reina inevitavelmente uma uniformidade excessiva, pareceu-nos que, aos olhos da maioria de nossos leitores, seria pertinente interromper, de tempos em tempos, o fio do método que nos constrange, com a inserção de discursos em que oferecemos reflexões sobre a Natureza em geral e tratamos de seus efeitos em grande escala. Poderemos, com isso, retornar depois a nossos detalhes com mais fôlego – pois é preciso fôlego para ocupar-se longamente de objetos pequenos, cujo exame exige a mais fria paciência e nada permite ao gênio.

A Natureza é o sistema das leis estabelecidas pelo Criador em prol da existência das coisas e da sucessão dos seres. Ela não é uma coisa, pois essa coisa seria tudo; ela não é um ser, pois esse ser seria Deus. Mas pode-se considerá-la como uma potência viva, imensa, que tudo abarca e anima, e que, subordinada à potência do Ser primeiro, começou a atuar a partir de seu comando, e continua a fazê-lo com seu concurso ou consentimento. Sua potência vem da Potência divina, a parte que dela se manifesta; é, a um só tempo, causa e efeito, modo e substância, desenho e obra. Bem diferente da arte humana, cujas produções são obras mortas, a Natureza é em si mesma uma obra perpetuamente viva, um artista que atua continuamente, que sabe empregar tudo o que se encontra a seu dispor, e que, trabalhando por si mesmo sempre com os mesmos materiais, longe de esgotá-los, torna-os

---

[*] Tomo XII, 1764, p.iii-xvi.

inesgotáveis. O tempo, o espaço e a matéria são os seus meios, o Universo é seu objeto, o movimento e a vida são o seu fim.

Os fenômenos do mundo são os efeitos dessa potência; as forças vivas são os recursos que ela emprega e que o espaço e o tempo podem conter e limitar, jamais destruir. Forças que se contrabalançam, que se confundem, que se opõem, mas não se aniquilam: umas penetram e transportam os corpos, outras os aquecem e os animam. A atração e a impulsão são os dois principais instrumentos de ação dessa potência nos corpos brutos, o calor e as moléculas orgânicas vivas são os princípios ativos que ela põe em obra para a formação e o desenvolvimento dos seres organizados.

Com esses meios à disposição, do que a Natureza não é capaz? Ela poderia tudo, se pudesse criar e aniquilar. Mas Deus reservou para si esses dois poderes extremos. São atributos da onipotência; alterar, mudar, destruir, desenvolver, renovar, produzir, são os direitos que lhe aprouve conceder. Ministra de ordens irrevogáveis, depositária de decretos imutáveis, a Natureza jamais se afasta das leis que lhe foram prescritas, nada altera nos planos que lhe foram traçados, e, em todas as obras, traz o selo do Eterno. Essa impressão divina, protótipo inalterável de tudo o que existe, é o modelo a partir do qual a Natureza opera; seus traços são exprimidos em caracteres indeléveis, decretados eternamente; modelo sempre fresco, que o número de moldes ou de cópias, por infinito que seja, não faz mais do que renovar.

Portanto, tudo foi criado e nada foi aniquilado. A Natureza oscila entre esses dois limites, sem nunca se aproximar mais de um do que de outro. Tentemos captá-la em alguns pontos desse espaço imenso, que ela preenche e percorre desde a origem dos séculos.

Que objetos! Um volume imenso de matéria, que nada teria formado além de uma massa inútil e medonha, se não tivesse sido dividido em partes, intercaladas por espaços mil vezes maiores do que elas. Milhares de globos luminosos, situados a distâncias inconcebíveis, são as bases que servem de fundamento ao edifício do mundo. Milhões de globos opacos, circulando ao redor dos primeiros, compõem sua ordem e arquitetura movente. Duas forças primordiais agitam essas grandes massas, deslocam-nas, transportam-nas e as animam. Cada uma delas atua por si mesma, a todo instante, e ambas, combinando esforços, traçam as zonas das esferas celestes, estabelecem o lugar do vácuo, os pontos fixos e as rotas determinadas. Do seio do movimento, nascem o equilíbrio dos mundos e o repouso do Universo.

A primeira dessas forças foi repartida igualmente; a segunda foi distribuída de maneira desigual. Cada átomo de matéria tem uma mesma quantidade de força de atração, cada globo tem uma quantidade diferente de força de impulsão. O mesmo vale para os astros fixos e os errantes, globos que parecem ter sido feitos para atrair, outros para afastar ou ser afastados, esferas que receberam um impulso comum no mesmo sentido, outras um impulso particular, astros solitários e astros acompanhados de satélites, corpos de luz e massas de trevas, planetas, cujas diferentes partes recebem alternadamente uma luz de empréstimo, cometas que se perdem na obscuridade das profundezas do espaço e retornam, após séculos, com um fogo renovado, sóis que surgem, desaparecem, iluminam-se e assim permanecem, outros que logo se apagam para sempre. O céu é o país dos grandes eventos; mas o olho humano mal consegue apreendê-los: um sol que se apaga e causa a catástrofe de um mundo ou de um sistema de mundos, tem, para os nossos olhos, o efeito de um fogo-fátuo, que brilha por um instante e logo depois se extingue. O homem, preso ao átomo terrestre em que vegeta, vê esse átomo como um mundo, e vê os mundos como átomos.

Esta Terra que ele habita, que mal se distingue de outros globos, e é de fato invisível, a partir de esferas mais distantes, é um milhão de vezes menor do que o Sol que a ilumina e mil vezes menor do que outros planetas que, tais como ela, estão subordinados à potência desse astro e são forçados a circular em torno dele. Saturno, Júpiter, Marte, a Terra, Vênus, Mercúrio e o Sol ocupam a pequena parcela dos céus a que damos o nome de *nosso Universo*. Esses planetas, com seus respectivos satélites, arrastados por um movimento rápido, no mesmo sentido e quase no mesmo plano, compõem uma roda de vasto diâmetro, cujo eixo suporta a carga total, e que, rodando ele mesmo com rapidez, se aquece, abrasa e distribui o calor e a luz até as extremidades da circunferência. Enquanto esses movimentos perdurarem (e eles serão eternos, a menos que a mão do Primeiro Motor se oponha a eles e empregue, para destruí-los, uma força tão grande quanto a que utilizou para criá-los), o Sol brilhará, e com seu esplendor iluminará todas as esferas do mundo. Em um sistema como esse, em que tudo se atrai e nada pode se perder nem se afastar sem regressar, em que a quantidade de matéria permanece a mesma, essa fecunda fonte de luz e vida não se esgotará nem se apagará jamais, e os outros sóis, que incessantemente emitem suas chamas, lançam sobre o nosso tanta luz quanto a que recebem dele.

Os cometas, bem mais numerosos do que os planetas, e, como eles, dependentes da potência do Sol, também alimentam essa caldeira comum, aumentando seu volume e contribuindo, com seu peso, para iluminá-la. São parte de nosso Universo e estão sujeitos, como os planetas, à atração do Sol. Mas, relativamente ao movimento de impulsão, nada têm em comum com ele ou com os planetas. Cada um circula em um plano diferente, descrevem órbitas mais ou menos longas em períodos diferentes de tempo, uns levam muitos anos, outros alguns séculos. O Sol, girando em torno de si mesmo, mas de resto imóvel, no centro, serve ao mesmo tempo como tocha, caldeira e pivô às demais partes da máquina do mundo.

Se o Sol permanece imóvel e rege os demais globos, é em virtude de seu tamanho. A força é dada em proporção à massa; e, como ele é incomparavelmente maior do que qualquer um dos cometas, e contém mil vezes mais matéria do que o maior dentre os planetas, eles não ameaçam nem enfraquecem seu poderio, que, estendendo-se a distâncias imensas, contém a todos, e atrai para si os mais distantes. Alguns cometas passam tão perto em sua trajetória, que adquirem um calor inconcebível, tendo em vista o tempo que permaneceram resfriados. Em virtude dessa alternância entre o frio e o calor extremos, e das desigualdades em seu movimento, ora prodigiosamente acelerado, ora infinitamente retardado, estão sujeitos a algumas vicissitudes estranhas. São, por assim dizer, mundos em desordem, em comparação aos planetas, que têm as órbitas mais regulares, os movimentos mais homogêneos, temperaturas estáveis, e parecem estar em repouso. Poderíamos dizer que, as condições permanecendo as mesmas, a Natureza estabelece um plano, atua uniformemente, desenvolve-se sucessivamente em toda a sua extensão. Dentre esses globos estáveis em meio aos astros errantes, o que habitamos nos parece privilegiado. Menos frio do que Saturno, Júpiter e Marte, por estar mais próximo do Sol, é também menos ardente do que Vênus e Mercúrio, que estão demasiado próximos do astro luminoso.

Como é magnífico o brilho da Natureza na Terra! Uma luz pura esparrama-se do oriente ao poente, e banha, em sucessão, os hemisférios deste globo. Um elemento transparente e leve o envolve; um calor doce e fecundo anima, faz eclodir os germes da vida; águas salutares, cheias de vida, alimentam-nos e estimulam seu crescimento; saliências, distribuídas pela superfície do solo, retêm os vapores da atmosfera e renovam essas fontes inesgotáveis, dando-lhes um frescor eterno; cavidades imensas feitas para recebê-las separam os continentes. A extensão do mar é tão grande quanto a dos continentes; não é um elemento frio e estéril, mas um novo império, tão rico, tão populoso quanto o outro. O dedo de Deus assinalou seus limites. Se o mar se precipita sobre as praias do Ocidente, deixa expostas as do Oriente. Essa massa imensa de água, em si mesma inativa, acompanha as impressões dos movimentos celestes, balança em oscilações regulares de fluxo e refluxo, eleva-se e se abaixa com o astro da noite, ainda mais quando aliada ao astro do dia, e ambos, reunindo forças nos tempos dos equinócios, causam as grandes marés: jamais nossa correspondência com o céu é tão acentuada. Desses movimentos constantes e gerais resultam movimentos variáveis e particulares: materiais terrosos são transportados, depósitos formam-se no fundo das águas e saliências despontam, semelhantes às que vemos em terra firme; acompanhando a direção dessas cadeias de montanhas, correntezas lhes dão uma figura tal que seus ângulos correspondentes, e, infiltrando-se em meio às ondas como as águas no solo, constituem, de fato, rios marítimos.

O ar, mais leve e mais fluido do que a água, obedece a um número ainda maior de potências. A ação do Sol e da Lua, à distância; a ação do mar, imediata; a do calor, que promove a evaporação; a do frio, que realiza a condensação; tudo isso causa uma agitação contínua. Os ventos são como correntezas, separam e reúnem as nuvens, produzem meteoros e transportam, para o interior dos continentes, sobre sua superfície árida, os vapores úmidos marítimos; provocam tempestades, semeiam chuvas fecundas e garoas benfazejas; perturbam os movimentos do mar, agitam a superfície das águas,

detêm ou aceleram correntezas, encrespam-nas, precipitam marés, provocam tempestades: o mar agitado ergue-se aos céus, e, mugindo, vem quebrar contra os diques indestrutíveis que, apesar de todos os seus esforços,
ele não consegue nem destruir nem superar.

A terra, mais alta que o mar, encontra-se ao abrigo de suas irrupções.
Sua superfície, colorida por flores, embelezada por um verde que sempre se
renova, habitada por milhares e milhares de espécies de diferentes animais, é
um lugar de repouso, um recanto de delícias, em que o homem, disposto ali
para auxiliar a Natureza, preside a todos os seres. Único capaz de conhecer
e digno de admirar, Deus fez dele o espectador do Universo e a testemunha
de suas maravilhas; a centelha divina com que é animado o torna partícipe
dos mistérios divinos; com essa luz, ele pensa e reflete, é com ela que vê e
lê o livro do mundo, como um exemplar da divindade.

A Natureza é o trono exterior da magnificência divina. O homem que a
contempla, que a estuda, eleva-se gradualmente ao trono interior da onipotência: feito para adorar o Criador, ele comanda todas as criaturas; vassalo
do Céu, rei da Terra, enobrece-a, habita-a, enriquece-a; estabelece ordem,
subordinação e harmonia entre os seres vivos; embeleza a própria Natureza, cultiva-a, desenvolve-a, pule-a; poda o cardo e a silveira, multiplica
a uva e a rosa. Vede essas plagas desertas, tristes regiões em que o homem
nunca residiu: recobertas, ou antes, encrespadas, nos planaltos, por vegetais espessos e escuros, por árvores em casca e sem cúpula, retorcidas,
requebradas, reclinadas, e outras, ainda mais numerosas, jazendo aos pés
das primeiras, apodrecendo sobre detritos já rotos, ocultando vermes em
fermentação, prestes a eclodir. A Natureza, que por toda parte reluz jovial,
mostra-se aí decrépita; o solo, sobrecarregado pelo peso e sufocado pelos
detritos de suas produções, oferece, em lugar do verde vicejante, um plano
estorvado, entrecortado por árvores velhas, repletas de plantas parasitas,
liquens, agáricos e outros frutos impuros da corrupção. Em terrenos mais
baixos, as águas são mortas e estagnadas, na falta de serem canalizadas e
dirigidas; solos lamacentos, que, nem sólidos nem líquidos, são intratá-
veis e tornaram-se inúteis para os seres da terra como para os das águas;
os charcos, recobertos por plantas aquáticas fétidas, alimentam apenas

insetos venenosos e animais imundos. Entre esses pântanos infectos que ocupam as regiões mais baixas e as florestas decrépitas que recobrem os planaltos, estendem-se planícies de certa espécie, savanas que nada têm em comum com nossos prados. Nelas, as ervas daninhas oprimem e sufocam as benignas, e não há sinal da fina relva que é como a penugem da terra, ou da reluzente grama, que anuncia sua generosa fertilidade: tudo o que se encontra são vegetais agrestes, ervas secas, espinhosas, entrelaçadas umas às outras, que parecem mais ligadas entre si do que ao solo, e que, distendendo-se e se repuxando entre si, formam uma espessa malha. Nenhuma trilha, nenhum caminho, nenhum vestígio de inteligência nesses lugares selvagens. O homem que queira percorrê-los é obrigado a seguir o faro dos animais, mantendo-se sempre alerta para não se tornar a presa. Assustado pelos ruídos, oprimido pelo silêncio dessas solitudes profundas, ele segue caminho, e declara: a Natureza bruta é hedionda e moribunda, Eu, apenas Eu, posso torná-la agradável e viva – drenemos esses pântanos, animemos essas águas mortas, deixemos que elas corram, formemos riachos, canais; empreguemos esse elemento ativo e devorador, o fogo, que jazia adormecido, e que só devemos a nós mesmos, e incendiemos essa cobertura supérflua, essas velhas florestas já semiconsumidas, destruamos com o ferro o que o fogo não tiver consumido. Em breve, no lugar do junco e do nenúfar, com o qual o sapo compõe seu veneno, veremos surgir o ranúnculo, o trevo, as plantas doces e salutares; rebanhos de animais saltitantes baterão essa terra, outrora intratável, e encontrarão nela subsistência em abundância, um pasto que se revigora sempre, multiplicando-se para se multiplicar ainda mais. Mobilizemos esses novos auxiliares para terminar nossa obra: que o boi, submetido ao jugo, empregue suas forças e o peso de sua massa para sulcar o solo, e que este rejuvenesça através do cultivo. Uma Natureza renovada sairá de nossas mãos.

Como é bela, a Natureza cultivada! Que enfeites brilhantes e pomposos ela não recebe dos cuidados do homem! Ele é também seu principal ornamento, a mais nobre de suas produções; multiplicando-se, ele multiplica o germe mais precioso, e a própria Natureza parece multiplicar-se com ele; com sua arte, ele traz à luz tudo o que ela contém em seu seio; quantos tesouros ignorados, quantas riquezas inauditas! As flores, os frutos, os grãos, aprimorados, multiplicados ao infinito; os animais de espécies úteis, transportados, propagados, fortificados; os de nocivas, reduzidos, confinados, relegados; o ouro, e o ferro, mais necessário do que o primeiro, extraídos das entranhas da Terra. As inundações, detidas, os rios, canalizados; o mar, submetido, mapeado, cortado de um hemisfério a outro; o solo, acessível por toda parte, e por toda parte tão vicejante quanto fecundo; nos vales, reluzentes prados, nas planícies, ricos pastos, e colheitas ainda mais ricas; as colinas, carregadas de vinhedos e de frutos, seus cumes coroados por árvores úteis e jovens florestas; os desertos habitáveis, pontuados por cidades com populações imensas, que circulam sem parar, espalhando-se do centro para as extremidades; rotas abertas e utilizadas com frequência, comunicações estabelecidas por toda parte, como que testemunhando a força de coesão da sociedade: mil outros monumentos de poder e glória demonstram suficientemente que o homem, senhor dos domínios da Terra, alterou e renovou por completo a superfície desta, e desde sempre compartilhou com a Natureza o império deste planeta.

Mas, se ele reina, é por direito de conquista: possui menos do que goza, e, se conserva o que tem, é mediante cuidados renovados. Quando os abandona, tudo languesce, altera-se, decai e retorna às mãos da Natureza. Ela recobra seus direitos, elimina as obras do homem, recobre, com a grama e o musgo, seus mais faustosos monumentos, corrói-os, com o tempo, e deixa apenas, ao homem desleixado, o arrependimento de ter posto a perder, por culpa própria, o que seus ancestrais conquistaram com o trabalho. As épocas em que o homem perde seu domínio, esses séculos de barbárie em que tudo perece, são prenunciados invariavelmente pela guerra, e chegam por fim com a penúria e o despovoamento. O homem, que só tem poder porque é numeroso, que só é forte porque se reúne, que só é feliz na paz, sente um furor que o leva a se armar para sua infelicidade e a combater por sua ruína. Excitado pela insaciável avidez, cego pela ambição, ainda mais insaciável, ele renuncia aos sentimentos de humanidade, volta contra si mesmo todas as suas forças, empenha-se em se autodestruir, e, com efeito, consegue-o. Passados os dias de sangue e de carnificina, quando a fumaça da glória se dissipa, ele vê, com olhos tristes, a terra devastada, as artes sepultadas, as nações dissipadas, os povos enfraquecidos, sua própria felicidade arruinada, seu poder aniquilado.

Grandioso Deus! Vós, cuja presença unicamente sustenta a Natureza e mantém a harmonia das leis do Universo! Vós, que do trono imóvel do Empireu vedes rolar sob vossos pés as esferas celestes, sem choque ou confusão; que, do seio do repouso, reproduzis, a cada instante, seus movimentos imensos, e, sozinho, em paz profunda, regeis esse número infinito de céus e de mundos, trazei por fim a calma a esta Terra agitada! Que ela fique silenciosa, e, a vosso comando, a discórdia e a guerra deixem de ressoar orgulhosos clamores! Bondoso Deus, Autor de todos os seres, vosso olhar paternal abarca todos os objetos da criação; mas o homem é vosso escolhido; esclareceste sua alma com um raio de vossa luz imortal; cumulai agora vossas benesses, penetrando em seu coração com um fio de vosso amor. Esse sentimento divino, espalhando-se por toda parte, reunirá naturezas inimigas, o homem não mais receará o semblante do homem, o ferro homicida não armará suas mãos; o fogo devastador da guerra não consumirá a fonte das gerações; a espécie humana, enfraquecida, mutilada, ceifada em sua flor, germinará de novo, e se multiplicará; a Natureza, esmagada pelo peso das chamas, estéril, abandonada, recobrará, com renovado vigor, sua antiga fertilidade, e nós, Deus Bondoso, auxiliá-la-emos, cultivá-la-emos, observá-la-emos incessantemente, para vos oferecer, a cada instante, o renovado tributo de nosso reconhecimento e admiração.

Da Natureza. Segunda visão*

Um indivíduo, de qualquer espécie que seja, não é nada no Universo; cem indivíduos, mil, continuam não sendo nada: as espécies são os únicos seres da Natureza, seres perpétuos, tão antigos, tão permanentes quanto ela. Para melhor julgá-los, não os consideraremos como uma coleção ou série de indivíduos similares, mas como um todo, independente do número e do tempo, um todo sempre vivo, sempre o mesmo, que conta entre as obras da criação, e que, por conseguinte, perfaz uma unidade na Natureza. De todas essas unidades, a espécie humana é a primeira; as demais, do elefante à traça, do cedro ao hissopo, são de segunda ou terceira linha. Por mais que variem quanto à forma, à substância e mesmo à vida, cada uma tem seu lugar, subsiste por si mesma, defende-se das outras; em conjunto, elas compõem e representam a Natureza viva, que se mantém e se manterá como sempre se manteve. Um dia, um século, uma época, nenhuma porção do tempo conta em sua duração; o próprio tempo é relativo aos indivíduos, a seres de existência fugidia. Já a existência das espécies é constante, sua permanência responde pela duração, sua diferença, pelo número. Consideremos, portanto, as espécies como fizemos; atribuamos, a cada uma delas, uma mesma parcela na contabilidade da Natureza, pois todas lhe são igualmente caras, e deu, a cada uma delas, os meios para subsistir e perdurar tanto quanto ela.

Façamos mais. Coloquemos agora a espécie no lugar do indivíduo. Vimos como se afigura, para o homem, o espetáculo da Natureza; imaginemos agora como seria contemplado por um ser que representasse a espécie humana inteira. Quando, em um belo dia de primavera, vemos o verde renascer, as

* Tomo XIII, 1765, p.i-xx.

flores desabrochando, as sementes brotando, as abelhas se agitando, a ando-
rinha voando, o rouxinol cantando o amor, o carneiro saltitando, o touro
mugindo, os seres vivos buscando-se uns aos outros para se reproduzirem,
ocorre-nos a ideia de reprodução e de uma nova vida. Quando, na estação
cinza do frio e das geadas, vemos as naturezas indiferentes, evitando-se em
vez de se buscarem umas às outras, os habitantes dos ares abandonando
nossos climas, os da água aprisionados pelo gelo, os insetos desaparecendo
ou perecendo, a maioria dos animais engordando e buscando por abrigo,
a terra enrijecendo, as plantas ressecando, as árvores desnudas curvando-
-se sob o peso da neve e do orvalho, tudo sugere a ideia de langor e extinção. Mas essas ideias de renovação e destruição, ou antes, essas imagens da
morte e da vida, por maiores que sejam, por mais gerais que nos pareçam,
são individuais e particulares. É assim que o homem, como indivíduo, julga
a Natureza; já o ser que colocamos no lugar da espécie a julga em outra
escala, mais geral. Tudo o que ele vê, nessa destruição, nessa renovação,
nessas sucessões, é permanência e duração; a estação de um ano é, para ele,
como a do ano precedente, a mesma em todos os séculos, e o milionésimo
animal, na ordem da geração, é como o primeiro. Se vivêssemos e existís-
semos para sempre, e todos os seres que nos cercam permanecessem para
sempre tais como são, e tudo fosse perpetuamente como é hoje, a ideia de
tempo esvaneceria, e o indivíduo se tornaria espécie.

Por que nos recusaríamos a considerar a Natureza, por alguns instantes,
sob essa nova perspectiva? O homem chega ao mundo envolto em trevas.
Com a alma tão nua quanto o corpo, ele nasce ignorante e indefeso, tudo
o que traz consigo são qualidades passivas, e não tem como deixar de receber impressões dos objetos que afetam seus órgãos: a luz brilha por longo
tempo em seus olhos, antes de esclarecê-los. De início, ele recebe tudo da
Natureza e não lhe dá nada; mas, a partir do momento em que seus sentidos adquirem firmeza e ele consegue compreender suas sensações, passa a
refletir no Universo, forma ideias, conserva-as, estende-as, combina-as; o
homem, e, sobretudo, o homem instruído, não é mais um simples indivíduo, representa, em parte, a espécie humana como um todo. Começou por
receber de seus pais conhecimentos que lhes foram transmitidos por seus

antepassados; estes, tendo atinado com a divina arte de traçar e transmitir o pensamento à posteridade, tornaram-se, por assim dizer, reconhecíveis aos olhos de seus descendentes; os nossos nos reconhecerão. Essa reunião, em um mesmo homem, da experiência de muitos séculos, recua ao infinito os limites de seu ser: não é mais um indivíduo simples, limitado, como os outros, às sensações do momento presente, às experiências do dia presente, é quase o ser que colocamos no lugar da espécie, ele lê o passado, vê o presente, julga o futuro e, na torrente do tempo que traz, engendra, absorve todos os indivíduos do Universo, e constata que as espécies são constantes e a Natureza é invariável. Como a relação entre as coisas é sempre a mesma, o tempo parece-lhe nulo, as leis da renovação apenas compensam, a seus olhos, as da permanência; uma sucessão contínua de seres, todos similares entre si, equivale, com efeito, à existência perpétua de um único ser.

Mas a que se refere esse grande aparato das gerações, essa imensa profusão de germes, dos quais mil são abortados a cada um que prospera? O que é essa propagação, essa multiplicação dos seres, que, destruindo-se e se renovando incessantemente, oferece sempre a mesma cena, deixando a Natureza como antes, sem nada acrescentar ou subtrair? De onde vem essa alternância de morte e vida, essas leis de crescimento e perecimento, essas vicissitudes individuais, essas reiteradas representações de uma mesma e única coisa? Pertencem à essência mesma da Natureza e dependem do estabelecimento primeiro da máquina do mundo, fixa no todo, móvel em cada uma de suas partes. Os movimentos gerais dos corpos celestes produziram os movimentos particulares do globo terrestre, as forças penetrantes que animam esses grandes corpos, em virtude das quais eles atuam de longe e reciprocamente uns sobre os outros, animam também cada átomo da matéria, e a propensão mútua de todas as partes umas pelas outras é o primeiro vínculo dos seres, o princípio da constância das coisas e o sustentáculo da harmonia do Universo. As grandes combinações produziram cada uma das pequenas relações, a rotação da Terra em torno de seu eixo dividiu em dias e noites os espaços da duração, todos os seres vivos que habitam a Terra têm um tempo de luz e um tempo de trevas, a vigília e o sono. Uma parte significativa da economia animal, relativa à ação dos sentidos e ao movimento dos membros, refere-se a essa primeira combinação. Haveria sentidos abertos à luz, em um mundo em que a noite fosse perpétua?

A inclinação do eixo da Terra produz, no movimento anual desta em torno do Sol, alternâncias duradouras de calor e frio, que chamamos de *estações*, e todos os seres vegetais têm também, no todo ou na parte, sua estação de vida e sua estação de morte. A queda das folhas e dos frutos, o ressecamento das ervas, a morte dos insetos dependem inteiramente dessa segunda combinação. Em climas em que ela não ocorre, a vida dos vegetais nunca é suspensa, cada inseto vive o quanto tem para viver; é o que vemos abaixo do equador, onde as quatro estações são uma, a terra sempre florida, as árvores continuamente verdejantes, a Natureza sempre primaveril.

A constituição particular dos animais e das plantas é relativa à temperatura geral do globo terrestre, e essa temperatura depende da posição da Terra, ou seja, da distância em que ela se encontra do Sol. Se a Terra fosse mais distante do Sol, nossos animais e nossas plantas não poderiam viver nem vegetar; a água, a seiva, o sangue, todos os licores perderiam a fluidez. A uma distância menor, evanesceriam e se dissipariam em vapores. O gelo e o fogo são os elementos da morte; o calor temperado é o primeiro germe da vida.

As moléculas vivas, distribuídas por todos os corpos organizados, são relativas, quanto à atuação e ao número, às moléculas de luz, que atingem toda a matéria e a penetram com o calor; onde quer que os raios do Sol aqueçam a Terra, sua superfície se vivifica, é recoberta pelo verde e habitada por animais. O próprio gelo, quando se dissolve em água, parece fecundo, é mesmo um elemento mais fértil do que a terra, pois recebe do calor o movimento da vida. A cada estação, o mar produz mais animais do que a terra nutre; mas produz menos plantas; e como nem todos os animais que nadam na superfície das águas ou habitam suas profundezas têm, como os terrestres, um fundo de subsistência garantido nas substâncias vegetais, são forçados a viver uns dos outros, combinação que explica sua prodigiosa multiplicação, ou antes, seu incalculável pulular.

Uma vez criadas as espécies, os primeiros indivíduos serviram, em cada uma delas, como modelo a todos os descendentes. O corpo de cada animal e vegetal é um molde, ao qual são assimiladas indistintamente as moléculas orgânicas de todos os animais ou vegetais destruídos pela morte e consumidos pelo tempo. As partes brutas que entraram em sua composição retornam à massa comum da matéria bruta; as partes orgânicas, que subsistem por si mesmas, são retomadas pelos corpos organizados. Absorvidas pelos vegetais, elas são, em seguida, deglutidas pelos animais que se alimentam deles; servem ao desenvolvimento, ao sustento e ao crescimento de ambos, constituem sua vida, e, circulando de corpo em corpo, animam todos os seres organizados. O fundo de substâncias vivas permanece, portanto, o mesmo; varia apenas sua forma, ou seja, as diferentes representações. Em séculos de abundância, em tempos de maior população, os homens, os animais domésticos e as plantas úteis parecem recobrir a superfície inteira da Terra; os animais ferozes, os insetos nocivos, as plantas parasitárias, as ervas daninhas reaparecem e predominam, por sua vez, em tempos de escassez e despovoamento. Essas variações, tão sensíveis para o homem, são indiferentes para a Natureza. O bicho da seda, tão precioso para ele, não passa, para ela, de uma lagarta de amoreira; que esse animal do luxo desapareça, que outras lagartas devorem as ervas destinadas a alimentar nossos bois, que outras enfim minem, antes da colheita, a substância de nossos repastos, que o homem e as grandes espécies em geral sejam esfaimados por espécies ínfimas, nem por isso a Natureza é menos abundante ou menos viva. Ela não protege uns a expensas de outros, sustenta a todos; mas ignora o número de indivíduos, e os vê como meras imagens sucessivas de uma só e mesma realização, sombras fugidias das quais a espécie é o corpo.

Existe assim na terra, no ar e na água uma quantidade determinada de matéria orgânica, que nada poderia destruir; existe, ao mesmo tempo, um número determinado de moldes, capazes de as assimilar, que se destroem e renovam-se a cada instante; e esse número de moldes ou indivíduos, embora varie de espécie para espécie, é, no total, sempre o mesmo, em proporção à quantidade invariável de matéria viva. Se ela fosse superabundante, e não fosse, em todos os tempos, igualmente utilizada e inteiramente absorvida pelos moldes existentes, formar-se-iam outros moldes, e ver-se-iam surgir novas espécies, pois essa matéria viva não poderia permanecer ociosa; ao contrário, sempre atuante, ela forma os corpos organizados, bastando, para tanto, que se reúna a corpos brutos. A essa grande combinação, ou antes, a essa proporção invariável, deve-se a própria forma da Natureza.

Ora, sendo sua ordenação fixa quanto ao número, à manutenção e ao equilíbrio das espécies, toda espécie se apresentaria sempre com a mesma face, e seria, em todos os tempos e climas, absoluta e relativamente a mesma, se seu hábito não variasse, na medida do possível, em cada uma das formas individuais. A insígnia de cada espécie é um tipo, cujos principais traços se encontram gravados em caracteres inapagáveis e eternamente permanentes. Variam apenas os toques acessórios, nenhum indivíduo é perfeitamente similar a outro, nenhuma espécie existe sem um grande número de variedades. Na espécie humana, na qual o selo divino se imprimiu com mais força, a marca não deixa de variar, do branco ao negro, do pequeno ao grande etc. O lapão, o patagônio, o hotentote, o europeu, o americano, o negro, embora oriundos do mesmo pai, estão longe de se assemelharem como irmãos.

Todas as espécies se encontram, portanto, sujeitas a diferenças puramente individuais. Mas nem todas admitem igualmente as variedades constantes que se perpetuam através das gerações. Mais elevada a espécie, mas firme o tipo e menores as variações. Como a ordem, na multiplicação dos animais, está em razão inversa ao tamanho, e a possibilidade de diferenças está em razão direta ao número de produtos decorrentes da geração, existe necessariamente maior variedade entre os pequenos animais do que entre os grandes. Pela mesma razão, é maior entre eles o número de espécies vizinhas; pois, como a unidade da espécie é mais estreita nos grandes animais, a distância que a separa de outras é maior. O esquilo, o rato e outros animais de pequeno porte são precedidos, acompanhados ou seguidos por uma variedade de espécies, enquanto o elefante marcha sozinho, sem companhia, à frente de todas elas.

A matéria bruta que compõe a massa da Terra não é um limo virgem, uma substância intacta que não tenha sofrido alterações; tudo aí foi remexido, pela força de grandes e pequenos agentes, tudo foi manejado, mais de uma vez, pela mão da Natureza. O globo terrestre foi penetrado pelo fogo, e em seguida coberto e trabalhado pelas águas. A areia que recobre sua superfície é uma matéria vítrea, e os espessos leitos de argila logo abaixo são essa mesma areia, decomposta pelo contato com as águas; o penedo, o granito, todos os cascalhos e metais são essa mesma matéria vítrea, cujas partes foram reunidas, prensadas ou separadas de acordo com as leis de afinidade entre elas. Todas essas substâncias são perfeitamente brutas, existem e existirão independentemente dos animais e vegetais. Já outras substâncias, na verdade bastante numerosas, que parecem ser inteiramente brutas, originam-se nos detritos dos corpos organizados. O mármore, a pedra cal, o cascalho, o calcário, a marga são compostos por restos de conchas e espólios desses pequenos animais, que transformam a água do mar em pedra, produzem o coral e todas as madréporas, em variedade inumerável e quantidade imensa. Os carvões minerais, turbas e outros materiais que se encontram nas camadas do solo são resíduos de vegetais mais ou menos deteriorados, apodrecidos e consumidos. Por fim, outros materiais, não tão numerosos, como a pedra-pome, o enxofre, o amianto e a lava, foram expelidos por vulcões e produzidos pela atuação adicional do fogo sobre materiais primordiais. Podem-se reduzir a essas três grandes combinações todas as relações dos corpos brutos e todas as substâncias do reino mineral.

As leis de afinidade pelas quais as partes constituintes dessas diferentes substâncias se separam de outras para se reunir entre si e formar materiais homogêneos são iguais à lei geral pela qual todos os corpos celestes atuam uns sobre os outros, exercem-se igualmente, e nas mesmas relações entre massas e distâncias. Um globo de areia, de água ou de metal atua sobre outro do mesmo modo como o globo terrestre atua sobre a Lua. E, se até aqui essas leis de afinidade foram consideradas diferentes das leis da gravidade, é por não terem sido bem concebidas ou apreendidas e o objeto não ter sido abarcado em toda a sua extensão. A figura, que nada ou quase nada representa para a atração entre os corpos celestes, dado que a distância entre eles é muito grande, torna-se, ao contrário, decisiva quando a distância entre os corpos é pequena ou inexistente. Se a Lua e a Terra tivessem, em vez de uma figura esférica, a de um cilindro curto com o mesmo diâmetro em ambas as esferas, a lei de sua atuação recíproca não seria sensivelmente alterada em razão dessa configuração, pois a distância de cada uma das partes da Lua em relação às partes da Terra quase não variaria. Mas, se esses mesmo globos se tornassem cilindros bastante extensos, e estivessem mais próximos entre si, a lei de atração recíproca entre esses corpos seria bastante diferente, pois a distância entre cada uma de suas partes, e entre elas e as partes do outro globo, teria se alterado significativamente. Portanto, quando a figura entra como elemento na distância, a lei parece variar, por mais que, no fundo, seja sempre a mesma.

A partir desse princípio, o espírito humano pode dar um passo adiante e penetrar mais fundo no seio da Natureza. Ignoramos qual a figura das partes constituintes dos corpos; a água, o ar, a terra, os metais, todos os materiais homogêneos são indubitavelmente compostos por partes elementares similares entre si, mas cuja forma é desconhecida. Nossos descendentes poderão, com o auxílio do cálculo, inaugurar um novo campo de conhecimentos e saber qual a figura dos elementos dos corpos. Partirão do princípio que estabelecemos e tomarão como base o enunciado de que *toda matéria é atraída em razão inversa ao quadrado da distância, e essa lei geral parece invariável, nas atrações particulares, exceto pelo efeito da figura das partes constituintes de cada substância, pois essa figura é um elemento da distância.* Quando tiverem adquirido, por experimentos reiterados, o conhecimento da lei da atração de uma substância particular, poderão encontrar, com o cálculo, a figura de suas partes constituintes. Para ver que é assim, basta um exemplo. Suponhamos que, ao dispor mercúrio sobre um plano perfeitamente polido, constatemos, depois de reiterados experimentos, que esse metal fluido é atraído sempre em razão inversa ao cubo da distância; será preciso buscar, mediante regras da falsa posição, qual a figura dada por essa expressão, e essa figura será a das partes constituintes do mercúrio. Se constatarmos, com esses experimentos, que esse metal é atraído em razão inversa ao quadrado da distância, estará demonstrado que suas partes constituintes são esféricas, pois a esfera é a única figura dada por essa lei, e, não importa como posicionemos os globos, a atração entre eles será sempre a mesma.

Newton suspeitou que as afinidades químicas, ou seja, as atrações particulares de que falamos, ocorreriam em razão de uma lei similar à da gravitação; mas, ao que parece, não viu que essas leis particulares são simples modificações da lei geral, e se parecem diferentes dela é porque, em distâncias reduzidas, a figura dos átomos que se atraem representa tanto ou mais do que a massa para a expressão da lei, vale dizer, a figura é um elemento importante da distância.

O conhecimento íntimo da composição dos corpos brutos depende dessa teoria. O fundo de toda matéria é sempre o mesmo, ou seja, massa e volume, o que significa que a forma será a mesma se a figura das partes constituintes for similar. Uma substância homogênea só pode ser diferente de outra na medida em que a figura de suas partes primordiais for diferente: aquela cujas moléculas são todas esféricas deve ser, especificamente, uma vez mais leve do que outra cujas moléculas são cúbicas, isso porque as primeiras só se tocam em pontos, formando intervalos regulares entre as partes que se tocam, ao passo que partes cúbicas se reuniriam perfeitamente, sem produzir nenhum intervalo, formando assim, por conseguinte, um material uma vez mais pesado do que o primeiro. Por mais que as figuras possam variar ao infinito, não parece haver na Natureza tantas delas a ponto de o espírito não poder concebê-las, pois a Natureza fixou limites ao peso e à leveza. O ouro e o ar são extremos da densidade; todas as figuras executadas pela Natureza compreendem-se entre esses dois termos, e foram rejeitadas todas as que pudessem produzir substâncias mais pesadas ou mais leves do que essas.

De resto, quando falo em figuras utilizadas pela Natureza, não entendo com isso que elas sejam necessária ou exatamente similares às figuras geométricas que existem em nosso entendimento. É por suposição que as fazemos regulares, e por abstração que as tornamos simples. Talvez não existam no Universo nem cubos exatos nem esferas perfeitas. Mas, como nada existe sem ter uma forma, e a diversidade das substâncias é concomitante às diferentes figuras de seus elementos, existem necessariamente as que se aproximam da esfera, do cubo e das demais figuras regulares imaginadas por nós. O preciso, o absoluto, o abstrato, que com tanta frequência se apresentam a nosso espírito, não poderiam ser encontrados na realidade, pois aí tudo é relativo, tudo se faz por nuances, tudo se combina por aproximações. Do mesmo modo, quando me refiro a uma substância perfeitamente plana, por ser composta de partes cúbicas, e de outra, plana pela metade, por ser constituída de partes esféricas, falo assim por analogia, e não pretendo que substâncias assim existam na realidade. A experiência mostra corpos transparentes, como o vidro, dotados de densidade e peso, cuja quantidade de matéria é bastante pequena, em comparação à extensão dos intervalos; e poder-se-ia demonstrar que o ouro, que é o mais denso dos materiais, contém muito mais vazio do que plenitude.

A consideração das forças da Natureza é objeto da mecânica racional; o da mecânica sensível é a combinação das forças particulares de que falamos, e reduz-se à arte de construir máquinas. Essa arte foi cultivada, em todos os tempos, por necessidade e por comodidade; os antigos eram tão excelentes nela quanto nós. Mas a mecânica racional é uma ciência com data de nascimento, surgiu em nossos dias. Em se tratando da natureza do movimento, todos os filósofos, de Aristóteles a Descartes, raciocinaram como o povo. Foram unânimes em tomar o efeito pela causa; não conceberam outras forças além da impulsão, que, aliás, eles conheciam mal, pois lhe atribuíam efeitos de outras forças, e reduziam a ela todos os fenômenos que existem no mundo. Para que um projeto como esse fosse plausível e exequível, seria necessário que essa impulsão, que eles tomam como a única causa, fosse um efeito geral e constante, referente a toda matéria, produzido continuamente em todos os lugares e em todos os tempos, quando o contrário é verdadeiro. Não viam que essa força não existe em corpos em repouso; que, em corpos lançados, seu efeito subsiste apenas por um tempo, e logo é destruído pelas resistências; que, para renová-lo, é preciso uma nova impulsão; e, por conseguinte, que, longe de ser uma causa geral, ela é, ao contrário, um efeito particular, que depende de outros, mais gerais.

Ora, um efeito geral é o que devemos chamar de causa. A causa real de tal efeito jamais poderia ser conhecida, pois tudo o que conhecemos é por comparação, e, como o efeito supostamente geral, que pertence igualmente a tudo, não pode ser comparado a nada, nem, por conseguinte, ser conhecido, a não ser como fato, segue-se que a atração, ou, se quisermos, a gravidade, como efeito geral e comum a toda matéria, demonstrado por fato, deve ser considerada uma causa, e a ela devem ser referidas as outras causas particulares, mesmo a impulsão, que é menos geral e menos constante. Toda a dificuldade consiste em ver que a impulsão depende da atração. Se refletirmos na comunicação de movimento por choque, perceberemos que ele só pode ser transmitido de um corpo a outro através da elasticidade, e reconheceremos que todas as hipóteses já feitas sobre a transmissão de movimento em corpos duros são jogos de nosso espírito que não poderiam ser executados na Natureza. Um corpo perfeitamente duro nada mais é do que um ente de razão, assim como um corpo perfeitamente elástico: nem um nem outro existem na realidade, pois nela nada há de absoluto ou extremo – mas a palavra *perfeito*, e a ideia concomitante a ela, implica sempre algo absoluto, ou extremo, relativamente a uma coisa.

Se na matéria não houvesse elasticidade, não haveria força de impulsão. Quando atiramos uma pedra, o movimento que ela conserva não lhe é comunicado pela elasticidade do braço que a lançou. Como poderia um corpo em movimento que encontra outro em repouso lhe comunicar movimento, se não fosse comprimindo a elasticidade de certas partes que ele contém, as quais, reestabelecendo-se imediatamente após a compressão, dão à massa total a mesma força que ela recebeu? Não se compreende como um corpo perfeitamente duro poderia admitir essa força, nem recebê-la do movimento; de resto, é inútil tentar compreendê-lo, pois algo assim não existe. Ao contrário, todos os corpos são dotados de elasticidade. Experimentos envolvendo a eletricidade comprovam que a força elástica pertence em geral a toda matéria. Portanto, mesmo que não exista no interior dos corpos outra elasticidade além dessa matéria elétrica, ela é suficiente para a comunicação de movimentos, e, por conseguinte, é à elasticidade, como efeito geral, que se deve atribuir a causa particular da impulsão.

Se refletirmos agora sobre a mecânica da elasticidade, constataremos que sua força depende da força da atração. Para ver que é assim, imaginemos a mais simples das molas, feita de ferro ou de outro material duro qualquer. O que acontece a ela quando a esticamos? Distendemos suas partes vizinhas, ou seja, as afastamos um pouco umas das outras; no instante em que a soltamos, elas se reaproximam, e voltam a ser como antes. Sua adesão, da qual resulta a coesão do corpo, é, como se sabe, um efeito de sua atração mútua. Quando a mola é esticada, não se destrói a adesão, pois, por mais que as partes sejam afastadas, não são apartadas a ponto de deixar a esfera de atração mútua. E, por conseguinte, no instante em que deixamos de pressioná-la, essa força, que é posta, por assim dizer, em liberdade, se exerce novamente, as partes afastadas se reaproximam, a mola se restabelece. Se, ao contrário, com uma pressão excessiva as afastássemos a ponto de deixarem a esfera de atração, a mola se romperia, pois a força de compressão teria sido maior do que a de coesão, ou do que a da atração mútua que reúne as partes. Portanto, só pode haver elasticidade se houver coesão entre as partes da matéria, ou seja, se estiverem unidas pela força de sua atração mútua, e, por conseguinte, a elasticidade em geral, a única que pode produzir impulsão, remete à força de atração, e depende dela à maneira de efeitos particulares em relação a um efeito geral.

Por mais nítidas que essas ideias me pareçam, por mais fundamentada que seja essa visão, não tenho a ilusão de que venham a ser adotadas. O povo continuará a raciocinar segundo suas sensações, e o físico vulgar segundo seus preconceitos. Mas, para julgar o que propomos, é preciso pôr de lado aquelas e renunciar a estes; e, sendo assim, poucos julgarão. Tal é o quinhão da verdade. Mas, por outro lado, é suficiente que uns poucos a aceitem, pois ela se perde, em meio à multidão: apesar de augusta e majestosa, se vê obscurecida por velhos fantasmas, quando não apagada por quimeras brilhantes. Seja como for, é assim que vejo a Natureza, é assim que a compreendo (talvez ela seja ainda mais simples do que a vejo): uma única força é a causa de todos os fenômenos da matéria bruta, e essa força, unida ao calor, produz as moléculas vivas das quais dependem todos os efeitos das substâncias organizadas.

SOBRE O LIVRO

Formato: 16 x 23 cm
Mancha: 27 x 44 paicas
Tipologia: Venetian 301 12,5/16
Papel: Off-White 80 g/m² (miolo)
Cartão Supremo 250 g/m² (capa)
1ª edição Editora Unesp: 2020

EQUIPE DE REALIZAÇÃO

Edição de texto
Silvia Massimini Felix (Copidesque)
Nair Hitomi Kayo, Tomoe Moroizumi e Tulio Kawata (Revisão)

Editoração eletrônica
Sergio Gzeschnik

Capa
Vicente Pimenta

Assistência editorial
Alberto Bononi

MUNDIALGRÁFICA
www.mundialgrafica.com.br